新版 演習数学ライブラリ＝1

新版　演習　線形代数

寺田文行　著

サイエンス社

サイエンス社のホームページのご案内
http://www.saiensu.co.jp
ご意見・ご要望は　rikei@saiensu.co.jp　まで.

推薦の言葉

寺田文行先生が数学教育における権威であることは広く知られている通りです．先生の書かれる本の特徴として，まず「易しい」ということが挙げられます．それは「目線の優しさ」から生まれたことです．これは先生がご子息のご病気を契機として受験数学にかかわられて以来，数学のできない子をどうしたら数学を好きにさせてあげられるかという課題に生涯取り組んで来られた結果です．その経験は，本書にも「寺田の鉄則」として知られた指針を掲げる方式をはじめ，種々のコラム的な文章を挟むやり方に活かされています．

次に，計算例が豊富というのも特徴に挙げられます．これは数学の世界では有名な「寺田の単項化定理」が行列式の巧妙な計算を基にして証明されていることからもわかるように，先生は数学的計算が根っからお好きだということに裏打ちされています．本書ではこの「特殊例から一般へ」という特徴が遺憾なく発揮されています．

易しく，優しくという方針は，一般論の展開を極力控えるという方針にも現れています．2次，3次，4次の行列・行列式で徹底的に説明し，その中から一般の行列・行列式が自然と理解できるような方式が採られています．易しく書かれてはいますが決してゴマカシはなく，厳密に一般の場合が扱われているのには一驚しました．

先生は，本書の執筆で精力を使い果たされたのか，体調を崩されて病床に臥せっていらっしゃいます．そのため，私同様，先生の弟子である古家久子さんが校正を引き受けられました．古家さんは，これまたとても計算の得意な方で，「計算は隅々まで責任を持ってチェックしますから，足立さんには全体を見ていただくだけで結構です」と請け負って下さったので，私は最終校正を拝見し，ちょっと意見を言うだけで済みました．古家さんには先生に代わって最大の感謝を捧げる次第です．

また，初校段階では長井秀友氏（東海大学）にも解答のチェックをお手伝いいただき，感謝申し上げます．

以上で，先生のご病状の快復を願いつつ，推薦の言葉と致します．

2012 年 5 月

早稲田大学名誉教授　**足立恒雄**

目　次

1 行列の代数 ―― 1

1.1　行列とその演算 (I) …… 3

例題 1～4

1.2　行列とその演算 (II) …… 7

例題 5～7

1.3　正方行列とその演算 …… 10

例題 8～11

1.4　数の演算との類似点と相違点 …… 14

例題 12～19

1.5　行列のブロック分割 …… 22

例題 20～23

発展問題（1～4） …… 26

2 行 列 式 ―― 27

2.1　行列式の考え …… 29

例題 24～26

2.2　行列式の性質 …… 32

例題 27～34

2.3　行列の積の行列式と逆行列の余因子表示 …… 40

例題 35～39

2.4　n 次行列の行列式 …… 45

例題 40～54

発展問題（5～7） …… 60

3 行列の階数と連立 1 次方程式の理論 61

3.1 連立方程式と行基本操作 …… 63
例題 55～60
3.2 行列の階数 …… 69
例題 61～62
3.3 基 本 行 列 …… 71
例題 63～66
3.4 基本行列の正則性 …… 75
例題 67～71
3.5 同次連立方程式 …… 80
例題 72～79
3.6 行ベクトル・列ベクトルの線形独立・線形従属 …… 88
例題 80～90
発展問題（8～11） …… 99

4 平面ベクトル・空間ベクトル 101

4.1 線分図形の代数化 …… 103
例題 91～97
4.2 ベクトルの成分 …… 110
例題 98～101
4.3 内積と図形の計量 …… 114
例題 102～111
4.4 空間ベクトルの線形独立・線形従属 …… 124
例題 112～115
4.5 座標空間の直線の方程式 …… 128
例題 116～120
4.6 平面の方程式 …… 133
例題 121～127
4.7 外積と図形の計量 …… 140
例題 128～135
発展問題（12～17） …… 148

5 正方行列の固有値と行列の標準形 149

5.1 正方行列の固有値 ……… 151
例題 136〜141
5.2 正方行列の三角化・行列の多項式 ……… 157
例題 142〜148
5.3 正方行列の対角化 ……… 164
例題 149〜156
5.4 ジョルダン標準形 ……… 172
例題 157〜164
発展問題（18〜23） ……… 180

6 実対称行列の対角化と主軸問題・2 次形式 181

6.1 実対称行列の対角化 ……… 183
例題 165〜172
6.2 座標系とその変換 ……… 191
例題 173〜179
6.3 主軸問題（2 次曲線） ……… 198
例題 180〜185
6.4 主軸問題（2 次曲面） ……… 204
例題 186〜191
6.5 2 次形式 ……… 211
例題 192〜195
発展問題（24〜31） ……… 215

7　線形空間——現代代数学への誘い　217

7.1　線 形 空 間 219

例題 196〜209

7.2　計量線形空間 233

例題 210〜217

7.3　線 形 写 像 241

例題 218〜223

発展問題（32〜37） 247

問 題 解 答　248

第 1 章の解答 248

第 2 章の解答 252

第 3 章の解答 260

第 4 章の解答 268

第 5 章の解答 279

第 6 章の解答 288

第 7 章の解答 299

索　　引　309

本書の見出しや記号について

(1) 各章の扉に

充実した学習・満足できる学習

のために展望をあげました．

ここにある E1, E2, $\cdots$ の E は exercise の省略です．

例題 1，例題 2，$\cdots$ を指します．

(2) 本文中の要項や，例題の問題番号に$\sharp$が付いているときは，内容が少しだけ高度なものです．

初めて本書を読むときは，とばしても結構です．

(3) 例題では解答の前に route や navi の項があります．

route では，基本事項（概念・定理）とこの例題との結びつきを，分かりやすく説明します．

navi は navigation の省略です．ここでは，例題固有の条件や要点・本質を端的にとりあげました．その条件を既知の基本事項と結びつけて，この例題の解決が展望されるように計画されています．

これらを，自力によるチャレンジに役立たせることができれば最高です．

1　行列の代数

先へ急ごう

1.1　行列とその演算 (I)

E1　行と列

E2　転置行列

E3　行列の和とスカラー倍

E4　定義から法則へ (1)

1.2　行列とその演算 (II)

E5　行列の積

E6　定義から法則へ (2)

1.3　正方行列とその演算

E8　可換な行列 (1)

E10　逆行列とその役割

E11　2 次行列の正則条件

1.4　数の演算との類似点と相違点

E13　相違点——指数法則

E18　行列の多項式

1.5　行列のブロック分割

E20, 21　ブロック分割のもとでの演算 (1), (2)

E22　ブロック分割による記述の簡素化 (1)

発展問題 1〜4

見物していくか

E7　線形計画法の芽

E9　可換な行列 (2)

E12　零因子

E14　数との相違

E15　べき等・べき零と正則性

E16　（2 次）行列のるい乗

E17　行列のるい乗

E19　行列と 2 項定理

E23　ブロック分割による記述の簡素化 (2)

てっそくだよ

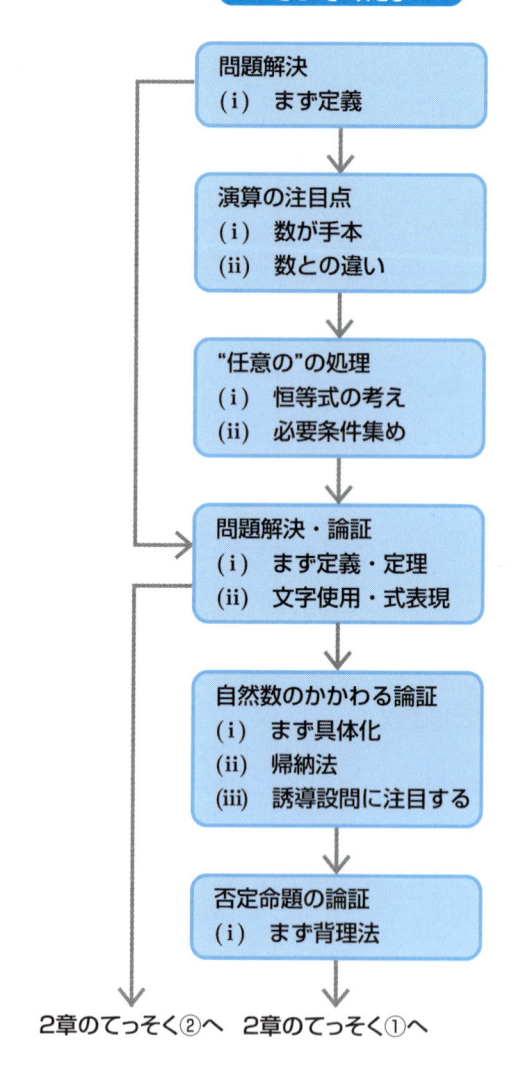

問題解決
(i) まず定義

演算の注目点
(i) 数が手本
(ii) 数との違い

“任意の”の処理
(i) 恒等式の考え
(ii) 必要条件集め

問題解決・論証
(i) まず定義・定理
(ii) 文字使用・式表現

自然数のかかわる論証
(i) まず具体化
(ii) 帰納法
(iii) 誘導設問に注目する

否定命題の論証
(i) まず背理法

2章のてっそく②へ　2章のてっそく①へ

1.1　行列とその演算 (I)

◆ **行列**　mn 個の数を長方形状に m 行・n 列に配置したもの

$$A = \begin{bmatrix} a_{11} & a_{12} & \cdots & a_{1n} \\ a_{21} & a_{22} & \cdots & a_{2n} \\ & \cdots\cdots & & \\ a_{m1} & a_{m2} & \cdots & a_{mn} \end{bmatrix} \quad \text{または} \quad \begin{pmatrix} a_{11} & a_{12} & \cdots & a_{1n} \\ a_{21} & a_{22} & \cdots & a_{2n} \\ & \cdots\cdots & & \\ a_{m1} & a_{m2} & \cdots & a_{mn} \end{pmatrix}$$

てっそく
問題解決では
(i)　まず定義
“はじめに言葉あり”

を $\boldsymbol{m}$ **行** $\boldsymbol{n}$ **列の行列**または $\boldsymbol{(m, n)}$ **型行列**，$\boldsymbol{(m, n)}$ **行列**，$\boldsymbol{m \times n}$ **行列**という．とくに $(1, n)$ 行列 $\boldsymbol{a} = [a_1\ a_2\ \cdots\ a_n]$ を n 次の**行ベクトル**といい，$(m, 1)$ 行列 $\boldsymbol{b} = \begin{bmatrix} b_1 \\ b_2 \\ \vdots \\ b_m \end{bmatrix}$ を m 次の**列ベクトル**という．

(2, 3) 行列

$$\begin{array}{r} \\ \\ 1\text{ 行}\rightarrow \\ 2\text{ 行}\rightarrow \end{array} \begin{array}{ccc} 1\text{ 列} & 2\text{ 列} & 3\text{ 列} \\ \downarrow & \downarrow & \downarrow \\ a_{11} & a_{12} & a_{13} \\ a_{21} & a_{22} & \textcircled{a_{23}} \end{array}$$

$\nearrow$ **(2, 3) 成分**

一般の (m, n) 行列 A には，上から順に m 個の行ベクトルと n 個の列ベクトル

$$\begin{aligned} \boldsymbol{a}_1 &= [a_{11}\ a_{12}\ \cdots\ a_{1n}] \\ \boldsymbol{a}_2 &= [a_{21}\ a_{22}\ \cdots\ a_{2n}] \\ &\cdots \\ \boldsymbol{a}_m &= [a_{m1}\ a_{m2}\ \cdots\ a_{mn}] \end{aligned} \quad ; \quad \boldsymbol{b}_1 = \begin{bmatrix} a_{11} \\ a_{21} \\ \vdots \\ a_{m1} \end{bmatrix}, \quad \boldsymbol{b}_2 = \begin{bmatrix} a_{12} \\ a_{22} \\ \vdots \\ a_{m2} \end{bmatrix}, \quad \cdots, \quad \boldsymbol{b}_n = \begin{bmatrix} a_{1n} \\ a_{2n} \\ \vdots \\ a_{mn} \end{bmatrix}$$

があり，$\boldsymbol{a}_1$ を第 1 行，…，$\boldsymbol{a}_m$ を**第** $\boldsymbol{m}$ **行**；$\boldsymbol{b}_1$ を第 1 列，…，$\boldsymbol{b}_n$ を**第** $\boldsymbol{n}$ **列**という．
a_{ij} は第 i 行，第 j 列にある数で，これを $\boldsymbol{i}$ **行** $\boldsymbol{j}$ **列の成分**または $\boldsymbol{(i, j)}$ **成分**という．

例題 1　　　　**行と列**

(i)　(i, j) 成分が $i - j$ である $(2, 3)$ 行列を書き表わせ．

(ii)　$A = \begin{bmatrix} 3 & 2 & 5 \\ 1 & -3 & 4 \end{bmatrix}$ の第 2 行 $\boldsymbol{a}_2$ と第 2 列 $\boldsymbol{b}_2$ を書け．

解答　(i)　$A = \begin{bmatrix} 1-1 & 1-2 & 1-3 \\ 2-1 & 2-2 & 2-3 \end{bmatrix} = \begin{bmatrix} 0 & -1 & -2 \\ 1 & 0 & -1 \end{bmatrix}$

(ii)　$\boldsymbol{a}_2 = [\ 1 \quad -3 \quad 4\ ]$，　$\boldsymbol{b}_2 = \begin{bmatrix} 2 \\ -3 \end{bmatrix}$

(i, j)成分と
(j, i)成分は
席が違うよ

問　題

1.1　(i)　(i, j) 成分が $i + 2j$ である $(3, 3)$ 行列をつくれ．

(ii)　$B = \begin{bmatrix} 2 & 0 & 1 \\ 0 & 3 & 5 \\ 4 & 6 & 0 \end{bmatrix}$ の第 3 行 $\boldsymbol{a}_3$ と第 2 列 $\boldsymbol{b}_2$ を書け．

◆ **行列の相等**　いま，考えの対象としているのは，数 a_{ij} を座席配置した行列 $A=[a_{ij}]$ であり，今後いろいろな行列が登場する．行列の集合を考えたとき，まず固めておかねばならないのは，2 つの行列 A, B が等しい，$A=B$ とは何を指すか，である．

2 つの行列 $A=[a_{ij}], B=[b_{ij}]$ が，(ア) 同じ $m\times n$ 型であり，(イ) 対応する (i,j) 成分がすべて等しいとき，A と B は等しいといい，$A=B$ で表わす．

3 次正方行列

$$\begin{bmatrix} a_{11} & a_{12} & a_{13} \\ a_{21} & a_{22} & a_{23} \\ a_{31} & a_{32} & a_{33} \end{bmatrix}$$

（真四角な行列）

転置行列

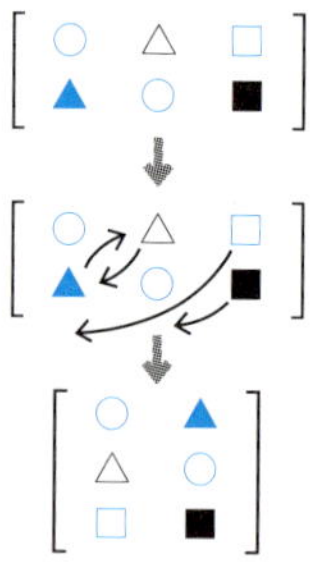

◆ **正方行列・対角成分・単位行列**　行の個数と列の個数が等しい行列 A，すなわち $m=n$ である行列を **n 次の正方行列**という．行列の理論の中心となる型である．

n 次の正方行列 A において，左上から右下にかけての成分 a_{11}，a_{22}，$\cdots$，a_{nn} を A の**対角成分**という．

対角成分がすべて 1 で，他の成分がすべて 0 のようなもの，すなわち次の行列を**単位行列**という．

$$E_n=\begin{bmatrix} 1 & & & \\ & 1 & & O \\ & O & \ddots & \\ & & & 1 \end{bmatrix}$$

（大文字 O は，その辺りの成分が 0 の意味）

◆ **転置行列**　一般の (m,n) 行列 $A=[a_{ij}]$ に戻り，A に対して

$$b_{ji}=a_{ij}\quad (i=1,2,\cdots,m\ ;\ j=1,2,\cdots,n)$$

としたときの行列 $B=[b_{ij}]$ を A の**転置行列**といい，${}^tA$ で表わす．

例題 2　　**転置行列**

次の $A, \boldsymbol{a}$ の転置行列 ${}^tA, {}^t\boldsymbol{a}$ をつくれ．

(i) $A=\begin{bmatrix} 1 & 2 & 3 & 4 \\ 5 & 6 & 7 & 8 \\ 9 & 10 & 11 & 12 \end{bmatrix}$　　(ii) $\boldsymbol{a}=\begin{bmatrix} 3 & -1 & -2 & 4 \end{bmatrix}$

解答　(i) ${}^tA=\begin{bmatrix} 1 & 5 & 9 \\ 2 & 6 & 10 \\ 3 & 7 & 11 \\ 4 & 8 & 12 \end{bmatrix}$　　(ii) ${}^t\boldsymbol{a}=\begin{bmatrix} 3 \\ -1 \\ -2 \\ 4 \end{bmatrix}$

転置行列の t は?
transpose の t

問　題

2.1　$\begin{bmatrix} x-2y & 0 \\ 3x+y & 3 \end{bmatrix}=\begin{bmatrix} 5 & 2z+u \\ 8 & z-u \end{bmatrix}$ となる x, y, z, u を求めよ．次にこの行列の転置行列をつくれ．

◆ **行列の和・差とスカラー倍** 行列の成分は一般には複素数であるが，実数に限ってもよい．複素数全体あるいは実数の全体を K で表わし，行列 $A, B, \cdots$ に対して K の元（げん）をスカラーとよぶ．

$A=[a_{ij}], B=[b_{ij}]$ が同じ (m,n) 型のとき

$$A+B=[a_{ij}+b_{ij}],\quad A-B=[a_{ij}-b_{ij}]$$

と定義し，**行列の和**および**差**という．

$A=[a_{ij}]$ を (m,n) 行列，λ がスカラーのとき

$$\lambda A=[\lambda a_{ij}]$$

と定義し，行列の**スカラー倍**という．

以上の結果は，いずれも (m,n) 型である．型の異なる行列の和・差は考えない．

> **行列の和・差とスカラー倍**
>
> $$A=\begin{bmatrix} a_{11} & a_{12} \\ a_{21} & a_{22} \\ a_{31} & a_{32} \end{bmatrix},\quad B=\begin{bmatrix} b_{11} & b_{12} \\ b_{21} & b_{22} \\ b_{31} & b_{32} \end{bmatrix}$$
>
> のとき
>
> $$A\pm B=\begin{bmatrix} a_{11}\pm b_{11} & a_{12}\pm b_{12} \\ a_{21}\pm b_{21} & a_{22}\pm b_{22} \\ a_{31}\pm b_{31} & a_{32}\pm b_{32} \end{bmatrix}$$
>
> 同じ位置にある成分どうしを加える
>
> $$\lambda A=\begin{bmatrix} \lambda a_{11} & \lambda a_{12} \\ \lambda a_{21} & \lambda a_{22} \\ \lambda a_{31} & \lambda a_{32} \end{bmatrix}$$ 全成分を λ 倍する

成分がすべて 0 の (m,n) 行列を $O_{m,n}$ あるいは O と記し，**零（れい）行列**という．

例題 3 ——— **行列の和とスカラー倍**

$A=\begin{bmatrix} 3 & 2 \\ 1 & 0 \end{bmatrix}$ のとき，次の行列 B, C, D のうち，A との和の定義されるものについて，その和を求めよ．

$$B=\begin{bmatrix} -5 & 2 \\ -1 & 1 \end{bmatrix},\quad C=3\begin{bmatrix} 1 & -1 & 0 \\ 2 & 2 & 3 \end{bmatrix},\quad D=(-4)\begin{bmatrix} 1 & 0 \\ 1 & 1 \end{bmatrix}$$

route A と同じ型の行列は B, D である．

解答 A は $(2,2)$ 型であるから $A+B, A+D$ は定義できるが，$A+C$ は定義されない．

$$A+B=\begin{bmatrix} 3 & 2 \\ 1 & 0 \end{bmatrix}+\begin{bmatrix} -5 & 2 \\ -1 & 1 \end{bmatrix}=\begin{bmatrix} 3-5 & 2+2 \\ 1-1 & 0+1 \end{bmatrix}=\begin{bmatrix} -2 & 4 \\ 0 & 1 \end{bmatrix}$$

$$A+D=\begin{bmatrix} 3 & 2 \\ 1 & 0 \end{bmatrix}+\begin{bmatrix} -4 & 0 \\ -4 & -4 \end{bmatrix}=\begin{bmatrix} -1 & 2 \\ -3 & -4 \end{bmatrix}$$

> **行列の和・差**
> 和・差は同じ型どうし
> そして同じ位置どうし

問　題

3.1 次の結果を求めよ．

(i) $2\begin{bmatrix} 1 & -2 & 3 \\ 2 & 1 & -4 \end{bmatrix}-3\begin{bmatrix} -1 & 0 & 1 \\ 5 & 1 & 0 \end{bmatrix}+\begin{bmatrix} -2 & 1 & -3 \\ 6 & -2 & 4 \end{bmatrix}$

(ii) $2\begin{bmatrix} 2 \\ 3 \\ -1 \end{bmatrix}+4\begin{bmatrix} 1 \\ 0 \\ -3 \end{bmatrix}$

◆ 演算の法則 —— 和・差・スカラー倍の場合

(1, 1) 行列 $[a]$ は数 a と同一に見てよい．演算も

行列としての和 $[a]+[b]=[a+b]$ は数としての和 $a+b$,
スカラー倍 $\lambda[a]=[\lambda a]$ は数どうしの積 λa

に相当している．(1, 1) 行列の集合は，数の集合 K と同じである．

一般の (m,n) 行列は数を拡張したものであり，数の集合 K と同様に和，差，スカラー倍が定められる．それならば，行列が数の場合とどの程度類似しているかが注目されよう．

それに答えるのが，次の定理 1 である．

定理 *1* $A, B, \cdots$ を (m,n) 行列，λ, μ をスカラーとするとき

[I] (1) $A+B=B+A$ （和の交換法則）
(2) $A+(B+C)=(A+B)+C$ （和の結合法則）
(3) 任意の A に対して $A+O=A$ となる O がある
(4) A, B に対して $B+X=A$ となる X が存在する

[II] (1) $\lambda(A+B)=\lambda A+\lambda B$
(2) $(\lambda+\mu)A=\lambda A+\mu A$
(3) $(\lambda\mu)A=\lambda(\mu A)$

てっそく
演算の注目点
(i) 数が手本 (ii) 数との違い

例題 *4* **定義から法則へ (1)**

2 次の正方行列について，定理 1[II] (1) を確かめよ．

解答 $A=\begin{bmatrix} a_{11} & a_{12} \\ a_{21} & a_{22} \end{bmatrix}, B=\begin{bmatrix} b_{11} & b_{12} \\ b_{21} & b_{22} \end{bmatrix}$ とすると $A+B=\begin{bmatrix} a_{11}+b_{11} & a_{12}+b_{12} \\ a_{21}+b_{21} & a_{22}+b_{22} \end{bmatrix}$

$\lambda A=\begin{bmatrix} \lambda a_{11} & \lambda a_{12} \\ \lambda a_{21} & \lambda a_{22} \end{bmatrix}, \lambda B=\begin{bmatrix} \lambda b_{11} & \lambda b_{12} \\ \lambda b_{21} & \lambda b_{22} \end{bmatrix}$ から $\lambda A+\lambda B=\begin{bmatrix} \lambda(a_{11}+b_{11}) & \lambda(a_{12}+b_{12}) \\ \lambda(a_{21}+b_{21}) & \lambda(a_{22}+b_{22}) \end{bmatrix}$

これは $\lambda(A+B)$ であるから，$\lambda(A+B)=\lambda A+\lambda B$

問 題

4.1 (m,n) 行列に対して $O-A$ を $-A$ と表わすと，次がなりたつ．

定理 *1* [III] (1) $-A=(-1)A$
(2) $B-A=B+(-A)$

これを 2 次の正方行列について確かめよ．

1.2 行列とその演算 (II)

◆ **行列の積**　x_1, x_2 の連立方程式

$$\begin{cases} a_{11}x_1 + a_{12}x_2 = b_1 \\ a_{21}x_1 + a_{22}x_2 = b_2 \end{cases} \quad \cdots ①$$

では，係数 $a_{11}, a_{12}, a_{21}, a_{22}$ と右辺 b_1, b_2 を与えると，解が定まる．そこで行列

$$A = \begin{bmatrix} a_{11} & a_{12} \\ a_{21} & a_{22} \end{bmatrix}, \quad \boldsymbol{x} = \begin{bmatrix} x_1 \\ x_2 \end{bmatrix}, \quad \boldsymbol{b} = \begin{bmatrix} b_1 \\ b_2 \end{bmatrix}$$

をとりあげ

$$(*) \quad A\boldsymbol{x} = \begin{bmatrix} a_{11} & a_{12} \\ a_{21} & a_{22} \end{bmatrix} \begin{bmatrix} x_1 \\ x_2 \end{bmatrix} \text{ とは } \begin{bmatrix} a_{11} & a_{12} \\ a_{21} & a_{22} \end{bmatrix} \begin{bmatrix} x_1 \\ x_2 \end{bmatrix} = \begin{bmatrix} a_{11}x_1 + a_{12}x_2 \\ a_{21}x_1 + a_{22}x_2 \end{bmatrix}$$

のことと定めると，連立方程式①は $A\boldsymbol{x} = \boldsymbol{b}$ と表わされる．

> **定義にはキッカケがある**
>
> $\begin{cases} 2x_1 + 5x_2 = 1 \\ x_1 + 3x_2 = 4 \end{cases}$ のことを
>
> $$\begin{bmatrix} 2 & 5 \\ 1 & 3 \end{bmatrix} \begin{bmatrix} x_1 \\ x_2 \end{bmatrix} = \begin{bmatrix} 1 \\ 4 \end{bmatrix}$$
>
> （それぞれ $\| A$, $\| \boldsymbol{x}$, $\| \boldsymbol{b}$）
>
> $A\boldsymbol{x} = \boldsymbol{b}$ と表わす．

◆ **行列の積**　この A と $\boldsymbol{x}$ とから $A\boldsymbol{x}$ をつくることが，一般の積 AB のつくり方で連想させる．それは

$$(A \text{ の列の個数}) = (B \text{ の行の個数})$$

のときである．(l, m) 行列 $A = [a_{ij}]$ と (m, n) 行列 $B = [b_{ij}]$ に対して

$$c_{ij} = a_{i1}b_{1j} + a_{i2}b_{2j} + \cdots + a_{im}b_{mj}$$

をつくり，行列 $[c_{ij}]$ を積 AB と定める．

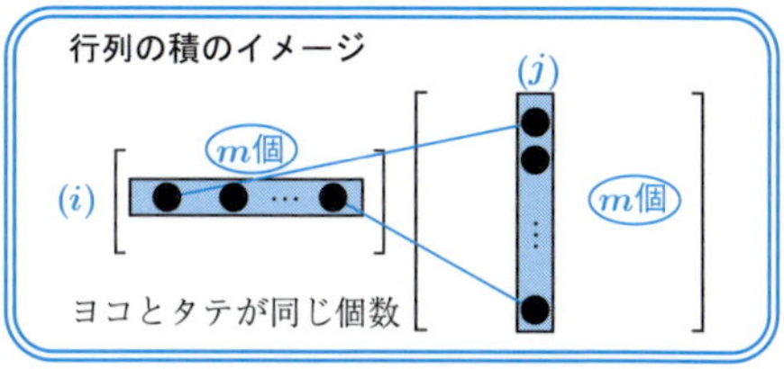

例題 5　　　　**行列の積**

$A = \begin{bmatrix} 1 & 2 \\ -1 & -3 \\ 1 & -1 \end{bmatrix}$ のとき，$B = \begin{bmatrix} -1 & 1 \\ 2 & 1 \end{bmatrix}$, $C = \begin{bmatrix} 2 & 1 & -1 \\ -1 & 0 & 3 \end{bmatrix}$ のうち積 AB, BA, AC, CA の定義されるものについて，その結果を示せ．

navi　積は「ヨコ－タテ」と見て，個数の合うものについて定義される．

解答　AB, AC, CA は定義されるが，BA は定義されない．

$$AB = \begin{bmatrix} 3 & 3 \\ -5 & -4 \\ -3 & 0 \end{bmatrix}, \quad AC = \begin{bmatrix} 0 & 1 & 5 \\ 1 & -1 & -8 \\ 3 & 1 & -4 \end{bmatrix}, \quad CA = \begin{bmatrix} 0 & 2 \\ 2 & -5 \end{bmatrix}$$

> $AC \neq CA$ に注意

問　題

5.1　次の積を求めよ．　(i) $\begin{bmatrix} -1 & 5 \\ 3 & 0 \\ 3 & 1 \end{bmatrix} \begin{bmatrix} 7 \\ 2 \end{bmatrix}$

(ii) $\begin{bmatrix} 0 & 2 & 1 \\ -1 & 0 & 3 \end{bmatrix} \begin{bmatrix} 1 & 1 & -1 & 1 \\ 2 & 0 & 0 & 2 \\ 1 & -2 & -1 & 0 \end{bmatrix}$　　(iii) $\begin{bmatrix} 3 & -1 & 4 \end{bmatrix} \begin{bmatrix} -1 \\ 2 \\ 1 \end{bmatrix}$

◆ **演算の法則 —— 積の場合** 行列どうしの積は，数どうしの積と較べて“どんな類似点・相違点”があるか．類似点は次の定理に述べる法則である．

定理 2 [I] AB, BC が定義できるとき

$$A(BC) = (AB)C \quad \text{（積の結合法則）}$$

[II] B, C が同じ型で

(1) AB, AC が定義されるとき $A(B+C) = AB+AC$

(2) BA, CA が定義されるとき

$$(B+C)A = BA + CA \quad \text{（分配法則）}$$

[III] A を (l, m) 行列，B を (m, n) 行列，λ をスカラーとするとき

$$(\lambda A)B = A(\lambda B) = \lambda(AB)$$

数との違い
(i) いつでも定義されるわけではない．
和は同じ型
積はヨコ－タテ
(ii) 積は一般に非可換
一般に $AB \fallingdotseq BA$

例題 6 **定義から法則へ (2)**

$A = \begin{bmatrix} 1 & -3 \\ -2 & 5 \\ 3 & -1 \end{bmatrix}, B = \begin{bmatrix} -1 & 0 \\ 2 & -1 \end{bmatrix}, C = \begin{bmatrix} 5 & 6 \\ -2 & 3 \end{bmatrix}$ とする．

(i) $A(BC), (AB)C$ をつくって比較せよ．

(ii) $A(B+C), AB+AC$ をつくって比較せよ．

解答 (i) $BC = \begin{bmatrix} -1 & 0 \\ 2 & -1 \end{bmatrix}\begin{bmatrix} 5 & 6 \\ -2 & 3 \end{bmatrix} = \begin{bmatrix} -5 & -6 \\ 12 & 9 \end{bmatrix}$, $AB = \begin{bmatrix} -7 & 3 \\ 12 & -5 \\ -5 & 1 \end{bmatrix}$

$A(BC) = \begin{bmatrix} 1 & -3 \\ -2 & 5 \\ 3 & -1 \end{bmatrix}\begin{bmatrix} -5 & -6 \\ 12 & 9 \end{bmatrix} = \begin{bmatrix} -41 & -33 \\ 70 & 57 \\ -27 & -27 \end{bmatrix}$, $(AB)C$ も同じ

(ii) $B+C = \begin{bmatrix} 4 & 6 \\ 0 & 2 \end{bmatrix}$, $A(B+C) = \begin{bmatrix} 4 & 0 \\ -8 & -2 \\ 12 & 16 \end{bmatrix} = AB+AC$

問 題

6.1 行列の演算と転置行列（⇨ p.4）の間には次の関係がある．

(i) ${}^t(A+B) = {}^tA + {}^tB$ (ii) ${}^t(\lambda A) = \lambda\,{}^tA$ (iii) ${}^t(AB) = {}^tB\,{}^tA$

これを 2 次正方行列の場合に証明せよ．

◆ **行列の応用**♯　次の表は，あるときの新幹線ひかりの運賃の抜き書きである．

運賃 A

終＼始	東　京	名古屋
新大阪	8,510	3,260
博　多	13,440	10,820

，指定席特急 B

終＼始	東　京	名古屋
新大阪	5,240	2,920
博　多	8,280	6,710

この表の主要部分は運賃である．行列で書き直すと，次のようになる．

$$A = \begin{bmatrix} 8{,}510 & 3{,}260 \\ 13{,}440 & 10{,}820 \end{bmatrix}$$

$$B = \begin{bmatrix} 5{,}240 & 2{,}920 \\ 8{,}280 & 6{,}710 \end{bmatrix}$$

線形計画法
線形代数学利用の数理経済学の理論を線形計画法という．

例題 7♯　**線形計画法の芽**

(i)　上で示した旅行運賃の表から，運賃と座席指定料を合算した表を示す行列 C は行列 A, B の何に相当するか．

(ii)　運賃が運賃 C の 0.7 倍とするとき，その表を示す行列 D をつくれ．行列 D は行列 $A+B$ の何に相当するか．

(iii)　ある旅行会社で東京，名古屋から新大阪と博多行きの 4 コースの旅行を計画し，参加者を募集したところ，右の表のようであった．1 人当りの運賃は，運賃，指定料金ともに 0.7 倍であるという．(ii) の行列 D の第 1 行，第 2 行を $\boldsymbol{d}_1, \boldsymbol{d}_2$ とし，$\boldsymbol{x} = [x_1\ x_2], \boldsymbol{y} = [y_1\ y_2]$ とするとき $\boldsymbol{d}_1{}^t\boldsymbol{x}, \boldsymbol{d}_2{}^t\boldsymbol{y}$ はそれぞれ何を意味するか．

終＼始	東　京	名古屋
新大阪	x_1	x_2
博　多	y_1	y_2

解答　(i)　$C = A + B$　（行列の和）

(ii)　右の表であり，$D = 0.7(A+B)$　（スカラー倍）

(iii)　それぞれ新大阪と博多へ行く全員の運賃の合計

終＼始	東　京	名古屋
新大阪	9,625	4,326
博　多	15,204	12,271

問　題

7.1　ある会社では 2 つの工場で，テレビ，パソコン，プリンターをつくっていて，ある月の生産台数は右表のようであったという．生産台数を表わす行列を A，利益を表わす行ベクトルを $\boldsymbol{x}$ とするとき，$A^t\boldsymbol{x}$ の成分は何を意味するか．

	テレビ	パソコン	プリンター
第 1 工場	200	150	120
第 2 工場	150	180	70
1 台当りの利益	x	y	z

1.3 正方行列とその演算

◆ **正方行列と可換・非可換**　行の個数 m が列の個数 n に等しい行列を **n 次正方行列**，あるいは単に**正方行列**とよんだ（➪ p.4）．

n 次正方行列の間では，和と積が常に定義され，結果はまた n 次正方行列になる．すなわち A, B がともに n 次正方行列のとき

$$A+B\ (=B+A),\ AB,\ BA$$

は，常に定義され，結果も n 次である．これを，n 次正方行列全体は**和と積に関して閉じている**，という．ただし $AB=BA$ とは限らない．$AB=BA$ がなりたつとき，A と B とは**可換**であるといい，$AB \neq BA$ のとき**非可換**という．

例題 8　**可換な行列 (1)**

$A=\begin{bmatrix} 0 & 1 & 0 \\ 0 & 0 & 1 \\ 0 & 0 & 0 \end{bmatrix}$ と可換な 3 次の行列 B を求めよ．

route　行列 B を求めるとは，B の成分を求めるということ．B の成分を文字で与えておき，条件 $AB=BA$ を成分ごとにとりあげる．

解答　$AB=BA$ をみたす行列 B の成分表示を $B=\begin{bmatrix} a & b & c \\ u & v & w \\ x & y & z \end{bmatrix}$ とする．

$$AB=\begin{bmatrix} 0 & 1 & 0 \\ 0 & 0 & 1 \\ 0 & 0 & 0 \end{bmatrix}\begin{bmatrix} a & b & c \\ u & v & w \\ x & y & z \end{bmatrix}=\begin{bmatrix} u & v & w \\ x & y & z \\ 0 & 0 & 0 \end{bmatrix}$$

$$BA=\begin{bmatrix} a & b & c \\ u & v & w \\ x & y & z \end{bmatrix}\begin{bmatrix} 0 & 1 & 0 \\ 0 & 0 & 1 \\ 0 & 0 & 0 \end{bmatrix}=\begin{bmatrix} 0 & a & b \\ 0 & u & v \\ 0 & x & y \end{bmatrix}$$

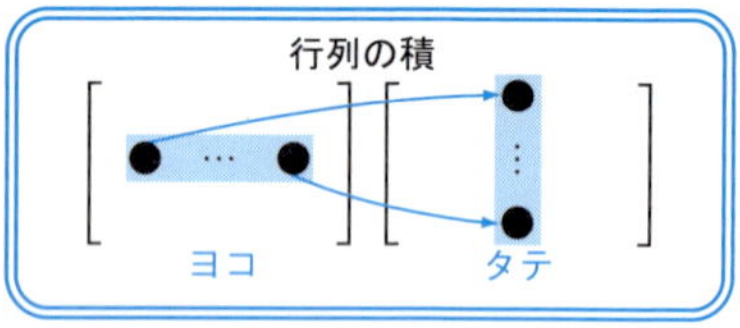

行列の相等 $AB=BA$ とは成分ごとに等しいということだから

$$「AB=BA」\Leftrightarrow「u=0, v=a, w=b, x=0, y=u, z=v, x=0, y=0」$$

$$\Leftrightarrow「u=0, v=a, w=b, x=0, y=0, z=a」\Leftrightarrow B=\begin{bmatrix} a & b & c \\ 0 & a & b \\ 0 & 0 & a \end{bmatrix}\ (a, b, c \text{ は任意})$$

問　題

8.1　$A=\begin{bmatrix} \lambda & 0 & 0 \\ 0 & \lambda & 0 \\ 0 & 0 & \mu \end{bmatrix}, B=\begin{bmatrix} 0 & 1 & 0 \\ 0 & 0 & 0 \\ 0 & 0 & 0 \end{bmatrix}$ は可換であることを示せ．

例題 9♯ **可換な行列 (2)**

2 次の正方行列 A が任意の 2 次正方行列と可換であるための必要かつ十分な条件は $A=a\begin{bmatrix}1&0\\0&1\end{bmatrix}$ であることを示せ．

navi 条件の中心用語は“任意の … と …”．右記の鉄則に注目しよう．

てっそく
“任意の”の処理
(i) 恒等式の考え
(ii) 必要条件集め

解答 $A=\begin{bmatrix}a&b\\c&d\end{bmatrix}$ として，これが任意の 2 次正方行列 $X=\begin{bmatrix}x&y\\z&u\end{bmatrix}$ と $AX=XA$ であるとすると $\begin{bmatrix}ax+bz&ay+bu\\cx+dz&cy+du\end{bmatrix}=\begin{bmatrix}ax+cy&bx+dy\\az+cu&bz+du\end{bmatrix}$

すなわち $bz=cy, ay+bu=bx+dy, cx+dz=az+cu, cy=bz$

これが任意の x,y,z,u に対してなりたつ（x,y,z,u の恒等式）ための条件は

$$b=0,\ c=0,\ a=d \qquad \therefore\quad A=\begin{bmatrix}a&0\\0&a\end{bmatrix}=a\begin{bmatrix}1&0\\0&1\end{bmatrix}$$

別解 2 次正方行列 A が，任意の 2 次正方行列 X に対して $AX=XA$ であるとする．

（上記のてっそくの(ii)の考えで）$X=\begin{bmatrix}1&0\\0&0\end{bmatrix}$ のとき

$$\begin{bmatrix}a&b\\c&d\end{bmatrix}\begin{bmatrix}1&0\\0&0\end{bmatrix}=\begin{bmatrix}1&0\\0&0\end{bmatrix}\begin{bmatrix}a&b\\c&d\end{bmatrix} \quad \text{から} \quad b=0,\ c=0$$

$X=\begin{bmatrix}1&1\\0&0\end{bmatrix}$ のとき

$$\begin{bmatrix}a&0\\0&d\end{bmatrix}\begin{bmatrix}1&1\\0&0\end{bmatrix}=\begin{bmatrix}1&1\\0&0\end{bmatrix}\begin{bmatrix}a&0\\0&d\end{bmatrix} \quad \text{から} \quad a=d \quad \text{（必要条件）}$$

$\therefore\quad A=\begin{bmatrix}a&0\\0&a\end{bmatrix}$．逆にこのとき，任意の $X=\begin{bmatrix}x&y\\z&u\end{bmatrix}$ に対して

$AX=XA$ （十分条件）

問題

9.1 $\begin{bmatrix}0&1\\-1&0\end{bmatrix}$ と可換な 2 次正方行列は，それらどうしで可換であることを示せ．

9.2 n 次正方行列 A,B が可換であるための必要十分条件は，任意のスカラー λ に対して $A-\lambda E$ と $B-\lambda E$ が可換なことである．これを証明せよ．

◆ **正則行列 A と逆行列の考え**　$E_n = E$ を単位行列（⇨ p.4）とするとき，任意の n 次正方行列 A に対して次がなりたつ．

$$AE = EA = A$$

さらに aE（a はスカラー）を**スカラー行列**という．n 次正方行列 A に対して

$$AX = XA = E$$

のような n 次正方行列 X があるとき，A を**正則行列**という．このとき X を A^{-1} と表わし，A の**逆行列**という．

2 次単位行列

$$AE = \begin{bmatrix} a_{11} & a_{12} \\ a_{21} & a_{22} \end{bmatrix}\begin{bmatrix} 1 & 0 \\ 0 & 1 \end{bmatrix} = A$$

$$EA = \begin{bmatrix} 1 & 0 \\ 0 & 1 \end{bmatrix}\begin{bmatrix} a_{11} & a_{12} \\ a_{21} & a_{22} \end{bmatrix} = A$$

行列は数の拡張
E は数の 1 のようなもの
逆行列は逆数のようなもの

例題 10　　**逆行列とその役割**

行列 $A = \begin{bmatrix} 1 & -1 \\ 0 & 1 \end{bmatrix}$ が正則であることを示し，$B = \begin{bmatrix} -5 & -1 \\ 3 & 4 \end{bmatrix}$ とするとき，$YA = B$ となる行列 Y を求めよ．

navi 新しい用語に対しては，まず定義，続いて役割→定理と進む．この例題のリピートは次頁問題 11.1.

正則行列・逆行列
(i)　まず定義から
A が正則
$\Leftrightarrow AX = XA = E$ となる X

解答　$X = \begin{bmatrix} x & y \\ z & u \end{bmatrix}$ が $AX = E$ をみたすとは

$$\begin{bmatrix} 1 & -1 \\ 0 & 1 \end{bmatrix}\begin{bmatrix} x & y \\ z & u \end{bmatrix} = \begin{bmatrix} x-z & y-u \\ z & u \end{bmatrix} = \begin{bmatrix} 1 & 0 \\ 0 & 1 \end{bmatrix}$$ であること．すなわち

$$x - z = 1,\quad y - u = 0,\quad z = 0,\quad u = 1$$

よって $X = \begin{bmatrix} 1 & 1 \\ 0 & 1 \end{bmatrix}$ となり，このとき $XA = \begin{bmatrix} 1 & 1 \\ 0 & 1 \end{bmatrix}\begin{bmatrix} 1 & -1 \\ 0 & 1 \end{bmatrix} = \begin{bmatrix} 1 & 0 \\ 0 & 1 \end{bmatrix} = E$

となるので X は A の逆行列 A^{-1} であり，A は正則である．

$YA = B$ のとき $(YA)A^{-1} = BA^{-1}$ から

$$Y = BA^{-1} = \begin{bmatrix} -5 & -1 \\ 3 & 4 \end{bmatrix}\begin{bmatrix} 1 & 1 \\ 0 & 1 \end{bmatrix} = \begin{bmatrix} -5 & -6 \\ 3 & 7 \end{bmatrix}$$

問　題

10.1　正則の定義を基にして，次を証明せよ．

(i)　A が正則ならば，逆行列 A^{-1} も正則であり，$(A^{-1})^{-1} = A$

(ii)　積の結合法則（定理 2[I]）を用いて，A と B が正則ならば，積 AB も正則で $(AB)^{-1} = B^{-1}A^{-1}$

注意　A, B が可換でないときは $(AB)^{-1} = A^{-1}B^{-1}$ とは限らない．

◆ **2 次行列の正則条件と逆行列の成分表示**　ここでは 2 次の場合に限って，行列 A が正則となる条件を調べる．一般の n 次の場合は第 2 章のテーマである．

定理 3　2 次正方行列 $A = \begin{bmatrix} a_{11} & a_{12} \\ a_{21} & a_{22} \end{bmatrix}$ が正則であるための条件は $|A| = a_{11}a_{22} - a_{12}a_{21} \fallingdotseq 0$ である．またこのとき $A^{-1} = \dfrac{1}{|A|}\begin{bmatrix} a_{22} & -a_{12} \\ -a_{21} & a_{11} \end{bmatrix}$

定理 4　(1)　n 次の単位行列の特性は「任意の n 次の正方行列 A に対して，$AE = EA = A$ をみたすこと」である．このような特性をもつ n 次行列は E 以外にない．この性質を**単位行列の一意性**という．

(2)　n 次正方行列 A に対し，A の逆行列 X の特性は「$AX = XA = E$ をみたすこと」である．このような特性をもつ X は，A に対してあるとしてもただ 1 つである．

例題 11　　**2 次行列の正則条件**

2 次正方行列のとき，定理 3 を証明せよ．

解答　行列 A が正則とは，$AX = XA = E$ となる X があること．$A = \begin{bmatrix} a_{11} & a_{12} \\ a_{21} & a_{22} \end{bmatrix}$ に対して $X = \begin{bmatrix} x_{11} & x_{12} \\ x_{21} & x_{22} \end{bmatrix}$ が $AX = E$ となるとは，次がなりたつこと．

> **てっそく**
> **問題解決**
> **(i)　まず定義・定理**
> **(ii)　文字使用・式表現**

$$\begin{bmatrix} a_{11} & a_{12} \\ a_{21} & a_{22} \end{bmatrix}\begin{bmatrix} x_{11} & x_{12} \\ x_{21} & x_{22} \end{bmatrix} = \begin{bmatrix} a_{11}x_{11} + a_{12}x_{21} & a_{11}x_{12} + a_{12}x_{22} \\ a_{21}x_{11} + a_{22}x_{21} & a_{21}x_{12} + a_{22}x_{22} \end{bmatrix} = \begin{bmatrix} 1 & 0 \\ 0 & 1 \end{bmatrix}$$

$$\begin{cases} a_{11}x_{11} + a_{12}x_{21} = 1 \\ a_{21}x_{11} + a_{22}x_{21} = 0 \end{cases} \cdots ① \qquad \begin{cases} a_{11}x_{12} + a_{12}x_{22} = 0 \\ a_{21}x_{12} + a_{22}x_{22} = 1 \end{cases} \cdots ②$$

① から x_{21} を消去して $(a_{11}a_{22} - a_{12}a_{21})x_{11} = a_{22}$ すなわち $|A|x_{11} = a_{22}$．同様に $|A|x_{21} = -a_{21}$．ここで $|A| = 0$ ならば $a_{22} = 0, a_{21} = 0$ となり，② の第 2 式と矛盾．　$\therefore |A| \fallingdotseq 0$ 逆に $|A| \fallingdotseq 0$ ならば $x_{11} = \frac{a_{22}}{|A|}, x_{21} = \frac{-a_{21}}{|A|}$．同様に ② から $x_{12} = \frac{-a_{12}}{|A|}, x_{22} = \frac{a_{11}}{|A|}$．

よって $X = \dfrac{1}{|A|}\begin{bmatrix} a_{22} & -a_{12} \\ -a_{21} & a_{11} \end{bmatrix}$ となり，この X は $XA = E$ をみたすので，$X = A^{-1}$

問　題

11.1　$A = \begin{bmatrix} -1 & 2 \\ 3 & 1 \end{bmatrix}$ の逆行列を用いて $AB = \begin{bmatrix} -4 & 5 \\ 5 & 6 \end{bmatrix}$ となる B を求めよ．

11.2　2 次行列のとき定理 4 を証明せよ．

1.4 数の演算との類似点と相違点

◆ **数との相違**　積をめぐって注意しなければならないことがいくつかある．

(i)　積が定義される場合，(A の列の個数) $=$ (B の行の個数) のときに AB が定義されても BA は定義されるとは限らない．

(ii)　**（積の非可換性）** AB と BA が定義されても $AB = BA$ とは限らない．

(iii)　**（逆行列の存在）** $A \neq O$（零行列）であっても $AX = XA = E$（単位行列）となる $X\ (= A^{-1})$ があるとは限らない（⇨ p.12）．

(iv)　$A \neq O, B \neq O$ で $AB = O$ となることがある．A, B を**零**（れい）**因子**という．

(v)　$A \neq O$ で $A^n = O$（$n \geqq 2$ は自然数）となることがある．A を**べき零**（れい）**行列**という．

(vi)　$A^2 = E$ となる A は $A = E, A = -E$ だけではない (⇨ p.16)

◆ **正方行列のるい乗**　正方行列 A に対して「$A^0 = E, A^r = AA \cdots A$ (A の r 個の積)」と定義する．数のように

（指数法則） $A^r A^s = A^s A^r = A^{r+s}$，　$(A^r)^s = A^{rs}$

がなりたつ．同じ型の正方行列 A, B に対して「A, B が可換ならば $(AB)^r = A^r B^r$」はなりたつが，非可換のときは，なりたつとは限らない．

> 行列で注意する例
> $AB = BA$?
> $(AB)^r = A^r B^r$?
> $A \neq O$ でも A^{-1}?
> $AB = O, A \neq O, B \neq O$
> $A^n = O \;\Rightarrow\; A = O$?

例題 12♯　　零因子

$A = \begin{bmatrix} 1 & 1 \\ 1 & 1 \end{bmatrix}$ は零因子であることを示せ．

解答　$B = \begin{bmatrix} x & y \\ z & u \end{bmatrix}$ とすると

$$AB = \begin{bmatrix} 1 & 1 \\ 1 & 1 \end{bmatrix}\begin{bmatrix} x & y \\ z & u \end{bmatrix} = \begin{bmatrix} x+z & y+u \\ x+z & y+u \end{bmatrix} \text{から}$$

$$AB = O \quad \Leftrightarrow \quad \begin{matrix} x+z=0 \\ y+u=0 \end{matrix} \quad \Leftrightarrow \quad B = \begin{bmatrix} x & y \\ -x & -y \end{bmatrix}$$

よって $x \neq 0$ または $y \neq 0$ にとれば $A \neq O, B \neq O$ で $AB = O$ となるので，A は（B も）零因子である．

> てっそく
> 問題解決
> (i)　定義・定理
> (ii)　文字使用・式表現

問　題

12.1　(i)　零因子およびべき零行列は正則でないことを証明せよ．

(ii)　正方行列 A がべき零ならば，$E - A, E + A$ は正則であることを示せ．

(iii)　$B = \begin{bmatrix} 1 & -1 & 0 & 0 \\ 0 & 1 & -1 & 0 \\ 0 & 0 & 1 & -1 \\ 0 & 0 & 0 & 1 \end{bmatrix}$ の逆行列を求めよ．

例題 13 相違点 —— 指数法則

(i) 正方行列 A, B が可換ならば，任意の自然数 r に対して，$(AB)^r = A^r B^r$ であることを示せ．

(ii) A, B が正則な n 次正方行列で非可換ならば，$(AB)^2 \neq A^2 B^2$ であることを示せ．

navi (i) 任意の自然数 r に対する命題の処理は

(ア) (r の具体化) $r = 2, 3$ などで様子をみる．

(イ) 帰納法でしめくくる

などが考えられる．

(ii) "$\neq$ のような否定条件" では背理法．

てっそく
自然数のかかわる論証
(i) まず具体化せよ
(ii) 帰納法

てっそく
否定命題の論証
(i) まず背理法

route (i) では $(AB)^2 = (AB)(AB) = A(BA)B = A(AB)B = A^2B^2$ を手本とする．

(ii) では $(AB)^2 = A^2B^2$ としてみる．

解答 (i) $AB = BA$ とする．自然数 r ($\geqq 2$) に対して

$$(AB)^{r-1} = A^{r-1}B^{r-1}$$

とすると

> 行列 $\boldsymbol{A}, \boldsymbol{B}$ の式計算
> 結合・分配は O.K.
> 順序交換は一般に NO.

$$(AB)^r = AB(AB)^{r-1} = AB(A^{r-1}B^{r-1}) = A(BA^{r-1})B^{r-1}$$

ここで $BA^{r-1} = BAA\cdots A = ABA\cdots A = AA\cdots AB = A^{r-1}B$

$$(AB)^r = A(A^{r-1}B)B^{r-1} = A^rB^r$$

(ii) A, B を正則な正方行列で非可換とする．仮に $(AB)^2 = A^2B^2$ とすると

$$ABAB = AABB$$

A の逆行列 A^{-1} を左からかけ，B の逆行列を右からかけると

$$A^{-1}(ABAB)B^{-1} = A^{-1}(AABB)B^{-1}$$

すなわち $(A^{-1}A)BA(BB^{-1}) = (A^{-1}A)AB(BB^{-1})$ となり，$A^{-1}A = E, BB^{-1} = E$ を用いて $BA = AB$ となる．これは A, B の非可換性に反する．

注意 こんなところでも，非可換性はキビシイ．

問題

13.1 正方行列 A, B に対し $AB = A, BA = B$ であるとき，次のことを証明せよ．

(i) $A^2 = A, B^2 = B$

(ii) $(AB)^r = AB^{r-1}, (BA)^r = BA^{r-1}$

例題 14♯ **数との相違**

$A^2 = E, A \neq \pm E$ となる 2 次の正方行列 A は，次の形をしていることを示せ．

$$\begin{bmatrix} \pm 1 & b \\ 0 & \mp 1 \end{bmatrix} \quad (b \text{ は任意，複号同順})$$

$$\begin{bmatrix} a & \frac{1-a^2}{c} \\ c & -a \end{bmatrix} \quad (a, c \text{ は任意，} c \neq 0)$$

navi 文字を与えて，条件を整えるのが，代数の常道．

route 数の場合の条件処理は　(ア) 文字の消去　(イ) $xy = 0$ の処理

解答 $A = \begin{bmatrix} a & b \\ c & d \end{bmatrix}$ として $A^2 = E$ を a, b, c, d の条件にいいかえる．

$$A^2 = \begin{bmatrix} a & b \\ c & d \end{bmatrix}\begin{bmatrix} a & b \\ c & d \end{bmatrix} = \begin{bmatrix} a^2+bc & ab+bd \\ ca+dc & bc+d^2 \end{bmatrix} = \begin{bmatrix} 1 & 0 \\ 0 & 1 \end{bmatrix}$$

から　$a^2 + bc = 1 \quad \cdots ①$　　$(a+d)b = 0 \quad \cdots ②$

　　　$c(a+d) = 0 \quad \cdots ③$　　$bc + d^2 = 1 \quad \cdots ④$

(ア)　$a + d \neq 0$ ならば $b = 0, c = 0, a^2 = 1, d^2 = 1$ となり，$a + d \neq 0$ に注意して

$$A = \begin{bmatrix} a & b \\ c & d \end{bmatrix} = \begin{bmatrix} 1 & 0 \\ 0 & 1 \end{bmatrix}, \begin{bmatrix} -1 & 0 \\ 0 & -1 \end{bmatrix}$$

となり $A \neq \pm E$ に反する．

(イ)　$a + d = 0, c = 0$ ならば①から $a = \pm 1$ なので $d = -a = \mp 1$，よって④から b は任意で①〜④が成立．

$$A = \begin{bmatrix} \pm 1 & b \\ 0 & \mp 1 \end{bmatrix} \quad (b \text{ は任意，複号同順})$$

(ウ)　$a + d = 0, c \neq 0$ ならば①から $b = \dfrac{1-a^2}{c}, d = -a$ で①〜④が成立．

$$A = \begin{bmatrix} a & \frac{1-a^2}{c} \\ c & -a \end{bmatrix} \quad (a, c \text{ は任意，} c \neq 0)$$

てっそく
問題解決
(i)　定義・定理
(ii)　文字使用・式表現

数との違い
$A^2 = E$ となる A
数で $a^2 = 1$ は $a = \pm 1$
行列では，他にタクサンある

問　題

14.1　次の各条件をみたし，成分が実数の 2 次正方行列を求めよ．

(i)　$A^2 = -E$　　(ii)　$A^2 = A$　　(iii)　$A^2 = O$

◆ **べき等・べき零** $A^2 = A, A \neq E$ のときべき等行列といい，$A^k = O$ となる自然数 k が存在するときべき零行列という．

例題 15♮ **べき等・べき零と正則性**

n 次正方行列 A に対して次のことを証明せよ．

(i) $A^k = E$ となる k があれば A は正則で，$A^{-1} = A^{k-1}$ である．

(ii) A がべき等，すなわち $A^2 = A$ で $A \neq E$ ならば A は正則でない．

(iii) A がべき零，すなわち $A^k = O$ となる k があれば A は正則でない．

navi “正則” といえば，逆行列 A^{-1} をもつこと．“正則でない” といわれれば，正則であるとして背理法．

route 正則の定義は $AX = XA = E$ となる X が存在すること．$X = A^{-1}$ の利用を考えよう．

解答 (i) $k = 1$ ならば，$A = E$ で A は正則であり，

$$A^{-1} = E = A^0$$

$k > 1$ ならば，$A^k = E$ は

$$AA^{k-1} = A^{k-1}A = E$$

と書かれ，これは A が正則で，$A^{-1} = A^{k-1}$ であることを意味する．

(ii) A を正則とすると，A は逆行列をもつから，これを $A^2 = A$ の両辺の左側からかけると，

$$A^{-1}A^2 = A^{-1}A$$

$$\therefore \quad (A^{-1}A)A = A^{-1}A \qquad \therefore \quad A = E$$

これは仮定に反する．したがって，A は正則でない．

(iii) A を正則として，$A^k = O$ の両辺の左側から A^{-1} をかけると $A^{k-1} = O$．したがって，この両辺の左側から再び A^{-1} をかけると $A^{k-2} = O$．これを続けると，最後に $E = O$ が得られて矛盾である．ゆえに A は正則でない．

> **否定命題は背理法**
> 正則でない
> ↓
> 正則とすれば
> A^{-1} がある
> ↓
> A^{-1} を利用して矛盾へ

> 数であれば
> (i) $x^k = 1$ ならば x は 1 の k 乗根
> (ii) $x^2 = x, x \neq 1$ ならば $x = 0$
> (iii) $x^k = 0$ ならば $x = 0$ だけ

問 題

15.1 A, B が n 次正方行列で，A を正則行列，B を任意の正方行列とするとき，次の等式を示せ．

$$(A + B)A^{-1}(A - B) = (A - B)A^{-1}(A + B)$$

◆ **対角行列** 対角成分以外が 0 の行列 $\begin{bmatrix} \alpha & & & \\ & \beta & & O \\ & & \ddots & \\ O & & & \gamma \end{bmatrix}$ を**対角行列**という.

例題 16♯ **(2 次) 行列のるい乗**

(i) $B=\begin{bmatrix} \alpha & 0 \\ 0 & \beta \end{bmatrix}$ のとき，るい乗 $B^m\,(m=1,2,\cdots)$ を求めよ.

(ii) $A=\begin{bmatrix} 3 & -2 \\ 1 & 0 \end{bmatrix}$ に対して $P=\begin{bmatrix} 1 & 2 \\ 1 & 1 \end{bmatrix}$ として $B=P^{-1}AP$ を求めよ.

(iii) (ii)の場合 A^m を求めよ.

navi 「自然数 m に対して」というときは，まず具体的に $m=1,2,3$

route (iii)には(ii)がかかわっているらしい．まず B を求めてからだ.

解答 (i) $B=\begin{bmatrix} \alpha & 0 \\ 0 & \beta \end{bmatrix}$, $B^2=\begin{bmatrix} \alpha & 0 \\ 0 & \beta \end{bmatrix}\begin{bmatrix} \alpha & 0 \\ 0 & \beta \end{bmatrix}=\begin{bmatrix} \alpha^2 & 0 \\ 0 & \beta^2 \end{bmatrix}$

そこで $B^k=\begin{bmatrix} \alpha^k & 0 \\ 0 & \beta^k \end{bmatrix}$ とすると

$$B^{k+1}=B^kB=\begin{bmatrix} \alpha^k & 0 \\ 0 & \beta^k \end{bmatrix}\begin{bmatrix} \alpha & 0 \\ 0 & \beta \end{bmatrix}=\begin{bmatrix} \alpha^{k+1} & 0 \\ 0 & \beta^{k+1} \end{bmatrix}$$

よって数学的帰納法により $B^m=\begin{bmatrix} \alpha^m & 0 \\ 0 & \beta^m \end{bmatrix}$

てっそく
自然数のかかわる論証
(i) まず具体化
(ii) 帰納法
(iii) 誘導設問に注目する

(ii) $P=\begin{bmatrix} 1 & 2 \\ 1 & 1 \end{bmatrix}$ のとき，定理 3 によって $P^{-1}=\dfrac{1}{|P|}\begin{bmatrix} 1 & -2 \\ -1 & 1 \end{bmatrix}=\begin{bmatrix} -1 & 2 \\ 1 & -1 \end{bmatrix}$.

$$P^{-1}AP=\begin{bmatrix} -1 & 2 \\ 1 & -1 \end{bmatrix}\begin{bmatrix} 3 & -2 \\ 1 & 0 \end{bmatrix}\begin{bmatrix} 1 & 2 \\ 1 & 1 \end{bmatrix}=\begin{bmatrix} 1 & 0 \\ 0 & 2 \end{bmatrix}$$

(iii) $B=P^{-1}AP=\begin{bmatrix} 1 & 0 \\ 0 & 2 \end{bmatrix}$ では $B^m=\begin{bmatrix} 1 & 0 \\ 0 & 2^m \end{bmatrix}$

一方 $B^m=(P^{-1}AP)(P^{-1}AP)\cdots(P^{-1}AP)$ で $PP^{-1}=E$ から $B^m=P^{-1}A^mP$. よって

$$A^m=PB^mP^{-1}=\begin{bmatrix} 1 & 2 \\ 1 & 1 \end{bmatrix}\begin{bmatrix} 1 & 0 \\ 0 & 2^m \end{bmatrix}\begin{bmatrix} -1 & 2 \\ 1 & -1 \end{bmatrix}=\begin{bmatrix} -1+2^{m+1} & 2-2^{m+1} \\ -1+2^m & 2-2^m \end{bmatrix}$$

注意 与えられた n 次正方行列 A に対して，$P^{-1}AP$ が対角行列となるような P は存在するのか，これはいまのところ難しい.

問 題

16.1 (i) 次の結果を推定し，帰納法で証明せよ．$B^m=\begin{bmatrix} \alpha & 1 \\ 0 & \alpha \end{bmatrix}^m$, $C^m=\begin{bmatrix} \beta & 1 & 0 \\ 0 & \beta & 1 \\ 0 & 0 & \beta \end{bmatrix}^m$

(ii) $A=\begin{bmatrix} 8 & 4 \\ -9 & -4 \end{bmatrix}$ のとき $P=\begin{bmatrix} -2 & -1 \\ 3 & 1 \end{bmatrix}$ により $P^{-1}AP$ を求め，A^m を求めよ（⇨ 一般論は p.185 第 6 章問題 167.1）.

例題 17♯　　**行列のるい乗**

n 次正方行列 $A=\begin{bmatrix} a & a & \cdots & a \\ a & a & \cdots & a \\ & \cdots\cdots & & \\ a & a & \cdots & a \end{bmatrix}$ の k 乗を A を用いて表わせ.

navi　見当がつかないときは,“具体化, すなわち特別な場合をとりあげる”というのは鉄則の一つである. ここで特別な場合のとり方が 2 通り (k か n か) あるが, 帰納法に乗りやすいのは, どちらだ.

(i)　$n=2$ すなわち $A=\begin{bmatrix} a & a \\ a & a \end{bmatrix}$ のときはどうなるか.

(ii)　$k=2$ のときはどうなるか.

route (ii)のときの **route** は次のようになる.
$k=2$ のときはどうなるか ⟶ 一般の場合の推測 ⟶ 帰納法

解答　$k=2$ のとき

$$A^2=(i)\begin{bmatrix} a & \cdots\cdots & a \\ \vdots & & \vdots \\ a & \cdots\cdots & a \\ \vdots & & \vdots \\ a & \cdots\cdots & a \end{bmatrix}\begin{bmatrix} a & \cdots & \overset{(j)}{a} & \cdots & a \\ \vdots & & \vdots & & \vdots \\ \vdots & & \vdots & & \vdots \\ a & \cdots & a & \cdots & a \end{bmatrix}$$

> **てっそく**
> **自然数のかかわる論証**
> **(i)　まず具体化**
> **(ii)　帰納法**

A^2 の (i,j) 成分は $\overbrace{a^2+\cdots+a^2}^{n\text{ 個}}=na^2$

$$A^2=\begin{bmatrix} na^2 & \cdots & na^2 \\ \vdots & & \vdots \\ na^2 & \cdots & na^2 \end{bmatrix}=na\begin{bmatrix} a & \cdots & a \\ \vdots & & \vdots \\ a & \cdots & a \end{bmatrix}=naA$$

すなわち $A^2=naA$ であり, $A^{k-1}=(na)^{k-2}A$ と仮定すると

$$A^k=A^{k-1}A=(na)^{k-2}A^2=(na)^{k-1}A$$

問　題

17.1　次の n 次正方行列のるい乗を求めよ.

(i)　$A=\begin{bmatrix} & O & & a \\ & & a & \\ & \cdot^{\cdot^{\cdot}} & & \\ a & & & O \end{bmatrix}$　　(ii)　$B=\begin{bmatrix} 0 & 1 & 0 & \cdots & 0 \\ 0 & 0 & 1 & \cdots & 0 \\ & & \cdots\cdots & & \\ 0 & 0 & 0 & \cdots & 1 \\ 0 & 0 & 0 & \cdots & 0 \end{bmatrix}$

◆ **正方行列の多項式** x の多項式 $f(x) = a_0x^r + a_1x^{r-1} + \cdots + a_{r-1}x + a_r$ に対して，A を n 次の正方行列とするとき

$$f(A) = a_0A^r + a_1A^{r-1} + \cdots + a_{r-1}A + a_rE$$

（末尾は a_r でなく a_rE）と定義すると，次がなりたつ．

(1) $h(x) = f(x) + g(x) \ \Rightarrow\ h(A) = f(A) + g(A)$

$h(x) = f(x)g(x) \ \Rightarrow\ h(A) = f(A)g(A)$

(2) P を n 次の正則行列とするとき

$(P^{-1}AP)^r = P^{-1}A^rP \quad (r = 1, 2, \cdots)$

$f(P^{-1}AP) = P^{-1}f(A)P \qquad \cdots$ ①

> 正方行列の多項式は
> 第 5 章で活躍する
> (i) ハミルトン–ケーリー
> (ii) 最小多項式など

例題 18 行列の多項式

(i) $A = \begin{bmatrix} 2 & 1 & 3 \\ 1 & -1 & 2 \\ 1 & 2 & 1 \end{bmatrix}$, $f(x) = x^3 - 2x^2 - 9x + 2$ のとき $f(A)$ を求めよ．

(ii) $f(x) = x^2 + ax + b$ のとき，上の ① を確かめよ．

解答 (i) $A = \begin{bmatrix} 2 & 1 & 3 \\ 1 & -1 & 2 \\ 1 & 2 & 1 \end{bmatrix}$ のとき

$$A^2 = \begin{bmatrix} 2 & 1 & 3 \\ 1 & -1 & 2 \\ 1 & 2 & 1 \end{bmatrix}\begin{bmatrix} 2 & 1 & 3 \\ 1 & -1 & 2 \\ 1 & 2 & 1 \end{bmatrix} = \begin{bmatrix} 8 & 7 & 11 \\ 3 & 6 & 3 \\ 5 & 1 & 8 \end{bmatrix}$$

$$A^3 = A^2A = \begin{bmatrix} 8 & 7 & 11 \\ 3 & 6 & 3 \\ 5 & 1 & 8 \end{bmatrix}\begin{bmatrix} 2 & 1 & 3 \\ 1 & -1 & 2 \\ 1 & 2 & 1 \end{bmatrix} = \begin{bmatrix} 34 & 23 & 49 \\ 15 & 3 & 24 \\ 19 & 20 & 25 \end{bmatrix}$$

$$f(A) = A^3 - 2A^2 - 9A + 2E = \begin{bmatrix} 2 & 0 & 0 \\ 0 & 2 & 0 \\ 0 & 0 & 2 \end{bmatrix}$$

(ii) $f(A) = A^2 + aA + bE$

$$f(P^{-1}AP) = (P^{-1}AP)(P^{-1}AP) + a(P^{-1}AP) + bE$$
$$= P^{-1}A^2P + P^{-1}(aA)P + P^{-1}(bE)P = P^{-1}f(A)P$$

> 使った計算法則
> $(AB)C = A(BC)$
> $a(AB) = A(aB)$
> $P^{-1}P = E$

問 題

18.1 $A = \begin{bmatrix} 2 & 1 & -1 \\ 6 & 1 & 2 \\ -2 & 1 & 2 \end{bmatrix}$, $f(x) = x^3 - 5x^2 - 2x + 24$ のとき，$f(A)$ を求めよ．

◆ **2 項定理**　実数の a, b に対しては

$$(a+b)^2 = a^2 + 2ab + b^2, \quad (a+b)^3 = a^3 + 3a^2b + 3ab^2 + b^3$$

であり，一般に自然数 m に対して

$$(a+b)^m = a^m + {}_m\mathrm{C}_1 a^{m-1}b + {}_m\mathrm{C}_2 a^{m-2}b + \cdots + b^m$$

これを **2 項定理**と名づけた．

行列ではどうなるであろうか．それが次の例題 19 である．

> **${}_n\mathrm{C}_r$ は組合せの個数**
> n 個から r 個をとり出す総数
> $${}_n\mathrm{C}_r = \frac{n!}{r!\,(n-r)!}$$

例題 19♯　　**行列と 2 項定理**

正方行列 A, B が可換ならば，2 項定理

$$(A+B)^m = A^m + {}_m\mathrm{C}_1 A^{m-1}B + {}_m\mathrm{C}_2 A^{m-2}B^2 + \cdots + B^m$$

がなりたつことを示せ．

解答

$$(A+B)^m = (A+B)(A+B)\cdots(A+B)$$

において，右辺の m 個の因数のおのおのから，順に A または B のいずれかを 1 つずつとり出し，とり出した順にこれらを並べて積，たとえば

$$ABBAB\cdots BA$$

をつくる．A, B は可換だから，この積で A が $m-r$ 個，B が r 個とり出されているとすると，これは $A^{m-r}B^r$ のように整頓される．また，このような積は，B をとり出す r 個の因数をえらぶ選び方の個数，すなわち ${}_m\mathrm{C}_r$ 個つくられる．$(A+B)^m$ はこのような積全部の和であるから，

> **数との類似・相違**
> (i)　可換性・正則性は良い情報
> (ii)　“証明” を連想せよ
> (iii)　Example を思え

$$(A+B)^m = \sum_{r=0}^{m} {}_m\mathrm{C}_r A^{m-r}B^r$$

問　題

19.1　n 次正方行列 A, B が

$$(A+B)^2 = A^2 + 2AB + B^2$$

をみたすための条件は，A, B が可換なことである．証明せよ．

19.2　次がなりたつことを示せ．

(i)　$A^2 = O$ のとき $A(E \pm A)^r = A$ である．

(ii)　A, B がべき零かつ可換ならば，$AB, A+B$ もべき零である．

1.5 行列のブロック分割

◆ **行列の行ベクトル表示と列ベクトル表示** (m,n) 行列

$A=\begin{bmatrix} a_{11} & a_{12} & \cdots & a_{1n} \\ a_{21} & a_{22} & \cdots & a_{2n} \\ & \cdots\cdots & & \\ a_{m1} & a_{m2} & \cdots & a_{mn} \end{bmatrix}$ の行ベクトルを $\begin{cases} \boldsymbol{a}_1 = [a_{11}\ a_{12}\ \cdots\ a_{1n}] \\ \cdots\cdots \\ \boldsymbol{a}_m = [a_{m1}\ a_{m2}\ \cdots\ a_{mn}] \end{cases}$,

列ベクトルを $\boldsymbol{b}_1 = \begin{bmatrix} a_{11} \\ \vdots \\ a_{m1} \end{bmatrix}, \cdots, \boldsymbol{b}_n = \begin{bmatrix} a_{1n} \\ \vdots \\ a_{mn} \end{bmatrix}$ と表わして，行列 A を

$$A = \begin{bmatrix} \boldsymbol{a}_1 \\ \boldsymbol{a}_2 \\ \vdots \\ \boldsymbol{a}_m \end{bmatrix} \text{(行ベクトル表示)}, \quad A = \begin{bmatrix} \boldsymbol{b}_1 & \boldsymbol{b}_2 & \cdots & \boldsymbol{b}_n \end{bmatrix} \text{(列ベクトル表示)}$$

と表わすと，行列の演算を行ベクトルや列ベクトルの演算に代えて便利なことがある．

◆ **行列のブロック分割** 行ベクトル表示，列ベクトル表示を発展させて，次のような**ブロック分割**を考えることができる．すなわち行列 A の成分の配列を数個の縦線と横線で分割すると，分割されたブロックはそれぞれ行列であり，A はこれらの小行列の配列とみなされる．行列 A, B がいずれも同じ型の (m,n) 行列の

> 数学理論の発展
> 定義・考えの一般化
> からスタートする

$$A = \begin{bmatrix} A_{11} & A_{12} & \cdots & A_{1s} \\ A_{21} & A_{22} & \cdots & A_{2s} \\ & \cdots\cdots & & \\ A_{r1} & A_{r2} & \cdots & A_{rs} \end{bmatrix}, \ B = \begin{bmatrix} B_{11} & B_{12} & \cdots & B_{1s} \\ B_{21} & B_{22} & \cdots & B_{2s} \\ & \cdots\cdots & & \\ B_{r1} & B_{r2} & \cdots & B_{rs} \end{bmatrix} \quad (A_{ij}, B_{ij} \text{ は同じ型})$$

のように同じ型の rs 個のブロックに分割すると，和 $A+B$，スカラー倍 λA は

$$A+B = \begin{bmatrix} A_{11}+B_{11} & A_{12}+B_{12} & \cdots & A_{1s}+B_{1s} \\ A_{21}+B_{21} & A_{22}+B_{22} & \cdots & A_{2s}+B_{2s} \\ & \cdots\cdots & & \\ A_{r1}+B_{r1} & A_{r2}+B_{r2} & \cdots & A_{rs}+B_{rs} \end{bmatrix}, \ \lambda A = \begin{bmatrix} \lambda A_{11} & \lambda A_{12} & \cdots & \lambda A_{1s} \\ \lambda A_{21} & \lambda A_{22} & \cdots & \lambda A_{2s} \\ & \cdots\cdots & & \\ \lambda A_{r1} & \lambda A_{r2} & \cdots & \lambda A_{rs} \end{bmatrix}$$

例題 20 ブロック分割のもとでの演算 (1)

同じ型の行列 A, B の，同じ型のブロック分割が $A = \begin{bmatrix} A_1 & O \\ O & A_2 \end{bmatrix}, B = \begin{bmatrix} B_1 & O \\ O & B_2 \end{bmatrix}$ のとき，$A+B, \lambda A$ を同じ型のブロック分割で書け．

解答 $A+B = \begin{bmatrix} A_1+B_1 & O \\ O & A_2+B_2 \end{bmatrix}, \quad \lambda A = \begin{bmatrix} \lambda A_1 & O \\ O & \lambda A_2 \end{bmatrix}$

問 題

20.1 $A = \begin{bmatrix} \boldsymbol{a}_1 \\ \boldsymbol{a}_2 \\ \vdots \\ \boldsymbol{a}_n \end{bmatrix} = \begin{bmatrix} \boldsymbol{b}_1 & \boldsymbol{b}_2 & \cdots & \boldsymbol{b}_n \end{bmatrix}$ を行ベクトル・列ベクトル表示とするとき，${}^t\!A$ を ${}^t\boldsymbol{a}_i, {}^t\boldsymbol{b}_i$ を用いて書け．

◆ **ブロック分割と積** (l,m) 行列 A と (m,n) 行列 B を

$$A=\begin{bmatrix} A_{11} & A_{12} & \cdots & A_{1s} \\ A_{21} & A_{22} & \cdots & A_{2s} \\ & \cdots\cdots & & \\ A_{r1} & A_{r2} & \cdots & A_{rs} \end{bmatrix}, \quad B=\begin{bmatrix} B_{11} & B_{12} & \cdots & B_{1t} \\ B_{21} & B_{22} & \cdots & B_{2t} \\ & \cdots\cdots & & \\ B_{s1} & B_{s2} & \cdots & B_{st} \end{bmatrix}$$

A_{ik} は (l_i, m_k) 行列，B_{kj} は (m_k, n_j) 行列

のように，A の列方向の分割と B の行方向の分割の型をそろえて，それぞれ rs 個と st 個のブロックに分割し，行列の積和$C_{ij}=\sum_{k=1}^{s} A_{ik}B_{kj}\,(i=1,2,\cdots,r;\ j=1,2,\cdots,t)$ をつくるとき

$$AB=\begin{bmatrix} C_{11} & C_{12} & \cdots & C_{1t} \\ C_{21} & C_{22} & \cdots & C_{2t} \\ & \cdots\cdots & & \\ C_{r1} & C_{r2} & \cdots & C_{rt} \end{bmatrix}$$

例題 21 **ブロック分割のもとでの演算 (2)**

行列 $A=\begin{bmatrix} 2 & 3 & -2 & 1 \\ 1 & -1 & 0 & 0 \\ 3 & -2 & 1 & 1 \\ -1 & 4 & 0 & -1 \\ 2 & 1 & 5 & 2 \\ 0 & 3 & -2 & 3 \end{bmatrix}$，$B=\left[\begin{array}{ccc|c} 2 & -2 & 1 & 0 \\ 3 & -3 & 1 & 4 \\ \hline 0 & 1 & 2 & -1 \\ -1 & 2 & 1 & 2 \end{array}\right]=\begin{bmatrix} B_{11} & B_{12} \\ B_{21} & B_{22} \end{bmatrix}$ がある．B のブロック分割に合わせて，A をブロック分割し，積 AB を求めよ．

解答 $A=\left[\begin{array}{cc|cc} 2 & 3 & -2 & 1 \\ 1 & -1 & 0 & 0 \\ 3 & -2 & 1 & 1 \\ \hline -1 & 4 & 0 & -1 \\ 2 & 1 & 5 & 2 \\ 0 & 3 & -2 & 3 \end{array}\right]=\begin{bmatrix} A_{11} & A_{12} \\ A_{21} & A_{22} \end{bmatrix}$ のように分割する．

$$\begin{aligned} C_{11}=A_{11}B_{11}+A_{12}B_{21} &= \begin{bmatrix} 2 & 3 \\ 1 & -1 \\ 3 & -2 \end{bmatrix}\begin{bmatrix} 2 & -2 & 1 \\ 3 & -3 & 1 \end{bmatrix}+\begin{bmatrix} -2 & 1 \\ 0 & 0 \\ 1 & 1 \end{bmatrix}\begin{bmatrix} 0 & 1 & 2 \\ -1 & 2 & 1 \end{bmatrix} \\ &= \begin{bmatrix} 13 & -13 & 5 \\ -1 & 1 & 0 \\ 0 & 0 & 1 \end{bmatrix}+\begin{bmatrix} -1 & 0 & -3 \\ 0 & 0 & 0 \\ -1 & 3 & 3 \end{bmatrix}=\begin{bmatrix} 12 & -13 & 2 \\ -1 & 1 & 0 \\ -1 & 3 & 4 \end{bmatrix} \end{aligned}$$

同様に $C_{12}=A_{11}B_{12}+A_{12}B_{22}=\begin{bmatrix} 16 \\ -4 \\ -7 \end{bmatrix}$，$C_{21}=\begin{bmatrix} 11 & -12 & 2 \\ 5 & 2 & 15 \\ 6 & -5 & 2 \end{bmatrix}$，$C_{22}=\begin{bmatrix} 14 \\ 3 \\ 20 \end{bmatrix}$

$$AB=\begin{bmatrix} C_{11} & C_{12} \\ C_{21} & C_{22} \end{bmatrix}=\begin{bmatrix} 12 & -13 & 2 & 16 \\ -1 & 1 & 0 & -4 \\ -1 & 3 & 4 & -7 \\ 11 & -12 & 2 & 14 \\ 5 & 2 & 15 & 3 \\ 6 & -5 & 2 & 20 \end{bmatrix}$$

ブロック分割
慣れて下さい．
後で頻出します．

問 題

21.1 A_i, B_i を n 次正方行列，$\boldsymbol{a}_i$ を n 次列ベクトルとして次の積を求めよ．

(i) $A_1\begin{bmatrix} \boldsymbol{a}_1 & \boldsymbol{a}_2 & \cdots & \boldsymbol{a}_n \end{bmatrix}$ (ii) $\begin{bmatrix} A_1 & A_2 \\ O & A_3 \end{bmatrix}\begin{bmatrix} B_1 & B_2 \\ O & B_3 \end{bmatrix}$

例題 22　ブロック分割による記述の簡素化 (1)

対角成分より下側にある成分 $a_{ij}\,(i>j)$ がすべて 0 のような正方行列を上(うえ)三角行列という．n 次正方行列 A, B がともに上三角行列のとき，積 AB もまた上三角行列であることを示せ．

navi 一般の n による命題では，まず具体化する．そして帰納法が続く．

$n=2$ のとき $\longrightarrow$ 次に $n-1$ から n へ

route ブロック分割で $n-1$ のときに結びつける．

てっそく
自然数のかかわる論証
(i)　まず具体化する
(ii)　帰納法

上三角行列の分割

2 から 3 へ
$$\left[\begin{array}{c|cc} a_{11} & a_{12} & a_{13} \\ \hline 0 & a_{22} & a_{23} \\ 0 & 0 & a_{33} \end{array}\right]$$

$n-1$ から n へ
$$\left[\begin{array}{c|ccc} a_{11} & a_{12} & \cdots & a_{1n} \\ \hline 0 & a_{22} & \cdots & a_{2n} \\ & 0 & \ddots & \\ \vdots & \vdots & \ddots\quad\ddots & \vdots \\ 0 & 0 & \cdots 0 & a_{nn} \end{array}\right]$$

解答 n に関する帰納法を用いる．$n=2$ のときは

$$\begin{bmatrix} a & b \\ 0 & c \end{bmatrix}\begin{bmatrix} a' & b' \\ 0 & c' \end{bmatrix}=\begin{bmatrix} aa' & ab'+bc' \\ 0 & cc' \end{bmatrix}$$

であるから，正しい．

次に，$n-1$ のとき正しいとして，n のとき正しいことを示す．

A, B を n 次上三角行列として，これらを

$$A=\begin{bmatrix} a & \boldsymbol{p} \\ \boldsymbol{0} & Q \end{bmatrix},\quad B=\begin{bmatrix} a' & \boldsymbol{p}' \\ \boldsymbol{0} & Q' \end{bmatrix}$$

($\boldsymbol{p}, \boldsymbol{p}'$ は $n-1$ 次行ベクトル，$\boldsymbol{0}$ は $n-1$ 次零列ベクトル)

のように分割すると，Q, Q' は $n-1$ 次上三角行列である．これらの積をつくると

$$AB=\begin{bmatrix} a & \boldsymbol{p} \\ \boldsymbol{0} & Q \end{bmatrix}\begin{bmatrix} a' & \boldsymbol{p}' \\ \boldsymbol{0} & Q' \end{bmatrix}=\begin{bmatrix} aa' & a\boldsymbol{p}'+\boldsymbol{p}Q' \\ \boldsymbol{0} & QQ' \end{bmatrix}$$

帰納法の仮定から QQ' は上三角行列であるから，AB も上三角行列である．

注意　この性質のことを，n 次の上三角行列の集合は**積に関して閉じている**，という．

問　題

22.1　対角成分より上側にある成分 $a_{ij}\,(i<j)$ がすべて 0 のような正方行列を**下**(した)**三角行列**という．n 次の下三角行列の全体は積に関して閉じていることを論証せよ．

22.2　例題 9 の結果を n 次の行列に一般化した命題を述べ，次にブロック分割を用いてそれを証明せよ．

例題 23♯ **ブロック分割による記述の簡素化 (2)**

正則な下三角行列の逆行列は下三角行列であることを示せ.

navi 三角行列の問題が 2 つ続く. 前問は "上" であり, 本問は "下". しかし本質は変わらない. 前問のまねをしてみよう.「$n=2$ の具体化→帰納法」, ここでもブロック分割が役に立つ.

てっそく
自然数のかかわる論証
(i) まず具体化
(ii) 帰納法

解答 行列の次数 n に関する帰納法を用いる. A を正則な 2 次の下三角行列, $X=[x_{ij}]=A^{-1}$ とすると,

$$AX=\begin{bmatrix} a_{11} & 0 \\ a_{21} & a_{22} \end{bmatrix}\begin{bmatrix} x_{11} & x_{12} \\ x_{21} & x_{22} \end{bmatrix}=\begin{bmatrix} 1 & 0 \\ 0 & 1 \end{bmatrix} \quad \therefore \text{ (1,2) 成分を比較して } a_{11}x_{12}=0$$

$$A \text{ が正則} \quad \therefore \quad |A|=a_{11}a_{22}\fallingdotseq 0 \text{ だから } a_{11}\fallingdotseq 0 \quad \therefore \quad x_{12}=0$$

$$\therefore \quad n=2 \text{ のとき正しい.}$$

次に $n-1$ 次の下三角行列に対して正しいと仮定して, n 次のとき正しいことを示す. A を正則な n 次の下三角行列, $X=A^{-1}$ とすると

$$AX=\begin{bmatrix} a_{11} & {}^t\mathbf{0} \\ \boldsymbol{a}_{21} & A_{22} \end{bmatrix}\begin{bmatrix} x_{11} & {}^t\boldsymbol{x}_{12} \\ \boldsymbol{x}_{21} & X_{22} \end{bmatrix}=\begin{bmatrix} 1 & {}^t\mathbf{0} \\ \mathbf{0} & E_{n-1} \end{bmatrix}$$

ただし A_{22} は $n-1$ 次の下三角正方行列, E_{n-1} は $n-1$ 次単位行列である.

$$\therefore \quad \text{(1,2) ブロックを比較して} \quad a_{11}{}^t\boldsymbol{x}_{12}={}^t\mathbf{0}$$

(1,1) ブロックを比較して $a_{11}x_{11}=1$ だから $a_{11}\fallingdotseq 0$. $\quad\therefore\quad {}^t\boldsymbol{x}_{12}={}^t\mathbf{0}$

$$\therefore \quad \text{(2,2) ブロックを比較して} \quad A_{22}X_{22}=E_{n-1}$$

したがって $X_{22}=A_{22}^{-1}$ で, A_{22} は正則な $n-1$ 次の下三角行列だから, 仮定により X_{22} は下三角行列, ゆえに X は下三角行列である.

注意 この結果は, 上三角行列に対しても同様になりたつ. また第 2 章の行列式を用いた逆行列 (⇨ p.42) を用いる方法もある.

問 題

23.1 $\begin{bmatrix} 1 & 0 & 0 & 0 \\ 1 & 2 & 0 & 0 \\ 2 & 1 & 3 & 0 \\ 1 & 2 & 1 & 4 \end{bmatrix}$ の逆行列を求めよ.

23.2 A_1, A_2 が正則ならば $A=\begin{bmatrix} A_1 & O \\ O & A_2 \end{bmatrix}$ が正則で, $A^{-1}=\begin{bmatrix} A_1^{-1} & O \\ O & A_2^{-1} \end{bmatrix}$ であることを示せ. また, この結果を一般化せよ.

発展問題（1〜4）

1 次の形の行列全体の集合は積に関して閉じていることを示せ．

(i) $\begin{bmatrix} a & b \\ -b & a \end{bmatrix}$ (ii) $\begin{bmatrix} p & q & r & s \\ -q & p & -s & r \\ -r & s & p & -q \\ -s & -r & q & p \end{bmatrix}$

2 次の等式のなりたつことを示せ．ただし $a \neq 1$ とする．

$$\begin{bmatrix} a & b \\ 0 & 1 \end{bmatrix}^n = \begin{bmatrix} a^n & \frac{(a^n-1)b}{a-1} \\ 0 & 1 \end{bmatrix}$$

3 正方行列 $A = \begin{bmatrix} P & Q \\ R & S \end{bmatrix}$ において，P, S を正方行列とする．

$$P \text{ と } D = S - RP^{-1}Q \qquad \cdots ①$$

が正則のとき，A も正則で，逆行列は

$$X = \begin{bmatrix} P^{-1} + P^{-1}QD^{-1}RP^{-1} & -P^{-1}QD^{-1} \\ -D^{-1}RP^{-1} & D^{-1} \end{bmatrix}$$

であることを示せ．

4 (i) べき零行列 A ($A^m = O$) に対して

$$\exp A = E + A + \frac{1}{2!}A^2 + \cdots + \frac{1}{(m-1)!}A^{m-1}$$

と定義する．A, B がべき零かつ可換ならば，次がなりたつことを証明せよ．

$$\exp(A+B) = \exp A \exp B, \quad (\exp A)^{-1} = \exp(-A)$$

(ii) $A = \begin{bmatrix} 1 & 1 & 3 \\ 5 & 2 & 6 \\ -2 & -1 & -3 \end{bmatrix}$ はべき零であることを示し，$\exp A$ を求めよ．

2 行列式

先へ急ごう | 見物していくか

2.1 行列式の考え

E24 クラメールの公式 (1)
E25 サラスの展開図
E26 クラメールの公式 (2)

2.2 行列式の性質

E27 行列式の基本性質 (1)
E28 小行列式 D_{ij}
E29 余因子 A_{ij}
E30 余因子展開
E31 三角行列と余因子展開
E32 行列式の論証 (1)
E33, 34 行列式の論証 (2), (3)

2.3 行列の積の行列式と逆行列の余因子表示

E35 積の行列式 (1)
E36 積の行列式の応用
E37 逆行列の余因子表示
E38 逆行列と連立方程式
E39 正則の条件

2.4 n 次行列の行列式

E40, 41 置換の積 (1), (2)
E42 互換の積にする
E43 差積の役割
E44 行列式の基本性質 (2)
E45 一般余因子展開
E46 n 次の行列式の値 (1)
E47 n 次の行列式の値 (2)
E48 多項式の行列式表示
E49 差積の行列式表示
E50, 51 ブロック分割と行列式 (1), (2)
E52 積の行列式 (2)
E53 一般のクラメールの公式
E54 クラメールの公式 (3)

発展問題 5〜7

てっそくだよ

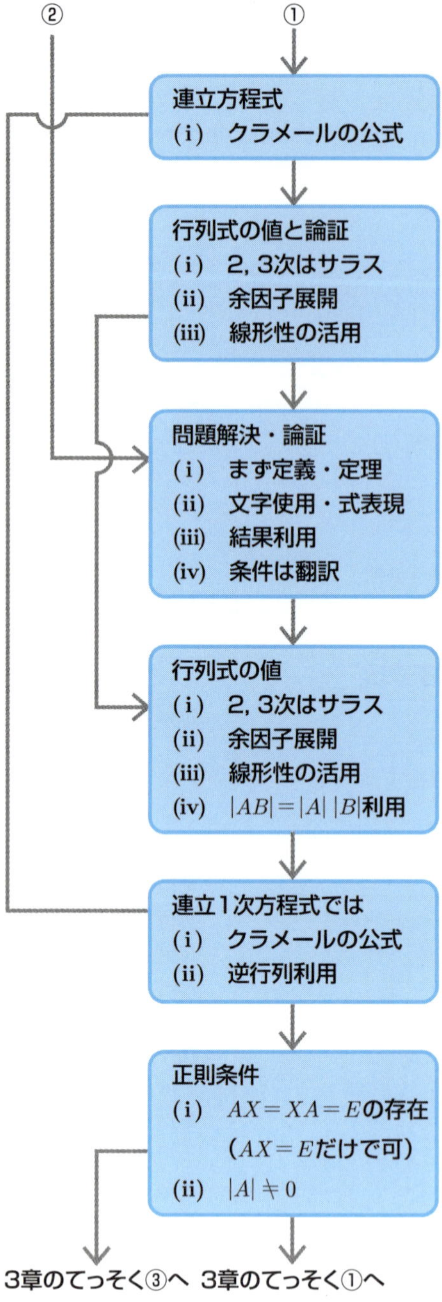
②
①
連立方程式
(i) クラメールの公式
行列式の値と論証
(i) 2, 3次はサラス
(ii) 余因子展開
(iii) 線形性の活用
問題解決・論証
(i) まず定義・定理
(ii) 文字使用・式表現
(iii) 結果利用
(iv) 条件は翻訳
行列式の値
(i) 2, 3次はサラス
(ii) 余因子展開
(iii) 線形性の活用
(iv) $|AB|=|A|\,|B|$利用
連立1次方程式では
(i) クラメールの公式
(ii) 逆行列利用
正則条件
(i) $AX=XA=E$の存在
($AX=E$だけで可)
(ii) $|A|\neq 0$
3章のてっそく③へ
3章のてっそく①へ

2.1 行列式の考え

◆ **イントロ** はじめ（1.2 節）に述べたように，行列の考えは，連立 1 次方程式と深いかかわりがある．

> 連立方程式は
> $A\boldsymbol{x}=\boldsymbol{d}$
> 1 次方程式
> $ax=d$
> を思わせる

$$(L)\quad \begin{cases} a_{11}x_1+a_{12}x_2=d_1 & \cdots ① \\ a_{21}x_1+a_{22}x_2=d_2 & \cdots ② \end{cases}$$

は行列 $A=\begin{bmatrix} a_{11} & a_{12} \\ a_{21} & a_{22} \end{bmatrix}$ と列ベクトル $\boldsymbol{x}=\begin{bmatrix} x_1 \\ x_2 \end{bmatrix}, \boldsymbol{d}=\begin{bmatrix} d_1 \\ d_2 \end{bmatrix}$ を用いると $A\boldsymbol{x}=\boldsymbol{d}$ と表わされる．1 次方程式 $ax=d$ は，$a\fallingdotseq 0$ のとき，a^{-1} をかけて $x=a^{-1}d$ のようになる．$A\boldsymbol{x}=\boldsymbol{d}$ も，A が逆行列 A^{-1} をもつとき（⇨ 例題 11），$\boldsymbol{x}=A^{-1}\boldsymbol{d}$ となる．

◆ **2 元 1 次連立方程式の解の公式** 改めて再出発しよう．

> この類似性が発展の礎となる

①, ② といえば，未知数の 1 つの消去である．

$$x_2 \text{の消去は}\quad ①\times a_{22}-②\times a_{12} \ :\ (a_{11}a_{22}-a_{21}a_{12})x_1=d_1a_{22}-d_2a_{12} \quad \cdots ③$$
$$x_1 \text{の消去は}\quad ②\times a_{11}-①\times a_{21} \ :\ (a_{11}a_{22}-a_{21}a_{12})x_2=a_{11}d_2-a_{21}d_1 \quad \cdots ④$$

早速登場してきたのが x_1, x_2 の係数 $|A|=a_{11}a_{22}-a_{21}a_{12}$ である．この $|A|$ を行列 A の**行列式**といい，A のいろいろな記法にあわせて

$$\begin{vmatrix} a_{11} & a_{12} \\ a_{21} & a_{22} \end{vmatrix}\ \text{(成分表示)},\quad \begin{vmatrix} \boldsymbol{a}_1 \\ \boldsymbol{a}_2 \end{vmatrix}\ \text{(行ベクトル表示)},\quad \begin{vmatrix} \boldsymbol{b}_1 & \boldsymbol{b}_2 \end{vmatrix}\ \text{(列ベクトル表示)}$$

と表わすのである．すると ③, ④ から $|A|\fallingdotseq 0$ のとき

$$x_1=\frac{1}{|A|}\begin{vmatrix} d_1 & a_{12} \\ d_2 & a_{22} \end{vmatrix}=\frac{\begin{vmatrix} \boldsymbol{d} & \boldsymbol{b}_2 \end{vmatrix}}{|A|},\quad x_2=\frac{1}{|A|}\begin{vmatrix} a_{11} & d_1 \\ a_{21} & d_2 \end{vmatrix}=\frac{\begin{vmatrix} \boldsymbol{b}_1 & \boldsymbol{d} \end{vmatrix}}{|A|}$$

この結果を（2 元 1 次）連立方程式の**クラメールの公式**という．

例題 24 ———— **クラメールの公式 (1)**

連立方程式 $\begin{cases} -2x+\ \ y=-1 \\ 3x-2y=0 \end{cases}$ をクラメールの公式を用いて解け．

解答 $x=\dfrac{\begin{vmatrix} -1 & 1 \\ 0 & -2 \end{vmatrix}}{\begin{vmatrix} -2 & 1 \\ 3 & -2 \end{vmatrix}}=2,\quad y=\dfrac{\begin{vmatrix} -2 & -1 \\ 3 & 0 \end{vmatrix}}{\begin{vmatrix} -2 & 1 \\ 3 & -2 \end{vmatrix}}=3$

> $\begin{vmatrix} a_{11} & a_{12} \\ a_{21} & a_{22} \end{vmatrix}=a_{11}a_{22}-a_{12}a_{21}$

問　題

24.1 連立方程式 $\begin{cases} 3x+2y=1 \\ 7x+4y=-1 \end{cases}$ をクラメールの公式を用いて解け．

◆ **3次行列の場合**　次に x_1, x_2, x_3 の連立方程式を考える．

$$(L) \begin{cases} a_{11}x_1 + a_{12}x_2 + a_{13}x_3 = d_1 \cdots ① \\ a_{21}x_1 + a_{22}x_2 + a_{23}x_3 = d_2 \cdots ② \\ a_{31}x_1 + a_{32}x_2 + a_{33}x_3 = d_3 \cdots ③ \end{cases} A = \begin{bmatrix} a_{11} & a_{12} & a_{13} \\ a_{21} & a_{22} & a_{23} \\ a_{31} & a_{32} & a_{33} \end{bmatrix}, \boldsymbol{x} = \begin{bmatrix} x_1 \\ x_2 \\ x_3 \end{bmatrix}, \boldsymbol{d} = \begin{bmatrix} d_1 \\ d_2 \\ d_3 \end{bmatrix}$$

ここでまた未知数を消去する方法で x_1 を求めてみる．

② $\times a_{13}$ － ① $\times a_{23}$:　$(a_{13}a_{21} - a_{11}a_{23})x_1 + (a_{13}a_{22} - a_{12}a_{23})x_2 = d_2 a_{13} - d_1 a_{23}$ ・・・④

③ $\times a_{23}$ － ② $\times a_{33}$:　$(a_{23}a_{31} - a_{21}a_{33})x_1 + (a_{23}a_{32} - a_{22}a_{33})x_2 = d_3 a_{23} - d_2 a_{33}$ ・・・⑤

① $\times a_{33}$ － ③ $\times a_{13}$:　$(a_{33}a_{11} - a_{31}a_{13})x_1 + (a_{33}a_{12} - a_{32}a_{13})x_2 = d_1 a_{33} - d_3 a_{13}$ ・・・⑥

次に ⑥ $\times a_{22}$ ＋ ⑤ $\times a_{12}$ ＋ ④ $\times a_{32}$ をつくると，x_2 が消去されて次の結果を得る．

$(a_{11}a_{22}a_{33} + a_{12}a_{23}a_{31} + a_{13}a_{21}a_{32} - a_{11}a_{23}a_{32} - a_{12}a_{21}a_{33} - a_{13}a_{22}a_{31})x_1$
$= d_1 a_{22} a_{33} + d_2 a_{32} a_{13} + d_3 a_{12} a_{23} - d_1 a_{21} a_{32} - d_2 a_{12} a_{33} - d_3 a_{22} a_{13}$ ・・・⑦

そこで 2元の場合のように x_1 の係数を $|A|$ と表わすと

$$|A| = a_{11}a_{22}a_{33} + a_{12}a_{23}a_{31} + a_{13}a_{21}a_{32} - a_{11}a_{23}a_{32} - a_{12}a_{21}a_{33} - a_{13}a_{22}a_{31}$$

をとりあげたとき，$|A| \neq 0$ ならば x_1 を求めることができる．

◆ **サラスの展開図**　この $|A|$ は次の図のようにとりあげる．

$$|A| = \begin{vmatrix} a_{11} & a_{12} & a_{13} \\ a_{21} & a_{22} & a_{23} \\ a_{31} & a_{32} & a_{33} \end{vmatrix} \quad \begin{pmatrix} \text{―――には} + \\ \text{······には} - \\ \text{サラスの図} \end{pmatrix}$$

サラスの図　プラス組　3つ　　マイナス組　3つ

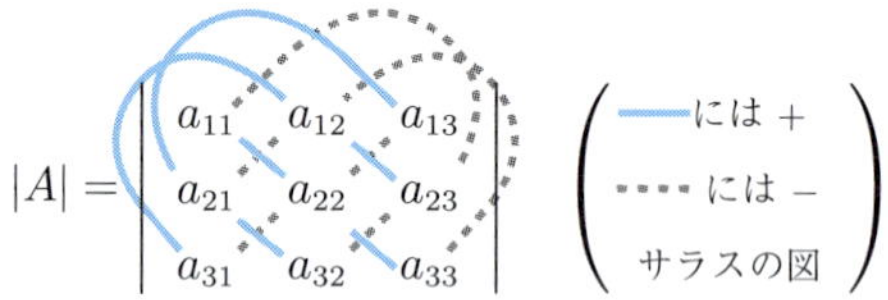

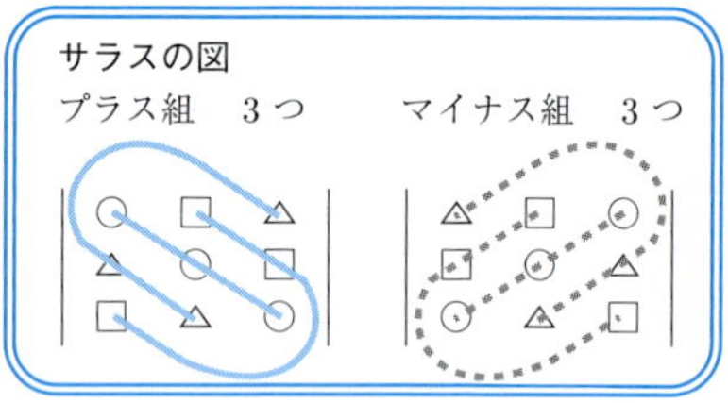

― **例題 25** ――――――――――――――――――――――――サラスの展開図―

(i) $\begin{vmatrix} 2 & -4 \\ 1 & 2 \end{vmatrix}$　(ii) $\begin{vmatrix} 1 & 2 & 4 \\ 3 & 1 & 2 \\ -1 & 5 & 1 \end{vmatrix}$　をサラスの展開を用いて計算せよ．

解答　(i) $\begin{vmatrix} 2 & -4 \\ 1 & 2 \end{vmatrix} = 2 \cdot 2 - (-4) \cdot 1 = 8$　(ii) $\begin{vmatrix} 1 & 2 & 4 \\ 3 & 1 & 2 \\ -1 & 5 & 1 \end{vmatrix}$

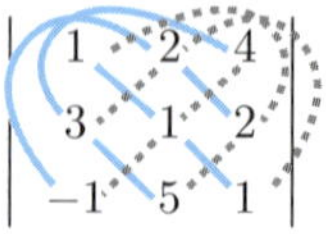

$= 1 \cdot 1 \cdot 1 + 2 \cdot 2 \cdot (-1) + 4 \cdot 3 \cdot 5 - 4 \cdot 1 \cdot (-1) - 2 \cdot 3 \cdot 1 - 1 \cdot 2 \cdot 5 = 45$

問題

25.1　サラスの展開を用いて，次の行列式の値を求めよ．

(i) $\begin{vmatrix} 1 & 2 & -1 \\ 3 & 1 & 0 \\ -1 & 2 & 1 \end{vmatrix}$　(ii) $\begin{vmatrix} 2 & -1 & 3 \\ 4 & 0 & 1 \\ 4 & -2 & 6 \end{vmatrix}$　(iii) $\begin{vmatrix} 1 & 1 & 1 \\ 1 & -1 & 1 \\ -1 & 1 & 1 \end{vmatrix}$

◆ **3 元連立方程式の解**　3 次行列 A の場合，A の行ベクトル表示と列ベクトル表示が $A=\begin{bmatrix}\boldsymbol{a}_1\\\boldsymbol{a}_2\\\boldsymbol{a}_3\end{bmatrix}$，$A=[\ \boldsymbol{b}_1\ \ \boldsymbol{b}_2\ \ \boldsymbol{b}_3\ ]$ のとき，$|A|$ に対しても，$\begin{vmatrix}a_{11}&a_{12}&a_{13}\\a_{21}&a_{22}&a_{23}\\a_{31}&a_{32}&a_{33}\end{vmatrix}$（成分表示）を簡略して $\begin{vmatrix}\boldsymbol{a}_1\\\boldsymbol{a}_2\\\boldsymbol{a}_3\end{vmatrix}$（行ベクトル表示），$|\ \boldsymbol{b}_1\ \ \boldsymbol{b}_2\ \ \boldsymbol{b}_3\ |$（列ベクトル表示）を用いる．ここで前頁の (L) と⑦に戻ってもらいたい．x_1 の係数は $|A|$ であり，右辺は A の第 1 列 $\boldsymbol{b}_1$ の代りに，右辺の列ベクトル $\boldsymbol{d}$ となっている．そこで $|A|\neq 0$ のとき

$$x_1=\frac{1}{|A|}\begin{vmatrix}d_1&a_{12}&a_{13}\\d_2&a_{22}&a_{23}\\d_3&a_{32}&a_{33}\end{vmatrix}=\frac{|\ \boldsymbol{d}\ \ \boldsymbol{b}_2\ \ \boldsymbol{b}_3\ |}{|A|}$$

> **クラメールの公式**
> 分母は $|A|=|\boldsymbol{b}_1\ \ \boldsymbol{b}_2\ \ \boldsymbol{b}_3|$
> x_i の分子は $\boldsymbol{b}_i$ を $\boldsymbol{d}$ に

同様に　　$x_2=\dfrac{|\ \boldsymbol{b}_1\ \ \boldsymbol{d}\ \ \boldsymbol{b}_3\ |}{|A|}$，　$x_3=\dfrac{|\ \boldsymbol{b}_1\ \ \boldsymbol{b}_2\ \ \boldsymbol{d}\ |}{|A|}$

この結果を 2 元のときと同様に**クラメールの公式**という．

例題 26　　　**クラメールの公式 (2)**

連立方程式 $\begin{cases}2x-3y+\ z=6\\-x+\ y+3z=-2\\4x-3y+2z=1\end{cases}$ を，クラメールの公式で解け．

解答　$|A|=\begin{vmatrix}2&-3&1\\-1&1&3\\4&-3&2\end{vmatrix}=2\cdot1\cdot2+(-3)\cdot3\cdot4+1\cdot(-1)\cdot(-3)$
$\quad-2\cdot3\cdot(-3)-(-3)\cdot(-1)\cdot2-1\cdot1\cdot4=-21\neq0$

クラメールの公式により

> **てっそく**
> **連立方程式**
> **(i)　クラメールの公式**

右辺をココへ

$$x=\frac{1}{|A|}\begin{vmatrix}6&-3&1\\-2&1&3\\1&-3&2\end{vmatrix},\quad y=\frac{1}{|A|}\begin{vmatrix}2&6&1\\-1&-2&3\\4&1&2\end{vmatrix},\quad z=\frac{1}{|A|}\begin{vmatrix}2&-3&6\\-1&1&-2\\4&-3&1\end{vmatrix}$$

$\therefore\quad x=\frac{1}{-21}\cdot50=-\frac{50}{21},\quad y=-\frac{11}{3},\quad z=-\frac{5}{21}$

問　題

26.1　次の各連立方程式をクラメールの公式を用いて解け．

(i) $\begin{cases}x-6y+3z=1\\3x+\ y-2z=-6\\2x-3y+4z=2\end{cases}$　　(ii) $\begin{cases}ix+\ y+iz=1\\x+iy+\ z=0\\x+\ y+iz=0\end{cases}$　$(i^2=-1)$

2.2 行列式の性質

◆ **行列式の基本性質**　3 つの数 (1 2 3) の順列（並びかえ）を $(p\ q\ r)$ と表わすと $(p\ q\ r)$ は全部で $3! = 6$ 通りある．3 次の正方行列 $A = [a_{ij}]$ の行列式は，次のようにまとめて表わすことができる．

$$|A| = \sum_{(p\ q\ r)} (\pm 1) a_{1p} a_{2q} a_{3r} = \sum_{(p\ q\ r)} (\pm 1) a_{p1} a_{q2} a_{r3} \qquad (\textstyle\sum \text{は 6 通りの順列にわたる和})$$

理由は，6 個の項を書き並べてみるとわかる．±1 はプラス組かマイナス組かによる．この性質は，表現を変えると次の定理 1 となる．

定理 1　正方行列 A の転置行列を ${}^tA$ とすると $|{}^tA| = |A|$

証明　${}^tA = [a'_{ij}]$ とすると $a'_{ij} = a_{ji}\,(i = 1, 2, 3;\ j = 1, 2, 3)$．行列式の定義式から

$$\begin{aligned} |{}^tA| &= a'_{11}a'_{22}a'_{33} + a'_{12}a'_{23}a'_{31} + a'_{13}a'_{21}a'_{32} - a'_{11}a'_{23}a'_{32} - a'_{12}a'_{21}a'_{33} - a'_{13}a'_{22}a'_{31} \\ &= a_{11}a_{22}a_{33} + a_{21}a_{32}a_{13} + a_{31}a_{12}a_{23} - a_{11}a_{32}a_{23} - a_{21}a_{12}a_{33} - a_{31}a_{22}a_{13} = |A| \end{aligned}$$

行列式の基本性質は次の定理 2 と定理 3 に述べられる．

定理 2　(1) $\begin{vmatrix} \boldsymbol{b}_2 & \boldsymbol{b}_1 & \boldsymbol{b}_3 \end{vmatrix} = -\begin{vmatrix} \boldsymbol{b}_1 & \boldsymbol{b}_2 & \boldsymbol{b}_3 \end{vmatrix}$　（列の入れかえで符号が変わる）

(2) $\begin{vmatrix} \lambda\boldsymbol{b}_1 & \boldsymbol{b}_2 & \boldsymbol{b}_3 \end{vmatrix} = \lambda\begin{vmatrix} \boldsymbol{b}_1 & \boldsymbol{b}_2 & \boldsymbol{b}_3 \end{vmatrix}$　（**1** つの列の共通因数のくくり出し）

(3) $\begin{vmatrix} \boldsymbol{b}_1 & \boldsymbol{b}'_2 + \boldsymbol{b}''_2 & \boldsymbol{b}_3 \end{vmatrix} = \begin{vmatrix} \boldsymbol{b}_1 & \boldsymbol{b}'_2 & \boldsymbol{b}_3 \end{vmatrix} + \begin{vmatrix} \boldsymbol{b}_1 & \boldsymbol{b}''_2 & \boldsymbol{b}_3 \end{vmatrix}$　（列の加法性）

この先で，問題解決に用いられるのは，主として次の定理 3 である．

定理 3　(4) $\begin{vmatrix} \boldsymbol{b}_1 & \lambda\boldsymbol{b}_1 & \boldsymbol{b}_3 \end{vmatrix} = 0$　（**2** 列が比例していると，行列式は **0**）

(5) $\begin{vmatrix} \boldsymbol{b}_1 & \boldsymbol{b}_2 & \boldsymbol{b}_3 \end{vmatrix} = \begin{vmatrix} \boldsymbol{b}_1 & \boldsymbol{b}_2 + \lambda\boldsymbol{b}_1 & \boldsymbol{b}_3 \end{vmatrix}$

（**1** つの列を λ 倍して，他の列に加えてよい）

(6) $\begin{vmatrix} \boldsymbol{b}_1 & \lambda_1\boldsymbol{b}'_2 + \lambda_2\boldsymbol{b}''_2 & \boldsymbol{b}_3 \end{vmatrix} = \lambda_1\begin{vmatrix} \boldsymbol{b}_1 & \boldsymbol{b}'_2 & \boldsymbol{b}_3 \end{vmatrix} + \lambda_2\begin{vmatrix} \boldsymbol{b}_1 & \boldsymbol{b}''_2 & \boldsymbol{b}_3 \end{vmatrix}$　（線形性）

例題 27　　　　行列式の基本性質 (1)

3 次行列 A について，サラスの図を書いて，定理 2 (1) を証明せよ．

解答　$\begin{vmatrix} \boldsymbol{b}_2 & \boldsymbol{b}_1 & \boldsymbol{b}_3 \end{vmatrix} = \begin{vmatrix} a_{12} & a_{11} & a_{13} \\ a_{22} & a_{21} & a_{23} \\ a_{32} & a_{31} & a_{33} \end{vmatrix}$，　$\begin{vmatrix} \boldsymbol{b}_1 & \boldsymbol{b}_2 & \boldsymbol{b}_3 \end{vmatrix} = \begin{vmatrix} a_{11} & a_{12} & a_{13} \\ a_{21} & a_{22} & a_{23} \\ a_{31} & a_{32} & a_{33} \end{vmatrix}$

のように，プラス組とマイナス組が 1 対 1 に対応しているので，符号が変わる．

問　題

27.1　定理 2 の結果を用いて，定理 3 を証明せよ．

27.2　定理 2, 3 は行についてもなりたつ．それを述べて，定理 1, 2, 3 を用いて証明せよ．

◆ **a_{ij} に対応する小行列式**　ここでも 3 次の行列式 $A=[a_{ij}]$ について考える.

$$|A| = a_{11}a_{22}a_{33} + a_{12}a_{23}a_{31} + a_{13}a_{21}a_{32}$$
$$- a_{11}a_{23}a_{32} - a_{12}a_{21}a_{33} - a_{13}a_{22}a_{31} \qquad \cdots (*)$$

この式を第 1 列の成分 a_{11}, a_{21}, a_{31} を中心にまとめてみると

$$|A| = a_{11}(a_{22}a_{33} - a_{23}a_{32}) - a_{21}(a_{12}a_{33} - a_{13}a_{32}) + a_{31}(a_{12}a_{23} - a_{13}a_{22})$$

となる. ここに現れた 3 つのカッコの中の式は次図の中にある.

$$\begin{vmatrix} a_{11} & a_{12} & a_{13} \\ a_{21} & a_{22} & a_{23} \\ a_{31} & a_{32} & a_{33} \end{vmatrix}, \quad \begin{vmatrix} a_{11} & a_{12} & a_{13} \\ a_{21} & a_{22} & a_{23} \\ a_{31} & a_{32} & a_{33} \end{vmatrix}, \quad \begin{vmatrix} a_{11} & a_{12} & a_{13} \\ a_{21} & a_{22} & a_{23} \\ a_{31} & a_{32} & a_{33} \end{vmatrix}$$

すなわち, 順に次の 3 つの行列式である.

$$D_{11} = \begin{vmatrix} a_{22} & a_{23} \\ a_{32} & a_{33} \end{vmatrix}, \quad D_{21} = \begin{vmatrix} a_{12} & a_{13} \\ a_{32} & a_{33} \end{vmatrix}, \quad D_{31} = \begin{vmatrix} a_{12} & a_{13} \\ a_{22} & a_{23} \end{vmatrix}$$

これを用いて, $|A|$ は次のように表わされる.

$$|A| = a_{11}D_{11} - a_{21}D_{21} + a_{31}D_{31} \qquad \cdots ① \quad (\text{第 1 列に関する展開})$$

同様に第 i 行と第 j 列をカットして, 2 次の行列式 D_{ij} が得られる.

たとえば　$$D_{23} = \begin{vmatrix} a_{11} & a_{12} & a_{13} \\ a_{21} & a_{22} & a_{23} \\ a_{31} & a_{32} & a_{33} \end{vmatrix} = \begin{vmatrix} a_{11} & a_{12} \\ a_{31} & a_{32} \end{vmatrix}$$

D_{ij} を a_{ij} に対応する**小行列式**という. すると①と同様に

$$|A| = -a_{12}D_{12} + a_{22}D_{22} - a_{32}D_{32} \qquad \cdots ② \quad (\text{第 2 列に関する展開})$$
$$|A| = a_{13}D_{13} - a_{23}D_{23} + a_{33}D_{33} \qquad \cdots ③ \quad (\text{第 3 列に関する展開})$$

例題 28　　　**小行列式 D_{ij}**

行列式 $|A| = |a_{ij}| = \begin{vmatrix} 7 & 4 & 0 \\ -2 & 4 & 3 \\ -3 & 2 & 1 \end{vmatrix}$ の第 2 列の成分に対応する小行列式 D_{12}, D_{22}, D_{32} を求め, これによって $|A|$ の値を求めよ.

解答　$D_{12} = \begin{vmatrix} -2 & 3 \\ -3 & 1 \end{vmatrix} = 7$, $D_{22} = \begin{vmatrix} 7 & 0 \\ -3 & 1 \end{vmatrix} = 7$, $D_{32} = \begin{vmatrix} 7 & 0 \\ -2 & 3 \end{vmatrix} = 21$ と②により
$|A| = -4 \cdot 7 + 4 \cdot 7 - 2 \cdot 21 = -42$

問　題

28.1　$|A| = \begin{vmatrix} 1 & 0 & 2 \\ 3 & 4 & 5 \\ 5 & 6 & 7 \end{vmatrix}$ において D_{13}, D_{23}, D_{33} を求め, ③から $|A|$ の値を求めよ.

28.2　$(*)$ から②, ③を導け.

◆ **余因子展開** 前頁で得られた列に関する展開と同様に，行に関する展開も得られる．

$$
\begin{aligned}
|A| &= a_{11}D_{11} - a_{12}D_{12} + a_{13}D_{13} \quad \cdots ①' \quad (\text{第 1 行に関する展開})\\
&= -a_{21}D_{21} + a_{22}D_{22} - a_{23}D_{23} \quad \cdots ②' \quad (\text{第 2 行に関する展開})\\
&= a_{31}D_{31} - a_{32}D_{32} + a_{33}D_{33} \quad \cdots ③' \quad (\text{第 3 行に関する展開})
\end{aligned}
$$

①～③, ①′～③′ のどれも，3 次の行列式 $|A|$ の値を 2 次の行列式で表わすものであるから，役に立ちそうであるが，符号 $+, -$ に注意を払わなければならない．そこで D_{ij} に次のように $+, -$ をつけて A_{ij} と表わす．

$$
\begin{aligned}
&A_{11} = D_{11}, \quad A_{12} = -D_{12}, \quad A_{13} = D_{13},\\
&A_{21} = -D_{21}, \quad A_{22} = D_{22}, \quad A_{23} = -D_{23},\\
&A_{31} = D_{31}, \quad A_{32} = -D_{32}, \quad A_{33} = D_{33},\\
&A_{ij} = (-1)^{i+j}D_{ij}
\end{aligned}
$$

A_{ij} をつくるときの $+, -$

$$
\begin{vmatrix} + & - & + \\ - & + & - \\ + & - & + \end{vmatrix}
$$

すると，小行列式で表わした 3 つの列に関する展開式は次のようになる．

$$
\begin{aligned}
|A| &= a_{11}A_{11} + a_{21}A_{21} + a_{31}A_{31} \quad \cdots ①\\
&= a_{12}A_{12} + a_{22}A_{22} + a_{32}A_{32} \quad \cdots ②\\
&= a_{13}A_{13} + a_{23}A_{23} + a_{33}A_{33} \quad \cdots ③
\end{aligned}
$$

A_{ij} を成分 a_{ij} に対する**余**(よ)**因子**（**余因数**）といい，上の結果を**余因子展開**という．また以上は行についても同様である．たとえば第 2 行については

$$
|A| = a_{21}A_{21} + a_{22}A_{22} + a_{23}A_{23} \quad \cdots ②''
$$

定理 4 （余因子展開定理） $|A| = a_{1j}A_{1j} + a_{2j}A_{2j} + a_{3j}A_{3j}$ （j 列展開）
$= a_{i1}A_{i1} + a_{i2}A_{i2} + a_{i3}A_{i3}$ （i 行展開）

例題 29 余因子 A_{ij}

行列式 $|A| = \begin{vmatrix} 2 & -2 & 1 \\ -3 & 1 & 2 \\ 4 & 0 & 3 \end{vmatrix}$ の余因子 A_{31}, A_{32}, A_{33} と $|A|$ を求めよ．

解答 $A_{31} = \begin{vmatrix} -2 & 1 \\ 1 & 2 \end{vmatrix} = -5, \quad A_{32} = -\begin{vmatrix} 2 & 1 \\ -3 & 2 \end{vmatrix} = -7, \quad A_{33} = \begin{vmatrix} 2 & -2 \\ -3 & 1 \end{vmatrix} = -4$

$|A| = 4 \cdot (-5) - 0 \cdot (-7) + 3 \cdot (-4) = -32$

問 題

29.1 例題 29 の行列式を，第 3 列についての余因子 A_{13}, A_{23}, A_{33} を求めて展開せよ．

例題 30 **余因子展開**

次の行列式の値を，指定した列または行についての余因子展開を用いて求めよ．

(i) $\begin{vmatrix} 2 & 1 & -1 \\ -3 & 4 & 2 \\ 1 & -2 & 5 \end{vmatrix}$ （第 2 列）　(ii) $\begin{vmatrix} 3 & 1 & 2 \\ 4 & -2 & 1 \\ -2 & 0 & 3 \end{vmatrix}$ （第 3 行）

navi 行列式の値を求めるだけならば，サラスの展開図を用いてもよい．ここは余因子展開による "低次化" が学習のねらいである．

route 余因子では，"＋と－の配置" に注意

余因子での +, −

$\begin{vmatrix} + & - & + \\ - & + & - \\ + & - & + \end{vmatrix}$

← この列

解答 (i) 第 2 列の小行列式をとりあげると

$$D_{12} = \begin{vmatrix} 2 & 1 & -1 \\ -3 & 4 & 2 \\ 1 & -2 & 5 \end{vmatrix}, \quad D_{22} = \begin{vmatrix} 2 & 1 & -1 \\ -3 & 4 & 2 \\ 1 & -2 & 5 \end{vmatrix}, \quad D_{32} = \begin{vmatrix} 2 & 1 & -1 \\ -3 & 4 & 2 \\ 1 & -2 & 5 \end{vmatrix}$$

となるので，余因子は符号をつけて

$$A_{12} = (-1)\begin{vmatrix} -3 & 2 \\ 1 & 5 \end{vmatrix} = 17, \ A_{22} = (+1)\begin{vmatrix} 2 & -1 \\ 1 & 5 \end{vmatrix} = 11, \ A_{32} = (-1)\begin{vmatrix} 2 & -1 \\ -3 & 2 \end{vmatrix} = -1$$

よって $|A| = 1 \cdot 17 + 4 \cdot 11 + (-2) \cdot (-1) = 63$

(ii) 第 3 行の小行列式をとりあげる．

$$D_{31} = \begin{vmatrix} 3 & 1 & 2 \\ 4 & -2 & 1 \\ -2 & 0 & 3 \end{vmatrix}, \quad D_{32} = \begin{vmatrix} 3 & 1 & 2 \\ 4 & -2 & 1 \\ -2 & 0 & 3 \end{vmatrix}, \quad D_{33} = \begin{vmatrix} 3 & 1 & 2 \\ 4 & -2 & 1 \\ -2 & 0 & 3 \end{vmatrix}$$

$$A_{31} = (+1)\begin{vmatrix} 1 & 2 \\ -2 & 1 \end{vmatrix} = 5, \quad A_{32} = (-1)\begin{vmatrix} 3 & 2 \\ 4 & 1 \end{vmatrix} = 5, \quad A_{33} = (+1)\begin{vmatrix} 3 & 1 \\ 4 & -2 \end{vmatrix} = -10$$

よって　$|A| = (-2) \cdot 5 + 0 \cdot 5 + 3 \cdot (-10) = -40$

サラスは 2 次・3 次のときだけ

大事なひと言　サラスの図は 4 次以上の行列式には通じない．それに対して余因子展開は何次でも使える（⇨ 例題 46）．

問　題

30.1 次の各行列式の値を，指定した行または列についての余因子展開を用いて求めよ．

(i) $\begin{vmatrix} 7 & 4 & 0 \\ -2 & 4 & 3 \\ -3 & 2 & 1 \end{vmatrix}$ （第 1 行）　(ii) $\begin{vmatrix} 4 & 2 & 1 \\ 5 & 4 & 3 \\ 0 & -3 & 2 \end{vmatrix}$ （第 1 列）

例題 31　　　　三角行列と余因子展開

(i) $\begin{vmatrix} a_{11} & a_{12} & a_{13} \\ 0 & a_{22} & a_{23} \\ 0 & 0 & a_{33} \end{vmatrix} = a_{11}a_{22}a_{33}$ を証明せよ．

(ii) $\begin{vmatrix} 1 & 4 & -2 \\ 3 & 7 & 5 \\ -2 & -3 & 2 \end{vmatrix}$ を上三角行列の行列式に直し，その値を求めよ．

route　3 次の行列式であるから，サラスの展開でよいが，後の発展のため，余因子展開で眺めよう．(ii)のように，1 つの列に 0 をふやすと，展開のキキメが大きい．

解答　(i)　第 1 列についての余因子展開により

$$\begin{vmatrix} a_{11} & a_{12} & a_{13} \\ 0 & a_{22} & a_{23} \\ 0 & 0 & a_{33} \end{vmatrix} = a_{11}\begin{vmatrix} a_{22} & a_{23} \\ 0 & a_{33} \end{vmatrix} + 0\cdot A_{21} + 0\cdot A_{31} = a_{11}a_{22}a_{33}$$

(ii)　$|A| = \begin{vmatrix} 1 & 4 & -2 \\ 3 & 7 & 5 \\ -2 & -3 & 2 \end{vmatrix}$ では，まず (第 2 行) に $(-3)\cdot$(第 1 行) を加える．値は変わらず

（0 にしたい：3）

（⇨ p.32，定理 3 (5)）

$|A| = \begin{vmatrix} 1 & 4 & -2 \\ 0 & -5 & 11 \\ -2 & -3 & 2 \end{vmatrix}$ となり，次に (第 3 行) に $2\cdot$(第 1 行) を加えると

$|A| = \begin{vmatrix} 1 & 4 & -2 \\ 0 & -5 & 11 \\ 0 & 5 & -2 \end{vmatrix}$．さらに (第 3 行) に (第 2 行) を加えると上三角行列になる．

$|A| = \begin{vmatrix} 1 & 4 & -2 \\ 0 & -5 & 11 \\ 0 & 0 & 9 \end{vmatrix} = 1\cdot(-5)\cdot 9 = -45$

てっそく
行列式の値
(i)　2, 3次はサラス
(ii)　余因子展開
(iii)　線形性の活用

問　題

31.1　(i)　$\begin{vmatrix} a_{11} & 0 & 0 \\ a_{21} & a_{22} & 0 \\ a_{31} & a_{32} & a_{33} \end{vmatrix} = a_{11}a_{22}a_{33}$ を示せ．

(ii)　次の行列式を前問のような下三角行列の行列式に直し，その値を求めよ．

$$|A| = \begin{vmatrix} 1 & 1 & 3 \\ 3 & 1 & 5 \\ -2 & 7 & -4 \end{vmatrix},\quad |B| = \begin{vmatrix} -1 & 4 & 2 \\ 2 & -9 & 1 \\ 3 & 2 & 1 \end{vmatrix}$$

例題 32　　**行列式の論証 (1)**

次のおのおのを証明せよ．

(i)　$|A| = \begin{vmatrix} 1 & a & b+c \\ 1 & b & c+a \\ 1 & c & a+b \end{vmatrix} = 0$

(ii)　$\begin{vmatrix} a & a^2 & b+c \\ b & b^2 & c+a \\ c & c^2 & a+b \end{vmatrix} = (a+b+c)(a-b)(b-c)(c-a)$

navi　証明問題である．3 次の行列であるから，展開して式の整理を行えばよいかもしれないが，行列式の特色は線形性（⇨ p.32）にある．この場合，結果がわかっているので，問題解決に対する鉄則の中の一つ "結果利用" の姿勢のもとに線形性の活用をはかろう．

解答　(i)　行列式では，ある列に他の列の λ 倍を加えてよいので，第 2 列に第 3 列を加えて（$\lambda = 1$）

$$|A| = \begin{vmatrix} 1 & a+b+c & b+c \\ 1 & b+c+a & c+a \\ 1 & c+a+b & a+b \end{vmatrix} = (a+b+c)\begin{vmatrix} 1 & 1 & b+c \\ 1 & 1 & c+a \\ 1 & 1 & a+b \end{vmatrix}$$

行列式では，2 つの列が等しいときは 0 となるので $|A| = 0$

(ii)

$$\text{左辺} = \begin{vmatrix} a & a^2 & a+b+c \\ b & b^2 & a+b+c \\ c & c^2 & a+b+c \end{vmatrix} = (a+b+c)\begin{vmatrix} a & a^2 & 1 \\ b & b^2 & 1 \\ c & c^2 & 1 \end{vmatrix}$$

(3 列) に+(1 列)

$$= (a+b+c)\begin{vmatrix} a & a^2 & 1 \\ b-a & b^2-a^2 & 0 \\ c-a & c^2-a^2 & 0 \end{vmatrix} = (a+b+c)(b-a)(c-a)\begin{vmatrix} 1 & b+a \\ 1 & c+a \end{vmatrix}$$

(2 行) から −(1 行), (3 行) から −(1 行)

(3 列) で展開し $b-a$, $c-a$ をくくり出す

$= \text{右辺}$

> **てっそく**
> **行列式の値**
> (i)　2, 3次はサラス
> (ii)　余因子展開
> (iii)　線形性の活用

問　題

32.1　次のおのおのを証明せよ．

(i)　$\begin{vmatrix} a+b & a & a \\ a & a+b & a \\ a & a & a+b \end{vmatrix} = b^2(3a+b)$

(ii)　$\begin{vmatrix} b+c+2a & b & c \\ a & c+a+2b & c \\ a & b & a+b+2c \end{vmatrix} = 2(a+b+c)^3$

> **てっそく**
> **行列式の値と論証**
> (i)　2, 3次はサラス
> (ii)　余因子展開
> (iii)　線形性の活用

例題 33♯　　**行列式の論証 (2)**

$$\begin{vmatrix} a+b+c & -c & -b \\ -c & a+b+c & -a \\ -b & -a & a+b+c \end{vmatrix} = 2(a+b)(b+c)(c+a)$$ のなりたつことを示せ.

navi 行列式に関する問題解決である. これも結果が示されているので, "結果利用" の登場か.

route 2 行の和などから $\lambda = a+b$ をとり出せないか, と考えれば, 第 1 行と第 2 行の和がよさそうである.

てっそく
行列式の値と論証
(i)　2, 3次はサラス
(ii)　余因子展開
(iii)　線形性の活用

解答

((2 行) + (1 行)
(3 行) + (1 行))

$$左辺 = \begin{vmatrix} a+b+c & -c & -b \\ a+b & a+b & -(a+b) \\ c+a & -(c+a) & c+a \end{vmatrix}$$

これで $a+b, c+a$ を掴まえた

((2 行) から $a+b$,
(3 行) から $c+a$ を
くくり出す)

$$= (a+b)(c+a)\begin{vmatrix} a+b+c & -c & -b \\ 1 & 1 & -1 \\ 1 & -1 & 1 \end{vmatrix}$$

あとは余因子展開のため 0 をふやす

((3 列) + (2 列))

$$= (a+b)(c+a)\begin{vmatrix} a+b+c & -c & -(b+c) \\ 1 & 1 & 0 \\ 1 & -1 & 0 \end{vmatrix}$$

第 3 列について
余因子展開

$$= -(a+b)(c+a)(b+c)\begin{vmatrix} 1 & 1 \\ 1 & -1 \end{vmatrix} = 右辺$$

線形性を活用して
余因子展開につなげよう

問　題

33.1 次の各等式を証明せよ.

(i) $$\begin{vmatrix} 1 & a & b \\ 1 & a^2 & b^2 \\ 1 & a^3 & b^3 \end{vmatrix} = -ab(a-1)(b-1)(a-b)$$

(ii) $$\begin{vmatrix} a & b & ax+b \\ b & c & bx+c \\ ax+b & bx+c & 0 \end{vmatrix} = (b^2-ac)(ax^2+2bx+c)$$

例題 34♯ **行列式の論証 (3)**

$$\begin{vmatrix} bc & a^2 & a^2 \\ b^2 & ca & b^2 \\ c^2 & c^2 & ab \end{vmatrix} = \begin{vmatrix} bc & ab & ca \\ ab & ca & bc \\ ca & bc & ab \end{vmatrix}$$ を証明せよ．

navi 3 次の行列式であるから，サラスの展開法で行列式の値を求めて，両辺を較べればよい．しかし行列式の基本性質 "線形性" を用いて，3 次の行列式のままで，右辺に移ることはできないか．

てっそく
証明問題
(iii) 特色に注目
(iv) 目標利用

route 左辺の第 1 行，第 2 行，第 3 行から順に a, b, c をくくり出したくなる．
とにかくその結果を書いてみよう．

線形性の活用
——共通因数はくくり出せないかな——

解答 $abc \fallingdotseq 0$ のとき

$$|A| = \begin{vmatrix} bc & a^2 & a^2 \\ b^2 & ca & b^2 \\ c^2 & c^2 & ab \end{vmatrix}$$ で，第 1 行から a，第 2 行から b，第 3 行から c をくくり出す．

$$|B| = \begin{vmatrix} bc & ab & ca \\ ab & ca & bc \\ ca & bc & ab \end{vmatrix}$$ で，第 1 列から a，第 2 列から b，第 3 列から c をくくり出す．

その結果は，いずれも

$$abc \begin{vmatrix} \frac{bc}{a} & a & a \\ b & \frac{ca}{b} & b \\ c & c & \frac{ab}{c} \end{vmatrix}$$

となるので，$|A| = |B|$
$a = 0$ のときはともに $-(bc)^3$ となる．$b = 0, c = 0$ のときも同様．

問 題

34.1 $$\begin{vmatrix} 1+a & 1 & 1 \\ 1 & 1+b & 1 \\ 1 & 1 & 1+c \end{vmatrix} = bc + ca + ab + abc$$ を証明せよ．

2.3 行列の積の行列式と逆行列の余因子表示

◆ **行列の積の行列式**　行列の積 AB の行列式 $|AB|$ では，次のような明快な結果がある．

定理 5　$|AB| = |A|\,|B|$

てっそく
自然数のかかわる論証
(i) まず具体化
(ii) 帰納法
(iii) 誘導設問に注目する

証明　3 次の行列の場合に述べる．列ベクトル表示を用いて

$$A = [\ \boldsymbol{a}_1 \quad \boldsymbol{a}_2 \quad \boldsymbol{a}_3\ ], \quad B = \begin{bmatrix} b_{11} & b_{12} & b_{13} \\ b_{21} & b_{22} & b_{23} \\ b_{31} & b_{32} & b_{33} \end{bmatrix}$$

とすると $|AB| = |\ b_{11}\boldsymbol{a}_1 + b_{21}\boldsymbol{a}_2 + b_{31}\boldsymbol{a}_3 \quad b_{12}\boldsymbol{a}_1 + b_{22}\boldsymbol{a}_2 + b_{32}\boldsymbol{a}_3 \quad b_{13}\boldsymbol{a}_1 + b_{23}\boldsymbol{a}_2 + b_{33}\boldsymbol{a}_3\ |$
ここへ行列式の線形性（➩ 定理 3）をくり返して用いると

$$|AB| = b_{11}b_{12}b_{13}\,|\ \boldsymbol{a}_1 \quad \boldsymbol{a}_1 \quad \boldsymbol{a}_1\ | + \cdots + b_{11}b_{22}b_{33}\,|\ \boldsymbol{a}_1 \quad \boldsymbol{a}_2 \quad \boldsymbol{a}_3\ | + \cdots$$

のようにして $3 \times 3 \times 3 = 27$ 個の行列式の和に表わされる．ここで定理 2 (1) および定理 3 (4) を用いると $|A| = |\ \boldsymbol{a}_1 \quad \boldsymbol{a}_2 \quad \boldsymbol{a}_3\ |$ のスカラー倍 $3! = 6$ 個だけが残り

$$|AB| = (b_{11}b_{22}b_{33} + b_{12}b_{23}b_{31} + \cdots - b_{13}b_{22}b_{31})|A|$$

異なる番号の項が残るのだ

この $+, -$ の配分が $|B|$ の定義のそれに一致するから $|AB| = |B|\,|A| = |A|\,|B|$

例題 35　　積の行列式 (1)

2 次の正方行列 A, B について，$|AB| = |A|\,|B|$ を示せ．

navi　2 次だから証明はやさしい．3 次の場合の証明の理解の助けとしよう．

解答　$A = \begin{bmatrix} a_{11} & a_{12} \\ a_{21} & a_{22} \end{bmatrix} = [\ \boldsymbol{a}_1 \quad \boldsymbol{a}_2\ ]$，$B = \begin{bmatrix} b_{11} & b_{12} \\ b_{21} & b_{22} \end{bmatrix}$ とすると
（列ベクトル表示）

$$AB = [\ b_{11}\boldsymbol{a}_1 + b_{21}\boldsymbol{a}_2 \quad b_{12}\boldsymbol{a}_1 + b_{22}\boldsymbol{a}_2\ ]$$

行列式 $|AB|$ を考え，第 1 列についての線形性を用い

$$|AB| = b_{11}\,|\ \boldsymbol{a}_1 \quad b_{12}\boldsymbol{a}_1 + b_{22}\boldsymbol{a}_2\ | + b_{21}\,|\ \boldsymbol{a}_2 \quad b_{12}\boldsymbol{a}_1 + b_{22}\boldsymbol{a}_2\ |$$

（第 2 列）

$$= b_{11}b_{12}\,|\ \boldsymbol{a}_1 \quad \boldsymbol{a}_1\ | + b_{11}b_{22}\,|\ \boldsymbol{a}_1 \quad \boldsymbol{a}_2\ | + b_{21}b_{12}\,|\ \boldsymbol{a}_2 \quad \boldsymbol{a}_1\ | + b_{21}b_{22}\,|\ \boldsymbol{a}_2 \quad \boldsymbol{a}_2\ |$$

ここで $|\ \boldsymbol{a}_1 \quad \boldsymbol{a}_1\ | = 0$，$|\ \boldsymbol{a}_2 \quad \boldsymbol{a}_2\ | = 0$，$|\ \boldsymbol{a}_2 \quad \boldsymbol{a}_1\ | = -|\ \boldsymbol{a}_1 \quad \boldsymbol{a}_2\ |$ を用いて

$$|AB| = (b_{11}b_{22} - b_{21}b_{12})\,|\ \boldsymbol{a}_1 \quad \boldsymbol{a}_2\ | = |A|\,|B|$$

問　題

35.1　$A = \begin{bmatrix} a & b \\ -b & a \end{bmatrix}$，$B = \begin{bmatrix} c & d \\ -d & c \end{bmatrix}$ のとき，積の行列式を用いて $(a^2 + b^2)(c^2 + d^2)$ を平方の和で表わせ．

例題 36♯ **積の行列式の応用**

$$A = \begin{bmatrix} a & b & c \\ c & a & b \\ b & c & a \end{bmatrix},\ W = \begin{bmatrix} 1 & 1 & 1 \\ 1 & \omega & \omega^2 \\ 1 & \omega^2 & \omega \end{bmatrix}$$ (ここで $\omega = \frac{-1+\sqrt{3}i}{2}$) とするとき

(i) 行列式 $|A|$ の値を求めよ． (ii) $|W| \neq 0$ を示せ．

(iii) $|AW| = (a+b+c)(a+b\omega+c\omega^2)(a+b\omega^2+c\omega)|W|$ を示し，次の因数分解の結果を証明せよ． $a^3+b^3+c^3-3abc = (a+b+c)(a+b\omega+c\omega^2)(a+b\omega^2+c\omega)$

navi (iii)の $|AW|$ は，式が複雑になりそうだから式の特色に注目しつつ，定理2,3の利用となろうが，(i), (ii)では，サラスでよいだろう．

てっそく

行列式の値
(i) 2次・3次はサラス
(ii) 余因子展開
(iii) 線形性の活用
(iv) $|AB|=|A|\,|B|$利用

解答 (i)
$$|A| = a^3+b^3+c^3-abc-bca-cab$$
$$= a^3+b^3+c^3-3abc$$

(ii) $\omega = \frac{-1+\sqrt{3}i}{2}$ から $2\omega+1=\sqrt{3}i$．平方して

$$\therefore\quad \omega^2+\omega+1=0,\quad \omega^2=-\omega-1,\quad \omega^3=(-\omega-1)\omega=-\omega^2-\omega=1$$

よって $|W| = \omega^2+\omega^2+\omega^2-\omega^4-\omega-\omega = 3\omega^2-3\omega = 3\omega(\omega-1) \neq 0$

(iii)
$$AW = \begin{bmatrix} a & b & c \\ c & a & b \\ b & c & a \end{bmatrix}\begin{bmatrix} 1 & 1 & 1 \\ 1 & \omega & \omega^2 \\ 1 & \omega^2 & \omega \end{bmatrix} = \begin{bmatrix} a+b+c & a+b\omega+c\omega^2 & a+b\omega^2+c\omega \\ c+a+b & c+a\omega+b\omega^2 & c+a\omega^2+b\omega \\ b+c+a & b+c\omega+a\omega^2 & b+c\omega^2+a\omega \end{bmatrix}$$

$$= \begin{bmatrix} a+b+c & a+b\omega+c\omega^2 & a+b\omega^2+c\omega \\ a+b+c & \omega(a+b\omega+c\omega^2) & \omega^2(a+b\omega^2+c\omega) \\ a+b+c & \omega^2(a+b\omega+c\omega^2) & \omega(a+b\omega^2+c\omega) \end{bmatrix}$$

1 の立方根 ω
(i) $\omega = \frac{-1+\sqrt{3}i}{2}$
(ii) $\omega^2+\omega+1=0$
(iii) $\omega^3=1$

$$|AW| = (a+b+c)(a+b\omega+c\omega^2)(a+b\omega^2+c\omega)\begin{vmatrix} 1 & 1 & 1 \\ 1 & \omega & \omega^2 \\ 1 & \omega^2 & \omega \end{vmatrix}$$

$$\therefore\quad |AW| = (a+b+c)(a+b\omega+c\omega^2)(a+b\omega^2+c\omega)|W|$$

一方で $|AW| = |A|\,|W|$ で(ii)から $|W| \neq 0$．よって(i)と合わせて

$$|A| = a^3+b^3+c^3-3abc = (a+b+c)(a+b\omega+c\omega^2)(a+b\omega^2+c\omega)$$

問 題

36.1 行列 $A = \begin{bmatrix} b^2+c^2 & ab & ca \\ ab & c^2+a^2 & bc \\ ca & bc & a^2+b^2 \end{bmatrix}$ を $A = B\,{}^tB$ の形に直し，$|A| = 4a^2b^2c^2$ を証明せよ．

◆ **行列が正則であるための条件（正則条件）** 行列 A が正則であるとは，A には逆行列 X，すなわち $AX = XA = E$ となる n 次行列 X が存在することであり，$X = A^{-1}$ と表わした．A^{-1} を成分表示するために，まず定理 4（⇨ p.34）の補充を述べる．（⇨ 証明は問題 37.1(i)）．

定理 6 $|A| = |a_{ij}|$ の第 (i, j) 成分 a_{ij} に対する余因子を A_{ij} とすると

(1) $a_{1j}A_{1k} + a_{2j}A_{2k} + a_{3j}A_{3k} = 0 \quad (j \neq k)$

(2) $a_{i1}A_{k1} + a_{i2}A_{k2} + a_{i3}A_{k3} = 0 \quad (i \neq k)$

定理 7 正方行列 A が正則であるための必要十分な条件は A の行列式 $|A| \neq 0$ となることであり，A が正則ならば $A^{-1} = \frac{1}{|A|}{}^t[A_{ij}]$ である．

ここで A_{ij} は A の成分 a_{ij} の余因子であり，${}^t[A_{ij}]$ は余因子のつくる行列 $[A_{ij}]$ の転置行列である．${}^t[A_{ij}]$ を $\mathrm{adj}\,A$ とも表わし，A の**余因子行列**という．

逆行列 （転置です）

$$A^{-1} = \frac{1}{|A|}\begin{vmatrix} A_{11} & A_{21} & A_{31} \\ A_{12} & A_{22} & A_{32} \\ A_{13} & A_{23} & A_{33} \end{vmatrix}$$

例題 37 ——— **逆行列の余因子表示**

定理 4，定理 5 と定理 6 を用いて定理 7 を証明せよ．

解答 〔「A が正則 $\Rightarrow |A| \neq 0$」の証明〕

A が正則ならば $AX = E$ となる行列 X が存在するので

$|AX| = |E|$ と定理 5 から $|A|\,|X| = 1$．とくに $|A| \neq 0$

定理の証明の意義は“その定理の使いこなし”のためにある

〔「$|A| \neq 0 \Rightarrow A$ が正則」の証明〕

$A = [a_{ij}]$ の成分 a_{ij} に対する余因子を A_{ij} とすると，定理 4 と定理 6 から

$$a_{i1}A_{i1} + a_{i2}A_{i2} + a_{i3}A_{i3} = |A| \quad (i = 1, 2, 3)$$
$$a_{i1}A_{k1} + a_{i2}A_{k2} + a_{i3}A_{k3} = 0 \quad (i \neq k)$$

これを用いて

$$A\,{}^t[A_{ij}] = \begin{bmatrix} a_{11} & a_{12} & a_{13} \\ a_{21} & a_{22} & a_{23} \\ a_{31} & a_{32} & a_{33} \end{bmatrix}\begin{bmatrix} A_{11} & A_{21} & A_{31} \\ A_{12} & A_{22} & A_{32} \\ A_{13} & A_{23} & A_{33} \end{bmatrix} = \begin{bmatrix} |A| & & O \\ & |A| & \\ O & & |A| \end{bmatrix} = |A|E$$

よって $X = \frac{1}{|A|}{}^t[A_{ij}]$ とすると $AX = E$ となる．同様に $XA = E$ となる（⇨ 問題 37.1 (ii)）ので，$AX = XA = E$ となる X が存在したことになる．よって A は正則であり，

$$A^{-1} = X = \frac{1}{|A|}{}^t[A_{ij}]$$

問 題

37.1 (i) 定理 6 を証明せよ． (ii) 例題の解答の最後の $XA = E$ を詳しく説明せよ．

例題 38 **逆行列と連立方程式**

(i) $A=\begin{bmatrix}2&-3&1\\-1&1&3\\4&-3&2\end{bmatrix}$ の逆行列 A^{-1} を求めよ．

(ii) (i)の結果を用いて連立方程式 $\begin{cases}2x-3y+\ \ z=6\\-x+\ \ y+3z=-2\\4x-3y+2z=1\end{cases}$ を解け．

route 「$A^{-1}=\frac{{}^t[A_{ij}]}{|A|}$：分子では転置だよ」と，つぶやいて．

逆行列を求める手順
$|A|$ を求め，
$|A|\neq 0$ をみる
→ $[D_{ij}]$ を書く
→ 符号を交互に
→ 配分し $[A_{ij}]$
$\begin{bmatrix}+&-&+\\-&+&-\\+&-&+\end{bmatrix}$
→ ${}^t[A_{ij}]$ をつくる
→ $D^{-1}=\frac{1}{|A|}{}^t[A_{ij}]$

てっそく
連立1次方程式では (i) クラメールの公式 (ii) 逆行列利用

解答 (i) $|A|=2\begin{vmatrix}1&3\\-3&2\end{vmatrix}-(-1)\begin{vmatrix}-3&1\\-3&2\end{vmatrix}+4\begin{vmatrix}-3&1\\1&3\end{vmatrix}$

$=2\cdot 11+(-3)+4\cdot(-10)=-21\neq 0$

$$A^{-1}=\frac{-1}{21}\,{}^t\begin{bmatrix}+\begin{vmatrix}1&3\\-3&2\end{vmatrix}&-\begin{vmatrix}-1&3\\4&2\end{vmatrix}&+\begin{vmatrix}-1&1\\4&-3\end{vmatrix}\\-\begin{vmatrix}-3&1\\-3&2\end{vmatrix}&+\begin{vmatrix}2&1\\4&2\end{vmatrix}&-\begin{vmatrix}2&-3\\4&-3\end{vmatrix}\\+\begin{vmatrix}-3&1\\1&3\end{vmatrix}&-\begin{vmatrix}2&1\\-1&3\end{vmatrix}&+\begin{vmatrix}2&-3\\-1&1\end{vmatrix}\end{bmatrix}=\frac{-1}{21}\begin{bmatrix}11&3&-10\\14&0&-7\\-1&-6&-1\end{bmatrix}$$

(ii) 方程式は $A\begin{bmatrix}x\\y\\z\end{bmatrix}=\begin{bmatrix}6\\-2\\1\end{bmatrix}$ なので $\begin{bmatrix}x\\y\\z\end{bmatrix}=A^{-1}\begin{bmatrix}6\\-2\\1\end{bmatrix}=\begin{bmatrix}-50/21\\-11/3\\-5/21\end{bmatrix}$

問　題

38.1 連立方程式 $\begin{cases}3x-4y+5z=4\\-7x+8y-9z=-4\\11x-5y+6z=-3\end{cases}$ の係数のつくる行列 $\begin{bmatrix}3&-4&5\\-7&8&-9\\11&-5&6\end{bmatrix}$ を A とし，A の逆行列 A^{-1} を求め，次にこれを利用して連立方程式を解け．

38.2 次の行列が正則であるための条件と，正則のときのその逆行列を求めよ．ただし成分は実数とする．

(i) $\begin{bmatrix}a&1&1\\0&b&1\\0&0&c\end{bmatrix}$　(ii) $\begin{bmatrix}1&-n&m\\n&1&-l\\-m&l&1\end{bmatrix}$　(iii) $\begin{bmatrix}1&a&0\\0&1&a\\a&0&1\end{bmatrix}$

例題 39　　**正則の条件**

3 次正方行列の場合に，行列式を利用して，次のおのおのを証明せよ．

(i)　A に対して $AX = E$ となる正方行列 X があれば，A は正則で $X = A^{-1}$

(ii)　「A と B が正則」$\Leftrightarrow$「積 AB が正則」

navi　正則という条件は，きわめて重要な考えであり，2 つを学んでいる．

(1)　定義——A に対して $XA = AX = E$ となる X が存在すること　(⇨ p.12)

(2)　正則条件——「A が正則」$\Leftrightarrow$ 行列式 $|A| \neq 0$　(⇨ 例題 11, 37)

この例題(i)と下の問題 39.1 (i)の意味は，上の定義条件が $AX = E$ だけでよいということ．

解答　(i)　正方行列 A に対して，$AX = E$ となる X が存在すれば

$$|AX| = |A|\,|X| = 1 \quad (\text{⇨ 定理 5})$$

よって $|A| \neq 0$．よって A は正則（⇨ 例題 37）．したがって A は逆行列 A^{-1} をもち，

$$AX = E \text{ から } A^{-1}(AX) = A^{-1} \text{をへて } X = A^{-1}$$

> 定義を思うとは何をスタートに何を目指すかを明確に，ということ

(ii)　「A と B が正則」　$\Rightarrow$　A^{-1}, B^{-1} がある

$\Rightarrow$　$AB(B^{-1}A^{-1}) = AEA^{-1} = E$

よって(i)により AB は正則．

「積 AB が正則」　$\Rightarrow$　$X(AB) = (AB)X = E$ となる X がある

$\Rightarrow$　とくに $A(BX) = E$ となる BX があり，

$\Rightarrow$　(i) により A は正則

また(i)と同様に「$YB = E$ となる Y がある」$\Rightarrow$「B は正則」が示されるので $X(AB) = E$ から $(XA)B = E$．したがって B も正則．

問　題

39.1　上の解答にならって，次の証明を書け．

(i)　行列 A に対して $YA = E$ となる正方行列 Y があれば A は正則である．

(ii)　正方行列 A の転置行列を ${}^tA$ とするとき（⇨ p.4）「A が正則」$\Leftrightarrow$「${}^tA$ が正則」

(iii)　A が正則のとき $|A^{-1}| = |A|^{-1}$，$|A^{-1}BA| = B$

(iv)　A が 3 次の正則行列ならば，A の余因子行列 ${}^t[A_{ij}]$ では $|{}^t[A_{ij}]| = |A|^2$

（後になって n 次正方行列を考えたときは，$|A|^{n-1}$）

> **てっそく**
> **正則条件**
> **(i)　$AX = E$ となる X がある**
> **(ii)　行列式 $|A| \neq 0$**

2.4 n 次行列の行列式

◆ **ストーリーを振りかえる**　一般の n 次の行列式を考えようとするならば，そのモデルは，3 次の行列式である．

$$(3\text{次})\quad A=\begin{bmatrix} a_{11} & a_{12} & a_{13}\\ a_{21} & a_{22} & a_{23}\\ a_{31} & a_{32} & a_{33}\end{bmatrix}\ \text{では}\ |A|=\ a_{11}a_{22}a_{33}+a_{12}a_{23}a_{31}+a_{13}a_{21}a_{32}\\ -a_{11}a_{23}a_{32}-a_{12}a_{21}a_{33}-a_{13}a_{22}a_{31}$$

各項は $a_{1p}a_{2q}a_{3r}$ の形をしていて $(p\ q\ r)$ は $(1\ 2\ 3)$ の順列（並びかえ）であり，その総数は $3!=6$ 通りである．それらは 3 つずつ，2 つのグループに分かれる．

（＋グループ）　$a_{11}a_{22}a_{33},\quad a_{12}a_{23}a_{31},\quad a_{13}a_{21}a_{32}$　$\cdots$①

（－グループ）　$a_{11}a_{23}a_{32},\quad a_{12}a_{21}a_{33},\quad a_{13}a_{22}a_{31}$　$\cdots$②

これら 2 グループの特色は何か．まず $a_{1p}a_{2q}a_{3r}$ においては 1 に p が，2 には q，3 には r が対応づけられている．この対応をわかりやすく $\begin{pmatrix}1 & 2 & 3\\ p & q & r\end{pmatrix}$ と表わし，項 $a_{1p}a_{2q}a_{3r}$ に対する**置換**（ちかん）と名づける．すると

＋のつく項に対する置換　$\begin{pmatrix}1 & 2 & 3\\ 1 & 2 & 3\end{pmatrix},\begin{pmatrix}1 & 2 & 3\\ 2 & 3 & 1\end{pmatrix},\begin{pmatrix}1 & 2 & 3\\ 3 & 1 & 2\end{pmatrix}$　$\cdots$①′

－のつく項に対する置換　$\begin{pmatrix}1 & 2 & 3\\ 1 & 3 & 2\end{pmatrix},\begin{pmatrix}1 & 2 & 3\\ 2 & 1 & 3\end{pmatrix},\begin{pmatrix}1 & 2 & 3\\ 3 & 2 & 1\end{pmatrix}$　$\cdots$②′

と区別される．この 3 つずつのグループには何か特色があるのだろうか．

◆ **グループの特色**　－グループ②′ では，2 つの文字の入れかえに注目して

$\begin{pmatrix}1 & 2 & 3\\ 1 & 3 & 2\end{pmatrix}$ を $(2\ 3)$, $\begin{pmatrix}1 & 2 & 3\\ 2 & 1 & 3\end{pmatrix}$ を $(1\ 2)$, $\begin{pmatrix}1 & 2 & 3\\ 3 & 2 & 1\end{pmatrix}$ を $(1\ 3)$ と略記する．

各グループの特色をみるために，置換の積の考えを述べよう．

例題 40♯　**置換の積 (1)**

1, 2, 3 の置換 $3!=6$ 個を考え，それぞれを $\sigma,\tau,\cdots$ などの文字で表わす．例えば $(2\ 3)=\sigma$, $(1\ 2)=\tau$ などと表わす．1, 2, 3 を，まず σ で置換し，その結果を τ で置換すると 1 つの置換となる．これを $\tau\sigma$ と表わすとき，$\tau\sigma$ を求めよ．また $\sigma\tau$ を求めよ．

route　$\tau\sigma$ では「最初は σ」

解答　$\tau\sigma=\begin{pmatrix}1 & 2 & 3\\ 2 & 1 & 3\end{pmatrix}\begin{pmatrix}1 & 2 & 3\\ 1 & 3 & 2\end{pmatrix}=\begin{pmatrix}1 & 2 & 3\\ 2 & 3 & 1\end{pmatrix}$, $\sigma\tau=\begin{pmatrix}1 & 2 & 3\\ 3 & 1 & 2\end{pmatrix}$

問　題

40.1　$(1\ 2)=\tau$, $(1\ 3)=\rho$ とするとき $\tau\rho$, $\rho\tau$ を求めよ．

◆ n 文字の置換 自然数 $1, 2, \cdots, n$ の順列 $i_1, i_2, \cdots, i_n$ を考え

$$1 \to i_1, \quad 2 \to i_2, \quad \cdots, \quad n \to i_n$$

のような対応を n 文字の**置換**といい

$$\begin{pmatrix} 1 & 2 & \cdots & n \\ i_1 & i_2 & \cdots & i_n \end{pmatrix} \quad \left(\text{対応する数が問題で} \begin{pmatrix} 2 & n & \cdots & 1 & \cdots \\ i_2 & i_n & \cdots & i_1 & \cdots \end{pmatrix} \text{でもよい}\right)$$

で表わす．n 文字の置換は，全部で $n!$ 個ある．

置換を 1 文字で表わすときは，$\sigma, \tau, \cdots$ などを用いる．

$$\sigma = \begin{pmatrix} 1 & 2 & \cdots & k & \cdots & n \\ i_1 & i_2 & \cdots & i_k & \cdots & i_n \end{pmatrix} \text{のとき} \sigma(k) = i_k \, (k = 1, 2, \cdots, n) \text{と表わす．}$$

ここで 2 つの置換 σ, τ の積 $\sigma\tau$ を

$$\sigma\tau(k) = \sigma\{\tau(k)\} \quad (k = 1, \cdots, n)$$

で定義する．また σ と逆の対応 $i_k \to k$ $(k = 1, 2, \cdots, n)$ も，1 つの置換であり，σ の**逆置換**といい，σ^{-1} で表わす．さらに置換 $\varepsilon = \begin{pmatrix} 1 & 2 & \cdots & n \\ 1 & 2 & \cdots & n \end{pmatrix}$ を**単位置換**という．

例題 41♯ **置換の積 (2)**

$$\sigma = \begin{pmatrix} 1 & 2 & 3 & 4 & 5 \\ 2 & 4 & 1 & 5 & 3 \end{pmatrix}, \quad \tau = \begin{pmatrix} 1 & 2 & 3 & 4 & 5 \\ 2 & 1 & 3 & 5 & 4 \end{pmatrix}$$

(i) $\sigma\tau, \tau\sigma$ を求め，$\sigma\tau \neq \tau\sigma$ を確かめよ．

(ii) σ^{-1}, τ^{-1} を求め，$(\sigma\tau)^{-1} = \tau^{-1}\sigma^{-1}$ を確かめよ．

置換の積のルールは
n 次正則行列
の積のルールと
よく似ている

route $\sigma\tau(1) = \sigma\{\tau(1)\} = \sigma(2) = 4$ のように，τ を先に考える．

解答 (i) $\sigma\tau = \begin{pmatrix} 1 & 2 & 3 & 4 & 5 \\ 2 & 4 & 1 & 5 & 3 \end{pmatrix}\begin{pmatrix} 1 & 2 & 3 & 4 & 5 \\ 2 & 1 & 3 & 5 & 4 \end{pmatrix} = \begin{pmatrix} 1 & 2 & 3 & 4 & 5 \\ 4 & 2 & 1 & 3 & 5 \end{pmatrix}$

$\tau\sigma = \begin{pmatrix} 1 & 2 & 3 & 4 & 5 \\ 1 & 5 & 2 & 4 & 3 \end{pmatrix}$．よって $\sigma\tau \neq \tau\sigma$

(ii) $\sigma^{-1} = \begin{pmatrix} 2\,4\,1\,5\,3 \\ 1\,2\,3\,4\,5 \end{pmatrix} = \begin{pmatrix} 1\,2\,3\,4\,5 \\ 3\,1\,5\,2\,4 \end{pmatrix}$，$\tau^{-1} = \begin{pmatrix} 2\,1\,3\,5\,4 \\ 1\,2\,3\,4\,5 \end{pmatrix} = \begin{pmatrix} 1\,2\,3\,4\,5 \\ 2\,1\,3\,5\,4 \end{pmatrix}$

$(\sigma\tau)^{-1} = \begin{pmatrix} 1\,2\,3\,4\,5 \\ 3\,2\,4\,1\,5 \end{pmatrix}$，$\tau^{-1}\sigma^{-1} = \begin{pmatrix} 1\,2\,3\,4\,5 \\ 3\,2\,4\,1\,5 \end{pmatrix}$．よって $(\sigma\tau)^{-1} = \tau^{-1}\sigma^{-1}$

問 題

41.1 例題 41 の σ, τ に対して $\sigma(4)$, $\tau(2)$ はいくらか．$\sigma^{-1}\tau^{-1}$ を求め，$(\sigma\tau)^{-1} \neq \sigma^{-1}\tau^{-1}$ を確かめよ．また τ^2 を求めよ．

◆ **巡回置換・互換**　n 文字 $1, 2, \cdots, n$ の置換は $n!$ 個あり，置換全体の集合を S_n とすると，S_n では次の法則がなりたつ．

(i)（結合法則）　$(\sigma\tau)\rho = \sigma(\tau\rho)$　　(ii)　$\varepsilon\sigma = \sigma\varepsilon = \sigma$　　(iii)　$\sigma\sigma^{-1} = \sigma^{-1}\sigma = \varepsilon$

置換の中で，1 つの文字 i_1 からはじめて，「$i_1 \to i_2, i_2 \to i_3, \cdots, i_m \to i_1$」のように $i_1, i_2, \cdots, i_m$ を一巡し，他の文字を動かさない置換を長さ m の**巡回置換**（じゅんかい）といい，$(i_1\ i_2\ \cdots\ i_m)$ で表わす．

例 1　$\sigma = \begin{pmatrix} 1 & 2 & 3 & 4 & 5 \\ 1 & 4 & 3 & 5 & 2 \end{pmatrix}$ は長さ 3 の巡回置換 $(2\ 4\ 5)$

$\tau = \begin{pmatrix} 1 & 2 & 3 & 4 & 5 \\ 3 & 4 & 5 & 2 & 1 \end{pmatrix}$ は巡回置換ではない．しかし

例 2　$\tau = \begin{pmatrix} 1 & 2 & 3 & 4 & 5 \\ 1 & 4 & 3 & 2 & 5 \end{pmatrix}\begin{pmatrix} 1 & 2 & 3 & 4 & 5 \\ 3 & 2 & 5 & 4 & 1 \end{pmatrix} = (2\ 4)(1\ 3\ 5)$

のように巡回置換の積に表わされる．長さ 2 の巡回置換 $(i\ j)$ すなわち $i \to j,\ j \to i$ で他の文字を動かさない置換を**互換**（ごかん）という．巡回置換は互換の積で表わされる．

例 3　$(2\ 3\ 1\ 4) = (2\ 4)(2\ 1)(2\ 3)$

定理 8　任意の置換 σ は巡回置換の積であり，巡回置換は互換の積である．したがって任意の置換 σ は互換の積に表わされる．

例題 42♯　　　　互換の積にする

n 文字 $1, 2, \cdots, n$ について，定理 8 を証明せよ．

解答　置換 σ で $\sigma(i_1) \neq i_1$ のような i_1 をとり

$\textcircled{i_1} \to i_2 \to \cdots$　と追って　$\to i_r \to \textcircled{i_1}$

となったとき，巡回置換 $\sigma_1 = (i_1\ i_2\ \cdots\ i_r)$ とする．σ_1 の中になく，$\sigma(j_1) \neq j_1$ のような j_1 をとり $\sigma_2 = (j_1\ j_2\ \cdots\ j_s)$ をつくり，σ_t まで続いたとすると $\sigma = \sigma_t \cdots \sigma_2\sigma_1$　$\cdots$①

$\sigma = \begin{pmatrix} 1 & 2 & 3 & 4 & 5 & 6 & 7 \\ 3 & 2 & 6 & 5 & 4 & 7 & 1 \end{pmatrix}$

$i_1 = 1$ とする

$1 \to 3 \to 6 \to 7 \to 1$

$\sigma_1 = (1\ 3\ 6\ 7)$

$\sigma_2 = (4\ 5)$

$\sigma = (4\ 5)(1\ 3\ 6\ 7)$

また巡回置換 σ_1 に対しては $\sigma_1 = (i_1\ i_r)(i_1\ i_{r-1})\cdots(i_1\ i_2)$ となり ① は互換の積となる．

問　題

42.1　(i)　n 文字の置換について「$\sigma\tau = \sigma\rho \Leftrightarrow \tau = \rho$」を示せ．

(ii)　$S_n = \{\sigma_1, \cdots, \sigma_m\}$ $(m = n!)$, $\tau \in S_n$ とするとき，次を示せ．

$$S_n = \{\sigma_1\tau, \sigma_2\tau, \cdots, \sigma_m\tau\}, \quad S_n = \{\sigma_1^{-1}, \sigma_2^{-1}, \cdots, \sigma_m^{-1}\}$$

◆ **置換の符号**　前頁の定理 8 で見たように，任意の置換は互換の積として表わすことができるが，そのような表わし方は 1 通りではない．

例　$(2\ 3\ 1\ 4) = (2\ 4)(2\ 1)(2\ 3) = (3\ 2)(1\ 2)(3\ 4)(2\ 1)(3\ 1)$

でみるように，3 個の互換の積であるとともに 5 個の互換の積である．表わし方はいろいろある．しかし，どのような表わし方も，互換の個数は奇数個であることがわかる．その基になるのが次の定理である．

定理 9　n 個の自然数 $1, 2, \cdots, n$ の置換 σ を互換の積に表わすとき（⇨ 定理 8），その表わし方は 1 通りではない（上の例）が，互換の個数が偶数個であるか奇数個であるかは，σ ごとに決まっている．

σ が偶数個の互換の積のとき，σ を**偶置換**といい $\mathrm{sgn}(\sigma) = +1$ と表わし，奇数個の互換の積のとき，σ を**奇置換**といい $\mathrm{sgn}(\sigma) = -1$ と表わし，この $+, -$ を σ の**符号**という．p.45 の①′ が偶置換，②′ が奇置換である．

例題 43♯　　**差積の役割**

定理 9 を証明せよ．

解答　n 個の変数 $x_1, x_2, \cdots, x_n$ に対して，次の多項式 Δ_n をつくる．

$$\begin{aligned}\Delta_n = (x_1 - x_2)(x_1 - x_3) &\ \cdots\ (x_1 - x_n) \\ (x_2 - x_3) &\ \cdots\ (x_2 - x_n) \\ &\cdots\cdots \\ &(x_{n-1} - x_n)\end{aligned}$$

n 文字の置換 σ に対して，Δ_n の各文字 x_i を $x_{\sigma(i)}$ に移した結果を $\sigma\Delta_n$ と表わす．

$\sigma\Delta_n$ は Δ_n または $-\Delta_n$

σ が互換 $(i\ j)$ のとき　$\sigma\Delta_n = -\Delta_n$

σ が m 個の互換の積ならば　$\sigma\Delta_n = (-1)^m\Delta_n$

よって σ が偶数個の互換の積であると同時に奇数個の互換の積であれば $\sigma\Delta_n = \Delta_n = -\Delta_n$ となり多項式 $\Delta_n = 0$　（矛盾）

Δ_n を差積（させき）という．具体的には

$$\begin{aligned}\Delta_4 = \underline{(x_1 - x_2)(x_1 - x_3)}&(x_1 - x_4) \\ \underline{\underline{(x_2 - x_3)}}&(x_2 - x_4) \\ &(x_3 - x_4)\end{aligned}$$

$\sigma = (2\ 3)$ のとき

$$\begin{aligned}\sigma\Delta_4 = \underline{(x_1 - x_3)(x_1 - x_2)}&(x_1 - x_4) \\ \underline{\underline{(x_3 - x_2)}}&(x_3 - x_4) \\ &(x_2 - x_4)\end{aligned}$$

── 部分は変わらず，══ 部分は符号が変わる

問　題

43.1　(i)　$\sigma = \begin{pmatrix} 1 & 2 & 3 & 4 & 5 & 6 & 7 \\ 2 & 3 & 4 & 6 & 7 & 5 & 1 \end{pmatrix}$ のとき $\mathrm{sgn}(\sigma)$ を求めよ．

$\tau = (i_1\ i_2\ \cdots\ i_r)$ のとき $\mathrm{sgn}(\tau)$ を r で表わせ．

(ii)　$\mathrm{sgn}(\sigma\tau) = \mathrm{sgn}(\sigma)\mathrm{sgn}(\tau), \mathrm{sgn}(\sigma^{-1}) = \mathrm{sgn}(\sigma)$ を示せ．

(iii)　集合 S_n 内で，偶置換と奇置換の個数は等しいことを示せ．

◆ **一般 n 次の行列の定義と基本性質** 以上で p.45 の 3 次の行列式を n 次の正方行列 A の場合に定義する準備が整った．$A=[a_{ij}]$ に対して，n 次の置換の集合を S_n として $|A|=\sum_{\sigma\in S_n}\mathrm{sgn}(\sigma)a_{1\sigma(1)}a_{2\sigma(2)}\cdots a_{n\sigma(n)}$ で定まる数を行列 A の**行列式**という．このように定義された行列式に対して，p.32 の 3 次のときの定理 1～定理 3 がそのままなりたつ．

定理 1′ (1) $|{}^tA|=|A|$

(2) $|A|=\sum_{\sigma\in S_n}\mathrm{sgn}(\sigma)a_{1\sigma(1)}a_{2\sigma(2)}\cdots a_{n\sigma(n)}=\sum_{\sigma\in S_n}\mathrm{sgn}(\sigma)a_{\sigma(1)1}a_{\sigma(2)2}\cdots a_{\sigma(n)n}$

これによって，一般に列で成り立つ性質は行でもなりたつ．以下列で述べよう．

定理 2′ (1) $|\overset{(1)}{\boldsymbol{b}_1}\cdots\overset{(i)}{\boldsymbol{b}_j}\cdots\overset{(j)}{\boldsymbol{b}_i}\cdots\overset{(n)}{\boldsymbol{b}_n}|=-|\overset{(1)}{\boldsymbol{b}_1}\cdots\overset{(i)}{\boldsymbol{b}_i}\cdots\overset{(j)}{\boldsymbol{b}_j}\cdots\overset{(n)}{\boldsymbol{b}_n}|$

(2) $|\boldsymbol{b}_1\cdots\lambda\boldsymbol{b}_i\cdots\boldsymbol{b}_n|=\lambda\,|\boldsymbol{b}_1\cdots\boldsymbol{b}_i\cdots\boldsymbol{b}_n|$

(3) $|\boldsymbol{b}_1\cdots\boldsymbol{b}_i'+\boldsymbol{b}_i''\cdots\boldsymbol{b}_n|=|\boldsymbol{b}_1\cdots\boldsymbol{b}_i'\cdots\boldsymbol{b}_n|+|\boldsymbol{b}_1\cdots\boldsymbol{b}_i''\cdots\boldsymbol{b}_n|$

定理 3′ (4) $|\boldsymbol{b}_1\cdots\boldsymbol{b}_i\cdots\lambda\boldsymbol{b}_i\cdots\boldsymbol{b}_n|=0$

(5) $|\boldsymbol{b}_1\cdots\boldsymbol{b}_i\cdots\boldsymbol{b}_j\cdots\boldsymbol{b}_n|=|\boldsymbol{b}_1\cdots\boldsymbol{b}_i+\lambda\boldsymbol{b}_j\cdots\boldsymbol{b}_j\cdots\boldsymbol{b}_n|$

(6) $|\boldsymbol{b}_1\cdots\lambda_1\boldsymbol{b}_i'+\lambda_2\boldsymbol{b}_i''\cdots\boldsymbol{b}_n|=\lambda_1|\boldsymbol{b}_1\cdots\boldsymbol{b}_i'\cdots\boldsymbol{b}_n|+\lambda_2|\boldsymbol{b}_1\cdots\boldsymbol{b}_i''\cdots\boldsymbol{b}_n|$

例題 44♯ 行列式の基本性質 (2)

定理 1′ を証明せよ．

解答 (1) $A=[a_{ij}],{}^tA=[a'_{ij}]$ とすると，${}^tA$ の定義から $a'_{ij}=a_{ji}$

$$|{}^tA|=\sum_{\sigma\in S_n}\mathrm{sgn}(\sigma)a'_{1\sigma(1)}a'_{2\sigma(2)}\cdots a'_{n\sigma(n)}=\sum_{\sigma\in S_n}\mathrm{sgn}(\sigma)a_{\sigma(1)1}a_{\sigma(2)2}\cdots a_{\sigma(n)n}\qquad\cdots①$$

ここで $\sigma=\begin{pmatrix}1&2&\cdots&n\\\sigma(1)&\sigma(2)&\cdots&\sigma(n)\end{pmatrix}$ に対して $\begin{pmatrix}\sigma(1)&\sigma(2)&\cdots&\sigma(n)\\1&2&\cdots&n\end{pmatrix}=\sigma^{-1}$

であり，$\sigma^{-1}=\tau$ と表わせば，σ が S_n の中で動くとき，τ も S_n の中を動き

$$\begin{pmatrix}\sigma(1)&\sigma(2)&\cdots&\sigma(n)\\1&2&&n\end{pmatrix}=\begin{pmatrix}1&2&\cdots&n\\\tau(1)&\tau(2)&\cdots&\tau(n)\end{pmatrix}$$

てっそく
問題解決
(i) まず定義・定理
(ii) 文字使用

$\mathrm{sgn}(\sigma)=\mathrm{sgn}(\sigma^{-1})=\mathrm{sgn}(\tau)$ から

$$|{}^tA|=\sum_{\tau\in S_n}\mathrm{sgn}(\tau)a_{1\tau(1)}\cdots a_{n\tau(n)}=|A|\qquad\cdots②$$

(2) ①と②から得られる．

問 題

44.1 定理 1′ を基に定理 2′ を証明せよ．また定理 2′ を用いて定理 3′ を証明せよ．

◆ **余因子展開**　n 次行列 $A=[a_{ij}]$ における成分 a_{ij} に対する余因子の定義は，3 次行列の場合と同じ考えである．3 次の場合（p.34, p.42）を一般化して，次の定理 4′（余因子展開定理）と定理 6′ が得られる．

a_{ij} に対する余因子

$$A_{ij}=(-1)^{i+j}D_{ij}$$
$$=(-1)^{i+j}\begin{vmatrix} a_{11} & \cdots & a_{1j} & \cdots & a_{1n} \\ \vdots & & & & \vdots \\ a_{i1} & \cdots & a_{ij} & \cdots & a_{in} \\ \vdots & & & & \vdots \\ a_{n1} & \cdots & a_{nj} & \cdots & a_{nn} \end{vmatrix}$$

定理 4′　$|A|=a_{1j}A_{1j}+\cdots+a_{ij}A_{ij}+\cdots+a_{nj}A_{nj}$　（j 列展開）

$\qquad =a_{i1}A_{i1}+\cdots+a_{ij}A_{ij}+\cdots+a_{in}A_{in}$　（i 行展開）

定理 6′　行列式 $|A|$ の a_{ij} に対する余因子を A_{ij} とすると

(1)　$a_{1j}A_{1k}+a_{2j}A_{2k}+\cdots+a_{nj}A_{nk}=0$　$(j\neq k)$

(2)　$a_{i1}A_{k1}+a_{i2}A_{k2}+\cdots+a_{in}A_{kn}=0$　$(i\neq k)$

例題 45♯　　　一般余因子展開

定理 1′，定理 2′，定理 3′ を用いて，定理 4′ を証明せよ．

解答　〔第 1 段〕　第 1 列が $a_{21}=a_{31}=\cdots=a_{n1}=0$ とすると

$|A|=\sum_{\sigma}\mathrm{sgn}(\sigma)a_{1\sigma(1)}a_{2\sigma(2)}\cdots a_{n\sigma(n)}$ では，$\sigma(1)=1$ のような σ 以外の項は 0 で

$\sigma=\begin{pmatrix} 1 & 2 & \cdots & n \\ 1 & \sigma(2) & \cdots & \sigma(n) \end{pmatrix}=\begin{pmatrix} 2 & \cdots & n \\ \sigma'(2) & \cdots & \sigma'(n) \end{pmatrix}$，$\sigma'$ は $2,\cdots,n$ の置換

よって $|A|=a_{11}\sum_{\sigma'}\mathrm{sgn}(\sigma')a_{2\sigma'(2)}\cdots a_{n\sigma'(n)}=a_{11}A_{11}$

〔第 2 段〕　第 j 列 $a_{1j}=a_{2j}=\cdots$（a_{ij}を除いて）$\cdots=a_{nj}=0$ のとき，第 j 列と第 $j-1$ 列を入れかえ，次にまたその左列第 $j-2$ 列と入れかえる．$\cdots$ すると

$$|A|=\begin{vmatrix} a_{11} & \cdots & 0 & \cdots & a_{1n} \\ \vdots & & \vdots & & \vdots \\ a_{i1} & \cdots & a_{ij} & \cdots & a_{in} \\ \vdots & & \vdots & & \vdots \\ a_{n1} & \cdots & 0 & \cdots & a_{nn} \end{vmatrix}=(-1)^{j-1}\begin{vmatrix} 0 & a_{11} & \cdots & a_{1n} \\ \vdots & \vdots & \vdots & \vdots \\ a_{ij} & a_{i1} & \cdots & a_{in} \\ \vdots & \vdots & \vdots & \vdots \\ 0 & a_{n1} & \cdots & a_{nn} \end{vmatrix}$$

（入れかえるたびに $-$ がつく）

続いて第 j 行を第 $j-1$ 行と入れかえる．次にまたその上の行と入れかえる．$\cdots$

$$|A|=(-1)^{j-1}(-1)^{i-1}\begin{vmatrix} a_{ij} & a_{i1} & \cdots & a_{in} \\ 0 & a_{11} & \cdots & a_{in} \\ \vdots & \vdots & \vdots & \vdots \\ 0 & a_{n1} & \cdots & a_{nn} \end{vmatrix}=a_{ij}A_{ij}\quad\text{（第 1 段による）}$$

〔第 3 段〕　一般の場合は第 2 段の場合の行についての和であり，j 列展開を得る．

問　題

45.1　定理 6′ を証明せよ．

例題 46 —— **n 次の行列式の値 (1)**

$$\begin{vmatrix} 1 & 1 & 1 & 6 \\ 2 & 4 & 1 & 6 \\ 4 & 1 & 2 & 9 \\ 2 & 4 & 2 & 7 \end{vmatrix}$$ の値を求めよ．

navi 4 次以上の行列式を求めるときの基本は“余因子展開”である．その根拠は前頁の定理 4′ であり，さかのぼれば，置換の符号を基にした行列式の定義になる．しかし 3 次の場合（⇨ 例題 30）を手本にして，理屈を後まわしにするのも一つの納得法である．余因子展開では，+, − を忘れないようにする．

解答

$$\begin{vmatrix} 1 & 1 & 1 & 6 \\ 2 & 4 & 1 & 6 \\ 4 & 1 & 2 & 9 \\ 2 & 4 & 2 & 7 \end{vmatrix} = \begin{vmatrix} 1 & 1 & 1 & 6 \\ 2 & 4 & 1 & 6 \\ 4 & 1 & 2 & 9 \\ 0 & 0 & 1 & 1 \end{vmatrix} = \begin{vmatrix} 1 & 1 & 1 & 5 \\ 2 & 4 & 1 & 5 \\ 4 & 1 & 2 & 7 \\ 0 & 0 & 1 & 0 \end{vmatrix}$$

（4 行）−（2 行）　（4 列）−（3 列）　第 4 行に 0 をふやす

余因子につく +, −

$$\begin{vmatrix} + & - & + & - \\ - & + & - & + \\ + & - & + & - \\ - & + & - & + \end{vmatrix}$$

チェス板模様です

余因数をつくるときのマイナス

$$= - \begin{vmatrix} 1 & 1 & 5 \\ 2 & 4 & 5 \\ 4 & 1 & 7 \end{vmatrix} = - \begin{vmatrix} 1 & 1 & 5 \\ 0 & 2 & -5 \\ 4 & 1 & 7 \end{vmatrix} = - \begin{vmatrix} 1 & 1 & 5 \\ 0 & 2 & -5 \\ 0 & -3 & -13 \end{vmatrix}$$

3 次ならサラスでもよいが

（4 行）で展開　（2 行）−（1 行）×2　（3 行）−（1 行）×4

$$= - \begin{vmatrix} 2 & -5 \\ -3 & -13 \end{vmatrix} = -(-26-15) = 41$$

（1 列）で展開

てっそく

行列式の値
(i)　2次・3次はサラス
(ii)　余因子展開
(iii)　線形性の活用

問　題

46.1 (i)〜(iii)では行列式の値を求めよ．(iv)では (3, 4) 成分の余因子を求めよ．

(i) $\begin{vmatrix} 8 & 3 & 2 & -5 \\ 4 & -1 & 2 & 3 \\ 5 & 6 & 2 & 3 \\ 1 & 6 & 2 & 7 \end{vmatrix}$　(ii) $\begin{vmatrix} 2 & 4 & 3 & -2 \\ 1 & -2 & 1 & 6 \\ 5 & 4 & 3 & 2 \\ 1 & 1 & 3 & 4 \end{vmatrix}$

(iii) $\begin{vmatrix} 1 & -2 & 3 & -2 & -2 \\ 2 & -1 & 1 & 3 & 2 \\ 1 & 1 & 2 & 1 & 1 \\ 1 & -4 & -3 & -2 & -5 \\ 3 & -2 & 2 & 2 & -2 \end{vmatrix}$　(iv) $\begin{vmatrix} -1 & 2 & 1 & 4 & 1 \\ 2 & 8 & -1 & 3 & 3 \\ -1 & 6 & 5 & 3 & 2 \\ 3 & -1 & 2 & 1 & 4 \\ 1 & 0 & 2 & 8 & -1 \end{vmatrix}$

例題 47♯ n 次の行列式の値 (2)

$$\begin{vmatrix} 1 & a & b & c+d \\ 1 & b & c & d+a \\ 1 & c & d & a+b \\ 1 & d & a & b+c \end{vmatrix} = 0 \text{ を示せ．}$$

navi 3 次ならどうするか．前問のように，1 つの方法は第 1 列に着目して 0 をふやして，余因子展開をすればよいであろう．"= 0" というように結果を教えてくれている．そこで定理 3′ の中の "= 0" となる場合が役に立たないか．

route 2 列が比例しているとき

$$\begin{vmatrix} \boldsymbol{b}_1 & \cdots & \boldsymbol{b}_i & \cdots & \lambda\boldsymbol{b}_i & \cdots & \boldsymbol{b}_n \end{vmatrix} = 0$$

（$\boldsymbol{b}_i$ と $\lambda\boldsymbol{b}_i$：スカラー倍）

であった．この形にならないか．

解答

$$\begin{vmatrix} 1 & a & b & c+d \\ 1 & b & c & d+a \\ 1 & c & d & a+b \\ 1 & d & a & b+c \end{vmatrix} = \begin{vmatrix} 1 & a & b & a+b+c+d \\ 1 & b & c & a+b+c+d \\ 1 & c & d & a+b+c+d \\ 1 & d & a & a+b+c+d \end{vmatrix} = 0$$

(4 列) + (2 列)，
(4 列) + (3 列)

てっそく
行列式の値
(i) 2次・3次はサラス
(ii) 余因子展開
(iii) 線形性の活用

問 題

47.1 次の行列式は 0 であることを示せ．

(i) $\begin{vmatrix} 1 & 2 & 3 & 4 \\ 5 & 6 & 7 & 8 \\ 9 & 10 & 11 & 12 \\ 13 & 14 & 15 & 16 \end{vmatrix}$　　(ii) $\begin{vmatrix} 1 & i & -1 & -i \\ i & 1 & -i & -1 \\ -i & -1 & i & 1 \\ -1 & -i & 1 & i \end{vmatrix}$

47.2 $D = \begin{vmatrix} a_1 & a_2 & a_3 & a_4 \\ b_1 & b_2 & b_3 & b_4 \\ c_1 & c_2 & c_3 & c_4 \\ d_1 & d_2 & d_3 & d_4 \end{vmatrix}$ とするとき $\begin{vmatrix} d_1 & d_2 & d_3 & d_4 \\ c_1 & c_2 & c_3 & c_4 \\ b_1 & b_2 & b_3 & b_4 \\ a_1 & a_2 & a_3 & a_4 \end{vmatrix}$, $\begin{vmatrix} a_1 & a_3 & a_2 & a_4 \\ c_1 & c_3 & c_2 & c_4 \\ b_1 & b_3 & b_2 & b_4 \\ d_1 & d_3 & d_2 & d_4 \end{vmatrix}$ を

D で表わせ．

例題 48♯ **多項式の行列式表示**

$$\begin{vmatrix} a_0 & -1 & 0 & 0 & \cdots & 0 \\ a_1 & x & -1 & 0 & \cdots & 0 \\ a_2 & 0 & x & -1 & \cdots & 0 \\ & & \cdots\cdots & & & \\ a_n & 0 & 0 & 0 & \cdots & x \end{vmatrix} = a_0x^n + a_1x^{n-1} + \cdots + a_n$$ を示せ.

navi 今度は因数のとり出しではない．頼りは余因子展開か．それにしても，自然数 n にかかわる命題の処理といえば，$\cdots$

てっそく
自然数 n のかかわる論証
(i) まず具体化
(ii) 帰納法の活用

route 具体化するなら $n=2$ か $n=3$ あたり．帰納法なら，n の代りに $n-1$ までとすると，どんな命題となるか，書いてみる．

解答 上の行列式を $D_n = D_n(a_0, a_1, \cdots, a_n)$ とし n に関する帰納法によって証明する．

$$D_1(a_0, a_1) = \begin{vmatrix} a_0 & -1 \\ a_1 & x \end{vmatrix} = a_0x + a_1$$

であるから $n=1$ のとき正しい．D_n の場合，第 1 行について余因子展開をすると

$$D_n = a_0\begin{vmatrix} x & -1 & 0 & \cdots & 0 \\ 0 & x & -1 & \cdots & 0 \\ & & \cdots\cdots & & \\ 0 & 0 & 0 & \cdots & x \end{vmatrix} - (-1)\begin{vmatrix} a_1 & -1 & 0 & \cdots & 0 \\ a_2 & x & -1 & \cdots & 0 \\ & & \cdots\cdots & & \\ a_n & 0 & 0 & \cdots & x \end{vmatrix}$$

$$= a_0x^n + \begin{vmatrix} a_1 & -1 & 0 & \cdots & 0 \\ a_2 & x & -1 & \cdots & 0 \\ & & \cdots\cdots & & \\ a_n & 0 & 0 & \cdots & x \end{vmatrix} = a_0x^n + D_{n-1}(a_1, a_2, \cdots, a_n)$$

帰納法の仮定により $D_{n-1}(a_1, a_2, \cdots, a_n) = a_1x^{n-1} + a_2x^{n-2} + \cdots + a_n$

$$\therefore \quad D_n = a_0x^n + a_1x^{n-1} + \cdots + a_n$$

問　題

48.1 $$\begin{vmatrix} 0 & 0 & \cdots & 0 & a_{1n} \\ 0 & 0 & \cdots & a_{2\ n-1} & a_{2n} \\ & & \cdots\cdots & & \\ 0 & a_{n-1\ 2} & \cdots & a_{n-1\ n-1} & a_{n-1\ n} \\ a_{n1} & a_{n2} & \cdots & a_{n\ n-1} & a_{nn} \end{vmatrix} = (-1)^{n(n-1)/2}a_{1n}a_{2\ n-1}\cdots a_{n1}$$ を示せ.

48.2 次を証明せよ．$$D_n = \begin{vmatrix} x & a_1 & a_2 & \cdots & a_{n-1} & 1 \\ a_1 & x & a_2 & \cdots & a_{n-1} & 1 \\ a_1 & a_2 & x & \cdots & a_{n-1} & 1 \\ & & \cdots\cdots & & & \\ a_1 & a_2 & a_3 & \cdots & a_n & 1 \end{vmatrix} = (x-a_1)(x-a_2)\cdots(x-a_n)$$

例題 49♯　　**差積の行列式表示**

$$\begin{vmatrix} x_1^{n-2} & x_1^{n-3} & \cdots & x_1 & 1 & x_2x_3\cdots x_n \\ x_2^{n-2} & x_2^{n-3} & \cdots & x_2 & 1 & x_1x_3\cdots x_n \\ & & \cdots\cdots & & & \\ x_n^{n-2} & x_n^{n-3} & \cdots & x_n & 1 & x_1x_2\cdots x_{n-1} \end{vmatrix} = \begin{matrix} (x_1-x_2)(x_1-x_3)\cdots(x_1-x_n) \\ (x_2-x_3)\cdots(x_2-x_n) \\ \cdots\cdots \\ (x_{n-1}-x_n) \end{matrix}$$

$(n \geqq 2)$

を証明せよ．

この右辺は例題 43 に登場した $x_1, x_2, \cdots, x_n$ の差積 $\Delta_n(x_1, x_2, \cdots, x_n)$ である．

navi　成分の並び方に規則性がある．x_1 の代りに $x_2, \cdots, x_n$ が続く．x_1 の多項式としてみると，x_1 の代りに x_2 といえば，因数定理がある．また $n=4$ として行列を書き直してみるのもよい．

route　右辺をみても，因数定理に適合している．

解答　帰納法で証明する．$n=2$ のとき左辺は 2 次の行列式 $\begin{vmatrix} x_1 & 1 \\ x_2 & 1 \end{vmatrix} = x_1 - x_2$ でなりたつ．

この行列式を $D_n(x_1, x_2, \cdots, x_n)$ とする．D_n は x_1 についての $n-1$ 次の多項式である．x_1 に x_2 を代入すると，1 行と 2 行が一致するので，行列式の値は 0 となり，D_n は $x_1 - x_2$ を因数にもつ．他の文字についても同様で，D_n は差積 $\Delta_n(x_1, x_2, \cdots, x_n)$ を因数にもち，x_1 についての次数がともに $n-1$ であるから，定数の違いだけで

$$D_n = k\Delta_n(x_1, x_2, \cdots, x_n) \quad (\text{定数 } k \text{ は，} x_1, \cdots, x_n \text{ と無関係})$$

最後に x_1^{n-1} の係数は，D_n では $D_{n-1}(x_2, \cdots, x_n)$，$\Delta_n$ では $\Delta_{n-1}(x_2, \cdots, x_n)$ で，帰納法の仮定からこれらは一致する．よって $k=1$

ひと言　難しくみえるときは $n=4$ でたどってみよ．また上のように考えてよいことにも気がつく．

てっそく
自然数 n のかかわる命題では
(i)　具体化
(ii)　帰納法

問　題

49.1　$\begin{vmatrix} 1 & 1 & \cdots & 1 \\ x_1 & x_2 & \cdots & x_n \\ x_1^2 & x_2^2 & \cdots & x_n^2 \\ & \cdots\cdots & & \\ x_1^{n-1} & x_2^{n-1} & \cdots & x_n^{n-1} \end{vmatrix} = (-1)^{n(n-1)/2}\Delta_n(x_1, x_2, \cdots, x_n)$　を証明せよ．

（ヴァンデルモンドの行列式）

例題 50♮　**ブロック分割と行列式 (1)**

A を n 次の正方行列，B を m 次の正方行列とし，Y を (m,n) 行列，O を (n,m) 零行列とするとき

$$\begin{vmatrix} A & O \\ Y & B \end{vmatrix} = |A|\,|B|$$

navi　O にかかわる連想は，余因子展開であり，一般の n に関する命題では，具体化（$n=1, m=2$）してみるのもよい．具体化に続いては，帰納法が連想される．

てっそく
行列式の値
(i)　線形性・不変性
(ii)　余因子展開
(iii)　積の法則

route　$n=1, m=2$ のときの具体化の事例

$$\begin{vmatrix} a_{11} & O \\ Y & B \end{vmatrix} = a_{11}|B| \quad \text{第 1 行で展開}$$

をスタート台にして，n についての帰納法を試みよう．

解答　B を固定し，A が $1, 2, \cdots, n-1$ 次のとき正しいとする．

$$\begin{vmatrix} A & O \\ Y & B \end{vmatrix} = \left|\begin{array}{ccc:ccc} a_{11} & \cdots & a_{1n} & 0 & \cdots & 0 \\ & \cdots\cdots & & & \cdots\cdots & \\ a_{n1} & \cdots & a_{nn} & 0 & \cdots & 0 \\ \hdashline & Y & & & B & \end{array}\right| \text{を第 1 行について展開すると}$$

$$= a_{11}\begin{vmatrix} A_1 & O \\ Y_1 & B \end{vmatrix} - a_{12}\begin{vmatrix} A_2 & O \\ Y_2 & B \end{vmatrix} + \cdots + (-1)^{n-1}a_{1n}\begin{vmatrix} A_n & O \\ Y_n & B \end{vmatrix}$$

ここで，A_i は右下図のように A から 1 行 i 列を除いた $n-1$ 次行列，Y_i は Y から i 列を除いた $(m, n-1)$ 行列であり，帰納法の仮定から

$$\begin{aligned} &= a_{11}|A_1|\,|B| - a_{12}|A_2|\,|B| + \cdots \\ &\quad + (-1)^{n-1}a_{1n}|A_n|\,|B| \\ &= (a_{11}A_{11} + \cdots + a_{1n}A_{1n})|B| \\ &= |A|\,|B| \end{aligned}$$

$$A_i = \begin{bmatrix} a_{11} & \cdots & a_{1i} & \cdots & a_{1n} \\ \vdots & \vdots & \vdots & \vdots & \vdots \\ a_{n1} & \cdots & a_{ni} & \cdots & a_{nn} \end{bmatrix}$$

$|A_i|$ は小行列式 D_{1i}
A_{1i} は a_{1i} の余因子

問　題

50.1　A, B をそれぞれ n 次，m 次の正方行列とするとき，次のおのおのを確かめよ．

(i)　$\begin{vmatrix} A & Z \\ O & B \end{vmatrix} = |A|\,|B|$

(ii)　$\begin{vmatrix} O & A \\ B & Z \end{vmatrix} = \begin{vmatrix} Z & A \\ B & O \end{vmatrix} = (-1)^{mn}|A|\,|B|$

例題 51♯ **ブロック分割と行列式 (2)**

A, B を n 次正方行列とするとき，

(i) $\begin{vmatrix} A & B \\ C & D \end{vmatrix} = \begin{vmatrix} A+\lambda C & B+\lambda D \\ C & D \end{vmatrix}$ (ii) $\begin{vmatrix} A & B \\ B & A \end{vmatrix} = |A+B|\,|A-B|$

のなりたつことを示せ．

navi ブロック表示されていても，行列式の扱いはまず定理 3′ から．(ii)ではブロック表示された行列の行列式についての $\begin{vmatrix} A & O \\ Y & B \end{vmatrix} = |A|\,|B|$ （⇨ 例題 50）を連想すると $\begin{vmatrix} A & B \\ B & A \end{vmatrix} = \begin{vmatrix} A+B & O \\ X & A-B \end{vmatrix}$ が示されないか，となる．

route 定理 3′(5) は，1 つの行を λ 倍して他の行に加えることである．(ii)で $A+B$ をつくるにはどうするか．

てっそく
行列の3表示
(i) 成分表示
(ii) ブロック表示
(iii) 行ベクトル・列ベクトル

解答 (i) A, B, C, D を n 次正方行列とするとき，行列式 $\begin{vmatrix} A & B \\ C & D \end{vmatrix}$ において，1 行 $+ (n+1)$ 行 $\times \lambda$, 2 行 $+ (n+2)$ 行 $\times \lambda, \cdots, n$ 行 $+ 2n$ 行 $\times \lambda$ を次々に行なった結果が

$$\begin{vmatrix} A+\lambda C & B+\lambda D \\ C & D \end{vmatrix}$$

(ii) (i)の結果は列についてもなりたち

$$\begin{vmatrix} A & B \\ C & D \end{vmatrix} = \begin{vmatrix} A+\lambda B & B \\ C+\lambda D & D \end{vmatrix}$$

となるので

$$\begin{vmatrix} A & B \\ B & A \end{vmatrix} = \begin{vmatrix} A+B & B+A \\ B & A \end{vmatrix} = \begin{vmatrix} A+B & O \\ B & A-B \end{vmatrix} = |A+B|\,|A-B|$$

（第 1 行ブロック）+（第 2 行ブロック） （第 2 列ブロック）−（第 1 列ブロック）

問 題

51.1 例題 51 の結果を用いて次の行列式を計算せよ．

(i) $\begin{vmatrix} 0 & a & b & c \\ a & 0 & c & b \\ b & c & 0 & a \\ c & b & a & 0 \end{vmatrix}$ (ii) $\begin{vmatrix} a & -b & -a & b \\ b & a & -b & -a \\ c & -d & c & -d \\ d & c & d & c \end{vmatrix}$ (iii) $\begin{vmatrix} a & -b & -c & -d \\ b & a & -d & c \\ c & d & a & -b \\ d & -c & b & a \end{vmatrix}$

◆ **行列の積の行列式**　3 次の行列の場合と同様に 4 次以上の行列に対しても次がなりたつ.

定理 5′　n 次正方行列 A, B に対して $|AB| = |A|\,|B|$

3 次の行列の場合の定理 5（⇨ p.40）の一般化である．3 次の場合の証明を手本にして，一般 n 次の場合を証明するのはやや煩雑である．pp.55-56 で慣れた“ブロック分割と行列式”の考えを借りてくる．

例題 52♮　　**積の行列式 (2)**

定理 5′ を証明せよ．

解答　$A = [a_{ij}], B = [b_{ij}]$ とする．例題 50 から $\begin{vmatrix} A & O \\ -E & B \end{vmatrix} = |A|\,|B| \quad \cdots①$

成分表示で $\begin{vmatrix} A & O \\ -E & B \end{vmatrix} = \begin{vmatrix} a_{11} & \cdots & a_{1n} & 0 & \cdots & 0 \\ & \cdots\cdots & & & \cdots\cdots & \\ a_{n1} & \cdots & a_{nn} & 0 & \cdots & 0 \\ -1 & \cdots & 0 & b_{11} & \cdots & b_{1n} \\ & \cdots\cdots & & & \cdots\cdots & \\ 0 & \cdots & -1 & b_{n1} & \cdots & b_{nn} \end{vmatrix} \quad \cdots②$

難問の学習
(i)　書くこと
(ii)　覚えること
(iii)　まねること

第 1 行から第 n 行までに次の操作を行う．

1 行 + {$(n+1)$ 行 $\times a_{11} + \cdots + (n+i)$ 行 $\times a_{1i} + \cdots + (n+n)$ 行 $\times a_{1n}$}

……

n 行 + {$(n+1)$ 行 $\times a_{n1} + \cdots + (n+i)$ 行 $\times a_{ni} + \cdots + (n+n)$ 行 $\times a_{nn}$}

すると，左上のブロックは n 次零行列 O となり，右上のブロックは

$$\begin{bmatrix} a_{11}b_{11} + \cdots + a_{1n}b_{n1} & \cdots & a_{11}b_{1n} + \cdots + a_{1n}b_{nn} \\ & \cdots\cdots & \\ a_{n1}b_{11} + \cdots + a_{nn}b_{n1} & \cdots & a_{n1}b_{1n} + \cdots + a_{nn}b_{nn} \end{bmatrix} = AB$$

となる．行列式②の値は変わらないので $\begin{vmatrix} A & O \\ -E & B \end{vmatrix} = \begin{vmatrix} O & AB \\ -E & B \end{vmatrix} = |AB| \quad \cdots③$

よって①, ③から $|AB| = |A|\,|B|$

ひと言　自然数のかかわる命題では“まず具体化”⟶ $n = 2$ のときを書き出してみるとよい．

問　題

52.1　「$AB = O \Rightarrow |A| = 0$ または $|B| = 0$」を示せ．また逆はなりたつか．

52.2　積の行列の行列式の形にして $\begin{vmatrix} a & b & c & d \\ -b & a & -d & c \\ -c & d & a & -b \\ -d & -c & b & a \end{vmatrix}^2 = (a^2 + b^2 + c^2 + d^2)^4$ を示せ．

◆ **正則条件と逆行列の余因子表示** 前頁の定理 5′ を得た以上，後は p.42 で 3 次行列について述べた内容と同じである．

定理 7′ n 次の正方行列 A が正則であるための必要十分条件は

$$A \text{ の行列式 } |A| \neq 0$$

となることであり，このとき $A^{-1} = \dfrac{1}{|A|}{}^t[A_{ij}]$

◆ **クラメールの公式** 2 元 1 次，3 元 1 次の連立方程式の場合は，係数の行列の逆行列を取りあげる必要はない（⇨ p.29, 31）．
一般の n 元 1 次の連立方程式では，定理 7′ が基になる．

$$\text{連立 1 次方程式 } (L) \quad \begin{cases} a_{11}x_1 + a_{12}x_2 + \cdots + a_{1n}x_n = d_1 \\ a_{21}x_1 + a_{22}x_2 + \cdots + a_{2n}x_n = d_2 \\ \quad \cdots\cdots \\ a_{n1}x_1 + a_{n2}x_2 + \cdots + a_{nn}x_n = d_n \end{cases}$$

において，係数の行列 A の列ベクトル表示を $A = \begin{bmatrix} \boldsymbol{b}_1 & \boldsymbol{b}_2 & \cdots & \boldsymbol{b}_n \end{bmatrix}$ とし，未知数 $x_1, x_2, \cdots, x_n$ と右辺のつくる列ベクトルをそれぞれ $\boldsymbol{x}, \boldsymbol{d}$ とすると方程式 (L) は $A\boldsymbol{x} = \boldsymbol{d}$ となる．

定理 8（クラメールの公式） $|A| \neq 0$ のとき，方程式 (L) の解は次のようになる．

$$x_i = \frac{|\boldsymbol{b}_1 \cdots \overset{(i)}{\boldsymbol{d}} \cdots \boldsymbol{b}_n|}{|A|}$$

クラメールの公式のポイント
(i) $|A| \neq 0$
(ii) i 列を右辺 $\boldsymbol{d}$ でおきかえる

例題 53♯ 一般のクラメールの公式

定理 7′ を用いて，定理 8 を証明せよ．

解答 $|A| \neq 0$ のとき，A は正則で $A^{-1} = \frac{1}{|A|}{}^t[A_{ij}]$
$A\boldsymbol{x} = \boldsymbol{d}$ から $\boldsymbol{x} = A^{-1}\boldsymbol{d} = \frac{1}{|A|}{}^t[A_{ij}]\boldsymbol{d}$. この i 行目 $x_i = \frac{1}{|A|}(A_{1i}d_1 + A_{2i}d_2 + \cdots + A_{ni}d_n)$. このかっこ内の式は $|A|$ の i 列に関する余因子展開で $\boldsymbol{b}_i$ を $\boldsymbol{d}$ でおきかえたものに等しいからである．

問 題

53.1 n 次正方行列 A に対して $AB = E$ となる n 次正方行列 B が存在すれば，$BA = E$ もなりたち，A は正則で B が逆行列であることを示せ．

例題 54♯ クラメールの公式 (3)

連立方程式 $\begin{cases} ax+by+cz=0 \\ cy+bz+au=0 \\ cx+az+bu=1 \\ bx+ay+cu=1 \end{cases}$ について各問に答えよ.

(i) 係数行列を A とするとき $|A|$ を因数に分解した形で表わせ.

(ii) $|A| \neq 0$ のとき，解をクラメールの公式で求めよ.

route 余因子展開を無理やりに進めるよりは，因数のとり出しを計る.

解答 (i) $A=\begin{bmatrix} a & b & c & 0 \\ 0 & c & b & a \\ c & 0 & a & b \\ b & a & 0 & c \end{bmatrix}$ であるから $|A|=\begin{vmatrix} a+b+c & b & c & 0 \\ a+b+c & c & b & a \\ a+b+c & 0 & a & b \\ a+b+c & a & 0 & c \end{vmatrix}$（第 1 列に集める）

$=(a+b+c)\begin{vmatrix} 1 & b & c & 0 \\ 1 & c & b & a \\ 1 & 0 & a & b \\ 1 & a & 0 & c \end{vmatrix}$（共通因数）$=(a+b+c)\begin{vmatrix} 1 & b & c & 0 \\ 0 & c-b & b-c & a \\ 0 & -b & a-c & b \\ 0 & a-b & -c & c \end{vmatrix}$（第 1 行を引く）

$=(a+b+c)\begin{vmatrix} c-b & b-c & a \\ -b & a-c & b \\ a-b & -c & c \end{vmatrix}$（余因子展開）

（1 列と 2 列に 3 列を加え，2 列と 1 列から共通因数，3 行 −1 行，1 列で余因子展開）

$=(a+b+c)(a+b-c)(a-b+c)(-a+b+c)$

(ii) $x=\dfrac{1}{|A|}\begin{vmatrix} 0 & b & c & 0 \\ 0 & c & b & a \\ 1 & 0 & a & b \\ 1 & a & 0 & c \end{vmatrix}=\dfrac{1}{|A|}\begin{vmatrix} b & c & 0 \\ c & b & a \\ a & -a & c-b \end{vmatrix}=\dfrac{1}{|A|}\begin{vmatrix} b+c & c & 0 \\ b+c & b & a \\ 0 & -a & c-b \end{vmatrix}$

（4 行−3 行，1 列で余因子）　（1 列+2 列）

（共通因数 $b+c$ を出し 2 行−1 行，1 列で余因子）$=\frac{1}{|A|}(b+c)(a-b+c)(a+b-c)=\frac{b+c}{(a+b+c)(-a+b+c)}$

同様にして $x=u=\frac{b+c}{(a+b+c)(-a+b+c)}$，$y=z=\frac{-a}{(a+b+c)(-a+b+c)}$

問題

54.1 連立方程式をクラメールの公式で解け.

(i) $\begin{cases} x+y+z=6 \\ y+z+u=9 \\ -x-2z+u=-3 \\ x-y+2u=7 \end{cases}$　(ii) $\begin{cases} x+y+z=1 \\ ax+by+cz=0 \\ a^2x+b^2y+c^2z=0 \end{cases}$ （a,b,c は相異なる）

発展問題 (5~7)

5 次の各等式を証明せよ.

(i) $$\begin{vmatrix} a^2+1 & ab & ac & ad \\ ba & b^2+1 & bc & bd \\ ca & cb & c^2+1 & cd \\ da & db & dc & d^2+1 \end{vmatrix} = a^2+b^2+c^2+d^2+1$$

(ii) $$\begin{vmatrix} a_{11} & a_{12} & \cdots & a_{1n} & x_1 \\ a_{21} & a_{22} & \cdots & a_{2n} & x_2 \\ & & \cdots\cdots & & \\ a_{n1} & a_{n2} & \cdots & a_{nn} & x_n \\ y_1 & y_2 & \cdots & y_n & 0 \end{vmatrix} = -\sum_{i,j=1}^{n} A_{ij}x_iy_j$$

記号 $\sum$ (シグマ) と $\prod$ (パイ)

$\sum_{i=1}^{n} a_i = a_1 + a_2 + \cdots + a_n$

$\prod_{i=1}^{n} a_i = a_1a_2\cdots a_n$

ただし, A_{ij} は $[a_{ij}]$ の (i,j) 成分 a_{ij} の余因子である.

(iii) $$\begin{vmatrix} a_0 & a_1 & a_2 & \cdots & a_{n-1} \\ a_{n-1} & a_0 & a_1 & \cdots & a_{n-2} \\ & & \cdots\cdots & & \\ a_1 & a_2 & a_3 & \cdots & a_0 \end{vmatrix} = \prod_{p=0}^{n-1}(a_0 + a_1\omega^p + a_2\omega^{2p} + \cdots + a_{n-1}\omega^{(n-1)p})$$

ただし $\omega = \cos\frac{2\pi}{n} + i\sin\frac{2\pi}{n}$ は 1 の n 乗根である.

6 A, B を n 次の実正方行列とするとき, 次の各等式を証明せよ.

(i) $$\begin{vmatrix} A & -A \\ B & B \end{vmatrix} = 2^n|A|\,|B|$$

(ii) $$\begin{vmatrix} A & -B \\ B & A \end{vmatrix} = |A+iB|\,|A-iB| = \Big||A+iB|\Big|^2 (= (|A+iB| \text{ の絶対値})^2)$$

7 (i) $f_i(x)$ が 3 回微分可能のとき, 次を微分せよ.

$$D(x) = \begin{vmatrix} 1 & 1 & 1 & 1 \\ f_1(x) & f_2(x) & f_3(x) & f_4(x) \\ f_1'(x) & f_2'(x) & f_3'(x) & f_4'(x) \\ f_1''(x) & f_2''(x) & f_3''(x) & f_4''(x) \end{vmatrix}$$

(ii) $f(x), g(x), h(x)$ が閉区間 $[a,b]$ で微分可能のとき,

$$F(x) = \begin{vmatrix} f(x) & g(x) & h(x) \\ f(a) & g(a) & h(a) \\ f(b) & g(b) & h(b) \end{vmatrix}$$

とおく. $F(x)$ にロルの定理を用いて, $F'(c) = 0$ となるような c が開区間 (a,b) に存在することを証明せよ. また, $h(x) = 1$ とおけば, これはコーシーの平均値の定理であることを示せ.

3　行列の階数と連立1次方程式の理論

先へ急ごう	見物していくか
***3.1*　連立方程式と行基本操作**	
E55　消去法を見直す	
E56　消去法を表で行う	
E57, 58, 59　行基本操作の表 (1), (2), (3)	
E60　解の 3 景	
***3.2*　行列の階数**	
E61　解の条件	E62　解をもつ条件
***3.3*　基 本 行 列**	
E63, 64　基本行列と行基本操作 (1), (2)	
E65, 66　行列 $[E \mid A]$ の表 (1), (2)	
***3.4*　基本行列の正則性**	
E67　基本行列の逆行列	
	E68　列基本操作
	E69, 70　両面からの基本操作 (1), (2)
	E71　階数の一意性 (1)
***3.5*　同次連立方程式**	
E72, 73, 74　同次連立方程式 (1), (2), (3)	
E75　同次連立方程式の解の列ベクトル表示	
E76　同伴な同次方程式	
E77　基本操作で正則性を判定する	
E78　基本操作で逆行列を求める	
E79　「消去する」とは	
***3.6*　行ベクトル・列ベクトルの線形独立・線形従属**	
E80　線形独立・線形従属の判定	
E81　線形従属から線形結合へ	
E82　線形独立・線形従属・線形結合	E83　線形独立なものの最大個数
	E84　階数の一意性 (2)
	E85　正則性と行（列）の独立性
E86　線形独立な行ベクトルの追加	E87　行列の和の階数
	E88　行列の積の階数
発展問題 *8〜11*	E89　小行列式
	E90　階数と小行列式

てっそくだよ

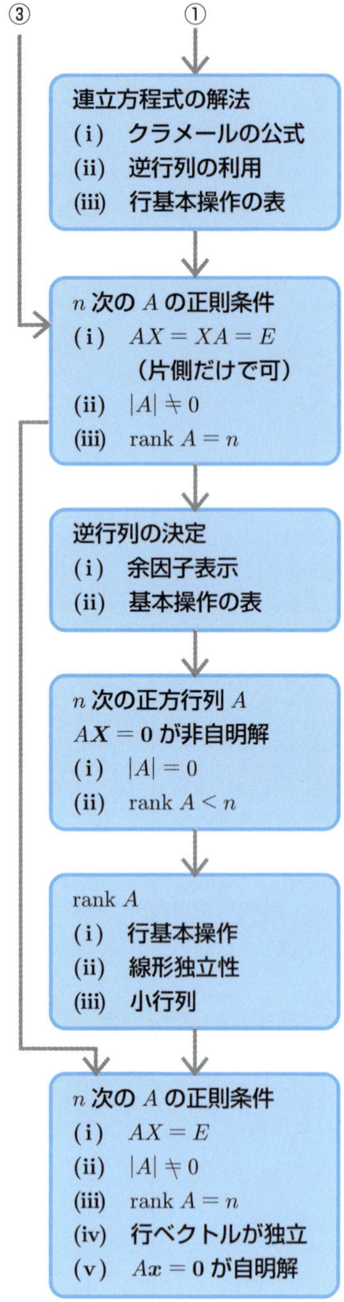
③
①
連立方程式の解法
(i) クラメールの公式
(ii) 逆行列の利用
(iii) 行基本操作の表
n 次の A の正則条件
(i) $AX = XA = E$
(片側だけで可)
(ii) $|A| \neq 0$
(iii) $\mathrm{rank}\, A = n$
逆行列の決定
(i) 余因子表示
(ii) 基本操作の表
n 次の正方行列 A
$A\boldsymbol{X} = \mathbf{0}$ が非自明解
(i) $|A| = 0$
(ii) $\mathrm{rank}\, A < n$
$\mathrm{rank}\, A$
(i) 行基本操作
(ii) 線形独立性
(iii) 小行列
n 次の A の正則条件
(i) $AX = E$
(ii) $|A| \neq 0$
(iii) $\mathrm{rank}\, A = n$
(iv) 行ベクトルが独立
(v) $A\boldsymbol{x} = \mathbf{0}$ が自明解

3.1 連立方程式と行基本操作

◆ **連立方程式の一般化** 第2章でとりあげたように連立方程式は行列・列ベクトルを用いて $A\boldsymbol{x}=\boldsymbol{d}$ と表わされた．そこでは A は n 次の正方行列，とくに $|A| \neq 0$ の場合であった．しかし未知数の個数と式の個数は一致しなくても，すなわち A が (m,n) 行列であっても，$A\boldsymbol{x}=\boldsymbol{d}$ をみたす $\boldsymbol{x}$ を考えることはできる．

> この章では
> 式の個数 m
> 未知数の個数 n
> は，いろいろだよ

例題 55 消去法を見直す

x,y,z の連立方程式

$$(L)\quad \begin{cases} 6x+3y-\ z=1 & \cdots① \\ 4x+2y+3z=8 & \cdots② \end{cases}$$

をみたす x,y,z を消去法で求めよ．

解答 まず x の係数をそろえる．

$$(L')\quad \begin{cases} ①\times 2: & 12x+6y-2z=2 & \cdots①' \\ ②\times 3: & 12x+6y+9z=24 & \cdots②' \end{cases}$$

x を消去すると，y も消える．得られた式と①′ を連立させる（①′ の代りに① を使っても同じこと）．

> 分数計算をキラワナイならば
> ① ÷ 6
> を使ってもよい

$$(L'')\quad \begin{cases} ①': & 12x+6y-2z=2 & \cdots①'' \\ ②'-①': & 11z=22 & \cdots②'' \end{cases}$$

まず②″ から z を求め①″ と連立させる．

$$(L''')\quad \begin{cases} ②'': & z=2 & \cdots①''' \\ ①''\div 6: & 2x+y=1 & \cdots②''' \end{cases}$$

x,y の条件は②‴ だけで

$x=\lambda$ （任意の数）

$y=1-2\lambda$

$z=2$

（この解答が次々に大きな樹に成長していく）

> **大切なのは“同値性”**
> x,y,z が
> ①, ②をみたす
> ⇔ ①′, ②′ をみたす
> …
> ⇔ ①‴, ②‴ をみたす
> ⇔ $x=\lambda, y=1-2\lambda, z=2$

問　題

55.1 上の解答にならって次の各連立方程式を解け．

(i) $\begin{cases} x+\ y-2z+u=4 \\ 2x+3y+\ z-u=10 \end{cases}$

(ii) $\begin{cases} x+\ y+\ z-3u+3v=2 \\ 2x+2y-\ z+2u+6v=4 \\ -3x+3y+2z-4u-9v=6 \end{cases}$

◆ **表計算（はき出し法）**　消去法で式の変形を行って，$(L) \to (L') \to \cdots \to (L''')$ のように進むときに気がつくのは

“x, y, z などを，繰り返して書く必要はない”

ことである．しかし x の係数と y の係数が区別されていることが望ましい．そこで次の例題の解答にみるような表をつくる．

例題 56　消去法を表で行う

係数と右辺を並べた行列の表をつくり右の連立方程式を解け．

$$\begin{cases} x - y + 2z + u = 9 \\ 2x + y - z + 3u = 6 \\ x + 3y + 2z - 2u = 2 \\ -3x + z + 4u = -3 \end{cases}$$

route　はじめは，x, y, z, u をつけて消去法を行っているつもりで，表をつくる．

解答

行ベクトル	x	y	z	u	右辺
$\boldsymbol{a}_1$	1	−1	2	1	9
$\boldsymbol{a}_2$	2	1	−1	3	6
$\boldsymbol{a}_3$	1	3	2	−2	2
$\boldsymbol{a}_4$	−3	0	1	4	−3
$\boldsymbol{b}_1 = \boldsymbol{a}_1$	1	−1	2	1	9
$\boldsymbol{b}_2 = (\boldsymbol{a}_2 - 2\boldsymbol{a}_1)/3$	0	1	−5/3	1/3	−4
$\boldsymbol{b}_3 = \boldsymbol{a}_3 - \boldsymbol{a}_1$	0	4	0	−3	−7
$\boldsymbol{b}_4 = \boldsymbol{a}_4 + 3\boldsymbol{a}_1$	0	−3	7	7	24
$\boldsymbol{c}_1 = \boldsymbol{b}_1 + \boldsymbol{b}_2$	1	0	1/3	4/3	5
$\boldsymbol{c}_2 = \boldsymbol{b}_2$	0	1	−5/3	1/3	−4
$\boldsymbol{c}_3 = \boldsymbol{b}_3 - 4\boldsymbol{b}_2$	0	0	20/3	−13/3	9
$\boldsymbol{c}_4 = (\boldsymbol{b}_4 + 3\boldsymbol{b}_2)/2$	0	0	1	4	6
$\boldsymbol{d}_1 = \boldsymbol{c}_1 - \frac{1}{3}\boldsymbol{c}_4$	1	0	0	0	3
$\boldsymbol{d}_2 = \boldsymbol{c}_2 + \frac{5}{3}\boldsymbol{c}_4$	0	1	0	7	6
$\boldsymbol{d}_3 = \boldsymbol{c}_4$	0	0	1	4	6
$\boldsymbol{d}_4 = -\frac{1}{31}(\boldsymbol{c}_3 - \frac{20}{3}\boldsymbol{c}_4)$	0	0	0	1	1

同値性に注目

$$\begin{bmatrix} \boldsymbol{a}_1 \\ \boldsymbol{a}_2 \\ \boldsymbol{a}_3 \\ \boldsymbol{a}_4 \end{bmatrix} \begin{bmatrix} x \\ y \\ z \\ u \end{bmatrix} = \begin{bmatrix} d_1 \\ d_2 \\ d_3 \\ d_4 \end{bmatrix}$$

$$\Leftrightarrow \begin{bmatrix} \boldsymbol{b}_1 \\ \boldsymbol{b}_2 \\ \boldsymbol{b}_3 \\ \boldsymbol{b}_4 \end{bmatrix} \begin{bmatrix} x \\ y \\ z \\ u \end{bmatrix} = \begin{bmatrix} d'_1 \\ d'_2 \\ d'_3 \\ d'_4 \end{bmatrix}$$

$\boldsymbol{a}_1 = \boldsymbol{b}_1$
$\boldsymbol{a}_2 = 3\boldsymbol{b}_2 + 2\boldsymbol{b}_1$
$\boldsymbol{a}_3 = \boldsymbol{b}_3 + \boldsymbol{b}_1$
$\boldsymbol{a}_4 = \boldsymbol{b}_4 - 3\boldsymbol{b}_1$

以上から $x = 3, y + 7u = 6, z + 4u = 6, u = 1$　$\therefore$　$x = 3, y = -1, z = 2, u = 1$

問　題

56.1　上のような表をつくり，方程式 $\begin{cases} x + 2y + z = 2 \\ 3x + y - 2z = 1 \\ 4x - 3y - z = 3 \\ 2x + 4y + 2z = 4 \end{cases}$ を解け．

◆ **行基本操作**　前頁の例題で考えた表による解法では，係数のつくる行列の行に対する次の 3 つの操作をくり返し，係数を A から B へ移動させている．

(I)　A の i 行に $c \neq 0$ をかけ他の行はそのまま

(II)　A の i 行と j 行を入れかえ残りの行はそのまま

(III)　A の i 行に j 行の c 倍を加え i 行以外はそのまま

一般に (m, n) 行列 A に対するこのような 3 つの操作を行列 A に対する**行基本操作**といい，B の形をした行列を階数 r の**階段行列**という．

行基本操作

$$A = \begin{bmatrix} a_{11} & a_{12} & \cdots & a_{1n} \\ a_{21} & a_{22} & \cdots & a_{2n} \\ & \cdots\cdots & & \\ a_{m1} & a_{m2} & \cdots & a_{mn} \end{bmatrix}$$

$$\downarrow$$

$$B = \begin{bmatrix} a_1 & & & * \\ & a_2 & & \\ & & \ddots & \\ O & & & a_r \end{bmatrix}$$

B では $a_1 a_2 \cdots a_r \neq 0$ であり，あと一歩進めて $a_1 = \cdots = a_r = 1$ としてもよい．

例題 57　　**行基本操作の表 (1)**

行基本操作の表をつくり右の連立方程式を解け．
$$\begin{cases} x - y + 2z - 3u = 1 \\ -2x + y + z - 4u = -6 \\ 3x - 5y + 16z - 29u = -5 \end{cases}$$

解答

行ベクトル	x	y	z	u	右辺
$\boldsymbol{a}_1$	1	-1	2	-3	1
$\boldsymbol{a}_2$	-2	1	1	-4	-6
$\boldsymbol{a}_3$	3	-5	16	-29	-5
$\boldsymbol{b}_1 = \boldsymbol{a}_1$	1	-1	2	-3	1
$\boldsymbol{b}_2 = -(\boldsymbol{a}_2 + 2\boldsymbol{a}_1)$	0	1	-5	10	4
$\boldsymbol{b}_3 = \boldsymbol{a}_3 - 3\boldsymbol{a}_1$	0	-2	10	-20	-8
$\boldsymbol{c}_1 = \boldsymbol{b}_1 + \boldsymbol{b}_2$	1	0	-3	7	5
$\boldsymbol{c}_2 = \boldsymbol{b}_2$	0	1	-5	10	4
$\boldsymbol{c}_3 = \boldsymbol{b}_3 + 2\boldsymbol{b}_2$	0	0	0	0	0

大切なのは，同値性
$\boldsymbol{b}_1 = \boldsymbol{a}_1, \boldsymbol{b}_2 = -\boldsymbol{a}_2 - 2\boldsymbol{a}_1$
$\boldsymbol{b}_3 = \boldsymbol{a}_3 - 3\boldsymbol{a}_1$ から
$\boldsymbol{a}_1 = \boldsymbol{b}_1, \boldsymbol{a}_2 = -2\boldsymbol{b}_1 - \boldsymbol{b}_2$
$\boldsymbol{a}_3 = 3\boldsymbol{b}_1 + \boldsymbol{b}_3$

$$\begin{cases} x \quad -3z + 7u = 5 \\ y - 5z + 10u = 4 \\ 0z + 0u = 0 \end{cases}$$

$x = 5 + 3\lambda - 7\mu, \quad y = 4 + 5\lambda - 10\mu, \quad z = \lambda, \quad u = \mu \quad (\lambda, \mu$ 任意$)$

問　題

57.1　右は行列 A に行基本操作を行ったつもりの表である．間違っていないか．

$\boldsymbol{a}_1$	7	-1	0
$\boldsymbol{a}_2$	3	4	4
$\boldsymbol{a}_3$	2	3	-5
$\boldsymbol{b}_1 = \boldsymbol{a}_1$	7	-1	0
$\boldsymbol{b}_2 = 2\boldsymbol{a}_2 - 3\boldsymbol{a}_3$	0	-1	23
$\boldsymbol{b}_3 = 3\boldsymbol{a}_3 - 2\boldsymbol{a}_2$	0	1	-23
$\boldsymbol{c}_1 = \boldsymbol{b}_1 + \boldsymbol{b}_3$	7	0	-23
$\boldsymbol{c}_2 = -\boldsymbol{b}_2$	0	1	-23
$\boldsymbol{c}_3 = \boldsymbol{b}_3 + \boldsymbol{b}_2$	0	0	0

例題 58　　**行基本操作の表 (2)**

連立方程式 $\begin{cases} x-y+2z=8 \\ x+y+\ \ z=2 \\ 3x+y+4z=12 \\ 2x\qquad +3z=10 \end{cases}$ を行基本操作の表を用いて解け.

route 表は左下に 0 をふやすようにする．どの行から，どう進めるかは決まっているわけではないが，大切なのは“**同値変形**”であること．

解答

行ベクトル	x	y	z	右辺
$\boldsymbol{a}_1$	1	−1	2	8
$\boldsymbol{a}_2$	1	1	1	2
$\boldsymbol{a}_3$	3	1	4	12
$\boldsymbol{a}_4$	2	0	3	10
$\boldsymbol{b}_1=\boldsymbol{a}_1$	1	−1	2	8
$\boldsymbol{b}_2=\boldsymbol{a}_2-\boldsymbol{a}_1$	0	2	−1	−6
$\boldsymbol{b}_3=\boldsymbol{a}_3-3\boldsymbol{a}_1$	0	4	−2	−12
$\boldsymbol{b}_4=\boldsymbol{a}_4-2\boldsymbol{a}_1$	0	2	−1	−6
$\boldsymbol{c}_1=\boldsymbol{b}_1$	1	−1	2	8
$\boldsymbol{c}_2=(1/2)\boldsymbol{b}_2$	0	1	−1/2	−3
$\boldsymbol{c}_3=\boldsymbol{b}_3-2\boldsymbol{b}_2$	0	0	0	0
$\boldsymbol{c}_4=\boldsymbol{b}_4-\boldsymbol{b}_2$	0	0	0	0
$\boldsymbol{d}_1=\boldsymbol{c}_1+\boldsymbol{c}_2$	1	0	3/2	5
$\boldsymbol{d}_2=\boldsymbol{c}_2$	0	1	−1/2	−3
$\boldsymbol{d}_3=\boldsymbol{c}_3$	0	0	0	0
$\boldsymbol{d}_4=\boldsymbol{c}_4$	0	0	0	0

表づくりに慣れたら太枠の部分だけでよい.

$$\Rightarrow \begin{cases} x \qquad +\frac{3}{2}z=5 \\ \qquad y-\frac{1}{2}z=-3 \\ \qquad\quad 0z=0 \end{cases}$$

答　$x=5-\frac{3}{2}\lambda,\ y=-3+\frac{1}{2}\lambda,\ z=\lambda$（$\lambda$ は任意．解は無数）

注意　解を行ベクトル表示すれば，次のようになる（⇨ p.112）.

$$[\,x\quad y\quad z\,]=[\,5\quad -3\quad 0\,]+\lambda[\,-\tfrac{3}{2}\quad \tfrac{1}{2}\quad 1\,]$$

問　題

58.1

行基本操作により
（解答にある注意欄参照）
$\begin{cases} 2x+3y-2z+\ u=3 \\ 3x+4y-6z+2u=2 \\ x+2y+2z\qquad =4 \\ \qquad 2y-5z-2u=-7 \end{cases}$ を解け.

◆ **係数行列と拡大係数行列**　連立方程式

$$(L)\quad \begin{cases} a_{11}x_1 + a_{12}x_2 + \cdots + a_{1n}x_n = b_1 \\ \cdots\cdots \\ a_{m1}x_1 + a_{m2}x_2 + \cdots + a_{mn}x_n = b_m \end{cases}$$ に対して

$$A = \begin{bmatrix} a_{11} & \cdots & a_{1n} \\ & \cdots\cdots & \\ a_{m1} & \cdots & a_{mn} \end{bmatrix}$$ を係数行列，$$[A \,\vdots\, \boldsymbol{b}] = \begin{bmatrix} a_{11} & \cdots & a_{1n} & \vdots & b_1 \\ & \cdots\cdots & & \vdots & \vdots \\ a_{m1} & \cdots & a_{mn} & \vdots & b_m \end{bmatrix}$$ を拡大係数行列という．p.7 ですでに用いたように，一般に $x_1, \cdots, x_n$ のつくる列ベクトルを $\boldsymbol{x}$ とすると方程式 (L) は $A\boldsymbol{x} = \boldsymbol{b}$ と表わすことができる．

例題 59　　行基本操作の表 (3)

連立方程式 $$\begin{cases} y + 2z + 3u = 1 \\ -x + z + 3u = 1 \\ -2x - y + 3u = 1 \\ -3x - 3y - 3z = 1 \end{cases}$$ を拡大係数行列の行基本操作の表をつくって解け．

解答

行ベクトル	x	y	z	u	右辺
$\boldsymbol{a}_1$	0	1	2	3	1
$\boldsymbol{a}_2$	−1	0	1	3	1
$\boldsymbol{a}_3$	−2	−1	0	3	1
$\boldsymbol{a}_4$	−3	−3	−3	0	1
$\boldsymbol{b}_1 = \boldsymbol{a}_2 \times (-1)$	1	0	−1	−3	−1
$\boldsymbol{b}_2 = \boldsymbol{a}_1$	0	1	2	3	1
$\boldsymbol{b}_3 = \boldsymbol{a}_3 + 2\boldsymbol{b}_1$	0	−1	−2	−3	−1
$\boldsymbol{b}_4 = \boldsymbol{a}_4 + 3\boldsymbol{b}_1$	0	−3	−6	−9	−2
$\boldsymbol{c}_1 = \boldsymbol{b}_1$	1	0	−1	−3	−1
$\boldsymbol{c}_2 = \boldsymbol{b}_2$	0	1	2	3	1
$\boldsymbol{c}_3 = \boldsymbol{b}_4 + 3\boldsymbol{b}_2$	0	0	0	0	1
$\boldsymbol{c}_4 = \boldsymbol{b}_3 + \boldsymbol{b}_2$	0	0	0	0	0

→ 第 3 行の意味することは
$0x + 0y + 0z + 0u = 1$
そんな x, y, z, u はない
答　解なし

てっそく
連立方程式の解法
(i)　クラメールの公式
(ii)　逆行列の利用
(iii)　行基本操作の表

問　題

59.1　次の連立方程式を行基本操作の表を用いて解け．

(i) $$\begin{cases} x + 3y + z - 8u = 3 \\ -2x - 5y - z + 13u = -4 \\ 3x + 8y + 2z - 21u = 0 \end{cases}$$

(ii) $$\begin{cases} x + y + 2z - u = 2 \\ 2x - 3y - z + u = 1 \\ 4x - 11y - 7z + 5u = 2 \\ x - 9y - 8z + 5u = 4 \end{cases}$$

連立方程式 $Ax = b$ は拡大係数行列 $[A \mid b]$ に行基本操作を行って，階段状の行列を導くことによって，解くことができる．

その階段状の行列は，右の3つのタイプがある．
Ⅰは解がただ1組
Ⅱは解が無数の組
Ⅲは解がない場合

解の状態を決めるのは，どの型に到達できるか，ということである．

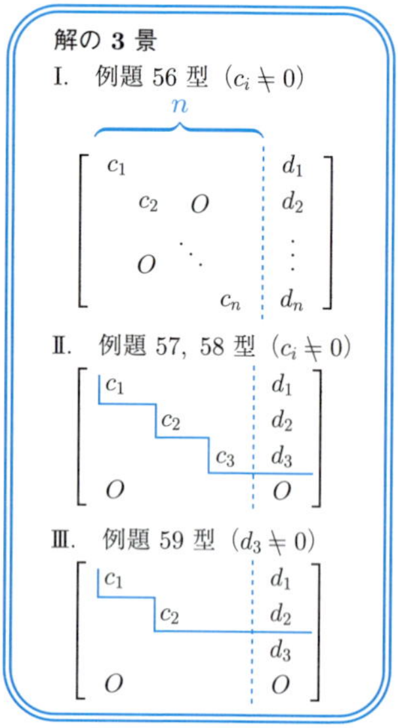

◆ **解の有無と個数は何で決まるか**　例題56〜例題59
の4題は，$Ax = b$ の解の個数は，係数行列 A の
 行の個数（式の個数）m
 列の個数（未知数の個数）n
の大小で決まるものでないことを示している．
$m = n$ の場合でも，例題56では解はただ1組，例題59では解なし
$m < n$ の場合であるが，例題57は解が無数
$m > n$ の場合であるが，例題58でも解が無数
では，解の個数は何で決まるか．

解の3景
Ⅰ. 例題56型 $(c_i \neq 0)$
$$\begin{bmatrix} c_1 & & & d_1 \\ & c_2 & O & d_2 \\ & O & \ddots & \vdots \\ & & c_n & d_n \end{bmatrix}$$

Ⅱ. 例題57, 58型 $(c_i \neq 0)$
$$\begin{bmatrix} c_1 & & & d_1 \\ & c_2 & & d_2 \\ & & c_3 & d_3 \\ O & & & \end{bmatrix}$$

Ⅲ. 例題59型 $(d_3 \neq 0)$
$$\begin{bmatrix} c_1 & & & d_1 \\ & c_2 & & d_2 \\ & & & d_3 \\ O & & & O \end{bmatrix}$$

例題 60　　　　　　　　　　　　　　　　　　　　　　　　解の3景

A を (m, n) 行列とするとき連立1次方程式 $Ax = b$ の解について次の結論は正しいか，判定せよ．
(ⅰ) $m < n$ のとき，解がただ1組のこともある．
(ⅱ) $m = n$ のときは少なくとも1つの解をもつ．

> *navi*　上に述べたⅠ, Ⅱ, Ⅲと例題56〜59を引用して答える．

[解答] (ⅰ) 正しくない．$m < n$ のときはⅠ型にならない．
(ⅱ) 正しくない．例題59のような場合もある．

問　題

60.1　例題60に続いて答えよ．
(ⅲ) $m < n$ ならば少なくとも1つの解をもつ．
(ⅳ) $m > n$ のときは解をもち得ない．

3.2 行列の階数

A を (m,n) 行列とする．連立方程式 $A\boldsymbol{x}=\boldsymbol{b}$ の解の個数を決めるのは

"m,n の大小ではなく，
行基本操作で到達する階段の個数"

である．一般に行列 A が行基本操作によって r 段の行列 B に到達できるとき

A も B も**階数** r の行列であるといい，
$r=\operatorname{rank}A,\ r=\operatorname{rank}B$ と表わす．

$$A=\begin{bmatrix} a_{11} & a_{12} & \cdots & a_{1n} \\ a_{21} & a_{22} & \cdots & a_{2n} \\ & \cdots\cdots & & \\ a_{m1} & a_{m2} & \cdots & a_{mn} \end{bmatrix}$$

↓

$$B=\begin{bmatrix} c_{1j_1} & & * \\ & \ddots & \\ & & c_{rj_r} \\ O & & \end{bmatrix}$$

例題 56～59 でみたように，連立方程式 $A\boldsymbol{x}=\boldsymbol{b}$ では，拡大係数行列 $[A\ \vdots\ \boldsymbol{b}]$ に行基本操作を行えば行列 A の操作も一緒に行われ，p.68 でまとめた解の 3 景は次のように述べられる．

$\operatorname{rank}A=\operatorname{rank}[A\ \vdots\ \boldsymbol{b}]=n$ ならば解は 1 組 ｝解をもつ
$\operatorname{rank}A=\operatorname{rank}[A\ \vdots\ \boldsymbol{b}]<n$ ならば解は無数 ｝解をもつ
$\operatorname{rank}A<\operatorname{rank}[A\ \vdots\ \boldsymbol{b}]$ ならば解なし

> A が (m,n) 行列のとき
> $\operatorname{rank}A\leqq m$
> $\operatorname{rank}A\leqq n$

例題 61　　解の条件

連立方程式 $\begin{cases} x+2y+3z=1 \\ 2x-y+z=2 \\ ax+y=b \end{cases}$ が無数の解をもつ条件を求めよ．

解答　拡大係数行列に行基本操作を行う．

「無数の解をもつ」
$\Leftrightarrow\quad \operatorname{rank}A=\operatorname{rank}[A\ \vdots\ \boldsymbol{b}]<3$
$\Leftrightarrow\quad -1-a=0,\ b-a=0$
から　$a=b=-1$

$\boldsymbol{a}_1$	1	2	3	1
$\boldsymbol{a}_2$	2	-1	1	2
$\boldsymbol{a}_3$	a	1	0	b
$\boldsymbol{b}_1=\boldsymbol{a}_1$	1	2	3	1
$\boldsymbol{b}_2=\boldsymbol{a}_2-2\boldsymbol{a}_1$	0	-5	-5	0
$\boldsymbol{b}_3=\boldsymbol{a}_3-a\boldsymbol{a}_1$	0	$1-2a$	$-3a$	$b-a$
$\boldsymbol{c}_1=\boldsymbol{b}_1$	1	2	3	1
$\boldsymbol{c}_2=\boldsymbol{b}_2/(-5)$	0	1	1	0
$\boldsymbol{c}_3=\boldsymbol{b}_3-(1-2a)\boldsymbol{c}_2$	0	0	$-1-a$	$b-a$

問　題

61.1　上の例題 61 で解をもたない条件は何か．

例題 62♯　　**解をもつ条件**

次の連立 1 次方程式が解をもつような a, b, c の整数値を求めよ．

$$\begin{cases} (a+3)x - 2y + 3z = 4 \\ 3x + (a-3)y + 9z = b \\ 4x - 8y + (a+14)z = c \end{cases}$$

navi 連立 1 次方程式が解をもつ，もたぬを決めるのは rank A である．また正方行列の場合には行列式 $|A|$ を調べる手もある．

route 係数に文字 a, b, c があるので，行基本操作はやりにくい．$|A| \neq 0$ となる条件を調べよう．

てっそく
連立1次が解をもつ・もたぬ
(i)　行列式 $|A| \neq 0$ と $|A| = 0$
(ii)　rank A と rank $[A \mid \boldsymbol{b}]$

解答 係数行列を A，右辺の列ベクトルを $\boldsymbol{b}$ とすると

$$A\text{の行列式 } |A| = \begin{vmatrix} a+3 & -2 & 3 \\ 3 & a-3 & 9 \\ 4 & -8 & a+14 \end{vmatrix} = a^3 + 14a^2 + 57a + 66$$

$$= (a+2)(a^2+12a+33)$$

3 次の $f(a)$ の因数分解には因数定理がある．$f(\pm1), f(\pm2)$

∴　$a = -2$ または $-6 \pm \sqrt{3}$ のとき $|A| = 0$

∴　$|A| = 0$ となる a の整数値は $a = -2$

∴　係数行列の階数を 3 より小とする a の整数値は -2 のみである．

(a)　整数 $a \neq -2$ のとき rank $A = 3$．任意の整数 b, c に対して rank $A \leqq$ rank $[A \mid \boldsymbol{b}] \leqq 3$ と合わせて rank $A =$ rank $[A \mid \boldsymbol{b}]$ となり方程式は解をもつ．

(b)　$a = -2$ のとき．方程式に $a = -2$ を代入して行基本操作を行うと

$$\left[\begin{array}{ccc|c} 1 & -2 & 3 & 4 \\ 3 & -5 & 9 & b \\ 4 & -8 & 12 & c \end{array}\right] \rightarrow \left[\begin{array}{ccc|c} 1 & -2 & 3 & 4 \\ 0 & 1 & 0 & b-12 \\ 0 & 0 & 0 & c-16 \end{array}\right]$$

したがって，b を任意の整数，$c = 16$ とするとき rank $A =$ rank $[A \mid \boldsymbol{b}] = 2$ となって，方程式は解をもつ．

答　$a \neq -2$, b, c が任意の整数のときと

　　$a = -2$, b は任意の整数，$c = 16$ のとき

問　題

62.1　連立 1 次方程式 $\begin{cases} x + y + z = 1 \\ ax + by + cz = d \\ a^2x + b^2y + c^2z = d^2 \end{cases}$ は解をもつか．

3.3 基本行列

◆ **基本行列** 行列 A に対する行基本操作 (I), (II), (III) を行うことは次の各行列を A の左からかけることに相当する．

(I) A の i 行に $c \neq 0$ をかける　　(II) A の i 行と j 行を入れかえる

$$P_{\mathrm{I}} = \begin{array}{c} \begin{array}{ccccc} & & (i) & & \end{array} \\ \left[\begin{array}{ccccc} 1 & \cdots & 0 & \cdots & 0 \\ & & \cdots\cdots & & \\ 0 & \cdots & c & \cdots & 0 \\ & & \cdots\cdots & & \\ 0 & \cdots & 0 & \cdots & 1 \end{array}\right] \end{array} \begin{array}{c} \\ \\ \\ (i) \\ \\ \\ \end{array} \qquad P_{\mathrm{II}} = \begin{array}{c} \begin{array}{ccccccc} & & (i) & & (j) & & \end{array} \\ \left[\begin{array}{ccccccc} 1 & \cdots & 0 & \cdots & 0 & \cdots & 0 \\ & & & \cdots\cdots & & & \\ 0 & \cdots & 0 & \cdots & 1 & \cdots & 0 \\ & & & \cdots\cdots & & & \\ 0 & \cdots & 1 & \cdots & 0 & \cdots & 0 \\ & & & \cdots\cdots & & & \\ 0 & \cdots & 0 & \cdots & 0 & \cdots & 1 \end{array}\right] \end{array} \begin{array}{c} \\ \\ \\ (i) \\ \\ (j) \\ \\ \\ \end{array}$$

(III) A の i 行に，j 行の c 倍を加える

$$(i<j) \quad P_{\mathrm{III}} = \begin{array}{c} \begin{array}{ccccccc} & & (i) & & (j) & & \end{array} \\ \left[\begin{array}{ccccccc} 1 & \cdots & 0 & \cdots & 0 & \cdots & 0 \\ & & & \cdots\cdots & & & \\ 0 & \cdots & 1 & \cdots & c & \cdots & 0 \\ & & & \cdots\cdots & & & \\ 0 & \cdots & 0 & \cdots & 1 & \cdots & 0 \\ & & & \cdots\cdots & & & \\ 0 & \cdots & 0 & \cdots & 0 & \cdots & 1 \end{array}\right] \end{array} \begin{array}{c} \\ \\ \\ (i) \\ \\ (j) \\ \\ \\ \end{array}, \quad (i>j) \quad P'_{\mathrm{III}} = \begin{array}{c} \begin{array}{ccccccc} & & (j) & & (i) & & \end{array} \\ \left[\begin{array}{ccccccc} 1 & \cdots & 0 & \cdots & 0 & \cdots & 0 \\ & & & \cdots\cdots & & & \\ 0 & \cdots & 1 & \cdots & 0 & \cdots & 0 \\ & & & \cdots\cdots & & & \\ 0 & \cdots & c & \cdots & 1 & \cdots & 0 \\ & & & \cdots\cdots & & & \\ 0 & \cdots & 0 & \cdots & 0 & \cdots & 1 \end{array}\right] \end{array} \begin{array}{c} \\ \\ \\ (j) \\ \\ (i) \\ \\ \\ \end{array}$$

$P_{\mathrm{I}}, P_{\mathrm{II}}, P_{\mathrm{III}}, P'_{\mathrm{III}}$ をそれぞれの基本操作に対応する基本行列という．

例題 63 ――― 基本行列と行基本操作 (1)

$A = [a_{ij}]$ を $(4,3)$ 行列とするとき，$i=2, j=4$ として $P_{\mathrm{I}}A, P_{\mathrm{II}}A$ がそれぞれ A に対する行基本操作(I), (II)であることを確かめよ．

解答

$$A \;\rightarrow\; P_{\mathrm{I}}A = \begin{bmatrix} 1 & 0 & 0 & 0 \\ 0 & c & 0 & 0 \\ 0 & 0 & 1 & 0 \\ 0 & 0 & 0 & 1 \end{bmatrix} \begin{bmatrix} \boldsymbol{a}_1 \\ \boldsymbol{a}_2 \\ \boldsymbol{a}_3 \\ \boldsymbol{a}_4 \end{bmatrix} = \begin{bmatrix} \boldsymbol{a}_1 \\ c\boldsymbol{a}_2 \\ \boldsymbol{a}_3 \\ \boldsymbol{a}_4 \end{bmatrix} \text{ は第 2 行の } c \text{ 倍(I)}$$

$$A \;\rightarrow\; P_{\mathrm{II}}A = \begin{bmatrix} 1 & 0 & 0 & 0 \\ 0 & 0 & 0 & 1 \\ 0 & 0 & 1 & 0 \\ 0 & 1 & 0 & 0 \end{bmatrix} \begin{bmatrix} \boldsymbol{a}_1 \\ \boldsymbol{a}_2 \\ \boldsymbol{a}_3 \\ \boldsymbol{a}_4 \end{bmatrix} = \begin{bmatrix} \boldsymbol{a}_1 \\ \boldsymbol{a}_4 \\ \boldsymbol{a}_3 \\ \boldsymbol{a}_2 \end{bmatrix} \text{ は行の入れかえ(II)}$$

問　題

63.1 例題 63 に続いて $i=2, j=4$ のときの $P_{\mathrm{III}}A$, $i=4, j=2$ のときの $P'_{\mathrm{III}}A$ を確かめよ．

例題 64　　**基本行列と行基本操作 2**

行列 $A=\begin{bmatrix}2&-3&4&3\\1&-2&3&2\\1&-2&-4&-5\end{bmatrix}$ に次のような行基本操作を行うにあたり，対応する基本行列を左からかけることによって求めよ．

(i)　A の1行と2行を入れかえて B_1

(ii)　B_1 で，2行から1行を2倍して引き，新しい2行とする B_2

(iii)　B_2 で，3行から1行を引き，新しい3行とする B_3

(iv)　B_3 で，その3行を -7 で割って，新しい3行とする B_4

解答　(i) は $P_{\mathrm{II}}=\begin{bmatrix}0&1&0\\1&0&0\\0&0&1\end{bmatrix}$ を左からかけることで

$$B_1=P_{\mathrm{II}}A=\begin{bmatrix}0&1&0\\1&0&0\\0&0&1\end{bmatrix}\begin{bmatrix}2&-3&4&3\\1&-2&3&2\\1&-2&-4&-5\end{bmatrix}=\begin{bmatrix}1&-2&3&2\\2&-3&4&3\\1&-2&-4&-5\end{bmatrix}$$

(ii)　P'_{III} で $i=2, j=1, c=-2$ の場合だから $P'_{\mathrm{III}}=\begin{bmatrix}1&0&0\\-2&1&0\\0&0&1\end{bmatrix}$ で

$$B_2=P'_{\mathrm{III}}B_1=\begin{bmatrix}1&0&0\\-2&1&0\\0&0&1\end{bmatrix}\begin{bmatrix}1&-2&3&2\\2&-3&4&3\\1&-2&-4&-5\end{bmatrix}=\begin{bmatrix}1&-2&3&2\\0&1&-2&-1\\1&-2&-4&-5\end{bmatrix}$$

(iii)　P'_{III} で $i=3, j=1, c=-1$ の場合だから $P'_{\mathrm{III}}=\begin{bmatrix}1&0&0\\0&1&0\\-1&0&1\end{bmatrix}$

$$B_3=P'_{\mathrm{III}}B_2=\begin{bmatrix}1&0&0\\0&1&0\\-1&0&1\end{bmatrix}\begin{bmatrix}1&-2&3&2\\0&1&-2&-1\\1&-2&-4&-5\end{bmatrix}=\begin{bmatrix}1&-2&3&2\\0&1&-2&-1\\0&0&-7&-7\end{bmatrix}$$

(iv)　P_{I} で $i=3, c=-\frac{1}{7}$ の場合で，$P_{\mathrm{I}}=\begin{bmatrix}1&&O\\&1&\\O&&-1/7\end{bmatrix}$

$$B_4=P_{\mathrm{I}}B_3=\begin{bmatrix}1&&O\\&1&\\O&&-1/7\end{bmatrix}\begin{bmatrix}1&-2&3&2\\0&1&-2&-1\\0&0&-7&-7\end{bmatrix}=\begin{bmatrix}1&-2&3&2\\0&1&-2&-1\\0&0&1&1\end{bmatrix}$$

問　題

64.1　上の例題で $B_4=PA$ となる P を求めよ．

例題 65 　**行列 $[E \;\vdots\; A]$ の表 (1)**

行列 $A = \begin{bmatrix} 3 & -1 & 1 & 1 \\ -2 & 0 & -1 & -3 \\ 2 & -2 & 0 & -4 \end{bmatrix}$ に次の行基本操作を続けて行って，階段行列 B に達したとき，行列 B と，$B = PA$ となる P と，$\mathrm{rank}\, A$ を答えよ．

(1) (2 行) × 3 + (1 行) × 2 を第 2 行へ
(2) (3 行) × 3 − (1 行) × 2 を第 3 行へ
(3) (1 行) × $\frac{1}{3}$ − (新 2 行) × $\frac{1}{6}$ を第 1 行へ
(4) (新 2 行) × $(-\frac{1}{2})$ を第 2 行へ
(5) (新 3 行) + (新新 2 行) × 4 を第 3 行へ

行基本行列 P の表による求め方
$[E \;\vdots\; A]$ に行基本操作をせよ．
$PA = B$ のとき
$P[E \;\vdots\; A] = [P \;\vdots\; B]$
だから

route (1) は $B_1 = P'_{\mathrm{III}} P_{\mathrm{I}} A$ を作ること．(2) はさらに $B_2 = P'_{\mathrm{III}} P_{\mathrm{I}} B_1 = P'_{\mathrm{III}} P_{\mathrm{I}} (P'_{\mathrm{III}} P_{\mathrm{I}} A)$ をつくること．こうして $B = (\cdots P'_{\mathrm{III}} P_{\mathrm{I}} P'_{\mathrm{III}} P_{\mathrm{I}}) A = PA$ のようになる．

解答

	行ベクトル	E			A			
(スタート)	$\boldsymbol{a}_1$	1	0	0	3	−1	1	1
	$\boldsymbol{a}_2$	0	1	0	−2	0	−1	−3
	$\boldsymbol{a}_3$	0	0	1	2	−2	0	−4
	$\boldsymbol{b}_1 = \boldsymbol{a}_1$	1	0	0	3	−1	1	1
(1)	$\boldsymbol{b}_2 = 3\boldsymbol{a}_2 + 2\boldsymbol{a}_1$	2	3	0	0	−2	−1	−7
(2)	$\boldsymbol{b}_3 = 3\boldsymbol{a}_3 - 2\boldsymbol{a}_1$	−2	0	3	0	−4	−2	−14
(3)	$\boldsymbol{c}_1 = (1/3)\boldsymbol{b}_1 - (1/6)\boldsymbol{b}_2$	0	−1/2	0	1	0	1/2	3/2
(4)	$\boldsymbol{c}_2 = (-1/2)\boldsymbol{b}_2$	−1	−3/2	0	0	1	1/2	7/2
	$\boldsymbol{c}_3 = \boldsymbol{b}_3$	−2	0	3	0	−4	−2	−14
	$\boldsymbol{d}_1 = \boldsymbol{c}_1$	0	−1/2	0	1	0	1/2	3/2
	$\boldsymbol{d}_2 = \boldsymbol{c}_2$	−1	−3/2	0	0	1	1/2	7/2
(5)	$\boldsymbol{d}_3 = \boldsymbol{c}_3 + 4\boldsymbol{c}_2$	−6	−6	3	0	0	0	0

$$B = \begin{bmatrix} 1 & 0 & 1/2 & 3/2 \\ 0 & 1 & 1/2 & 7/2 \\ 0 & 0 & 0 & 0 \end{bmatrix}, \quad P = \begin{bmatrix} 0 & -1/2 & 0 \\ -1 & -3/2 & 0 \\ -6 & -6 & 3 \end{bmatrix}, \quad \mathrm{rank}\, A = 2$$

問　題

65.1 (i) 上の例題で (3), (4), (5) それぞれについて，対応する基本行列 P_3, P_4, P_5 を述べよ．(ii) また $PA = B$ を行列の計算で確かめよ．

例題 66　　**行列 $[E \vdots A]$ の表 2**

行列 $A = \begin{bmatrix} 1 & 2 & 3 & 4 & 5 \\ -1 & -5 & 4 & 6 & 1 \\ -2 & -4 & -6 & 6 & -3 \\ 1 & 2 & 3 & 2 & 4 \end{bmatrix}$ を，行基本操作により階段行列 B に直し，$B = PA$，行列 P, $\mathrm{rank}\, A$ も答えよ．

navi　前問では，基本操作を指定したが，今度は指定しない．途中が別の道でも行きつく $\mathrm{rank}\, A$ は同じである（⇨ 例題 71）．

解答　行基本操作の一例である．

行ベクトル	E				A				
$\boldsymbol{a}_1$	1	0	0	0	1	2	3	4	5
$\boldsymbol{a}_2$	0	1	0	0	−1	−5	4	6	1
$\boldsymbol{a}_3$	0	0	1	0	−2	−4	−6	6	−3
$\boldsymbol{a}_4$	0	0	0	1	1	2	3	2	4
$\boldsymbol{b}_1 = \boldsymbol{a}_1$	1	0	0	0	1	2	3	4	5
$\boldsymbol{b}_2 = \boldsymbol{a}_2 + \boldsymbol{a}_1$	1	1	0	0	0	−3	7	10	6
$\boldsymbol{b}_3 = \boldsymbol{a}_3 + 2\boldsymbol{a}_1$	2	0	1	0	0	0	0	14	7
$\boldsymbol{b}_4 = \boldsymbol{a}_4 - \boldsymbol{a}_1$	−1	0	0	1	0	0	0	−2	−1
$\boldsymbol{c}_1 = \boldsymbol{b}_1$	1	0	0	0	1	2	3	4	5
$\boldsymbol{c}_2 = -\frac{1}{3}\boldsymbol{b}_2$	$-\frac{1}{3}$	$-\frac{1}{3}$	0	0	0	1	$-\frac{7}{3}$	$-\frac{10}{3}$	−2
$\boldsymbol{c}_3 = \frac{1}{14}\boldsymbol{b}_3$	$\frac{1}{7}$	0	$\frac{1}{14}$	0	0	0	0	1	$\frac{1}{2}$
$\boldsymbol{c}_4 = \boldsymbol{b}_4 + \frac{1}{7}\boldsymbol{b}_3$	$-\frac{5}{7}$	0	$\frac{1}{7}$	1	0	0	0	0	0

(i) A の成分をみて操作を決める
(ii) E の欄にも同じ操作をする

比例している次のステップで一方は $[0\ \cdots]$

角を 1 にしないで 14　7 のままでも $\mathrm{rank}\, A = 3$ はわかる

$$B = \begin{bmatrix} 1 & 2 & 3 & 4 & 5 \\ 0 & 1 & -\frac{7}{3} & -\frac{10}{3} & -2 \\ 0 & 0 & 0 & 1 & \frac{1}{2} \\ 0 & 0 & 0 & 0 & 0 \end{bmatrix}, \quad P = \begin{bmatrix} 1 & 0 & 0 & 0 \\ -\frac{1}{3} & -\frac{1}{3} & 0 & 0 \\ \frac{1}{7} & 0 & \frac{1}{14} & 0 \\ -\frac{5}{7} & 0 & \frac{1}{7} & 1 \end{bmatrix},$$

$\mathrm{rank}\, A = 3$

問　題

66.1　$\begin{bmatrix} 2 & -4 & 2 & -3 & 6 \\ -1 & 2 & -5 & -1 & 0 \\ 2 & -4 & -14 & -13 & 18 \\ -5 & 10 & -17 & 0 & -6 \end{bmatrix}$ について，例題と同じ問に答えよ．

3.4 基本行列の正則性

◆ **基本行列の正則性**　まず $P_{\mathrm{I}}, P_{\mathrm{II}}, P_{\mathrm{III}}, P'_{\mathrm{III}}$ の逆行列は次のようになる．

$$P_{\mathrm{I}}^{-1}=\begin{bmatrix} 1\cdots & \overset{(i)}{0} & \cdots 0 \\ & \cdots\cdots & \\ 0\cdots & c^{-1} & \cdots 0 \\ & \cdots\cdots & \\ 0\cdots & 0 & \cdots 1 \end{bmatrix}(i),\quad P_{\mathrm{II}}^{-1}=P_{\mathrm{II}}=\begin{bmatrix} 1\cdots & \overset{(i)}{0} & \cdots & \overset{(j)}{0} & \cdots 0 \\ & & \cdots\cdots & & \\ 0\cdots & 0 & \cdots & 1 & \cdots 0 \\ & & \cdots\cdots & & \\ 0\cdots & 1 & \cdots & 0 & \cdots 0 \\ & & \cdots\cdots & & \\ 0\cdots & 0 & \cdots & 0 & \cdots 1 \end{bmatrix}\begin{matrix} \\ \\ (i) \\ \\ (j) \\ \\ \\ \end{matrix}$$

$$(i<j)\ P_{\mathrm{III}}^{-1}=\begin{bmatrix} 1\cdots & \overset{(i)}{0} & \cdots & \overset{(j)}{0} & \cdots 0 \\ & & \cdots\cdots & & \\ 0\cdots & 1 & \cdots & -c & \cdots 0 \\ & & \cdots\cdots & & \\ 0\cdots & 0 & \cdots & 1 & \cdots 0 \\ & & \cdots\cdots & & \\ 0\cdots & 0 & \cdots & 0 & \cdots 1 \end{bmatrix}\begin{matrix} \\ \\ (i) \\ \\ (j) \\ \\ \\ \end{matrix},\quad (i>j)\ P_{\mathrm{III}}'^{-1}=\begin{bmatrix} 1\cdots & \overset{(j)}{0} & \cdots & \overset{(i)}{0} & \cdots 0 \\ & & \cdots\cdots & & \\ 0\cdots & 1 & \cdots & 0 & \cdots 0 \\ & & \cdots\cdots & & \\ 0\cdots & -c & \cdots & 1 & \cdots 0 \\ & & \cdots\cdots & & \\ 0\cdots & 0 & \cdots & 0 & \cdots 1 \end{bmatrix}\begin{matrix} \\ \\ (j) \\ \\ (i) \\ \\ \\ \end{matrix}$$

したがって基本行列は正則（逆行列をもつこと）であり，それらの積 P も正則である．

定理 1　任意の (m,n) 行列 A に対して，$B=PA$ が階段行列となるような正則な行列 P が存在する．

例題 67　　　基本行列の逆行列

次の各基本行列の逆行列を書き，逆行列であることを確かめよ．

$$P_{\mathrm{I}}=\begin{bmatrix} 1 & 0 & 0 & 0 \\ 0 & c & 0 & 0 \\ 0 & 0 & 1 & 0 \\ 0 & 0 & 0 & 1 \end{bmatrix}\ (c\neq 0),\quad P_{\mathrm{III}}=\begin{bmatrix} 1 & 0 & 0 & 0 \\ 0 & 1 & 0 & c \\ 0 & 0 & 1 & 0 \\ 0 & 0 & 0 & 1 \end{bmatrix}$$

解答　$X=\begin{bmatrix} 1 & & & O \\ & c^{-1} & & \\ & & 1 & \\ O & & & 1 \end{bmatrix}$，$Y=\begin{bmatrix} 1 & 0 & 0 & 0 \\ 0 & 1 & 0 & -c \\ 0 & 0 & 1 & 0 \\ 0 & 0 & 0 & 1 \end{bmatrix}$ とすると，$P_{\mathrm{I}}X=E_4, P_{\mathrm{III}}Y=E_4$ がなりたつ（計算表示は省略する）．したがって $XP_{\mathrm{I}}=E_4, YP_{\mathrm{III}}=E_4$ もなりたち（⇨ 例題 39），$X=P_{\mathrm{I}}^{-1}, Y=P_{\mathrm{III}}^{-1}$

問　題

67.1　$(4,3)$ 行列 A に対して，2 行と 3 行を入れかえる基本行列 P_{II} と，2 行に 1 行の 3 倍を加える基本行列 P'_{III} をつくり，次に $P_{\mathrm{II}}, P'_{\mathrm{III}}$ のそれぞれの逆行列を求め，それらが，逆行列であることを確かめよ．

67.2　基本行列の転置行列はまた基本行列であることを確かめよ．

◆ **列基本操作と階数の一意性**　行列 A に対して，その転置行列 ${}^t\!A$ を考えると，行は列に移り，列は行に変わる．A の行に関する行基本操作の考えは，${}^t\!A$ の列に関する列基本操作の考えに移る．

行基本操作は，基本行列 P を A の左からかけて PA をつくることにあたる．このとき ${}^t(PA) = {}^t\!A\,{}^tP$ であり，${}^tP$ も基本行列であるから（⇨ 問題 67.2），

「列基本操作は基本行列を右からかけることにあたる」

のではあるまいか．

改めて，行列 A に対する列基本操作とは，次の 3 つの操作のくり返しと定義する．

(I)　A の i 列に $c \neq 0$ をかける．

(II)　A の i 列と j 列を入れかえる．

(III)　A の i 列に，j 列の c 倍を加える．

例題 $68^\sharp$　　　　**列基本操作**

行列 A に対する列基本操作(I), (II)は，p.71 の基本行列 $P_{\mathrm{I}}, P_{\mathrm{II}}$ を A の右からかけることである．これを確かめよ．

解答

$$AP_{\mathrm{I}} = \begin{bmatrix} a_{11} & \cdots & \overset{(i)}{a_{1i}} & \cdots & a_{1n} \\ a_{21} & \cdots & a_{2i} & \cdots & a_{2n} \\ & & \cdots\cdots & & \\ a_{m1} & \cdots & a_{mi} & \cdots & a_{mn} \end{bmatrix} \begin{bmatrix} 1 & \cdots & 0 & \cdots & 0 \\ \vdots & \ddots & & & \vdots \\ 0 & \cdots & c & \cdots & 0 \\ \vdots & & & \ddots & \vdots \\ 0 & & \cdots\cdots & & 1 \end{bmatrix} \begin{matrix} \\ \\ (i) \\ \\ \\ \end{matrix} = \begin{bmatrix} a_{11} & \cdots & ca_{1i} & \cdots & a_{1n} \\ a_{21} & \cdots & ca_{2i} & \cdots & a_{2n} \\ & & \cdots\cdots & & \\ a_{m1} & \cdots & ca_{mi} & \cdots & a_{mn} \end{bmatrix}$$

となり，i 列が c 倍されている．

$$AP_{\mathrm{II}} = \begin{bmatrix} a_{11} & \cdots & \overset{(i)}{a_{1i}} & \cdots & \overset{(j)}{a_{1j}} & \cdots & a_{1n} \\ a_{21} & \cdots & a_{2i} & \cdots & a_{2j} & \cdots & a_{2n} \\ & & & \cdots\cdots & & & \\ a_{m1} & \cdots & a_{mi} & \cdots & a_{mj} & \cdots & a_{mn} \end{bmatrix} \begin{bmatrix} 1 & \cdots & \overset{(i)}{0} & \cdots & \overset{(j)}{0} & \cdots & 0 \\ \vdots & \ddots & \vdots & & \vdots & & \vdots \\ 0 & \cdots & 0 & \cdots & 1 & \cdots & 0 \\ \vdots & & \vdots & \ddots & \vdots & & \vdots \\ 0 & \cdots & 1 & \cdots & 0 & \cdots & 0 \\ \vdots & & \vdots & & \vdots & \ddots & \vdots \\ 0 & \cdots & 0 & \cdots & 0 & \cdots & 1 \end{bmatrix}$$

$$= \begin{bmatrix} a_{11} & \cdots & \overset{(i)}{a_{1j}} & \cdots & \overset{(j)}{a_{1i}} & \cdots & a_{1n} \\ a_{21} & \cdots & a_{2j} & \cdots & a_{2i} & \cdots & a_{2n} \\ & & & \cdots\cdots & & & \\ a_{m1} & \cdots & a_{mj} & \cdots & a_{mi} & \cdots & a_{mn} \end{bmatrix}$$ となり，i 列と j 列が入れかわる．

問　題

68.1　同様のことを(III)について確かめよ．

例題 69♯ **両面からの基本操作 (1)**

(i) 行列 $A = \begin{bmatrix} 2 & -4 & 6 & 4 \\ 0 & 0 & 1 & 3 \\ -3 & 6 & -1 & -4 \end{bmatrix}$ に次の基本操作を順に行う.

(1) 1 行 × (1/2)　(2) 2 列 + (1 列) × 2 を新 2 列に

(3) 3 行 + (1 行) × 3 を新 3 行に　(4) 2 列と 4 列を入れかえる

到達した行列 B を求めよ.

(ii) (1), (2), (3), (4) に対応する基本行列 P_1, Q_1, P_2, Q_2 を求めよ.

(iii) $P = P_2P_1, Q = Q_1Q_2$ を求め, $PAQ = B$ を示せ.

route (i) 列基本操作も入るから, 行基本操作の表は適当でない.
(ii) A の代りに単位行列 E_3, E_4 がどうなるかをみればよい.

解答

(i) $A \xrightarrow{(1)} \begin{bmatrix} 1 & -2 & 3 & 2 \\ 0 & 0 & 1 & 3 \\ -3 & 6 & -1 & -4 \end{bmatrix} \xrightarrow{(2)} \begin{bmatrix} 1 & 0 & 3 & 2 \\ 0 & 0 & 1 & 3 \\ -3 & 0 & -1 & -4 \end{bmatrix}$

$\xrightarrow{(3)} \begin{bmatrix} 1 & 0 & 3 & 2 \\ 0 & 0 & 1 & 3 \\ 0 & 0 & 8 & 2 \end{bmatrix} \xrightarrow{(4)} \begin{bmatrix} 1 & 2 & 3 & 0 \\ 0 & 3 & 1 & 0 \\ 0 & 2 & 8 & 0 \end{bmatrix} = B$

> **行列 P, Q の決定**
> (i) 単位行列の利用
> (ii) 行と列の数に注意
> A は (3, 4) 型
> 左からの P は 3 次
> 右からの Q は 4 次

(ii) $E_3 \xrightarrow{(1)} P_1 = \begin{bmatrix} 1/2 & 0 & 0 \\ 0 & 1 & 0 \\ 0 & 0 & 1 \end{bmatrix}$, $E_3 \xrightarrow{(3)} P_2 = \begin{bmatrix} 1 & 0 & 0 \\ 0 & 1 & 0 \\ 3 & 0 & 1 \end{bmatrix}$,

$E_4 \xrightarrow{(2)} Q_1 = \begin{bmatrix} 1 & 2 & 0 & 0 \\ 0 & 1 & 0 & 0 \\ 0 & 0 & 1 & 0 \\ 0 & 0 & 0 & 1 \end{bmatrix}$, $E_4 \xrightarrow{(4)} Q_2 = \begin{bmatrix} 1 & 0 & 0 & 0 \\ 0 & 0 & 0 & 1 \\ 0 & 0 & 1 & 0 \\ 0 & 1 & 0 & 0 \end{bmatrix}$

(iii) $P = \begin{bmatrix} 1/2 & 0 & 0 \\ 0 & 1 & 0 \\ 3/2 & 0 & 1 \end{bmatrix}$, $Q = \begin{bmatrix} 1 & 0 & 0 & 2 \\ 0 & 0 & 0 & 1 \\ 0 & 0 & 1 & 0 \\ 0 & 1 & 0 & 0 \end{bmatrix}$, $PAQ = \begin{bmatrix} 1 & 2 & 3 & 0 \\ 0 & 3 & 1 & 0 \\ 0 & 2 & 8 & 0 \end{bmatrix} = B$

問　題

69.1 上の例題において, $P = P_2P_1E_3, Q = E_4Q_1Q_2$ であるから, E_3 に基本操作 (1), (3) を, また E_4 に基本操作 (2), (4) を順にほどこしたものがそれぞれ P, Q である. これを確かめよ.

例題 70♯　　　　**両面からの基本操作 (2)**

行列 $A = \begin{bmatrix} 1 & 0 & -1 & 1 \\ -1 & 1 & 2 & -2 \\ 2 & 1 & -1 & 1 \end{bmatrix}$ を行と列の基本操作により $N = \begin{bmatrix} E & O \\ O & O \end{bmatrix}$ に移すことができることを示せ．$N = PAQ$ となる行列 P, Q も求めよ．

解答

行ベクトル	E			A			
$\boldsymbol{a}_1$	1	0	0	1	0	−1	1
$\boldsymbol{a}_2$	0	1	0	−1	1	2	−2
$\boldsymbol{a}_3$	0	0	1	2	1	−1	1
$\boldsymbol{b}_1 = \boldsymbol{a}_1$	1	0	0	1	0	−1	1
$\boldsymbol{b}_2 = \boldsymbol{a}_2 + \boldsymbol{a}_1$	1	1	0	0	1	1	−1
$\boldsymbol{b}_3 = \boldsymbol{a}_3 - 2\boldsymbol{a}_1$	−2	0	1	0	1	1	−1
$\boldsymbol{c}_1 = \boldsymbol{b}_1$	1	0	0	1	0	−1	1
$\boldsymbol{c}_2 = \boldsymbol{b}_2$	1	1	0	0	1	1	−1
$\boldsymbol{c}_3 = \boldsymbol{b}_3 - \boldsymbol{b}_2$	−3	−1	1	0	0	0	0

P, Q を求めることが主題

列基本操作を表で行うには転置の考えで $C = BQ$ $\Leftrightarrow {}^tC = {}^tQ{}^tB$

$\longleftarrow$ **P と $B = PA$**
rank A はここで

転置に移り

行ベクトル	E				${}^tB$		
$\boldsymbol{d}_1$	1	0	0	0	1	0	0
$\boldsymbol{d}_2$	0	1	0	0	0	1	0
$\boldsymbol{d}_3$	0	0	1	0	−1	1	0
$\boldsymbol{d}_4$	0	0	0	1	1	−1	0
$\boldsymbol{e}_1 = \boldsymbol{d}_1$	1	0	0	0	1	0	0
$\boldsymbol{e}_2 = \boldsymbol{d}_2$	0	1	0	0	0	1	0
$\boldsymbol{e}_3 = \boldsymbol{d}_3 - \boldsymbol{d}_2$	0	−1	1	0	−1	0	0
$\boldsymbol{e}_4 = \boldsymbol{d}_4 + \boldsymbol{d}_3$	0	0	1	1	0	0	0
$\boldsymbol{f}_1 = \boldsymbol{e}_1$	1	0	0	0	1	0	0
$\boldsymbol{f}_2 = \boldsymbol{e}_2$	0	1	0	0	0	1	0
$\boldsymbol{f}_3 = \boldsymbol{e}_3 + \boldsymbol{e}_1$	1	−1	1	0	0	0	0
$\boldsymbol{f}_4 = \boldsymbol{e}_4$	0	0	1	1	0	0	0

$\qquad\qquad \| \qquad\qquad\qquad \|$
$\qquad\qquad {}^tQ \qquad\qquad\quad {}^tN$

$N = BQ \quad \Leftrightarrow \quad {}^tN = {}^tQ\,{}^tB$

$$P = \begin{bmatrix} 1 & 0 & 0 \\ 1 & 1 & 0 \\ -3 & -1 & 1 \end{bmatrix}$$

Q は転置に戻して

$$Q = \begin{bmatrix} 1 & 0 & 1 & 0 \\ 0 & 1 & -1 & 0 \\ 0 & 0 & 1 & 1 \\ 0 & 0 & 0 & 1 \end{bmatrix}$$

$$N_2 = \begin{bmatrix} E_2 & O \\ O & O \end{bmatrix} \quad (3, 4)\text{ 行列}$$

学んだこと **2** つ　(i)　A の左，右から正則行列 P, Q をかけて $PAQ = N_r$ にできる
　　　　　　　　　(ii)　列基本操作を表で行うには “転置” を使え

問　題

70.1　$A = \begin{bmatrix} 3 & -1 & 1 & 1 \\ -2 & 0 & -1 & -3 \\ 2 & -2 & 0 & -4 \end{bmatrix}$ でもう一度．

◆ **階数の一意性** 「A を階段行列に直せ」と指示されたとき，その作業を A の何行目から始めるかということは，人によって，時によって，違ってくる．そのため，得られる階段行列も異なってくるので，$\mathrm{rank}\,A$ が同一になるか心配である．$A \to B$（**階段行列**）のとき，$B = PA$ となり，続けてさらに列基本操作を行って $PAQ = \begin{bmatrix} E_r & O \\ O & O \end{bmatrix}$ とするとき r は変わらない．そこで次の定理によって $r = s$ となるので，$\mathrm{rank}\,A$ は同一になる．

$$A \nearrow P_1 \to N_r, \quad A \searrow P_2 \to N_s$$

例題 71♯ **階数の一意性 (1)**

行列 A に対して，次の定理を証明せよ．

定理 $P'AQ' = N_r = \begin{bmatrix} E_r & O \\ O & O \end{bmatrix}$，$P''AQ'' = N_s = \begin{bmatrix} E_s & O \\ O & O \end{bmatrix}$ となる正則行列 P', P'', Q', Q'' が存在すれば $r = s$ である．

(2) は p.92, 例題 84

解答 $A = P'^{-1}\begin{bmatrix} E_r & O \\ O & O \end{bmatrix}Q'^{-1}, A = P''^{-1}\begin{bmatrix} E_s & O \\ O & O \end{bmatrix}Q''^{-1}$ から

$$P'^{-1}\begin{bmatrix} E_r & O \\ O & O \end{bmatrix}Q'^{-1} = P''^{-1}\begin{bmatrix} E_s & O \\ O & O \end{bmatrix}Q''^{-1}$$

$$\begin{bmatrix} E_r & O \\ O & O \end{bmatrix} = P'P''^{-1}\begin{bmatrix} E_s & O \\ O & O \end{bmatrix}Q''^{-1}Q' = P\begin{bmatrix} E_s & O \\ O & O \end{bmatrix}Q \qquad \cdots ①$$

ここで $P = P'P''^{-1}, Q = Q''^{-1}Q'$ も正則である．

いま $r > s$ とすると $\begin{bmatrix} E_r & O \\ O & O \end{bmatrix} = \begin{bmatrix} E_s & O \\ O & R \end{bmatrix}, R \fallingdotseq O \qquad \cdots ②$

であり，P, Q もこれに合わせてブロックで $P = \begin{bmatrix} P_{11} & P_{12} \\ P_{21} & P_{22} \end{bmatrix}, Q = \begin{bmatrix} Q_{11} & Q_{12} \\ Q_{21} & Q_{22} \end{bmatrix}$ とすると①から $\begin{bmatrix} E_s & O \\ O & R \end{bmatrix} = \begin{bmatrix} P_{11} & P_{12} \\ P_{21} & P_{22} \end{bmatrix}\begin{bmatrix} E_s & O \\ O & O \end{bmatrix}\begin{bmatrix} Q_{11} & Q_{12} \\ Q_{21} & Q_{22} \end{bmatrix}$ （P_{11}, Q_{11} も s 次）

各ブロックごとに $P_{11}Q_{11} = E_s, P_{21}Q_{11} = O, P_{11}Q_{12} = O, P_{21}Q_{12} = R$．先頭の式から Q_{11} は正則であり，よって第 2 式から $P_{21} = O$，最後の式から $R = O$ となり，②に反する．

$s > r$ としても同様である．よって $r = s$

問　題

71.1 n 次の正方行列 A について，次を証明せよ．

(i) A が正則 $\Leftrightarrow$ $\mathrm{rank}\,A = n$

(ii) A が正則 $\Leftrightarrow$ A は基本行列の積

71.2 (m, n) 行列 A について $\mathrm{rank}\,{}^tA = \mathrm{rank}\,A$ を示せ．

てっそく

n 次の A が正則とは

(i) $AX = XA = E$

($AX = E$ だけで可)

(ii) $|A| \fallingdotseq 0$

(iii) 基本行列の積

(iv) $\mathrm{rank}\,A = n$

3.5 同次連立方程式

◆ 同次連立方程式とその解 連立方程式で右辺がすべて 0 のもの

$$(H)\begin{cases} a_{11}x_1 + a_{12}x_2 + \cdots + a_{1n}x_n = 0 \\ \cdots\cdots \\ a_{m1}x_1 + a_{m2}x_2 + \cdots + a_{mn}x_n = 0 \end{cases} \quad (\text{すなわち } A\boldsymbol{x} = \boldsymbol{0})$$

大切なことは
同次連立方程式
「解くこと」よりも
解の仕組み

を**同次連立方程式**あるいは**斉次**(せいじ)**連立方程式**という.

右辺が $\mathbf{0}$ であるから $\operatorname{rank} A = \operatorname{rank}[A \mid \mathbf{0}]$ であり, (H) は解をもつ (⇨ p.69). 事実 $x_1 = 0, x_2 = 0, \cdots, x_n = 0$ は 1 組の解である. この解を**自明解**という. $\operatorname{rank} A = n$ のときは, 解はこれだけである.

例題 72 同次連立方程式 (1)

連立方程式 $\begin{cases} x_1 + 2x_2 + x_3 = 0 \\ 3x_1 + x_2 - 2x_3 = 0 \\ 4x_1 - 2x_2 + 2x_3 = 0 \\ 2x_1 + 4x_2 + 2x_3 = 0 \end{cases}$ を行基本操作の表を用いて解け.

解答

行ベクトル	x_1	x_2	x_3
$\boldsymbol{a}_1$	1	2	1
$\boldsymbol{a}_2$	3	1	−2
$\boldsymbol{a}_3$	4	−2	2
$\boldsymbol{a}_4$	2	4	2
$\boldsymbol{b}_1 = \boldsymbol{a}_1$	1	2	1
$\boldsymbol{b}_2 = \boldsymbol{a}_2 - 3\boldsymbol{a}_1$	0	−5	−5
$\boldsymbol{b}_3 = \boldsymbol{a}_3 - 4\boldsymbol{a}_1$	0	−10	−2
$\boldsymbol{b}_4 = \boldsymbol{a}_4 - 2\boldsymbol{a}_1$	0	0	0
$\boldsymbol{c}_1 = \boldsymbol{b}_1$	1	2	1
$\boldsymbol{c}_2 = \boldsymbol{b}_2 \div (-5)$	0	1	1
$\boldsymbol{c}_3 = \frac{\boldsymbol{b}_3 - 2\boldsymbol{b}_2}{8}$	0	0	1
$\boldsymbol{c}_4 = \boldsymbol{b}_4$	0	0	0

右辺は 0 だけであるから
書く必要はない

$m = 4, n = 3$
$\operatorname{rank} A = 3 = n$

階段行列に達したので

$$\begin{cases} x_1 + 2x_2 + x_3 = 0 \\ x_2 + x_3 = 0 \\ x_3 = 0 \end{cases}$$

$x_1 = 0, x_2 = 0, x_3 = 0$ (自明解のみ)

問 題

72.1 次の同次連立方程式の解が自明解のみとなるための a の条件を求めよ.

$$\begin{cases} x_1 + 2x_2 + 3x_3 = 0 \\ 2x_1 - x_2 + x_3 = 0 \\ ax_1 + x_2 = 0 \end{cases}$$

例題 73 **同次連立方程式 (2)**

$$(H)\quad \begin{cases} x_1+2x_2+3x_3+\ \ 5x_4=0 \\ 2x_1+4x_2+7x_3+11x_4=0 \\ -x_1-2x_2-2x_3-\ \ x_4=0 \end{cases}$$ を行基本操作の表をつくって解け．

解答

行ベクトル	x_1	x_2	x_3	x_4
$\boldsymbol{a}_1$	1	2	3	5
$\boldsymbol{a}_2$	2	4	7	11
$\boldsymbol{a}_3$	−1	−2	−2	−1
$\boldsymbol{b}_1=\boldsymbol{a}_1$	1	2	3	5
$\boldsymbol{b}_2=\boldsymbol{a}_2-2\boldsymbol{a}_1$	0	0	1	1
$\boldsymbol{b}_3=\boldsymbol{a}_3+\boldsymbol{a}_1$	0	0	1	4
$\boldsymbol{c}_1=\boldsymbol{b}_1$	1	2	3	5
$\boldsymbol{c}_2=\boldsymbol{b}_2$	0	0	1	1
$\boldsymbol{c}_3=\frac{\boldsymbol{b}_3-\boldsymbol{b}_2}{3}$	0	0	0	1

右辺は 0 だから
表にとりこむ必要はない

表計算の結果を x_i をつけて

$$\begin{cases} x_1+2x_2+3x_3+5x_4=0 & \cdots① \\ x_3+\ x_4=0 & \cdots② \\ x_4=0 & \cdots③ \end{cases}$$

よって③, ②, ①の順にみて

$x_4=0, x_3=0, x_2=\lambda$（$\lambda$ は任意）で

$x_1=-2\lambda$

● **一般形 $A\boldsymbol{x}=\boldsymbol{0}$**　前頁の例題とこの例題の場合，解を列ベクトルで表わすと，右の囲み記事のようになる．

前頁では

$$\boldsymbol{x}=\begin{bmatrix}0\\0\\0\end{bmatrix}$$

上例では

$$\boldsymbol{x}=\lambda\begin{bmatrix}-2\\1\\0\\0\end{bmatrix}$$

一般に前頁の (H)　$A\boldsymbol{x}=\boldsymbol{0}$ の場合，係数行列 A に行基本操作を行うと，次の形の式になる．

$$(H')\quad \begin{cases} \bigcirc\!\!\!\!b_{1\,j_1}x_{j_1}+\ b_{1\,j_2}x_{j_2}+\cdots \qquad +b_{1\,n}x_n=0 \\ \qquad \bigcirc\!\!\!\!b_{2\,j_2}x_{j_2}+\cdots \qquad +b_{2\,n}x_n=0 \\ \qquad\qquad \cdots\cdots \\ \qquad\qquad \bigcirc\!\!\!\!b_{r\,j_r}x_{j_r}+\cdots+b_{r\,n}x_n=0 \end{cases}$$

$\left(\begin{array}{c} \bigcirc \text{印} \neq 0 \\ r=\mathrm{rank}\,A \end{array}\right)$

ここで $x_{j_1}, x_{j_2}, \cdots, x_{j_r}$ 以外の $n-r$ 個の x_i には，$x_i=\lambda_i$（任意）とし，$x_{j_1}, x_{j_2}, \cdots, x_{j_r}$ は，この (H') から求めて，$x_1, x_2, \cdots, x_n$ を得る．解 $x_1, x_2, \cdots, x_n$ は $n-r$ 個の λ_i を含む式である．

問　題

73.1 $\begin{cases} x_1+\ x_2-2x_3+\ x_4=0 \\ 2x_1-\ x_2+2x_3+2x_4=0 \\ 3x_1+2x_2-4x_3-3x_4=0 \end{cases}$ を解き，結果を列ベクトルで答えよ．

例題 74 **同次連立方程式 (3)**

$$(H)\quad \begin{cases} 2x_1+4x_2+x_3+4x_4+5x_5=0 \\ x_1+2x_2+3x_3-3x_4+5x_5=0 \\ 4x_1+8x_2+15x_3-18x_4+23x_5=0 \end{cases}$$

を解き，結果を列ベクトル表示せよ．

解答 係数行列の行基本操作の表をつくると，(H) は次と同値であることがわかる．

x_1	x_2	x_3	x_4	x_5
2	4	1	4	5
1	2	3	−3	5
4	8	15	−18	23
1	2	3	−3	5
0	0	−5	10	−5
0	0	3	−6	3
1	2	3	−3	5
0	0	1	−2	1
0	0	1	−2	1
1	2	3	−3	5
0	0	1	−2	1
0	0	0	0	0

$$(H')\quad \begin{cases} x_1+2x_2+3x_3-3x_4+5x_5=0 \\ \qquad\qquad\quad x_3-2x_4+x_5=0 \end{cases}$$

さらに x_1, x_3 を求めて

$$(H'')\quad \begin{cases} x_1=-2x_2-3x_4-2x_5 \\ x_3=\ 2x_4-x_5 \end{cases}$$

したがって x_2, x_4, x_5 を任意にとって，順に λ, μ, ν とし，x_1, x_3 をこの式で定めればよい．

$$\begin{bmatrix} x_1 \\ x_2 \\ x_3 \\ x_4 \\ x_5 \end{bmatrix} = \begin{bmatrix} -2\lambda-3\mu-2\nu \\ \lambda \\ 2\mu-\nu \\ \mu \\ \nu \end{bmatrix} = \lambda\boldsymbol{y}_1+\mu\boldsymbol{y}_2+\nu\boldsymbol{y}_3$$

ここで $\boldsymbol{y}_1=\begin{bmatrix} -2 \\ 1 \\ 0 \\ 0 \\ 0 \end{bmatrix}, \boldsymbol{y}_2=\begin{bmatrix} -3 \\ 0 \\ 2 \\ 1 \\ 0 \end{bmatrix}, \boldsymbol{y}_3=\begin{bmatrix} -2 \\ 0 \\ -1 \\ 0 \\ 1 \end{bmatrix}$

解は $\boldsymbol{x}=\lambda\boldsymbol{y}_1+\mu\boldsymbol{y}_2+\nu\boldsymbol{y}_3$

問　題

74.1 次の同次連立方程式を解き，結果を列ベクトル表示せよ．

(i) $\begin{cases} x_1+3x_2-2x_3-3x_4=0 \\ 2x_1+x_2+x_3+4x_4=0 \\ 4x_1+2x_2-x_3+5x_4=0 \\ -2x_1-x_2+x_3-2x_4=0 \end{cases}$

(ii) $\begin{cases} x_1+x_2-2x_3+x_4+3x_5=0 \\ 2x_1-x_2+2x_3+2x_4+6x_5=0 \\ 3x_1+2x_2-4x_3-3x_4-9x_5=0 \end{cases}$

◆ **同次連立のまとめ**　後の固有ベクトルにかかわる大事なまとめである．p.81 の (H') において，簡単のために，$x_{j_1}, x_{j_2}, \cdots, x_{j_r}$（$r$ 個）が $x_1, x_2, \cdots, x_r$ であるとし，残りの $n-r$ 個が $x_{r+1}, \cdots, x_n$ であるとすると $(H) \Leftrightarrow (H')$ は次の r 個の式と同値である．

$$(H'')\quad \begin{cases} x_1 = d_{1\,r+1}x_{r+1} + d_{1\,r+2}x_{r+2} + \cdots + d_{1\,n}x_n \\ x_2 = d_{2\,r+1}x_{r+1} + d_{2\,r+2}x_{r+2} + \cdots + d_{2\,n}x_n \\ \qquad\cdots\cdots \\ x_r = d_{r\,r+1}x_{r+1} + d_{r\,r+2}x_{r+2} + \cdots + d_{r\,n}x_n \end{cases}$$

> (H) をみたす $\boldsymbol{x}$ は (H') をみたし逆もいえるとき (H) と (H'') は同値という

そこで $x_{r+1}, x_{r+2}, \cdots, x_n$ には，何の制約もないので

(∗)　「$x_{r+1} = \lambda_{r+1}, x_{r+2} = \lambda_{r+2}, \cdots, x_n = \lambda_n$
　　は任意の数とし，$x_1, x_2, \cdots, x_r$ を上の (H'') で定める」

ことで $(H'') \leftrightarrow (H)$ から，(H) の完全な解が求まることになる．

例題 75　　**同次連立の解の列ベクトル表示**

同次連立方程式 (H)　$A\boldsymbol{x} = \boldsymbol{0}$ の解 $\boldsymbol{x}$ を，(H'') 係数 d_{ij} を用いて列ベクトル表示せよ．

解答　(H'') と $(*)$ から，解は次のように列ベクトル表示される．

$$\boldsymbol{x} = \begin{bmatrix} x_1 \\ \vdots \\ x_r \\ x_{r+1} \\ \vdots \\ x_n \end{bmatrix} = \begin{bmatrix} \sum_{j=r+1}^{n} d_{1j}\lambda_j \\ \vdots \\ \sum_{j=r+1}^{n} d_{rj}\lambda_j \\ \lambda_{r+1} \\ \vdots \\ \lambda_n \end{bmatrix} = \lambda_{r+1}\begin{bmatrix} d_{1\,r+1} \\ \vdots \\ d_{r\,r+1} \\ 1 \\ \vdots \\ 0 \end{bmatrix} + \cdots + \lambda_n \begin{bmatrix} d_{1n} \\ \vdots \\ d_{rn} \\ 0 \\ \vdots \\ 1 \end{bmatrix}$$

● **基本解**　この右辺の列ベクトルを順に $\boldsymbol{x}_{r+1}, \cdots, \boldsymbol{x}_n$ とすると $A\boldsymbol{x} = \boldsymbol{0}$ の解は $\boldsymbol{x} = \lambda_{r+1}\boldsymbol{x}_{r+1} + \cdots + \lambda_n\boldsymbol{x}_n$ と表わされる．この $n-r$ 個の列ベクトルを $A\boldsymbol{x} = \boldsymbol{0}$ の**基本解**という．また後に解空間の次元ともよばれる（⇨ 例題 207）．

> $$\boldsymbol{x}_i = \begin{bmatrix} d_{1i} \\ \vdots \\ d_{ri} \\ \vdots \\ 1 \\ \vdots \\ 0 \end{bmatrix} (i)$$ 同次連立の基本解
> $i = r+1, \cdots, n$　($n-r$ 個)

問　題

75.1　上の $\boldsymbol{x}_{r+1}, \cdots, \boldsymbol{x}_n$ について，次の性質を示せ．

$$\lambda_{r+1}\boldsymbol{x}_{r+1} + \cdots + \lambda_n\boldsymbol{x}_n = \boldsymbol{0} \;\Leftrightarrow\; \lambda_{r+1} = \cdots = \lambda_n = 0$$
（⇨ 問題 82.1）

◆ **一般連立方程式の解の仕組み**　p.67 で用いたように連立方程式を (L)　$A\boldsymbol{x} = \boldsymbol{b}$ と記し，(L) が解をもつ場合を考える．(L) の一つの解を $\boldsymbol{x}_0$，任意の解を $\boldsymbol{x}$ とすると

$$A\boldsymbol{x}_0 = \boldsymbol{b},\ A\boldsymbol{x} = \boldsymbol{b} \quad \text{だから} \quad A(\boldsymbol{x} - \boldsymbol{x}_0) = \boldsymbol{0}$$

よって $\boldsymbol{x} - \boldsymbol{x}_0 = \boldsymbol{y}$ とすると，$A\boldsymbol{y} = \boldsymbol{0}$ となり $\boldsymbol{y}$ は同次連立方程式

$$(H) \quad A\boldsymbol{y} = \boldsymbol{0}$$

の解となる．この (H) を (L) に**同伴な同次連立方程式**という．$\operatorname{rank} A = r$ とし，この (H) の基本解を $\boldsymbol{y}_{r+1}, \cdots, \boldsymbol{y}_n$ とすると

$$\boldsymbol{x} = \boldsymbol{x}_0 + \lambda_{r+1}\boldsymbol{y}_{r+1} + \cdots + \lambda_n\boldsymbol{y}_n$$

と表わされる．$\boldsymbol{x}_0$ を (L) の**特殊解**という．

> 一般連立方程式の解
> （特殊解 1 つ）
> ＋（同伴な一般解）

例題 76　　**同伴な同次方程式**

$$(L) \begin{cases} x + 4y + 2z + 3u = 1 \\ 2x + 3y + 4z + u = -2 \\ 3x + 2y + z + 4u = 3 \\ 4x + y + 3z + 2u = 0 \end{cases}$$

の解の 1 組が $x_0 = 1, y_0 = 4/5, z_0 = -8/5, u_0 = 0$ であることを知って，これを解け．

解答　(L) の一般解を (x, y, z, u) とし $x = X + 1,\ y = Y + 4/5,\ z = Z - 8/5,\ u = U$ とおく．(L) の各式に代入すると

$$(H) \begin{cases} X + 4Y + 2Z + 3U = 0 \\ 2X + 3Y + 4Z + U = 0 \\ 3X + 2Y + Z + 4U = 0 \\ 4X + Y + 3Z + 2U = 0 \end{cases}$$

$$A \to \begin{bmatrix} 1 & 4 & 2 & 3 \\ 0 & 1 & 0 & 1 \\ 0 & 2 & 1 & 1 \\ 0 & 3 & 1 & 2 \end{bmatrix} \to \begin{bmatrix} 1 & 4 & 2 & 3 \\ 0 & 1 & 0 & 1 \\ 0 & 0 & 1 & -1 \\ 0 & 0 & 0 & 0 \end{bmatrix}$$

行基本操作の表をつくり（右表），

$$\begin{cases} X + 4Y + 2Z + 3U = 0 \\ Y + U = 0 \\ Z - U = 0 \end{cases}$$

$\therefore\quad U = \lambda, Z = \lambda, Y = -\lambda, X = -\lambda \qquad \therefore\quad x = 1 - \lambda, y = \frac{4}{5} - \lambda, z = -\frac{8}{5} + \lambda, u = \lambda$

問　題

76.1　特殊解の一つ $x_0 = 7, y_0 = 0, z_0 = 4, u_0 = 0$ を知って，右の連立方程式 (L′) を解け．

$$(L') \begin{cases} x - 3y - z + 2u = 3 \\ -x + 3y + 2z - 2u = 1 \\ -x + 3y + 4z - 2u = 9 \\ 2x - 6y - 5z + 4u = -6 \\ x - 3y + 2u = 7 \end{cases}$$

◆ **正方行列が正則であるための条件のまとめ** 正方行列 A が正則であるとは

(0) $AX = XA = E$ となる正方行列 X が存在する

ことであった．A の正則性は "線形代数の中心概念" であり，ここまでに，いくつかの形で述べられてきた．

正則条件をふりかえると
(0) 定義 ⇨ p.12
(1) ⇨ p.58 (2) ⇨ p.44
(3) ⇨ p.58 (4) ⇨ p.79
(5) ⇨ p.79

定理 2 n 次の正方行列 A が正則であるための必要十分な条件は，次の (1)~(5) のどれか 1 つがなりたつことである．

(1) 行列式 $|A| \fallingdotseq 0$

(2) $AX = E$，または $XA = E$（どちらか一方），となる X が存在する．

(3) $A\boldsymbol{x} = \boldsymbol{b}$ の解 $\boldsymbol{x}$ がただ 1 つのような n 次列ベクトル $\boldsymbol{b}$ がある．

(4) A は基本行列の積　(5) $\text{rank}\, A = n$

例題 77 **基本操作で正則性を判定する**

行基本操作を用いて，右の行列の正則性を判定せよ．$A = \begin{bmatrix} 1 & -1 & 2 & 0 \\ -2 & 0 & -6 & -2 \\ 0 & 2 & 4 & 5 \\ 2 & -3 & 3 & -1 \end{bmatrix}$

解答 行基本操作の表をつくると $\text{rank}\, A = 3 < 4$．A は正則でない．

$$A \to P_1A = A_1 = \begin{bmatrix} 1 & -1 & 2 & 0 \\ 0 & -2 & -2 & -2 \\ 0 & 2 & 4 & 5 \\ 0 & -1 & -1 & -1 \end{bmatrix}$$

$$\to P_2A_1 = A_2 = \begin{bmatrix} 1 & -1 & 2 & 0 \\ 0 & 1 & 1 & 1 \\ 0 & 0 & 2 & 3 \\ 0 & 0 & 0 & 0 \end{bmatrix}$$

別解 表では 2 段目の，右の $P_1A = A_1$ で

$$|P_1|\,|A| = |P_1A| = |A_1| = \begin{vmatrix} -2 & -2 & -2 \\ 2 & 4 & 5 \\ -1 & -1 & -1 \end{vmatrix} = 0$$

P_1 は基本行列の積だから $|P_1| \neq 0$ であり，$|A| = 0$．A は正則でない．

問　題

77.1 次の行列が正則であるか否かを調べよ．

(i) $\begin{bmatrix} 0 & -1 & 2 & 7 \\ 2 & 3 & 3 & 0 \\ 5 & -7 & 0 & 9 \\ -2 & 3 & 2 & 5 \end{bmatrix}$　(ii) $\begin{bmatrix} -1 & 3 & 0 & 0 & 0 \\ 1 & -1 & 1 & 3 & 0 \\ 2 & 4 & 3 & -1 & 1 \\ 1 & 0 & -2 & 4 & 2 \\ 0 & 2 & 1 & 0 & -1 \end{bmatrix}$

例題 78 **基本操作で逆行列を求める**

$A = \begin{bmatrix} 1 & 2 & -1 \\ 1 & 3 & 1 \\ -1 & 1 & 2 \end{bmatrix}$ の逆行列 $X = \begin{bmatrix} x_{11} & x_{12} & x_{13} \\ x_{21} & x_{22} & x_{23} \\ x_{31} & x_{32} & x_{33} \end{bmatrix}$ として，3 組の連立方程式の解を求めるという考えで，行基本操作で x_{ij} を求め X を決定せよ．

navi $AX = E$ となる X を求めれば，$XA = E$ もなりたつことは既に学んである．3 組の連立方程式は係数が同一であるから，1 つの表ですむ．

$$(L_1) \begin{cases} x_{11} + 2x_{21} - x_{31} = 1 \\ x_{11} + 3x_{21} + x_{31} = 0 \\ -x_{11} + x_{21} + 2x_{31} = 0 \end{cases}, \quad (L_2) \begin{cases} x_{12} + 2x_{22} - x_{32} = 0 \\ x_{12} + 3x_{22} + x_{32} = 1 \\ -x_{12} + x_{22} + 2x_{32} = 0 \end{cases}, \quad (L_3) \text{ 略}$$

解答

A			L_1	L_2	L_3
1	2	−1	1	0	0
1	3	1	0	1	0
−1	1	2	0	0	1
1	2	−1	1	0	0
0	1	2	−1	1	0
0	3	1	1	0	1
1	2	−1	1	0	0
0	1	2	−1	1	0
0	0	−5	4	−3	1
1	0	0	−1	1	−1
0	1	0	3/5	−1/5	2/5
0	0	1	−4/5	3/5	−1/5

てっそく
逆行列の決定
(i) 余因子表示
(ii) はき出しの表の利用

はき出し法の方が
ケアレスミス
少ないようです！

左表の結果から

$$A^{-1} = \frac{1}{5}\begin{bmatrix} -5 & 5 & -5 \\ 3 & -1 & 2 \\ -4 & 3 & -1 \end{bmatrix}$$

問 題

78.1 上の方法にならって，行列 $\begin{bmatrix} 1 & 2 & -1 & 2 \\ 2 & 2 & -1 & 1 \\ -1 & -1 & 1 & -1 \\ 2 & 1 & -1 & 2 \end{bmatrix}$ が正則か否かをしらべ，正則のときにその逆行列を求めよ．

例題 79　「消去する」とは

次の連立方程式をみたす x, y, z で，それらの少なくとも 1 つが 0 でないものがあるとき，a, b, c のみたす条件を求めよ．

$$(L)\quad \begin{cases} ax + y + z = 0 \\ x + by + z = 0 \\ x + y + cz = 0 \end{cases}$$

route　"同次" の連立方程式 $A\boldsymbol{x} = \mathbf{0}$ であるから，自明解だけのときと無数の非自明解をもつ場合のどちらかであった．係数行列が 3 次の正方行列であるから

$$\text{rank}\, A < n \text{ とは } |A| = 0 \text{ ということ．}$$

同次連立の解の 2 景

rank $A = n$　自明解

rank $A < n$　非自明解

解答　同次連立方程式が非自明解をもつということであるから，そのための条件は係数行列の行列式が 0 となることである．

$$\begin{vmatrix} a & 1 & 1 \\ 1 & b & 1 \\ 1 & 1 & c \end{vmatrix} = 0 \qquad \text{展開して} \qquad abc - (a + b + c) + 2 = 0$$

● **消去した式**　n 次正方行列 A による同次連立方程式 $A\boldsymbol{x} = \mathbf{0}$ が非自明な解 $\boldsymbol{x} \neq \mathbf{0}$ をもつ条件は $|A| = 0$ である．

一般に $x, y, z, \cdots$ と $a, b, c, \cdots$ を含む式がいくつかあり，それらを同時にみたす 0 でない $x, y, z, \cdots$ が存在するための $a, b, c, \cdots$ のみたす式を求めたとき，その式を x, y, z を**消去した式**という．

てっそく

$A\boldsymbol{x} = \mathbf{0}$ が非自明解

(i)　$|A| = 0$

(ii)　rank $A < n$

問　題

79.1　(i), (ii) それぞれについて x, y, z, u を消去せよ．

$$\text{(i)}\quad \begin{cases} ax + by + cz + du = 0 \\ dx + ay + bz + cu = 0 \\ cx + dy + az + bu = 0 \\ bx + cy + dz + au = 0 \end{cases} \qquad \text{(ii)}\quad \begin{cases} (3-\lambda)x - y + 2z + u = 0 \\ 2x + (2-\lambda)y - z - 2u = 0 \\ 7y - (5+\lambda)z - 5u = 0 \\ 2x - 11y + 7z + (7-\lambda)u = 0 \end{cases}$$

3.6 行ベクトル・列ベクトルの線形独立・線形従属

◆ **線形独立・線形従属**　「s 個の n 次列ベクトル $\boldsymbol{b}_1, \boldsymbol{b}_2, \cdots, \boldsymbol{b}_s$ が

$$x_1\boldsymbol{b}_1 + x_2\boldsymbol{b}_2 + \cdots + x_s\boldsymbol{b}_s = \boldsymbol{0}$$

をみたすのは，$x_1 = x_2 = \cdots = x_s = 0$ のときだけ」というとき，列ベクトル $\boldsymbol{b}_1, \boldsymbol{b}_2, \cdots, \boldsymbol{b}_s$ は**線形独立**あるいは **1 次独立**であるといわれる．また線形独立でないとき，**線形従属**とか **1 次従属**であるといわれる．$A = [\boldsymbol{b}_1\ \boldsymbol{b}_2\ \cdots\ \boldsymbol{b}_s]$ とするとき，$\boldsymbol{b}_1, \boldsymbol{b}_2, \cdots, \boldsymbol{b}_s$ が線形独立であることは，$\boldsymbol{x} = {}^t[x_1\ x_2\ \cdots\ x_s]$ の同次連立方程式 $A\boldsymbol{x} = \boldsymbol{0}$ の解が自明解のみということ，線形従属ということは，非自明解をもつということである．

> 同次連立で言いかえ
>
> 線形独立 ⇕ $A\boldsymbol{x} = \boldsymbol{0}$ が自明解のみ
>
> 線形従属 ⇕ $A\boldsymbol{x} = \boldsymbol{0}$ が非自明解をもつ

定理 3　$\boldsymbol{b}_1, \boldsymbol{b}_2, \cdots, \boldsymbol{b}_s$ が線形独立　⇔　$\mathrm{rank}\,[\boldsymbol{b}_1\ \boldsymbol{b}_2\ \cdots\ \boldsymbol{b}_s] = s$

$\boldsymbol{b}_1, \boldsymbol{b}_2, \cdots, \boldsymbol{b}_s$ が線形従属　⇔　$\mathrm{rank}\,[\boldsymbol{b}_1\ \boldsymbol{b}_2\ \cdots\ \boldsymbol{b}_s] < s$

以上のストーリーと，この後の p.89, p.81 に述べるストーリーは，列ベクトルの代りに行ベクトルとしても，同様になりたつ．

例題 80　　線形独立・線形従属の判定

次の列ベクトルは線形独立か線形従属か．

(i) $\begin{bmatrix} 1 \\ 2 \\ -1 \end{bmatrix}, \begin{bmatrix} -1 \\ 1 \\ 2 \end{bmatrix}, \begin{bmatrix} 1 \\ 5 \\ 0 \end{bmatrix}$　　(ii) $\begin{bmatrix} 2 \\ 1 \\ 3 \end{bmatrix}, \begin{bmatrix} -3 \\ -2 \\ -8 \end{bmatrix}, \begin{bmatrix} 4 \\ 3 \\ 0 \end{bmatrix}$

解答　(i), (ii) ともに，3 つの列ベクトルを $\boldsymbol{b}_1, \boldsymbol{b}_2, \boldsymbol{b}_3$ とするとき

$\boldsymbol{b}_1, \boldsymbol{b}_2, \boldsymbol{b}_3$ が線形独立

⇔　$x_1\boldsymbol{b}_1 + x_2\boldsymbol{b}_2 + x_3\boldsymbol{b}_3 = \boldsymbol{0}$ をみたすのは $x_1 = x_2 = x_3 = 0$ だけ（定義）

⇔　$A = [\boldsymbol{b}_1\ \boldsymbol{b}_2\ \boldsymbol{b}_3]$, $\boldsymbol{x} = {}^t[x_1\ x_2\ x_3]$ のとき $A\boldsymbol{x} = \boldsymbol{0}$ の解が $\boldsymbol{x} = \boldsymbol{0}$ だけ

⇔　$\mathrm{rank}\,A = 3$

(i) では $\mathrm{rank}\,A = 2 < 3$（線形従属）．(ii) では $\mathrm{rank}\,A = 3$（線形独立）

問　題

80.1　(i) $\begin{bmatrix} 2 \\ 1 \\ 3 \end{bmatrix}, \begin{bmatrix} -1 \\ 2 \\ -2 \end{bmatrix}, \begin{bmatrix} 1 \\ 3 \\ 1 \end{bmatrix}$ は線形従属であることを示せ．

(ii)　一般に m 個より多い m 次列ベクトルは線形独立であり得ないことを示せ．

◆ **線形結合**　s 個の n 次列ベクトル $\boldsymbol{b}_1, \boldsymbol{b}_2, \cdots, \boldsymbol{b}_s$ に対して，n 次列ベクトル $\boldsymbol{b}$ が

$$\boldsymbol{b} = \lambda_1 \boldsymbol{b}_1 + \lambda_2 \boldsymbol{b}_2 + \cdots + \lambda_s \boldsymbol{b}_s \quad (\lambda_i \text{はスカラー})$$

のように表わされるとき，$\boldsymbol{b}$ は $\boldsymbol{b}_1, \boldsymbol{b}_2, \cdots, \boldsymbol{b}_s$ の**線形結合**であるという．

定理 4　$\boldsymbol{b}_1, \cdots, \boldsymbol{b}_s$ が線形独立で，$\boldsymbol{b}_1, \cdots, \boldsymbol{b}_s, \boldsymbol{b}_{s+1}$ が線形従属のときは，$\boldsymbol{b}_{s+1}$ は $\boldsymbol{b}_1, \cdots, \boldsymbol{b}_s$ の線形結合である（⇨ 例題 82）．

以上は，列ベクトルを行ベクトルにかえても，そのままなりたつ．定理と例題は，必要でない限り，列ベクトルで述べる．

例題 81　　　**線形従属から線形結合へ**

定理 4 の証明を述べよ．

navi　定理の証明では，まず用語の定義，そして「if〜, then〜, else」のくり返しも多い．

証明に使う論理
if〜, then〜, else

解答　$\boldsymbol{b}_1, \cdots, \boldsymbol{b}_s, \boldsymbol{b}_{s+1}$ が線形従属とすると

$$x_1 \boldsymbol{b}_1 + \cdots + x_s \boldsymbol{b}_s + x_{s+1} \boldsymbol{b}_{s+1} = \boldsymbol{0} \qquad \cdots ①$$

定理の証明の学習
自信をもって使えるように

で，どれかは 0 でない $x_1, \cdots, x_s, x_{s+1}$ がある．このとき $x_{s+1} = 0$ であれば「$x_1 \boldsymbol{b}_1 + \cdots + x_s \boldsymbol{b}_s = \boldsymbol{0}$ で，$x_1, \cdots, x_s$ のどれかは 0 でない」ことになり，$\boldsymbol{b}_1, \cdots, \boldsymbol{b}_s$ は線形従属となり，仮定に反する．

よって①で $x_{s+1} \neq 0$ であり

$$\boldsymbol{b}_{s+1} = -\frac{x_1}{x_{s+1}} \boldsymbol{b}_1 - \cdots - \frac{x_s}{x_{s+1}} \boldsymbol{b}_s$$

すなわち $\boldsymbol{b}_{s+1}$ は $\boldsymbol{b}_1, \cdots, \boldsymbol{b}_s$ の線形結合である．

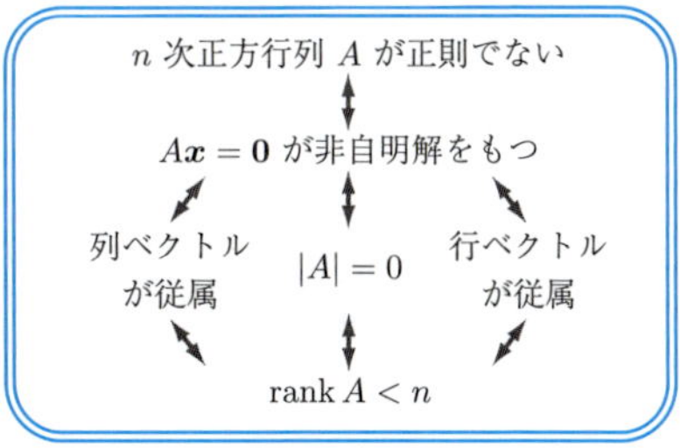

問　題

81.1　$\boldsymbol{b}_1 = \begin{bmatrix} 1 \\ 1 \\ 1 \\ 0 \end{bmatrix}, \boldsymbol{b}_2 = \begin{bmatrix} 4 \\ 3 \\ 2 \\ -1 \end{bmatrix}, \boldsymbol{b}_3 = \begin{bmatrix} 4 \\ 2 \\ 0 \\ -3 \end{bmatrix}, \boldsymbol{b}_4 = \begin{bmatrix} 2 \\ 1 \\ 0 \\ -1 \end{bmatrix}$

のとき，次の各問に答えよ．

(i)　$\boldsymbol{b}_1, \boldsymbol{b}_2, \boldsymbol{b}_3$ は線形独立であることを示せ．

(ii)　$\boldsymbol{b}_1, \boldsymbol{b}_2, \boldsymbol{b}_3, \boldsymbol{b}_4$ は線形従属であることを示せ．

(iii)　$\boldsymbol{b}_4$ を $\boldsymbol{b}_1, \boldsymbol{b}_2, \boldsymbol{b}_3$ の線形結合として表わせ．

81.2　$\boldsymbol{b}_{s+1}$ が $\boldsymbol{b}_1, \boldsymbol{b}_2, \cdots, \boldsymbol{b}_s$ の線形結合のときは $\boldsymbol{b}_1, \cdots, \boldsymbol{b}_s, \boldsymbol{b}_{s+1}$ は線形従属である．これを説明せよ．

例題 82 **線形独立・線形従属・線形結合**

$\boldsymbol{a}_1 = [1\ -1\ 0\ 1], \boldsymbol{a}_2 = [0\ 1\ 2\ -1], \boldsymbol{a}_3 = [-1\ 0\ 1\ 0], \boldsymbol{a}_4 = [1\ -1\ 3\ 1]$ は線形従属であることを示し，次にこの中で線形独立な最大個数のものを１組とり，それ以外のものを，その線形独立なものの線形結合で表わせ．

navi 定理４の具体例である．一般論の理解のための解答を考える．

解答 $x_1\boldsymbol{a}_1 + x_2\boldsymbol{a}_2 + x_3\boldsymbol{a}_3 + x_4\boldsymbol{a}_4 = \boldsymbol{0}$ となる x_1, x_2, x_3, x_4 を考える．列ベクトルにとりかえて $A = [{}^t\boldsymbol{a}_1\ {}^t\boldsymbol{a}_2\ {}^t\boldsymbol{a}_3\ {}^t\boldsymbol{a}_4]$ とすると，この式は連立方程式 $A\begin{bmatrix} x_1 \\ x_2 \\ x_3 \\ x_4 \end{bmatrix} = \boldsymbol{0}$ となり行基本操作により $A = \begin{bmatrix} 1 & 0 & -1 & 1 \\ -1 & 1 & 0 & -1 \\ 0 & 2 & 1 & 3 \\ 1 & -1 & 0 & 1 \end{bmatrix} \to \begin{bmatrix} 1 & 0 & -1 & 1 \\ 0 & 1 & -1 & 0 \\ 0 & 0 & 1 & 1 \\ 0 & 0 & 0 & 0 \end{bmatrix}$, $\operatorname{rank} A = 3$ から，$A\boldsymbol{x} = \boldsymbol{0}$ は非自明解をもち，$\boldsymbol{a}_1, \boldsymbol{a}_2, \boldsymbol{a}_3, \boldsymbol{a}_4$ は線形従属．さらに $B = [{}^t\boldsymbol{a}_1\ {}^t\boldsymbol{a}_2\ {}^t\boldsymbol{a}_3]$ とすると，

$$B = \begin{bmatrix} 1 & 0 & -1 \\ -1 & 1 & 0 \\ 0 & 2 & 1 \\ 1 & -1 & 0 \end{bmatrix} \to \begin{bmatrix} 1 & 0 & -1 \\ 0 & 1 & -1 \\ 0 & 0 & 1 \\ 0 & 0 & 0 \end{bmatrix}, \quad \operatorname{rank} B = 3$$

から $B\boldsymbol{x} = \boldsymbol{0}$ は自明解だけであり，$\boldsymbol{a}_1, \boldsymbol{a}_2, \boldsymbol{a}_3$ は線形独立．よって線形独立な最大個数のものの１組である．はじめの $A\boldsymbol{x} = \boldsymbol{0}$ の解は

$$x_4 = \lambda, \quad x_3 = -x_4 = -\lambda, \quad x_2 = x_3 = -\lambda, \quad x_1 = x_3 - x_4 = -2\lambda \quad (\lambda \text{は任意})$$

であるから $-2\lambda\boldsymbol{a}_1 - \lambda\boldsymbol{a}_2 - \lambda\boldsymbol{a}_3 + \lambda\boldsymbol{a}_4 = \boldsymbol{0}$．$\lambda = 1$ にとり

$$\boldsymbol{a}_4 = 2\boldsymbol{a}_1 + \boldsymbol{a}_2 + \boldsymbol{a}_3$$

問　題

82.1 同次連立方程式の基本解は線形独立である．その理由をいえ．

82.2 $s < n$ とする．s 次の行ベクトル

$$\boldsymbol{a}_1 = [a_{11}\ \cdots\ a_{1s}], \quad \cdots, \quad \boldsymbol{a}_t = [a_{t1}\ \cdots\ a_{ts}]$$

が線形独立のとき，これら s 次のベクトルのおのおのに成分を追加して，n 次のベクトル

$$\boldsymbol{a}'_1 = [a_{11}\ \cdots\ a_{1s}\ \cdots\ a_{1n}], \quad \cdots, \quad \boldsymbol{a}'_t = [a_{t1}\ \cdots\ a_{ts}\ \cdots\ a_{tn}]$$

をつくる．$\boldsymbol{a}'_1, \cdots, \boldsymbol{a}'_t$ もまた線形独立であることを示せ．

◆ **線形独立・線形従属の主定理**　定理 4 に続いて次が得られる．

> **定理 5**　n 次の列ベクトル $\boldsymbol{a}_1, \boldsymbol{a}_2, \cdots, \boldsymbol{a}_t$ のうちで，線形独立なものの最大個数が r 個であるとする．列ベクトル $\boldsymbol{b}_1, \boldsymbol{b}_2, \cdots, \boldsymbol{b}_m$ が，どれもこれら $\boldsymbol{a}_1, \cdots, \boldsymbol{a}_t$ の線形結合であるとき，$\boldsymbol{b}_1, \boldsymbol{b}_2, \cdots, \boldsymbol{b}_m$ の中の線形独立なものは r 個をこえない．行ベクトルの場合も同じ．

例題 83♯　　**線形独立なものの最大個数**

定理 5 を証明せよ．

解答　[I]　$\boldsymbol{a}_1, \boldsymbol{a}_2, \cdots, \boldsymbol{a}_t$ のうち $\boldsymbol{a}_1, \boldsymbol{a}_2, \cdots, \boldsymbol{a}_r$ が線形独立であるとすると，$\boldsymbol{b}_1, \boldsymbol{b}_2, \cdots, \boldsymbol{b}_m$ は $\boldsymbol{a}_1, \cdots, \boldsymbol{a}_r$ の線形結合である．

〔[I]の証明〕　$\boldsymbol{a}_1, \cdots, \boldsymbol{a}_r, \boldsymbol{a}_i \, (i > r)$ は線形従属であるから，定理 4（例題 81）より $\boldsymbol{a}_i$ は $\boldsymbol{a}_1, \cdots, \boldsymbol{a}_r$ の線形結合．$\boldsymbol{b}_1, \cdots, \boldsymbol{b}_m$ はどれも $\boldsymbol{a}_1, \cdots, \boldsymbol{a}_t$ の線形結合だから $\boldsymbol{a}_1, \cdots, \boldsymbol{a}_r$ の線形結合．

> $\boldsymbol{a}_1, \cdots, \boldsymbol{a}_r, \boldsymbol{a}_{r+1}, \cdots, \boldsymbol{a}_i, \cdots, \boldsymbol{a}_t$
> $r+1$ 個だから従属

[II]　$m \geqq r+1$ とする．$\boldsymbol{b}_1, \boldsymbol{b}_2, \cdots, \boldsymbol{b}_m$ から $r+1$ 個とり出すと，それらは線形従属である．

〔[II]の証明〕　必要なときは番号をとりかえて，それらを

$$\boldsymbol{b}_1, \quad \cdots, \quad \boldsymbol{b}_r, \quad \boldsymbol{b}_{r+1}$$

とし，$\nu_1 \boldsymbol{b}_1 + \cdots + \nu_{r+1} \boldsymbol{b}_{r+1} = \boldsymbol{0}$ とする．

> 線形従属を示す
> $\nu_1 \boldsymbol{b}_1 + \cdots + \nu_{r+1} \boldsymbol{b}_{r+1} = \boldsymbol{0}$
> で，どれかは 0 でない
> $\nu_1, \cdots, \nu_{r+1}$ があること
> ⟶ 同次連立で言いかえる

[I] により $\boldsymbol{b}_i = \mu_{1i} \boldsymbol{a}_1 + \cdots + \mu_{ri} \boldsymbol{a}_r$ と表わされ

$$\nu_1(\mu_{11}\boldsymbol{a}_1 + \cdots + \mu_{r1}\boldsymbol{a}_r) + \nu_2(\mu_{12}\boldsymbol{a}_1 + \cdots + \mu_{r2}\boldsymbol{a}_r) + \cdots + \nu_{r+1}(\mu_{1\,r+1}\boldsymbol{a}_1 + \cdots + \mu_{r\,r+1}\boldsymbol{a}_r) = \boldsymbol{0}$$

$$\therefore \quad (\nu_1\mu_{11} + \nu_2\mu_{12} + \cdots + \nu_{r+1}\mu_{1\,r+1})\boldsymbol{a}_1 + \cdots + (\nu_1\mu_{r1} + \nu_2\mu_{r2} + \cdots + \nu_{r+1}\mu_{r\,r+1})\boldsymbol{a}_r = \boldsymbol{0}$$

ここで $\boldsymbol{a}_1, \cdots, \boldsymbol{a}_r$ は線形独立だから
$$\begin{cases} \nu_1\mu_{11} + \nu_2\mu_{12} + \cdots + \nu_{r+1}\mu_{1\,r+1} = 0 \\ \cdots\cdots \\ \nu_1\mu_{r1} + \nu_2\mu_{r2} + \cdots + \nu_{r+1}\mu_{r\,r+1} = 0 \end{cases}$$
（$\nu_1, \cdots, \nu_{r+1}$ の同次連立）

(式の個数) < (未知数の個数) だから，非自明な解 $\nu_1, \nu_2, \cdots, \nu_{r+1}$ が存在する．
よって $\boldsymbol{b}_1, \boldsymbol{b}_2, \cdots, \boldsymbol{b}_{r+1}$ は線形従属である．

◆ 階数と線形独立な行（列）の最大個数　(m,n) 行列 A の階数 $\mathrm{rank}\,A$ とは，A を行基本操作によって，階段行列 B に移したとき（$A \to B$ のとき）B の階段数のことであった．この r が行基本操作によらない一定値であることが p.79，例題 71 で示され，“階数の一意性” の定理とよばれた．ここで，A の階数が，A の行（列）ベクトルの中の “線形独立な最大個数” に等しい，したがって行基本操作によらないことが示される．

例題 84♯　　**階数の一意性 (2)**

(m,n) 行列 A の行ベクトルを $\boldsymbol{a}_1, \boldsymbol{a}_2, \cdots, \boldsymbol{a}_m$ とする．$\mathrm{rank}\,A = r$ とするとき，$\boldsymbol{a}_1, \boldsymbol{a}_2, \cdots, \boldsymbol{a}_m$ の中の線形独立なものの最大個数は r であることを示せ（A の列ベクトルについても同様である ⇨ 問題 84.1）．

解答　A の行基本操作は，A の左側から，正則行列 $P = [p_{ij}]$ をかけることで得られる．

$$B = PA = \begin{bmatrix} p_{11} & \cdots & p_{1m} \\ & \cdots\cdots & \\ p_{m1} & \cdots & p_{mm} \end{bmatrix} \begin{bmatrix} \boldsymbol{a}_1 \\ \vdots \\ \boldsymbol{a}_m \end{bmatrix}, \quad B = \begin{bmatrix} \boldsymbol{b}_1 \\ \vdots \\ \boldsymbol{b}_r \\ O \end{bmatrix} \qquad (r = \mathrm{rank}\,B = \mathrm{rank}\,A)$$

[I]

$$B = \begin{bmatrix} 0 \cdots 0 \ c_{1j_1} & & & \\ \vdots \quad \ddots \ \ddots & & * & \\ 0 \cdots\cdots\cdots 0 \ c_{2j_2} & & & \\ \vdots \qquad\qquad \ddots \ \ddots & & & \\ 0 \cdots\cdots\cdots\cdots\cdots 0 \ c_{rj_r} & & & \\ & O & & \end{bmatrix} = \begin{bmatrix} \boldsymbol{b}_1 \\ \boldsymbol{b}_2 \\ \vdots \\ \boldsymbol{b}_r \\ O \end{bmatrix} \qquad (c_{1j_1} c_{2j_2} \cdots c_{rj_r} \neq 0)$$

であるから $\lambda_1 \boldsymbol{b}_1 + \lambda_2 \boldsymbol{b}_2 + \cdots + \lambda_r \boldsymbol{b}_r = \boldsymbol{0}$ とすると

$$[\lambda_1 c_{1j_1} * \cdots *] = \boldsymbol{0} \text{ から } \lambda_1 = 0, \text{ ゆえに } \lambda_2 \boldsymbol{b}_2 + \cdots + \lambda_r \boldsymbol{b}_r = \boldsymbol{0}$$

これを続けて $\lambda_1 = \lambda_2 = \cdots = \lambda_r = 0$ となり，$\boldsymbol{b}_1, \cdots, \boldsymbol{b}_r$ は線形独立である．$\boldsymbol{a}_1, \cdots, \boldsymbol{a}_m$ の中の線形独立な最大個数を s 個とすると，B の行ベクトル $\boldsymbol{b}_1, \cdots, \boldsymbol{b}_r$ の中の線形独立な最大個数 r は，前頁例題 83 から，s をこえないので $r \leqq s$　$\cdots$①

[II]　P は正則なので P^{-1} をもち $A = P^{-1}B$．そこで再び前例題 83 から，s は B の線形独立な行ベクトルの個数 r をこえない．よって $s \leqq r$　$\cdots$②．①, ②から $s = r$

問　題

84.1　例題 84 の中の “行” を列にとりかえた結果のなりたつ理由をいえ．

84.2　n 個の線形独立な列ベクトル $\boldsymbol{a}_1, \boldsymbol{a}, \cdots, \boldsymbol{a}_n$ について

$$\boldsymbol{b}_j = \sum_{i=1}^{n} p_{ij} \boldsymbol{a}_i \quad (j = 1, 2, \cdots, m)$$

とするとき $\mathrm{rank}\,[p_{ij}]$ は $\boldsymbol{b}_1, \boldsymbol{b}_2, \cdots, \boldsymbol{b}_m$ の中の線形独立なものの最大個数である．証明せよ．

◆ **行列の正則性と線形独立の結びつけ** 与えられた行列 A を行基本操作によって階段行列 B に直すことができる．この操作は階段行列が得られればよいのであって，得られた行列 B は一意的に定まるものではない．しかし，B の階段の数 r は，$A \to B$ に行われた基本操作によらず，行列 A で定まる数であることが示された（p.79，例題 71 の階数の一意性）．ここでこの $\mathrm{rank}\, A$ の一意性は，線形独立の視点からも示された（前頁）．

定理 6 (m,n) 行列の行ベクトルを $\boldsymbol{a}_1, \boldsymbol{a}_2, \cdots, \boldsymbol{a}_m$ とし，列ベクトルを $\boldsymbol{b}_1, \boldsymbol{b}_2, \cdots, \boldsymbol{b}_n$ とするとき

$$
\begin{aligned}
(\mathrm{rank}\, A) &= (\boldsymbol{a}_1, \boldsymbol{a}_2, \cdots, \boldsymbol{a}_m \text{ の中の線形独立なものの最大個数}) \\
&= (\boldsymbol{b}_1, \boldsymbol{b}_2, \cdots, \boldsymbol{b}_n \text{ の中の線形独立なものの最大個数})
\end{aligned}
$$

すなわち，$\mathrm{rank}\, A$ を求める手続きは行基本操作である．もつ意味は線形独立の考えにあり，両者を結びつけるのがこの章のテーマ“同次連立方程式の解の構造”である．

定理の証明は（➪ p.92，例題 84，問題 84.1）．

てっそく
$\mathrm{rank}\, A$
(i) 求める手続きは行基本操作
(ii) もつ意味は線形独立性

例題 85♯ **正則性と行（列）の線形独立**

定理 2〜定理 6 を用いて n 次正方行列 A について，次の(i), (ii), (iii) の同値性を証明せよ．

(i) A が正則である

(ii) 行ベクトル $\boldsymbol{a}_1, \boldsymbol{a}_2, \cdots, \boldsymbol{a}_n$ が線形独立

(iii) 列ベクトル $\boldsymbol{b}_1, \boldsymbol{b}_2, \cdots, \boldsymbol{b}_n$ が線形独立

解答 〔(i) ⇔ (ii)〕 「A が正則 ⇔ $\mathrm{rank}\, A = n$」で，あとは定理 6 で $m = n$ のとき．
〔(i) ⇔ (iii)〕 同様．

問 題

85.1 A が (m,n) 行列，P が m 次正方行列，Q が n 次正方行列のとき

(i) $\mathrm{rank}\, PA \leqq \mathrm{rank}\, A$

(ii) $\mathrm{rank}\, AQ \leqq \mathrm{rank}\, A$

(iii) P, Q が正則のときは(i)も(ii)も等号がなりたつ．

例題 86 線形独立な行ベクトルの追加

(i) 3つの行ベクトル $\boldsymbol{y}_1 = [2\ \ 3\ \ 3\ \ 4]$, $\boldsymbol{y}_2 = [4\ \ 5\ \ 7\ \ 9]$, $\boldsymbol{y}_3 = [0\ \ 1\ \ -1\ \ a]$ が線形独立であるための a の条件を求めよ．

(ii) (i)のとき，行ベクトル $\boldsymbol{y}_1, \boldsymbol{y}_2, \boldsymbol{y}_3, \boldsymbol{y}_4$ が線形独立であるような $\boldsymbol{y}_4$ を1つ求めよ．

navi

n 次行ベクトル $\boldsymbol{y}_1, \cdots, \boldsymbol{y}_s$ $(s \leqq n)$ が線形独立

$$\Leftrightarrow A = \begin{bmatrix} \boldsymbol{y}_1 \\ \vdots \\ \boldsymbol{y}_s \end{bmatrix} \ ((s,n)\ 行列)\ が\ \mathrm{rank}\, A = s$$

が考えやすい．

行ベクトルの線形独立をみる
(i) 基本操作の表

解答 (ii) のことも考えて，$\boldsymbol{y}_4$ の成分も文字で与えておく．行基本操作の表をつくる．

$\boldsymbol{y}_1$	2	3	3	4	
$\boldsymbol{y}_2$	4	5	7	9	$= A$
$\boldsymbol{y}_3$	0	1	-1	a	
$\boldsymbol{y}_4$	b	c	d	e	
$\boldsymbol{z}_1 = \boldsymbol{y}_1$	2	3	3	4	
$\boldsymbol{z}_2 = \boldsymbol{y}_2 - 2\boldsymbol{y}_1$	0	-1	1	1	$= B$
$\boldsymbol{z}_3 = \boldsymbol{y}_3 + \boldsymbol{z}_2$	0	0	0	$a+1$	
$\boldsymbol{z}_4 = \boldsymbol{y}_4$	b	c	d	e	

(i) $\mathrm{rank}\begin{bmatrix} \boldsymbol{y}_1 \\ \boldsymbol{y}_2 \\ \boldsymbol{y}_3 \end{bmatrix} = 3 \quad \Leftrightarrow \quad a+1 \fallingdotseq\!\!\!\!/\ 0$

$\Leftrightarrow \quad a \neq -1$

(ii) この表で得られた4次行列を B とすると A, B の rank は変わらないので

$$\mathrm{rank}\, A = 4 \quad \Leftrightarrow \quad \mathrm{rank}\, B = 4$$

B の第3列に着目して $d = 1, b = c = e = 0$ にすれば，$\mathrm{rank}\, B = 4$ となる．$\boldsymbol{y}_4 = [0\,0\,1\,0]$

問　題

86.1 $1 \leqq r < n$ とする．r 個の n 次行ベクトル $\boldsymbol{y}_1, \cdots, \boldsymbol{y}_r$ が線形独立のとき $\boldsymbol{y}_1, \cdots, \boldsymbol{y}_r, \boldsymbol{y}_{r+1}, \cdots, \boldsymbol{y}_n$ が線形独立であるような $\boldsymbol{y}_{r+1}, \cdots, \boldsymbol{y}_n$ が存在する．そのような1組の $\boldsymbol{y}_{r+1}, \cdots, \boldsymbol{y}_n$ をつくる方法を理由を付して述べよ（これらを行ベクトルとする n 次行列 P は正則である）．

◆ **行列の演算と階数** ここでは $\mathrm{rank}\,(A+B), \mathrm{rank}\,AB, \mathrm{rank}\,[\,A\ B\,]$ と $\mathrm{rank}\,A, \mathrm{rank}\,B$ の大小を考える．とくに A, B の列ベクトル表示を

$$[\boldsymbol{a}_1\ \boldsymbol{a}_2\ \cdots\ \boldsymbol{a}_n],\quad [\boldsymbol{b}_1\ \boldsymbol{b}_2\ \cdots\ \boldsymbol{b}_n]$$

として，$A+B$, $[A\ B]$ をつくり，主定理に結びつけてみる．

> 論証問題は
> (i)「定義→定理」
> 理論の流れに結びつけて

例題 87♯ 　　**行列の和の階数**

A, B を (m, n) 行列とするとき，次を証明せよ．

$$\mathrm{rank}\,A + \mathrm{rank}\,B \geqq \mathrm{rank}\,[\,A\ B\,] \geqq \mathrm{rank}\,(A+B)$$

ここで $[\,A\ B\,]$ とは A と B を並べてつくった $(m, 2n)$ 行列である．

解答 $A = [\boldsymbol{a}_1\ \boldsymbol{a}_2\ \cdots\ \boldsymbol{a}_n]$, $B = [\boldsymbol{b}_1\ \boldsymbol{b}_2\ \cdots\ \boldsymbol{b}_n]$ とすると

$$r = \mathrm{rank}\,A = (\boldsymbol{a}_1, \boldsymbol{a}_2, \cdots, \boldsymbol{a}_n \text{の中の線形独立な最大個数})$$
$$s = \mathrm{rank}\,B = (\boldsymbol{b}_1, \boldsymbol{b}_2, \cdots, \boldsymbol{b}_n \text{の中の線形独立な最大個数})$$

である．その最大個数のものをとり出して

A では $\boldsymbol{a}_{i_1}, \boldsymbol{a}_{i_2}, \cdots, \boldsymbol{a}_{i_r}$ とすると，A の他の列は，これらの線形結合

B では $\boldsymbol{b}_{j_1}, \boldsymbol{b}_{j_2}, \cdots, \boldsymbol{b}_{j_s}$ とすると，B の他の列は，これらの線形結合

である．$[\,A\ B\,] = [\,\boldsymbol{a}_1\ \cdots\ \boldsymbol{a}_n\ \boldsymbol{b}_1\ \cdots\ \boldsymbol{b}_n\,]$ であるから，この中の列は

$$\boldsymbol{a}_{i_1}, \boldsymbol{a}_{i_2}, \cdots, \boldsymbol{a}_{i_r}, \boldsymbol{b}_{j_1}, \boldsymbol{b}_{j_2}, \cdots, \boldsymbol{b}_{j_s} \qquad \cdots ①$$

の線形結合である．よって $[\,A\ B\,]$ の列ベクトルの中の線形独立な最大個数のものが①の中に含まれている．すなわち

$$\mathrm{rank}\,[\,A\ B\,] \leqq r + s = \mathrm{rank}\,A + \mathrm{rank}\,B$$

また行列 $A + B = [\boldsymbol{a}_1 + \boldsymbol{b}_1\ \boldsymbol{a}_2 + \boldsymbol{b}_2\ \cdots\ \boldsymbol{a}_n + \boldsymbol{b}_n]$ の各列は，行列 $[\,A\ B\,]$ の列の線形結合であるから，定理 5 により，それらの中の線形独立な最大個数ということで，次のようになる．

$$\mathrm{rank}\,(A+B) \leqq \mathrm{rank}\,[\,A\ B\,]$$

注意 零行列 O では $\mathrm{rank}\,O = 0$ と定める．

問　題

87.1 A, B を n 次正方行列とするとき，次を証明せよ．

(i) $A + B = E$（単位行列）ならば $\mathrm{rank}\,A + \mathrm{rank}\,B \geqq n$

(ii) (i)で等号がなりたつならば $AB = BA = O$ かつ $A^2 = A, B^2 = B$

例題 88♯　　**行列の積の階数**

n 次正方行列 A, B に対して，次を証明せよ．

$$\mathrm{rank}\,AB \geqq \mathrm{rank}\,A + \mathrm{rank}\,B - n \qquad \cdots①$$

てっそく
階数
(i)　同次連立方程式
――行基本操作
(ii)　線形独立性

navi 証明問題 $P \Rightarrow Q$ では，定義と定理を想定するか，ズバリ目標 Q に注目するか．目標①を $n - \mathrm{rank}\,A \geqq \mathrm{rank}\,B - \mathrm{rank}\,AB$ とみると，左辺は同次方程式 $A\boldsymbol{y} = \boldsymbol{0}$ の基本解の個数だ．

解答 $B = [\boldsymbol{b}_1\ \boldsymbol{b}_2\ \cdots\ \boldsymbol{b}_n], \mathrm{rank}\,B = s$ とすると，$\boldsymbol{b}_1, \boldsymbol{b}_2, \cdots, \boldsymbol{b}_n$ の中の線形独立な最大個数が s 個である．B の列ベクトルの順序を入れ換えも，結果の式に変わりはないので，$\boldsymbol{b}_1, \cdots, \boldsymbol{b}_s$ が線形独立で，残り $\boldsymbol{b}_{s+1}, \cdots, \boldsymbol{b}_n$ はそれらの線形結合であるとしてよい．

次に $AB = [A\boldsymbol{b}_1\ A\boldsymbol{b}_2\ \cdots\ A\boldsymbol{b}_n]$ であり，$A\boldsymbol{b}_{s+1}, \cdots, A\boldsymbol{b}_n$ は $A\boldsymbol{b}_1, \cdots, A\boldsymbol{b}_s$ の線形結合で表わされる．そこで $\mathrm{rank}\,AB = r$ とすると AB の線形独立な r 個の列ベクトルを $A\boldsymbol{b}_1, \cdots, A\boldsymbol{b}_s$ の中から選ぶことができる．ここでまた B の列ベクトル $\boldsymbol{b}_1, \cdots, \boldsymbol{b}_s$ の順序を入れ換えて $A\boldsymbol{b}_1, \cdots, A\boldsymbol{b}_r$ が AB の列ベクトルの中の線形独立な最大の個数のものとしてよい．すなわち $r \leqq s$ であって，次のようになる．

$$B = [\,\underbrace{\boldsymbol{b}_1\ \cdots\ \boldsymbol{b}_r\quad \boldsymbol{b}_{r+1}\ \cdots\ \boldsymbol{b}_s}_{B\text{ の列の中の線形独立最大}}\ \underbrace{\boldsymbol{b}_{s+1}\quad \cdots\quad \boldsymbol{b}_n}_{\boldsymbol{b}_1,\cdots,\boldsymbol{b}_s\text{ の線形結合}}\,]$$

$$AB = [\,\underbrace{A\boldsymbol{b}_1\quad \cdots\quad A\boldsymbol{b}_r}_{AB\text{ の列の中の線形独立最大}}\ \underbrace{A\boldsymbol{b}_{r+1}\ \cdots\ A\boldsymbol{b}_s\quad \cdots\quad A\boldsymbol{b}_n}_{A\boldsymbol{b}_1,\cdots,A\boldsymbol{b}_r\text{ の線形結合}}\,]$$

まず $r = s$ のときは，①は成立するので $r < s$ とする．

$A\boldsymbol{b}_1, \cdots, A\boldsymbol{b}_r, A\boldsymbol{b}_t\,(r+1 \leqq t \leqq s)$ は線形従属であるから

$$x_{1t}A\boldsymbol{b}_1 + \cdots + x_{rt}A\boldsymbol{b}_r + x_{tt}A\boldsymbol{b}_t = \boldsymbol{0}, \quad x_{tt} \neq 0$$

となる $x_{1t}, \cdots, x_{rt}, x_{tt}$ が存在し，$\boldsymbol{y}_t = x_{1t}\boldsymbol{b}_1 + \cdots + x_{tt}\boldsymbol{b}_t$ とおくと $\boldsymbol{y}_{r+1}, \cdots, \boldsymbol{y}_s$ は同次連立方程式 $A\boldsymbol{y} = \boldsymbol{0}$ の線形独立解である．(p.83 で (H'') の基本解が $n - \mathrm{rank}\,A$ 個あり，問題 75.1 により，この基本解は線形独立．例題 75 により任意の解は基本解の線形結合で表わされた.) $A\boldsymbol{y} = \boldsymbol{0}$ の基本解（線形独立な解，線形独立解）は $n - \mathrm{rank}\,A$ であるから $s - r \leqq n - \mathrm{rank}\,A$ となり，①が成立する．

問　題

88.1 (i)　A, B を n 次の正方行列とし，$AB = O$ とするとき，$\mathrm{rank}\,A + \mathrm{rank}\,B \leqq n$ を証明せよ．

(ii)　A を n 次正方行列とするとき $AB = O$ かつ $\mathrm{rank}\,A + \mathrm{rank}\,B = n$ となる n 次正方行列 B が存在することを証明せよ．

◆ **行列の階数の小行列による意味**　一般に (m,n) 行列 A の階数を，まず行基本操作 $A \to B$ とした B の階段の個数と定義した（⇨ p.69）．次に行（列）ベクトルの考えが導入されたとき，A の m 個ある行ベクトル（n 個ある列ベクトル）のうち，線形独立なものの最大個数と特色づけられた（⇨ p.93，例題 85）．ここで第 3 の特色づけが小行列式の考えで与えられる（⇨ p.97，p.98）．

てっそく
rank A
(i)　**行基本操作**
(ii)　**A の線形独立な行（列）ベクトルの最大個数**
(iii)　**A の小行列式 A_0 で $|A_0| \fallingdotseq 0$ となる A_0 の最大次数**

(m,n) 行列 A において，p 個の行と列をとりあげて

$$A_p = \begin{bmatrix} a_{is} & a_{it} & \cdots & a_{iu} \\ a_{js} & a_{jt} & \cdots & a_{ju} \\ \vdots & \vdots & & \vdots \\ a_{ks} & a_{kt} & \cdots & a_{ku} \end{bmatrix}$$

←i 行から　←j 行から　←k 行から
↑ s 列から　↑ t 列から　↑ u 列から

小行列

$$\begin{bmatrix} a_{11} & a_{12} & a_{13} & a_{14} & a_{15} \\ a_{21} & a_{22} & a_{23} & a_{24} & a_{25} \\ a_{31} & a_{32} & a_{33} & a_{34} & a_{35} \\ a_{41} & a_{42} & a_{43} & a_{44} & a_{45} \end{bmatrix}$$

をつくり，A_p を行列 A の p 次の**小行列**といい，その行列式を**小行列式**という．

例題 89♯　　　**小行列式**

$(3,4)$ 行列 $A = \begin{bmatrix} 1 & 2 & 3 & 2 \\ 2 & 3 & 5 & 1 \\ 1 & 3 & 4 & 5 \end{bmatrix}$ の小行列 $A_2 = \begin{bmatrix} 2 & 2 \\ 3 & 5 \end{bmatrix}$，$B_3 = \begin{bmatrix} 1 & 2 & 2 \\ 2 & 3 & 1 \\ 1 & 3 & 5 \end{bmatrix}$

に対して行列式 $|A_2|, |B_3|$ を求めよ．

解答　$|A_2| = \begin{vmatrix} 2 & 2 \\ 3 & 5 \end{vmatrix} = 2 \cdot 5 - 2 \cdot 3 = 4$

$$|B_3| = \begin{vmatrix} 1 & 2 & 2 \\ 2 & 3 & 1 \\ 1 & 3 & 5 \end{vmatrix} = \begin{vmatrix} 1 & 2 & 2 \\ 0 & -1 & -3 \\ 0 & 1 & 3 \end{vmatrix} = \begin{vmatrix} -1 & -3 \\ 1 & 3 \end{vmatrix} = 0$$

ひと言　rank A を行基本操作で求めると右のようになり，rank $A = 2$ となる．この値が上の例題でどんな意味をもつかは，次の例題 90 で判明する．

$$\begin{bmatrix} 1 & 2 & 3 & 2 \\ 2 & 3 & 5 & 1 \\ 1 & 3 & 4 & 5 \end{bmatrix}$$
↓
$$\begin{bmatrix} 1 & 2 & 3 & 2 \\ 0 & -1 & -1 & -3 \\ 0 & 0 & 0 & 0 \end{bmatrix}$$
rank $A = 2$

問　題

89.1　例題 89 の行列 A の 3 次の小行列で A_2 を含むものをもう 1 つとりあげ，その行列式の値を求めよ．

例題 90♯　　**階数と小行列式**

次の定理を証明せよ．

定理　(m,n) 行列 A に対して，$\mathrm{rank}\,A=r$ であるための必要十分条件は，次の(i)，(ii)をみたす小行列 A_r が存在することである．

(i)　行列式 $|A_r|\neq 0$

(ii)　A_r を含む $r+1$ 次の任意の小行列 B_{r+1} では，行列式 $|B_{r+1}|=0$

navi　行列の rank は，線形独立な行ベクトルの最大個数であり，同時に，線形独立な列ベクトルの最大個数であることが，何回も用いられる．

解答　〔「$\mathrm{rank}\,A=r \Rightarrow$(i) かつ(ii)」の証明〕 $\mathrm{rank}\,A=r$ とすると，A には線形独立な r 個の行ベクトルが存在する．それらを第 i_1 行，第 i_2 行，$\cdots$，第 i_r 行とし，これらの行ベクトルのつくる (r,n) 行列を C とすると，$\mathrm{rank}\,C=r$．よって，C には線形独立な r 個の列ベクトル $\boldsymbol{b}'_{j_1},\boldsymbol{b}'_{j_2},\cdots,\boldsymbol{b}'_{j_r}$ が存在する．これらを列ベクトルとする r 次の正方行列を A_r とする．すなわち

$$C=\begin{bmatrix}\boldsymbol{a}_{i_1}\\ \boldsymbol{a}_{i_2}\\ \vdots\\ \boldsymbol{a}_{i_r}\end{bmatrix}$$

$$A=\begin{bmatrix} a_{11} & a_{12} & \cdots & a_{1n}\\ a_{i_1 1} & a_{i_1 2} & \cdots & a_{i_1 n}\\ & \cdots\cdots & & \\ a_{i_r 1} & a_{i_r 2} & \cdots & a_{i_r n}\\ a_{m1} & a_{m2} & \cdots & a_{mn}\end{bmatrix},$$

$$C=\begin{bmatrix} a_{i_1 1} & \cdots & \overset{\substack{\boldsymbol{b}'_{j_1}\\ \downarrow}}{a_{i_1 j_1}} & \cdots & \overset{\substack{\boldsymbol{b}'_{j_r}\\ \downarrow}}{a_{i_1 j_r}} & \cdots & a_{i_1 n}\\ & & & \cdots\cdots & & & \\ a_{i_r 1} & \cdots & a_{i_r j_1} & \cdots & a_{i_r j_r} & \cdots & a_{i_r n}\end{bmatrix},\ A_r=\begin{bmatrix} \overset{\substack{\boldsymbol{b}'_{j_1}\\ \downarrow}}{a_{i_1 j_1}} & \cdots & \overset{\substack{\boldsymbol{b}'_{j_r}\\ \downarrow}}{a_{i_1 j_r}}\\ & \cdots\cdots & \\ a_{i_r j_1} & \cdots & a_{i_r j_r}\end{bmatrix}$$

この A_r が(i)でいう A_r である．A_r を含む $r+1$ 次の小行列 B_{r+1} は右のようである．B_{r+1} の第 $r+1$ 行は，A の第 i 行 $\boldsymbol{a}_i$ の一部であり，$\boldsymbol{a}_i$ は $\boldsymbol{a}_{i_1},\boldsymbol{a}_{i_2},\cdots,\boldsymbol{a}_{i_r}$ の線形結合であるから B_{r+1} の第 $r+1$ 行は B_{r+1} の第 1 行，$\cdots$，第 r 行の線形結合である．よって $|B_{r+1}|=0$ すなわち(ii)が成り立つ．

$$B_{r+1}=\begin{bmatrix} \begin{matrix} & & \\ & A_r & \\ & & \end{matrix} & \begin{matrix} a_{i_1 j}\\ \vdots \end{matrix}\\ a_{ij_1}\quad\cdots & a_{ij}\end{bmatrix}$$

〔「(i)かつ(ii) $\Rightarrow \mathrm{rank}\,A=r$」〕 問題 90.1 として残しておこう．

問　題

90.1　「(i)かつ(ii) $\Rightarrow \mathrm{rank}\,A=r$」を証明せよ．

発展問題　(8～11)

8　a, b, c を 0 でない実数とするとき，方程式

$$\begin{cases} ax+by+cz=a \\ bx+cy+az=b \\ cx+ay+bz=c \end{cases}$$ について

(i)　$a+b+c=0$ のとき，その解を求めよ．

(ii)　$a+b+c \neq 0$ かつ $a=b=c$ でないとき，その解を求めよ．

てっそく

連立方程式の解法
(i)　クラメールの公式
(ii)　はき出し法
(iii)　逆行列法

9　次の行列の階数を求めよ．

(i)
$$\begin{bmatrix} a_1b_1 & a_1b_2 & \cdots & a_1b_n \\ a_2b_1 & a_2b_2 & \cdots & a_2b_n \\ a_3b_1 & a_3b_2 & \cdots & a_3b_n \\ & \cdots\cdots & & \\ a_nb_1 & a_nb_2 & \cdots & a_nb_n \end{bmatrix} \quad (a_1b_1 \neq 0)$$

(ii)
$$\begin{bmatrix} a & b & b & b \\ b & a & b & b \\ b & b & a & b \\ b & b & b & a \end{bmatrix}$$

(iii)
$$\begin{bmatrix} 1 & a & a^2 & bcd \\ 1 & b & b^2 & cda \\ 1 & c & c^2 & dab \\ 1 & d & d^2 & abc \end{bmatrix}$$

(iv)
$$\begin{bmatrix} 1 & a & a & \cdots & a \\ a & 1 & a & \cdots & a \\ a & a & 1 & \cdots & a \\ & & \cdots\cdots & & \\ a & a & a & \cdots & 1 \end{bmatrix} \quad (n\ 次正方行列)$$

てっそく

正則性
(i)　$AX=E \quad (XA=E)$ **となる** X **がある．**
(ii)　行列式 $|A| \neq 0$
(iii)　$\mathrm{rank}\, A = n$
(iv)　(行ベクトル)(列ベクトル)が線形独立
(v)　同次連立方程式 $Ax=0$ **が自明解のみ**

10　次の行列は行列 A と同じ階数をもつといえるか．

(i)　$[A \ \ A]$　　(ii)　$\begin{bmatrix} A & -A \\ -A & A \end{bmatrix}$　　(iii)　$\begin{bmatrix} A & O \\ O & A \end{bmatrix}$　　(iv)　$[A \ \ {}^tA]$

11　(i)　行列式の形で 1 直線上にない 4 点 (x_i, y_i) $(i = 1, 2, 3, 4)$ が同一の円周上にあるための条件を求めよ.

(ii)　平面上の n 個の点の x 座標がすべて互いに異なるとき

$$y = a_0 + a_1 x + \cdots + a_{n-1} x^{n-1}$$

の形の曲線でこれら n 個の点を通るものがちょうど 1 つだけ存在することを示せ.

4　平面ベクトル・空間ベクトル

先へ急ごう	見物していくか
***4.1*　線分図形の代数化**	
E91　同値な有向線分	
E92　和の一意性	
E93　ベクトルの計算規則	
E94　中点	
E95　分点比の処理	
E96　平行な線分	
E97　同一直線上の処理	
***4.2*　ベクトルの成分**	
E98　基本ベクトル表示	
E99　外分点の成分	
E100　空間ベクトルの成分	
E101　空間図形の中点・重心	
***4.3*　内積と図形の計量**	
E102　ベクトルの大きさ	
E103　内積の成分表示	
E104　内積の分配法則	
E105　線分の長さ	
E106　ベクトルのなす角	E109, 110　立体へのベクトル利用 (1), (2)
E107　内積の条件処理	
E108　ベクトルと図形の計量	E111　球面三角形
***4.4*　空間ベクトルの線形独立・線形従属**	
E112　線形独立・線形従属の論証	
E113　線形独立・線形従属の図形的意味	
E114　ベクトルが同一平面上	E115　4ベクトルの同一平面上
***4.5*　座標空間の直線の方程式**	
E116　直線の方程式	
E117　2直線のなす角	
E118　ねじれの位置	
E119　2直線の距離	E120　点から直線への距離

先へ急ごう

4.6 平面の方程式

E121,122　平面の方程式 (1),(2)
E123　直線と平面の位置関係
E124　2 平面の交線

4.7 外積と図形の計量

E128　基本ベクトルの外積
E129　外積の分配法則
E130　外積の成分表示

発展問題 *12〜17*

見物していくか

E125　ヘッセの標準形
E126　平行射影
E127　三角形の面積

E131　直線と平面の内積・外積表示
E132　スカラー 3 重積
E133　3 重積の演算規則
E134　相反系
E135　四面体の体積

てっそくだよ

位置づけの3表示
(i)　分解表示
(ii)　同一線上表示
(iii)　分点比表示

↓

ベクトルの代数
(i)　位置づけは3表示
(ii)　長さだよ・角だよは内積だよ

↓

ベクトルの代数
(i)　線形3表示
(ii)　内積の利用
(iii)　成分の利用

↓

a_1, a_2, a_3 が同一平面上
(i)　線形従属

↓

空間の直線
(i)　方向ベクトルと通過点
(ii)　通過する2点

↓

平面を決めるもの
(i)　法線ベクトルと通過点
(ii)　1点と基本ベクトル
(iii)　通過する3点

↓

数学の学習
(i)　書くこと
(ii)　覚えること
(iii)　まねること

↓

同一平面上にない
(i)　線形独立
(ii)　互いに線形和でない
(iii)　三重積 $(a_1, a_2, a_3) \neq 0$

4.1 線分図形の代数化

◆ **ベクトルの考え** 代数化という意味は，ここまでの学習の中心であった“行列”とくに“列ベクトル”または“行ベクトル”などと同じように，線分に

和と実数倍（スカラー倍）

を定義し，図形に演算をもちこもうという試みである．

高校で学んだこと
ウロ覚えなのだが
——心配イラナイ
——エンジン始動から

空間内にあるさまざまな線分を考えの対象とする．あるいは空間内に1つの平面を固定して考え，その平面内だけに限ってもよい．線分は無数にあり，各線分に向きをつける．各線分の向きのつけ方は2つある．

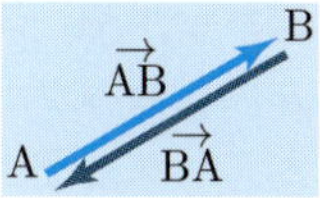

線分 AB に，A から B に向かう向きをつけたとき，その線分を

$$\overrightarrow{AB}$$

と表わし，逆に B から A に向かう向きをつけたとき，$\overrightarrow{BA}$ と表わす．向きをつけた線分を**有向線分**といい，$\overrightarrow{AB}$ と $\overrightarrow{BA}$ とは異なる（有向線分）として扱う．有向線分 $\overrightarrow{AB}$ において，点 A をその**始点**，点 B を**終点**という．

$\overrightarrow{AB}$ と $\overrightarrow{BA}$ を異なる（有向線分）とするのに対して，2つの有向線分 $\overrightarrow{AB}, \overrightarrow{A'B'}$ が，それぞれ平行な直線 l, l' 上にあるか，あるいは，同一直線上にあって，両者の長さと向きが等しいとき，

$$\overrightarrow{AB} \sim \overrightarrow{A'B'}$$

と表わし，両者は**同じ**（**同値**）であるという．この関係 $\sim$ は次の性質をみたす．

高校で慣れた
ベクトルだけど
理論の流れを
もう一度

(1) $\overrightarrow{AB} \sim \overrightarrow{AB}$ (2) $\overrightarrow{AB} \sim \overrightarrow{A'B'} \Rightarrow \overrightarrow{A'B'} \sim \overrightarrow{AB}$

(3) $\overrightarrow{AB} \sim \overrightarrow{A'B'}, \overrightarrow{A'B'} \sim \overrightarrow{A''B''} \Rightarrow \overrightarrow{AB} \sim \overrightarrow{A''B''}$

例題 91 **同値な有向線分**

右図で直線 l, l' は平行であり，$\overrightarrow{AB}, \overrightarrow{A'B'}, \overrightarrow{A''B''}, \overrightarrow{A'''B'''}$ は同じ長さである．$\overrightarrow{AB}$ と同値なのはどれか．

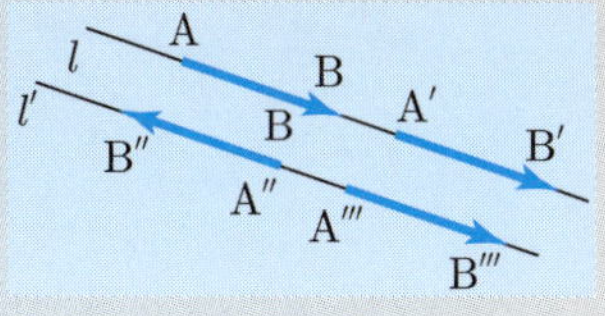

解答 $\overrightarrow{A'B'}$ と $\overrightarrow{A'''B'''}$．$\overrightarrow{AB}$ と $\overrightarrow{A''B''}$ は同値ではない．

◆ **ベクトルの和・差**　空間内には，有向線分は無数にある．それらを “同値” の考えをもとに組分けする．

有向線分 $\overrightarrow{\mathrm{AB}}$ と同じ組に入る有向線分のつくる組を**ベクトル**（$\overrightarrow{\mathrm{AB}}$ の所属するベクトル）とよび，書き表わすときは $\boldsymbol{a}, \boldsymbol{b}, \cdots$ などの文字を使い，

$$\boldsymbol{a} = \overrightarrow{\mathrm{AB}}$$

と表わし，$\overrightarrow{\mathrm{AB}}$（同じ組に属する有向線分ならどれでも）を $\boldsymbol{a}$ の**代表ベクトル**という．

ベクトル $\boldsymbol{a}$ と，平面上の任意の 1 点 P を考えたとき，$\boldsymbol{a} = \overrightarrow{\mathrm{PQ}}$ となる有向線分 $\overrightarrow{\mathrm{PQ}}$ がただ 1 つ定まる．

ベクトルの和・差を代表ベクトルをとって定義する．

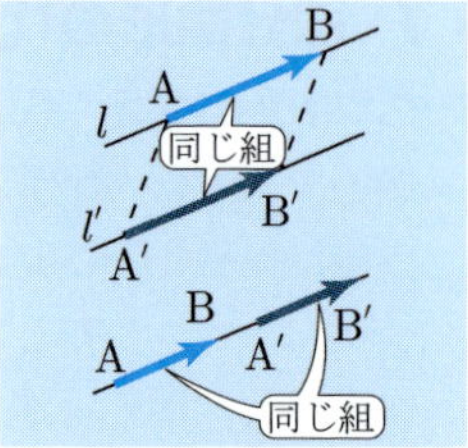

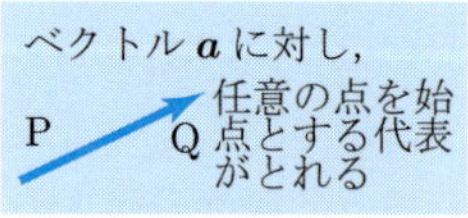

新しい扱いには
マーカーを

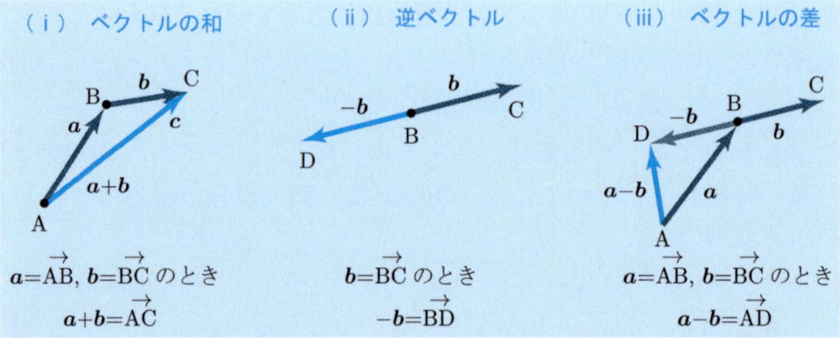

例題 92　　**和の一意性**

和 $\boldsymbol{a}+\boldsymbol{b}$ をつくるとき，始点 A を平面上のどこにとっても，得られるベクトルに変わりはないことを図を書いて示せ．

route 内容を納得すれば，それでよい．

解答

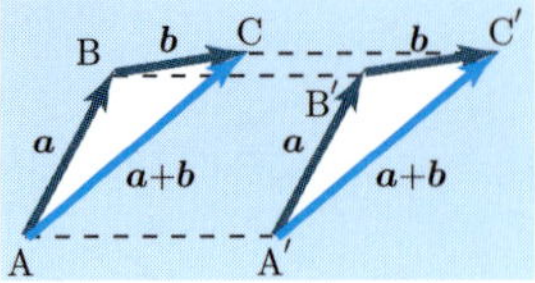

$\triangle$ABC と点 A′ をとり

$$\overrightarrow{\mathrm{A'B'}} = \overrightarrow{\mathrm{AB}}, \quad \overrightarrow{\mathrm{B'C'}} = \overrightarrow{\mathrm{BC}}$$

とすると $\overrightarrow{\mathrm{AC}}, \overrightarrow{\mathrm{A'C'}}$ も平行で長さが等しく $\overrightarrow{\mathrm{A'C'}} = \overrightarrow{\mathrm{AC}}$ となるからである．

問　題

92.1　上の(ii), (iii) も始点をどこにとっても，得られるベクトルに変わりないことを図で納得せよ．

◆ **ベクトルのスカラー倍**　ベクトルに呼応して，実数を**スカラー**という．ベクトル $\boldsymbol{a}=\overrightarrow{\mathrm{AB}}$ とスカラー λ に対して，$\lambda\boldsymbol{a}=\overrightarrow{\mathrm{AC}}$ と定義する．$\overrightarrow{\mathrm{AC}}$ を図で示すと次のようになる．

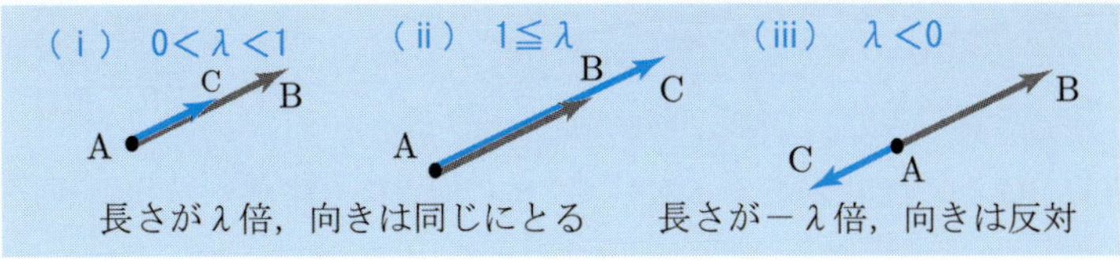

◆ **和・差・スカラー倍の計算規則**　次の定理に示すような規則があり，数の計算に似ている．この計算規則がなりたつから，図形の問題の解決の役にたつのである．

定理 *1*

[I]　(1)　$\boldsymbol{a}+\boldsymbol{b}=\boldsymbol{b}+\boldsymbol{a}$

　　(2)　$(\boldsymbol{a}+\boldsymbol{b})+\boldsymbol{c}=\boldsymbol{a}+(\boldsymbol{b}+\boldsymbol{c})$

　　(3)　$\boldsymbol{a}+\boldsymbol{c}=\boldsymbol{b} \Leftrightarrow \boldsymbol{c}=\boldsymbol{b}-\boldsymbol{a}$

[II]　(1)　$\lambda(\boldsymbol{a}+\boldsymbol{b})=\lambda\boldsymbol{a}+\lambda\boldsymbol{b}$　(2)　$(\lambda+\mu)\boldsymbol{a}=\lambda\boldsymbol{a}+\mu\boldsymbol{a}$

　　(3)　$(\lambda\mu)\boldsymbol{a}=\lambda(\mu\boldsymbol{a})$　(4)　$1\boldsymbol{a}=\boldsymbol{a}$　(1 は数 1)

> **具体化から納得へ**
> 論証は数学の基本
> しかし，納得も大切
> $\lambda=2,\quad \mu=3$
> $\lambda=3,\quad \mu=-2$
> などで確かめて
> 納得する

とくに [I] (2) の性質から 3 つのベクトルに対して，結果を $\boldsymbol{a}+\boldsymbol{b}+\boldsymbol{c}$ と表わすことが許される．

◆ **零ベクトル**　長さ 0 の線分，すなわち 1 点 A の全体を 1 つのベクトル（組）と考え，零(れい)ベクトルとよぶ．零ベクトルを $\boldsymbol{0}$ で表わすとき，任意の $\boldsymbol{a}$ に対して次のように定める．

$$\boldsymbol{a}+\boldsymbol{0}=\boldsymbol{a},\quad 0\boldsymbol{a}=\boldsymbol{0}\quad (0\text{ はスカラー }0),\quad \lambda\boldsymbol{0}=\boldsymbol{0}$$

例題 *93*　　**ベクトルの計算規則**

定理 1 [I] を図を書いて確かめよ．

解答　[I]

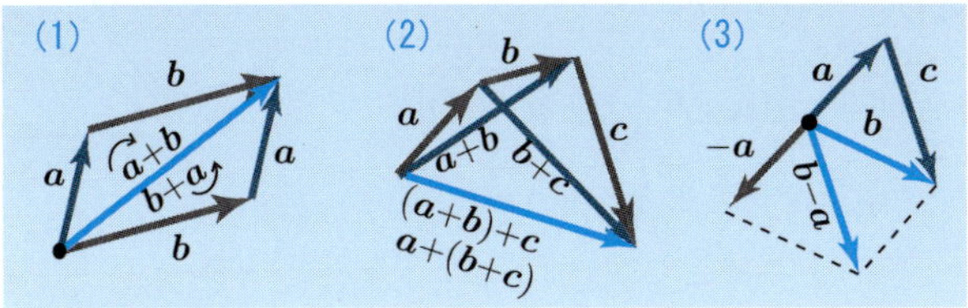

> 定理 1 を
> 納得すれば
> よい

問　題

93.1　定理 1 [II] を図を書いて確かめよ．

◆ 線分図形のベクトル表示──点 R の位置づけの 3 表示

(i)　三角形 PQR があるとき ⟶ 3 辺に向きをつけて ⟶ (i)　分解表示

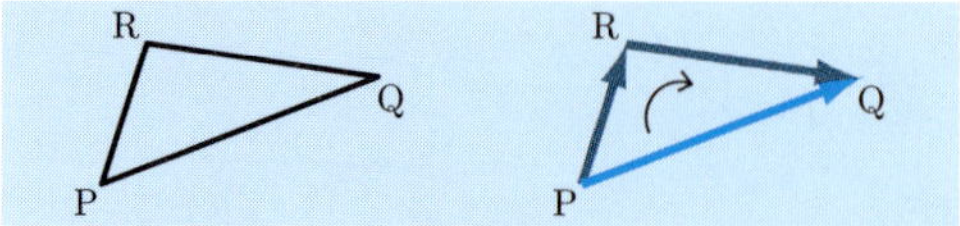

$\overrightarrow{\mathrm{PR}}+\overrightarrow{\mathrm{RQ}}=\overrightarrow{\mathrm{PQ}}$

$\overrightarrow{\mathrm{PQ}}=\overrightarrow{\mathrm{PR}}+\overrightarrow{\mathrm{RQ}}$

(ii)　直線 PQ 上に点 R があるとき ⟶ PR の向きにも注意 ⟶ (ii)　同一線上（平行）表示

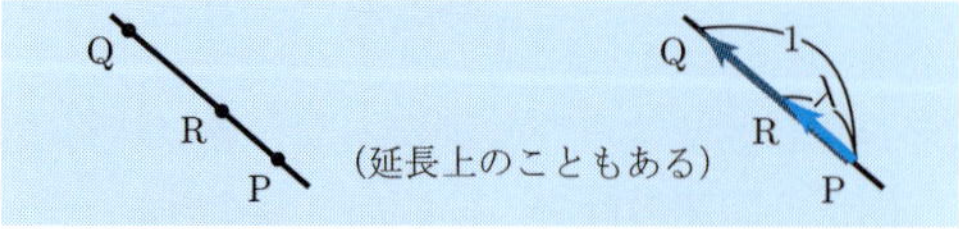

$\overrightarrow{\mathrm{PR}}=\lambda\overrightarrow{\mathrm{PQ}}$

ベクトルのスカラー倍

(iii)　点 O からみる図 ⟶ 主役が OR のとき ⟶ (iii)　内分点比表示

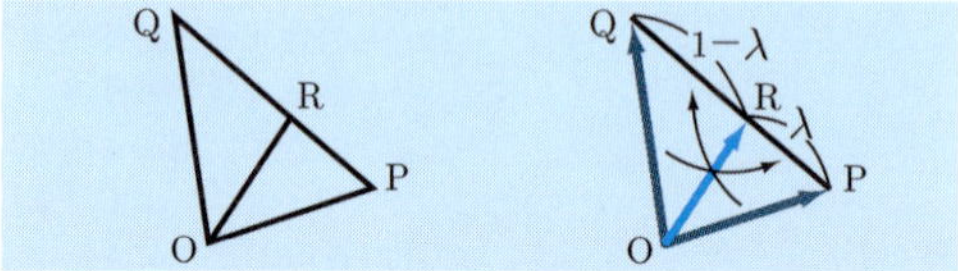

$\overrightarrow{\mathrm{OR}}=(1-\lambda)\overrightarrow{\mathrm{OP}}+\lambda\overrightarrow{\mathrm{OQ}}$

（たすきがけ）

（⇨ 問題 94.1）

例題 94　　**中点**

四角形 ABCD の辺 AD, BC と対角線 BD, AC の中点を順に M, N, P, Q とすると，線分 PQ の中点 R は線分 MN の中点であることを示せ．

解答　空間内に 1 点を定めて O とし，$\overrightarrow{\mathrm{OA}}=\boldsymbol{a}, \overrightarrow{\mathrm{OB}}=\boldsymbol{b}, \overrightarrow{\mathrm{OC}}=\boldsymbol{c}, \overrightarrow{\mathrm{OD}}=\boldsymbol{d}$ とすると，上の(iii)で $\lambda=1/2$ のときから

$$\overrightarrow{\mathrm{OM}}=\tfrac{1}{2}\overrightarrow{\mathrm{OA}}+\tfrac{1}{2}\overrightarrow{\mathrm{OD}}=\tfrac{1}{2}(\boldsymbol{a}+\boldsymbol{d})$$
$$\overrightarrow{\mathrm{OP}}=\tfrac{1}{2}(\boldsymbol{b}+\boldsymbol{d}),\quad \overrightarrow{\mathrm{OQ}}=\tfrac{1}{2}(\boldsymbol{a}+\boldsymbol{c})$$

であり $\overrightarrow{\mathrm{OR}}=\tfrac{1}{2}\overrightarrow{\mathrm{OP}}+\tfrac{1}{2}\overrightarrow{\mathrm{OQ}}=\tfrac{1}{4}(\boldsymbol{a}+\boldsymbol{b}+\boldsymbol{c}+\boldsymbol{d})$

同様に $\overrightarrow{\mathrm{ON}}=\tfrac{1}{2}\overrightarrow{\mathrm{OB}}+\tfrac{1}{2}\overrightarrow{\mathrm{OC}}=\tfrac{1}{2}(\boldsymbol{b}+\boldsymbol{c})$

$$\therefore\quad \tfrac{1}{2}\overrightarrow{\mathrm{OM}}+\tfrac{1}{2}\overrightarrow{\mathrm{ON}}=\tfrac{1}{4}(\boldsymbol{a}+\boldsymbol{b}+\boldsymbol{c}+\boldsymbol{d})=\overrightarrow{\mathrm{OR}}$$

これは点 R が線分 MN の中点であることを示している．

和・差とスカラー倍は数のように

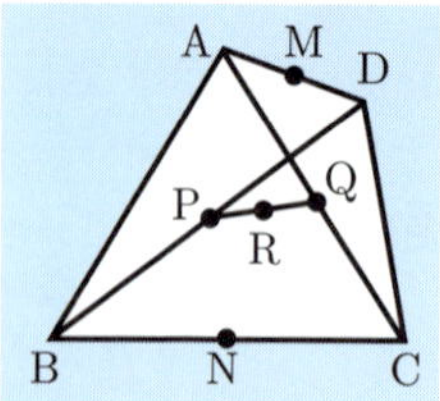

問　題

94.1　上の(iii) を証明せよ．また PR : RQ $= m:n$ として $\overrightarrow{\mathrm{OR}}$ を表わせ．

94.2　空間内に異なる 3 点 A, B, C と点 O がある．$\overrightarrow{\mathrm{OA}}=\boldsymbol{a}, \overrightarrow{\mathrm{OB}}=\boldsymbol{b}, \overrightarrow{\mathrm{OC}}=\boldsymbol{c}$ とし △ABC の重心を G とするとき $\overrightarrow{\mathrm{OG}}=\tfrac{1}{3}(\boldsymbol{a}+\boldsymbol{b}+\boldsymbol{c})$ を示せ．

例題 95 　　**分点比の処理**

同一直線上にない 3 点 O, A, B があり $\overrightarrow{OA}=\boldsymbol{a}, \overrightarrow{OB}=\boldsymbol{b}$ とする．$\overrightarrow{OC}=2\boldsymbol{a}, \overrightarrow{OD}=3\boldsymbol{b}$ のような点 C, D をとり，AD と BC の交点を E とする．

(i) AE : AD $= k : 1$ とするとき $\overrightarrow{OE}$ を $k, \boldsymbol{a}, \boldsymbol{b}$ で表わせ．

(ii) BE : BC $= l : 1$ とするとき $\overrightarrow{OE}$ を $l, \boldsymbol{a}, \boldsymbol{b}$ で表わせ．

(iii) k, l の値を求めて，$\overrightarrow{OE}$ を $\boldsymbol{a}, \boldsymbol{b}$ だけで表わせ．

navi ベクトルの野を行くときは線形 3 表示だ．

route 同一線上に並ぶ 3 点 A, E, D を点 O の位置から展望したとき，“たすきがけ”（分点比表示）で行こう．

てっそく
位置づけの３表示
(i) 分解表示
(ii) 同一線上表示
(iii) 内分点比表示

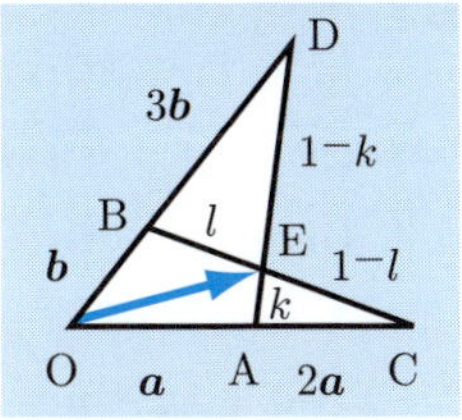

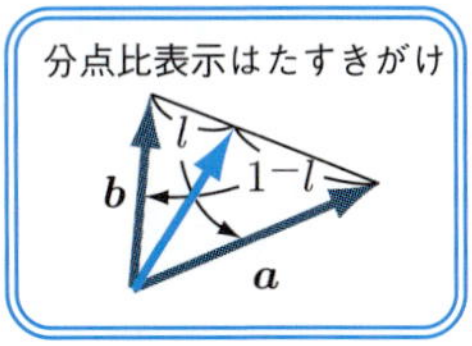

解答 (i) AE : AD $= k : 1$ であるから

AE : ED $= k : (1-k), \overrightarrow{OA}=\boldsymbol{a}, \overrightarrow{OD}=3\boldsymbol{b}$ を用いて

$$\overrightarrow{OE}=(1-k)\boldsymbol{a}+k(3\boldsymbol{b})=(1-k)\boldsymbol{a}+3k\boldsymbol{b} \quad \cdots ①$$

(ii) BE : BC $= l : 1$ であるから

BE : EC $= l : (1-l), \overrightarrow{OB}=\boldsymbol{b}, \overrightarrow{OC}=2\boldsymbol{a}$ を用いて

$$\overrightarrow{OE}=(1-l)\boldsymbol{b}+l(2\boldsymbol{a})=2l\boldsymbol{a}+(1-l)\boldsymbol{b} \quad \cdots ②$$

(iii) ①, ②から $(1-k)\boldsymbol{a}+3k\boldsymbol{b}=2l\boldsymbol{a}+(1-l)\boldsymbol{b}$

$$\therefore \quad (1-k-2l)\boldsymbol{a}=(-3k+1-l)\boldsymbol{b} \quad \cdots ③$$

ここでもし $1-k-2l \fallingdotseq 0$ とすると，この式から $\boldsymbol{a}=\frac{-3k+1-l}{1-k-2l}\boldsymbol{b}$ となり $\boldsymbol{a}$ は $\boldsymbol{b}$ のスカラー倍となる．これは O, A, B が一直線上にあることになり，矛盾する．よって，③において

$$1-k-2l=0, \quad -3k+1-l=0$$

この 2 式から $k=\frac{1}{5}, l=\frac{2}{5}$ 　$\therefore \ \overrightarrow{OE}=\frac{4}{5}\boldsymbol{a}+\frac{3}{5}\boldsymbol{b}$

問 題

95.1 三角形 ABC の辺 BC, CA 上に，それぞれ点 D, E を

$$BD : DC = 1 : 2, \quad AC : EC = 2 : 3$$

のようにとる．AD と BE の交点を F とする．

(i) $\overrightarrow{AD}, \overrightarrow{BE}$ を $\overrightarrow{AB}=\boldsymbol{a}, \overrightarrow{AC}=\boldsymbol{b}$ で表わせ．

(ii) AF : FD, BF : FE を整数の比で表わせ．

例題 96　　**平行な線分**

平面上に正五角形 ABCDE がある．ベクトル $\boldsymbol{x}, \boldsymbol{y}, \boldsymbol{z}$ をそれぞれ $\boldsymbol{a}, \boldsymbol{b}$ を用いて表わせ．

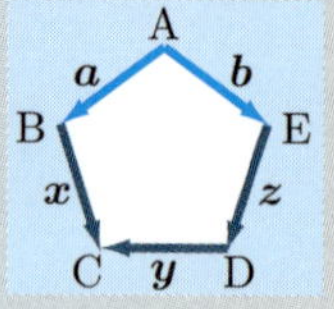

navi　ベクトルの視点では，平行線は“同一線上”．平行線はどれか，そして倍率はどうか，とにかく(i)と(ii)だ．対角線はどれも 1 辺の λ 倍．

route　$\overrightarrow{\mathrm{AB}} = \overrightarrow{\mathrm{AC}} + \overrightarrow{\mathrm{CB}}$ など列挙してみる．

ベクトルの和，差，スカラー倍の式は，数のときと同じように扱ってよい．

> **平行線の代数化**
> ベクトルでは同一線上
> $\boldsymbol{b} = \lambda\boldsymbol{a}$
> 長さの倍率 λ に注目

解答

$\overrightarrow{\mathrm{AB}} + \overrightarrow{\mathrm{BC}} = \overrightarrow{\mathrm{AC}} = \lambda\,\overrightarrow{\mathrm{ED}}$　から　$\boldsymbol{a} + \boldsymbol{x} = \lambda\boldsymbol{z}$　…①

$\overrightarrow{\mathrm{BC}} + \overrightarrow{\mathrm{CD}} = \overrightarrow{\mathrm{BD}} = \lambda\,\overrightarrow{\mathrm{AE}}$　から　$\boldsymbol{x} - \boldsymbol{y} = \lambda\boldsymbol{b}$　…②

$\overrightarrow{\mathrm{CD}} + \overrightarrow{\mathrm{DE}} = \overrightarrow{\mathrm{CE}} = \lambda\,\overrightarrow{\mathrm{BA}}$　から　$-\boldsymbol{y} - \boldsymbol{z} = -\lambda\boldsymbol{a}$　…③

$\overrightarrow{\mathrm{DE}} + \overrightarrow{\mathrm{EA}} = \overrightarrow{\mathrm{DA}} = \lambda\,\overrightarrow{\mathrm{CB}}$　から　$-\boldsymbol{z} - \boldsymbol{b} = -\lambda\boldsymbol{x}$　…④

> 4 文字に
> 4 式ダヨ

$\boldsymbol{x}$ を消去する．①からの $\boldsymbol{x} = -\boldsymbol{a} + \lambda\boldsymbol{z}$ を②, ④に代入して

$$-\boldsymbol{a} + \lambda\boldsymbol{z} - \boldsymbol{y} = \lambda\boldsymbol{b} \quad \cdots ⑤, \qquad \boldsymbol{z} + \boldsymbol{b} = \lambda(-\boldsymbol{a} + \lambda\boldsymbol{z}) \quad \cdots ⑥$$

③からの $\boldsymbol{y} = -\boldsymbol{z} + \lambda\boldsymbol{a}$ を⑤に代入して，⑥とともに $\boldsymbol{z}$ について整理すると

$$(\lambda + 1)\boldsymbol{z} = (\lambda + 1)\boldsymbol{a} + \lambda\boldsymbol{b} \quad \cdots ⑦, \qquad (\lambda^2 - 1)\boldsymbol{z} = \lambda\boldsymbol{a} + \boldsymbol{b}$$

最後に $\boldsymbol{z}$ を消去する．

$$(\lambda - 1)\{(\lambda + 1)\boldsymbol{a} + \lambda\boldsymbol{b}\} = \lambda\boldsymbol{a} + \boldsymbol{b}$$

$$\therefore \quad (\lambda^2 - \lambda - 1)(\boldsymbol{a} + \boldsymbol{b}) = \boldsymbol{0}$$

> 和とスカラー倍は
> 数のように

$\boldsymbol{a} + \boldsymbol{b} \fallingdotseq \boldsymbol{0}$ だから $\lambda^2 - \lambda - 1 = 0$．$\lambda > 0$ だから

$$\lambda = \tfrac{1+\sqrt{5}}{2}, \quad \lambda + 1 = \tfrac{3+\sqrt{5}}{2}$$

⑦, ⑤の順に求めて

$$\boldsymbol{z} = \boldsymbol{a} + \tfrac{-1+\sqrt{5}}{2}\boldsymbol{b}, \quad \boldsymbol{y} = \tfrac{-1+\sqrt{5}}{2}(\boldsymbol{a} - \boldsymbol{b})$$

①から

$$\boldsymbol{x} = \tfrac{-1+\sqrt{5}}{2}\boldsymbol{a} + \boldsymbol{b}$$

問　題

96.1　(i)　平面上の正六角形において，$\boldsymbol{x}_1, \boldsymbol{x}_2$ を $\boldsymbol{a}, \boldsymbol{b}$ を用いて表わせ．

(ii)　$2\boldsymbol{x} + \boldsymbol{y} = \boldsymbol{a}, \boldsymbol{x} - \boldsymbol{y} = \boldsymbol{b}$ である $\boldsymbol{x}, \boldsymbol{y}$ を図示せよ．

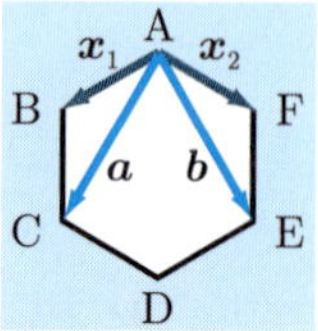

例題 97 **同一直線上の処理**

平行四辺形 ABCD において，E を BC 上に $BE : EC = 1 : n$ であるようにとり，AE と BD の交点を F とすれば $BF : FD = 1 : (n+1)$ であることを示せ．

navi ベクトルの図形への応用では，基本ベクトルを決め，他のベクトルの基本 3 表示をはかる（⇨ p.111）．

てっそく
ベクトル３表示
(i) 分解表示
(ii) 同一線上表示
(iii) 内分点比表示

解答 $\overrightarrow{AB} = \boldsymbol{a}, \overrightarrow{AD} = \boldsymbol{b}$ とすると

$$\overrightarrow{AC} = \overrightarrow{AB} + \overrightarrow{BC} = \boldsymbol{a} + \boldsymbol{b}$$

$BE : EC = \frac{1}{n+1} : \frac{n}{n+1}$ だから

$$\overrightarrow{AE} = \frac{n}{n+1}\boldsymbol{a} + \frac{1}{n+1}(\boldsymbol{a} + \boldsymbol{b}) = \boldsymbol{a} + \frac{1}{n+1}\boldsymbol{b}$$

$BF : FD = 1 : \lambda = \frac{1}{\lambda+1} : \frac{\lambda}{\lambda+1}$ とすると

$$\overrightarrow{AF} = \frac{\lambda}{\lambda+1}\boldsymbol{a} + \frac{1}{\lambda+1}\boldsymbol{b}$$

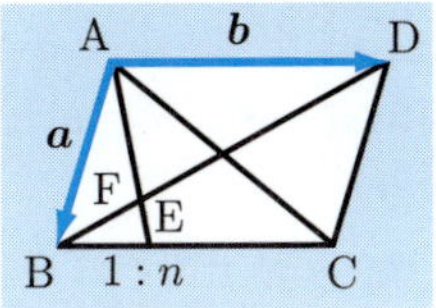

A, F, E は同一直線上にあるから $\overrightarrow{AF} = \mu\overrightarrow{AE}$ と表わされる（同一線上表示）．

$$\frac{\lambda}{\lambda+1}\boldsymbol{a} + \frac{1}{\lambda+1}\boldsymbol{b} = \mu\boldsymbol{a} + \frac{\mu}{n+1}\boldsymbol{b}$$

$$\therefore \quad \left(\frac{\lambda}{\lambda+1} - \mu\right)\boldsymbol{a} = \left(\frac{\mu}{n+1} - \frac{1}{\lambda+1}\right)\boldsymbol{b}$$

$\boldsymbol{a}, \boldsymbol{b}$ は同一直線上にはないから

$$\frac{\lambda}{\lambda+1} - \mu = 0, \ \frac{\mu}{n+1} - \frac{1}{\lambda+1} = 0 \quad よって \quad \lambda = n+1$$

同一直線上にない
平行でない
$\lambda\boldsymbol{a} + \mu\boldsymbol{b} = \boldsymbol{0}$
$\Rightarrow \quad \lambda = \mu = 0$
⇨ p.124 の線形独立

問 題

97.1 三角形 ABC の 3 辺 BC, CA, AB またはその延長上の点 X, Y, Z が同一直線上にあれば，$\overrightarrow{BX} = \lambda\overrightarrow{XC}, \overrightarrow{CY} = \mu\overrightarrow{YA}, \overrightarrow{AZ} = \nu\overrightarrow{ZB}$ とするとき

$$\lambda\mu\nu = -1$$

がなりたつことを示せ（**メネラウスの定理**）．

97.2 空間に 2 直線 l, l' がある．直線 l 上に 3 点 A_1, A_2, A_3 をこの順にとり，直線 l' 上に 3 点 B_1, B_2, B_3 をこの順に $B_1B_3 : B_1B_2 = A_1A_3 : A_1A_2$ となるようにとる．次に 3 つの線分 A_1B_1, A_2B_2, A_3B_3 を同一の比に内分する点を順に C_1, C_2, C_3 とするとき，3 点 C_1, C_2, C_3 は同一直線上にあることを，ベクトルを用いて証明せよ．

4.2 ベクトルの成分

◆ **位置ベクトル** 1つの平面（あるいは空間）内で考えているとき，まず1点Oをとり，固定しておく．次にその平面内（あるいは空間内）の点Aに対して，ベクトル $\overrightarrow{\mathrm{OA}}$ をとりあげ，これを点Aの**位置ベクトル**という．

◆ **座標平面におけるベクトルの成分** 直交座標の定められた xy 平面で，ベクトルを考える．ベクトル $\boldsymbol{a}$ に対して，原点Oを始点とする代表ベクトルを $\overrightarrow{\mathrm{OA}}$ とし，終点Aの座標を (a_1, a_2) とするとき

(a_1, a_2) をベクトル $\boldsymbol{a}$ の**成分**といい，$\boldsymbol{a} = \overrightarrow{\mathrm{OA}} = (a_1, a_2)$ と表わす．ベクトル $\boldsymbol{a}$ という代りに，ベクトル (a_1, a_2) ともいう．

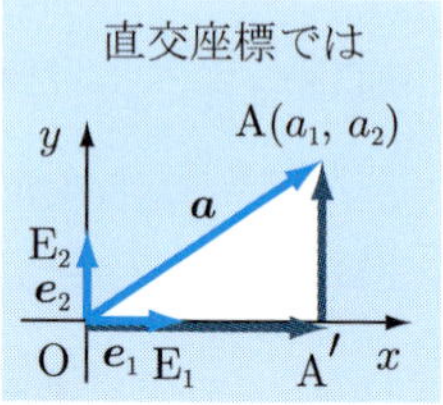

x 軸，y 軸上でそれぞれ点 $\mathrm{E_1}(1,0), \mathrm{E_2}(0,1)$ をとるとき，

$$\boldsymbol{e}_1 = \overrightarrow{\mathrm{OE_1}} = (1,0), \quad \boldsymbol{e}_2 = \overrightarrow{\mathrm{OE_2}} = (0,1)$$

を座標平面の**基本ベクトル**という．

定理 2 $\boldsymbol{a} = (a_1, a_2) \iff \boldsymbol{a} = a_1\boldsymbol{e}_1 + a_2\boldsymbol{e}_2 \quad \cdots ①$

$\boldsymbol{a} = \overrightarrow{\mathrm{PQ}}$ で，点P, Qの座標が $\mathrm{P}(p_1, p_2)$, $\mathrm{Q}(q_1, q_2)$ のとき，

$\boldsymbol{a} = \overrightarrow{\mathrm{PQ}} = (q_1 - p_1, q_2 - p_2)$

①をベクトル $\boldsymbol{a}$ の**基本ベクトル表示**という．

ここで確認のため
イップクしよう

例題 98 基本ベクトル表示

(i) $\boldsymbol{a} = (2,3)$ のとき $\boldsymbol{a} = 2\boldsymbol{e}_1 + 3\boldsymbol{e}_2$ を確かめよ．

(ii) $\overrightarrow{\mathrm{OA}} = (-3,2)$, $\overrightarrow{\mathrm{OB}} = (4,-1)$ のとき，ベクトル $\overrightarrow{\mathrm{AB}}$ を基本ベクトル $\boldsymbol{e}_1, \boldsymbol{e}_2$ で表わせ．

解答 (i) $\mathrm{A}'(2,0)$ をとると

$$\boldsymbol{a} = \overrightarrow{\mathrm{OA}} = \overrightarrow{\mathrm{OA'}} + \overrightarrow{\mathrm{A'A}} = 2\boldsymbol{e}_1 + 3\boldsymbol{e}_2$$

(ii) $\overrightarrow{\mathrm{OA}} = -3\boldsymbol{e}_1 + 2\boldsymbol{e}_2, \overrightarrow{\mathrm{OB}} = 4\boldsymbol{e}_1 - \boldsymbol{e}_2$ から

$$\begin{aligned}\overrightarrow{\mathrm{AB}} &= \overrightarrow{\mathrm{AO}} + \overrightarrow{\mathrm{OB}} = (3\boldsymbol{e}_1 - 2\boldsymbol{e}_2) + (4\boldsymbol{e}_1 - \boldsymbol{e}_2) \\ &= 7\boldsymbol{e}_1 - 3\boldsymbol{e}_2\end{aligned}$$

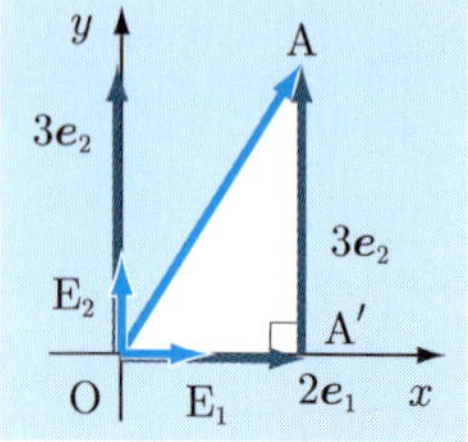

問 題

98.1 上の例題で，線分ABを2 : 3に内分する点をCとするとき，$\overrightarrow{\mathrm{OC}}$ を $\boldsymbol{e}_1, \boldsymbol{e}_2$ で表わせ．

◆ **ベクトルの演算の成分表示** ベクトルの相等・和と差・スカラー倍を成分で述べると次のようになる．

定理 3 $\boldsymbol{a} = (a_1, a_2), \boldsymbol{b} = (b_1, b_2)$ のとき

(1) $\boldsymbol{a} = \boldsymbol{b} \iff a_1 = b_1, a_2 = b_2$

(2) $\boldsymbol{a} \pm \boldsymbol{b} = (a_1, a_2) \pm (b_1, b_2) = (a_1 \pm b_1, a_2 \pm b_2)$

(3) $\lambda\boldsymbol{a} = \lambda(a_1, a_2) = (\lambda a_1, \lambda a_2)$ （➪ 問題 100.1）

演算の成分表示
成分ごとに

◆ **外分点** 内分点については p.106 で学習した．ここで外分点の場合の分点比表示を考えよう．線分 PQ の PS : SQ = $m : n$ となる外分点 S はどちらの延長上かに注意する．

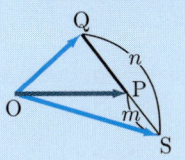

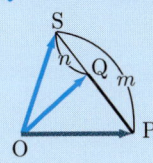

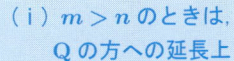

（ i ）$m > n$ のときは，
Q の方への延長上

点PはQSを$(n-m)$: nに内分

内分点のときの内分点比表示 （➪ 問題 94.1）

（ i ）では $\overrightarrow{OQ} = \frac{n\overrightarrow{OP} + (m-n)\overrightarrow{OS}}{m}$

（ii）では $\overrightarrow{OP} = \frac{m\overrightarrow{OQ} + (n-m)\overrightarrow{OS}}{n}$

となり，どちらも次のようになる．

$$\overrightarrow{OS} = \frac{-n\overrightarrow{OP} + m\overrightarrow{OQ}}{m-n}$$

内分点 R・外分点 S

$\overrightarrow{OR} = \frac{n\overrightarrow{OP} + m\overrightarrow{OQ}}{m+n}$

$\overrightarrow{OS} = \frac{-n\overrightarrow{OP} + m\overrightarrow{OQ}}{m-n}$

（n の代りに $-n$）

例題 99 **外分点の成分**

$\overrightarrow{OP} = (-3, 2), \overrightarrow{OQ} = (-5, -1)$ のとき，PQ を 2 : 5 に外分する点 S の O に関する位置ベクトルの成分を求めよ．

route 内分点比表示から導くか，上の公式によるか．

解答 $\overrightarrow{OP} = \frac{3}{5}\overrightarrow{OS} + \frac{2}{5}\overrightarrow{OQ}$ から

$$\overrightarrow{OS} = \frac{1}{3}(5\overrightarrow{OP} - 2\overrightarrow{OQ})$$

$$= \frac{5}{3}(-3, 2) - \frac{2}{3}(-5, -1) = \left(-\frac{5}{3}, 4\right)$$

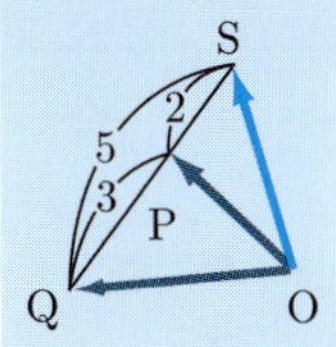

問　題

点QはPSを$(m-n)$: nに内分
（ ii ）$m < n$ のときは，
P の方への延長上

99.1 外分点 S の公式を用いて，上の例題 99 の問に答えよ．

◆ **座標空間におけるベクトルの成分**　平面の場合と同じことを空間で考える．

x, y, z 軸の設けられた空間でベクトルを考える．ベクトル $\boldsymbol{a}$ に対して，座標の原点 O を始点とする代表ベクトル $\overrightarrow{\mathrm{OA}}$ をとり，終点 A の座標を (a_1, a_2, a_3) とするとき (a_1, a_2, a_3) を $\boldsymbol{a}$ の**成分**といい $\boldsymbol{a} = \overrightarrow{\mathrm{OA}} = (a_1, a_2, a_3)$ と表わす．ベクトル (a_1, a_2, a_3) という言い方もする．

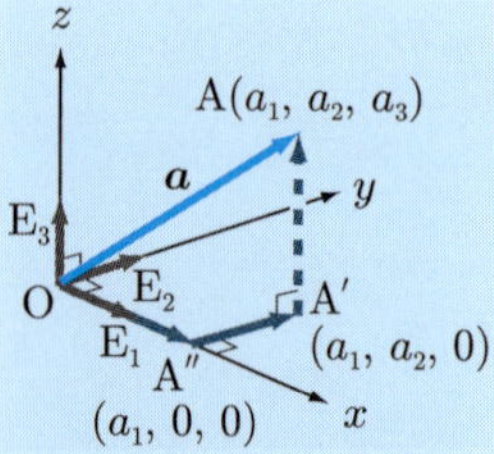

$\overrightarrow{\mathrm{OA}}=\overrightarrow{\mathrm{OA''}}+\overrightarrow{\mathrm{A''A'}}+\overrightarrow{\mathrm{A'A}}$

平面の場合と類似に x 軸，y 軸，z 軸上の正の向きに単位ベクトル $\overrightarrow{\mathrm{OE_1}}, \overrightarrow{\mathrm{OE_2}}, \overrightarrow{\mathrm{OE_3}}$ をとると

$$\boldsymbol{e}_1 = \overrightarrow{\mathrm{OE_1}} = (1,0,0), \quad \boldsymbol{e}_2 = \overrightarrow{\mathrm{OE_2}} = (0,1,0), \quad \boldsymbol{e}_3 = \overrightarrow{\mathrm{OE_3}} = (0,0,1)$$

であり，この 3 ベクトルの組 $\{\boldsymbol{e}_1, \boldsymbol{e}_2, \boldsymbol{e}_3\}$ を座標空間の**基本ベクトル**という．

$$\boldsymbol{a} = (a_1, a_2, a_3) \quad \Leftrightarrow \quad \boldsymbol{a} = a_1\boldsymbol{e}_1 + a_2\boldsymbol{e}_2 + a_3\boldsymbol{e}_3 \qquad \cdots ①$$

であることも，座標平面上の場合と同様である．

定理 3′　$\boldsymbol{a} = (a_1, a_2, a_3), \boldsymbol{b} = (b_1, b_2, b_3)$ のとき

(1)　$\boldsymbol{a} = \boldsymbol{b} \quad \Leftrightarrow \quad a_1 = b_1, a_2 = b_2, a_3 = b_3$

(2)　$(a_1, a_2, a_3) \pm (b_1, b_2, b_3) = (a_1 \pm b_1, a_2 \pm b_2, a_3 \pm b_3)$

(3)　$\lambda(a_1, a_2, a_3) = (\lambda a_1, \lambda a_2, \lambda a_3)$

証明　基本ベクトル表示を使って，平面と同様．

定理 2′　$\boldsymbol{a} = \overrightarrow{\mathrm{PQ}}$ で，点 P, Q の座標が $\mathrm{P}(p_1, p_2, p_3), \mathrm{Q}(q_1, q_2, q_3)$ のとき

$$\boldsymbol{a} = \overrightarrow{\mathrm{PQ}} = (q_1 - p_1, q_2 - p_2, q_3 - p_3)$$

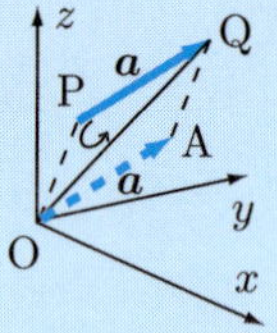

例題 100　　　空間ベクトルの成分

空間内の 3 点 $\mathrm{P}(-2, -3, 5), \mathrm{Q}(4, 1, -7), \mathrm{R}(3, 6, 2)$ に対して $\overrightarrow{\mathrm{PQ}}, \overrightarrow{\mathrm{PR}}, 2\overrightarrow{\mathrm{PQ}} - 3\overrightarrow{\mathrm{PR}}$ の成分を求めよ．

解答　$\overrightarrow{\mathrm{PQ}} = (6, 4, -12), \overrightarrow{\mathrm{PR}} = (5, 9, -3)$

$$2\overrightarrow{\mathrm{PQ}} - 3\overrightarrow{\mathrm{PR}} = 2(6, 4, -12) - 3(5, 9, -3) = (-3, -19, -15)$$

問　題

100.1　基本ベクトル表示を用いて，定理 3′ を証明せよ．

100.2　空間内の 3 点 $\mathrm{P}(3, -2, 6), \mathrm{Q}(-1, 6, 2), \mathrm{R}(4, 1, -3)$ に対して $\overrightarrow{\mathrm{PQ}} = 4\overrightarrow{\mathrm{RS}}$ となる点 S を求めよ．

例題 101 **空間図形の中点・重心**

空間内の 3 点 P$(-2,4,1)$, Q$(4,5,2)$, R$(4,0,3)$ に対して

(i) △PQR の重心を G とするとき, $\overrightarrow{\mathrm{OG}}$ の成分を求めよ.

(ii) S$(4,23,5)$ のとき $\overrightarrow{\mathrm{OS}}$ を $x\,\overrightarrow{\mathrm{OP}}+y\,\overrightarrow{\mathrm{OQ}}+z\,\overrightarrow{\mathrm{OR}}$ の形に表わせ.

route 重心は, 問題 94.2 で一度考えたが, 中線を $2:1$ に内分する点である. (ii)は x,y,z の連立方程式が導かれそうである.

解答 (i) 線分 QR の中点を M とすると

$$\overrightarrow{\mathrm{OM}}=\frac{1}{2}\,\overrightarrow{\mathrm{OQ}}+\frac{1}{2}\,\overrightarrow{\mathrm{OR}}\quad\left(\lambda=\frac{1}{2}\right)$$

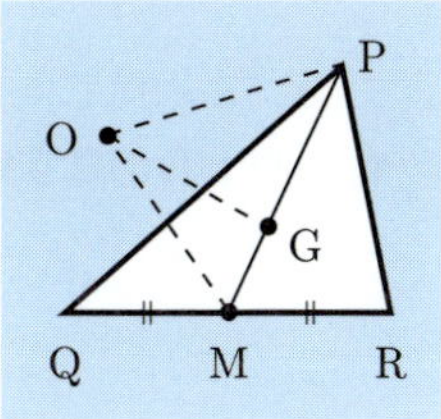

重心 G は PM を $2:1=\frac{2}{3}:\frac{1}{3}$ に内分する点で

$$\overrightarrow{\mathrm{OG}}=\frac{2}{3}\,\overrightarrow{\mathrm{OM}}+\frac{1}{3}\,\overrightarrow{\mathrm{OP}}$$
$$=\frac{1}{3}(\overrightarrow{\mathrm{OP}}+\overrightarrow{\mathrm{OQ}}+\overrightarrow{\mathrm{OR}})=(2,3,2)$$

(ii) $x\,\overrightarrow{\mathrm{OP}}+y\,\overrightarrow{\mathrm{OQ}}+z\,\overrightarrow{\mathrm{OR}}$

$$=(-2x+4y+4z,\ 4x+5y,\ x+2y+3z)$$

中点と重心

中点 $\overrightarrow{\mathrm{OM}}=\dfrac{\overrightarrow{\mathrm{OQ}}+\overrightarrow{\mathrm{OR}}}{2}$

重心 $\overrightarrow{\mathrm{OG}}=\dfrac{\overrightarrow{\mathrm{OP}}+\overrightarrow{\mathrm{OQ}}+\overrightarrow{\mathrm{OR}}}{3}$

であるから, これが $\overrightarrow{\mathrm{OS}}=(4,23,5)$ となるので

$$\begin{cases}4=-2x+4y+4z\\23=\ \ 4x+5y\\5=\ \ x+2y+3z\end{cases}$$

そろそろ出番ですか
主役は連立方程式

となり

$$x=2,\quad y=3,\quad z=-1$$

これから $\overrightarrow{\mathrm{OS}}=2\,\overrightarrow{\mathrm{OP}}+3\,\overrightarrow{\mathrm{OQ}}-\overrightarrow{\mathrm{OR}}$

問 題

101.1 各問に答えよ.

(i) A$(a,-1,5)$, B$(2,b,-3)$, C$(1,-2,c)$
を頂点とする三角形の重心が $(1,0,2)$ となるように a, b, c を定めよ.

(ii) $\boldsymbol{a}=(1,1,0)$, $\boldsymbol{b}=(1,0,1)$, $\boldsymbol{c}=(0,1,1)$ のとき $\boldsymbol{p}=(1,5,0)$ を $\lambda\boldsymbol{a}+\mu\boldsymbol{b}+\nu\boldsymbol{c}$ の形に表わせ.

(iii) $\boldsymbol{a}_1=(1,0,1)$, $\boldsymbol{a}_2=(0,2,2)$ のとき $\boldsymbol{a}=(2,-1,a)$ が $x_1\boldsymbol{a}_1+x_2\boldsymbol{a}_2$ と表わされるように a を定めよ.

4.3 内積と図形の計量

◆ **ベクトルの大きさ**　ここからは平面ベクトルと空間ベクトルを区別しない．ベクトル $\boldsymbol{a}=\overrightarrow{\mathrm{PQ}}$ に対して線分 PQ の長さは，$\boldsymbol{a}$ の代表ベクトルのとり方によらないので，これを $|\boldsymbol{a}|$ と表わし，$\boldsymbol{a}$ の**大きさ**（または**絶対値**，**ノルム**）という．

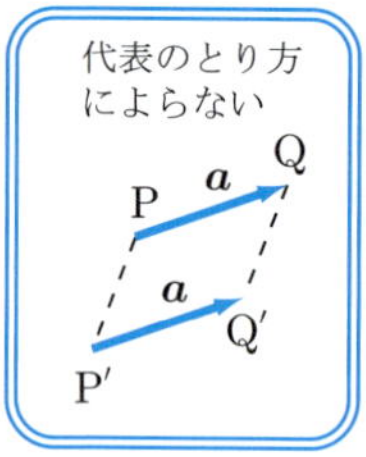

$|\boldsymbol{e}|=1$ のとき，$\boldsymbol{e}$ を**単位ベクトル**という．

任意のベクトル $\boldsymbol{a}$（ただし $\neq \boldsymbol{0}$）のスカラー倍

$$\frac{1}{|\boldsymbol{a}|}\boldsymbol{a}=\boldsymbol{e}$$

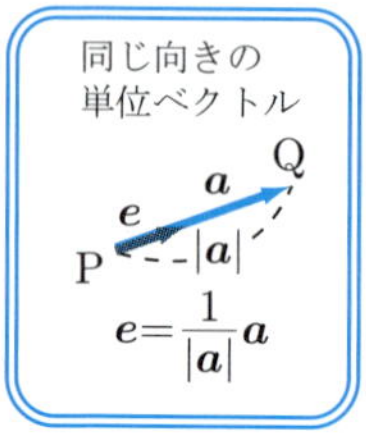

は，$\boldsymbol{a}$ と同じ向きをもつ単位ベクトルである．

◆ **ベクトルのなす角**　零でない 2 つのベクトル $\boldsymbol{a}$, $\boldsymbol{b}$ に対して同じ始点 P をもつ代表ベクトルを

$$\boldsymbol{a}=\overrightarrow{\mathrm{PQ}},\quad \boldsymbol{b}=\overrightarrow{\mathrm{PR}}$$

とするとき，$\theta=\angle\mathrm{QPR}$ $(0\leqq\theta\leqq\pi)$ は点 P のとり方によらない．これを $\boldsymbol{a},\boldsymbol{b}$ の**なす角**という．とくになす角が $\pi/2$ のとき，$\boldsymbol{a},\boldsymbol{b}$ は**垂直**であるという．零ベクトルは任意のベクトルと垂直であると規約する．

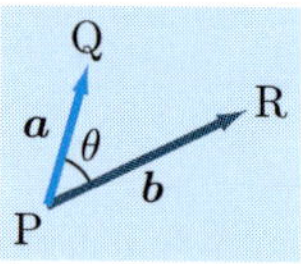

例題 102　　　　ベクトルの大きさ

(i)　$\boldsymbol{a}=\overrightarrow{\mathrm{OA}}=(a_1,a_2,a_3)$ のとき，次を証明せよ．

$$|\boldsymbol{a}|^2=\mathrm{OA}^2=a_1^2+a_2^2+a_3^2$$

(ii)　$\boldsymbol{a}=(2,-3,-2)$ のとき，$\boldsymbol{a}$ と同じ向きの単位ベクトルを求めよ．

解答　(i)　点 A から xy 平面に垂線 AA′ を引き，A′ から x 軸に垂線 A′A″ を引くと，点 A′, A″ の座標は図に示したようになる．直角に注目して

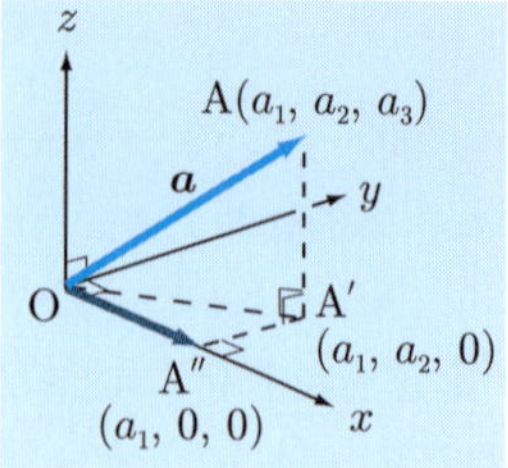

$$\begin{aligned}|\boldsymbol{a}|^2&=\mathrm{OA}^2=\mathrm{OA}'^2+\mathrm{A}'\mathrm{A}^2\\&=a_1^2+a_2^2+a_3^3\end{aligned}$$

(ii)　$|\boldsymbol{a}|^2=4+9+4=17$,　$\boldsymbol{e}=\left(\frac{2}{\sqrt{17}},-\frac{3}{\sqrt{17}},-\frac{2}{\sqrt{17}}\right)$

問　題

102.1　例題 102 (ii)の $\overrightarrow{\mathrm{OA}}=\boldsymbol{a}$ と $\overrightarrow{\mathrm{OB}}=\boldsymbol{b}=(-1,1,-2)$ のなす角を θ とするとき，$\triangle\mathrm{AOB}$ に余弦定理を用いて $\cos\theta$ を求めよ．

◆ **内積とその成分表示** ベクトルの考えによって，図形が“代数化”される．3 点が同一直線上というような“位置づけの問題”は，ベクトルの和・差とスカラー倍が処理してくれる．それに呼応して，長さまたは角というような“計量の問題”は，ベクトルの内積が受けもってくれる．

てっそく
ベクトルの代数
(i) **位置づけは“3表示”**(⇨ p.107)
(ii) **長さだよ・角だよは“内積だよ”**

2 つのベクトルに対して定まるスカラー

$$\boldsymbol{a}\cdot\boldsymbol{b} = |\boldsymbol{a}|\,|\boldsymbol{b}|\cos\theta = \mathrm{PQ}'\cdot\mathrm{PR} \quad (\theta \text{ はなす角})$$

を $\boldsymbol{a}$, $\boldsymbol{b}$ の**内積**（または**スカラー積**）という．$\boldsymbol{a}\cdot\boldsymbol{b}$ の代りに $\langle\boldsymbol{a},\boldsymbol{b}\rangle$, $(\boldsymbol{a},\boldsymbol{b})$, あるいは $\boldsymbol{ab}$ と表わすこともある．

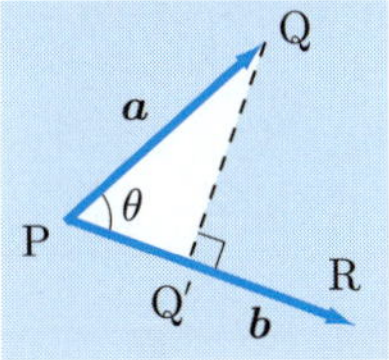

内積を各ベクトルの成分で表わすと次のようになる．

定理 4 (1) 平面ベクトルの場合

$\boldsymbol{a} = (a_1, a_2), \boldsymbol{b} = (b_1, b_2)$ のとき $\boldsymbol{a}\cdot\boldsymbol{b} = a_1b_1 + a_2b_2$

(2) 空間ベクトルの場合

$\boldsymbol{a} = (a_1, a_2, a_3)$, $\boldsymbol{b} = (b_1, b_2, b_3)$ のとき

$$\boldsymbol{a}\cdot\boldsymbol{b} = a_1b_1 + a_2b_2 + a_3b_3$$

定理の証明の学習
“自信をもって”
使うために

例題 103 内積の成分表示

(i) 空間ベクトルの場合に，定理 4 の内積の成分表示を証明せよ．

(ii) 次の不等式を証明せよ．これを**シュワルツの不等式**という．

$$(a_1b_1 + a_2b_2 + a_3b_3)^2 \leqq (a_1^2 + a_2^2 + a_3^2)(b_1^2 + b_2^2 + b_3^2)$$

解答 (i) 三角形の余弦定理 $c^2 = a^2 + b^2 - 2ab\cos\theta$ を用いる．

$$\begin{aligned} 2(\boldsymbol{a}\cdot\boldsymbol{b}) &= 2|\boldsymbol{a}|\,|\boldsymbol{b}|\cos\theta = |\boldsymbol{a}|^2 + |\boldsymbol{b}|^2 - |\boldsymbol{c}|^2 \\ &= (a_1^2 + a_2^2 + a_3^2) + (b_1^2 + b_2^2 + b_3^2) \\ &\quad - \{(b_1 - a_1)^2 + (b_2 - a_2)^2 + (b_3 - a_3)^2\} \\ &= 2(a_1b_1 + a_2b_2 + a_3b_3) \\ \therefore\ \ \boldsymbol{a}\cdot\boldsymbol{b} &= a_1b_1 + a_2b_2 + a_3b_3 \end{aligned}$$

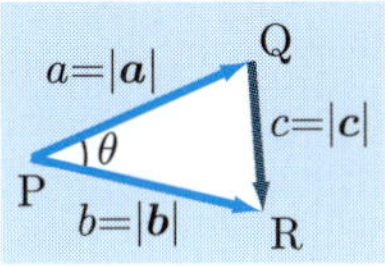

(ii) 内積の定義 $\boldsymbol{a}\cdot\boldsymbol{b} = |\boldsymbol{a}|\,|\boldsymbol{b}|\cos\theta$ において $|\cos\theta| \leqq 1$ から $(\boldsymbol{a}\cdot\boldsymbol{b})^2 \leqq |\boldsymbol{a}|^2\,|\boldsymbol{b}|^2$．これを成分表示すればよい．

問 題

103.1 平面ベクトルの場合の，例題 103 (i)はどうなるか．述べて証明せよ．

◆ **内積の演算法則**　内積は次の演算法則をもつ．

(1)　$\boldsymbol{a}\cdot\boldsymbol{b}=\boldsymbol{b}\cdot\boldsymbol{a}$　（交換法則）

(2)　$\boldsymbol{a}\cdot(\boldsymbol{b}+\boldsymbol{c})=\boldsymbol{a}\cdot\boldsymbol{b}+\boldsymbol{a}\cdot\boldsymbol{c}$　（分配法則）　（⇨ 例題 104）

(3)　$\lambda(\boldsymbol{a}\cdot\boldsymbol{b})=\lambda\boldsymbol{a}\cdot\boldsymbol{b}=\boldsymbol{a}\cdot\lambda\boldsymbol{b}$　（λ は正負のスカラー）

以上で，図形の計量のための代数としての内積の演算も確定した．応用の例題は次頁にまわして，計量の中心である“長さと角”との結びつきをまとめておこう．

(1)　長さ（大きさ）$|\boldsymbol{a}|^2=\boldsymbol{a}\cdot\boldsymbol{a}$　（$\theta=0$ の場合）

(2)　角（なす角）$\cos\theta=\frac{1}{|\boldsymbol{a}|\,|\boldsymbol{b}|}\boldsymbol{a}\cdot\boldsymbol{b}$　（内積の定義）

(3)　$\boldsymbol{a},\boldsymbol{b}$ が垂直 $\Leftrightarrow$ $\boldsymbol{a}\cdot\boldsymbol{b}=0$　（$\theta=\frac{\pi}{2}$ の場合）

> 長さだよ・角だよは
> 内積だよ
> (i)　長さ $|\boldsymbol{a}|^2=\boldsymbol{a}\cdot\boldsymbol{a}$
> (ii)　角 $\cos\theta=\frac{\boldsymbol{a}\cdot\boldsymbol{b}}{|\boldsymbol{a}||\boldsymbol{b}|}$
> (iii)　垂直 $\Leftrightarrow$ $\boldsymbol{a}\cdot\boldsymbol{b}=0$

例題 104　　**内積の分配法則**

$\boldsymbol{a}\cdot(\boldsymbol{b}+\boldsymbol{c})=\boldsymbol{a}\cdot\boldsymbol{b}+\boldsymbol{a}\cdot\boldsymbol{c}$ を次の 2 通りの方法で証明せよ．

(i)　内積の成分表示を用いる．

(ii)　右図を用いる．

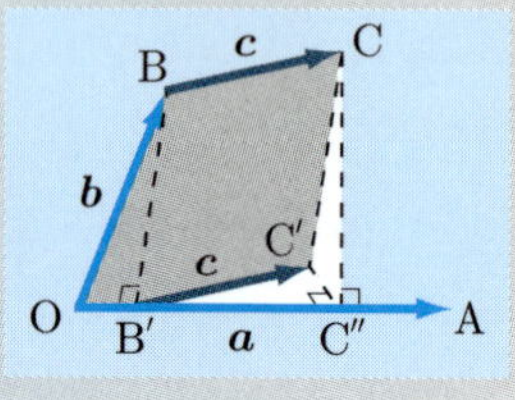

解答　(i)　$\boldsymbol{a}=(a_1,a_2,a_3),\boldsymbol{b}=(b_1,b_2,b_3),\boldsymbol{c}=(c_1,c_2,c_3)$ とすると

$$\begin{aligned}\boldsymbol{a}\cdot(\boldsymbol{b}+\boldsymbol{c})&=(a_1,a_2,a_3)\cdot(b_1+c_1,b_2+c_2,b_3+c_3)\\&=a_1(b_1+c_1)+a_2(b_2+c_2)+a_3(b_3+c_3)\\&=(a_1b_1+a_2b_2+a_3b_3)+(a_1c_1+a_2c_2+a_3c_3)\end{aligned}$$

となり右辺に一致する．

(ii)　$\boldsymbol{a}=\overrightarrow{\mathrm{OA}}$, $\boldsymbol{b}=\overrightarrow{\mathrm{OB}}$, $\boldsymbol{c}=\overrightarrow{\mathrm{BC}}=\overrightarrow{\mathrm{B'C'}}$, $\mathrm{BB'}\perp\mathrm{OA}$, $\mathrm{C'C''}\perp\mathrm{OA}$ とすると $\mathrm{OA}\perp\mathrm{CC'}$, $\mathrm{OA}\perp\mathrm{C'C''}$ から $\mathrm{OA}\perp$(平面 $\mathrm{CC'C''}$) から $\mathrm{OA}\perp\mathrm{CC''}$（3 垂線の定理）となり

$$\begin{aligned}\boldsymbol{a}\cdot(\boldsymbol{b}+\boldsymbol{c})&=\overrightarrow{\mathrm{OA}}\cdot\overrightarrow{\mathrm{OC}}=\mathrm{OA}\cdot\mathrm{OC}\cos\theta\quad(\theta\text{ は }\overrightarrow{\mathrm{OA}},\overrightarrow{\mathrm{OC}}\text{ のなす角})\\&=\mathrm{OA}\cdot\mathrm{OC''}=\mathrm{OA}(\mathrm{OB'}+\mathrm{B'C''})\\&=\boldsymbol{a}\cdot\boldsymbol{b}+\boldsymbol{a}\cdot\boldsymbol{c}\end{aligned}$$

問　題

104.1　上の“長さと角”(1), (2), (3) を成分を用いて表わせ．

例題 105 線分の長さ

空間の 4 点 $A(-1,2,-2)$, $B(1,3,5)$, $C(-3,2,-1)$, $D(2,1,3)$ がある．$0<t<1$ のとき，線分 AB を $t:(1-t)$ に内分する点を P，線分 CD を同じく $t:(1-t)$ に内分する点を Q とするとき

(i) ベクトル $\overrightarrow{OP}$ と $\overrightarrow{OQ}$ の成分を求めよ．

(ii) 線分 PQ の長さを t で表わせ．

route (i) 内分点はたすきがけ． (ii) $\overrightarrow{PQ}$ を分解．

解答 (i) $\overrightarrow{OP}=(1-t)\overrightarrow{OA}+t\overrightarrow{OB}$ であり，
$\overrightarrow{OA}=(-1,2,-2), \overrightarrow{OB}=(1,3,5)$ であるから

$$\begin{aligned}\overrightarrow{OP}&=(-1+t,2-2t,-2+2t)+(t,3t,5t)\\&=(-1+2t,2+t,-2+7t)\end{aligned}$$

同様に $\overrightarrow{OC}=(-3,2,-1), \overrightarrow{OD}=(2,1,3)$ から

$$\overrightarrow{OQ}=(-3+5t,2-t,-1+4t)$$

(ii) $$\begin{aligned}\overrightarrow{PQ}&=\overrightarrow{PO}+\overrightarrow{OQ}=-\overrightarrow{OP}+\overrightarrow{OQ}\\&=(3t-2,-2t,-3t+1)\end{aligned}$$

$$\begin{aligned}PQ^2&=(3t-2)^2+(-2t)^2+(-3t+1)^2\\&=22t^2-18t+5\\PQ&=\sqrt{22t^2-18t+5}\end{aligned}$$

てっそく

ベクトルの３表示

(i) 分解（バイパス）

(ii) 同一線上（直進）

(iii) 分点比（たすきがけ）

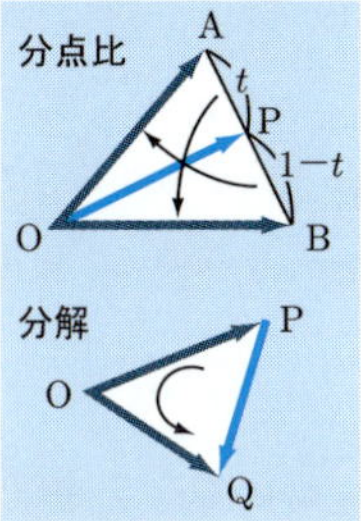

ひと言 $A(a_1,a_2,a_3), B(b_1,b_2,b_3)$ のとき，$0<t<1$ として AB を $t:(1-t)$ に内分する点を P とすると

$$\overrightarrow{OP}=(1-t)\overrightarrow{OA}+t\overrightarrow{OB}=((1-t)a_1+tb_1,(1-t)a_2+tb_2,(1-t)a_3+tb_3)$$

ひと言 AB と言ったら，線分 AB のことや，線分 AB の長さのこと．直線 AB と言ったら，AB の張る直線のこと．△ABC も三角形 ABC のことやその面積を表わす．

問　題

105.1 空間の 3 点 $A(2,3,-4)$, $B(4,-1,2)$, $C(-4,1,-1)$ に対して，点 P, Q がそれぞれ線分 AB, BC を $t:(1-t)$ に内分する点とし，三角形 OPQ の重心を G とするとき，OG^2 を t で表わせ．ただし $0<t<1$ とする．

例題 106 ベクトルのなす角

空間における基本ベクトル

$$\boldsymbol{e}_1 = (1, 0, 0), \quad \boldsymbol{e}_2 = (0, 1, 0), \quad \boldsymbol{e}_3 = (0, 0, 1)$$

を使って，3 つのベクトル $\boldsymbol{a}, \boldsymbol{b}, \boldsymbol{c}$ を次のように定める．

$$\boldsymbol{a} = \boldsymbol{e}_1 + \boldsymbol{e}_2, \quad \boldsymbol{b} = \boldsymbol{e}_1 - \boldsymbol{e}_2, \quad \boldsymbol{c} = -\boldsymbol{e}_1 + \boldsymbol{e}_3$$

(i) $\boldsymbol{a}$ と $\boldsymbol{b}$，$\boldsymbol{b}$ と $\boldsymbol{c}$，$\boldsymbol{c}$ と $\boldsymbol{a}$ のなす角を，それぞれ求めよ．

(ii) 2 つのベクトル $\boldsymbol{b}, \boldsymbol{c}$ に直交し，ベクトル $\boldsymbol{a}$ との内積が 1 であるようなベクトル $\boldsymbol{p}$ の成分を求めよ．

navi ベクトルのなす角の解決は，内積を用いる．

解答 $\boldsymbol{e}_1 = (1, 0, 0), \boldsymbol{e}_2 = (0, 1, 0), \boldsymbol{e}_3 = (0, 0, 1)$ から

$$\boldsymbol{a} = \boldsymbol{e}_1 + \boldsymbol{e}_2 = (1, 1, 0), \quad \boldsymbol{b} = \boldsymbol{e}_1 - \boldsymbol{e}_2 = (1, -1, 0), \quad \boldsymbol{c} = -\boldsymbol{e}_1 + \boldsymbol{e}_3 = (-1, 0, 1)$$

(i) $|\boldsymbol{a}| = \sqrt{1+1+0} = \sqrt{2}, |\boldsymbol{b}| = \sqrt{2}, |\boldsymbol{c}| = \sqrt{2}$ であり

$\boldsymbol{a} \cdot \boldsymbol{b} = 1 - 1 + 0 = 0$ から $\boldsymbol{a}, \boldsymbol{b}$ のなす角は $90°$

$\boldsymbol{b} \cdot \boldsymbol{c} = -1$ と $\boldsymbol{b} \cdot \boldsymbol{c} = |\boldsymbol{b}|\,|\boldsymbol{c}| \cos\, \alpha$ から

$$\cos\, \alpha = -\frac{1}{2} \qquad \therefore \quad \alpha = 120°$$

同様に $\boldsymbol{c}, \boldsymbol{a}$ のなす角は $\beta = 120°$

> **なす角**
> $\boldsymbol{a} \cdot \boldsymbol{b} = |\boldsymbol{a}|\,|\boldsymbol{b}| \cos \theta$
> $= a_1b_1 + a_2b_2 + a_3b_3$

(ii) $\boldsymbol{p} = (p_1, p_2, p_3)$ とすると $\boldsymbol{p} \cdot \boldsymbol{b} = \boldsymbol{p} \cdot \boldsymbol{c} = 0$，$\boldsymbol{p} \cdot \boldsymbol{a} = 1$ から

$p_1 - p_2 = 0, -p_1 + p_3 = 0, p_1 + p_2 = 1$ から

$$p_1 = p_2 = p_3 = \frac{1}{2} \qquad \therefore \quad p = \left(\frac{1}{2}, \frac{1}{2}, \frac{1}{2}\right)$$

問　題

106.1 $\boldsymbol{a}, \boldsymbol{b}$ を空間におけるベクトルとするとき

(i) $\boldsymbol{a} = (1, 0, 1), \boldsymbol{b} = (2, 2, 1)$ の長さ（大きさ）$|\boldsymbol{a}|, |\boldsymbol{b}|$ と，$\boldsymbol{a}$ と $\boldsymbol{b}$ のなす角 α を求めよ．

(ii) ベクトル $\boldsymbol{a} = (1, -3, 2), \boldsymbol{b} = (-2, -1, 3)$ のとき，$\boldsymbol{a}, \boldsymbol{b}, \boldsymbol{a} + \boldsymbol{b}$ それぞれの長さ，$\boldsymbol{a}$ と $\boldsymbol{b}$ のなす角と，$\boldsymbol{a}, \boldsymbol{b}$ の両方に垂直な単位ベクトルの成分を求めよ．

106.2 空間のベクトル $\boldsymbol{a}$ 上の単位ベクトルを $\boldsymbol{e} = (e_1, e_2, e_3)$ とし，$\boldsymbol{e}$ と基本ベクトル $\boldsymbol{e}_i$ $(i = 1, 2, 3)$ のなす角を θ_i とするとき，$\cos\theta_i = e_i$ を示せ．(e_1, e_2, e_3) をベクトル $\boldsymbol{a}$ の**方向余弦**という（⇨ p.136）．

例題 107 **内積の条件処理**

空間内の相異なる 3 点 A, B, C の位置ベクトルを順に

$$\overrightarrow{\mathrm{OA}}=\boldsymbol{a},\quad \overrightarrow{\mathrm{OB}}=\boldsymbol{b},\quad \overrightarrow{\mathrm{OC}}=\boldsymbol{c}$$

とするとき

$$\boldsymbol{a}\cdot\boldsymbol{b}=\boldsymbol{b}\cdot\boldsymbol{c}=\boldsymbol{c}\cdot\boldsymbol{a} \quad \text{かつ} \quad \boldsymbol{a}+\boldsymbol{b}+\boldsymbol{c}=\boldsymbol{0}$$

であるという．このとき △ABC は正三角形で原点 O はその重心であることを証明せよ．

navi 証明問題は，結果を教えてくれているようなもの．それを利用することが第一の手である．

route 空間内の内積について，数のときと類似の

$$\boldsymbol{a}\cdot(\lambda\boldsymbol{b}+\mu\boldsymbol{c})=\lambda(\boldsymbol{a}\cdot\boldsymbol{b})+\mu(\boldsymbol{a}\cdot\boldsymbol{c})$$

のなりたつことを確認しよう（⇨ p.116）．

てっそく

ベクトルと計量

(i) **長さ** $|\boldsymbol{a}|^2=\boldsymbol{a}\cdot\boldsymbol{a}$

(ii) **角** $\cos\theta=\dfrac{\boldsymbol{a}\cdot\boldsymbol{b}}{|\boldsymbol{a}|\,|\boldsymbol{b}|}$

(iii) **垂直** $\Leftrightarrow \boldsymbol{a}\cdot\boldsymbol{b}=0$

解答 $\overrightarrow{\mathrm{AB}}=\boldsymbol{b}-\boldsymbol{a}$, $\overrightarrow{\mathrm{BC}}=\boldsymbol{c}-\boldsymbol{b}$, $\overrightarrow{\mathrm{CA}}=\boldsymbol{a}-\boldsymbol{c}$

であり，△ABC が正三角形であるとは AB = BC = CA ということ．これがなりたつことを示す．

$$\begin{aligned}\mathrm{AB}^2-\mathrm{BC}^2&=(\boldsymbol{b}-\boldsymbol{a})\cdot(\boldsymbol{b}-\boldsymbol{a})-(\boldsymbol{c}-\boldsymbol{b})\cdot(\boldsymbol{c}-\boldsymbol{b})\\&=\boldsymbol{b}\cdot\boldsymbol{b}-2\boldsymbol{a}\cdot\boldsymbol{b}-\boldsymbol{c}\cdot\boldsymbol{c}+2\boldsymbol{c}\cdot\boldsymbol{b}\end{aligned}$$

てっそく (i)の利用

ここで仮定の出番か

$\boldsymbol{a}\cdot\boldsymbol{b}=\boldsymbol{c}\cdot\boldsymbol{b}$ から $=\boldsymbol{b}\cdot\boldsymbol{b}-\boldsymbol{c}\cdot\boldsymbol{c}$

$\boldsymbol{a}\cdot\boldsymbol{b}=\boldsymbol{c}\cdot\boldsymbol{a}$ と $\boldsymbol{a}=-\boldsymbol{b}-\boldsymbol{c}$ とから

$$(-\boldsymbol{b}-\boldsymbol{c})\cdot\boldsymbol{b}=\boldsymbol{c}\cdot(-\boldsymbol{b}-\boldsymbol{c}) \quad \text{となり} \quad \boldsymbol{b}\cdot\boldsymbol{b}=\boldsymbol{c}\cdot\boldsymbol{c}$$

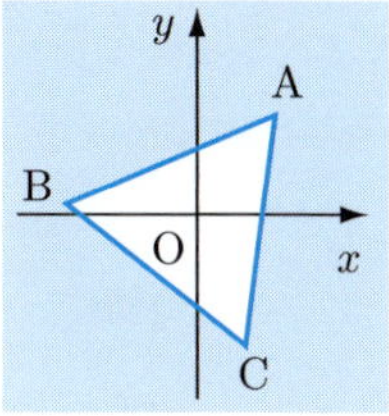

よって $\mathrm{AB}^2-\mathrm{BC}^2=0$．ゆえに AB = BC

同様に BC = CA が示され，△ABC は正三角形である．さらに △ABC の重心を G とすると

$$\overrightarrow{\mathrm{OG}}=\frac{\overrightarrow{\mathrm{OA}}+\overrightarrow{\mathrm{OB}}+\overrightarrow{\mathrm{OC}}}{3}=\frac{\boldsymbol{a}+\boldsymbol{b}+\boldsymbol{c}}{3}=\boldsymbol{0}$$

よって点 G は原点 O に一致する．O は △ABC の重心である．

問　題

107.1 空間内に，どの 2 つも互いに垂直である $\boldsymbol{0}$ でないベクトル $\boldsymbol{a}, \boldsymbol{b}, \boldsymbol{c}$ がある．このとき $\boldsymbol{c}-\boldsymbol{b}$ と $\boldsymbol{c}+\boldsymbol{a}$, $\boldsymbol{b}$ と $\boldsymbol{b}-\boldsymbol{c}$, $\boldsymbol{a}$ と $\boldsymbol{a}+\boldsymbol{c}$ のなす角をそれぞれ α, β, γ とすると，$\cos\alpha=\sin\beta\sin\gamma$ であることを証明せよ．

例題 108 ベクトルと図形の計量

四角形 ABCD の対角線 AC, BD の中点をそれぞれ P, Q とするとき

$$AB^2+BC^2+CD^2+DA^2=AC^2+BD^2+4\,PQ^2$$

がなりたつことを示せ.

navi ベクトルでは，いくつかのベクトルを基にして線形表示する．続いて計量問題では内積の利用である．

route 中点といえば，分点比表示の特別の場合である．

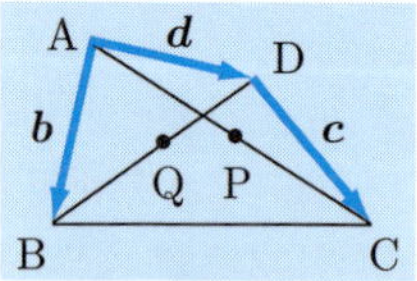

てっそく

ベクトルの代数

(i) 線形3表示

(ii) 内積の利用

(iii) 成分の利用

内積計算は数のように

解答 $\overrightarrow{AB}=\boldsymbol{b},\quad \overrightarrow{AD}=\boldsymbol{d},\quad \overrightarrow{DC}=\boldsymbol{c}$

と表わすと $AB^2=\boldsymbol{b}\cdot\boldsymbol{b},\ CD^2=\boldsymbol{c}\cdot\boldsymbol{c},\ DA^2=\boldsymbol{d}\cdot\boldsymbol{d}$

$$\begin{aligned}\overrightarrow{BC}&=\overrightarrow{BA}+\overrightarrow{AC}=\overrightarrow{BA}+\overrightarrow{AD}+\overrightarrow{DC}\\&=-\boldsymbol{b}+\boldsymbol{d}+\boldsymbol{c}\end{aligned}$$

$$\begin{aligned}BC^2&=\overrightarrow{BC}\cdot\overrightarrow{BC}=(-\boldsymbol{b}+\boldsymbol{d}+\boldsymbol{c})\cdot(-\boldsymbol{b}+\boldsymbol{d}+\boldsymbol{c})\\&=\boldsymbol{b}\cdot\boldsymbol{b}+\boldsymbol{d}\cdot\boldsymbol{d}+\boldsymbol{c}\cdot\boldsymbol{c}-2\boldsymbol{b}\cdot\boldsymbol{d}-2\boldsymbol{b}\cdot\boldsymbol{c}+2\boldsymbol{d}\cdot\boldsymbol{c}\end{aligned}$$

よって左辺の値は

$$\begin{aligned}&AB^2+BC^2+CD^2+DA^2\\&=2(\boldsymbol{b}\cdot\boldsymbol{b}+\boldsymbol{c}\cdot\boldsymbol{c}+\boldsymbol{d}\cdot\boldsymbol{d}-\boldsymbol{b}\cdot\boldsymbol{c}-\boldsymbol{b}\cdot\boldsymbol{d}+\boldsymbol{c}\cdot\boldsymbol{d})\quad\cdots①\end{aligned}$$

一方右辺では点 Q は対角線 BD の中点だから $\overrightarrow{PQ}=\frac{1}{2}\overrightarrow{PB}+\frac{1}{2}\overrightarrow{PD}=-\frac{1}{2}\overrightarrow{BP}-\frac{1}{2}\overrightarrow{DP}$

さらに P は AC の中点だから $\overrightarrow{BP}=\frac{1}{2}(\overrightarrow{BA}+\overrightarrow{BC})=\frac{1}{2}(-2\boldsymbol{b}+\boldsymbol{d}+\boldsymbol{c})$

$\overrightarrow{DP}=\frac{1}{2}(\overrightarrow{DA}+\overrightarrow{DC})=\frac{1}{2}(-\boldsymbol{d}+\boldsymbol{c})$

$$\overrightarrow{PQ}=-\frac{1}{4}(-2\boldsymbol{b}+2\boldsymbol{c})=\frac{1}{2}(\boldsymbol{b}-\boldsymbol{c})$$

よって右辺の値は

$$AC^2+BD^2+4\,PQ^2=(\boldsymbol{d}+\boldsymbol{c})\cdot(\boldsymbol{d}+\boldsymbol{c})+(-\boldsymbol{b}+\boldsymbol{d})\cdot(-\boldsymbol{b}+\boldsymbol{d})+(\boldsymbol{b}-\boldsymbol{c})\cdot(\boldsymbol{b}-\boldsymbol{c})$$

となり，展開すると ① に一致する．

問 題

108.1 x, y, z 軸上にそれぞれ点 A, B, C をとる．AB, BC, CA の中点をそれぞれ D, E, F とし，$\angle FOD=\alpha, \angle DOE=\beta, \angle EOF=\gamma$ とすれば次がなりたつことを示せ．

$$\frac{\cos\alpha}{BC}+\frac{\cos\beta}{CA}+\frac{\cos\gamma}{AB}=\frac{OA^2+OB^2+OC^2}{AB\cdot BC\cdot CA}$$

例題 109♯ **立体へのベクトル利用 (1)**

正四面体 ABCD の頂点 A から，対面 BCD へ引いた垂線の足を G とするとき，G は △BCD の重心であることをベクトルで示せ．

navi ベクトルの利用では基本の 3 表示でスタート．

route $\overrightarrow{\mathrm{AG}}$ が垂線とは，2 ベクトル $\overrightarrow{\mathrm{BC}}, \overrightarrow{\mathrm{BD}}$ に垂直，G がその足であるとは，$\overrightarrow{\mathrm{BG}}$ が $\overrightarrow{\mathrm{BC}}, \overrightarrow{\mathrm{BD}}$ の張る平面上のベクトル，ということ．

てっそく
ベクトル利用では
(i) 位置づけ3表示
(ii) 線形表示
(iii) 長さ・角は内積で

解答 $\overrightarrow{\mathrm{BC}} = \boldsymbol{c}, \overrightarrow{\mathrm{BD}} = \boldsymbol{d}, \overrightarrow{\mathrm{BA}} = \boldsymbol{a}, \overrightarrow{\mathrm{BG}} = \boldsymbol{g}$ とおくと，AG が垂線ということは，ベクトル $\overrightarrow{\mathrm{AG}} = -\boldsymbol{a} + \boldsymbol{g}$ が $\overrightarrow{\mathrm{BC}} = \boldsymbol{c}, \overrightarrow{\mathrm{BD}} = \boldsymbol{d}$ に垂直ということ．

$$(-\boldsymbol{a}+\boldsymbol{g}) \cdot \boldsymbol{c} = 0, \quad (-\boldsymbol{a}+\boldsymbol{g}) \cdot \boldsymbol{d} = 0 \qquad \cdots ①$$

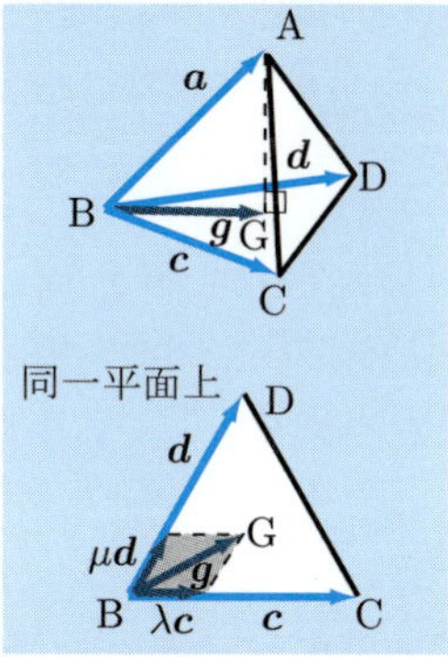

G が垂線の足であるとは，$\overrightarrow{\mathrm{BG}}$ が $\overrightarrow{\mathrm{BC}}, \overrightarrow{\mathrm{BD}}$ と同一平面上

$$\boldsymbol{g} = \lambda \boldsymbol{c} + \mu \boldsymbol{d} \qquad \cdots ②$$

と表わされる．正四面体の 1 辺の長さを l とすると

$$\boldsymbol{a} \cdot \boldsymbol{c} = \boldsymbol{a} \cdot \boldsymbol{d} = \boldsymbol{c} \cdot \boldsymbol{d} = l^2 \cos 60^\circ = l^2/2 \qquad \cdots ③$$

① の 2 式へ ② を代入して ③ を用いると

$$-\frac{l^2}{2} + \lambda l^2 + \frac{\mu}{2} l^2 = 0, \quad -\frac{l^2}{2} + \frac{\lambda}{2} l^2 + \mu l^2 = 0$$

$$2\lambda + \mu = 1, \lambda + 2\mu = 1 \quad \text{から} \quad \lambda = \mu = \frac{1}{3}$$

よって $\boldsymbol{g} = \frac{1}{3}(\boldsymbol{c} + \boldsymbol{d})$．すなわち $\overrightarrow{\mathrm{BG}} = \frac{1}{3}(\overrightarrow{\mathrm{BC}} + \overrightarrow{\mathrm{BD}})$ であり，G は △BCD の重心である．

● **正射影ということ** 一般に空間の点 P から平面 π に引いた垂線の足 P′ を，P の π への正射影という．

問 題

109.1 四面体 ABCD において

$$\mathrm{AB} = \mathrm{CD}, \quad \mathrm{BC} = \mathrm{DA}, \quad \mathrm{CA} = \mathrm{BD}$$

のとき AB, CD の中点 E, F を通る直線は AB, CD に直交することを示せ．

例題 110♯　　**立体へのベクトル利用 (2)**

1 辺の長さ l の立方体 ABCD−EFGH に対して，ベクトルを用いて，次の問に答えよ．

(i)　$\overrightarrow{\mathrm{DH}}, \overrightarrow{\mathrm{DE}}$ のなす角の余弦を求めよ．

(ii)　$\mathrm{DE} \perp \mathrm{AG}$ を示せ．

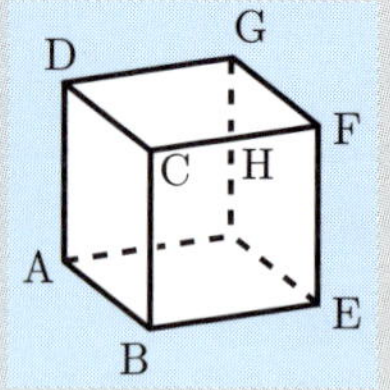

navi　前問と同様に，いくつかのベクトルを基に他を線形表示する．その上で角が問題になるならば，内積の利用である．

route　どのベクトルを基にしても大差はないが互いに垂直な 3 つを用いてみよう．

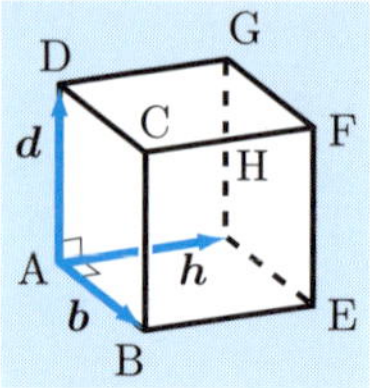

解答　(i)　$\overrightarrow{\mathrm{AB}} = \boldsymbol{b}, \overrightarrow{\mathrm{AD}} = \boldsymbol{d}, \overrightarrow{\mathrm{AH}} = \boldsymbol{h}$ とすると，これらは垂直であるから，互いの内積は 0.

$$\overrightarrow{\mathrm{DH}} = \overrightarrow{\mathrm{DA}} + \overrightarrow{\mathrm{AH}} = -\boldsymbol{d} + \boldsymbol{h}$$

$$\overrightarrow{\mathrm{DE}} = \overrightarrow{\mathrm{DA}} + \overrightarrow{\mathrm{AB}} + \overrightarrow{\mathrm{BE}} = -\boldsymbol{d} + \boldsymbol{b} + \boldsymbol{h}$$　バイパスをまわれ

$$\overrightarrow{\mathrm{DH}} \cdot \overrightarrow{\mathrm{DE}} = (-\boldsymbol{d} + \boldsymbol{h}) \cdot (-\boldsymbol{d} + \boldsymbol{b} + \boldsymbol{h})$$

$$= \boldsymbol{d} \cdot \boldsymbol{d} - 2\boldsymbol{d} \cdot \boldsymbol{h} + \boldsymbol{h} \cdot \boldsymbol{h} - \boldsymbol{d} \cdot \boldsymbol{b} + \boldsymbol{h} \cdot \boldsymbol{b} = 2l^2$$

> **ベクトルと角**
> (i)　角の処理は内積で
> (ii)　内積の輝きは分配法則

また　$\overrightarrow{\mathrm{DH}} \cdot \overrightarrow{\mathrm{DH}} = (-\boldsymbol{d} + \boldsymbol{h}) \cdot (-\boldsymbol{d} + \boldsymbol{h}) = 2l^2$ から $\mathrm{DH} = \sqrt{2}\,l$

$\overrightarrow{\mathrm{DE}} \cdot \overrightarrow{\mathrm{DE}} = (-\boldsymbol{d} + \boldsymbol{b} + \boldsymbol{h}) \cdot (-\boldsymbol{d} + \boldsymbol{b} + \boldsymbol{h}) = 3l^2$ から $\mathrm{DE} = \sqrt{3}\,l$

$\overrightarrow{\mathrm{DH}}, \overrightarrow{\mathrm{DE}}$ のなす角を θ とすると

$$\cos\theta = \frac{\overrightarrow{\mathrm{DH}} \cdot \overrightarrow{\mathrm{DE}}}{\mathrm{DH} \cdot \mathrm{DE}} = \frac{2l^2}{\sqrt{2}\,l\sqrt{3}\,l} = \frac{\sqrt{6}}{3}$$

(ii)　$\overrightarrow{\mathrm{DE}} \cdot \overrightarrow{\mathrm{AG}} = (-\boldsymbol{d} + \boldsymbol{b} + \boldsymbol{h}) \cdot (\boldsymbol{d} + \boldsymbol{h}) = -l^2 + l^2 = 0$

よって　$\overrightarrow{\mathrm{DE}}$ と $\overrightarrow{\mathrm{AG}}$ は互いに垂直である．

問　題

110.1　空間に 4 点 A, B, C, D があるとき $\mathrm{AB} \perp \mathrm{CD}$ であるための必要十分条件は

$$\mathrm{AC}^2 + \mathrm{BD}^2 = \mathrm{AD}^2 + \mathrm{BC}^2$$

であることを示せ．

例題 111♯　　**球面三角形**

O を中心とする半径 1 の球面上に 3 点 A, B, C をとり，それぞれ A と B，B と C，C と A を通る大円を辺とする球面三角形 ABC を考える．

$\overrightarrow{\mathrm{OA}}=\boldsymbol{a}, \overrightarrow{\mathrm{OB}}=\boldsymbol{b}, \overrightarrow{\mathrm{OC}}=\boldsymbol{c}$ とし，$\boldsymbol{b}$ と $\boldsymbol{c}$，$\boldsymbol{c}$ と $\boldsymbol{a}$，$\boldsymbol{a}$ と $\boldsymbol{b}$ のなす角をそれぞれ α, β, γ，また B, C の OA への正射影をそれぞれ B′, C′ として，$\overrightarrow{\mathrm{B'B}}, \overrightarrow{\mathrm{C'C}}$ のなす角を δ とする．

そのとき，次の等式がなりたつことを示せ．

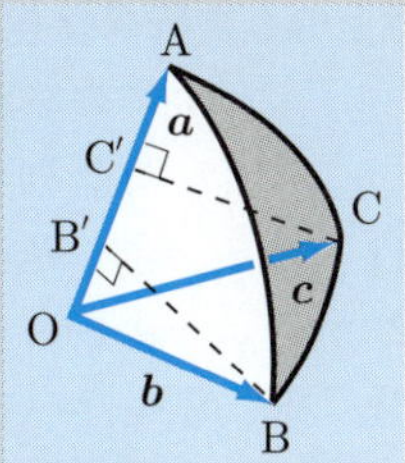

$$\cos\alpha=\cos\beta\cos\gamma+\sin\beta\sin\gamma\cos\delta$$ （球面三角形の余弦法則という）

navi　空間図形といえば未だ不慣れか．しかしベクトルで処理する限り，平面と同じなのだ．

route　角 $\alpha, \beta, \gamma, \delta$ といえば内積の登場．

てっそく
空間ベクトルの処理
平面・空間に区別はない
(i)　長さに注目
(ii)　角は内積で
(iii)　線形3表示

解答　$|\boldsymbol{a}|=|\boldsymbol{b}|=|\boldsymbol{c}|=1$ から

$$\mathrm{OA}=\mathrm{OB}=\mathrm{OC}=1 \qquad \cdots ①$$

$$\boldsymbol{b}\cdot\boldsymbol{c}=\cos\alpha,\ \boldsymbol{c}\cdot\boldsymbol{a}=\cos\beta,\ \boldsymbol{a}\cdot\boldsymbol{b}=\cos\gamma \qquad \cdots ②$$

$$\overrightarrow{\mathrm{BB'}}\cdot\overrightarrow{\mathrm{CC'}}=\mathrm{BB'}\cdot\mathrm{CC'}\cos\delta$$

であり，直角三角形 OBB′, OCC′ から ① を用いて

$$\mathrm{BB'}=\mathrm{OB}\sin\gamma=\sin\gamma, \quad \mathrm{CC'}=\mathrm{OC}\sin\beta=\sin\beta$$

$$\therefore\ \overrightarrow{\mathrm{BB'}}\cdot\overrightarrow{\mathrm{CC'}}=\sin\beta\sin\gamma\cos\delta \qquad \cdots ③$$ 目標がみえてきた！

一方 $\mathrm{OB'}=\cos\gamma$ で $\overrightarrow{\mathrm{OB'}}$ は $\overrightarrow{\mathrm{OA}}$ 上にあるから

$$\overrightarrow{\mathrm{OB'}}=(\cos\gamma)\boldsymbol{a} \quad \text{同様に} \quad \overrightarrow{\mathrm{OC'}}=(\cos\beta)\boldsymbol{a}$$

$$\overrightarrow{\mathrm{BB'}}\cdot\overrightarrow{\mathrm{CC'}}=\{-\boldsymbol{b}+(\cos\gamma)\boldsymbol{a}\}\cdot\{-\boldsymbol{c}+(\cos\beta)\boldsymbol{a}\}$$

② を用いて

$$=\cos\alpha-\cos\beta\cos\gamma$$

これと③から求める結果となる．

問　題

111.1　3 辺の長さが a, b, c，その 2 つずつのなす角が λ, μ, ν の平行六面体の 4 つの対角線の長さの平方を求めよ．

4.4 空間ベクトルの線形独立・線形従属

◆ **実数上の 3 次行ベクトルと空間ベクトル**　第 3 章 3.6 節では n 次の行ベクトル（列ベクトル）についての線形独立，線形従属の考えを学習した．とくに実数上の 3 次の行ベクトルとは (1, 3) 行列 $[a_1\ a_2\ a_3]$ のことであり，演算は，行列としての演算であった．

(1)　$[a_1\ a_2\ a_3] = [b_1\ b_2\ b_3] \quad \Leftrightarrow \quad a_1 = b_1, a_2 = b_2, a_3 = b_3$

(2)　$[a_1\ a_2\ a_3] \pm [b_1\ b_2\ b_3] = [a_1 \pm b_1\ a_2 \pm b_2\ a_3 \pm b_3]$

(3)　$\lambda[a_1\ a_2\ a_3] = [\lambda a_1\ \lambda a_2\ \lambda a_3]$

この章の 4.2 節以降で考えた空間ベクトルでは，空間ベクトル $\boldsymbol{a}$ を 3 つの実数の組 (a_1, a_2, a_3) で表わし，空間ベクトルの成分と名づけた．空間ベクトルの演算は，p.113 の定理 3′ の (1), (2), (3) であった．

ネーミングは異なっていても，両者は演算まで考えて“同じもの”である．この“同じもの”という考えは，第 7 章で“同型なベクトル空間”の考えとなる．

◆ **空間ベクトルの線形独立・線形従属**　3 次の行ベクトルの線形独立・線形従属の考えを見ならって，空間ベクトルの線形独立・線形従属が定義される．

空間ベクトル $\boldsymbol{a}_1, \boldsymbol{a}_2, \cdots, \boldsymbol{a}_s$ が**線形独立**であるとは，条件

「$\lambda_1\boldsymbol{a}_1 + \lambda_2\boldsymbol{a}_2 + \cdots + \lambda_s\boldsymbol{a}_s = \boldsymbol{0}$ となるのは $\lambda_1 = \lambda_2 = \cdots = \lambda_s = 0$ のときだけ」

がなりたつことをいう．また線形独立でないときに**線形従属**であるという．

すなわち $\boldsymbol{a}_1, \boldsymbol{a}_2, \cdots, \boldsymbol{a}_s$ の線形従属性を次のように言いかえてもよい．

「$\lambda_1\boldsymbol{a}_1 + \lambda_2\boldsymbol{a}_2 + \cdots + \lambda_s\boldsymbol{a}_s = \boldsymbol{0}$

かつ　$\lambda_1, \cdots, \lambda_s$ のどれかは 0 ではないスカラー $\lambda_1, \lambda_2, \cdots, \lambda_s$ がある」

例題 112　　**線形独立・線形従属の論証**

$\boldsymbol{0}$ でない空間ベクトル $\boldsymbol{a}_i$ $(i = 1,2,3)$ に対して，$\boldsymbol{a}_i$ 上の単位ベクトルを $\boldsymbol{e}_i$ $(i = 1,2,3)$ とするとき，次を証明せよ．

$$\boldsymbol{a}_1, \boldsymbol{a}_2, \boldsymbol{a}_3 \text{ が線形独立} \quad \Leftrightarrow \quad \boldsymbol{e}_1, \boldsymbol{e}_2, \boldsymbol{e}_3 \text{ が線形独立}$$

解答　〔⇒〕　$\boldsymbol{a}_1, \boldsymbol{a}_2, \boldsymbol{a}_3$ は線形独立とし，$\lambda_1\boldsymbol{e}_1 + \lambda_2\boldsymbol{e}_2 + \lambda_3\boldsymbol{e}_3 = \boldsymbol{0}$ とすると

$$\frac{\lambda_1}{|\boldsymbol{a}_1|}\boldsymbol{a}_1 + \frac{\lambda_2}{|\boldsymbol{a}_2|}\boldsymbol{a}_2 + \frac{\lambda_3}{|\boldsymbol{a}_3|}\boldsymbol{a}_3 = \boldsymbol{0}$$

$\boldsymbol{a}_1, \boldsymbol{a}_2, \boldsymbol{a}_3$ が線形独立であるから $\frac{\lambda_1}{|\boldsymbol{a}_1|} = \frac{\lambda_2}{|\boldsymbol{a}_2|} = \frac{\lambda_3}{|\boldsymbol{a}_3|} = 0$ となり $\lambda_1 = \lambda_2 = \lambda_3 = 0$．よって $\boldsymbol{e}_1, \boldsymbol{e}_2, \boldsymbol{e}_3$ は線形独立である．〔⇐〕は問題とする．

問　題

112.1　(i)　上の例題の〔⇐〕部分の証明を与えよ．

(ii)　$\boldsymbol{0}$ でない平面ベクトル $\boldsymbol{a}_1, \boldsymbol{a}_2$ に対して，次を証明せよ．

$$\boldsymbol{a}_1, \boldsymbol{a}_2 \text{ が線形独立} \quad \Leftrightarrow \quad \boldsymbol{a}_1 + \boldsymbol{a}_2, \boldsymbol{a}_1 - \boldsymbol{a}_2 \text{ が線形独立}$$

例題 113　　**線形独立・線形従属の図形的意味**

空間ベクトル $\boldsymbol{a}_i$ について次のおのおのを証明せよ．

(i)　3 ベクトル $\boldsymbol{a}_1, \boldsymbol{a}_2, \boldsymbol{a}_3$ が線形従属 $\Leftrightarrow$ $\boldsymbol{a}_1, \boldsymbol{a}_2, \boldsymbol{a}_3$ が同一平面上

(ii)　4 個のベクトルがあれば，それらは線形従属

解答　(i)〔⇒ の証明〕 $\boldsymbol{a}_1, \boldsymbol{a}_2, \boldsymbol{a}_3$ が線形従属

$\Rightarrow$　$x_1\boldsymbol{a}_1 + x_2\boldsymbol{a}_2 + x_3\boldsymbol{a}_3 = \boldsymbol{0}$ で，どれかは 0 でない x_1, x_2, x_3 がある

論証の基本
まずは定義を

$\Rightarrow$　$x_1 \neq 0$ なら $\boldsymbol{a}_1 = -\frac{x_2}{x_1}\boldsymbol{a}_2 - \frac{x_3}{x_1}\boldsymbol{a}_3 = \lambda_2\boldsymbol{a}_2 + \lambda_3\boldsymbol{a}_3$ から $\boldsymbol{a}_1$ は $\boldsymbol{a}_2, \boldsymbol{a}_3$ の含まれる平面内にある

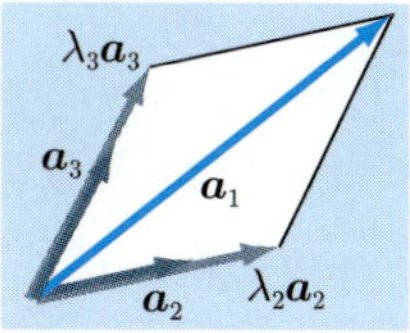

$\Rightarrow$　$x_2 \neq 0$ あるいは $x_3 \neq 0$ のときも同様

〔⇐ の証明〕 $\boldsymbol{a}_1, \boldsymbol{a}_2, \boldsymbol{a}_3$ が同一平面上

$\Rightarrow$　$\boldsymbol{a}_2 = \boldsymbol{0}$ ならば $0\boldsymbol{a}_1 + 1\boldsymbol{a}_2 + 0\boldsymbol{a}_3 = \boldsymbol{0}$

$\boldsymbol{a}_3 = \boldsymbol{0}$ ならば $0\boldsymbol{a}_1 + 0\boldsymbol{a}_2 + 1\boldsymbol{a}_3 = \boldsymbol{0}$

$\boldsymbol{a}_2 \neq \boldsymbol{0}$, $\boldsymbol{a}_3 \neq \boldsymbol{0}$ ならば $\boldsymbol{a}_1 = \lambda_2\boldsymbol{a}_2 + \lambda_3\boldsymbol{a}_3$ と表わされる．

これは $1 \cdot \boldsymbol{a}_1 + (-\lambda_2)\boldsymbol{a}_2 + (-1)\lambda_3\boldsymbol{a}_3 = \boldsymbol{0}$ ということ

$\Rightarrow$　$x_1\boldsymbol{a}_1 + x_2\boldsymbol{a}_2 + x_3\boldsymbol{a}_3 = \boldsymbol{0}$ で，どれかは 0 でない x_1, x_2, x_3 がある

$\Rightarrow$　$\boldsymbol{a}_1, \boldsymbol{a}_2, \boldsymbol{a}_3$ は線形従属

(ii)　4 個のベクトルを $\boldsymbol{a}_1, \boldsymbol{a}_2, \boldsymbol{a}_3, \boldsymbol{a}_4$ とする．

(a)　$\boldsymbol{a}_1, \boldsymbol{a}_2, \boldsymbol{a}_3$ が線形従属ならば $x_1\boldsymbol{a}_1 + x_2\boldsymbol{a}_2 + x_3\boldsymbol{a}_3 = \boldsymbol{0}$ で x_1, x_2, x_3 のどれかは 0 でない．よって $x_1\boldsymbol{a}_1 + x_2\boldsymbol{a}_2 + x_3\boldsymbol{a}_3 + 0\boldsymbol{a}_4 = \boldsymbol{0}$ だから 4 つは線形従属．

(b)　$\boldsymbol{a}_1, \boldsymbol{a}_2, \boldsymbol{a}_3$ が線形独立ならば，(i) により $\boldsymbol{a}_1, \boldsymbol{a}_2, \boldsymbol{a}_3$ は同一平面上にはない．

よって空間内のベクトル $\boldsymbol{a}_4$ は

$$\boldsymbol{a}_4 = x_1\boldsymbol{a}_1 + x_2\boldsymbol{a}_2 + x_3\boldsymbol{a}_3$$

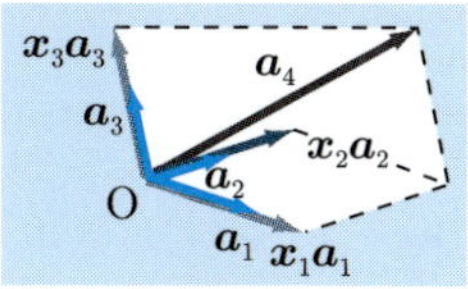

と表わされ $x_1\boldsymbol{a}_1 + x_2\boldsymbol{a}_2 + x_3\boldsymbol{a}_3 + (-1)\boldsymbol{a}_4 = \boldsymbol{0}$ となり，$\boldsymbol{a}_1, \boldsymbol{a}_2, \boldsymbol{a}_3, \boldsymbol{a}_4$ は線形従属．

問　題

113.1　2 つのベクトル $\boldsymbol{a}_1, \boldsymbol{a}_2$ が線形従属 $\Leftrightarrow$ $\boldsymbol{a}_1, \boldsymbol{a}_2$ は同一直線上

113.2　(i)　$\boldsymbol{a}_1, \boldsymbol{a}_2$ が線形独立のとき，$\boldsymbol{b}_1 = p_{11}\boldsymbol{a}_1 + p_{12}\boldsymbol{a}_2, \boldsymbol{b}_2 = p_{21}\boldsymbol{a}_1 + p_{22}\boldsymbol{a}_2$ とし，$P = \begin{bmatrix} p_{11} & p_{12} \\ p_{21} & p_{22} \end{bmatrix}$ とする．$\boldsymbol{b}_1$, $\boldsymbol{b}_2$ が線形独立であるための条件は $|P| \neq 0$ であることを示せ．

(ii)　$\boldsymbol{b}, \boldsymbol{c}$ が線形独立で，$\lambda\boldsymbol{a} + \mu\boldsymbol{b} + \nu\boldsymbol{c} = \boldsymbol{0}$, $\lambda\nu \neq 0$ ならば，$\boldsymbol{a}, \boldsymbol{b}$ は $\boldsymbol{b}, \boldsymbol{c}$ の張る平面と同じ平面を張ることを示せ．

例題 114 ベクトルが同一平面上

(i) 空間ベクトル $\boldsymbol{a}=(a_1,a_2,a_3),\boldsymbol{b}=(b_1,b_2,b_3),\boldsymbol{c}=(c_1,c_2,c_3)$ について，次を証明せよ．

$$\boldsymbol{a},\boldsymbol{b},\boldsymbol{c}\text{ が同一平面上} \quad \Leftrightarrow \quad |A|=\begin{vmatrix} a_1 & a_2 & a_3 \\ b_1 & b_2 & b_3 \\ c_1 & c_2 & c_3 \end{vmatrix}=0$$

(ii) $\boldsymbol{a}_1=(2,-1,0),\boldsymbol{a}_2=(1,0,3),\boldsymbol{a}_3=(-2,1,0)$ が同一平面上にあるかどうかを，(i)を用いて調べよ．

navi 「同一平面上」という図形の条件（幾何学的条件）を,「$|A|=0$」という数式の条件（代数学的条件）で言いかえたもの．これが線形代数学の姿である．

線形従属
↕
同一平面上
↕
$|A|=\begin{vmatrix} \boldsymbol{a} \\ \boldsymbol{b} \\ \boldsymbol{c} \end{vmatrix}=0$

route $\boldsymbol{a},\boldsymbol{b},\boldsymbol{c}$ が同一平面上にある $\Leftrightarrow$ $\boldsymbol{a},\boldsymbol{b},\boldsymbol{c}$ が線形従属を確かめてあるから「線形従属 $\Leftrightarrow$ $|A|=0$」を証明しよう（⇨ p.87）．

解答 (i) $\boldsymbol{a},\boldsymbol{b},\boldsymbol{c}$ が線形従属とは

「$x\boldsymbol{a}+y\boldsymbol{b}+z\boldsymbol{c}=\boldsymbol{0}$ かつ $(x,y,z)\neq(0,0,0)$ となる x,y,z がある」ということ．成分で言えば

$$「\begin{cases} xa_1+yb_1+zc_1=0 \\ xa_2+yb_2+zc_2=0 \\ xa_3+yb_3+zc_3=0 \end{cases} \quad \text{が非自明な解 } x,y,z \text{ をもつこと」}$$

ということであり，そのための必要十分条件は

$$\begin{vmatrix} a_1 & b_1 & c_1 \\ a_2 & b_2 & c_2 \\ a_3 & b_3 & c_3 \end{vmatrix}=0 \quad \text{すなわち } |A|=\begin{vmatrix} a_1 & a_2 & a_3 \\ b_1 & b_2 & b_3 \\ c_1 & c_2 & c_3 \end{vmatrix}=0$$

線形独立
↕
同一平面上にない
↕
$|A|=\begin{vmatrix} \boldsymbol{a} \\ \boldsymbol{b} \\ \boldsymbol{c} \end{vmatrix}\neq 0$

(ii) $|A|=\begin{vmatrix} 2 & -1 & 0 \\ 1 & 0 & 3 \\ -2 & 1 & 0 \end{vmatrix}=6-6=0$ であるから同一平面上にある．

問　題

114.1 $\boldsymbol{b}_1=(a,14,-b),\boldsymbol{b}_2=(-1,4a,b)$ がいずれも $\boldsymbol{a}_1=(1,2,-1),\boldsymbol{a}_2=(3,-4,1)$ と同一平面上にあるように a,b を定めよ．

114.2 次の空間ベクトルは線形独立か．同次連立方程式の解を用いて述べよ．

(i) $\boldsymbol{a}_1=(1,-2,1),\quad \boldsymbol{a}_2=(3,1,0)$

(ii) $\boldsymbol{a}_1=(2,-1,0),\quad \boldsymbol{a}_2=(1,0,3),\quad \boldsymbol{a}_3=(-2,1,0)$

例題 115♮　　**4 ベクトルの同一平面上**

$\boldsymbol{a}_1=(2,-1,1), \boldsymbol{a}_2=(-1,1,1), \boldsymbol{a}_3=(-3,2,0), \boldsymbol{a}_4=(-4,3,1)$ とする．

(i)　これら 4 つのベクトルは同一平面上にあるか．

(ii)　$\boldsymbol{b}=(3,-1,3)=x\boldsymbol{a}_1+y\boldsymbol{a}_2+z\boldsymbol{a}_3+u\boldsymbol{a}_4$ となる x, y, z, u を求めよ．

navi　「$\boldsymbol{a}_3$ が $\boldsymbol{a}_1, \boldsymbol{a}_2$ の張る平面内にある」 ⇔ 「$\boldsymbol{a}_3=x\boldsymbol{a}_1+y\boldsymbol{a}_2$ と表わされる」と考えると，$\boldsymbol{a}_1, \boldsymbol{a}_2, \boldsymbol{a}_3, \boldsymbol{a}_4$ の間にどんな関係があるかを調べることになる．

route　連立方程式の話に直して，係数行列の rank を調べてみよう．

解答　$x\boldsymbol{a}_1+y\boldsymbol{a}_2+z\boldsymbol{a}_3+u\boldsymbol{a}_4=\boldsymbol{c}$　　($\boldsymbol{c}=\boldsymbol{0}$ および $\boldsymbol{c}=\boldsymbol{b}$)
は成分ごとにとりあげると連立方程式である．その基本操作表をつくる．

x	y	z	u	$\boldsymbol{c}=\boldsymbol{0}$	$\boldsymbol{c}=\boldsymbol{b}$
2	−1	−3	−4	0	3
−1	1	2	3	0	−1
1	1	0	1	0	3
1	1	0	1	0	3
0	2	2	4	0	2
0	−3	−3	−6	0	−3
1	1	0	1	0	3
0	1	1	2	0	1
0	0	0	0	0	0
1	0	−1	−1	0	2
0	1	1	2	0	1
0	0	0	0	0	0

同一平面上にある
⇔　rank $A \leqq 2$

$\boldsymbol{c}=\boldsymbol{0}$ のとき
$x-z-\ u=0$
$y+z+2u=0$
(z, u は任意)

(i)　$x\boldsymbol{a}_1+y\boldsymbol{a}_2+z\boldsymbol{a}_3+u\boldsymbol{a}_4=\boldsymbol{0}$ となるのは
$x=\lambda+\mu,\quad y=-\lambda-2\mu,\quad z=\lambda,\quad u=\mu$　　(λ, μ は任意)
$\lambda=1, \mu=0$　とすると　$\boldsymbol{a}_3=-\boldsymbol{a}_1+\boldsymbol{a}_2$,
$\lambda=0, \mu=1$　とすると　$\boldsymbol{a}_4=-\boldsymbol{a}_1+2\boldsymbol{a}_2$
となるので $\boldsymbol{a}_1, \boldsymbol{a}_2, \boldsymbol{a}_3, \boldsymbol{a}_4$ は $\boldsymbol{a}_1, \boldsymbol{a}_2$ の張る平面内にある．

(ii)　$x\boldsymbol{a}_1+y\boldsymbol{a}_2+z\boldsymbol{a}_3+u\boldsymbol{a}_4=\boldsymbol{b}$ となるのは
$x=2+\lambda+\mu, y=1-\lambda-2\mu, z=\lambda, u=\mu$　　(λ, μ は任意)

線形結合
$x\boldsymbol{a}_1+y\boldsymbol{a}_2$ を
$\boldsymbol{a}_1, \boldsymbol{a}_2$ の線形結合
という（⇨ p.89）

問　題

115.1　$\boldsymbol{a}_1=(1,0,1), \boldsymbol{a}_2=(0,2,2), \boldsymbol{a}_3=(3,7,1)$ とする．

(i)　$\boldsymbol{a}=(-1,3,-7)$ を $\boldsymbol{a}_1, \boldsymbol{a}_2, \boldsymbol{a}_3$ の線形結合として表わせ．

(ii)　$\boldsymbol{a}=(2,-1,a)$ が $\boldsymbol{a}_1, \boldsymbol{a}_3$ の張る平面内にあるように a を定めよ．

4.5 座標空間の直線の方程式

◆ **直線の方程式**　直交座標空間における**直線の方程式**とは，その直線 l 上の任意の点 $\mathrm{P}(x,y,z)$ のみたす式である．その直線を定めるのは

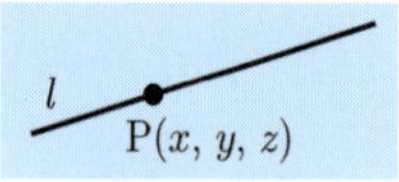

(i)　直線上の 1 点 $\mathrm{A}(x_0,y_0,z_0)$ と直線上の $\mathbf{0}$ でないベクトル $\boldsymbol{l}=(l,m,n)$　（$\boldsymbol{l}$ を**方向ベクトル**という）

(ii)　直線上の相異なる 2 点 $\mathrm{A_1}(x_1,y_1,z_1), \mathrm{A_2}(x_2,y_2,z_2)$

> 直線は
> (i)　A と $\boldsymbol{l}$
> (ii)　$\mathrm{A_1}$ と $\mathrm{A_2}$

(i) の場合，直線上の任意の点 $\mathrm{P}(x,y,z)$ に対して

ベクトル $\boldsymbol{l}$ と $\overrightarrow{\mathrm{AP}}=(x-x_0,y-y_0,z-z_0)$ はこの直線上（同一直線上）にあるから，

$\overrightarrow{\mathrm{AP}}=\lambda\boldsymbol{l}$（$\lambda$ は実数）と表わされ

(i)の 1．$\overrightarrow{\mathrm{OA}}=\boldsymbol{x}_0, \overrightarrow{\mathrm{OP}}=\boldsymbol{x}$ とすると $\boldsymbol{x}-\boldsymbol{x}_0=\lambda\boldsymbol{l}$（ベクトル表示）

(i)の 2．$(x-x_0,y-y_0,z-z_0)=\lambda(l,m,n)$　　$\cdots$①

(i)の 3．$\begin{cases} x=x_0+\lambda l \\ y=y_0+\lambda m \\ z=z_0+\lambda n \end{cases}$　　$\cdots$②

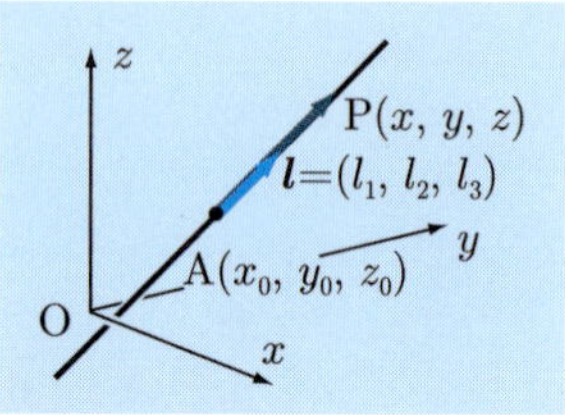

(i)の 4．λ を消去して $\dfrac{x-x_0}{l}=\dfrac{y-y_0}{m}=\dfrac{z-z_0}{n}$

ただし，分母が 0 のときは分子も 0 と約束する．　$\cdots$③

(ii)は $\mathrm{A}=\mathrm{A_1}, \boldsymbol{l}=\overrightarrow{\mathrm{A_1A_2}}=(x_2-x_1,y_2-y_1,z_2-z_1)$ とすると(i)になる．

例題 116　　　**直線の方程式**

(i)　直線の方程式 $\frac{x+3}{2}=\frac{y-1}{-3}=\frac{z+2}{2\sqrt{3}}$ を

$$\frac{x+3}{l}=\frac{y-1}{m}=\frac{z+2}{n}\quad (l^2+m^2+n^2=1,\ l>0)$$

の形に書き改めよ．

(ii)　2 点 $\mathrm{P}(2,-1,4), \mathrm{Q}(-1,3,2)$ を通る直線の方程式を ③ の形に書き表わせ．

解答　(i)　$\boldsymbol{l}=(2,-3,2\sqrt{3})$ では $|\boldsymbol{l}|=\sqrt{4+9+12}=5$

$\boldsymbol{l}$ と同じ向きの単位ベクトルは

$$\boldsymbol{e}=\tfrac{1}{|\boldsymbol{l}|}\boldsymbol{l}=\tfrac{1}{5}(2,-3,2\sqrt{3})$$

よって求める方程式は $\frac{x+3}{2/5}=\frac{y-1}{-3/5}=\frac{z+2}{2\sqrt{3}/5}$

(ii)　$\boldsymbol{l}=(-3,4,-2)$ から $\frac{x-2}{-3}=\frac{y+1}{4}=\frac{z-4}{-2}$

> **てっそく**
> **直線を決めるもの**
> **(i)　方向ベクトルと通過点**
> **(ii)　通過する2点**

問　題

116.1　$\boldsymbol{x}_0=(1,2,-3)$ を通り，y 軸に平行な直線を ② の形で表わせ．

◆ **2直線のなす角**　2直線 L, M のそれぞれの方向ベクトル $\boldsymbol{l}, \boldsymbol{m}$ のなす角 θ $(0 \leqq \theta \leqq \pi/2)$ を L, M の**なす角**という．とくに
$\theta = \pi/2$ のとき，2直線は互いに**垂直**であるという．
$\theta = 0$ で，共有点をもたないときが**平行**な場合であり，
$0 < \theta \leqq \pi/2$ で $\boldsymbol{l}, \boldsymbol{m}$ が互いに他のスカラー倍でなく，かつ共有点をもたないとき，**ねじれの位置**にあるという．

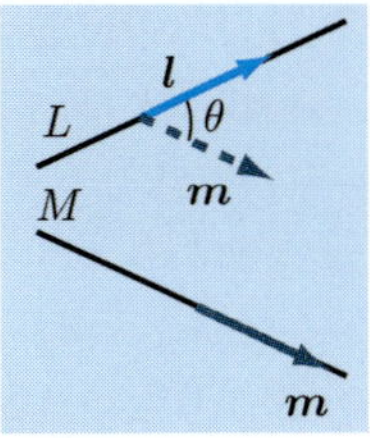

例題 117　　**直線の方程式**

(i)　次の2直線のなす角を求めよ．

$$\frac{x+5}{2} = y-6 = -z+2, \quad \frac{5-x}{2} = \frac{y+4}{2} = \frac{z+4}{4}$$

(ii)　点 $\mathrm{P}(2,-1,-4)$ を通り，2ベクトル $\boldsymbol{a} = (1,-1,2)$ と $\boldsymbol{b} = (-1,2,3)$ の両方に垂直な直線の方程式を求めよ．

navi　空間直線と言えば，方向ベクトルと通過点に注目する．

解答　(i)　2直線の方向ベクトルは，それぞれ

$$\boldsymbol{l} = (2,1,-1), \quad \boldsymbol{m} = (-2,2,4)$$

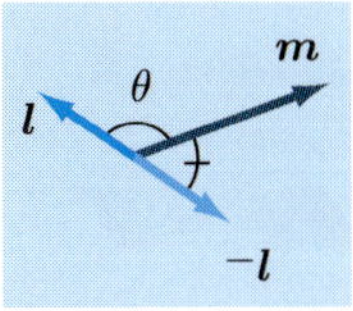

であり，なす角を θ とすると $\boldsymbol{l} \cdot \boldsymbol{m} = |\boldsymbol{l}|\,|\boldsymbol{m}|\cos\theta$ から

$$-4+2-4 = \sqrt{6}\sqrt{24}\cos\theta, \ \cos\theta = -1/2 \qquad \therefore \quad \theta = 2\pi/3$$

鋭角にとりかえて $\theta = \pi/3$

(ii)　求める直線の方向ベクトルを $\boldsymbol{l} = (l, m, n)$ とすると

$$\boldsymbol{l} \cdot \boldsymbol{a} = l - m + 2n = 0, \quad \boldsymbol{l} \cdot \boldsymbol{b} = -l + 2m + 3n = 0$$

2直線のなす角
方向ベクトルの
なす角
$0 \leqq \theta \leqq \pi/2$

これから $l = -7\lambda$, $m = -5\lambda$, $n = \lambda$ となり $\boldsymbol{l} = \lambda(-7,-5,1)$
求める方程式は

$$\frac{x-2}{-7} = \frac{y+1}{-5} = z+4$$

問　題

117.1　(i)　$\mathrm{P}(1,-2,3)$ を通り，直線 $x-2 = \frac{y+1}{3} = \frac{z+3}{2}$ に平行な直線の方程式を求めよ．
(ii)　2点 $\mathrm{A}(1,2,3)$, $\mathrm{B}(3,4,2)$ を結ぶ直線と2点 $\mathrm{C}(3,1,5)$, $\mathrm{D}(2,-3,4)$ を結ぶ直線のなす角 $\theta(0 \leqq \theta \leqq \pi/2)$ を求めよ．

◆ **ねじれの位置**　2 直線 $L_i : \boldsymbol{x} = \boldsymbol{p}_i + \lambda \boldsymbol{l}_i$ $(i = 1, 2)$ がねじれの位置とは

(i)　共有点をもたない，かつ　(ii)　平行でない

すなわち (i)　$\boldsymbol{p}_1 + \lambda_1 \boldsymbol{l}_1 = \boldsymbol{p}_2 + \lambda_2 \boldsymbol{l}_2$ となる λ_1, λ_2 がない

(ii)　$\boldsymbol{l}_1 = \lambda \boldsymbol{l}_2$ となる λ がない

がなりたつこと．下の例題では(ii)の代りに，次にしたがっている．

(ii′)　$\boldsymbol{l}_1, \boldsymbol{l}_2$ のなす角 θ で $|\cos\theta| < 1$

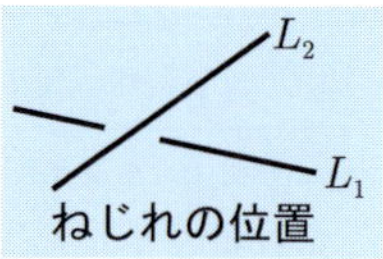

例題 118　　ねじれの位置

(i)　空間の 2 直線

$$L_1 : \frac{x-3}{2} = \frac{y+1}{-2} = z - 2, \quad L_2 : x = \frac{y}{2} = 4 - z$$

のなす角を θ とするとき，$\cos\theta$ を求めよ．

(ii)　(i) の L_1, L_2 はねじれの位置にあることを証明せよ．

navi　「証明せよ」と言われたら，用語の定義，続いて，基本定理の連想．

route　直線では，方向ベクトルと通過点．

ねじれの位置
(i)共有点をもたない
(ii)平行でない

解答 (i)　L_1, L_2 の方向ベクトルは $\boldsymbol{l}_1 = (2, -2, 1)$, $\boldsymbol{l}_2 = (1, 2, -1)$ であり，これらのなす角を α とすると $0 \leqq \alpha \leqq \pi$ で

$$\cos\alpha = \frac{\boldsymbol{l}_1 \cdot \boldsymbol{l}_2}{|\boldsymbol{l}_1|\,|\boldsymbol{l}_2|} = \frac{-3}{\sqrt{9}\sqrt{6}} = -\frac{1}{\sqrt{6}}$$

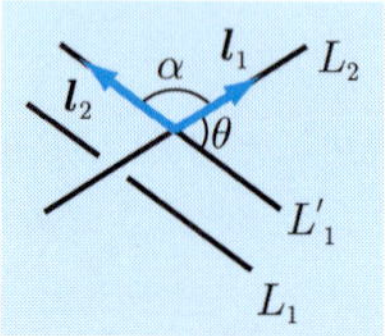

2 直線のなす角 θ は $0 \leqq \theta \leqq \pi/2$ なので $\cos\theta \geqq 0$ $(\theta = \alpha, \pi - \alpha)$

$$\cos\theta = -\cos\alpha = 1/\sqrt{6}$$

(ii)　L_1, L_2 に共有点 (x_0, y_0, z_0) があれば

$$x_0 - 3 = -y_0 - 1 = 2z_0 - 4 \quad \text{かつ} \quad 2x_0 = y_0 = 8 - 2z_0$$

とくに $y_0 + 2z_0 = 3$ かつ $y_0 + 2z_0 = 8$ となり矛盾．よって L_1, L_2 には共有点は存在しない．(i) により L_1, L_2 は平行でないので，あわせてねじれの位置にある．

問　題

118.1　2 直線 $\frac{x-1}{3} = \frac{y-2}{2} = \frac{z-3}{-1}$, $\frac{x+1}{4} = \frac{y-3}{-2} = \frac{z-2}{3}$ はねじれの位置にあることを示せ．

◆ **2 直線の距離** (1) 相交わる 2 直線の距離は 0 である．

(2) ねじれの位置にある 2 直線 L_1, L_2 には共通垂線が 1 本だけある．それの L_1, L_2 との交点を $\mathrm{X}_1, \mathrm{X}_2$ とするとき，線分 $\mathrm{X}_1\mathrm{X}_2$ の長さを，**2 直線の距離**という．

(3) 平行な 2 直線の場合，共通垂線は無数にあるが，$\mathrm{X}_1\mathrm{X}_2$ の長さは変わらず，これを 2 直線の距離という．

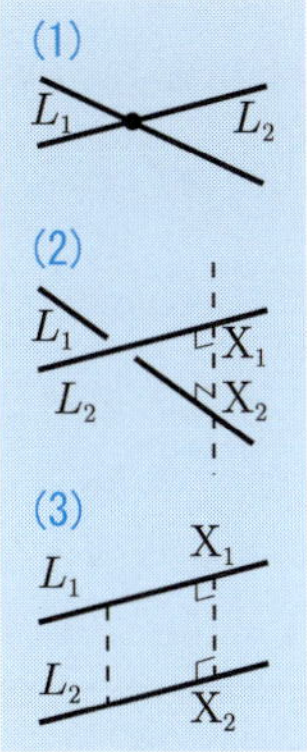

例題 119 **2 直線の距離**

$L_1 : \frac{x-7}{4} = y-3 = \frac{z+2}{3}$, $L_2 : \frac{x+6}{6} = \frac{y+2}{-2} = z$ の共通垂線の方程式と L_1, L_2 の距離を求めよ．

navi 直線の着目点は“方向ベクトル”と“通過点”．垂線の処理は“ベクトル”で．

解答 X_1 を L_1 上に，X_2 を L_2 上にとると（上図の (2)）

$$\mathrm{X}_1(4\lambda+7, \lambda+3, 3\lambda-2), \quad \mathrm{X}_2(6\mu-6, -2\mu-2, \mu)$$

と表わされ $\overrightarrow{\mathrm{X}_1\mathrm{X}_2} = (6\mu-4\lambda-13, -2\mu-\lambda-5, \mu-3\lambda+2)$

L_1, L_2 の方向ベクトルは $\boldsymbol{l}_1 = (4, 1, 3)$, $\boldsymbol{l}_2 = (6, -2, 1)$

$\overrightarrow{\mathrm{X}_1\mathrm{X}_2}$ が共通垂線であるとは

$$\overrightarrow{\mathrm{X}_1\mathrm{X}_2} \cdot \boldsymbol{l}_1 = 4(6\mu-4\lambda-13) + (-2\mu-\lambda-5) + 3(\mu-3\lambda+2) = 0$$
$$\overrightarrow{\mathrm{X}_1\mathrm{X}_2} \cdot \boldsymbol{l}_2 = 6(6\mu-4\lambda-13) - 2(-2\mu-\lambda-5) + (\mu-3\lambda+2) = 0$$

よって $\begin{cases} 25\mu-26\lambda-51=0 \\ 41\mu-25\lambda-66=0 \end{cases}$ から $\lambda=-1$, $\mu=1$

$\overrightarrow{\mathrm{X}_1\mathrm{X}_2} = (-3, -6, 6) = -3(1, 2, -2)$, $\mathrm{X}_1(3, 2, -5)$

共通垂線は $x-3 = \dfrac{y-2}{2} = \dfrac{z+5}{-2}$

L_1, L_2 の距離は $\mathrm{X}_1\mathrm{X}_2 = \sqrt{9+36+36} = 9$

垂直と直交
垂直は「なす角が直角ということ」
交わらなくてもよい

てっそく
空間の直線
(i) 方向ベクトルと通過点
(ii) 通過する2点

問 題

119.1 (i) 次の 2 直線の共通垂線の方程式と距離を求めよ．

$$L_1 : x = y = z, \quad L_2 : \frac{x-a}{4} = \frac{y-2a}{2} = \frac{z-3a}{1}$$

(ii) $L_1 : \frac{x-x_1}{a} = \frac{y-y_1}{b} = \frac{z-z_1}{c}$ と $L_2 : \frac{x-x_2}{u} = \frac{y-y_2}{v} = \frac{z-z_2}{w}$ が平行でないとき，L_1 と L_2 に垂直で原点を通る直線の方程式を求めよ．

例題 120♯ 点から直線への距離

(i) 原点 O を通る直線 $g: \frac{x}{l}=\frac{y}{m}=\frac{z}{n}$ において，その方向ベクトル $\boldsymbol{g}=(l, m, n)$ は単位ベクトルであるとする．空間の点 P_0 からこの直線に引いた垂線の長さを d, $\overrightarrow{OP_0}=\boldsymbol{p}_0$ とするとき

$$d^2=|\boldsymbol{p}_0|^2-(\boldsymbol{p}_0\cdot\boldsymbol{g})^2$$

であることを示せ．

(ii) 点 A_0 の位置ベクトルを $\boldsymbol{a}_0$ とし，A_0 を通り，方向ベクトル $\boldsymbol{l}$ が単位ベクトルである直線のベクトル表示を $l: \boldsymbol{x}=\boldsymbol{a}_0+\lambda\boldsymbol{l}$ とする．点 P の位置ベクトルを $\boldsymbol{p}$ とし，点 P からこの直線に引いた垂線の長さを d とするとき d^2 を求める公式をつくれ．

navi 「垂直 → 内積」はここまで例題 117(ii)，例題 119，問題 119.1 にもあった．

てっそく
ベクトルと計量
(i) 長さは $|\boldsymbol{a}|$
(ii) 角は内積

解答 (i) 垂線の足を Q_0 とすると $\overrightarrow{OQ_0}=\lambda\boldsymbol{g}$ と表わされ

$$\overrightarrow{P_0Q_0}=-\boldsymbol{p}_0+\lambda\boldsymbol{g} \quad (\lambda \text{ はスカラー})$$

これが $\boldsymbol{g}$ に垂直であるから

$$(-\boldsymbol{p}_0+\lambda\boldsymbol{g})\cdot\boldsymbol{g}=0,\ \boldsymbol{g}\cdot\boldsymbol{g}=1 \quad \text{から} \quad \lambda=\boldsymbol{p}_0\cdot\boldsymbol{g}$$

よって

$$d^2=|\boldsymbol{p}_0|^2-2\lambda(\boldsymbol{p}_0\cdot\boldsymbol{g})+\lambda^2|\boldsymbol{g}|^2=|\boldsymbol{p}_0|^2-(\boldsymbol{p}_0\cdot\boldsymbol{g})^2$$

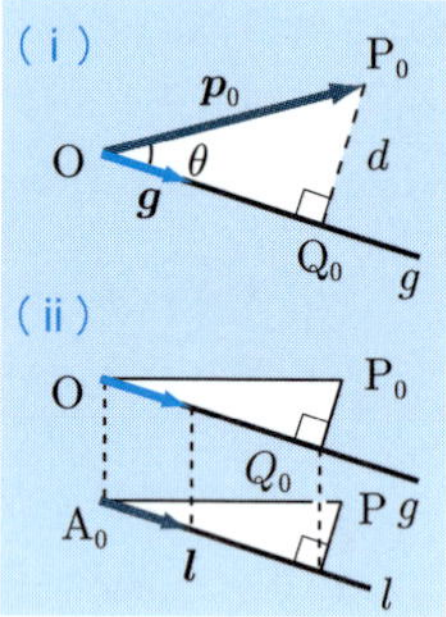

(ii) 一般の場合は，点 A_0 が原点 O に移るように平行移動すると(i)の図となり

$$\boldsymbol{p}_0=\boldsymbol{p}-\boldsymbol{a}_0, \quad \boldsymbol{g}=\boldsymbol{l}$$

に相当するので

$$d^2=|\boldsymbol{p}-\boldsymbol{a}_0|^2-\{(\boldsymbol{p}-\boldsymbol{a}_0)\cdot\boldsymbol{l}\}^2$$

問　題

120.1 点 $P(3, -3, 5)$ と直線 $g: \dfrac{x-2}{-1}=\dfrac{y+3}{2}=\dfrac{z-3}{-2}$ との距離を求めよ．

120.2 点 $P(x_0, y_0, z_0)$ から直線 $g: \dfrac{x-a}{l}=\dfrac{y-b}{m}=\dfrac{z-c}{n}$

（ただし $l^2+m^2+n^2=1$）へ引いた垂線の長さを求める公式をつくれ．

4.6 平面の方程式

◆ **座標空間における平面の方程式**　直線と同様に，平面を定めるのは，次の(i), (ii), (iii)である．

(i)　平面上の1点 $A(a_1, a_2, a_3)$ と，平面 π に垂直な $\mathbf{0}$ でないベクトル $\boldsymbol{n} = (n_1, n_2, n_3)$

(ii)　平面上の1点 $A(a_1, a_2, a_3)$ と，平面上の互いに他のスカラー倍でないベクトル $\boldsymbol{l}, \boldsymbol{m}$

(iii)　平面上の3点で同一直線上にない $A(a_1, a_2, a_3)$, $B(b_1, b_2, b_3)$, $C(c_1, c_2, c_3)$

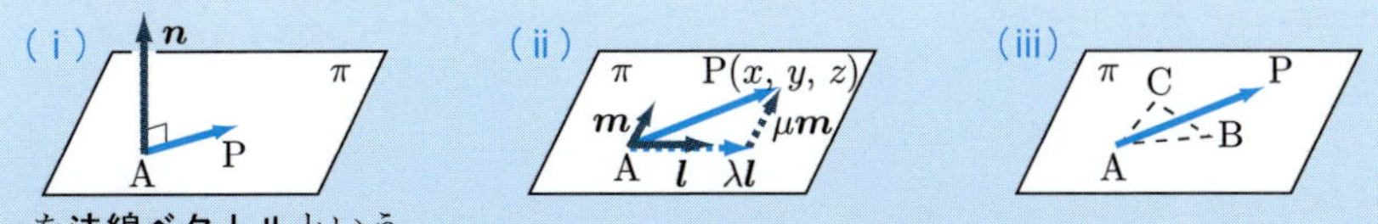

$\boldsymbol{n}$を法線ベクトルという

例題 121　**平面の方程式 (1)**

平面 π 上の1点 $A(a_1, a_2, a_3)$ と，π 上の互いに他のスカラー倍でない2ベクトル $\boldsymbol{l} = (l_1, l_2, l_3)$, $\boldsymbol{m} = (m_1, m_2, m_3)$ を含む平面の方程式は

$$\begin{vmatrix} x - a_1 & l_1 & m_1 \\ y - a_2 & l_2 & m_2 \\ z - a_3 & l_3 & m_3 \end{vmatrix} = 0$$

と表わされることを示せ（(ii)の場合）．

解答　平面上の任意の点を $P(x, y, z)$ とすると，$\overrightarrow{AP}$ は $\boldsymbol{l}, \boldsymbol{m}$ と同一の平面上にあるから $\overrightarrow{AP} = \lambda \boldsymbol{l} + \mu \boldsymbol{m}$ （λ, μ はスカラー）と表わされる．

$$\therefore \quad (x - a_1, y - a_2, z - a_3) = \lambda(l_1, l_2, l_3) + \mu(m_1, m_2, m_3)$$

$$\therefore \quad \begin{cases} x - a_1 = \lambda l_1 + \mu m_1 \\ y - a_2 = \lambda l_2 + \mu m_2 \\ z - a_3 = \lambda l_3 + \mu m_3 \end{cases}$$

（これを平面 π のパラメータ表示という．また $\boldsymbol{l}, \boldsymbol{m}$ は π を張るという．）

λ, μ を消去すると（⇨ p.87）上の結果となる．

問　題

121.1　平面 π 上の1点 $A(a_1, a_2, a_3)$ と，π に垂直な $\mathbf{0}$ でないベクトル $\boldsymbol{n} = (n_1, n_2, n_3)$ が与えられたとき，π の方程式を求めよ（(i)の場合）．$\boldsymbol{n}$ を π の**法線ベクトル**という．

例題 122　　　**平面の方程式 (2)**

3 点 $A(2,-1,3)$, $B(-1,2,1)$, $C(3,1,-1)$ を通る平面の方程式を $ax+by+cz+d=0$ の形で求めよ（前頁(iii)の場合）.

route 通過 3 点が与えられているときの平面である．通過する 1 点と基本ベクトルを用いたパラメータ表示である．あるいは a,b,c,d の連立方程式を立ててもよい．

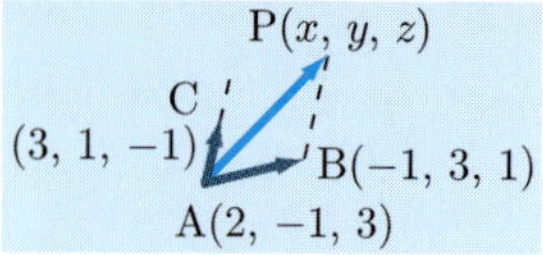

解答 $\overrightarrow{AB}=(-3,3,-2)$, $\overrightarrow{AC}=(1,2,-4)$ と点 P がこの平面上にあるとは

$$\overrightarrow{AP}=\lambda\overrightarrow{AB}+\mu\overrightarrow{AC}$$

がなりたつこと．$P(x,y,z)$ とすると

$$(x-2,y+1,z-3)=\lambda(-3,3,-2)+\mu(1,2,-4)$$

> **平面を決めるもの**
> (i)　1 点と法線ベクトル
> 　⇨ 問題 121.1
> (ii)　平面上の 1 点と 2 ベクトル
> 　⇨ 例題 121 問題 122.2
> (iii)　平面上の 3 点
> 　⇨ 例題 122

よって $\begin{cases} x-2=-3\lambda+\mu \\ y+1=3\lambda+2\mu \\ z-3=-2\lambda-4\mu \end{cases}$　すなわち $\begin{cases} 3\lambda-\mu+(x-2)=0 \\ 3\lambda+2\mu-(y+1)=0 \\ 2\lambda+4\mu+(z-3)=0 \end{cases}$

λ,μ を消去して $\begin{vmatrix} 3 & -1 & x-2 \\ 3 & 2 & -(y+1) \\ 2 & 4 & z-3 \end{vmatrix}=0$

よって　$8x+14y+9z-29=0$

別解 求める平面を $ax+by+cz+d=0$ とし，平面上の任意の点を (x,y,z) とすると

$$\begin{cases} 2a-b+3c+d=0 \\ -a+2b+c+d=0 \\ 3a+b-c+d=0 \\ xa+yb+zc+d=0 \end{cases} \quad \xrightarrow{a,b,c,d\ を消去して} \quad \begin{vmatrix} 2 & -1 & 3 & 1 \\ -1 & 2 & 1 & 1 \\ 3 & 1 & -1 & 1 \\ x & y & z & 1 \end{vmatrix}=0$$

この行列式を余因子展開で計算すればよい．

問　題

122.1　直線 $x-1=\dfrac{y-1}{2}=z-2$ と点 $(2,1,-1)$ を含む平面の方程式を求めよ．

122.2　ベクトル $(2,a,1)$, $(-1,b,2)$ が平面 $x-5y-7z-3=0$ を張るという．a,b を求めよ．

例題 123　**直線と平面の位置関係**

直線 $g : \dfrac{x-x_0}{l} = \dfrac{y-y_0}{m} = \dfrac{z-z_0}{n}$,　平面 $\pi : ax+by+cz+d=0$

とするとき，直線 g と平面 π とが平行でかつ，g が π 上にないための条件を求めよ．

navi　直線・平面はそれぞれ何により定まるか．

route　直線・平面のキーワードは？(→)

てっそく

方程式の着目点

(i)　直線は通過点と方向ベクトル

(ii)　平面は通過点と法線ベクトル

解答　g が π に平行で，g が π 上にないとは

(i)「直線 g の方向ベクトル $\boldsymbol{l}=(l,m,n)$ が平面 π の法線ベクトル $\boldsymbol{n}=(a,b,c)$ に垂直」

(ii)　g 上の点 (x_0, y_0, z_0) が π 上にない

ことである．

(i) は $\boldsymbol{l}\cdot\boldsymbol{n} = (l,m,n)\cdot(a,b,c) = la+mb+nc$ を考えて，

$la+mb+nc=0$

(ii) は $ax_0+by_0+cz_0+d \fallingdotseq 0$

求める条件は $la+mb+nc=0$ かつ $ax_0+by_0+cz_0+d \fallingdotseq 0$

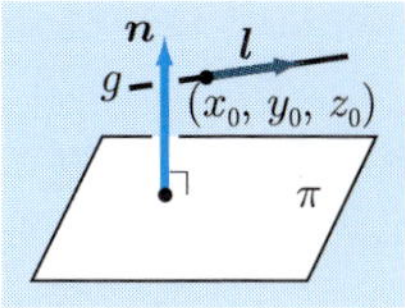

ひと言　g が π に平行というときは g が π 上にある場合も含めるのが普通である．もし g が π 上にある場合を除外するのであれば，上のように $ax_0+by_0+cz_0+d \fallingdotseq 0$ を追加する．

問　題

123.1　次の平面の方程式を求めよ．

(i)　点 $(1,-1,3)$ を通り平面 $2x+y-2z+1=0$ に平行な平面

(ii)　$g_1 : x-x_1 = \dfrac{y-y_1}{2} = \dfrac{z-z_1}{3}$, $g_2 : x-x_2 = \dfrac{y-y_2}{-1} = z-z_2$ とするとき，点 (x_0,y_0,z_0) を通り直線 g_1, g_2 に平行な平面

(iii)　$g_1 : \dfrac{x-2}{3} = \dfrac{y+1}{-1} = \dfrac{z+3}{2}$, $g_2 : \dfrac{x+4}{-1} = y = \dfrac{z-1}{3}$ とするとき，直線 g_1 を含み直線 g_2 に平行な平面

123.2　直線 $g : \dfrac{x-x_1}{l} = \dfrac{y-y_1}{m} = \dfrac{z-z_1}{n}$ が 2 平面

$$\pi : by+cz+d=0, \quad \sigma : a'x+c'z+d'=0$$

とそれぞれ平行であるための $l:m:n$ を b,c,d,a',c',d' で表わせ．

例題 124 **2 平面の交線**

2 平面

$$\pi_1 : 2x - y + z - 3 = 0, \quad \pi_2 : -3x + 5y - 2z + 1 = 0$$

の交線を g とするとき，次のものを求めよ．

(i) g の媒介変数表示　(ii) g の単位方向ベクトル

解答 (i) π_1, π_2 の交線上の点とは，2 式を同時にみたす (x, y, z).

π_1, π_2 から　y を消去して　$7x + 3z - 14 = 0$　$\therefore$　$x = 2 - \frac{3}{7}z$

x を消去して　$7y - z - 7 = 0$　$\therefore$　$y = 1 + \frac{1}{7}z$

$z = 7\lambda$ とすると $x = 2 - 3\lambda,\ y = 1 + \lambda,\ z = 7\lambda$　（g の媒介変数表示）

(ii) g の方向ベクトル $\boldsymbol{l} = (-3, 1, 7)$ では $|\boldsymbol{l}| = \sqrt{59}$

g 上の単位ベクトル（g の単位方向ベクトル）は

$$\boldsymbol{e} = \pm\frac{1}{|\boldsymbol{l}|}\boldsymbol{l} = \pm\left(\frac{-3}{\sqrt{59}}, \frac{1}{\sqrt{59}}, \frac{7}{\sqrt{59}}\right)$$

● **直線の方向余弦**　直線 g の方向ベクトルのうち単位ベクトルは 2 つ（双方向）ある．その 1 つを $\boldsymbol{e} = (l, m, n)$ とし，空間の基本ベクトル $\boldsymbol{e}_1, \boldsymbol{e}_2, \boldsymbol{e}_3$ となす角を α, β, γ とすると，次がなりたつ．

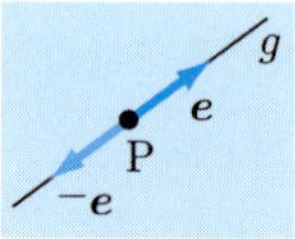

$$\boldsymbol{e}\cdot\boldsymbol{e}_1 = l = \cos\alpha, \quad \boldsymbol{e}\cdot\boldsymbol{e}_2 = m = \cos\beta, \quad \boldsymbol{e}\cdot\boldsymbol{e}_3 = n = \cos\gamma$$

$$\cos^2\alpha + \cos^2\beta + \cos^2\gamma = 1, \quad \boldsymbol{e} = \cos\alpha\,\boldsymbol{e}_1 + \cos\beta\,\boldsymbol{e}_2 + \cos\gamma\,\boldsymbol{e}_3$$

この 3 数のセット (l, m, n) と $(-l, -m, -n)$ を直線 g の**方向余弦**という（⇨ ベクトルの方向余弦は同じ向きで 1 個（⇨ p.128））．

問　題

124.1　次の平面の交わりを求めよ．

(i) $\pi_1 : 2x + 2y - 2z - 3 = 0$
$\pi_2 : x + 2y + 3z - 5 = 0$
$\pi_3 : 2x + 3y + 4z - 7 = 0$

(ii) $\pi_1 : x - 2y + 5z = 0$
$\pi_2 : -x + y - z - 2 = 0$
$\pi_3 : -x - y + 7z - 6 = 0$

124.2　3 平面 $\pi : a_ix + b_iy + c_iz + d_i = 0$　$(i = 1, 2, 3)$ が

(i) ただ 1 点で交わる　(ii) 1 直線で交わる　(iii) 共通点をもたない

ための条件をそれぞれ求めよ．

124.3　2 平面 $\pi_1 : x - y + z - 2 = 0,\ \pi_2 : 2x + y - 3z - 1 = 0$ の交線の方向余弦を求めよ．

例題 125♮ ヘッセの標準形

(i) 原点 O から平面 π に引いた垂線の足を P_0, O と π との距離 OP_0 を p, $\overrightarrow{OP_0}$ の方向余弦を (l, m, n) とするとき，π の方程式は

$$lx + my + nz = p \qquad \cdots ①$$

と表わされることを示せ．①をヘッセの標準形という．

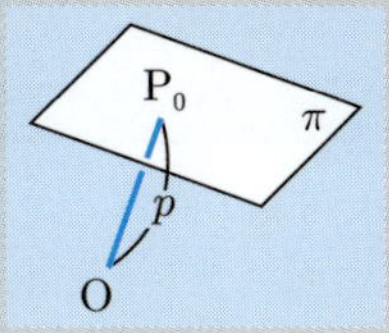

(ii) 平面 π の方程式が $ax + by + cz + d = 0$ のとき，この平面 π のヘッセの標準形を求め，原点 O からの垂線の長さ p を求めよ．

解答 (i) $\boldsymbol{l} = (l, m, n)$ は方向余弦であるから $|\boldsymbol{l}| = 1$

よって $|p\boldsymbol{l}| = p$ であるから $p\boldsymbol{l} = \overrightarrow{OP_0}$

π 上の任意の点を $P(x, y, z)$ とすると

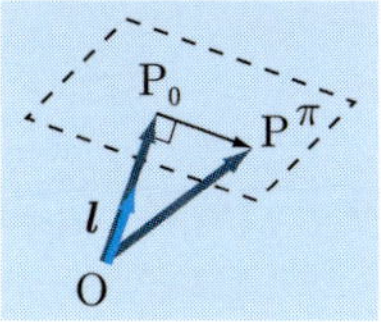

$$\overrightarrow{P_0P} = \overrightarrow{OP} - \overrightarrow{OP_0} = \overrightarrow{OP} - p\boldsymbol{l}$$

は $\boldsymbol{l}$ に垂直だから $\quad (\overrightarrow{OP} - p\boldsymbol{l}) \cdot \boldsymbol{l} = \overrightarrow{OP} \cdot \boldsymbol{l} - p = 0$

成分で表わすと $(x, y, z) \cdot (l, m, n) - p = 0$

$$\therefore \quad lx + my + nz = p$$

(ii) π の方程式を $ax + by + cz + d = 0$ とする．平面 π 上の任意の点 $P(x, y, z)$ は $ax + by + cz + d = 0 \quad \cdots ②$ をみたす．原点 O から π に引いた垂線の足を $P_0(x_0, y_0, z_0)$ とすると，

$$ax_0 + by_0 + cz_0 + d = 0 \quad \cdots ③$$

②－③ $\qquad a(x - x_0) + b(y - y_0) + c(z - z_0) = 0$

$(x - x_0, y - y_0, z - z_0) = \overrightarrow{P_0P}$ であるから $(a, b, c) = \boldsymbol{n}$ とすると $\overrightarrow{P_0P} \cdot \boldsymbol{n} = 0$

これが平面 π 上の任意の点 P に対してなりたつので，$\boldsymbol{n}$ は π の法線ベクトルである．よって $\boldsymbol{n}$ 上の単位ベクトル $\pm\frac{1}{|\boldsymbol{n}|}\boldsymbol{n}$ のどちらかが(i)の $\boldsymbol{l}$ になる．

$$\pm\frac{a}{\sqrt{a^2+b^2+c^2}}x \pm \frac{b}{\sqrt{a^2+b^2+c^2}}y \pm \frac{c}{\sqrt{a^2+b^2+c^2}}z = \mp\frac{d}{\sqrt{a^2+b^2+c^2}} \quad (\text{複号同順})$$

右辺が正の値となる方が，ヘッセの標準形であり，$p = \frac{|d|}{\sqrt{a^2+b^2+c^2}}$

問　題

125.1 (i) 原点 O から平面 $2x - 5y + 4z - 3 = 0$ に引いた垂線の長さ p を求めよ．

(ii) 一般に点 $A(p_1, p_2, p_3)$ から平面 $\pi : ax + by + cz + d = 0$ に引いた垂線の長さ δ を求めよ．

(iii) 平面 $3x + 2y + z + 1 = 0$ に関して，点 $A(-3, 4, 5)$ と対称な点 B を求めよ．

例題 126♯　　　**平行射影**

点 A(3,3,5) を通り，直線 $l:\frac{x-1}{2}=\frac{2-y}{3}=\frac{z-7}{5}$ に平行に引いた直線 m が，平面 $\pi: x+3y-z-12=0$ と交わる点 B の座標を求めよ．

解答 直線 l の方向ベクトルは $\boldsymbol{l}=(2,-3,5)$ であり，これが m の方向ベクトルである．よって m の方程式は

$$\frac{x-3}{2}=\frac{y-3}{-3}=\frac{z-5}{5}\quad(=\lambda \text{ とおくと})$$
$$x=2\lambda+3,\ y=-3\lambda+3,\ z=5\lambda+5$$

これと $\pi: x+3y-z-12=0$ との交点 B に対する λ は

$$2\lambda+3+3(-3\lambda+3)-(5\lambda+5)-12=0$$

から $\lambda=-5/12$, B(26/12, 51/12, 35/12)

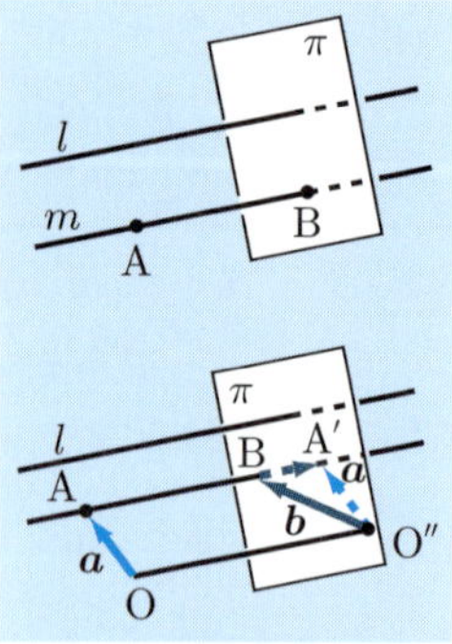

● 平行射影・正射影　この例題の点，直線，平面のイメージの図は右上のようになる．点 B を，点 A を直線 l に沿って平面 π に**平行射影**した点という．

また右下の図のように原点 O を同様に平行射影した点を O′ とするとき，ベクトル $\boldsymbol{b}=\overrightarrow{\mathrm{O'B}}$ を，ベクトル $\boldsymbol{a}=\overrightarrow{\mathrm{OA}}$ を直線 l に沿って平面 π に平行射影したベクトルという．とくに l が π に垂直のとき平面 π への**正射影**という．

さらに図の A′ は $\boldsymbol{a}=\overrightarrow{\mathrm{OA}}=\overrightarrow{\mathrm{O'A'}}$ となる点であり，$\overrightarrow{\mathrm{BA'}}$ は直線 l 上のベクトルである．A′ は平面 π 上とは限らない．ベクトル $\overrightarrow{\mathrm{BA'}}=\boldsymbol{a}-\boldsymbol{b}$ を，ベクトル $\boldsymbol{a}=\overrightarrow{\mathrm{OA}}$ を平面 π に沿って，直線 l に平行射影したベクトルともいう．

てっそく
直線では
(i)　方向ベクトル
(ii)　通過点

方向ベクトルは
x,y,z の係数を
1 にしてから

まとめ　l と π がある ⟶ ベクトル $\boldsymbol{a}=\overrightarrow{\mathrm{OA}}$ を考える ⟶ O を l に平行射影して点 O′ ⟶ $\overrightarrow{\mathrm{O'A'}}=\overrightarrow{\mathrm{OA}}=\boldsymbol{a}$ となる点 A′ ⟶ A を l に平行射影した点を B ⟶ $\overrightarrow{\mathrm{O'B}}$ と $\overrightarrow{\mathrm{BA'}}=\boldsymbol{a}-\boldsymbol{b}$

問　題

126.1　ベクトル $\boldsymbol{a}=(12,11,-6)$ を直線 $g:\frac{x-1}{3}=\frac{y-2}{-5}=\frac{z+3}{2}$ に沿って平面 $\pi: 2x-y+6z-28=0$ に平行射影したベクトルを求めよ．

126.2　ベクトル $\boldsymbol{a}_1=(1,-1,3)$, $\boldsymbol{a}_2=(2,5,-1)$ の張る平面を π とするとき，ベクトル $\boldsymbol{a}=(2,4,-5)$ の π への正射影を求めよ．

例題 127♯ **三角形の面積**

平面 $\pi : 4x+3y+z=12$ と座標平面との交わりとして得られる 3 直線のつくる三角形の面積を求めよ．

navi 三角形の面積といえば，2 辺と挟角である．

$$S=\frac{1}{2}bc\sin \mathrm{A} \text{ であった．}$$

三角形の面積

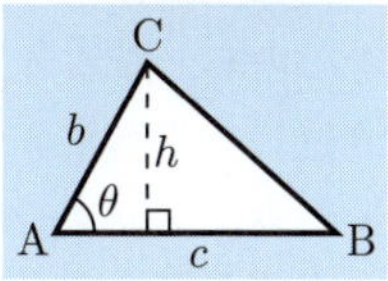

高さ $h=b\sin\theta$

$S=\frac{1}{2}bc\sin\theta$

解答 平面 π と座標軸との交点は

$$\mathrm{A}(3,0,0),\ \mathrm{B}(0,4,0),\ \mathrm{C}(0,0,12)$$
$$\boldsymbol{c}=\overrightarrow{\mathrm{AB}}=(-3,4,0),\ \boldsymbol{b}=\overrightarrow{\mathrm{AC}}=(-3,0,12)$$

のなす角を θ とすると

$$\cos\theta=\frac{\boldsymbol{c}\cdot\boldsymbol{b}}{|\boldsymbol{c}|\ |\boldsymbol{b}|}=\frac{9}{5\sqrt{153}}=\frac{3}{5\sqrt{17}}$$
$$\sin\theta=\sqrt{1-\cos^2\theta}=\frac{4\sqrt{26}}{5\sqrt{17}}$$

また $\mathrm{AB}=|\boldsymbol{c}|=5,\ \mathrm{AC}=|\boldsymbol{b}|=3\sqrt{17}$

よって

$$S=\frac{1}{2}\ \mathrm{AB}\cdot\mathrm{AC}\cdot\sin\theta=6\sqrt{26}$$

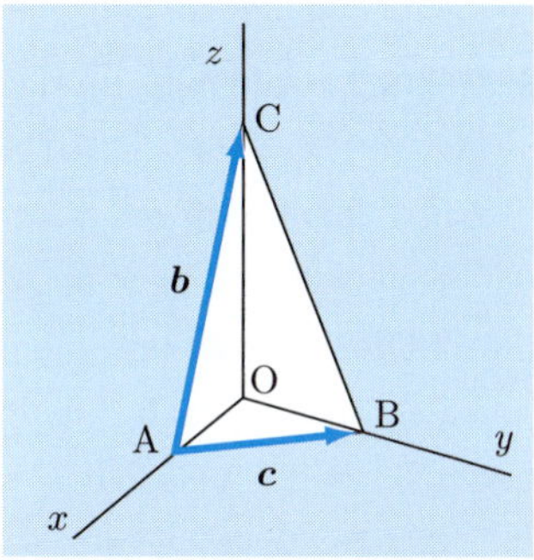

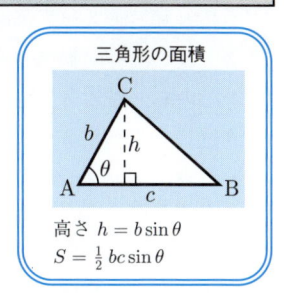

問 題

127.1 2 ベクトル $\boldsymbol{b}=\overrightarrow{\mathrm{AB}},\ \boldsymbol{c}=\overrightarrow{\mathrm{AC}}$ のとき，△ABC の面積を S とすると

(i) $(2S)^2=\begin{vmatrix}\boldsymbol{b}\cdot\boldsymbol{b} & \boldsymbol{b}\cdot\boldsymbol{c}\\ \boldsymbol{c}\cdot\boldsymbol{b} & \boldsymbol{c}\cdot\boldsymbol{c}\end{vmatrix}$

であることを導け（**注意** この行列式を**グラム行列式**という）．

(ii) $\boldsymbol{b}=(b_1,b_2),\boldsymbol{c}=(c_1,c_2)$ のとき $(2S)^2=\begin{vmatrix}b_1 & b_2\\ c_1 & c_2\end{vmatrix}^2$ を導け．

127.2 長方形 ABCD の辺 AB, BC, CD, DA 上にこれらをそれぞれ $m:n$ に内分する点 P, Q, R, S をとるとき，AQ, BR, CS, DP で囲まれる平行四辺形の面積を求めよ．ただし $\mathrm{AB}=a,\ \mathrm{AD}=b$ とする．

4.7 外積と図形の計量

◆ **ストーリー**　2 つのベクトルの関わる平面図形といえば，まず三角形と平行四辺形である．三角形の面積は問題 127.1 で示されたように，内積という考えで示された．内積の考えは，線分図形の長さ，角，そして面積を処理するときの中心となる考えであるとともに，その演算規則は繰り返して述べたように数のもつ演算規則に類似したものである．→ だから役に立った

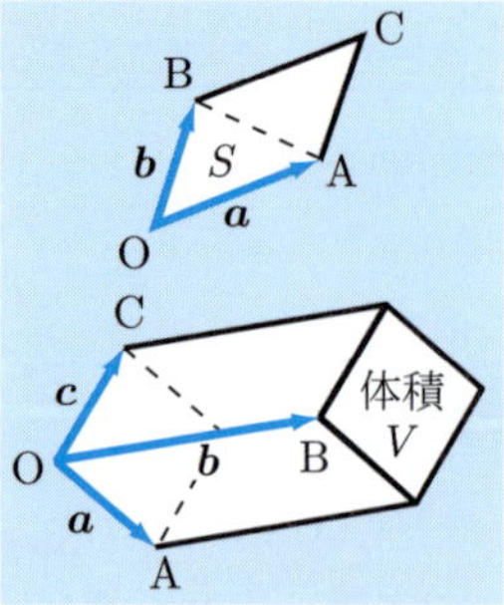

空間図形の場合はどうであろう．空間の基本は 3 つのベクトルの関わるもので，その代表は三角すい，平行六面体である．空間図形といっても長さと角，面積は平面図形だから内積で処理されるとしても，体積を表わす考えはないものか．しかも数と類似の計算規則をもつならそれにこしたことはない．

◆ **空間ベクトルの外積**　これは空間ベクトルの話であり，内積はスカラーであったのに対して，**外積**はベクトルである．すなわち外積 $\boldsymbol{a}\times\boldsymbol{b}$ は，次のようなベクトルである．

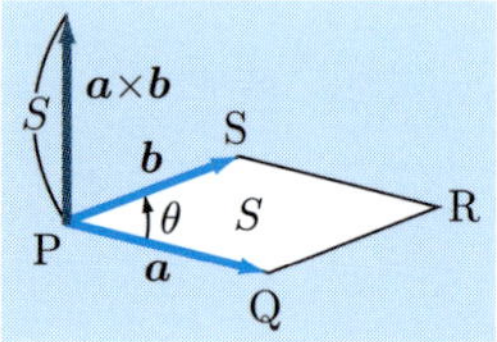

(1)　**大きさ**　$|\boldsymbol{a}\times\boldsymbol{b}| = |\boldsymbol{a}|\,|\boldsymbol{b}|\sin\theta$　（平行四辺形 PQRS の面積）

(2)　**方向**　$\boldsymbol{a}\times\boldsymbol{b}\perp\boldsymbol{a}$ かつ $\boldsymbol{a}\times\boldsymbol{b}\perp\boldsymbol{b}$

(3)　**向き**　ねじを $\boldsymbol{a}$ から $\boldsymbol{b}$ に回転させたとき，進む方向

$\boldsymbol{a}, \boldsymbol{b}$ が同一直線上にあるとき，あるいは $\boldsymbol{a}=\boldsymbol{0}$ または $\boldsymbol{b}=\boldsymbol{0}$ のときは $\boldsymbol{a}\times\boldsymbol{b}=\boldsymbol{0}$ と定める．

例題 128　　　　**基本ベクトルの外積**

空間座標の基本ベクトル（⇨ p.112）を $\boldsymbol{e}_1, \boldsymbol{e}_2, \boldsymbol{e}_3$ とするとき
$\boldsymbol{e}_1\times\boldsymbol{e}_2 = -(\boldsymbol{e}_2\times\boldsymbol{e}_1) = \boldsymbol{e}_3$ を証明せよ．

解答　外積 $\boldsymbol{e}_1\times\boldsymbol{e}_2$，$\boldsymbol{e}_2\times\boldsymbol{e}_1$ の定義にあてはめて

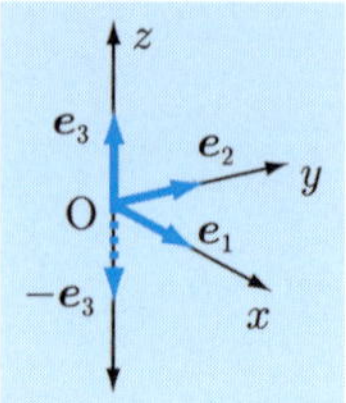

(i)　**大きさ**　$|\boldsymbol{e}_1|\,|\boldsymbol{e}_2|\sin(\pi/2) = 1$

(ii)　**方向**　$\boldsymbol{e}_1, \boldsymbol{e}_2$ に垂直，すなわち z 軸方向

(iii)　**向き**　$\boldsymbol{e}_1\times\boldsymbol{e}_2$ では $\boldsymbol{e}_3$ 方向　　$\therefore\ \boldsymbol{e}_1\times\boldsymbol{e}_2 = \boldsymbol{e}_3$

$\boldsymbol{e}_2\times\boldsymbol{e}_1$ では $-\boldsymbol{e}_3$ 方向　　$\therefore\ \boldsymbol{e}_2\times\boldsymbol{e}_1 = -\boldsymbol{e}_3$

注意　上の (3) で定めた向きを**右手系**ともいう．

◆ **外積の演算法則** 外積に関しては，次の演算法則がなりたつ．

(1) $\boldsymbol{a}\times\boldsymbol{b}=-\boldsymbol{b}\times\boldsymbol{a}$, $\boldsymbol{a}\times\boldsymbol{a}=\boldsymbol{0}$

(2) $(\lambda\boldsymbol{a})\times\boldsymbol{b}=\boldsymbol{a}\times(\lambda\boldsymbol{b})=\lambda(\boldsymbol{a}\times\boldsymbol{b})$

(3) $\boldsymbol{a}\times(\boldsymbol{b}+\boldsymbol{c})=\boldsymbol{a}\times\boldsymbol{b}+\boldsymbol{a}\times\boldsymbol{c}$

$(\boldsymbol{b}+\boldsymbol{c})\times\boldsymbol{a}=\boldsymbol{b}\times\boldsymbol{a}+\boldsymbol{c}\times\boldsymbol{a}$

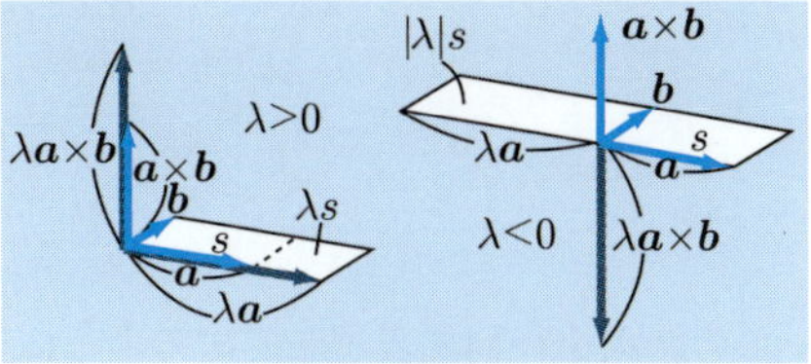

(1) は定義からわかる．

(2) は $\lambda \geqq 0$, $\lambda < 0$ に分けて，右図のように考えればよい．

(3) は数でいえば分配法則であり，内積が役に立ったのと同様に，外積が役に立つのも，これがあるからである．

てっそく

内積・外積の考え
(i) 空間図形の代数化
(ii) 演算法則に注目

例題 129 外積の分配法則

外積の演算法則 (3) $\boldsymbol{a}\times(\boldsymbol{b}+\boldsymbol{c})=\boldsymbol{a}\times\boldsymbol{b}+\boldsymbol{a}\times\boldsymbol{c}$ を証明せよ．

解答 右の3つの図によって，次の順にしたがって証明する．

(ア) $\boldsymbol{a}$ に垂直な平面を π とし，$\boldsymbol{b}$ を π 内で $\boldsymbol{a}$ に垂直なベクトル $\boldsymbol{b}_1$ と，$\boldsymbol{a}$ に平行なベクトル $\boldsymbol{b}_2$ の和に表わしたとき $\boldsymbol{a}\times\boldsymbol{b}=\boldsymbol{a}\times\boldsymbol{b}_1$（図(a)）．

(イ) $\boldsymbol{a}$ と $\boldsymbol{b}$ が垂直である場合には，ベクトル $\boldsymbol{a}\times\boldsymbol{b}$ は $\boldsymbol{a}$ と垂直な平面 π 内にあり $\boldsymbol{b}$ を $\pi/2$ だけ回転し，さらに $|\boldsymbol{a}|$ 倍して得られるベクトルである（図 (b)）．

(ウ) $\boldsymbol{a}\times\boldsymbol{b}, \boldsymbol{a}\times\boldsymbol{c}, \boldsymbol{a}\times(\boldsymbol{b}+\boldsymbol{c})$ は π 内にあり，(ア), (イ) から $\boldsymbol{b}$ は π 内にあるとしてよい．同様に，$\boldsymbol{c}, \boldsymbol{b}+\boldsymbol{c}$ も平面 π 内にあるとしてよい．

(エ) すると，ベクトルの外積に関して，分配法則 (3) がなりたつことが説明される（図 (c)）．

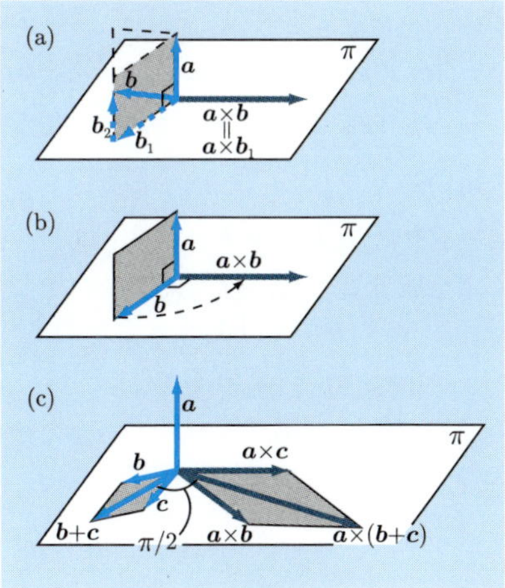

問 題

129.1 次を証明せよ．

(i) $\boldsymbol{a}\times\boldsymbol{a}=\boldsymbol{0}$

(ii) $\boldsymbol{a}+\boldsymbol{b}+\boldsymbol{c}=\boldsymbol{0}$ ならば $\boldsymbol{a}\times\boldsymbol{b}=\boldsymbol{b}\times\boldsymbol{c}=\boldsymbol{c}\times\boldsymbol{a}$

◆ 外積の成分表示

定理 5 $\boldsymbol{a}=(a_1,a_2,a_3), \boldsymbol{b}=(b_1,b_2,b_3)$ のとき

$$\boldsymbol{a}\times\boldsymbol{b}=\left(\begin{vmatrix} a_2 & a_3 \\ b_2 & b_3 \end{vmatrix}, \begin{vmatrix} a_3 & a_1 \\ b_3 & b_1 \end{vmatrix}, \begin{vmatrix} a_1 & a_2 \\ b_1 & b_2 \end{vmatrix}\right)$$

（⇨ 証明は例題 130）

この結果を行列式表示して次のように表わすことができる．

$$\boldsymbol{a}\times\boldsymbol{b}=\begin{vmatrix} \boldsymbol{e}_1 & \boldsymbol{e}_2 & \boldsymbol{e}_3 \\ a_1 & a_2 & a_3 \\ b_1 & b_2 & b_3 \end{vmatrix}$$

（第 1 行について余因子展開してみよ）

例題 130 ———— **外積の成分表示**

(i) 定理 5 を証明せよ．

(ii) $|\boldsymbol{a}\times\boldsymbol{b}|^2=|\boldsymbol{a}|^2\,|\boldsymbol{b}|^2-(\boldsymbol{a}\cdot\boldsymbol{b})^2$ を示せ．

解答 (i) $\boldsymbol{a}=(a_1,a_2,a_3), \boldsymbol{b}=(b_1,b_2,b_3)$ とすると

$$\boldsymbol{a}=a_1\boldsymbol{e}_1+a_2\boldsymbol{e}_2+a_3\boldsymbol{e}_3, \quad \boldsymbol{b}=b_1\boldsymbol{e}_1+b_2\boldsymbol{e}_2+b_3\boldsymbol{e}_3$$

そこで $\boldsymbol{a}\times\boldsymbol{b}$ をつくり，前頁の演算法則に

$$\boldsymbol{e}_i\times\boldsymbol{e}_i=\boldsymbol{0}, \quad \boldsymbol{e}_1\times\boldsymbol{e}_2=-\boldsymbol{e}_2\times\boldsymbol{e}_1=\boldsymbol{e}_3$$

$$\boldsymbol{e}_2\times\boldsymbol{e}_3=-\boldsymbol{e}_3\times\boldsymbol{e}_2=\boldsymbol{e}_1, \quad \boldsymbol{e}_3\times\boldsymbol{e}_1=-\boldsymbol{e}_1\times\boldsymbol{e}_3=\boldsymbol{e}_2$$

を用いると

$$\boldsymbol{a}\times\boldsymbol{b}=(a_2b_3-a_3b_2)\boldsymbol{e}_1+(a_3b_1-a_1b_3)\boldsymbol{e}_2+(a_1b_2-a_2b_1)\boldsymbol{e}_3$$

これを成分表示し，行列式で表わすと定理 5 となる．

(ii) $\boldsymbol{a}$ と $\boldsymbol{b}$ のなす角を θ とすると

$$|\boldsymbol{a}\times\boldsymbol{b}|=|\boldsymbol{a}|\,|\boldsymbol{b}|\sin\theta$$

$$\boldsymbol{a}\cdot\boldsymbol{b}=|\boldsymbol{a}|\,|\boldsymbol{b}|\cos\theta$$

この 2 式を 2 乗して加えれば

$$|\boldsymbol{a}\times\boldsymbol{b}|^2+(\boldsymbol{a}\cdot\boldsymbol{b})^2=|\boldsymbol{a}|^2\,|\boldsymbol{b}|^2$$

てっそく
証明問題
(i) まず定義・定理

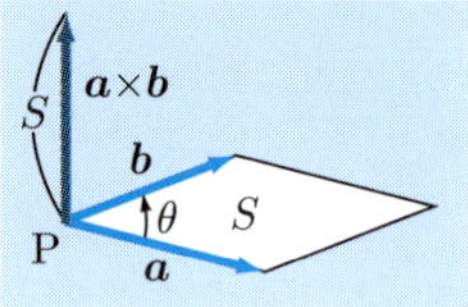

問題

130.1 $\boldsymbol{a}=(2,1,3), \boldsymbol{b}=(-1,2,-1), \boldsymbol{c}=(0,2,1)$ として，次のものを求めよ．

(i) $\boldsymbol{a}\times\boldsymbol{b}/|\boldsymbol{a}\times\boldsymbol{b}|$ (ii) $(\boldsymbol{a}\times\boldsymbol{b})\times\boldsymbol{c}$ (iii) $\boldsymbol{a}\times(\boldsymbol{b}\times\boldsymbol{c})$

130.2 次の等式を証明せよ．

(i) $\boldsymbol{a}\times(\boldsymbol{b}\times\boldsymbol{c})=(\boldsymbol{a}\cdot\boldsymbol{c})\boldsymbol{b}-(\boldsymbol{a}\cdot\boldsymbol{b})\boldsymbol{c}$

(ii) $(\boldsymbol{a}\times\boldsymbol{b})\times\boldsymbol{c}=(\boldsymbol{a}\cdot\boldsymbol{c})\boldsymbol{b}-(\boldsymbol{b}\cdot\boldsymbol{c})\boldsymbol{a}$

(iii) $(\boldsymbol{a}\times\boldsymbol{b})\times\boldsymbol{c}+(\boldsymbol{b}\times\boldsymbol{c})\times\boldsymbol{a}+(\boldsymbol{c}\times\boldsymbol{a})\times\boldsymbol{b}=\boldsymbol{0}$（ヤコビの恒等式）

例題 131♯　**直線と平面の内積・外積表示**

点 P を通りベクトル $\boldsymbol{a}$ で張られる直線を g，点 Q を通りベクトル $\boldsymbol{n}$ を法線ベクトルにもつ平面を π とする．点 P, Q の位置ベクトルを $\boldsymbol{p}, \boldsymbol{q}$ とするとき，点 X の位置ベクトルを $\boldsymbol{x}$ として

(i)　g は $(\boldsymbol{x}-\boldsymbol{p})\times\boldsymbol{a}=\boldsymbol{0}$ で表わされる．

(ii)　π は $(\boldsymbol{x}-\boldsymbol{q})\cdot\boldsymbol{n}=0$ で表わされる．

(iii)　g, π が唯一つの共有点である交点 X_0 をもつとき

$$\boldsymbol{x}_0=\overrightarrow{\mathrm{OX}_0}=\boldsymbol{p}+\frac{(\boldsymbol{q}-\boldsymbol{p})\cdot\boldsymbol{n}}{\boldsymbol{a}\cdot\boldsymbol{n}}\boldsymbol{a}$$

navi　3 点（2 ベクトル）が同一直線上にあること，4 点（3 ベクトル）が同一平面上にあることの表現はいろいろある．問題の求めに応じて提出したい．

解答　(i)　$\boldsymbol{a}$ と $\overrightarrow{\mathrm{PX}}$ が同一直線上にあるための必要十分条件は
$\overrightarrow{\mathrm{PX}}=\lambda\boldsymbol{a}$　（スカラー倍）

$$\overrightarrow{\mathrm{PX}}=\boldsymbol{x}-\boldsymbol{p}\quad\text{であるから}\quad\boldsymbol{x}-\boldsymbol{p}=\lambda\boldsymbol{a}$$

から $(\boldsymbol{x}-\boldsymbol{p})\times\boldsymbol{a}=\boldsymbol{0}$ が直線 g の式．

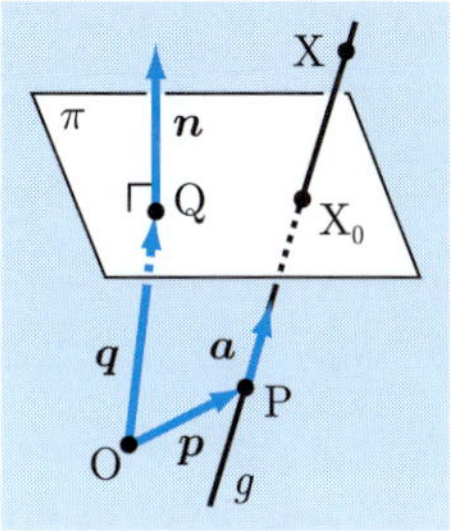

(ii)　点 X が π 上にあるための必要十分条件は，$\overrightarrow{\mathrm{QX}}\perp\boldsymbol{n}$，これを内積を用いて表わせば $\overrightarrow{\mathrm{QX}}\cdot\boldsymbol{n}=0$
$\overrightarrow{\mathrm{QX}}=-\boldsymbol{q}+\boldsymbol{x}$ だから $(\boldsymbol{x}-\boldsymbol{q})\cdot\boldsymbol{n}=0$

(iii)　$\overrightarrow{\mathrm{OX}_0}=\boldsymbol{x}_0$ は(i), (ii)の両式をみたす．

条件(i)は $\boldsymbol{x}_0=\boldsymbol{p}+\lambda\boldsymbol{a}$．これを条件(ii)の $(\boldsymbol{x}_0-\boldsymbol{q})\cdot\boldsymbol{n}=0$ に代入して $(\boldsymbol{p}-\boldsymbol{q}+\lambda\boldsymbol{a})\cdot\boldsymbol{n}=0$
$\boldsymbol{a}\perp\boldsymbol{n}$ でないから $\boldsymbol{a}\cdot\boldsymbol{n}\fallingdotseq 0$，ゆえに

$$\lambda=\frac{(\boldsymbol{q}-\boldsymbol{p})\cdot\boldsymbol{n}}{\boldsymbol{a}\cdot\boldsymbol{n}}\quad\text{となり}\quad\boldsymbol{x}_0=\boldsymbol{p}+\frac{(\boldsymbol{q}-\boldsymbol{p})\cdot\boldsymbol{n}}{\boldsymbol{a}\cdot\boldsymbol{n}}\boldsymbol{a}$$

問　題

131.1　点 Q と直線 $g:(\boldsymbol{x}-\boldsymbol{p})\times\boldsymbol{a}=\boldsymbol{0}$ との距離 d は Q の位置ベクトルを $\boldsymbol{q}$ とするとき，$d=\frac{|(\boldsymbol{q}-\boldsymbol{p})\times\boldsymbol{a}|}{|\boldsymbol{a}|}$ であることを示せ．

131.2　空間の 3 ベクトル $\boldsymbol{a},\boldsymbol{b},\boldsymbol{c}$ が同一平面上にあるための必要十分条件は $\begin{vmatrix}\boldsymbol{a}\cdot\boldsymbol{a} & \boldsymbol{a}\cdot\boldsymbol{b} & \boldsymbol{a}\cdot\boldsymbol{c}\\ \boldsymbol{b}\cdot\boldsymbol{a} & \boldsymbol{b}\cdot\boldsymbol{b} & \boldsymbol{b}\cdot\boldsymbol{c}\\ \boldsymbol{c}\cdot\boldsymbol{a} & \boldsymbol{c}\cdot\boldsymbol{b} & \boldsymbol{c}\cdot\boldsymbol{c}\end{vmatrix}=0$　（⇨ 問題 133.3）

$\boldsymbol{a}, \boldsymbol{b}$ が同一直線上
$\boldsymbol{b}=\lambda\boldsymbol{a}\quad(\boldsymbol{a}\fallingdotseq\boldsymbol{0})$
$\boldsymbol{a}\cdot\boldsymbol{b}=\pm|\boldsymbol{a}|\,|\boldsymbol{b}|$
$\boldsymbol{a}\times\boldsymbol{b}=\boldsymbol{0}$
$\boldsymbol{c}$ が同一平面上
$\boldsymbol{c}=\lambda\boldsymbol{a}+\mu\boldsymbol{b}$
$(\boldsymbol{a}\times\boldsymbol{b})\cdot\boldsymbol{c}=0$
ただし $\boldsymbol{a}\times\boldsymbol{b}\fallingdotseq\boldsymbol{0}$

◆ **スカラー 3 重積**　空間の 3 ベクトル $\boldsymbol{a}, \boldsymbol{b}, \boldsymbol{c}$ に対して

内積　$\boldsymbol{a}\cdot(\boldsymbol{b}\times\boldsymbol{c}) = (\boldsymbol{a}, \boldsymbol{b}, \boldsymbol{c})$　（結果はスカラー）

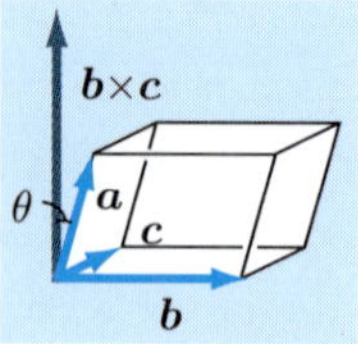

と表わして，$\boldsymbol{a}, \boldsymbol{b}, \boldsymbol{c}$ の**スカラー 3 重積**という．$\boldsymbol{a}, \boldsymbol{b}, \boldsymbol{c}$ が右手系のとき，この値は $\boldsymbol{a}, \boldsymbol{b}, \boldsymbol{c}$ を 3 辺にもつ平行六面体の体積 v である．すなわち $\boldsymbol{a}$ と $\boldsymbol{b}\times\boldsymbol{c}$ のなす角を θ とすると $0 \leqq \theta \leqq \frac{\pi}{2}$ であり

$$\boldsymbol{a}\cdot(\boldsymbol{b}\times\boldsymbol{c}) = |\boldsymbol{a}|\,|\boldsymbol{b}\times\boldsymbol{c}|\cos\theta = v$$

となるからである．$\boldsymbol{a}, \boldsymbol{b}, \boldsymbol{c}$ が右手系のとき，$\boldsymbol{b}, \boldsymbol{c}, \boldsymbol{a}$ と $\boldsymbol{c}, \boldsymbol{a}, \boldsymbol{b}$ もこの順で右手系であるから

$$(\boldsymbol{a}, \boldsymbol{b}, \boldsymbol{c}) = (\boldsymbol{b}, \boldsymbol{c}, \boldsymbol{a}) = (\boldsymbol{c}, \boldsymbol{a}, \boldsymbol{b}) = v$$

例題 132♯　　**スカラー 3 重積**

方向ベクトル $\boldsymbol{d}_i$ で点 P_i を通る直線の方程式 g_i は $\overrightarrow{\mathrm{OP}_i} = \boldsymbol{p}_i, \overrightarrow{\mathrm{OX}} = \boldsymbol{x}$ とするとき $g_i : (\boldsymbol{x}-\boldsymbol{p}_i)\times\boldsymbol{d}_i = \boldsymbol{0}$　$(i = 1, 2)$ と表わされる．$\boldsymbol{d}_1, \boldsymbol{d}_2$ が平行でないとき，2 直線の共通垂線の長さ d は次のようになる．

$$d = \frac{|(\boldsymbol{p}_1-\boldsymbol{p}_2, \boldsymbol{d}_1, \boldsymbol{d}_2)|}{|\boldsymbol{d}_1\times\boldsymbol{d}_2|}$$

分子はスカラーの絶対値

navi　これも証明問題だから目標の式に注目しよう．

route　$\boldsymbol{d}_1\times\boldsymbol{d}_2$ の図形的な意味は何か．
外積の意味から，共通垂線上のベクトルである．

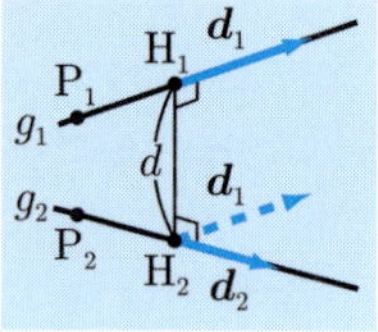

解答　g_1, g_2 の共通垂線の足を $\mathrm{H}_1, \mathrm{H}_2$ とするとき，$d = \mathrm{H}_1\mathrm{H}_2$ が求める距離である．$g_1,\ g_2$ の共通垂線は $\boldsymbol{d}_1\times\boldsymbol{d}_2$ で張られる．
$\mathrm{H}_1, \mathrm{H}_2$ の位置ベクトルをそれぞれ $\boldsymbol{h}_1, \boldsymbol{h}_2$ とするとき，

$$\overrightarrow{\mathrm{H}_1\mathrm{P}_1} = \boldsymbol{p}_1 - \boldsymbol{h}_1 = \lambda\boldsymbol{d}_1,$$
$$\overrightarrow{\mathrm{P}_2\mathrm{H}_2} = \boldsymbol{h}_2 - \boldsymbol{p}_2 = \nu\boldsymbol{d}_2, \quad \boldsymbol{h}_1 - \boldsymbol{h}_2 = \mu(\boldsymbol{d}_1\times\boldsymbol{d}_2)$$

と表わされるから，

$$\boldsymbol{p}_1 - \boldsymbol{p}_2 = \lambda\boldsymbol{d}_1 + \mu(\boldsymbol{d}_1\times\boldsymbol{d}_2) + \nu\boldsymbol{d}_2$$

てっそく
問題解決・論証
(i)　まず定義・定理
(ii)　文字使用・式表現
(iii)　結果利用

$$\therefore \quad (\boldsymbol{p}_1-\boldsymbol{p}_2, \boldsymbol{d}_1, \boldsymbol{d}_2) = \lambda(\boldsymbol{d}_1, \boldsymbol{d}_1, \boldsymbol{d}_2) + \mu(\boldsymbol{d}_1\times\boldsymbol{d}_2, \boldsymbol{d}_1, \boldsymbol{d}_2) + \nu(\boldsymbol{d}_2, \boldsymbol{d}_1, \boldsymbol{d}_2)$$
$$= \mu(\boldsymbol{d}_1\times\boldsymbol{d}_2, \boldsymbol{d}_1, \boldsymbol{d}_2) = \mu|\boldsymbol{d}_1\times\boldsymbol{d}_2|^2$$
$$\therefore \quad d = |\boldsymbol{h}_1 - \boldsymbol{h}_2| = |\mu(\boldsymbol{d}_1\times\boldsymbol{d}_2)| = \frac{|(\boldsymbol{p}_1-\boldsymbol{p}_2, \boldsymbol{d}_1, \boldsymbol{d}_2)|}{|\boldsymbol{d}_1\times\boldsymbol{d}_2|}$$

問　題

132.1　2 直線 $\frac{x-1}{2} = \frac{y-2}{3} = \frac{z}{4},\ x = y = z$ の間の距離を求めよ．

132.2　点 $\mathrm{Q}(2, -1, 3)$ を通りベクトル $\boldsymbol{a}_1 = (1, 1, 2), \boldsymbol{a}_2 = (-1, 2, 3)$ で張られる平面と，点 $\mathrm{P}(3, -2, 4)$ との距離を求めよ．

例題 133♯ ――― **3 重積の演算規則**

3 重積について，次を証明せよ．

(i) $(\boldsymbol{a}, \boldsymbol{b}, \boldsymbol{c}) = (\boldsymbol{b}, \boldsymbol{c}, \boldsymbol{a}) = (\boldsymbol{c}, \boldsymbol{a}, \boldsymbol{b}) = -(\boldsymbol{a}, \boldsymbol{c}, \boldsymbol{b}) = -(\boldsymbol{c}, \boldsymbol{b}, \boldsymbol{a}) = -(\boldsymbol{b}, \boldsymbol{a}, \boldsymbol{c})$

(ii) $(\boldsymbol{a}+\boldsymbol{a}', \boldsymbol{b}, \boldsymbol{c}) = (\boldsymbol{a}, \boldsymbol{b}, \boldsymbol{c}) + (\boldsymbol{a}', \boldsymbol{b}, \boldsymbol{c})$

$(\boldsymbol{a}, \boldsymbol{b}+\boldsymbol{b}', \boldsymbol{c}) = (\boldsymbol{a}, \boldsymbol{b}, \boldsymbol{c}) + (\boldsymbol{a}, \boldsymbol{b}', \boldsymbol{c})$

$(\boldsymbol{a}, \boldsymbol{b}, \boldsymbol{c}+\boldsymbol{c}') = (\boldsymbol{a}, \boldsymbol{b}, \boldsymbol{c}) + (\boldsymbol{a}, \boldsymbol{b}, \boldsymbol{c}')$

(iii) $(\lambda\boldsymbol{a}, \boldsymbol{b}, \boldsymbol{c}) = (\boldsymbol{a}, \lambda\boldsymbol{b}, \boldsymbol{c}) = (\boldsymbol{a}, \boldsymbol{b}, \lambda\boldsymbol{c}) = \lambda(\boldsymbol{a}, \boldsymbol{b}, \boldsymbol{c})$

navi 記号に関する証明問題ではまず定義からスタート．続いて記号のもつ意味．

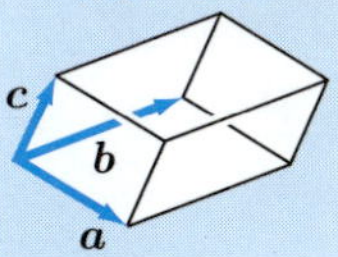

解答 (i) $\boldsymbol{a}, \boldsymbol{b}, \boldsymbol{c}$ が右手系のとき，$\boldsymbol{b}, \boldsymbol{c}, \boldsymbol{a}$ と $\boldsymbol{c}, \boldsymbol{a}, \boldsymbol{b}$ はともにこの順で右手系であり，3 ベクトルのつくる平行六面体の体積 v に等しい．$\boldsymbol{b}, \boldsymbol{a}, \boldsymbol{c}$ はこの順で左手系であるから $(\boldsymbol{b}, \boldsymbol{a}, \boldsymbol{c}) = -v$ となる．

(ii) $$\begin{aligned}(\boldsymbol{a}+\boldsymbol{a}', \boldsymbol{b}, \boldsymbol{c}) &= (\boldsymbol{a}+\boldsymbol{a}')\cdot(\boldsymbol{b}\times\boldsymbol{c}) \\ &= \boldsymbol{a}\cdot(\boldsymbol{b}\times\boldsymbol{c}) + \boldsymbol{a}'\cdot(\boldsymbol{b}\times\boldsymbol{c}) \\ &= (\boldsymbol{a}, \boldsymbol{b}, \boldsymbol{c}) + (\boldsymbol{a}', \boldsymbol{b}, \boldsymbol{c}) \quad \text{など}\end{aligned}$$

(iii) $(\lambda\boldsymbol{a}, \boldsymbol{b}, \boldsymbol{c}) = \lambda\boldsymbol{a}\cdot(\boldsymbol{b}\times\boldsymbol{c}) = \lambda\{\boldsymbol{a}\cdot(\boldsymbol{b}\times\boldsymbol{c})\} = \lambda(\boldsymbol{a}, \boldsymbol{b}, \boldsymbol{c})$

てっそく

数学の学習
(i) 書くこと
(ii) 覚えること
(iii) まねること

問 題

133.1 次の等式がなりたつことを示せ．

(i) $(\boldsymbol{a}\times\boldsymbol{b})\cdot(\boldsymbol{c}\times\boldsymbol{d}) = (\boldsymbol{a}\cdot\boldsymbol{c})(\boldsymbol{b}\cdot\boldsymbol{d}) - (\boldsymbol{a}\cdot\boldsymbol{d})(\boldsymbol{b}\cdot\boldsymbol{c})$

(ii) $(\boldsymbol{a}\times\boldsymbol{b})\times(\boldsymbol{c}\times\boldsymbol{d}) = (\boldsymbol{a}, \boldsymbol{b}, \boldsymbol{d})\boldsymbol{c} - (\boldsymbol{a}, \boldsymbol{b}, \boldsymbol{c})\boldsymbol{d} = (\boldsymbol{a}, \boldsymbol{c}, \boldsymbol{d})\boldsymbol{b} - (\boldsymbol{b}, \boldsymbol{c}, \boldsymbol{d})\boldsymbol{a}$

133.2 $\boldsymbol{a} = (a_1, a_2, a_3), \boldsymbol{b} = (b_1, b_2, b_3), \boldsymbol{c} = (c_1, c_2, c_3)$

とするとき，

$$(\boldsymbol{a},\boldsymbol{b},\boldsymbol{c}) = \begin{vmatrix} a_1 & a_2 & a_3 \\ b_1 & b_2 & b_3 \\ c_1 & c_2 & c_3 \end{vmatrix} = \begin{vmatrix} a_1 & b_1 & c_1 \\ a_2 & b_2 & c_2 \\ a_3 & b_3 & c_3 \end{vmatrix} = \begin{vmatrix} \boldsymbol{a} \\ \boldsymbol{b} \\ \boldsymbol{c} \end{vmatrix}$$

133.3 $\boldsymbol{a}, \boldsymbol{b}, \boldsymbol{c}$ を相隣る 3 辺にもつ平行六面体および四面体の体積をそれぞれ v, V とすると

$$v^2 = (6V)^2 = \begin{vmatrix} \boldsymbol{a}\cdot\boldsymbol{a} & \boldsymbol{a}\cdot\boldsymbol{b} & \boldsymbol{a}\cdot\boldsymbol{c} \\ \boldsymbol{b}\cdot\boldsymbol{a} & \boldsymbol{b}\cdot\boldsymbol{b} & \boldsymbol{b}\cdot\boldsymbol{c} \\ \boldsymbol{c}\cdot\boldsymbol{a} & \boldsymbol{c}\cdot\boldsymbol{b} & \boldsymbol{c}\cdot\boldsymbol{c} \end{vmatrix} \quad \text{（グラム行列式）}$$

例題 134♯　　**相反系**

$\{\boldsymbol{a}_1, \boldsymbol{a}_2, \boldsymbol{a}_3\}$ を同一平面上にない 3 つのベクトルとするとき

$$\boldsymbol{a}_i \cdot \boldsymbol{b}_j = \begin{cases} 1 & (i = j) \\ 0 & (i \neq j) \end{cases} \qquad \cdots ①$$

をみたすベクトルの組 $\{\boldsymbol{b}_1, \boldsymbol{b}_2, \boldsymbol{b}_3\}$ を，これらも同一平面上にないようにとれることを証明せよ．

navi　ベクトルでは，図を書くことも大切．

route　まず ① を $i = 1$ の場合に書けば．

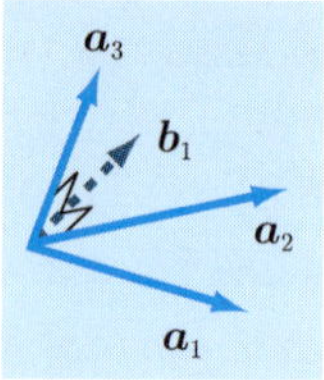

解答　$\boldsymbol{a}_1 \cdot \boldsymbol{b}_1 = 1$，$\boldsymbol{a}_2 \cdot \boldsymbol{b}_1 = 0$，$\boldsymbol{a}_3 \cdot \boldsymbol{b}_1 = 0$ となる $\boldsymbol{b}_1$ は $\boldsymbol{a}_2, \boldsymbol{a}_3$ に直交し，したがって $\boldsymbol{a}_2 \times \boldsymbol{a}_3$ と同一直線上にある．よって $\boldsymbol{b}_1 = \lambda(\boldsymbol{a}_2 \times \boldsymbol{a}_3)$ であり，$\boldsymbol{a}_1 \cdot \boldsymbol{b}_1 = 1$ から $1 = \lambda \boldsymbol{a}_1 \cdot (\boldsymbol{a}_2 \times \boldsymbol{a}_3) = \lambda(\boldsymbol{a}_1, \boldsymbol{a}_2, \boldsymbol{a}_3)$．$\boldsymbol{a}_1, \boldsymbol{a}_2, \boldsymbol{a}_3$ は同一平面上にないので $(\boldsymbol{a}_1, \boldsymbol{a}_2, \boldsymbol{a}_3) \neq 0$

$$\lambda = \frac{1}{(\boldsymbol{a}_1, \boldsymbol{a}_2, \boldsymbol{a}_3)} \qquad \therefore \quad \boldsymbol{b}_1 = \frac{\boldsymbol{a}_2 \times \boldsymbol{a}_3}{(\boldsymbol{a}_1, \boldsymbol{a}_2, \boldsymbol{a}_3)}$$

同様にして

$$\boldsymbol{b}_2 = \frac{\boldsymbol{a}_3 \times \boldsymbol{a}_1}{(\boldsymbol{a}_1, \boldsymbol{a}_2, \boldsymbol{a}_3)}, \quad \boldsymbol{b}_3 = \frac{\boldsymbol{a}_1 \times \boldsymbol{a}_2}{(\boldsymbol{a}_1, \boldsymbol{a}_2, \boldsymbol{a}_3)}$$

が得られる．$\boldsymbol{b}_1, \boldsymbol{b}_2, \boldsymbol{b}_3$ が同一平面上にないことを示すには

「$\lambda \boldsymbol{b}_1 + \mu \boldsymbol{b}_2 + \nu \boldsymbol{b}_3 = \boldsymbol{0} \quad \Rightarrow \quad \lambda = \mu = \nu = 0$」

を示せばよいが，それには $\boldsymbol{a}_1$ との内積を考えて

$$\lambda \boldsymbol{b}_1 \cdot \boldsymbol{a}_1 + \mu \boldsymbol{b}_2 \cdot \boldsymbol{a}_1 + \nu \boldsymbol{b}_3 \cdot \boldsymbol{a}_1 = 0$$

から $\lambda \cdot 1 = 0$ などとなるからである．

てっそく

同一平面上にない

(i)　$\lambda \boldsymbol{a}_1 + \mu \boldsymbol{a}_2 + \nu \boldsymbol{a}_3 = \boldsymbol{0}$
　　$\Rightarrow \quad \lambda + \mu + \nu = 0$

(ii)　**互いに他の線形和でない**

(iii)　**三重積** $(\boldsymbol{a}_1, \boldsymbol{a}_2, \boldsymbol{a}_3) \neq 0$

● **相反系**　例題の $\{\boldsymbol{b}_1, \boldsymbol{b}_2, \boldsymbol{b}_3\}$ を $\{\boldsymbol{a}_1, \boldsymbol{a}_2, \boldsymbol{a}_3\}$ の相反系という．

問　題

134.1　図のように直交座標系およびベクトル $\boldsymbol{a}_1, \boldsymbol{a}_2, \boldsymbol{a}_3$ をとるとき，$\{\boldsymbol{a}_1, \boldsymbol{a}_2, \boldsymbol{a}_3\}$ の相反系 $\{\boldsymbol{b}_1, \boldsymbol{b}_2, \boldsymbol{b}_3\}$ を求めよ．

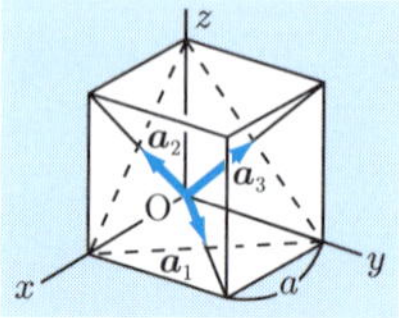

134.2　1 辺の長さが a の立方体の 1 辺とこれに交わらない対角線との距離を求めよ．また相隣る辺の長さが a, b の長方形を底面とし，高さが c である直方体において，底面の対角線とこれに交わらない直方体の対角線との距離を求めよ．

例題 135♯ 四面体の体積

平行六面体 ABCD-EFGH の体積を v とし，また各面の対角線の交点を右図のように P,Q,R,S,T,U とするとき，平行六面体 APQR-STGU の体積 v' を v を用いて表わせ．

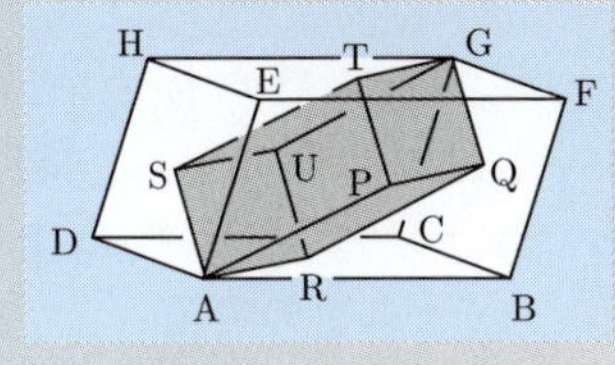

navi 四面体の体積といえば，三重積の出番であり，続いて三重積の演算法則だ

route まず基本図形は与えられた平行六面体．その 3 辺の表わすベクトルをとりあげる．

解答 $\overrightarrow{\mathrm{AB}}=\boldsymbol{a}, \overrightarrow{\mathrm{AD}}=\boldsymbol{b}, \overrightarrow{\mathrm{AE}}=\boldsymbol{c}$ を右手系とみて

$$v=(\boldsymbol{a},\boldsymbol{b},\boldsymbol{c})$$

$$\overrightarrow{\mathrm{AP}}=\frac{\boldsymbol{c}+\boldsymbol{a}}{2},\quad \overrightarrow{\mathrm{AR}}=\frac{\boldsymbol{a}+\boldsymbol{b}}{2},\quad \overrightarrow{\mathrm{AS}}=\frac{\boldsymbol{b}+\boldsymbol{c}}{2}$$

$$\therefore\quad v'=\left(\tfrac{\boldsymbol{c}+\boldsymbol{a}}{2},\tfrac{\boldsymbol{a}+\boldsymbol{b}}{2},\tfrac{\boldsymbol{b}+\boldsymbol{c}}{2}\right)=\tfrac{1}{8}(\boldsymbol{c}+\boldsymbol{a},\boldsymbol{a}+\boldsymbol{b},\boldsymbol{b}+\boldsymbol{c})$$

スカラー 3 重積の多重線形性を用いると，これは 8 個のスカラー 3 重積の和になるが，同じベクトルを含むスカラー 3 重積は 0 であるから，結局 2 個だけが残り

$$v'=\tfrac{1}{8}[(\boldsymbol{c},\boldsymbol{a},\boldsymbol{b})+(\boldsymbol{a},\boldsymbol{b},\boldsymbol{c})]$$

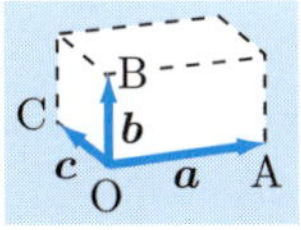

さらに，$(\boldsymbol{c},\boldsymbol{a},\boldsymbol{b})=(\boldsymbol{a},\boldsymbol{b},\boldsymbol{c})$ であるから，

$$v'=\frac{1}{4}(\boldsymbol{a},\boldsymbol{b},\boldsymbol{c})=\frac{v}{4}\qquad\therefore\quad v'=\frac{v}{4}$$

問　題

135.1 四面体 OABC において，$\mathrm{OA}=a, \mathrm{OB}=b, \mathrm{OC}=c, \angle\mathrm{BOC}=\alpha, \angle\mathrm{COA}=\beta$, $\angle\mathrm{AOB}=\gamma$，四面体の体積を V とするとき次を証明せよ．

$$(6V)^2=(abc)^2\begin{vmatrix}1&\cos\gamma&\cos\beta\\ \cos\gamma&1&\cos\alpha\\ \cos\beta&\cos\alpha&1\end{vmatrix}$$

135.2 ねじれの位置にある 2 直線 g, h 上にそれぞれ定長 a, b の線分 AB, CD をとるとき，四面体 ABCD の体積は一定であることを示せ．

発展問題　(12〜17)

12　2つの三角形ABCおよびA′B′C′において，A ≒ A′, B ≒ B′, C ≒ C′ とし，また3直線AA′, BB′, CC′ が1点Oで交わるとする．そのとき，直線ABとA′B′, BCとB′C′, CAとC′A′ がそれぞれ点P, Q, Rで交わるならば，3点P, Q, Rは一直線上にあることを示せ（**デザルグの定理**）．

13　(i)　四面体の対辺の中点を結ぶ3直線は1点で交わることを示せ．

(ii)　四面体の4頂点から等距離にある点がただ1つ存在することを示せ．

14　(i)　正四面体の1頂点で交わる辺と面のなす角の余弦を求めよ．

(ii)　正四面体の相隣る2面のなす角の余弦を求めよ．

15　空間ベクトル $\boldsymbol{a}, \boldsymbol{b}$ の張る平行四辺形の面積を S とし，またこの平行四辺形の xy 平面，yz 平面，zx 平面への正射影の面積をそれぞれ S_1, S_2, S_3 とするとき $S^2 = {S_1}^2 + {S_2}^2 + {S_3}^2$ であることを示せ．

16　$\boldsymbol{a} \times \boldsymbol{x} = \boldsymbol{b}$ $(\boldsymbol{a} \fallingdotseq \boldsymbol{0})$ が解をもつための必要十分条件は，$\boldsymbol{a} \cdot \boldsymbol{b} = 0$ であり，このとき

$$\boldsymbol{x} = \frac{\boldsymbol{b} \times \boldsymbol{a}}{\boldsymbol{a} \cdot \boldsymbol{a}} + c\boldsymbol{a}$$

であることを示せ．

17　2直線

$$g_1 : \boldsymbol{x} = \boldsymbol{p}_1 + \lambda \boldsymbol{a}_1, \quad g_2 : \boldsymbol{x} = \boldsymbol{p}_2 + \mu \boldsymbol{a}_2$$

がねじれの位置にあるための必要十分条件は，$\boldsymbol{a}_1, \boldsymbol{a}_2, \boldsymbol{p}_2 - \boldsymbol{p}_1$ が線形独立なことである．

5　正方行列の固有値と行列の標準形

先へ急ごう	見物していくか
5.1　正方行列の固有値	
E136　同値律	
E137　固有値の始まり	
E138　固有値	
E139　固有多項式	
E140　固有多項式の性質	
E141　固有ベクトル	
5.2　正方行列の三角化・行列の多項式	
E142　三角化定理	
E143　三角化と変換行列	
E144　ハミルトン-ケーリーの定理	
E145　正方行列の多項式の低次化	E146　フロベニウスの定理
	E147　フロベニウスの出番
	E148　固有多項式の一致
5.3　正方行列の対角化	
E149　固有値の重複度	E150, 151　対角化へのナビ (1), (2)
	E152　対角化可能の判定
E153　対角化される例	E154　最小多項式の特色
E155　最小多項式を求める	E156　最小多項式による対角化の判定
5.4　ジョルダンの標準形	
E157　固有値が異なる場合	E158　固有値の 1 つが 2 重解
E159, 161　ジョルダンの標準形 (1), (2)	E160　固有値が 3 重解
	E162　ジョルダン細胞
E163　行列のるい乗 (1)	E164　行列のるい乗 (2)

発展問題　18〜23

てっそくだよ

行列の表示
(i) 成分表示
(ii) 行ベクトル・列ベクトル表示
(iii) ブロック表示

↓

問題解決・論証
(i) まず定義・定理
(ii) 文字使用・式表現
(iii) 目標注視
(iv) 具体化せよ
(v) 特別な場合

↓

逆行列を求める
(i) 余因子行列
(ii) はき出し
(iii) ハミルトン利用

↓

固有値・固有多項式
(i) $|A-\lambda E|=0$
(ii) $A \sim B \Rightarrow \varphi_A = \varphi_B$
(iii) 三角化定理
(iv) ハミルトン-ケーリーかフロベニウスか

↓

数学の学習
(i) 書くこと
(ii) 覚えること
(iii) まねること

最小多項式　$f(t)$
(i) $g(A)=O \Rightarrow f(t) \mid g(t)$
(ii) $f(t) \mid \varphi_A(t)$
(iii) $f(\lambda)=0$

5.1 正方行列の固有値

◆ **正方行列に対する同値の考え**　“同値” の考えは，第 4 章の初頭でベクトルの考えをとりあげるところで述べた．それは線分図形の代数化——数と同様の法則にしたがう演算をもつ集合——という視点で，線分をとらえたものであった．$\overrightarrow{\mathrm{AB}}$ と $\overrightarrow{\mathrm{CD}}$ が同値というのは，向きと大きさが等しいということであり，この 2 つの視点で同じものという感触の表現であった．

◆ **正方行列の同値**　この章では，一般に複素数を成分とする n 次正方行列を対象とする．n 次の正方行列 A と，n 次の正則な行列 P に対して，積 $P^{-1}AP$ をつくる．この場合「もし A と P が可換ならば $P^{-1}AP = P^{-1}PA = EA = A$」であり，可換でなくても $P^{-1}AP$ には「A に近い，A と似ている，A の仲間」という感触がある．n 次の正方行列 A, B が同値（記号で $A \sim B$）とは「$B = P^{-1}AP$ のような正則行列 P が存在すること」と定める．この場合次の 3 つの性質（**同値律**）がなりたつ（⇨例題 136）．

> 正則
> 逆行列 P^{-1} をもつということ
> $P^{-1}P = PP^{-1} = E$

(1)　$A \sim A$　　(2)　$A \sim B \Rightarrow B \sim A$　　(3)　$A \sim B$ かつ $B \sim C \Rightarrow A \sim C$

例題 136　　**同値律**

n 次正方行列に関する同値律のなりたつことを証明せよ．

navi　証明問題では，まず定義を書いてから考える．

証明　(1)　n 次の単位行列 E に対して，$E^{-1}AE = A$．よって $A \sim A$

(2)　$A \sim B$ とすると，$B = P^{-1}AP$ のような正則行列 P が存在する．このとき $A = PBP^{-1}$ で P が正則行列だから P^{-1} も正則で $(P^{-1})^{-1} = P$．よって

$$A = (P^{-1})^{-1}BP^{-1} \quad \text{となり} \quad B \sim A$$

(3)　$A \sim B$ かつ $B \sim C$ とすると $B = P^{-1}AP,\ C = Q^{-1}BQ$ のような正則行列 P, Q が存在する．このとき $C = Q^{-1}(P^{-1}AP)Q$ で，P, Q の積 PQ も正則で

$$(PQ)^{-1} = Q^{-1}P^{-1},\ C = (PQ)^{-1}A(PQ) \quad \text{となり} \quad A \sim C$$

問　題

136.1　(i)　$A \sim B$ ならば $A^m \sim B^m$（m は正の整数），$|A| = |B|$ を示せ．

(ii)　さらに，A が正則のときは B も正則で $A^{-1} \sim B^{-1}$ を示せ．

◆ **対角行列**　n 次の正方行列の全体は，数のように，和と積という演算で閉じていて，その演算は数の和と積とよく似た演算規則をもっている．しかし積に関する可換法則は一般になりたたない．

n 次の正方行列のなかで，$a_{ij}=0$（$i \neq j$）のような行列，

3 次でいえば $\begin{bmatrix} a_{11} & 0 & 0 \\ 0 & a_{22} & 0 \\ 0 & 0 & a_{33} \end{bmatrix}$ のような行列を**対角行列**という．この対角行列どうしは可換である．とくに $a_{11}=a_{22}=\cdots=a_{nn}=a$ のときの $A=aE$ は数 a に相当する．

n 次の正方行列に対する "同値" の考えは，"同値律" をみたすので，n 次の正方行列の全体を組（同値類）に分けることができる．似たものどうしを組にするということか．

そこで行列 A に対して，A と同値な "対角行列" は存在しないかが問題になる．残念ながら，一般にはなりたたない．しかし，存在するための必要十分条件は与えられる（⇨ p.167, 171）．

> 行列の乗法
> 一般に非可換．
> 対角行列どうしは可換です．

n 次行列の同値類

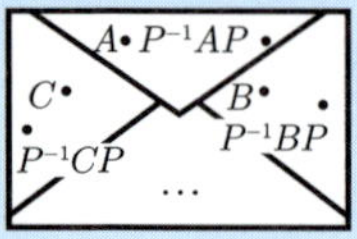

> それがこの章の目的であり，併せてその応用に発展するのだ．

例題 137　　　　**固有値の始まり**

(i)　3 次の場合，対角行列どうしは可換であることを示せ．

(ii)　3 次正方行列 A に対して，$P^{-1}AP=\begin{bmatrix} \lambda_1 & 0 & 0 \\ 0 & \lambda_2 & 0 \\ 0 & 0 & \lambda_3 \end{bmatrix}$ $\cdots$① となる正則行列 P が存在するとき，P の列ベクトル表示を $P=[\,\boldsymbol{x}_1\ \boldsymbol{x}_2\ \boldsymbol{x}_3\,]$ とすると，$A\boldsymbol{x}_i=\lambda_i\boldsymbol{x}_i$（$i=1,2,3$）であることを示せ．

解答　(i)

$$\begin{bmatrix} \lambda_1 & & O \\ & \mu_1 & \\ O & & \nu_1 \end{bmatrix}\begin{bmatrix} \lambda_2 & & O \\ & \mu_2 & \\ O & & \nu_2 \end{bmatrix}=\begin{bmatrix} \lambda_1\lambda_2 & & O \\ & \mu_1\mu_2 & \\ O & & \nu_1\nu_2 \end{bmatrix}$$

$$=\begin{bmatrix} \lambda_2 & & O \\ & \mu_2 & \\ O & & \nu_2 \end{bmatrix}\begin{bmatrix} \lambda_1 & & O \\ & \mu_1 & \\ O & & \nu_1 \end{bmatrix}$$

(ii)　① から $AP=[\,A\boldsymbol{x}_1\ A\boldsymbol{x}_2\ A\boldsymbol{x}_3\,]=P\begin{bmatrix} \lambda_1 & & O \\ & \lambda_2 & \\ O & & \lambda_3 \end{bmatrix}=[\,\lambda_1\boldsymbol{x}_1\ \lambda_2\boldsymbol{x}_2\ \lambda_3\boldsymbol{x}_3\,]$

問　題

137.1　例題 137 は n 次の場合にもなりたつことを確かめよ．

◆ **固有値** n 次の正方行列 A に対して

$$A\boldsymbol{x} = \lambda\boldsymbol{x},\ \boldsymbol{x} \neq \boldsymbol{0} \qquad \cdots ①$$

となるスカラー λ と，n 次列ベクトル $\boldsymbol{x}$ があるとき，λ を A の**固有値**，$\boldsymbol{x}$ を固有値 λ に対する**固有ベクトル**という．まず具体例に入ろう．

はじめての学習では
n を 3 として
慣れたら一般 n で．

例題 *138* 固有値

行列 $A = \begin{bmatrix} 1 & 2 & 2 \\ 0 & 2 & 1 \\ -1 & 2 & 2 \end{bmatrix}$ の固有値を求めよ．

navi 理論への進入はまず定義から．

てっそく
行列の表示
(i) 成分表示
(ii) 行ベクトル・列ベクトル表示
(iii) ブロック表示

解答 行列 A に対して $A\boldsymbol{x} = \lambda\boldsymbol{x}$ を成分で表わせば

$$\begin{bmatrix} 1 & 2 & 2 \\ 0 & 2 & 1 \\ -1 & 2 & 2 \end{bmatrix}\begin{bmatrix} x_1 \\ x_2 \\ x_3 \end{bmatrix} = \lambda\begin{bmatrix} x_1 \\ x_2 \\ x_3 \end{bmatrix},\quad \begin{bmatrix} x_1 \\ x_2 \\ x_3 \end{bmatrix} \neq \begin{bmatrix} 0 \\ 0 \\ 0 \end{bmatrix}$$

$$\therefore \quad \begin{cases} x_1 + 2x_2 + 2x_3 = \lambda x_1 \\ \qquad 2x_2 + \ x_3 = \lambda x_2 \\ -x_1 + 2x_2 + 2x_3 = \lambda x_3 \end{cases} \quad \text{すなわち} \quad \begin{cases} (1-\lambda)x_1 + 2x_2 + 2x_3 = 0 \\ (2-\lambda)x_2 + x_3 = 0 \\ -x_1 + 2x_2 + (2-\lambda)x_3 = 0 \end{cases}$$

ここで x_1, x_2, x_3 のどれかは 0 でない．すなわちこの同次連立方程式が非自明解をもつ（⇨ p.87）．その条件は

てっそく
行列式の値
(i) 2次，3次はサラス
(ii) 余因子展開
(iii) 線形性の活用

$$\text{行列式 } |A - \lambda E| = \begin{vmatrix} 1-\lambda & 2 & 2 \\ 0 & 2-\lambda & 1 \\ -1 & 2 & 2-\lambda \end{vmatrix} = 0$$

行列 A の固有値は，これをみたす λ である，行列式を求めて

$-\lambda^3 + 5\lambda^2 - 8\lambda + 4 = 0 \qquad \therefore \quad (\lambda-2)^2(\lambda-1) = 0$ 　　よって固有値は 2（2 重解）と 1

問　題

138.1 次の行列の固有値を求めよ．

(i) $\begin{bmatrix} 4 & 1 \\ 7 & -2 \end{bmatrix}$ (ii) $\begin{bmatrix} 2 & -3 \\ 4 & 2 \end{bmatrix}$ (iii) $\begin{bmatrix} 1 & 0 & -1 \\ 1 & 2 & 1 \\ 2 & 2 & 3 \end{bmatrix}$ (iv) $\begin{bmatrix} 17 & -2 & 4 \\ 28 & -1 & 8 \\ -42 & 6 & -9 \end{bmatrix}$

(v) $\begin{bmatrix} 0 & -5 & -4 \\ -3 & -7 & -7 \\ 5 & 14 & 13 \end{bmatrix}$ (vi) $\begin{bmatrix} a_{11} & & O \\ & a_{22} & \\ O & & a_{33} \end{bmatrix}$ (vii) $\begin{bmatrix} a & 1 & 0 \\ & a & 0 \\ O & & b \end{bmatrix}$ $(b \neq a)$

◆ **固有多項式**　n 次の正方行列 A の**固有値**とは $(A-\lambda E)\boldsymbol{x}=\boldsymbol{0}$ が非自明解 $\boldsymbol{x}$ をもつ条件 $|A-\lambda E|=0$ をみたす λ のことであった．$n=3$ としよう．A の固有値は $A=[a_{ij}]$ のとき t の方程式

$$\varphi_A(t)=|A-tE|=\begin{vmatrix} a_{11}-t & a_{12} & a_{13} \\ a_{21} & a_{22}-t & a_{23} \\ a_{31} & a_{32} & a_{33}-t \end{vmatrix}=0 \qquad \cdots ①$$

の解 λ のことである．a_{ij} がすべて実数でも $\varphi_A(t)=0$ の解は 3 個（重複を数えて 3 個，一般に n 個）の複素数であり，実数とは限らない（➪ 問題 138.1(ii)）．

$\varphi(t)=\varphi_A(t)$ を A の**固有多項式**（あるいは**特性多項式**）といい，$\varphi(t)=0$ を**固有方程式**（あるいは**特性方程式**）という．

例題 139　　　**固有多項式**

3 次正方行列 A の固有多項式 $\varphi_A(t)$ は次の形をしていることを示せ．

$$\varphi_A(t)=-t^3+(a_{11}+a_{22}+a_{33})t^2-(A_{11}+A_{22}+A_{33})t+|A|$$

ここで A_{ii} は成分 a_{ii} に対する余因子（➪ p.34），$|A|$ は行列式である．

解答　行列式①に，p.32 の定理 2, 3 をくり返して用いる．

$$\begin{vmatrix} a_{11} & a_{12} & a_{13} \\ a_{21} & a_{22} & a_{23} \\ a_{31} & a_{32} & a_{33} \end{vmatrix}+\begin{vmatrix} -t & a_{12} & a_{13} \\ 0 & a_{22} & a_{23} \\ 0 & a_{32} & a_{33} \end{vmatrix}+\begin{vmatrix} a_{11} & 0 & a_{13} \\ a_{21} & -t & a_{23} \\ a_{31} & 0 & a_{33} \end{vmatrix}+\begin{vmatrix} a_{11} & a_{12} & 0 \\ a_{21} & a_{22} & 0 \\ a_{31} & a_{32} & -t \end{vmatrix}$$

$$+\begin{vmatrix} a_{11} & 0 & 0 \\ a_{21} & -t & 0 \\ a_{31} & 0 & -t \end{vmatrix}+\begin{vmatrix} -t & a_{12} & 0 \\ 0 & a_{22} & 0 \\ 0 & a_{32} & -t \end{vmatrix}+\begin{vmatrix} -t & 0 & a_{13} \\ 0 & -t & a_{23} \\ 0 & 0 & a_{33} \end{vmatrix}+\begin{vmatrix} -t & 0 & 0 \\ 0 & -t & 0 \\ 0 & 0 & -t \end{vmatrix}$$

$$=-t^3+(a_{11}+a_{22}+a_{33})t^2-(A_{11}+A_{22}+A_{33})t+|A|$$

ひと言　1.　3 次正方行列 A の対角成分の和 $a_{11}+a_{22}+a_{33}$ を A の**トレース**（trace，足跡）といい $\mathrm{tr}\,A$ で表わす．一般の n 次行列 $A=[a_{ij}]$ では

$$\mathrm{tr}\,A=a_{11}+a_{22}+\cdots+a_{nn}$$

また固有多項式は $\varphi_A(t)=(-1)^n t^n+(-1)^{n-1}\,\mathrm{tr}\,A\cdot t^{n-1}+\cdots-(A_{11}+\cdots+A_{nn})t+|A|$ となる．n 次の場合も，定数項は行列式 $|A|$ である．

2.　$|tE-A|$ を固有多項式とよぶ本もある．

> 本質・役割は変わりないが
> 試験のときは先生の好みに
> 合わせること

問　題

139.1　(i)　2 次正方行列 $A=[a_{ij}]$ の固有多項式を求めよ．

(ii)　前頁の問題 138.1 (iii), (iv)の各行列の固有多項式を書け．

例題 140 ——— **固有多項式の性質**

(i) 一般に $A \sim B$ のとき，次を証明せよ．

$$\varphi_A(t) = \varphi_B(t), \quad |A| = |B|, \quad \operatorname{rank} A = \operatorname{rank} B$$

(ii) とくに A, B がともに対角行列のとき，次を証明せよ．

$A \sim B \Leftrightarrow A, B$ の対角成分が集合として（重複も入れて）一致する．

証明 (i) $A \sim B$ とすると $B = P^{-1}AP$

$$\varphi_B(t) = |B - tE| = |P^{-1}AP - P^{-1}tEP|$$
$$= |P^{-1}(A - tE)P| = |P|^{-1}\,|A - tE|\,|P| = \varphi_A(t)$$

よって $\varphi_A(t) = \varphi_B(t)$． とくに $t = 0$ のとき $|A| = |B|$

階数については，次の性質がある．

A が n 次，P と Q が n 次正則ならば

$$\operatorname{rank} PA = \operatorname{rank} A, \quad \operatorname{rank} AQ = \operatorname{rank} A$$ （⇨ p.93 問題 85.1）

これを用いて，P, P^{-1} は正則であるから

$$A \sim B \Rightarrow B = P^{-1}AP \Rightarrow \operatorname{rank} B = \operatorname{rank} AP = \operatorname{rank} A$$

> **てっそく**
> **証明問題**
> **(i) まず定義・定理**
> **(ii) 文字使用・式表現**
> **(iii) 目標・注視**
> **(iv) 具体化せよ**

(ii) $A = \begin{bmatrix} a_{11} & & & \\ & a_{22} & & O \\ & O & \ddots & \\ & & & a_{nn} \end{bmatrix}$, $B = \begin{bmatrix} b_{11} & & & \\ & b_{22} & & O \\ & O & \ddots & \\ & & & b_{nn} \end{bmatrix}$ のとき

$\varphi_A(t) = (a_{11} - t)(a_{22} - t)\cdots(a_{nn} - t)$ から A の固有値は $\{a_{11}, a_{22}, \cdots, a_{nn}\}$

同様に B の固有値は $\{b_{11}, b_{22}, \cdots, b_{nn}\}$ （$\{\ \}$ は集合の記号）

$$A \sim B \ \Rightarrow \ \varphi_A(t) = \varphi_B(t) \ \Rightarrow \ \{a_{11}, a_{22}, \cdots, a_{nn}\} = \{b_{11}, b_{22}, \cdots, b_{nn}\}$$

逆に対角行列 A, B の対角成分が集合として一致しており $(1, 1)$ 成分から順にみて (i, i) 成分が初めて異なるとする．

⇨ 下の問題 140.1

$a_{11} = b_{11}, \cdots, a_{ii} \neq b_{ii}$．すると $a_{ii} = b_{jj}$（$i < j$）となる b_{jj} があるはず．このとき第 i 行と第 j 行を入れかえる行基本行列 P_{II}（⇨ p.71）を用いて $C = P_{\text{II}}^{-1}BP_{\text{II}}$ をつくると C の対角成分は $a_{11}, \cdots, a_{ii}, b_{i+1\,i+1}, \cdots$ となり，これを続けて，A の対角成分に順序まで考えて一致させることができる．

ややこしいときは具体化せよ

問 題

140.1 $A = \begin{bmatrix} a & 0 & 0 \\ 0 & b & 0 \\ 0 & 0 & c \end{bmatrix}$, $B = \begin{bmatrix} b & 0 & 0 \\ 0 & c & 0 \\ 0 & 0 & a \end{bmatrix}$ のとき $A = P^{-1}BP$ となる P をつくれ．

◆ **固有ベクトルの求め方**　出発点は

$$A\boldsymbol{x} = \lambda\boldsymbol{x}, \quad \boldsymbol{x} \neq \boldsymbol{0}$$

すなわち $(A-\lambda E)\boldsymbol{x} = \boldsymbol{0}$ が非自明解 $\boldsymbol{x}$ をもつ場合であった.

> E をつけ忘れするなよ

A が 3 次の場合, $A=[a_{ij}]$ の成分を用いて表わすと

$$(H)\begin{cases} (a_{11}-\lambda)x_1 + a_{12}x_2 + a_{13}x_3 = 0 \\ a_{21}x_1 + (a_{22}-\lambda)x_2 + a_{23}x_3 = 0 \\ a_{31}x_1 + a_{32}x_2 + (a_{33}-\lambda)x_3 = 0 \end{cases}$$

の非自明解が λ に対する固有ベクトルであった.

> **固有値・固有ベクトルのまとめ**
> 正方行列 $A=[a_{ij}]$ に対して
> (ア)　$\varphi(t) = |A-tE|$ をつくり
> (イ)　$\varphi(t) = 0$ の解が固有値 λ
> (ウ)　各 λ に対して同次連立 $(A-\lambda E)\boldsymbol{x} = \boldsymbol{0}$ の非自明解が固有ベクトル

例題 141　　**固有ベクトル**

例題 138 の行列 A において, A の固有値 2 に対する固有ベクトルを一般形で求めよ.

解答　(例題 138 の解答を引用する)　$\lambda = 2$ のとき $\boldsymbol{x}$ は同次方程式

$$\begin{bmatrix} 1-2 & 2 & 2 \\ 0 & 2-2 & 1 \\ -1 & 2 & 2-2 \end{bmatrix}\begin{bmatrix} x_1 \\ x_2 \\ x_3 \end{bmatrix} = \begin{bmatrix} 0 \\ 0 \\ 0 \end{bmatrix} \Rightarrow \begin{bmatrix} -1 & 2 & 2 \\ 0 & 0 & 1 \\ -1 & 2 & 0 \end{bmatrix}\begin{bmatrix} x_1 \\ x_2 \\ x_3 \end{bmatrix} = \begin{bmatrix} 0 \\ 0 \\ 0 \end{bmatrix}$$ の解.

行基本操作で $\begin{bmatrix} -1 & 2 & 2 \\ 0 & 0 & 1 \\ -1 & 2 & 0 \end{bmatrix} \longrightarrow \begin{bmatrix} 1 & -2 & 0 \\ 0 & 0 & 1 \\ 0 & 0 & 0 \end{bmatrix}$　(ここで⇨ p.80)

だから $x_1 = 2\mu,\ x_2 = \mu,\ x_3 = 0$

固有ベクトルは $\boldsymbol{x} = \mu\begin{bmatrix} 2 \\ 1 \\ 0 \end{bmatrix}$　$(\mu \neq 0)$

> 同次連立方程式の解はき出し計算

問　題

141.1　問題 138.1 (i), (iii), (iv), (v) の各行列について, 固有値 λ に対する固有ベクトルを求めよ.

141.2　固有ベクトルを用い, 次を証明せよ.

(i)　$A^2 = E$ をみたす行列の固有値は 1 または -1

(ii)　$A^2 = A$ をみたす行列の固有値は 0 または 1

(iii)　$A^n = O$ をみたす行列の固有値は 0

141.3　「A が正則 $\Leftrightarrow$ A の固有値はすべて 0 でない」を示せ.

5.2 正方行列の三角化・行列の多項式

例題 142　　**三角化定理**

定理 1　3 次行列 A の固有値が $\lambda_1, \lambda_2, \lambda_3$ のとき

$$P^{-1}AP = B = \begin{bmatrix} \lambda_1 & * & * \\ 0 & \lambda_2 & * \\ 0 & 0 & \lambda_3 \end{bmatrix} \quad (\text{上三角行列})$$

となる正則行列 P が存在することを示せ．これを**上**(うえ)**三角化定理**という．

navi　$AP = PB$ をみたす行列 P の列ベクトル表示を $P = [\, \boldsymbol{x}_1\ \boldsymbol{x}_2\ \boldsymbol{x}_3 \,]$ とするとき，$\boldsymbol{x}_1, \boldsymbol{x}_2, \boldsymbol{x}_3$ は，とくに $\boldsymbol{x}_1$ は，どんな条件をみたさねばならないか．

$$AP = A[\, \boldsymbol{x}_1\ \boldsymbol{x}_2\ \boldsymbol{x}_3 \,] = [\, A\boldsymbol{x}_1\ A\boldsymbol{x}_2\ A\boldsymbol{x}_3 \,], PB = [\, \boldsymbol{x}_1\ \boldsymbol{x}_2\ \boldsymbol{x}_3 \,]B = [\, \lambda_1\boldsymbol{x}_1\ *\ * \,]$$

から $\boldsymbol{x}_1$ は $A\boldsymbol{x}_1 = \lambda_1\boldsymbol{x}_1$ をみたさねばならない．すなわち $\boldsymbol{x}_1$ は λ_1 に対する固有ベクトルである．

解答　(ア)　A の固有値 λ_1 に対する固有ベクトル $\boldsymbol{x}_1$ は $A\boldsymbol{x}_1 = \lambda_1\boldsymbol{x}_1$，$\boldsymbol{x}_1 \fallingdotseq \boldsymbol{0}$ の解，すなわち $A - \lambda_1 E = T(\lambda_1)$ とおくとき，同次連立方程式 $T(\lambda_1)\boldsymbol{x}_1 = \boldsymbol{0}$ の非自明解である．

(イ)　$\boldsymbol{x}_1$ を第 1 列にもつ行列 $P_1 = [\, \boldsymbol{x}_1\ \boldsymbol{x}_2\ \boldsymbol{x}_3 \,]$ が正則であるように，$\boldsymbol{x}_2, \boldsymbol{x}_3$ をえらぶ（⇨ 問題 86.1 を列ベクトルで言いかえる）．

(ウ)　P_1^{-1} の行ベクトル表示を $P_1^{-1} = \begin{bmatrix} \boldsymbol{y}_1 \\ \boldsymbol{y}_2 \\ \boldsymbol{y}_3 \end{bmatrix}$ とすると，

$P_1^{-1}P_1 = E$ から $\boldsymbol{y}_1\boldsymbol{x}_1 = 1$，$\boldsymbol{y}_2\boldsymbol{x}_1 = 0$，$\boldsymbol{y}_3\boldsymbol{x}_1 = 0$

$$P_1^{-1}AP_1 = \begin{bmatrix} \boldsymbol{y}_1 \\ \boldsymbol{y}_2 \\ \boldsymbol{y}_3 \end{bmatrix} A[\, \boldsymbol{x}_1\ \boldsymbol{x}_2\ \boldsymbol{x}_3 \,] = \begin{bmatrix} \boldsymbol{y}_1 \\ \boldsymbol{y}_2 \\ \boldsymbol{y}_3 \end{bmatrix} [\, \lambda_1\boldsymbol{x}_1\ *\ * \,] = \begin{bmatrix} \lambda_1 & * \quad * \\ \boldsymbol{0} & A_2 \end{bmatrix}$$

ここで，$\varphi_A(t) = \varphi_{P_1^{-1}AP}(t) = (\lambda_1 - t)\varphi_{A_2}(t)$ であるから，A_2 の固有値は λ_2, λ_3．

(エ)　次に，A_2 に上の (ア)(イ)(ウ) を行って $P_2^{-1}A_2P_2 = \begin{bmatrix} \lambda_2 & * \\ 0 & \lambda_3 \end{bmatrix}$ となる P_2 をとる．

(オ)　$P = P_1 \begin{bmatrix} 1 & 0 \quad 0 \\ 0 & \\ 0 & P_2 \end{bmatrix}$ とすると，$P^{-1}AP = \begin{bmatrix} \lambda_1 & * & * \\ 0 & \lambda_2 & * \\ 0 & 0 & \lambda_3 \end{bmatrix}$

三角化の手順は(ア)〜(オ)

問　題

142.1　一般の n 次正方行列の三角化定理の証明を，n についての帰納法で述べよ．

例題 143 **三角化と変換行列**

$A=\begin{bmatrix}1&0&0\\-1&2&-4\\2&-1&-1\end{bmatrix}$ を上三角化せよ．

解答 (ア) A の固有多項式は $\varphi_A(t)=|A-tE|=-(t-3)(t-1)(t+2)$
固有値，すなわち $\varphi_A(t)=0$ の解は $3,1,-2$．固有値 $\lambda_1=3$ に対して，同次連立方程式
$T(3)\boldsymbol{x}=(A-3E)\boldsymbol{x}=\begin{bmatrix}-2&0&0\\-1&-1&-4\\2&-1&-4\end{bmatrix}\begin{bmatrix}x\\y\\z\end{bmatrix}=\begin{bmatrix}0\\0\\0\end{bmatrix}$ の非自明解の 1 つ $\begin{bmatrix}0\\-4\\1\end{bmatrix}$

(イ) これを第 1 列にもつ正則な P_1 をつくる．

$$P_1=\begin{bmatrix}0&1&0\\-4&1&0\\1&0&1\end{bmatrix}$$ （⇨ 問題 86.1）

(ウ) $P_1^{-1}=\dfrac{1}{4}\begin{bmatrix}1&-1&0\\4&0&0\\-1&1&4\end{bmatrix}$，$P_1^{-1}AP_1=\begin{bmatrix}3&0&1\\0&1&0\\0&1&-2\end{bmatrix}$

(エ) $A_2=\begin{bmatrix}1&0\\1&-2\end{bmatrix}$ とすると固有値は $1,-2$．$\lambda_2=1$
に対する固有ベクトル $\begin{bmatrix}3\\1\end{bmatrix}$ を用いて $P_2=\begin{bmatrix}3&*\\1&*\end{bmatrix}$ が
正則となるように $P_2=\begin{bmatrix}3&0\\1&1\end{bmatrix}$

(オ) $P=P_1\begin{bmatrix}1&0&0\\0&&\\0&&P_2\end{bmatrix}=\begin{bmatrix}0&1&0\\-4&1&0\\1&0&1\end{bmatrix}\begin{bmatrix}1&0&0\\0&3&0\\0&1&1\end{bmatrix}=\begin{bmatrix}0&3&0\\-4&3&0\\1&1&1\end{bmatrix}$

これが求める P である．なお，このとき $P^{-1}AP=\begin{bmatrix}3&1&1\\0&1&0\\0&0&-2\end{bmatrix}$

> **変換行列 $\boldsymbol{P}$ のつくり方**
> (ア) A の固有値 λ_1 に対して
> $T(\lambda_1)=A-\lambda_1E$
> 同次連立方程式
> $T(\lambda_1)\boldsymbol{x}=\boldsymbol{0}$
> の非自明解の一つ $\boldsymbol{x}_1$
> (イ) $P_1=[\,\boldsymbol{x}_1\ \boldsymbol{x}_2\ \boldsymbol{x}_3\,]$ が正則であるように
> (ウ) $P_1^{-1}AP_1$ をつくり，次は A_2 をとりあげる

> P_1,P_2 のとり方は色々ある．
> P のとり方も同じ．

ひと言 A は，固有値が相異なるので，実は対角化可能である（⇨ 問題 156.1，p.172 定理 3）．

問題

143.1 行列 $A=\begin{bmatrix}-1&0&1&0\\1&3&0&0\\0&0&0&0\\0&-2&-3&5\end{bmatrix}$ を上三角化せよ．

例題 144 **ハミルトン-ケーリーの定理**

n 次正方行列 A の固有多項式を $\varphi_A(t)$ とすると，$\varphi_A(A) = O$（零行列）であることを証明せよ．証明は $n = 3$ としてよい．

この定理を**ハミルトン-ケーリーの定理**という．

navi A が一般の場合，手がかりが掴めないなら A が特別な形をしているときに様子をさぐる．

てっそく
問題解決論証
(i) 定義・定理
(v) 特別な場合に

route 特別な場合として，三角行列の場合は

証明 固有値を $\lambda_1, \lambda_2, \lambda_3$ とすると，これらは $\varphi_A(t) = 0$ の解．よって $\varphi_A(t) = -(t-\lambda_1)(t-\lambda_2)(t-\lambda_3)$

行列 A の多項式の定義と性質から（⇨ p.20）

$$\varphi_A(A) = (A-\lambda_1 E)(A-\lambda_2 E)(A-\lambda_3 E)$$

三角化定理から $B = P^{-1}AP = \begin{bmatrix} \lambda_1 & * & * \\ 0 & \lambda_2 & * \\ 0 & 0 & \lambda_3 \end{bmatrix}$ のような正則行列 P があり

$$\begin{aligned} P^{-1}\varphi_A(A)P &= \left\{P^{-1}(A-\lambda_1 E)P\right\}\left\{P^{-1}(A-\lambda_2 E)P\right\}\left\{P^{-1}(A-\lambda_3 E)P\right\} \\ &= (B-\lambda_1 E)(B-\lambda_2 E)(B-\lambda_3 E) \end{aligned}$$

ここで $B-\lambda_1 E = \begin{bmatrix} 0 & * & * \\ 0 & * & * \\ 0 & 0 & * \end{bmatrix}$, $B-\lambda_2 E = \begin{bmatrix} * & * & * \\ 0 & 0 & * \\ 0 & 0 & * \end{bmatrix}$, $B-\lambda_3 E = \begin{bmatrix} * & * & * \\ 0 & * & * \\ 0 & 0 & 0 \end{bmatrix}$

$$(B-\lambda_1 E)(B-\lambda_2 E) = \begin{bmatrix} 0 & * & * \\ 0 & * & * \\ 0 & 0 & * \end{bmatrix}\begin{bmatrix} * & * & * \\ 0 & 0 & * \\ 0 & 0 & * \end{bmatrix} = \begin{bmatrix} 0 & 0 & * \\ 0 & 0 & * \\ 0 & 0 & * \end{bmatrix}$$

これに右から $(B-\lambda_3 E)$ をかけると零行列 O となる．よって $P^{-1}\varphi_A(A)P = O$ となり，$\varphi_A(A) = O$

問　題

144.1 (i) $A = \begin{bmatrix} a & b \\ c & d \end{bmatrix}$ について

$$\varphi_A(A) = A^2 - (a+d)A + (ad-bc)E = O$$

を成分を計算して確かめよ．

(ii) $A = \begin{bmatrix} 1 & 2 \\ -2 & 5 \end{bmatrix}$ のとき A^2, A^3 を $aA + bE$ の形に表わせ．

例題 145　　**正方行列の多項式の低次化**

$A=\begin{bmatrix}1 & -1\\ 2 & 5\end{bmatrix}$ について，次の S,T を A の 1 次多項式で表わせ．

(i)　$S=2A^4-12A^3+19A^2-29A+37E$　　(ii)　$T=S^{-1}$

navi　次数を低くするための道具は，A のみたす等式であり，ハミルトン-ケーリーがその代表である．

解答　(i)　$f(t)=2t^4-12t^3+19t^2-29t+37$ とおく．

$A=\begin{bmatrix}1 & -1\\ 2 & 5\end{bmatrix}$ の固有多項式は $\varphi_A(t)=\begin{vmatrix}1-t & -1\\ 2 & 5-t\end{vmatrix}=t^2-6t+7$

$f(t)$ を $\varphi_A(t)$ で割って $f(t)=\varphi_A(t)(2t^2+5)+t+2$．ハミルトン-ケーリーの定理から $\varphi_A(A)=0$．ゆえに $S=f(A)=A+2E$

> 高校以来ダネ
> 商と余り君

(ii)　$S=\begin{bmatrix}1 & -1\\ 2 & 5\end{bmatrix}+\begin{bmatrix}2 & 0\\ 0 & 2\end{bmatrix}=\begin{bmatrix}3 & -1\\ 2 & 7\end{bmatrix}$．$S$ は正則である．

S の固有多項式は $\varphi_S(t)=\begin{vmatrix}3-t & -1\\ 2 & 7-t\end{vmatrix}=t^2-10t+23$

> 行列の式の低次化は
> まずハミルトン-ケーリー

よってハミルトン-ケーリーの定理から $S^2-10S+23E=O$

$$\therefore\quad 23E=-S^2+10S \text{ から } 23S^{-1}=-S+10E=-A+8E$$

$$\therefore\quad S^{-1}=-\tfrac{1}{23}A+\tfrac{8}{23}E$$

● **2 次行列の整式**　一般に $A=\begin{bmatrix}a_{11} & a_{12}\\ a_{21} & a_{22}\end{bmatrix}$ のときの固有多項式は

$$\varphi_A(t)=t^2-(\mathrm{tr}\,A)t+|A|=t^2-(a_{11}+a_{22})t+(a_{11}a_{22}-a_{12}a_{21})$$

ハミルトン-ケーリーの定理から $\varphi_A(A)=O$ となるので，A の 2 次以上の式 $f(A)$ と $f(A)$ が正則のときの $f(A)^{-1}$ を A の 1 次式で表わすことができる．

問　題

145.1　(i)　$A=\begin{bmatrix}2 & -1\\ 1 & 3\end{bmatrix}$ のとき $A^4-4A^3-A^2+2A-5E$ を求めよ．

(ii)　$A=\begin{bmatrix}0 & 0 & 2\\ 2 & 1 & 0\\ -1 & -1 & 3\end{bmatrix}$ のとき A^6-25A^2+112A を求めよ．また A^{-1} を $aA^2+bA+cE$ の形に表わせ．

(iii)　3 次正方行列 A が $1,-1,2$ を固有値にもつとき，A^3, A^4 を A^2, A, E で表わせ．

> **てっそく**
> **逆行列を求める**
> **(i)　余因子行列**
> **(ii)　はき出し**
> **(iii)　ハミルトン利用**

例題 146♯ **フロベニウスの定理**

n 次正方行列の固有値を重複も入れて $\lambda_1, \lambda_2, \cdots, \lambda_n$ とし

$$f(t) = a_0t^r + a_1t^{r-1} + \cdots + a_r$$

を t の多項式とするとき

(i) $f(A)$ の固有値は $f(\lambda_1), f(\lambda_2), \cdots, f(\lambda_n)$ である．

(ii) 行列式 $|f(A)| = f(\lambda_1)\,f(\lambda_2)\,\cdots\,f(\lambda_n)$

(この結果は**フロベニウスの定理**と呼ばれる)

これを $n = 3, r = 3$ のときに証明せよ．

navi 固有値利用の新しい道具として，三角化定理がある．

てっそく

固有値・固有多項式

(i) $|A-\lambda E| = 0$

(ii) 三角化定理

(iii) ハミルトン-ケーリーか フロベニウスか

証明 (i) 正方行列 A に対して，適当な正則行列をとると

$$P^{-1}AP = \begin{bmatrix} \lambda_1 & * & * \\ 0 & \lambda_2 & * \\ 0 & 0 & \lambda_3 \end{bmatrix} \quad (\lambda_1, \lambda_2, \lambda_3 \text{ は } A \text{ の固有値})$$

となる．$f(A) = a_0A^3 + a_1A^2 + a_2A + a_3E$

$$\begin{aligned} P^{-1}f(A)P &= a_0P^{-1}A^3P + a_1P^{-1}A^2P + a_2P^{-1}AP + a_3P^{-1}EP \\ &= a_0(P^{-1}AP)^3 + a_1(P^{-1}AP)^2 + a_2(P^{-1}AP) + a_3E \\ &= f(P^{-1}AP) = \begin{bmatrix} f(\lambda_1) & * & * \\ 0 & f(\lambda_2) & * \\ 0 & 0 & f(\lambda_3) \end{bmatrix} \qquad \cdots ① \end{aligned}$$

のように三角行列となるから，$P^{-1}f(A)P$ の固有値は $f(\lambda_1), f(\lambda_2), f(\lambda_3)$ であり，それは $f(A)$ の固有値である（⇨ 例題 140 (i)）．

(ii) ①から $|f(A)| = |f(P^{-1}AP)| = f(\lambda_1)f(\lambda_2)f(\lambda_3)$

n 次の場合の証明を 2 回目の学習で試みるとしようか．

問　題

146.1 $A = \begin{bmatrix} 1 & 2 & 3 \\ 0 & 1 & -3 \\ 0 & -3 & 1 \end{bmatrix}$ のとき，

$$A^3 + 3A^2 + 2E$$

の固有値と行列式の値を求めよ．

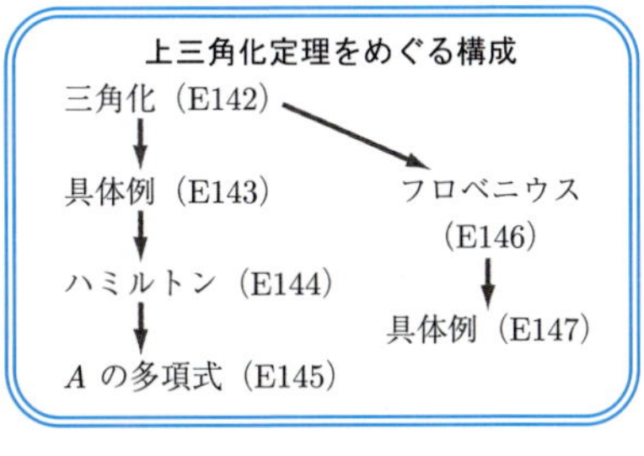

例題 147♯　　**フロベニウスの出番**

n 次正方行列 A に対して，次の条件は同値であることを示せ．

(i)　A の固有多項式が $\varphi_A(t) = (-1)^n t^n$

(ii)　$A^n = O$

(iii)　$A^m = O$ のような正の整数 m が存在する．

navi　正方行列のみたす方程式と言えば，ハミルトン-ケーリーの出番か．それともフロベニウスか．

route　(ii)で n は A の次数．(iii)の m はある数．

解答　〔(i) ⇒ (ii)〕　$\varphi_A(t) = (-1)^n t^n$ ならば，ハミルトン-ケーリーの定理から

$$\varphi_A(A) = O \qquad \therefore \quad A^n = O$$

〔(ii) ⇒ (iii)〕　m として，n をとればよい．

〔(iii) ⇒ (i)〕　$A^m = O$ とし，t の多項式 $f(t) = t^m$ をとりあげ，行列 A の固有値を $\lambda_1, \lambda_2, \cdots, \lambda_n$ とすると，フロベニウスの定理から，$f(A) = A^m$ の固有値は

$$f(\lambda_1) = \lambda_1^m, \quad f(\lambda_2) = \lambda_2^m, \cdots, \quad f(\lambda_n) = \lambda_n^m$$

ところが $A^m = O$ から $f(A) = O$ で，$f(A)$ の固有値は $0, 0, \cdots, 0$ であるから

$$f(\lambda_i) = \lambda_i^m = 0 \quad (i = 1, 2, \cdots, n) \quad \text{から} \quad \lambda_i = 0$$

よって

$$\varphi_A(t) = (-1)^n (t - \lambda_1)(t - \lambda_2) \cdots (t - \lambda_n) = (-1)^n t^n$$

数と行列の相異
$A^n = O$ と言えば
$A = O$ かと言い
たくなるが

てっそく
行列の多項式
(i)　ハミルトン-ケーリー
(ii)　フロベニウス

λ_i は A の身代り
行列ではなく数で
$f(A)$ の身代りは $f(\lambda)$ だよ

問　題

147.1　$A = \begin{bmatrix} 1 & -18 & 5 \\ 3 & 2 & 1 \\ 5 & 22 & -3 \end{bmatrix}$ とするとき，A^3 を求めよ．

例題 148♮ **固有多項式の一致**

任意の n 次正方行列 A, B に対して，AB と BA は同じ固有多項式をもつことを示せ．

navi くり返して述べているように，証明問題では，用語の定義と基本的な定理にもどる．

route 固有多項式といえば，定義は $\varphi(t) = |A - tE|$，定理は⇨右てっそく．

てっそく

固有値・固有多項式

(i) まずそれらの定義

(ii) $A \sim B \Rightarrow \varphi_A = \varphi_B$

(iii) 三角化定理

(iv) ハミルトン-ケーリーとフロベニウス

行列の泣きどころ
$AB \quad BA \quad A^n$

証明 (i) 〔A が正則のとき〕

$$BA = A^{-1}(AB)A$$

であるから，BA は AB に同値である．同値な行列の固有多項式は等しいから，BA と AB の固有多項式は等しい．

(ii) 〔A が正則でないとき〕 $\varphi_A(t) = |A - tE| = 0$ の解（すなわち A の固有値）$\lambda_1, \cdots, \lambda_n$ に対して $-c \leqq |\lambda_i| \leqq c$ $(i = 1, \cdots, n)$ となる c をとると

$$\mu > c \text{ のような } \mu \text{ に対して } |A - \mu E| \fallingdotseq 0$$

したがって行列 $A - \mu E$ は正則であり，(i)により行列 B との積 $(A - \mu E)B$ と $B(A - \mu E)$ は同じ固有多項式をもつ．すなわち t の多項式として

$$|(A - \mu E)B - tE| = |B(A - \mu E) - tE|$$

この両辺は μ の多項式でもあり，これが $\mu > c$ のような無数の μ の値に対してなりたつので，μ の多項式として一致する．それならば $\mu = 0$ のときも一致しているわけだから $|AB - tE| = |BA - tE|$．すなわち AB と BA の固有多項式は一致する．

行列と数との違い
代表は $AB \fallingdotseq BA$
しかし固有値は同じ

問　題

148.1 (i) $A = \begin{bmatrix} b & c & a \\ c & a & b \\ a & b & c \end{bmatrix}$ の固有多項式を求めよ．

(ii) (i)の A, $B = \begin{bmatrix} c & a & b \\ a & b & c \\ b & c & a \end{bmatrix}$, $C = \begin{bmatrix} a & b & c \\ b & c & a \\ c & a & b \end{bmatrix}$ の固有多項式は一致することを示せ．

148.2 正方行列 A とその転置行列 ${}^tA$ とは同じ固有多項式をもつことを示せ．

5.3 正方行列の対角化

◆ **ストーリー**　正方行列 A を任意に与えたとき，A の同値類の中に，上三角行列が必ず存在する．すなわち $P^{-1}AP = \begin{bmatrix} \lambda_1 & & * \\ & \ddots & \\ O & & \lambda_n \end{bmatrix}$ となる正則行列 P が存在することは 5.2 節で学習した．ただし P およびこの上三角行列の成分は，複素数でもよい．この結果を利用して，ハミルトン-ケーリーやフロベニウスの定理が得られたのである．

三角化の定理にさらなる深化を望むとすれば，対角化である．正方行列 A に対して $P^{-1}AP = \begin{bmatrix} \lambda_1 & & O \\ & \ddots & \\ O & & \lambda_n \end{bmatrix}$ となる正則行列 P が存在するか，ということである．しかしそれが無条件にできるのでは，話がウマすぎることは p.152 に述べた．「話がウマすぎる」となれば，対角化されるための（必要十分）条件を探すことになる．それには固有多項式 $\varphi_A(t)$ における固有値 λ の重複度と，λ に対する固有ベクトルの線形独立なものの個数がかかわってくる．

例題 149　　固有値の重複度

$A = \begin{bmatrix} 0 & -2 & -2 \\ -1 & 1 & 2 \\ -1 & -1 & 2 \end{bmatrix}$ の固有多項式 $\varphi_A(t)$ と固有値 λ_i を求めよ．次に $\varphi_A(t)$ における λ_i の重複度 m_i と $(A-\lambda_i E)\boldsymbol{x}_i = \boldsymbol{0}$ の $\boldsymbol{x}_i$ の基本解の個数 n_i を求めよ．

解答　$\varphi_A(t) = |A - tE| = -t^3 + 3t^2 - 4 = -(t+1)(t-2)^2$．固有値は $\varphi_A(t) = 0$ から $\lambda_1 = -1$, $\lambda_2 = 2$．$\lambda_1 = -1$ では重複度 $m_1 = 1$ で $(A+E)\boldsymbol{x}_1 = \boldsymbol{0}$ は

$$\begin{bmatrix} 1 & -2 & -2 \\ -1 & 2 & 2 \\ -1 & -1 & 3 \end{bmatrix}\begin{bmatrix} x_1 \\ x_2 \\ x_3 \end{bmatrix} = \begin{bmatrix} 0 \\ 0 \\ 0 \end{bmatrix},\ \begin{bmatrix} 1 & -2 & -2 \\ -1 & 2 & 2 \\ -1 & -1 & 3 \end{bmatrix} \to \begin{bmatrix} 1 & -2 & -2 \\ 0 & -3 & 1 \\ 0 & 0 & 0 \end{bmatrix}$$

だから $n_1 = 1$

$\lambda_2 = 2$ では重複度 $m_2 = 2$ で $(A-2E)\boldsymbol{x}_2 = \boldsymbol{0}$ は

$$\begin{bmatrix} -2 & -2 & -2 \\ -1 & -1 & 2 \\ -1 & -1 & 0 \end{bmatrix}\begin{bmatrix} x_1 \\ x_2 \\ x_3 \end{bmatrix} = \begin{bmatrix} 0 \\ 0 \\ 0 \end{bmatrix},\ \begin{bmatrix} -2 & -2 & -2 \\ -1 & -1 & 2 \\ -1 & -1 & 0 \end{bmatrix} \to \begin{bmatrix} 1 & 1 & 1 \\ 0 & 0 & 1 \\ 0 & 0 & 0 \end{bmatrix}$$

だから $n_2 = 1$

ひと言　$\lambda_1 = -1$ では $n_1 = m_1$，$\lambda_2 = 2$ では $n_2 < m_2$．この大小が対角化に意味をもってくる（⇨ p.167, 例題 152）．（問題は次頁）

◆ 固有値の重複度と基本解の個数 行列 A の固有多項式 $\varphi_A(t)$ が

$$\varphi_A(t) = (-1)^n(t-\lambda_1)^{m_1}\cdots(t-\lambda_s)^{m_s} \quad (\lambda_1, \cdots, \lambda_s \text{は相異なる固有値})$$

であるとき，m_i を固有値 λ_i の**重複度**という．片や λ_i に対する固有ベクトル $\boldsymbol{x}_i$ は同次連立方程式

$$(A-\lambda_i E)\boldsymbol{x}_i = \boldsymbol{0}$$

の解である．$T_A(\lambda_i) = A - \lambda_i E$ とすると，この連立方程式 $T_A(\lambda_i)\boldsymbol{x}_i = \boldsymbol{0}$ の基本解の個数 n_i は $n - \mathrm{rank}\, T_A(\lambda_i)$ であった（➪ p.83，例題 75）．この 2 つの数 m_i と n_i が，要望される対角化のための条件にかかわるのである．一般に

> **記号の意味**
> $T_A(\lambda_i) = A - \lambda_i E$
> $n_i = n - \mathrm{rank}\, T(\lambda_i)$
> m_i は λ_i の重複度

定理 2 任意の n 次正方行列について $1 \leqq n_i \leqq m_i$

例題 150♯ 対角化へのナビ (1)

定理 2 “$1 \leqq n_i \leqq m_i$” を証明せよ．

navi 証明の見当がつかないときは“手本”を連想しよう．ここまでの例題の中では，例題 142 の三角化の定理がある．そこでは正則行列をどうつくったか．

証明 行列 A の固有値の 1 つを λ_i とし，同次連立方程式 $(A-\lambda_i E)\boldsymbol{x} = \boldsymbol{0}$ の基本解を $\boldsymbol{x}_1, \cdots, \boldsymbol{x}_{n_i}$ とすると，これらは線形独立である（基本解➪ p.83）．$\cdots(*)$
これらに，列ベクトル $\boldsymbol{x}_{n_i+1}, \cdots, \boldsymbol{x}_n$ を補って $\boldsymbol{x}_1, \cdots, \boldsymbol{x}_n$ が線形独立となるようにできる．すると行列 $P = [\boldsymbol{x}_1 \ \cdots \ \boldsymbol{x}_n]$ は正則である（➪ 例題 85）．

$$AP = [A\boldsymbol{x}_1 \cdots A\boldsymbol{x}_{n_i} \cdots A\boldsymbol{x}_n] = [\lambda_i\boldsymbol{x}_1 \cdots \lambda_i\boldsymbol{x}_{n_i} \ * \cdots *]$$

$$= P\left[\begin{array}{ccc|c} \lambda_i & & O & \\ & \ddots & & B \\ O & & \lambda_i & \\ \hline & O & & C \end{array}\right] \quad \text{から} \quad P^{-1}AP = \left[\begin{array}{ccc|c} \lambda_i & & O & \\ & \ddots & & B \\ O & & \lambda_i & \\ \hline & O & & C \end{array}\right]$$

ここで A の固有多項式 $\varphi_A(t)$ は $P^{-1}AP$ の固有多項式に一致し，それは $\pm(t-\lambda_i)^{n_i}\varphi_C(t)$．よって A の固有多項式における λ_i の重複度 m_i は少なくとも n_i であり，$1 \leqq n_i \leqq m_i$ である．

> $(*)$ について
> 少し考えてから
> 問題 151.1 へ

問 題

150.1 問題 138.1 の行列のなかで，その固有値が重解であるものについて，n_i と m_i を求めよ．

例題 151♯　　**対角化へのナビ (2)**

$\lambda_1, \cdots, \lambda_s$ を n 次正方行列 A の相異なる固有値とし，$i = 1, \cdots, s$ に対する同次連立方程式 $(A - \lambda_i E)\boldsymbol{x} = \boldsymbol{0}$ の基本解を $\boldsymbol{x}_1^{(i)}, \cdots, \boldsymbol{x}_{n_i}^{(i)}$ とする．このとき，これらを $i = 1, \cdots, s$ について全部合わせた

$$\boldsymbol{x}_1^{(1)}, \cdots, \boldsymbol{x}_{n_1}^{(1)}, \cdots, \boldsymbol{x}_1^{(s)}, \cdots, \boldsymbol{x}_{n_s}^{(s)} \qquad \cdots①$$

は線形独立である．この定理の証明を，次の場合に示せ．

$$n = 5, \quad s = 2, \quad m_1 = n_1 = 2, \quad m_2 = 3, \quad n_2 = 2 \qquad \cdots②$$

navi　線形独立とはどういうことか．まず書いてみる．次に線形独立で思い出される対象はないか（➪ 同一の固有値の基本解は線形独立だ）．

てっそく
数学の学習
(i)　書くこと
(ii)　覚えること
(iii)　まねること

証明　②の場合に，この命題を述べると

$$「\varphi_A(t) = -(t-\lambda)^2(t-\mu)^3 \quad (\lambda \neq \mu),$$
$$(A - \lambda E)\boldsymbol{x} = \boldsymbol{0}, \quad (A - \mu E)\boldsymbol{x} = \boldsymbol{0}$$

の基本解をそれぞれ $\boldsymbol{x}_1, \boldsymbol{x}_2; \boldsymbol{x}_3, \boldsymbol{x}_4$ とすると，これら 4 つは線形独立」

$$「\nu_1\boldsymbol{x}_1 + \nu_2\boldsymbol{x}_2 + \nu_3\boldsymbol{x}_3 + \nu_4\boldsymbol{x}_4 = \boldsymbol{0} \quad \cdots③ \text{ ならば } \nu_1 = \cdots = \nu_4 = 0」$$

をいえばよい．まず③のとき，A をかけて

$$\nu_1\lambda\boldsymbol{x}_1 + \nu_2\lambda\boldsymbol{x}_2 + \nu_3\mu\boldsymbol{x}_3 + \nu_4\mu\boldsymbol{x}_4 = \boldsymbol{0}. \qquad \text{これと③とから}$$
$$\lambda(\nu_1\boldsymbol{x}_1 + \nu_2\boldsymbol{x}_2) + \mu(-\nu_1\boldsymbol{x}_1 - \nu_2\boldsymbol{x}_2) = \boldsymbol{0}$$
$$\therefore \quad (\lambda - \mu)(\nu_1\boldsymbol{x}_1 + \nu_2\boldsymbol{x}_2) = \boldsymbol{0}$$

$\lambda \neq \mu$ であるから $\nu_1\boldsymbol{x}_1 + \nu_2\boldsymbol{x}_2 = \boldsymbol{0}$．③より $\nu_3\boldsymbol{x}_3 + \nu_4\boldsymbol{x}_4 = \boldsymbol{0}$
ここで $\boldsymbol{x}_1, \boldsymbol{x}_2$ は同一の同次連立方程式の基本解だから線形独立であり，したがって，$\nu_1 = \nu_2 = 0$．同様に $\nu_3 = \nu_4 = 0$

問　題

151.1　n 次の正方行列 A の相異なる固有値を $\lambda_1, \cdots, \lambda_s$ とし，これら各 λ_i に対して固有ベクトルを 1 つずつとりあげて $\boldsymbol{x}_1, \cdots, \boldsymbol{x}_s$ とするとき，これら s 個は線形独立であることを証明せよ．

例題 152♯ **対角化可能の判定**

n 次の正方行列 A の相異なる固有値を $\lambda_1, \cdots, \lambda_s$ とする．A が，適当な n 次の正則行列 P によって対角化されるための必要十分条件は，$n_i = m_i \, (i = 1, 2, \cdots, s)$ が成り立つことである．これを例題 150, 151 を用いて証明せよ．

証明 (ア) 〔「$n_i = m_i$ $(i = 1, \cdots, s)$ $\Rightarrow$ A は対角化される」の証明〕

m_iとは
$|A - tE| = (t - \lambda_i)^{m_i} \cdots$

n_iとは
$T(\lambda_i) = |A - \lambda_i E|$
$T(\lambda_i)\boldsymbol{x} = \boldsymbol{0}$ は
同次連立方程式
その基本解が n_i 個

同次連立方程式 $T(\lambda_i)\boldsymbol{x} = \boldsymbol{0}$ の基本解

$$\boldsymbol{x}_1^{(i)}, \cdots, \boldsymbol{x}_{n_i}^{(i)} \qquad (n_i = m_i)$$

を $i = 1, 2, \cdots, s$ についてとりあげると

$$\boldsymbol{x}_1^{(1)}, \cdots, \boldsymbol{x}_{n_1}^{(1)}, \cdots, \boldsymbol{x}_1^{(s)}, \cdots, \boldsymbol{x}_{n_s}^{(s)}$$

は，$n_1 + \cdots + n_s = m_1 + \cdots + m_s = (\varphi_A(t)$ の次数$) = n$ であるから

$$\text{行列 } P = [\ \boldsymbol{x}_1^{(1)} \cdots \boldsymbol{x}_{n_1}^{(1)} \cdots \boldsymbol{x}_1^{(s)} \cdots \boldsymbol{x}_{n_s}^{(s)}\ ]$$

は，n 次正方行列であり，前例題 151 により正則である．しかも

$$\begin{aligned} AP &= [\ A\boldsymbol{x}_1^{(1)} \cdots A\boldsymbol{x}_{n_1}^{(1)} \cdots A\boldsymbol{x}_1^{(s)} \cdots A\boldsymbol{x}_{n_s}^{(s)}\ ] \\ &= [\ \lambda_1\boldsymbol{x}_1^{(1)} \cdots \lambda_1\boldsymbol{x}_{n_1}^{(1)} \cdots \lambda_s\boldsymbol{x}_1^{(s)} \cdots \lambda_s\boldsymbol{x}_{n_s}^{(s)}\ ] \\ &= P\begin{bmatrix} \lambda_1 & & O \\ & \ddots & \\ O & & \lambda_s \end{bmatrix} \text{ となり，} P^{-1}AP = \begin{bmatrix} \lambda_1 & & O \\ & \ddots & \\ O & & \lambda_s \end{bmatrix} \end{aligned}$$

(イ) 〔「A が対角化される $\Rightarrow$ $n_i = m_i$ $(i = 1, \cdots, s)$」の証明)〕

n 次正方行列 A に対して $P^{-1}AP = B$ が対角行列であるとする．A と B の固有値は重複度まで入れて一致し，B の固有値は対角線上に現れる．

A の固有値 λ_1 の重複度を m_1 とすると $A - \lambda_1 E = PBP^{-1} - \lambda_1 E$

$$= P(B - \lambda_1 E)P^{-1} = P\begin{bmatrix} O & & & O \\ & \lambda_2 & & \\ & & \lambda_3 & \\ O & & & \ddots \end{bmatrix} P^{-1} = \begin{bmatrix} O & O \\ O & C \end{bmatrix} P^{-1} = \begin{bmatrix} O \\ D \end{bmatrix} \}\, m_1$$

（左の O の列幅：m_1）

となるので $\operatorname{rank}(A - \lambda_1 E) \leqq n - m_1$ となり，$n - \operatorname{rank}(A - \lambda_1 E) \geqq m_1$．
すなわち $n_1 \geqq m_1$ となり，一般に $1 \leqq n_1 \leqq m_1$ であるから $n_1 = m_1$．
同様に $n_i = m_i$ $(i = 2, \cdots, s)$

問 題

152.1 問題 138.1 の (iv), (v), (vii) のうち，対角化されうるものはどれか．

例題 153　　**対角化される例**

行列 $A = \begin{bmatrix} 2 & 1 & 1 \\ 1 & 2 & 1 \\ 0 & 0 & 1 \end{bmatrix}$ は対角化可能か，可能ならば対角化せよ．

navi　前例題 152 の解答の中を手本にする．

解答　$\varphi_A(t) = \begin{vmatrix} 2-t & 1 & 1 \\ 1 & 2-t & 1 \\ 0 & 0 & 1-t \end{vmatrix} = -(t-1)^2(t-3)$

対角化されるための条件
$n_i = m_i$ $(i = 1, \cdots, s)$

方程式の解は $\lambda_1 = 1$ $(m_1 = 2)$，$\lambda_2 = 3$ $(m_2 = 1)$

$\lambda_1 = 1$ に対して同次方程式 $T(\lambda_1)\boldsymbol{x} = \boldsymbol{0}$ をつくり基本解をみる．

$$T(\lambda_1) = A - \lambda_1 E = \begin{bmatrix} 1 & 1 & 1 \\ 1 & 1 & 1 \\ 0 & 0 & 0 \end{bmatrix} \xrightarrow{\text{基本操作}} \begin{bmatrix} 1 & 1 & 1 \\ 0 & 0 & 0 \\ 0 & 0 & 0 \end{bmatrix} \quad \cdots ①$$

$n_1 = n - \operatorname{rank} T(\lambda_1) = 2$　だから　$n_1 = m_1$ $(= 2)$

$\lambda_2 = 3$ は $m_2 = 1$ で $1 \leqq n_2 \leqq m_2$ と合わせて $n_2 = m_2$ $(= 1)$

よって A は対角化可能である．

行列 P のつくり方
$P = [\,\boldsymbol{x}_1\ \boldsymbol{x}_2\ \boldsymbol{x}_3\,]$

P をつくるために，λ_1, λ_2 に対する基本解 $\boldsymbol{x}_1, \boldsymbol{x}_2, \boldsymbol{x}_3$ を求める．

$\lambda_1 = 1$ に対しては $T(\lambda_1)\boldsymbol{x} = \boldsymbol{0}$ の独立な解 2 つをあげる．

$\boldsymbol{x} = \begin{bmatrix} x \\ y \\ z \end{bmatrix}$ とすると ① から $x + y + z = 0$．よって $\boldsymbol{x}_1 = \begin{bmatrix} -1 \\ 1 \\ 0 \end{bmatrix}, \boldsymbol{x}_2 = \begin{bmatrix} -1 \\ 0 \\ 1 \end{bmatrix}$

$\lambda_2 = 3$ に対しては $T(\lambda_2) = \begin{bmatrix} -1 & 1 & 1 \\ 1 & -1 & 1 \\ 0 & 0 & -2 \end{bmatrix} \to \begin{bmatrix} 1 & -1 & -1 \\ 0 & 0 & 1 \\ 0 & 0 & 0 \end{bmatrix}$ から $\boldsymbol{x}_3 = \begin{bmatrix} 1 \\ 1 \\ 0 \end{bmatrix}$

この 3 つの列ベクトルを並べて $P = [\,\boldsymbol{x}_1\ \boldsymbol{x}_2\ \boldsymbol{x}_3\,] = \begin{bmatrix} -1 & -1 & 1 \\ 1 & 0 & 1 \\ 0 & 1 & 0 \end{bmatrix}$

正則のはず
➪ 例題 151

$P^{-1} = \dfrac{1}{2}\begin{bmatrix} -1 & 1 & -1 \\ 0 & 0 & 2 \\ 1 & 1 & 1 \end{bmatrix}$ を求めて $P^{-1}AP = \begin{bmatrix} 1 & 0 & 0 \\ 0 & 1 & 0 \\ 0 & 0 & 3 \end{bmatrix}$

問　題

153.1　行列 A の固有値がいずれも重解でないとき，A は対角化可能であることを示せ．

153.2　次の行列は対角化可能か，可能ならば P を求め対角化せよ．

(i) $\begin{bmatrix} 1 & -1 & 1 \\ -7 & 2 & 1 \\ 2 & 1 & 2 \end{bmatrix}$　　(ii) $\begin{bmatrix} 2 & -1 & -1 \\ 6 & -4 & 2 \\ -2 & 2 & -4 \end{bmatrix}$　　(iii) $\begin{bmatrix} 2 & 2 & 1 \\ 1 & 3 & 1 \\ 1 & 2 & 2 \end{bmatrix}$

◆ **最小多項式と対角化**　n 次正方行列 A $(\neq O)$ に対して，t の多項式 $f(t)$ が

(i)　最高次の係数が 1 で

(ii)　$f(A)=O$ しかも $g(A)=O$ のような多項式 $g(t)$ の中で $f(t)$ の次数が最小

であるとき，$f(t)$ を行列 A の**最小多項式**という．

例題 154♯　　**最小多項式の特色**

正方行列 A の最小多項式を $f(t)$ とするとき

(i)　多項式 $g(t)$ が $g(A)=O$ ならば，$g(t)$ は $f(t)$ で割り切れる

(ii)　$f(t)$ は A の固有多項式 $\varphi_A(t)$ の約数である

(iii)　A の固有値 λ は，$f(t)=0$ の解である

route　$f(t)$ が $\varphi(t)$ の約数というと，商と余りの関係か

証明　(i)　$g(t)$ を $f(t)$ で割ったときの商を $Q(t)$，余りを $R(t)$ とすると

$$g(t)=f(t)Q(t)+R(t)\quad (R(t) \text{ は } f(t) \text{ より低次数})$$

よって行列 A に対して $g(A)=f(A)Q(A)+R(A)$．仮定から $g(A)=O$，$f(A)=O$ だから $R(A)=O$．$f(t)$ は $f(A)=O$ となる多項式のうちで，次数が最小のものであり，$R(t)$ の次数は $f(t)$ の次数より小．よって $R(t)=0$

「商と余り」君
お久しぶり

よって $g(t)=f(t)Q(t)$ となり，$g(t)$ は $f(t)$ で割り切れる．

(ii)　ハミルトン-ケーリーの定理により $\varphi_A(A)=O$ だからである．

(iii)　固有値 λ に対する固有ベクトルを $\boldsymbol{x}$ とすると $A\boldsymbol{x}=\lambda\boldsymbol{x}$，$\boldsymbol{x}\neq\boldsymbol{0}$

最小多項式を $f(t)=t^r+a_1t^{r-1}+\cdots+a_r$ とすると

$$f(\lambda)\boldsymbol{x}=(\lambda^r+a_1\lambda^{r-1}+\cdots+a_{r-1}\lambda+a_r)\boldsymbol{x}$$

であり，

$$\lambda^s\boldsymbol{x}=\lambda^{s-1}A\boldsymbol{x}=\lambda^{s-2}A^2\boldsymbol{x}=\cdots=A^s\boldsymbol{x}\quad (s=0,1,\cdots,r)$$

$\therefore$　$f(\lambda)\boldsymbol{x}=f(A)\boldsymbol{x}=\boldsymbol{0}$．しかも $\boldsymbol{x}\neq\boldsymbol{0}$．よって $f(\lambda)=0$

最小多項式の特色
例題 154 (i), (ii), (iii)

問　題

154.1　次の 2 つの条件は同値であることを示せ．

(i)　A の最小多項式の定数項が 0 でない．

(ii)　A が正則である．

154.2　$A\sim B$ ならば，A と B の最小多項式は一致することを示せ．

例題 155　　**最小多項式を求める**

行列 $A = \begin{bmatrix} 1 & 1 & 1 & 1 \\ 1 & 1 & 1 & 1 \\ 1 & 1 & 1 & 1 \\ 1 & 1 & 1 & 1 \end{bmatrix}$ の最小多項式を求めよ．

navi　最小多項式についての定理といえば，前頁の例題 154 の性質である．そこで最小多項式と対比されているのは，固有多項式であり，これはすぐに求められるので，例題 154 の証明を後まわしにして，まず例題 154 の結果を使ってみるのも，学習法の一つ．

解答　A の固有多項式 $\varphi_A(t)$ を求める．

$$\varphi_A(t) = \begin{vmatrix} 1-t & 1 & 1 & 1 \\ 1 & 1-t & 1 & 1 \\ 1 & 1 & 1-t & 1 \\ 1 & 1 & 1 & 1-t \end{vmatrix} = \begin{vmatrix} 4-t & 4-t & 4-t & 4-t \\ 1 & 1-t & 1 & 1 \\ 1 & 1 & 1-t & 1 \\ 1 & 1 & 1 & 1-t \end{vmatrix}$$

第 1 行に第 2 行以下を加える

$$= (4-t)\begin{vmatrix} 1 & 1 & 1 & 1 \\ 1 & 1-t & 1 & 1 \\ 1 & 1 & 1-t & 1 \\ 1 & 1 & 1 & 1-t \end{vmatrix} = (4-t)\begin{vmatrix} 1 & 1 & 1 & 1 \\ 0 & -t & 0 & 0 \\ 0 & 0 & -t & 0 \\ 0 & 0 & 0 & -t \end{vmatrix} = t^3(t-4)$$

A の最小多項式 $f(t)$ は，固有多項式の約数であり，すべての固有値を解にもつから

$$f(t) = t^l(t-4) \quad (l = 1, 2, 3)$$

の形をしていて，$f(A) = O$ となる次数最小のものである．まず $l = 1$ のとき行列の積 $A(A-4E)$ を計算すると，(i, j) 成分はすべて 0 だから

$$l = 1 \text{ のときの } f(A) = A(A-4E) = O \qquad \therefore \quad f(t) = t(t-4)$$

ひと言　(i)　$l = 1$ のとき $f(A) \neq O$ のときは，次に $l = 2$ で試みる．

(ii)　A を $a_{ij} = 1$ $(1 \leqq i, j \leqq n)$ のような n 次正方行列とすると，

$$\varphi_A(t) = t^{n-1}(t-n), \quad f(t) = t(t-n)$$

てっそく

最小多項式 $f(t)$

(i)　$g(A) = O \Rightarrow f(t) \mid g(t)$

(ii)　$f(t) \mid \varphi_A(t)$

(iii)　$f(\lambda) = 0$

問　題

155.1　最小多項式を求めよ．

(i) $\begin{bmatrix} -1 & 0 & 0 \\ 0 & 2 & 0 \\ 0 & 0 & 3 \end{bmatrix}$　(ii) $\begin{bmatrix} 1 & 2 & 2 \\ 2 & 1 & 2 \\ 2 & 2 & 1 \end{bmatrix}$　(iii) $\begin{bmatrix} 1 & 1 & 2 \\ 1 & 1 & 2 \\ 1 & 1 & 2 \end{bmatrix}$　(iv) $\begin{bmatrix} 7 & 4 & -3 \\ 1 & 0 & -1 \\ 7 & 4 & -3 \end{bmatrix}$

例題 156♯ **最小多項式による対角化の判定**

n 次の正方行列 A が，ある正則行列 P によって対角化可能であるための必要十分な条件は，最小多項式 $f(t)$ が重解をもたないことである．これを証明せよ．

navi これまでに扱った関連のありそうな例題を総ざらいする必要がありそうだ．

> **最小多項式**
> (i) まず固有多項式から

証明 〔A が正則行列 P により対角化可能 $\Rightarrow$ 最小多項式は重解をもたない〕 A の相異なる固有値を $\lambda_1, \cdots, \lambda_s$ とし $g(t) = (t-\lambda_1)\cdots(t-\lambda_s)$ とおくと

(ア) 例題 154(iii)により，A の最小多項式 $f(t)$ は $g(t)$ で割り切れ

(イ) $P^{-1}g(A)P = P^{-1}(A-\lambda_1 E)PP^{-1}(A-\lambda_2 E)P\cdots P^{-1}(A-\lambda_s E)P$
$= (P^{-1}AP-\lambda_1 E)(P^{-1}AP-\lambda_2 E)\cdots(P^{-1}AP-\lambda_s E) = O$（➪ 問題 156.2） $\cdots$①

から $g(A)=O$ となるので，例題 154(i)により $g(t)$ は最小多項式 $f(t)$ で割り切れる．

(ウ) $f(t), g(t)$ ともに最高次の係数は 1

(ア)(イ)(ウ) から，A の最小多項式は $g(t)$ に一致し，重解をもたない．

〔$\Leftarrow$〕 A の最小多項式 $f(t)$ が重解をもたないとする．A の相異なる固有値を $\lambda_1, \cdots, \lambda_s$ とすると，例題 154 (iii)により，これらは $f(t)=0$ の解で

$$f(t) = (t-\lambda_1)\cdots(t-\lambda_s) \quad よって \quad f(A) = (A-\lambda_1 E)\cdots(A-\lambda_s E) = O$$

すると例題 88 により

$$\mathrm{rank}\,(A-\lambda_1 E) + \mathrm{rank}\,(A-\lambda_2 E) + \cdots + \mathrm{rank}\,(A-\lambda_s E) \leqq (s-1)n$$

$$\therefore \quad \{n-\mathrm{rank}\,(A-\lambda_1 E)\} + \cdots + \{n-\mathrm{rank}\,(A-\lambda_s E)\} \geqq n$$

そこで例題 150 で用いた n_i, m_i を用いて（$1 \leqq n_i \leqq m_i$ である）

$$n \leqq n_1 + \cdots + n_s \leqq m_1 + \cdots + m_s = n$$

よって $i = 1, 2, \cdots, s$ に対して $n_i = m_i$ でなければならない．ゆえに，例題 152 により A は，正則行列 P により，対角化可能である．

問 題

156.1 正方行列 A の固有方程式が重解をもたないときは，A は対角化可能である．これを上の例題の結果を用いて証明せよ．

156.2 上の ① を $n=4, m_1=m_2=2$ のとき確かめよ．

156.3 問題 155.1 の行列は対角化可能か．

5.4 ジョルダン標準形

◆ **一般の標準形** 以上のようにして，正方行列 A の対角化をめぐって，A の固有値の重複度が深くかかわってくることを学んだ．一般に行列 A は対角化されるとは限らない．特に 3 次の場合，次の定理 3〜5 がなりたつ．

定理 3 3 次正方行列 A の固有値が，相異なる 3 つの数 λ, μ, ν のときは A は対角化される．すなわち $P^{-1}AP = \begin{bmatrix} \lambda & 0 & 0 \\ 0 & \mu & 0 \\ 0 & 0 & \nu \end{bmatrix}$ となる正則行列 P が存在する．

定理 4 固有値が λ, λ, μ $(\lambda \neq \mu)$ のときは，次のいずれかをみたす正則行列 P が存在する．

$$P^{-1}AP = \left[\begin{array}{cc:c} \lambda & 0 & 0 \\ 0 & \lambda & 0 \\ \hdashline 0 & 0 & \mu \end{array}\right] \quad \text{または} \quad \left[\begin{array}{cc:c} \lambda & 1 & 0 \\ 0 & \lambda & 0 \\ \hdashline 0 & 0 & \mu \end{array}\right]$$

定理 5 固有値が 3 重根 $\lambda, \lambda, \lambda$ のときは

$$P^{-1}AP = \begin{bmatrix} \lambda & 1 & 0 \\ 0 & \lambda & 1 \\ 0 & 0 & \lambda \end{bmatrix} \quad \text{または} \quad \begin{bmatrix} \lambda & 1 & 0 \\ 0 & \lambda & 0 \\ 0 & 0 & \lambda \end{bmatrix} \quad \text{または} \quad \begin{bmatrix} \lambda & 0 & 0 \\ 0 & \lambda & 0 \\ 0 & 0 & \lambda \end{bmatrix}$$

以上を総合すると，相異なる 3 つの数 λ, μ, ν に対して次の 4 つの型のどれかに変換することができる．これらの型を**ジョルダン標準形**という．

固有値	λ, μ, ν	λ, λ, μ	$\lambda, \lambda, \lambda$	
標準形	$\begin{bmatrix} \lambda & 0 & 0 \\ 0 & \mu & 0 \\ 0 & 0 & \nu \end{bmatrix}$	$\begin{bmatrix} \lambda & 1 & 0 \\ 0 & \lambda & 0 \\ 0 & 0 & \mu \end{bmatrix}$	$\begin{bmatrix} \lambda & 1 & 0 \\ 0 & \lambda & 0 \\ 0 & 0 & \lambda \end{bmatrix}$	$\begin{bmatrix} \lambda & 1 & 0 \\ 0 & \lambda & 1 \\ 0 & 0 & \lambda \end{bmatrix}$

例題 157 固有値が異なる場合

定理 3 を証明せよ．

navi 前頁の問題 156.1 である．次のように直接例題 152 を用いてもよい．

証明 λ, μ, ν の重複度をそれぞれ m_1, m_2, m_3 とする．m_i はいずれも 1．一般に $1 \leqq n_i \leqq m_i$ である（⇨ 例題 150）から，どの固有値も $n_i = m_i$ をみたす．よって A は対角化可能である（⇨ 例題 152）．

例題 158♯ 固有値の 1 つが 2 重解

定理 4 3 次正方行列 A の固有値が λ, λ, μ $(\lambda \neq \mu)$ のときの標準形は次のいずれかであることを示せ.

$$\left[\begin{array}{cc|c} \lambda & 0 & 0 \\ 0 & \lambda & 0 \\ \hline 0 & 0 & \mu \end{array}\right] \quad \text{または} \quad \left[\begin{array}{cc|c} \lambda & 1 & 0 \\ 0 & \lambda & 0 \\ \hline 0 & 0 & \mu \end{array}\right]$$

解答 (ア) $T_A(\lambda)\boldsymbol{x} = \boldsymbol{0} \quad \cdots ①, \qquad T_A(\lambda)^2\boldsymbol{x} = \boldsymbol{0} \quad \cdots ②$

の基本解の個数は, ① では 2 または 1, ② では 2 である.

〔理由〕 A を三角化して B をつくる. $Q^{-1}AQ = \begin{bmatrix} \lambda & a & b \\ 0 & \lambda & c \\ 0 & 0 & \mu \end{bmatrix} = B$. すると, 基本解の個数は A の代りに B について調べればよい. B では,

$T_B(\lambda) = \begin{bmatrix} 0 & a & b \\ 0 & 0 & c \\ 0 & 0 & \mu-\lambda \end{bmatrix}$, $T_B(\lambda)^2 = \begin{bmatrix} 0 & 0 & * \\ 0 & 0 & * \\ 0 & 0 & (\mu-\lambda)^2 \end{bmatrix}$, $T_B(\lambda)^k$ $(k \geqq 2)$ の階数は 1

(イ) ① の基本解の個数が 2 のときは, A は対角化される.

〔理由〕 λ, μ の重複度をそれぞれ m_1, m_2 とすると $n_1 = m_1 = 2, n_2 = m_2 = 1$ だからである (⇨ 例題 152).

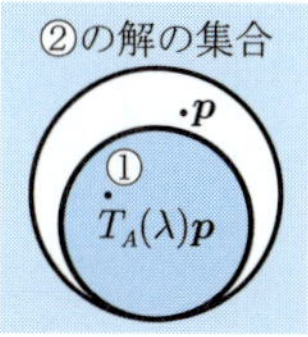

(ウ) ① の基本解の個数が 1 のときは ① の解でない ② の解 $\boldsymbol{p}$ がとれる. このとき $T_A(\lambda)\boldsymbol{p}$ は ① の $\boldsymbol{0}$ でない解であるから, $T_A(\lambda)\boldsymbol{p}, \boldsymbol{p}$ は線形独立であること, $T_A(\lambda)^2\boldsymbol{p} = \boldsymbol{0}, A = T_A(\lambda) + \lambda E$ によって

$$T_A(\lambda)[\, T_A(\lambda)\boldsymbol{p} \ \ \boldsymbol{p}\,] = [\, T_A(\lambda)\boldsymbol{p} \ \ \boldsymbol{p}\,] \begin{bmatrix} 0 & 1 \\ 0 & 0 \end{bmatrix}$$

$$\therefore \quad A[\, T_A(\lambda)\boldsymbol{p} \ \ \boldsymbol{p}\,] = [\, T_A(\lambda)\boldsymbol{p} \ \ \boldsymbol{p}\,] \begin{bmatrix} \lambda & 1 \\ 0 & \lambda \end{bmatrix} \quad (⇨ 例題 151) \quad \cdots ③$$

(エ) $T_A(\mu)$ については μ の重複度 $m_2 = 1$ であるから $n_2 = 1$ であり $T_A(\mu)\boldsymbol{x} = \boldsymbol{0}$ の基本解の個数は 1, 基本解の一つを $\boldsymbol{q}$ とする

$$A\boldsymbol{q} = \mu\boldsymbol{q} \quad \cdots ④$$

(オ) $T_A(\lambda)\boldsymbol{p}, \ \boldsymbol{p}, \ \boldsymbol{q}$ は線形独立であり (⇨ 例題 151), ③, ④から

$$P = [\, T_A(\lambda)\boldsymbol{p} \ \ \boldsymbol{p} \ \ \boldsymbol{q}\,] \text{ は正則で, } AP = P \begin{bmatrix} \lambda & 1 & 0 \\ 0 & \lambda & 0 \\ 0 & 0 & \mu \end{bmatrix}$$

問 題

158.1 上の解答の (ウ) の ③ と (オ) を詳しく確かめよ.

例題 159　　**ジョルダン標準形 (1)**

$A = \begin{bmatrix} -3 & 5 & 0 \\ 0 & 2 & 0 \\ 5 & -4 & 2 \end{bmatrix}$ のジョルダン標準形を求めよ．

解答　（ア）〔基本解の個数〕　$|A - tE| = -(t-2)^2(t+3)$ から固有値は 2（2 重解），-3

> $\boldsymbol{p}, \boldsymbol{q}$ づくりに出発しよう

$T_A(2) = \begin{bmatrix} -5 & 5 & 0 \\ 0 & 0 & 0 \\ 5 & -4 & 0 \end{bmatrix} \to \begin{bmatrix} 1 & 0 & 0 \\ 0 & 1 & 0 \\ 0 & 0 & 0 \end{bmatrix}$　$T_A(2)\boldsymbol{x} = \boldsymbol{0}$ の基本解の個数 $3 - \mathrm{rank}\, T_A(2) = 1$

$$T_A(2)^2 = \begin{bmatrix} -5 & 5 & 0 \\ 0 & 0 & 0 \\ 5 & -4 & 0 \end{bmatrix}\begin{bmatrix} -5 & 5 & 0 \\ 0 & 0 & 0 \\ 5 & -4 & 0 \end{bmatrix} = \begin{bmatrix} 25 & -25 & 0 \\ 0 & 0 & 0 \\ -25 & 25 & 0 \end{bmatrix} \to \begin{bmatrix} 1 & -1 & 0 \\ 0 & 0 & 0 \\ 0 & 0 & 0 \end{bmatrix}$$

例題 158 の解答でみたように，$T_A(2)^k\,(k = 2, 3, \cdots)$ の階数はすべて 1 だから $T_A(2)^k\boldsymbol{x} = \boldsymbol{0}$ $(k = 2, 3, \cdots)$ の基本解の個数はすべて 2．したがってこの基本解はすべて同じで増えて行かない．

（イ）〔$\boldsymbol{p}$ の決定〕　$T_A(2)^2\boldsymbol{x} = \boldsymbol{0}$ の基本解で $T_A(2)\boldsymbol{x} = \boldsymbol{0}$ をみたさない $\boldsymbol{p}$ として $\boldsymbol{p} = \begin{bmatrix} 1 \\ 1 \\ 0 \end{bmatrix}$ をとると $T_A(2)\boldsymbol{p} = \begin{bmatrix} 0 \\ 0 \\ 1 \end{bmatrix}$

（ウ）〔$\boldsymbol{q}$ の決定〕　$T_A(-3) = \begin{bmatrix} 0 & 5 & 0 \\ 0 & 5 & 0 \\ 5 & -4 & 5 \end{bmatrix} \to \begin{bmatrix} 1 & 0 & 1 \\ 0 & 1 & 0 \\ 0 & 0 & 0 \end{bmatrix}$ から $\boldsymbol{q} = \begin{bmatrix} 1 \\ 0 \\ -1 \end{bmatrix}$

（エ）〔P の決定と $P^{-1}AP$〕　$P = \begin{bmatrix} T_A(2)\boldsymbol{p} & \boldsymbol{p} & \boldsymbol{q} \end{bmatrix} = \begin{bmatrix} 0 & 1 & 1 \\ 0 & 1 & 0 \\ 1 & 0 & -1 \end{bmatrix}$

$$P^{-1} = \begin{bmatrix} 1 & -1 & 1 \\ 0 & 1 & 0 \\ 1 & -1 & 0 \end{bmatrix} \quad \text{となり} \quad P^{-1}AP = \begin{bmatrix} 2 & 1 & 0 \\ 0 & 2 & 0 \\ 0 & 0 & -3 \end{bmatrix}$$

問　題

159.1　行列 $A = \begin{bmatrix} -4 & 2 & 1 \\ 5 & -8 & -5 \\ -11 & 12 & 8 \end{bmatrix}$ のジョルダン標準形を求めよ．

159.2　n 次正方行列 A の固有値 λ が m 重解のとき，$T_A(\lambda)^k\,(k = m, m+1, \cdots)$ はすべて階数は $n - m$ であることを示せ．

例題 160♯ **固有値が 3 重解**

定理 5 3 次正方行列 A の固有値が 3 重根 $\lambda, \lambda, \lambda$ のときの標準形は

$$\begin{bmatrix} \lambda & 1 & 0 \\ 0 & \lambda & 1 \\ 0 & 0 & \lambda \end{bmatrix} \text{ または } \begin{bmatrix} \lambda & 1 & 0 \\ 0 & \lambda & 0 \\ 0 & 0 & \lambda \end{bmatrix} \text{ または } \begin{bmatrix} \lambda & 0 & 0 \\ 0 & \lambda & 0 \\ 0 & 0 & \lambda \end{bmatrix}$$

証明 （ア） $T_A(\lambda)\boldsymbol{x} = \boldsymbol{0}$ ⋯①, $T_A(\lambda)^2\boldsymbol{x} = \boldsymbol{0}$ ⋯②, $T_A(\lambda)^3\boldsymbol{x} = \boldsymbol{0}$ ⋯③
の基本解の個数は①では 3〜1，②では 3 または 2，③では 3

〔理由〕 A を三角化して B をつくる．$Q^{-1}AQ = \begin{bmatrix} \lambda & a & b \\ 0 & \lambda & c \\ 0 & 0 & \lambda \end{bmatrix} = B$

例題 158 と同様に，基本解の個数を A の代りに B について調べられる．

$$T_B(\lambda) = \begin{bmatrix} 0 & a & b \\ 0 & 0 & c \\ 0 & 0 & 0 \end{bmatrix},\ T_B(\lambda)^2 = \begin{bmatrix} 0 & 0 & ac \\ 0 & 0 & 0 \\ 0 & 0 & 0 \end{bmatrix},\ T_B(\lambda)^3 = O,\ T_B(\lambda)^k = O\ (k \geqq 3)$$

（イ） ①の基本解の個数が 3 のときは $a = b = c = 0$．よって B が対角行列．

（ウ） ①の基本解の個数が 2 のときは $a = 0$ または $c = 0$．よって $T_B(\lambda)^2 = O$ よって②の基本解の個数は 3 なので，①の解でない②の解 $\boldsymbol{p}$ をとる．このとき $T_A(\lambda)\boldsymbol{p}$ は①の $\boldsymbol{0}$ でない解である．そして①の解 $\boldsymbol{q}$ で，$T_A(\boldsymbol{p})$, $\boldsymbol{p}$, $\boldsymbol{q}$ が線形独立であるようにとれる．よって $P = \begin{bmatrix} T_A(\lambda)\boldsymbol{p} & \boldsymbol{p} & \boldsymbol{q} \end{bmatrix}$ は正則

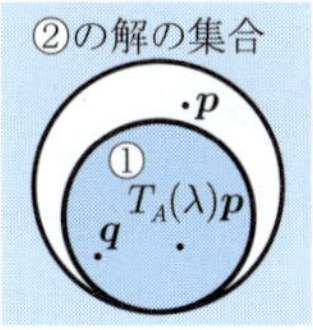

$$T_A(\lambda)\begin{bmatrix} T_A(\lambda)\boldsymbol{p} & \boldsymbol{p} & \boldsymbol{q} \end{bmatrix} = \begin{bmatrix} T_A(\lambda)\boldsymbol{p} & \boldsymbol{p} & \boldsymbol{q} \end{bmatrix}\begin{bmatrix} 0 & 1 & 0 \\ 0 & 0 & 0 \\ 0 & 0 & 0 \end{bmatrix}$$

$$\therefore\ A\begin{bmatrix} T_A(\lambda)\boldsymbol{p} & \boldsymbol{p} & \boldsymbol{q} \end{bmatrix} = \begin{bmatrix} T_A(\lambda)\boldsymbol{p} & \boldsymbol{p} & \boldsymbol{q} \end{bmatrix}\begin{bmatrix} \lambda & 1 & 0 \\ 0 & \lambda & 0 \\ 0 & 0 & \lambda \end{bmatrix} \quad \therefore\ P^{-1}AP = \begin{bmatrix} \lambda & 1 & 0 \\ 0 & \lambda & 0 \\ 0 & 0 & \lambda \end{bmatrix}$$

（エ） ①の基本解の個数が 1 のとき $a \fallingdotseq 0, c \fallingdotseq 0$．よって②の基本解の個数は 2，③の基本解の個数は 3．したがって②の解でない③の解を $\boldsymbol{p}$ とすると $T_A(\lambda)\boldsymbol{p}$ は②の解で，①の解ではない．よって $T_A(\lambda)^2\boldsymbol{p}$ は $\boldsymbol{0}$ でない①の解であり，$T_A(\lambda)^2\boldsymbol{p}$, $T_A(\lambda)\boldsymbol{p}$, $\boldsymbol{p}$ は③の 3 個の基本解となっているから線形独立である．ゆえに正方行列

$$P = \begin{bmatrix} T_A(\lambda)^2\boldsymbol{p} & T_A(\lambda)\boldsymbol{p} & \boldsymbol{p} \end{bmatrix}$$

を用いる（以下問題 160.1）．

問 題

160.1 上の解答の（エ）を詳しく述べよ．

160.2 3 次正方行列の最小多項式が p.180 の表のようであることを示せ．

例題 161　　　　**ジョルダン標準形 (2)**

$A = \begin{bmatrix} 3 & 1 & 0 \\ 1 & 2 & -1 \\ -1 & 2 & 4 \end{bmatrix}$ のジョルダン標準形を求めよ.

解答　(ア)　〔基本解の個数〕　$|A - tE| = -(t-3)^3$ から固有値は 3 だけ.

$$T_A(3) = A - 3E = \begin{bmatrix} 0 & 1 & 0 \\ 1 & -1 & -1 \\ -1 & 2 & 1 \end{bmatrix} \to \begin{bmatrix} 1 & 0 & -1 \\ 0 & 1 & 0 \\ 0 & 0 & 0 \end{bmatrix}$$

から $T_A(3)\boldsymbol{x} = \boldsymbol{0}$ の基本解の個数は $3 - \mathrm{rank}\, T_A(3) = 1$. まず例題 152 により A は対角化されない.

$$T_A(3)^2 = \begin{bmatrix} 0 & 1 & 0 \\ 1 & -1 & -1 \\ -1 & 2 & 1 \end{bmatrix}\begin{bmatrix} 0 & 1 & 0 \\ 1 & -1 & -1 \\ -1 & 2 & 1 \end{bmatrix} = \begin{bmatrix} 1 & -1 & -1 \\ 0 & 0 & 0 \\ 1 & -1 & -1 \end{bmatrix} \to \begin{bmatrix} 1 & -1 & -1 \\ 0 & 0 & 0 \\ 0 & 0 & 0 \end{bmatrix}$$

から $T_A(3)^2\boldsymbol{x} = \boldsymbol{0}$ の基本解の個数は 2, $T_A(3)^3 = O$ なので $T_A(3)^3\boldsymbol{x} = \boldsymbol{0}$ では基本解 3 個.

(イ)　〔P の決定〕　$T_A(3)^3\boldsymbol{x} = \boldsymbol{0}$ の基本解で $T_A(3)^2\boldsymbol{x} = \boldsymbol{0}$ をみたさない $\boldsymbol{p} = \begin{bmatrix} 1 \\ 0 \\ 0 \end{bmatrix}$ をとると, $T_A(3)^2\boldsymbol{p} = \begin{bmatrix} 1 \\ 0 \\ 1 \end{bmatrix}$, $T_A(3)\boldsymbol{p} = \begin{bmatrix} 0 \\ 1 \\ -1 \end{bmatrix}$ と合わせて $P = [\, T_A(3)^2\boldsymbol{p} \;\; T_A(3)\boldsymbol{p} \;\; \boldsymbol{p} \,] = \begin{bmatrix} 1 & 0 & 1 \\ 0 & 1 & 0 \\ 1 & -1 & 0 \end{bmatrix}$

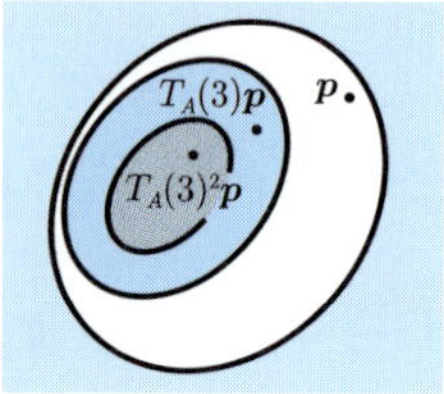

(ウ)　〔$P^{-1}AP$ の決定〕　$P^{-1} = \begin{bmatrix} 0 & 1 & 1 \\ 0 & 1 & 0 \\ 1 & -1 & -1 \end{bmatrix}$ であるから $P^{-1}AP = \begin{bmatrix} 3 & 1 & 0 \\ 0 & 3 & 1 \\ 0 & 0 & 3 \end{bmatrix}$

問　題

161.1　次の行列のジョルダン標準形を求めよ.

(i) $\begin{bmatrix} -1 & -1 & 0 \\ 1 & -3 & 0 \\ -1 & 2 & -2 \end{bmatrix}$　　(ii) $\begin{bmatrix} 1 & 2 & 1 \\ 0 & 2 & 0 \\ -1 & 2 & 3 \end{bmatrix}$

◆ **ジョルダン細胞** 右の $J(\lambda)$ のような形の行列を**ジョルダン細胞**という．一般に n 次の正方行列 A は，適当な正則行列 P により対角線上に，$J(\lambda_i)=J_i$ をブロックとする形に変換されることが証明される（問題 159.2 の解答の付記）．3 次の場合を手本として 4 次の場合の一例をとって示しておく．

$$J(\lambda)=\begin{bmatrix}\lambda & 1 & & & \\ & \lambda & 1 & & O \\ & & \ddots & \ddots & \\ & O & & \lambda & 1 \\ & & & & \lambda\end{bmatrix}$$

$$P^{-1}AP=\begin{bmatrix}J_1 & & & O \\ & J_2 & & \\ & & \ddots & \\ O & & & J_s\end{bmatrix}$$

例題 162♯ ジョルダン細胞

$$A=\begin{bmatrix}4 & -5 & 5 & -6 \\ 5 & -1 & -1 & -4 \\ 6 & -4 & 2 & -5 \\ 1 & -5 & 5 & -3\end{bmatrix}$$ のジョルダン標準形を求めよ．

解答 $\varphi_A(t)=(t-3)^2(t+2)^2$ から $\lambda=3,-2$（いずれも 2 重解）

（ア）〔基本解の個数〕

$$T_A(3)=\begin{bmatrix}1 & -5 & 5 & -6 \\ 5 & -4 & -1 & -4 \\ 6 & -4 & -1 & -5 \\ 1 & -5 & 5 & -6\end{bmatrix},\quad T_A(3)^2=5\begin{bmatrix}0 & 5 & -5 & 5 \\ -5 & 3 & 2 & 3 \\ -5 & 3 & 2 & 3 \\ 0 & 5 & -5 & 5\end{bmatrix}$$

であり，$T_A(3)\boldsymbol{x}=\boldsymbol{0}$, $T_A(3)^k\boldsymbol{x}=\boldsymbol{0}\,(k\geqq 2)$ の基本解の個数は，それぞれ 1, 2（とくに $n_1=1, m_1=2$ から A は対角化されない）．

（イ）〔列ベクトル $\boldsymbol{p}$〕 $T_A(3)^2\boldsymbol{x}=\boldsymbol{0}$ の基本解で $T_A(3)\boldsymbol{x}=\boldsymbol{0}$ をみたさない列ベクトルの 1 つとして $\boldsymbol{p}={}^t[\,1\ \ 1\ \ 1\ \ 0\,]$ をとると $T_A(3)\boldsymbol{p}={}^t[\,1\ \ 0\ \ 1\ \ 1\,]$

$$A[\,T_A(3)\boldsymbol{p}\ \ \boldsymbol{p}\,]=(T_A(3)+3E)[\,T_A(3)\boldsymbol{p}\ \ \boldsymbol{p}\,]=[\,3T_A(3)\boldsymbol{p}\ \ T_A(3)\boldsymbol{p}+3\boldsymbol{p}\,]$$

（ウ）〔列ベクトル $\boldsymbol{q}$〕 $\boldsymbol{p}$ と同じように，固有値 -2 について $T_A(-2)$, $T_A(-2)^2$ を求め，列ベクトル $\boldsymbol{q}={}^t[\,1\ \ 0\ \ 0\ \ 1\,]$ をとると $T_A(-2)\boldsymbol{q}={}^t[\,0\ \ 1\ \ 1\ \ 0\,]$

（エ）〔変換行列 P〕 以上の $T_A(3)\boldsymbol{p},\boldsymbol{p}$, $T_A(-2)\boldsymbol{q},\boldsymbol{q}$ は線形独立であり 4 次行列 $P=[\,T_A(3)\boldsymbol{p}\ \ \boldsymbol{p}\ T_A(-2)\boldsymbol{q}\ \ \boldsymbol{q}\,]$ をつくると，P は正則

$$A[\,T_A(3)\boldsymbol{p}\ \ \boldsymbol{p}\,]=[\,T_A(3)\boldsymbol{p}\ \ \boldsymbol{p}\,]\begin{bmatrix}3 & 1 \\ 0 & 3\end{bmatrix}=[\,T_A(3)\boldsymbol{p}\ \ \boldsymbol{p}\,]J_1 \qquad \cdots ①$$

$$A[\,T_A(-2)\boldsymbol{q}\ \ \boldsymbol{q}\,]=[\,T_A(-2)\boldsymbol{q}\ \ \boldsymbol{q}\,]\begin{bmatrix}-2 & 1 \\ 0 & -2\end{bmatrix}=[\,T_A(-2)\boldsymbol{q}\ \ \boldsymbol{q}\,]J_2 \qquad \cdots ②$$

（オ）〔$P^{-1}AP$ へ〕 ①, ② から $AP=P\begin{bmatrix}J_1 & O \\ O & J_2\end{bmatrix}$，すなわち $P^{-1}AP=\begin{bmatrix}J_1 & O \\ O & J_2\end{bmatrix}$

◆ **n 次正方行列のるい乗** 行列の考えは数の拡張であった．数（実数・複素数）を長方形状に，m 行 n 列に配置したものであった（⇨ p.3）．その行列を対象に，数のときのように演算が考えられた．まず和と差にスカラー倍であり，数の演算との類似点と相違点に注目した（⇨ p.6）．その次の演算は積である．和・差・スカラー倍だけでなく，積も考えられる対象として“正方行列”の集合が考えられたが

(i) 一般には $AB \neq BA$（⇨ p.10 可換性）

(ii) 割算の基になる A^{-1} の存在（⇨ p.12 正則性）

が相違点の代表であった．しかしまた，これがあるからこそ行列の理論が進展したのである．行列のるい乗 A^n も，その考えは容易であるが，A の成分から A^n の成分を求めることは，特別な場合以外はここまで触れてこなかった．しかしここで p.18 の例題 16 を見返してみよう．それは“同値な対角行列 B”の活用である（この他『演習と応用 線形代数』（サイエンス社）にある応用例もあるが，本書では略）．

例題 163 行列のるい乗

$$A = \begin{bmatrix} 5 & 7 & -5 \\ 0 & 4 & -1 \\ 2 & 8 & -3 \end{bmatrix} \text{ を } P = \begin{bmatrix} 2 & 1 & -1 \\ 1 & 1 & 1 \\ 3 & 2 & 1 \end{bmatrix} \text{ で対角化して，} A^m \text{ を求めよ．}$$

navi P の求め方は例題 153，問題 153.2 にある

解答 行基本操作で P^{-1} を求め（⇨ p.86）

$$P^{-1} = \begin{bmatrix} -1 & -3 & 2 \\ 2 & 5 & -3 \\ -1 & -1 & 1 \end{bmatrix}, \quad P^{-1}AP = B = \begin{bmatrix} 1 & 0 & 0 \\ 0 & 2 & 0 \\ 0 & 0 & 3 \end{bmatrix}, \quad B^m = \begin{bmatrix} 1 & 0 & 0 \\ 0 & 2^m & 0 \\ 0 & 0 & 3^m \end{bmatrix}$$

$A = PBP^{-1}$ から $A^m = (PBP^{-1})(PBP^{-1}) \cdots (PBP^{-1}) = PB^mP^{-1}$

$$A^m = \begin{bmatrix} -2 + 2^{m+1} + 3^m & -6 + 5 \cdot 2^m + 3^m & 4 - 3 \cdot 2^m - 3^m \\ -1 + 2^{m+1} - 3^m & -3 + 5 \cdot 2^m - 3^m & 2 - 3 \cdot 2^m + 3^m \\ -3 + 2^{m+2} - 3^m & -9 + 5 \cdot 2^{m+1} - 3^m & 6 - 3 \cdot 2^{m+1} + 3^m \end{bmatrix}$$

問 題

163.1 次の行列 A は P により対角化可能である．このことを利用して A^m を求めよ．

(i) $A = \begin{bmatrix} 3 & 2 \\ 1 & 4 \end{bmatrix}, \ P = \begin{bmatrix} -2 & 1 \\ 1 & 1 \end{bmatrix}$

(ii) $A = \begin{bmatrix} 1 & -1 & 0 \\ 1 & 2 & 1 \\ -2 & 1 & -1 \end{bmatrix}, \ P = \begin{bmatrix} -1 & -1 & -1 \\ -2 & 0 & 1 \\ 7 & 1 & 1 \end{bmatrix}$

例題 164♯ 行列のるい乗 (2)

行列 $A=\begin{bmatrix}2&1&0\\0&2&0\\1&2&2\end{bmatrix}$ を $P=\begin{bmatrix}0&1&0\\0&0&1\\1&2&0\end{bmatrix}$ で変換して $P^{-1}AP$ をつくり，その結果を利用して，A のるい乗 A^n $(n \geqq 2)$ をつくれ．

navi ここも A^n の学習が目標であるから，P を与えておく．

解答 $P^{-1}=\begin{bmatrix}-2&0&1\\1&0&0\\0&1&0\end{bmatrix}$ $P^{-1}AP=\begin{bmatrix}2&1&0\\&2&1\\O&&2\end{bmatrix}=2E+\begin{bmatrix}0&1&0\\&0&1\\O&&0\end{bmatrix}$

$(P^{-1}AP)^n=(P^{-1}AP)(P^{-1}AP)\cdots(P^{-1}AP)=P^{-1}A^nP$

$B=\begin{bmatrix}0&1&0\\&0&1\\O&&0\end{bmatrix}$ とすると $B^2=\begin{bmatrix}0&0&1\\&0&0\\O&&0\end{bmatrix}$, $B^3=\cdots=B^n=O \quad (n \geqq 3)$

よって $n \geqq 2$ のとき

$$P^{-1}A^nP=(2E+B)^n=2^nE+{}_n\mathrm{C}_1 2^{n-1}B+{}_n\mathrm{C}_2 2^{n-2}B^2$$
$$=\begin{bmatrix}2^n&n2^{n-1}&{}_n\mathrm{C}_2 2^{n-2}\\&2^n&n2^{n-1}\\O&&2^n\end{bmatrix}$$

$$\therefore \quad A^n=\begin{bmatrix}0&1&0\\0&0&1\\1&2&0\end{bmatrix}\begin{bmatrix}2^n&n2^{n-1}&{}_n\mathrm{C}_2 2^{n-2}\\0&2^n&n2^{n-1}\\0&0&2^n\end{bmatrix}\begin{bmatrix}-2&0&1\\1&0&0\\0&1&0\end{bmatrix}$$
$$=\begin{bmatrix}2^n&n2^{n-1}&0\\0&2^n&0\\n2^{n-1}&{}_n\mathrm{C}_2 2^{n-2}+n2^n&2^n\end{bmatrix} \quad (n \geqq 2)$$

問 題

164.1 次の A, P を用いて，例題 164 と同じ問に答えよ．

(i) $A=\begin{bmatrix}8&4\\-9&-4\end{bmatrix}$, $P=\begin{bmatrix}-2&-1\\3&1\end{bmatrix}$

(ii) $A=\begin{bmatrix}2&0&1\\-1&3&1\\1&-1&2\end{bmatrix}$, $P=\begin{bmatrix}1&0&1\\1&0&0\\0&1&1\end{bmatrix}$

発展問題 (18〜23)

18 λ が正則行列 A の固有値ならば $\lambda \neq 0$ であり，λ^{-1} は A^{-1} の固有値であることを示せ．

19 $A = \begin{bmatrix} A_1 & O \\ O & A_2 \end{bmatrix}$ （A_1, A_2 は正方行列）のとき，A の最小多項式 $\mu(x)$ は A_1, A_2 の最小多項式 $\mu_1(x), \mu_2(x)$ の最小公倍数であることを示せ．

20 A を n 次正方行列，$f(t)$ を多項式とする．$f(A)$ が正則であるための必要十分条件は A の固有多項式 $\varphi_A(t)$ と $f(t)$ が互いに素なことである．証明せよ．

21 $A = \begin{bmatrix} 2 & 6 \\ 1 & 1 \end{bmatrix}$ のとき A^n を求め，漸化式 $\begin{cases} x_{n+1} = 2x_n + 6y_n \\ y_{n+1} = x_n + y_n \end{cases}$, $x_0 = 1, y_0 = 0$ をみたす数列 $\{x_n\}, \{y_n\}$ を求めよ．

22 3 次正方行列 A が $1, -1, 2$ を固有値にもつとき，A^{2n} を E, A, A^2 で表わせ．

23 $A_n = \begin{bmatrix} a_n & b_n \\ c_n & d_n \end{bmatrix}$ $(n = 1, 2, \cdots)$ において

$$\lim_{n\to\infty} a_n = \alpha,\ \lim_{n\to\infty} b_n = \beta,\ \lim_{n\to\infty} c_n = \gamma,\ \lim_{n\to\infty} d_n = \delta$$

のとき，$\lim_{n\to\infty} A_n = \begin{bmatrix} \alpha & \beta \\ \gamma & \delta \end{bmatrix}$ と定める．$A = \begin{bmatrix} p & 1-p \\ 1-q & q \end{bmatrix}$ のとき $\lim_{n\to\infty} A^n$ を求めよ．ただし $0 < p, q < 1$ とする．

互いに素
$f(t), g(t)$ が互いに素とは
$f(t) = 0, g(t) = 0$ が共通解をもたないこと

固有多項式	最小多項式	ジョルダン標準形の型
$(\lambda - t)^3$	$t - \lambda$	$\begin{bmatrix} \lambda & & \\ & \lambda & \\ & & \lambda \end{bmatrix}$
	$(t - \lambda)^2$	$\begin{bmatrix} \lambda & 1 & \\ & \lambda & \\ & & \lambda \end{bmatrix}$
	$(t - \lambda)^3$	$\begin{bmatrix} \lambda & 1 & \\ & \lambda & 1 \\ & & \lambda \end{bmatrix}$
$(\lambda - t)^2(\mu - t)$	$(t - \lambda)(t - \mu)$	$\begin{bmatrix} \lambda & & \\ & \lambda & \\ & & \mu \end{bmatrix}$
	$(t - \lambda)^2(t - \mu)$	$\begin{bmatrix} \lambda & 1 & \\ & \lambda & \\ & & \mu \end{bmatrix}$
$(\lambda - t)(\mu - t)(\nu - t)$	$(t - \lambda)(t - \mu)(t - \nu)$	$\begin{bmatrix} \lambda & & \\ & \mu & \\ & & \nu \end{bmatrix}$

3 次の正方行列 A の固有多項式，最小多項式とジョルダン標準形の関係を示す表である．
λ, μ, ν は相異なる数とする．

6 実対称行列の対角化と主軸問題・2次形式

先へ急ごう

6.1 実対称行列の対角化

E165 直交行列
E166 グラム－シュミット
E170, 171, 172 実対称行列の対角化 (1), (2), (3)

6.2 座標系とその変換

E173 直交座標変換の基本定理
E174 直交座標変換の数値例
E176 空間の直交座標の変換式
E177 一般座標系の変換例

6.3 主軸問題（2 次曲線）

E180 放物線
E181, 182 2 次曲線の標準形 (1), (2)
E183 退化した 2 次曲線

6.4 主軸問題（2 次曲面）

E186 座標軸の回転
E187 座標軸の平行移動
E188, 189, 190 2 次曲面 (1), (2), (3)

6.5 2 次 形 式

E192 2 次形式
E193 対角形への変換

発展問題 24〜31

見物していくか

E167 固有値がすべて実数である行列の三角化
E168 実対称行列の固有値・固有ベクトル
E169 直交行列による対角化定理
E175 回転角
E178, 179 一般の座標変換 (1), (2)
E184, 185 拡大係数行列の利用 (1), (2)
E191 拡大係数行列法
E194 2 次形式の最大・最小
E195 正値 2 次形式

てっそくだよ

nのかかわる証明問題

(ⅰ) 定義を書く
(ⅱ) 基本定理の連想
(ⅲ) 手本をまねる
(ⅳ) $n=3$ とする

↓

複素数の中の実数

(ⅰ) 共役数 $\bar{\lambda}=\lambda$
(ⅱ) $a+bi$ の形で $b=0$

↓

必要十分

(ⅰ) $\boldsymbol{p}\Rightarrow\boldsymbol{q}$ と
　　$\boldsymbol{q}\Rightarrow\boldsymbol{p}$ に分ける
(ⅱ) “$\boldsymbol{p}$ とは”
　　言いかえ思考

↓

対角化可能か

(ⅰ) 一般には $n_i=m_i$
(ⅱ) 対称行列の場合

↓

座標変換

(ⅰ) 略図を書け
(ⅱ) e_1', e_2' を e_1, e_2 で表わす（回転）
(ⅲ) O' の座標（平行移動）

↓

主軸問題の解法

(ⅰ) 係数行列 A と P
(ⅱ) 拡大係数行列法
　　A と B
(ⅲ) 退化の場合にも注意

↓

固有値

(ⅰ) 固有ベクトル
(ⅱ) 対角化
(ⅲ) 標準形

6.1 実対称行列の対角化

◆ **直交行列** P が直交行列であるとは，(ア) P が実正方行列で，(イ) ${}^tPP=E$ または $P\,{}^tP=E$（一方だけでもう一つもなりたつ）．すなわち ${}^tP$ が P の逆行列ということである．ここで ${}^tP$ は，これまで度々登場した，行列 P の転置行列である（定義は1章 p.4）．

定理 1 n 次の実正方行列 P の列ベクトルを $\boldsymbol{p}_1,\boldsymbol{p}_2,\cdots,\boldsymbol{p}_n$ とし，行ベクトルを $\boldsymbol{q}_1,\boldsymbol{q}_2,\cdots,\boldsymbol{q}_n$ とするとき

P が直交行列 $\Leftrightarrow$ ${}^t\boldsymbol{p}_i\boldsymbol{p}_i=1,\ {}^t\boldsymbol{p}_i\boldsymbol{p}_j=0\quad(i\neq j)$ $\cdots$①

$\Leftrightarrow$ $\boldsymbol{q}_i{}^t\boldsymbol{q}_i=1,\quad \boldsymbol{q}_i{}^t\boldsymbol{q}_j=0\quad(i\neq j)$ $\cdots$②

$$P=[\,\boldsymbol{p}_1\ \boldsymbol{p}_2\ \cdots\ \boldsymbol{p}_n\,]=\begin{bmatrix}\boldsymbol{q}_1\\ \boldsymbol{q}_2\\ \vdots\\ \boldsymbol{q}_n\end{bmatrix}$$

◆ **正規直交系** n 次の列ベクトル $\boldsymbol{p}_1,\boldsymbol{p}_2,\cdots,\boldsymbol{p}_n$ は，①の条件をみたすとき，**正規直交系**であるといわれる．n 個の行ベクトル $\boldsymbol{q}_1,\boldsymbol{q}_2,\cdots,\boldsymbol{q}_n$ についても②をみたすとき，正規直交系であるといわれる．

$\boldsymbol{a},\boldsymbol{b}$ が空間ベクトルで，そのなす角を θ とすると $\boldsymbol{a}$ と $\boldsymbol{b}$ の内積は ${}^t\boldsymbol{a}\boldsymbol{b}=\boldsymbol{a}\cdot\boldsymbol{b}=|\boldsymbol{a}|\,|\boldsymbol{b}|\cos\theta$ であった（4章 p.115）．$\boldsymbol{a}$ と $\boldsymbol{b}$ が直交するときは ${}^t\boldsymbol{a}\boldsymbol{b}=0$．これらのことを n 次行（列）ベクトル $\boldsymbol{a},\boldsymbol{b}$ に拡張する．長さはノルム $|\boldsymbol{a}|=\sqrt{{}^t\boldsymbol{a}\boldsymbol{a}}$ に，なす角 θ は ${}^t\boldsymbol{a}\boldsymbol{b}=|\boldsymbol{a}|\,|\boldsymbol{b}|\cos\theta$ から定義でき，$\theta=90^\circ$ のとき $\boldsymbol{a}$ と $\boldsymbol{b}$ は**直交**するという．また $\left|\frac{\boldsymbol{a}}{|\boldsymbol{a}|}\right|=1$ なので，$\boldsymbol{a}$ から $\frac{\boldsymbol{a}}{|\boldsymbol{a}|}$ をつくることを，$\boldsymbol{a}$ を**正規化**するという．

例題 165 　　直交行列

上の定理1を $n=3$ の場合に証明せよ．

navi 証明問題はまず用語の定義からスタート．

証明 $P=[\,\boldsymbol{p}_1\ \boldsymbol{p}_2\ \boldsymbol{p}_3\,]$ が直交行列すなわち ${}^tPP=E$ とすると

$$ {}^tPP=\begin{bmatrix}{}^tp_1\\ {}^tp_2\\ {}^tp_3\end{bmatrix}[\,\boldsymbol{p}_1\ \boldsymbol{p}_2\ \boldsymbol{p}_3\,]=\begin{bmatrix}{}^t\boldsymbol{p}_1\boldsymbol{p}_1 & {}^t\boldsymbol{p}_1\boldsymbol{p}_2 & {}^t\boldsymbol{p}_1\boldsymbol{p}_3\\ {}^t\boldsymbol{p}_2\boldsymbol{p}_1 & {}^t\boldsymbol{p}_2\boldsymbol{p}_2 & {}^t\boldsymbol{p}_2\boldsymbol{p}_3\\ {}^t\boldsymbol{p}_3\boldsymbol{p}_1 & {}^t\boldsymbol{p}_3\boldsymbol{p}_2 & {}^t\boldsymbol{p}_3\boldsymbol{p}_3\end{bmatrix}=\begin{bmatrix}1&0&0\\0&1&0\\0&0&1\end{bmatrix}$$

から①を得る．逆に①ならば ${}^tPP=E$ となる．P の行ベクトルについても同様である．

問　題

165.1 「P が直交行列 $\Leftrightarrow$ ${}^tP$ が直交行列」を証明せよ．

◆ **グラム-シュミットの直交化法**　線形独立な s 個の n 次実列ベクトル $\boldsymbol{x}_1, \cdots, \boldsymbol{x}_s$ があるとき，これらの線形結合で正規直交な $\boldsymbol{a}_1, \cdots, \boldsymbol{a}_s$ をつくる次のような方法があり，これを**グラム-シュミットの直交化法**という．

(ア)　$\boldsymbol{x}_1 \neq \boldsymbol{0}$ であるから $\boldsymbol{a}_1 = \frac{1}{|\boldsymbol{x}_1|}\boldsymbol{x}_1$ をつくることができて $|\boldsymbol{a}_1| = 1$　$\therefore\ {}^t\boldsymbol{a}_1\boldsymbol{a}_1 = 1$

(イ)　$\boldsymbol{y}_2 = \boldsymbol{x}_2 - ({}^t\boldsymbol{x}_2\boldsymbol{a}_1)\boldsymbol{a}_1$ とすると，$\boldsymbol{x}_2$ と $\boldsymbol{a}_1$ は線形独立だから，$\boldsymbol{y}_2 \neq \boldsymbol{0}$．${}^t\boldsymbol{y}_2 = {}^t\boldsymbol{x}_2 - ({}^t\boldsymbol{x}_2\boldsymbol{a}_1){}^t\boldsymbol{a}_1$ だから，${}^t\boldsymbol{y}_2\boldsymbol{a}_1 = 0$．$\boldsymbol{a}_2 = \frac{1}{|\boldsymbol{y}_2|}\boldsymbol{y}_2$ をつくることができて $|\boldsymbol{a}_2| = 1$，すなわち ${}^t\boldsymbol{a}_2\boldsymbol{a}_2 = 1, {}^t\boldsymbol{a}_2\boldsymbol{a}_1 = 0$

(ウ)　$\boldsymbol{a}_3$ をつくる．$\boldsymbol{y}_3 = \boldsymbol{x}_3 - ({}^t\boldsymbol{x}_3\boldsymbol{a}_1)\boldsymbol{a}_1 - ({}^t\boldsymbol{x}_3\boldsymbol{a}_2)\boldsymbol{a}_2$ とする．$\boldsymbol{x}_3, \boldsymbol{a}_1, \boldsymbol{a}_2$ は線形独立だから，$\boldsymbol{y}_3 \neq \boldsymbol{0}$　$\cdots$①．${}^t\boldsymbol{y}_3 = {}^t\boldsymbol{x}_3 - ({}^t\boldsymbol{x}_3\boldsymbol{a}_1){}^t\boldsymbol{a}_1 - ({}^t\boldsymbol{x}_3\boldsymbol{a}_2){}^t\boldsymbol{a}_2$ だから

$$ {}^t\boldsymbol{y}_3\boldsymbol{a}_1 = 0, \quad {}^t\boldsymbol{y}_3\boldsymbol{a}_2 = 0 \qquad \cdots ② $$

①から $\boldsymbol{a}_3 = \frac{1}{|\boldsymbol{y}_3|}\boldsymbol{y}_3$ をつくることができて

②から ${}^t\boldsymbol{a}_3\boldsymbol{a}_1 = 0,\quad {}^t\boldsymbol{a}_3\boldsymbol{a}_2 = 0$

$\boldsymbol{a}_1, \boldsymbol{a}_2, \boldsymbol{a}_3$ は $\boldsymbol{x}_1, \boldsymbol{x}_2, \boldsymbol{x}_3$ の線形結合で正規直交である．これを続ける．

> $s = 3$ までをしっかり確かめて覚えよう

例題 166　　**グラム-シュミット**

$\boldsymbol{x}_1 = {}^t\begin{bmatrix} 0 & 1 & 1 & 0 \end{bmatrix}, \boldsymbol{x}_2 = {}^t\begin{bmatrix} 1 & 1 & 0 & 1 \end{bmatrix}$ をグラム-シュミットの直交化法を用いて正規直交系にせよ．

解答　まず $\boldsymbol{x}_1, \boldsymbol{x}_2$ は線形独立である．

> 行ベクトルのときはどうする？

(ア)　$|\boldsymbol{x}_1| = \sqrt{2}$ から $\boldsymbol{a}_1 = \dfrac{1}{\sqrt{2}}{}^t\begin{bmatrix} 0 & 1 & 1 & 0 \end{bmatrix}$

(イ)　${}^t\boldsymbol{x}_2\boldsymbol{a}_1 = \frac{1}{\sqrt{2}}$ から

$$ \begin{aligned} \boldsymbol{y}_2 &= \boldsymbol{x}_2 - ({}^t\boldsymbol{x}_2\boldsymbol{a}_1)\boldsymbol{a}_1 \\ &= {}^t\begin{bmatrix} 1 & 1 & 0 & 1 \end{bmatrix} - \tfrac{1}{2}{}^t\begin{bmatrix} 0 & 1 & 1 & 0 \end{bmatrix} = \tfrac{1}{2}{}^t\begin{bmatrix} 2 & 1 & -1 & 2 \end{bmatrix}, \end{aligned} $$

$$ |\boldsymbol{y}_2| = \tfrac{\sqrt{10}}{2}, \quad \boldsymbol{a}_2 = \tfrac{1}{|\boldsymbol{y}_2|}\boldsymbol{y}_2 = \tfrac{1}{\sqrt{10}}{}^t\begin{bmatrix} 2 & 1 & -1 & 2 \end{bmatrix} $$

$$ \therefore\quad \boldsymbol{a}_1 = \tfrac{1}{\sqrt{2}}{}^t\begin{bmatrix} 0 & 1 & 1 & 0 \end{bmatrix}, \quad \boldsymbol{a}_2 = \tfrac{1}{\sqrt{10}}{}^t\begin{bmatrix} 2 & 1 & -1 & 2 \end{bmatrix} $$

問　題

166.1　グラム-シュミットの方法で次の列ベクトル，行ベクトルを正規直交化せよ．

(i)　$\begin{bmatrix} 1 \\ 1 \\ 1 \end{bmatrix}, \begin{bmatrix} 1 \\ -2 \\ 1 \end{bmatrix}, \begin{bmatrix} 1 \\ 2 \\ 3 \end{bmatrix}$　　(ii)　$[\,1\,1\,0\,0\,], [\,0\,1\,1\,0\,], [\,0\,0\,1\,1\,]$

例題 167♯ **固有値がすべて実数である行列の三角化**

n 次の実正方行列 A の固有値 $\lambda_i (i=1,\cdots,n)$ がすべて実数であれば，

$P^{-1}AP = \begin{bmatrix} \lambda_1 & & * \\ & \ddots & \\ O & & \lambda_n \end{bmatrix}$ となる直交行列 P がある．$n=3$ のときに，このような

P のつくり方を述べよ．

route この場合の手本は三角化定理か（⇨ 例題 142）．

てっそく

nのかかわる証明問題
(i) 定義を書く
(ii) 基本定理の連想
(iii) 手本をまねる
(iv) $n=3$ で理解する

解答 A の固有値の一つを λ_1 とする．λ_1 は実数であり，対する固有ベクトル $\boldsymbol{x}_1$ は実数係数の同次連立方程式 $T_A(\lambda_1)\boldsymbol{x} = (A-\lambda_1 E)\boldsymbol{x} = \boldsymbol{0}$ の非自明解（$\boldsymbol{x}_1 \neq \boldsymbol{0}$）であるから，実数ベクトルにとれる．

次に $\boldsymbol{x}_1, \boldsymbol{x}_2, \boldsymbol{x}_3$ が線形独立であるように $\boldsymbol{x}_2, \boldsymbol{x}_3$ をとり（⇨ 例題 151），正則行列 $P_1 = [\,\boldsymbol{x}_1\ \boldsymbol{x}_2\ \boldsymbol{x}_3\,]$ からグラム-シュミットの直交化法による 3 次の直交行列 Q_1 をつくる．$Q_1 = [\,\boldsymbol{a}_1\ \boldsymbol{a}_2\ \boldsymbol{a}_3\,]$ で，$\boldsymbol{a}_1$ はとくに次をみたす．

$$A\boldsymbol{a}_1 = \lambda_1 \boldsymbol{a}_1, \quad {}^t\boldsymbol{a}_1\boldsymbol{a}_1 = 1, \quad {}^t\boldsymbol{a}_i\boldsymbol{a}_1 = 0 \quad (i>1)$$

そこで $Q_1^{-1}AQ_1 = {}^tQ_1AQ_1$

$$= \begin{bmatrix} {}^t\boldsymbol{a}_1 \\ {}^t\boldsymbol{a}_2 \\ {}^t\boldsymbol{a}_3 \end{bmatrix} [A\boldsymbol{a}_1\ A\boldsymbol{a}_2\ A\boldsymbol{a}_3] = \begin{bmatrix} {}^t\boldsymbol{a}_1 \\ {}^t\boldsymbol{a}_2 \\ {}^t\boldsymbol{a}_3 \end{bmatrix} [\,\lambda_1 a_1\ \ *\ \ *\,] = \begin{bmatrix} \lambda_1 & * & * \\ 0 & \multicolumn{2}{c}{\multirow{2}{*}{A_2}} \\ 0 & & \end{bmatrix}$$

A と $Q_1^{-1}AQ_1$ の固有値はどちらも $\lambda_1, \lambda_2, \lambda_3$ であるから，A_2 の固有値は実数 λ_2, λ_3 である．

そこで A のときと同じ手続きで $Q_2^{-1}A_2Q_2 = \begin{bmatrix} \lambda_2 & * \\ 0 & \mu \end{bmatrix}$ となる 2 次の直交行列 Q_2 が存在する．固有値を比べて $\mu = \lambda_3$ であり $P = Q_1 \left[\begin{array}{c|cc} 1 & 0 & 0 \\ \hline 0 & \multicolumn{2}{c}{\multirow{2}{*}{Q_2}} \\ 0 & & \end{array}\right]$ とすると P も直交行列で

$$P^{-1}AP = \begin{bmatrix} \lambda_1 & & * \\ O & \lambda_2 & \\ & & \lambda_3 \end{bmatrix} \quad \cdots ① \quad (⇨ 問題 167.1)$$

問　題

167.1 (i) 上の証明の中の ① を確かめよ．

(ii) n についての帰納法により，n 次の場合を証明せよ．

◆ **対称行列の固有値・固有ベクトル**　A が対称行列であるとは，A の転置行列 ${}^tA$ が A に一致することである．これがこの節の主役である．

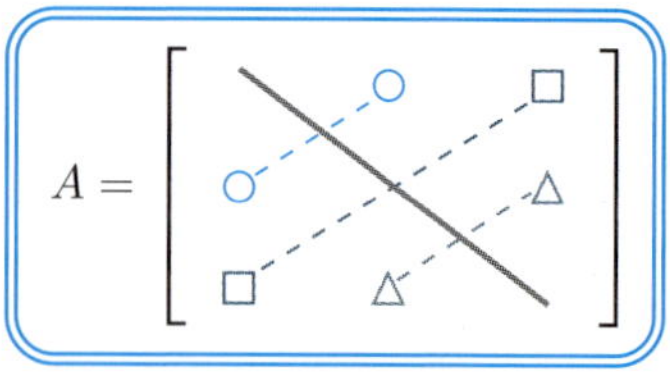

例題 168♯　　**実対称行列の固有値・固有ベクトル**

A を実数を成分にもつ n 次対称行列とするとき，次の(i), (ii) を証明せよ．

(i)　A の固有値はすべて実数である．

(ii)　A の相異なる固有値に対する固有ベクトルは直交する．

route　$A\boldsymbol{x} = \lambda\boldsymbol{x}$, $\boldsymbol{x} \neq \mathbf{0}$ において，共役を考える．

てっそく

複素数の中の実数

$\Leftrightarrow$ **(i)　共役数** $\overline{\lambda} = \lambda$

$\left(\begin{array}{l}\overline{\alpha\beta} = \overline{\alpha}\,\overline{\beta} \\ \overline{A\boldsymbol{x}} = \overline{A}\,\overline{\boldsymbol{x}}\end{array}\right)$

(ii)　$a + bi$ **の形で**

$b = 0$

解答　(i)　固有値と固有ベクトルを $\lambda, \boldsymbol{x}$ とすると

$$A\boldsymbol{x} = \lambda\boldsymbol{x} \quad \cdots ①, \quad \boldsymbol{x} \neq \mathbf{0}$$

①の複素共役を考えると，A は実行列だから $\overline{A} = A$ であり $\overline{A}\overline{\boldsymbol{x}} = \overline{\lambda}\overline{\boldsymbol{x}}$（ここで $\overline{A}$ とは A の各成分を共役にした行列，列ベクトル $\boldsymbol{x}$ についても同じ）．

さらにこの式の両辺の転置行列を考える，A は対称行列だから ${}^tA = A$

$$ {}^t\overline{\boldsymbol{x}}A = \overline{\lambda}\,{}^t\overline{\boldsymbol{x}} \qquad \cdots ② $$

そこで①, ②から $\overline{\lambda}\,{}^t\overline{\boldsymbol{x}}\boldsymbol{x} \underset{②}{=} {}^t\overline{\boldsymbol{x}}A\boldsymbol{x} \underset{①}{=} {}^t\overline{\boldsymbol{x}}(\lambda\boldsymbol{x}) = \lambda({}^t\overline{\boldsymbol{x}}\boldsymbol{x})$ ゆえに $(\overline{\lambda} - \lambda)\,{}^t\overline{\boldsymbol{x}}\boldsymbol{x} = 0$．ここで $\boldsymbol{x} \neq \mathbf{0}$ から ${}^t\overline{\boldsymbol{x}}\boldsymbol{x} > 0$　　$\cdots$③　（⇨ 問題 168.1）であるから $\overline{\lambda} = \lambda$　　$\therefore$　λ は実数．

(ii)　A の相異なる固有値を λ_1, λ_2 とすると，λ_1 と λ_2 は実数だから，それぞれの固有ベクトル $\boldsymbol{x}_1, \boldsymbol{x}_2$ を実ベクトルにとれて，いずれも次をみたす．

$$A\boldsymbol{x}_i = \lambda_i\boldsymbol{x}_i \quad \cdots ①' \qquad {}^t\boldsymbol{x}_iA = \lambda_i{}^t\boldsymbol{x}_i \quad \cdots ②' \quad (i = 1, 2)$$

$$\lambda_1{}^t\boldsymbol{x}_1\boldsymbol{x}_2 \underset{②'}{=} {}^t\boldsymbol{x}_1A\boldsymbol{x}_2 \underset{①'}{=} \lambda_2{}^t\boldsymbol{x}_1\boldsymbol{x}_2$$

$$\therefore \quad (\lambda_1 - \lambda_2)\,{}^t\boldsymbol{x}_1\boldsymbol{x}_2 = 0 \qquad \lambda_1 \neq \lambda_2 \text{だから}\ {}^t\boldsymbol{x}_1\boldsymbol{x}_2 = 0 \quad (\boldsymbol{x}_1, \boldsymbol{x}_2 \text{は直交})$$

問　題

168.1 上の証明の中の ③ を確めよ．

168.2 実対称行列 $A = \begin{bmatrix} 2 & -4 & 2 \\ -4 & 2 & -2 \\ 2 & -2 & -1 \end{bmatrix}$ の固有値とそれらに対する固有ベクトルを求め，例題でいう直交性を確かめよ．

例題 169♯ **直交行列による対角化定理**

n 次の実正方行列 A が，直交行列 P によって対角化されるための必要十分条件は，A が対称行列であることを証明せよ．

てっそく
必要十分
(i) $p \Rightarrow q$ と $q \Rightarrow p$ に分ける
(ii) "p とは" 言いかえ思考

解答 〔P が直交行列で $P^{-1}AP$ が対角行列 $\Rightarrow$ A が対称行列〕 P が直交行列だから $P^{-1} = {}^tP$

$$P^{-1}AP = {}^tPAP \text{ が対角行列なら } {}^t({}^tPAP) = {}^tPAP$$

$\therefore$ ${}^tP\,{}^tAP = {}^tPAP$ から ${}^tA = A$

〔A が対称 $\Rightarrow$ ある直交行列 P で $P^{-1}AP$ が対角行列〕

A が対称行列ならば，固有値はすべて実数であり（➪ 例題 168）ある直交行列 P によって $P^{-1}AP$ は上三角行列にできる（➪ 例題 167）．このとき，さらに

転置行列では ${}^t(AB) = {}^tB\,{}^tA$

$${}^t(P^{-1}AP) = {}^t({}^tPAP) = {}^tP\,{}^tAP = P^{-1}AP$$

となり，$P^{-1}AP$ は対称行列である．よって $P^{-1}AP$ は対角行列である．

● **対称行列を対角化する直交行列 P のつくり方** まず A の対称性を確かめておく．

（ア） $\varphi_A(t) = 0$ の解の一つ（固有値）を λ_1 とし，その重複度を m_1 とする．

（イ） 同次連立方程式 $T_A(\lambda_1)\boldsymbol{x} = \boldsymbol{0}$ の線形独立な解をとり出す（➪ p.156）．それはちょうど n_1 個あり（➪ p.165），しかも A は対角化されるから $n_1 = m_1$（➪ 例題 152）．

（ウ） えらばれた n_1 個が正規直交系ならそれで先へ進む．そうでないときには，グラム-シュミットの直交化法（➪ p.184）を用いる．

（エ） 次の固有値 μ をとり，同じことをくり返す．

（オ） 例題 152 も手伝って $n_1 + \cdots + n_s = m_1 + \cdots + m_s = n$ 個の正規直交系

$$a_1^{(1)}, \cdots, a_{n_1}^{(1)}; \quad a_1^{(2)}, \cdots, a_{n_2}^{(2)}; \quad \cdots; \quad a_1^{(s)}, \cdots, a_{n_s}^{(s)}$$

➪ 以下例題 151, 問題 169.1

を得て，これらを列ベクトルにもつ行列を P とする．(イ) で一般論では同次連立方程式の基本解の求め方（➪ p.83）によるが，数値例を処理するときは，線形独立な n_1 個の解をみつければよい．

問　題

169.1 $\boldsymbol{x}_1, \cdots, \boldsymbol{x}_{n_1}$ が固有値 λ に対する線形独立な固有ベクトルのとき，これらからグラム-シュミットの直交化法でつくった正規直交系 $a_1, \cdots, a_{n_1}$ もまた λ に対する固有ベクトルであることを示せ．

例題 170　　**実対称行列の対角化 (1)**

実対称行列 $A = \begin{bmatrix} 1 & 0 & -1 \\ 0 & 1 & -1 \\ -1 & -1 & 0 \end{bmatrix}$ を適当な直交行列 P により対角化せよ．

navi　前例題の P のつくり方をもう一度．重複度が 1 ばかりのときは，固有値全部一緒にして処理できる．例題 168(ii)にも注目．

解答　(ア)　A の固有多項式は

$$\varphi_A(t) = |A - tE| = \begin{vmatrix} 1-t & 0 & -1 \\ 0 & 1-t & -1 \\ -1 & -1 & -t \end{vmatrix}$$
$$= -(t-1)(t+1)(t-2)$$

> 直交行列 P のつくり方
> (ア)　$\varphi_A(t) = 0$ の解 λ
> (イ)　$(A - \lambda E)\boldsymbol{x} = \boldsymbol{0}$ の解 $\boldsymbol{x}$
> (ウ)　グラム-シュミット
> (エ)　P の作成

そこで固有値は $1, -1, 2$　（重複解なし）

(イ)　$\lambda_1 = 1$ の固有ベクトルは $(A - E)\boldsymbol{x}_1 = \boldsymbol{0}, \boldsymbol{x}_1 \neq \boldsymbol{0}$ の解 $\boldsymbol{x}_1 = {}^t[\ 1\ \ -1\ 0\ ]$．同様に $\lambda_2 = -1, \lambda_2 = 2$ について，それぞれ $\boldsymbol{x}_2 = {}^t[\ 1\ 1\ 2\ ], \boldsymbol{x}_3 = {}^t[\ 1\ 1\ \ -1\ ]$

(ウ)　$\boldsymbol{x}_1, \boldsymbol{x}_2, \boldsymbol{x}_3$ を $\boldsymbol{a}_1 = \frac{1}{|\boldsymbol{x}_1|}x_1, \boldsymbol{a}_2 = \frac{1}{|x_2|}\boldsymbol{x}_2, \boldsymbol{a}_3 = \frac{1}{|\boldsymbol{x}_3|}\boldsymbol{x}_3$ にとりかえる．

$$\boldsymbol{a}_1 = {}^t[\ \tfrac{1}{\sqrt{2}}\ \ -\tfrac{1}{\sqrt{2}}\ 0\ ],\quad \boldsymbol{a}_2 = {}^t[\ \tfrac{1}{\sqrt{6}}\ \tfrac{1}{\sqrt{6}}\ \tfrac{2}{\sqrt{6}}],\quad \boldsymbol{a}_3 = {}^t[\ \tfrac{1}{\sqrt{3}}\ \tfrac{1}{\sqrt{3}}\ \ -\tfrac{1}{\sqrt{3}}]$$

$|\boldsymbol{a}_i| = 1, {}^t\boldsymbol{a}_i\boldsymbol{a}_j = 0\ (i \neq j)$ がなりたつ（一般論は例題 168 (ii)）ので

(エ)　$P = [\ \boldsymbol{a}_1\ \boldsymbol{a}_2\ \boldsymbol{a}_3\ ] = \begin{bmatrix} \frac{1}{\sqrt{2}} & \frac{1}{\sqrt{6}} & \frac{1}{\sqrt{3}} \\ -\frac{1}{\sqrt{2}} & \frac{1}{\sqrt{6}} & \frac{1}{\sqrt{3}} \\ 0 & \frac{2}{\sqrt{6}} & -\frac{1}{\sqrt{3}} \end{bmatrix}$

> 重複解がないとき
> $\boldsymbol{a}_i = \frac{1}{|\boldsymbol{x}_i|}\boldsymbol{x}_i$
> とするだけでよい

は直交行列で

$$P^{-1}AP = {}^tPAP = [\ {}^t\boldsymbol{a}_1\ {}^t\boldsymbol{a}_2\ {}^t\boldsymbol{a}_3\ ][\ A\boldsymbol{a}_1\ A\boldsymbol{a}_2\ A\boldsymbol{a}_3\ ]$$
$$= [\ {}^t\boldsymbol{a}_1\ {}^t\boldsymbol{a}_2\ {}^t\boldsymbol{a}_3\ ][\ \lambda_1\boldsymbol{a}_1\ \lambda_2\boldsymbol{a}_2\ \lambda_3\boldsymbol{a}_3\ ] = \begin{bmatrix} \lambda_1 & & O \\ & \lambda_2 & \\ O & & \lambda_3 \end{bmatrix}$$

となり，対角化される．

問　題

170.1　次の実対称行列を直交行列により対角化せよ．

(i)　$\begin{bmatrix} 4 & -3 \\ -3 & -4 \end{bmatrix}$　　(ii)　$\begin{bmatrix} 1 & -2 & 0 \\ -2 & 2 & -2 \\ 0 & -2 & 3 \end{bmatrix}$

例題 171 **実対称行列の対角化 (2)**

実対称行列 $A=\begin{bmatrix} 4 & -1 & 1 \\ -1 & 4 & -1 \\ 1 & -1 & 4 \end{bmatrix}$ を直交行列 P によって対角化せよ．またこの行列 P を求めよ．

navi A は実対称行列だから対角化される．前頁，前々頁のように直交行列 P をつくる．

解答 (ア) A の固有方程式は $\varphi_A(t)=-(t-3)^2(t-6)=0$，固有値は 3（2 重解），6.

(イ) まず $\lambda=3$ から $(A-3E)\boldsymbol{x}=\begin{bmatrix} 0 \\ 0 \\ 0 \end{bmatrix}$ の 1 組の基本解 $\boldsymbol{x}_1=\begin{bmatrix} 1 \\ 1 \\ 0 \end{bmatrix}$, $\boldsymbol{x}_2=\begin{bmatrix} -1 \\ 0 \\ 1 \end{bmatrix}$ をとり，

(ウ) グラム-シュミットの直交化法により正規直交化する．

$$\boldsymbol{a}_1=\frac{1}{|\boldsymbol{x}_1|}\boldsymbol{x}_1=\frac{1}{\sqrt{2}}\begin{bmatrix} 1 \\ 1 \\ 0 \end{bmatrix},\ \boldsymbol{y}_2=\boldsymbol{x}_2-({}^t\boldsymbol{x}_2\boldsymbol{a}_1)\boldsymbol{a}_1=\frac{1}{2}\begin{bmatrix} -1 \\ 1 \\ 2 \end{bmatrix}$$

$$\boldsymbol{a}_2=\frac{1}{|\boldsymbol{y}_2|}\boldsymbol{y}_2=\frac{1}{\sqrt{6}}\begin{bmatrix} -1 \\ 1 \\ 2 \end{bmatrix}$$

てっそく
対角化
(i) 一般には$n_i=m_i$
(ii) 対称行列の場合

$\lambda=6$ に対しては

$$(A-6E)\boldsymbol{x}=\begin{bmatrix} 0 \\ 0 \\ 0 \end{bmatrix} \text{ の解 } \boldsymbol{x}_3=\begin{bmatrix} 1 \\ -1 \\ 1 \end{bmatrix} \text{ をとると } \boldsymbol{a}_3=\frac{1}{|\boldsymbol{x}_3|}\boldsymbol{x}_3=\frac{1}{\sqrt{3}}\begin{bmatrix} 1 \\ -1 \\ 1 \end{bmatrix}$$

(エ) よって $P=[\,\boldsymbol{a}_1\ \boldsymbol{a}_2\ \boldsymbol{a}_3\,]$

$$=\begin{bmatrix} 1/\sqrt{2} & -1/\sqrt{6} & 1/\sqrt{3} \\ 1/\sqrt{2} & 1/\sqrt{6} & -1/\sqrt{3} \\ 0 & 2/\sqrt{6} & 1/\sqrt{3} \end{bmatrix},\quad {}^tPAP=\begin{bmatrix} 3 & 0 & 0 \\ 0 & 3 & 0 \\ 0 & 0 & 6 \end{bmatrix}$$

グラム-シュミットの役割
正規直交系のつくり方
p.187(ア)~(エ)

問 題

171.1 次の実対称行列 A を直交行列 P によって対角化せよ．また行列 P を求めよ．

(i) $\begin{bmatrix} 0 & 1 & 0 \\ 1 & 0 & 0 \\ 0 & 0 & 2 \end{bmatrix}$ (ii) $\begin{bmatrix} 1 & 1 & \sqrt{2} \\ 1 & 1 & -\sqrt{2} \\ \sqrt{2} & -\sqrt{2} & 0 \end{bmatrix}$

例題 172 実対称行列の対角化 (3)

実対称行列 $A=\begin{bmatrix}0&0&0&1\\0&0&1&0\\0&1&0&0\\1&0&0&0\end{bmatrix}$ を直交行列 P によって対角化せよ．

解答 (ア) A の固有方程式は $|A-tE|=t^4-2t^2+1=(t-1)^2(t+1)^2=0$.
固有値は 1（2 重解），-1（2 重解）

(イ) 固有値 1 に対して $A-E$ は

$$\begin{bmatrix}-1&0&0&1\\0&-1&1&0\\0&1&-1&0\\1&0&0&-1\end{bmatrix}\to\begin{bmatrix}1&0&0&-1\\0&1&-1&0\\0&0&0&0\\0&0&0&0\end{bmatrix} \text{ から } \quad \boldsymbol{x}_1=\begin{bmatrix}1\\0\\0\\1\end{bmatrix},\boldsymbol{x}_2=\begin{bmatrix}0\\1\\1\\0\end{bmatrix}$$

(ウ) 固有値 -1 に対して $A+E$ は

$$\begin{bmatrix}1&0&0&1\\0&1&1&0\\0&1&1&0\\1&0&0&1\end{bmatrix}\to\begin{bmatrix}1&0&0&1\\0&1&1&0\\0&0&0&0\\0&0&0&0\end{bmatrix} \text{ から } \quad \boldsymbol{x}_3=\begin{bmatrix}0\\-1\\1\\0\end{bmatrix},\boldsymbol{x}_4=\begin{bmatrix}-1\\0\\0\\1\end{bmatrix}$$

(エ) $\boldsymbol{x}_1,\boldsymbol{x}_2,\boldsymbol{x}_3,\boldsymbol{x}_4$ はすでに直交系，よって $\boldsymbol{x}_i$ の正規化を $\boldsymbol{a}_i$ とする．

$$P=[\,\boldsymbol{a}_1\ \boldsymbol{a}_2\ \boldsymbol{a}_3\ \boldsymbol{a}_4\,]=\begin{bmatrix}\frac{1}{\sqrt{2}}&0&0&-\frac{1}{\sqrt{2}}\\0&\frac{1}{\sqrt{2}}&-\frac{1}{\sqrt{2}}&0\\0&\frac{1}{\sqrt{2}}&\frac{1}{\sqrt{2}}&0\\\frac{1}{\sqrt{2}}&0&0&\frac{1}{\sqrt{2}}\end{bmatrix},$$

$$P^{-1}AP={}^tPAP=\begin{bmatrix}1&0&0&0\\0&1&0&0\\0&0&-1&0\\0&0&0&-1\end{bmatrix}$$

> **対角化する P のつくり方**
> (ア) 固有値 λ
> (イ) $(A-\lambda E)\boldsymbol{x}=\boldsymbol{0}$ の基本解
> (ウ) グラム-シュミットで正規化する
> (エ) $P=[\,\boldsymbol{a}_1\ \boldsymbol{a}_2\ \boldsymbol{a}_3\ \boldsymbol{a}_4\,]$

問　題

172.1 5 次実対称行列 $A=\begin{bmatrix}0&0&\cdots&0&1\\0&0&\cdots&1&0\\&&\cdots\cdots&&\\1&0&\cdots&0&0\end{bmatrix}$ について例題と同じ問題を考えよ．

6.2 座標系とその変換

◆ **直交座標系・平面の場合**　第4章では，平面上に直交座標軸を設け，座標軸上の単位ベクトル $\boldsymbol{e}_1, \boldsymbol{e}_2$ を基にして，点の座標，ベクトルの成分を考えた（⇨ p.110）．

このとき，この平面に**直交座標系** $\{\mathrm{O}; \boldsymbol{e}_1, \boldsymbol{e}_2\}$ が与えられたといい，点 O を**原点**，$\boldsymbol{e}_1, \boldsymbol{e}_2$ を**基底**という．同一平面上に，2つの直交座標系

$$\Gamma = \{\mathrm{O}; \boldsymbol{e}_1, \boldsymbol{e}_2\}, \quad \Gamma' = \{\mathrm{O}'; \boldsymbol{e}'_1, \boldsymbol{e}'_2\} \qquad \cdots ①$$

が与えられたときには，点 A の Γ に関する座標 (x, y) と Γ' に関する座標 (x', y') が考えられる．

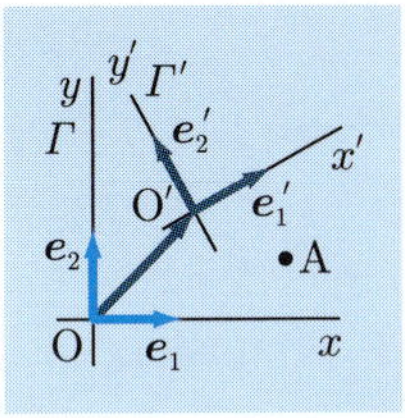

定理 2　2つの直交座標系①において，Γ' の原点 O′ の，座標系 Γ に関する座標を (x_0, y_0) とし，基底の間に次の関係があるとする．

用意するもの
(ア)　$\mathrm{O}'(x_0, y_0)$
(イ)　②の p_{ij}

$$\boldsymbol{e}'_1 = p_{11}\boldsymbol{e}_1 + p_{21}\boldsymbol{e}_2, \quad \boldsymbol{e}'_2 = p_{12}\boldsymbol{e}_1 + p_{22}\boldsymbol{e}_2 \qquad \cdots ②$$

このとき平面上の点 A の座標系 Γ に関する座標を (x, y) とし，Γ' に関する座標を (x', y') とすると，次の関係がある．

$$\begin{bmatrix} x \\ y \end{bmatrix} = \begin{bmatrix} p_{11} & p_{12} \\ p_{21} & p_{22} \end{bmatrix} \begin{bmatrix} x' \\ y' \end{bmatrix} + \begin{bmatrix} x_0 \\ y_0 \end{bmatrix} \qquad \cdots ③ \qquad \left(\begin{array}{l} \text{ベクトル表現で} \\ \boldsymbol{x} = P\boldsymbol{x}' + \boldsymbol{x}_0 \end{array} \right)$$

③を座標系の変換 $\Gamma \to \Gamma'$ による**座標変換の式**，行列 $P = [p_{ij}]$ を**座標変換** $\Gamma \to \Gamma'$ **の行列**という．P は直交行列であり，**回転行列**とよばれる．

例題 173　　　**直交座標変換の基本定理**

座標変換③を証明せよ．

解答　Γ に関して $\mathrm{A}(x, y)$ とは $\overrightarrow{\mathrm{OA}} = x\boldsymbol{e}_1 + y\boldsymbol{e}_2$

Γ' に関して $\mathrm{A}(x', y')$ とは $\overrightarrow{\mathrm{O'A}} = x'\boldsymbol{e}'_1 + y'\boldsymbol{e}'_2$

②から $\overrightarrow{\mathrm{O'A}} = x'(p_{11}\boldsymbol{e}_1 + p_{21}\boldsymbol{e}_2) + y'(p_{12}\boldsymbol{e}_1 + p_{22}\boldsymbol{e}_2) = (p_{11}x' + p_{12}y')\boldsymbol{e}_1 + (p_{21}x' + p_{22}y')\boldsymbol{e}_2$

また Γ に関して $\mathrm{O}'(x_0, y_0)$ となり $\overrightarrow{\mathrm{OO'}} = x_0\boldsymbol{e}_1 + y_0\boldsymbol{e}_2$．$\overrightarrow{\mathrm{OA}} = \overrightarrow{\mathrm{O'A}} + \overrightarrow{\mathrm{OO'}}$ から

$x\boldsymbol{e}_1 + y\boldsymbol{e}_2 = (p_{11}x' + p_{12}y' + x_0)\boldsymbol{e}_1 + (p_{21}x' + p_{22}y' + y_0)\boldsymbol{e}_2$．$\boldsymbol{e}_1, \boldsymbol{e}_2$ は線形独立であるから

$x = p_{11}x' + p_{12}y' + x_0$，$y = p_{21}x' + p_{22}y' + y_0$．よって③となる．

問　題

173.1 上の座標変換の式③で，P が直交行列であることを証明せよ．

例題 174 **直交座標変換の数値例**

座標変換 $\Gamma \to \Gamma' : \boldsymbol{x} = P\boldsymbol{x}' + \boldsymbol{x}_0$ が

$$P = \begin{bmatrix} 4/5 & -3/5 \\ 3/5 & 4/5 \end{bmatrix}, \quad \boldsymbol{x}_0 = \begin{bmatrix} -2 \\ 3 \end{bmatrix}$$

で与えられたとき

(i) P が直交行列であることを確かめ2つの座標系の直交座標軸を同一平面上に書け.

(ii) 座標系 Γ のもとで $5x - 10y - 3 = 0$ で表わされる直線 L の，座標系 Γ' による方程式を求めよ.

(iii) 座標系 Γ' のもとで $4x' + 3y' = 5$ で表わされる直線 L' の，座標系 Γ による方程式を求めよ.

解答 (i) $P = [\, \boldsymbol{p}_1\ \boldsymbol{p}_2 \,]$ と表わすと

$$|\boldsymbol{p}_1| = 1, \quad |\boldsymbol{p}_2| = 1, \quad {}^t\boldsymbol{p}_1\boldsymbol{p}_2 = 0$$

であるから，P は直交行列である．さらに

$$\boldsymbol{e}_1' = \tfrac{4}{5}\boldsymbol{e}_1 + \tfrac{3}{5}\boldsymbol{e}_2, \quad \boldsymbol{e}_2' = -\tfrac{3}{5}\boldsymbol{e}_1 + \tfrac{4}{5}\boldsymbol{e}_2$$

であるから，点 $\mathrm{O}'(-2,3)$ を始点として，Γ' の基本ベクトル $\boldsymbol{e}_1', \boldsymbol{e}_2'$ を書くと右図となる.

> 座標変換 $\boldsymbol{x} = P\boldsymbol{x}' + \boldsymbol{x}_0$ では
> $P = [\, \boldsymbol{p}_1\ \boldsymbol{p}_2]$, $\boldsymbol{p}_1 = \begin{bmatrix} p_{11} \\ p_{21} \end{bmatrix}$
> のとき
> $\boldsymbol{e}_1' = p_{11}\boldsymbol{e}_1 + p_{21}\boldsymbol{e}_2$

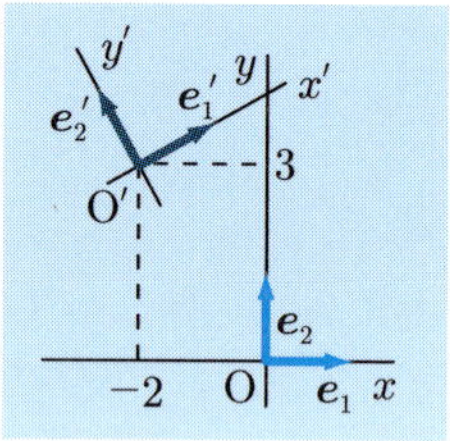

(ii) $\begin{bmatrix} x \\ y \end{bmatrix} = \begin{bmatrix} \frac{4}{5}x' - \frac{3}{5}y' - 2 \\ \frac{3}{5}x' + \frac{4}{5}y' + 3 \end{bmatrix}$ と

$5x - 10y - 3 = 0$ から

$$5(\tfrac{4}{5}x' - \tfrac{3}{5}y' - 2) - 10(\tfrac{3}{5}x' + \tfrac{4}{5}y' + 3) = 3$$

$$\therefore \quad 2x' + 11y' + 43 = 0$$

(iii) $\boldsymbol{x}' = P^{-1}(\boldsymbol{x} - \boldsymbol{x}_0)$ から $\begin{bmatrix} x' \\ y' \end{bmatrix} = \begin{bmatrix} \frac{4}{5} & \frac{3}{5} \\ -\frac{3}{5} & \frac{4}{5} \end{bmatrix} \begin{bmatrix} x+2 \\ y-3 \end{bmatrix}$

$$4(\tfrac{4}{5}x + \tfrac{3}{5}y - \tfrac{1}{5}) + 3(-\tfrac{3}{5}x + \tfrac{4}{5}y - \tfrac{18}{5}) = 5$$

$$\therefore \quad 7x + 24y - 83 = 0$$

問　題

174.1 この例題 174 の座標変換 $\Gamma \to \Gamma'$ で，座標の変わらない点があればそれを座標系 Γ の座標で示せ.

例題 175$^\sharp$　**回転角**

(i)　平面上に直交座標系 $\Gamma=\{\mathrm{O};\boldsymbol{e}_1,\boldsymbol{e}_2\}$ が与えられたとき，これを原点のまわりに θ だけ回転した直交座標系を Γ' とする．このとき，座標変換の式 $\Gamma\to\Gamma'$ を求めよ．

(ii)　$|P|=1$ のような直交行列 P は，$P=\begin{bmatrix}\cos\theta & -\sin\theta\\ \sin\theta & \cos\theta\end{bmatrix}$　$(0\leqq\theta<2\pi)$ と表わされることを示せ（θ を**回転角**という）．

navi　p.191 の"座標変換の式"にしたがう．

解答　(i)　Γ,Γ' の基底を $\boldsymbol{e}_1,\boldsymbol{e}_2,\boldsymbol{e}'_1,\boldsymbol{e}'_2$ とすると

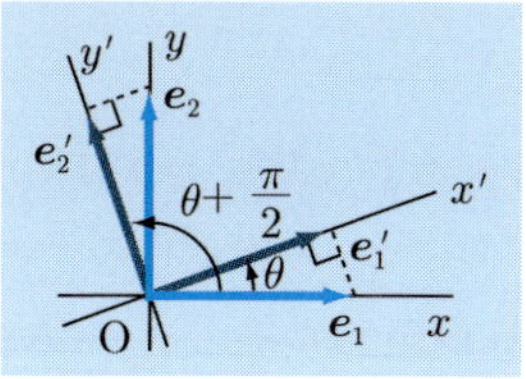

$$\begin{aligned}\boldsymbol{e}'_1&=(\cos\theta)\boldsymbol{e}_1+(\sin\theta)\boldsymbol{e}_2\\ \boldsymbol{e}'_2&=\cos(\theta+\tfrac{\pi}{2})\boldsymbol{e}_1+\sin(\theta+\tfrac{\pi}{2})\boldsymbol{e}_2\\ &=(-\sin\theta)\boldsymbol{e}_1+(\cos\theta)\boldsymbol{e}_2\end{aligned}$$

であるから，$\Gamma\to\Gamma'$ の式は

$$\begin{bmatrix}x\\ y\end{bmatrix}=\begin{bmatrix}\cos\theta & -\sin\theta\\ \sin\theta & \cos\theta\end{bmatrix}\begin{bmatrix}x'\\ y'\end{bmatrix}$$

(ii)　$P=\begin{bmatrix}p_{11} & p_{12}\\ p_{21} & p_{22}\end{bmatrix}$ を $|P|=1$ のような直交行列とすると，${}^tPP=E$ から

$$p_{11}^2+p_{21}^2=1\quad\cdots①\qquad p_{12}^2+p_{22}^2=1\quad\cdots②\qquad p_{11}p_{12}+p_{21}p_{22}=0\quad\cdots③$$

①, ② から $p_{11}=\cos\theta, p_{21}=\sin\theta, p_{12}=\cos\eta, p_{22}=\sin\eta$

③から　$\cos\theta\cos\eta+\sin\theta\sin\eta=0$　$\therefore$　$\cos(\eta-\theta)=0$

$$\therefore\quad \eta-\theta=\pm\tfrac{\pi}{2},\pm\tfrac{3\pi}{2}$$

$\eta=\theta\pm\frac{\pi}{2}$ のとき，　$p_{12}=\cos(\theta\pm\frac{\pi}{2})=\mp\sin\theta, p_{22}=\pm\cos\theta$（複号同順）

$\eta=\theta\pm\frac{3\pi}{2}$ のとき，　$p_{12}=\cos(\theta\pm\frac{3\pi}{2})=\pm\sin\theta, p_{22}=\mp\cos\theta$

このうち $|P|=1$ をみたすのは $p_{12}=-\sin\theta, p_{22}=\cos\theta$ の組

$$\therefore\quad P=\begin{bmatrix}\cos\theta & -\sin\theta\\ \sin\theta & \cos\theta\end{bmatrix}$$

問　題

175.1 Γ を原点のまわりに $-\frac{\pi}{4}$ 回転したのち，点 $(3,-4)$ に原点がくるように平行移動した座標系を Γ' とするとき，座標変換 $\Gamma\to\Gamma'$ の式を求めよ．

175.2 上の例題で直交行列 P が行列式 $|P|=-1$ のときはどんな変換かに答えよ．

◆ **直交座標・空間の場合**　平面の場合と同様に，空間内に，点 O を原点とする右手系の直交座標軸を設け，座標軸上に単位ベクトル $\boldsymbol{e}_1, \boldsymbol{e}_2, \boldsymbol{e}_3$ を考えたときに，空間に直交座標系 $\Gamma = \{\mathrm{O}; \boldsymbol{e}_1, \boldsymbol{e}_2, \boldsymbol{e}_3\}$ が与えられたという．

空間内に**右手系**の 2 つの直交座標系

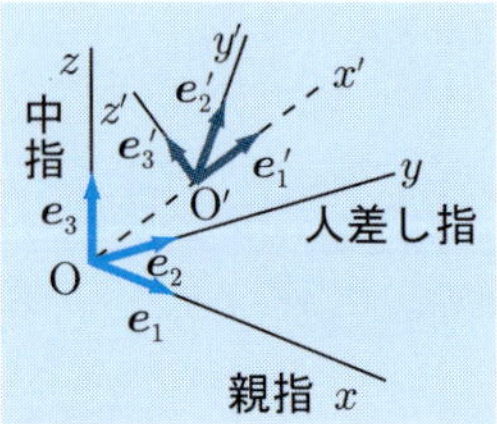

$$\Gamma = \{\mathrm{O}; \boldsymbol{e}_1, \boldsymbol{e}_2, \boldsymbol{e}_3\}, \quad \Gamma' = \{\mathrm{O}'; \boldsymbol{e}_1', \boldsymbol{e}_2', \boldsymbol{e}_3'\}$$

を考えたときには，空間内で

$$\overrightarrow{\mathrm{OA}} = x\boldsymbol{e}_1 + y\boldsymbol{e}_2 + z\boldsymbol{e}_3 \qquad \cdots ①$$
$$\overrightarrow{\mathrm{O'A}} = x'\boldsymbol{e}_1' + y'\boldsymbol{e}_2' + z'\boldsymbol{e}_3' \qquad \cdots ②$$

で定まる点 A の Γ, Γ' に関する座標が考えられ，平面の場合と同じように，これらの間には，座標変換の式が得られる．

例題 176 　　空間の直交座標の変換式

平面の場合と同じように，空間における直交座標 Γ, Γ' が設けられたときの変換の式は $\boldsymbol{x} = P\boldsymbol{x}' + \boldsymbol{x}_0$（$P$ は直交行列）と表わされることを説明せよ．

解答 $\overrightarrow{\mathrm{OO'}} = x_0\boldsymbol{e}_1 + y_0\boldsymbol{e}_2 + z_0\boldsymbol{e}_3$ 　（点 O′ の Γ に関する座標が (x_0, y_0, z_0)）

$\boldsymbol{e}_i' = p_{1i}\boldsymbol{e}_1 + p_{2i}\boldsymbol{e}_2 + p_{3i}\boldsymbol{e}_3 \quad (i = 1, 2, 3)$

とし，これらを $\overrightarrow{\mathrm{O'A}} = \overrightarrow{\mathrm{O'O}} + \overrightarrow{\mathrm{OA}} = \overrightarrow{\mathrm{OA}} - \overrightarrow{\mathrm{OO'}}$ と②に代入すると

$$\begin{aligned}\overrightarrow{\mathrm{O'A}} &= (x - x_0)\boldsymbol{e}_1 + (y - y_0)\boldsymbol{e}_2 + (z - z_0)\boldsymbol{e}_3 \\ &= (x'p_{11} + y'p_{12} + z'p_{13})\boldsymbol{e}_1 + (x'p_{21} + y'p_{22} + z'p_{23})\boldsymbol{e}_2 + (x'p_{31} + y'p_{32} + z'p_{33})\boldsymbol{e}_3\end{aligned}$$

$\boldsymbol{e}_1, \boldsymbol{e}_2, \boldsymbol{e}_3$ は線形独立であるから

$$\begin{cases} x - x_0 = x'p_{11} + y'p_{12} + z'p_{13} \\ y - y_0 = x'p_{21} + y'p_{22} + z'p_{23} \\ z - z_0 = x'p_{31} + y'p_{32} + z'p_{33} \end{cases} \quad \therefore \begin{bmatrix} x \\ y \\ z \end{bmatrix} - \begin{bmatrix} x_0 \\ y_0 \\ z_0 \end{bmatrix} = \begin{bmatrix} p_{11} & p_{12} & p_{13} \\ v\ p_{21} & p_{22} & p_{23} \\ p_{31} & p_{32} & p_{33} \end{bmatrix} \begin{bmatrix} x' \\ y' \\ z' \end{bmatrix}$$

すなわち $\boldsymbol{x} = P\boldsymbol{x}' + \boldsymbol{x}_0$ となる．さらに

$$1 = |\boldsymbol{e}_i'|^2 = \boldsymbol{e}_i' \cdot \boldsymbol{e}_i' = p_{1i}^2 + p_{2i}^2 + p_{3i}^2 \quad (i = 1, 2, 3)$$
$$0 = \boldsymbol{e}_i' \cdot \boldsymbol{e}_j' = p_{1i}p_{1j} + p_{2i}p_{2j} + p_{3i}p_{3j} \quad (i \neq j)$$

から行列 P の直交性が得られる．

てっそく
平面と空間
(i)　ベクトルの考えで
(ii)　成分のとりあげ
(iii)　平面は空間の手本

問　題

176.1 Γ, Γ' がともに右手系のときは $|P| = \pm 1$ のうち，$|P| = 1$ の場合であることを示せ．

◆ **一般座標系と座標変換** 平面の場合・空間の場合とに分けて座標変換を考えてきた．座標系のベースになる設定は

(i) 基底は互いに垂直　　(ii) 基底の長さは 1

ということであったが，座標系は点の位置をとりあげる基準とするものとみれば，(i),(ii)ともに必要なことではない．

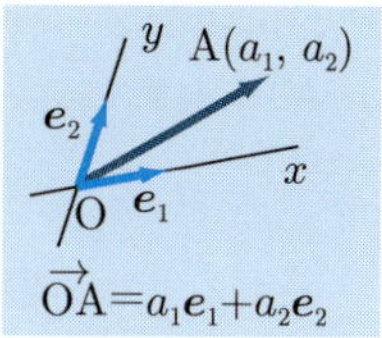

点 O と向きの異なる 2 ベクトル $\boldsymbol{e}_1, \boldsymbol{e}_2$ を基に座標系 $\Gamma = \{O; \boldsymbol{e}_1, \boldsymbol{e}_2\}$ に関する点 A の座標は (a_1, a_2) であるということができる．

例題 177 　　**一般座標系への変換例**

平面の直交座標系 $\Gamma = \{O; \boldsymbol{e}_1, \boldsymbol{e}_2\}$ で表わされた相交わる 2 直線

$$g_1 : a_1x + b_1y + d_1 = 0, \quad g_2 : a_2x + b_2y + d_2 = 0$$

があるとき，g_1, g_2 の交点を O′ とし，g_1, g_2 上の単位ベクトルを $\boldsymbol{e}_1', \boldsymbol{e}_2'$ とする．このとき，$\Gamma' = \{O'; \boldsymbol{e}_1', \boldsymbol{e}_2'\}$ として，$\Gamma \to \Gamma'$ の回転行列を求めよ．

route まず定義から．回転の行列とは，$\boldsymbol{e}_1', \boldsymbol{e}_2'$ を $\boldsymbol{e}_1, \boldsymbol{e}_2$ で表わしてできる行列である．

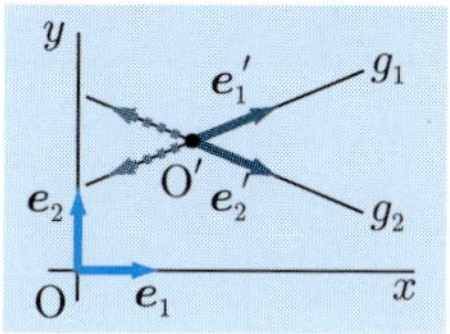

解答 $O'(x_0, y_0)$ とすると，O′ は交点だから

$$a_ix_0 + b_iy_0 + d_i = 0 \quad (i = 1, 2) \qquad \cdots①$$

直線 g_1 上の点を (x, y) とすると

$$a_1x + b_1y + d_1 = 0 \qquad \cdots②$$

①, ② から $a_1(x - x_0) + b_1(y - y_0) = 0$ から

$$g_1 : \frac{x-x_0}{-b_1} = \frac{y-y_0}{a_1}$$

てっそく
直線・平面の注目点
(i) 直線では方向ベクトル・通過点
(ii) 平面では法線ベクトル・通過点

ベクトル $\boldsymbol{l}_1 = (-b_1, a_1)$ が方向ベクトルであり，単位ベクトルにとりかえて

$$\boldsymbol{e}_1' = \pm\frac{1}{|l_1|}\boldsymbol{l}_1 = \pm\left(\frac{-b_1}{\sqrt{a_1^2+b_1^2}}\boldsymbol{e}_1 + \frac{a_1}{\sqrt{a_1^2+b_1^2}}\boldsymbol{e}_2\right)$$

$\boldsymbol{e}_2'$ も全く同様で，座標変換の行列は

$$A = \begin{bmatrix} \frac{-\varepsilon_1 b_1}{\sqrt{a_1^2+b_1^2}} & \frac{-\varepsilon_2 b_2}{\sqrt{a_2^2+b_2^2}} \\ \frac{\varepsilon_1 a_1}{\sqrt{a_1^2+b_1^2}} & \frac{\varepsilon_2 a_2}{\sqrt{a_2^2+b_2^2}} \end{bmatrix} \quad (\varepsilon_1 = \pm1, \varepsilon_2 = \pm1 \text{ の 4 組})$$

問　題

177.1 Γ に関する 2 直線 g_1, g_2 の方程式が $g_1 : x - 2y + 3 = 0, g_2 : x + y - 3 = 0$ であるとする．g_1, g_2 の交点を O′，g_1, g_2 の方向ベクトルで Γ に関する x 成分が 1 であるものをそれぞれ $\boldsymbol{e}_1', \boldsymbol{e}_2'$ とするとき座標変換 $\Gamma\{O; \boldsymbol{e}_1, \boldsymbol{e}_2\} \to \Gamma'\{O'; \boldsymbol{e}_1', \boldsymbol{e}_2'\}$ の式を求めよ．

◆ **空間の場合** 平面の場合と全く同じである．空間内の 2 つの座標系 $\Gamma = \{O; \boldsymbol{e}_1, \boldsymbol{e}_2, \boldsymbol{e}_3\}$, $\Gamma' = \{O'; \boldsymbol{e}'_1, \boldsymbol{e}'_2, \boldsymbol{e}'_3\}$ の基底の間の関係と，点 O′ の Γ' に関する座標をそれぞれ

$$\boldsymbol{e}'_i = p_{1i}\boldsymbol{e}_1 + p_{2i}\boldsymbol{e}_2 + p_{3i}\boldsymbol{e}_3 \ (i = 1, 2, 3) \quad (x_0, y_0, z_0)$$

とするとき，座標変換の式は次のように与えられる．

$$\begin{bmatrix} x \\ y \\ z \end{bmatrix} = \begin{bmatrix} p_{11} & p_{12} & p_{13} \\ p_{21} & p_{22} & p_{23} \\ p_{31} & p_{32} & p_{33} \end{bmatrix} \begin{bmatrix} x' \\ y' \\ z' \end{bmatrix} + \begin{bmatrix} x_0 \\ y_0 \\ z_0 \end{bmatrix} \qquad \cdots ①$$

座標変換の式
$\boldsymbol{x} = P\boldsymbol{x}' + \boldsymbol{x}_0$

例題 178♯ —— 一般の座標変換 (1)

空間の座標変換 $\Gamma \to \Gamma'$ の式が $\begin{bmatrix} x \\ y \\ z \end{bmatrix} = \begin{bmatrix} 1 & 2 & 3 \\ 2 & 4 & 5 \\ 3 & 5 & 6 \end{bmatrix} \begin{bmatrix} x' \\ y' \\ z' \end{bmatrix} + \begin{bmatrix} 1 \\ -2 \\ 3 \end{bmatrix}$ であるとき，Γ に関して方程式 $\frac{x-2}{2} = \frac{y+1}{-2} = \frac{z-4}{-3}$ で表わされる直線 g の Γ' に関する方程式を求めよ．

解答 g の式はパラメータ λ を用いると

$x = 2\lambda + 2, \quad y = -2\lambda - 1, \quad z = -3\lambda + 4$

$$\boldsymbol{x} = \lambda \begin{bmatrix} 2 \\ -2 \\ -3 \end{bmatrix} + \begin{bmatrix} 2 \\ -1 \\ 4 \end{bmatrix} = A\boldsymbol{x}' + \boldsymbol{x}_0 \text{ から}$$

座標変換
(ア) 旧座標系について $\boldsymbol{x} = \cdots$
(イ) 変換の式 $\boldsymbol{x} = \cdots$
(ウ) $\boldsymbol{x}$ を消去して $\boldsymbol{x}'$ の式へ

$$\boldsymbol{x}' = A^{-1}\left(\lambda \begin{bmatrix} 2 \\ -2 \\ -3 \end{bmatrix} + \begin{bmatrix} 1 \\ 1 \\ 1 \end{bmatrix}\right), \quad A^{-1} = \begin{bmatrix} 1 & -3 & 2 \\ -3 & 3 & -1 \\ 2 & -1 & 0 \end{bmatrix} \text{ を求め，}$$

$$\begin{bmatrix} x' \\ y' \\ z' \end{bmatrix} = \lambda \begin{bmatrix} 2 \\ -9 \\ 6 \end{bmatrix} + \begin{bmatrix} 0 \\ -1 \\ 1 \end{bmatrix}. \ \lambda \text{ を消去して } \frac{x'}{2} = \frac{y'+1}{-9} = \frac{z'-1}{6}$$

問 題

178.1 (i) 上の変換の式 ① の証明を与えよ．

(ii) また上の例題 178 の座標変換で Γ に関して $x + 3y - 2z + 1 = 0$ で表わされる平面 π の，Γ' に関する方程式を求めよ．

(iii) 平面の座標変換 $\Gamma \to \Gamma'$ の式が $\begin{bmatrix} x \\ y \end{bmatrix} = \begin{bmatrix} -4 & 3 \\ 2 & 5 \end{bmatrix} \begin{bmatrix} x' \\ y' \end{bmatrix} + \begin{bmatrix} 2 \\ -1 \end{bmatrix}$ であるとき，Γ に関して $x + y + 1 = 0$ で表わされる直線の Γ' に関する方程式を求めよ．

178.2 平面において，座標系 Γ に関して $-x + y - 2 = 0, x + 2y - 1 = 0$ で表わされる直線が，それぞれ $y' = \alpha x', y' = -\alpha x'$ の形に表わされるような座標系 Γ' を 1 つ求めよ．

例題 179♯　　**一般の座標変換 (2)**

四面体 OABC において，三角形 ABC, OBC, OCA, OAB の重心をそれぞれ $\mathrm{O}', \mathrm{G}_1, \mathrm{G}_2, \mathrm{G}_3$ とする．

$$\boldsymbol{e}_1 = \overrightarrow{\mathrm{OA}}, \quad \boldsymbol{e}_2 = \overrightarrow{\mathrm{OB}}, \quad \boldsymbol{e}_3 = \overrightarrow{\mathrm{OC}},$$
$$\boldsymbol{e}_1' = \overrightarrow{\mathrm{O'G_1}}, \quad \boldsymbol{e}_2' = \overrightarrow{\mathrm{O'G_2}}, \quad \boldsymbol{e}_3' = \overrightarrow{\mathrm{O'G_3}}$$

として，座標変換 $\Gamma = \{\mathrm{O}; \boldsymbol{e}_1, \boldsymbol{e}_2, \boldsymbol{e}_3\} \to \Gamma' = \{\mathrm{O}'; \boldsymbol{e}_1', \boldsymbol{e}_2', \boldsymbol{e}_3'\}$ の式を求めよ．

route　まず略図を書く．それは考えの助けになればよい（考えの図）．

解答　$\overrightarrow{\mathrm{OO'}} = \dfrac{\boldsymbol{e}_1 + \boldsymbol{e}_2 + \boldsymbol{e}_3}{3}$

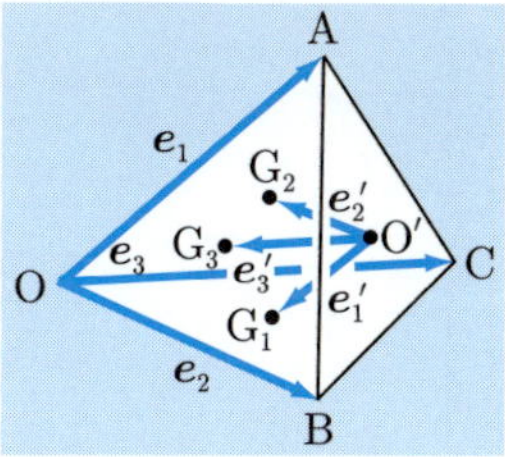

$$\overrightarrow{\mathrm{OG_1}} = \frac{\boldsymbol{e}_2 + \boldsymbol{e}_3}{3}, \quad \overrightarrow{\mathrm{OG_2}} = \frac{\boldsymbol{e}_3 + \boldsymbol{e}_1}{3}, \quad \overrightarrow{\mathrm{OG_3}} = \frac{\boldsymbol{e}_1 + \boldsymbol{e}_2}{3}$$

$$\therefore \quad \boldsymbol{e}_1' = \overrightarrow{\mathrm{O'G_1}} = \overrightarrow{\mathrm{OG_1}} - \overrightarrow{\mathrm{OO'}} = -\frac{\boldsymbol{e}_1}{3}$$
$$\boldsymbol{e}_2' = \overrightarrow{\mathrm{O'G_2}} = \overrightarrow{\mathrm{OG_2}} - \overrightarrow{\mathrm{OO'}} = -\frac{\boldsymbol{e}_2}{3}$$
$$\boldsymbol{e}_3' = \overrightarrow{\mathrm{O'G_3}} = \overrightarrow{\mathrm{OG_3}} - \overrightarrow{\mathrm{OO'}} = -\frac{\boldsymbol{e}_3}{3}$$

したがって $\Gamma \to \Gamma'$ の式は

$$\begin{bmatrix} x \\ y \\ z \end{bmatrix} = \begin{bmatrix} -\frac{1}{3} & 0 & 0 \\ 0 & -\frac{1}{3} & 0 \\ 0 & 0 & -\frac{1}{3} \end{bmatrix} \begin{bmatrix} x' \\ y' \\ z' \end{bmatrix} + \begin{bmatrix} \frac{1}{3} \\ \frac{1}{3} \\ \frac{1}{3} \end{bmatrix}$$

てっそく

座標変換

(i)　略図・考えの図を書け

(ii)　$\boldsymbol{e}_1', \boldsymbol{e}_2', \boldsymbol{e}_3'$ を $\boldsymbol{e}_1, \boldsymbol{e}_2, \boldsymbol{e}_3$ で（回転）

(iii)　O′ の座標（平行移動）

問　題

179.1　(i)　立方体において，$\mathrm{O}, \mathrm{O}', \boldsymbol{e}_i, \boldsymbol{e}_i'$ が右図のようであるとき，座標変換

$$\Gamma = \{\mathrm{O}; \boldsymbol{e}_1, \boldsymbol{e}_2, \boldsymbol{e}_3\} \to \Gamma' = \{\mathrm{O}'; \boldsymbol{e}_1', \boldsymbol{e}_2', \boldsymbol{e}_3'\}$$

の式を求めよ．

(ii)　右下図で，O′ は重心とする．

$$\Gamma = \{\mathrm{O}; \boldsymbol{e}_1, \boldsymbol{e}_2\} \to \Gamma' = \{\mathrm{O}'; \boldsymbol{e}_1', \boldsymbol{e}_2'\}$$

の式を求めよ．

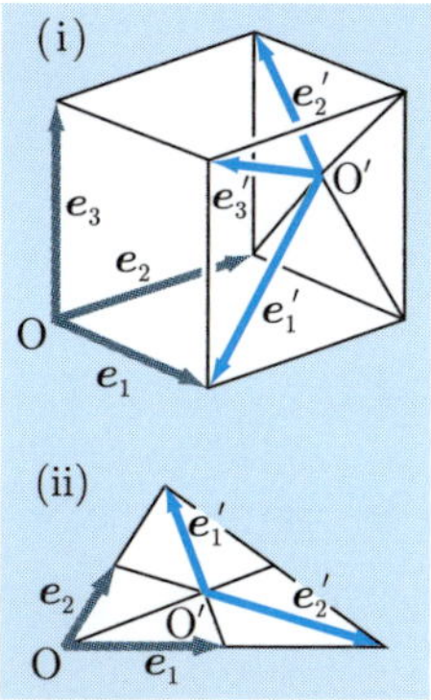

6.3 主軸問題（2 次曲線）

◆ **2 次曲線の標準形**　平面曲線の中で，その性質の美しさと有用さから，代表的なものとして取りざたされるのが，**2 次曲線**の名でよばれる**放物線**・**だ円**・**双曲線**のトリオである．ここでは各 2 次曲線のもつ特性に詳しく立入る余裕はないが，直交座標系のもとでの標準とする方程式と代表的な特性に触れておこう．

(i)　放物線 $y^2 = 4px$
定点 $\mathrm{F}(p, 0)$ への距離と定直線 $x = -p$ への距離とが等しい点 $\mathrm{P}(x, y)$ の軌跡

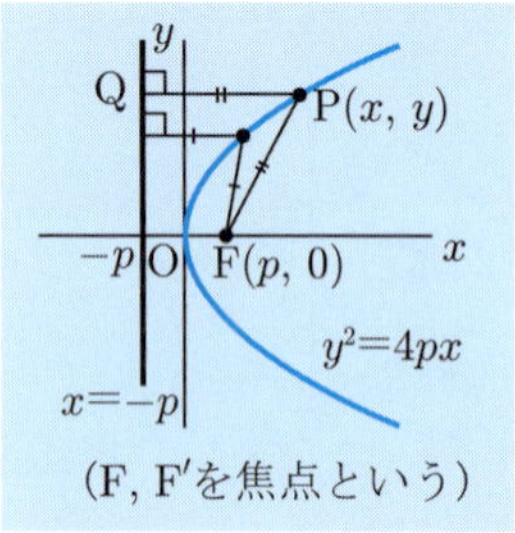

(ii)　だ円 $\frac{x^2}{a^2} + \frac{y^2}{b^2} = 1$
2 定点 $\mathrm{F'}(-k, 0), \mathrm{F}(k, 0)$ への距離の和が $2a$ である点 $\mathrm{P}(x, y)$ の軌跡 $(0 < k < a)$

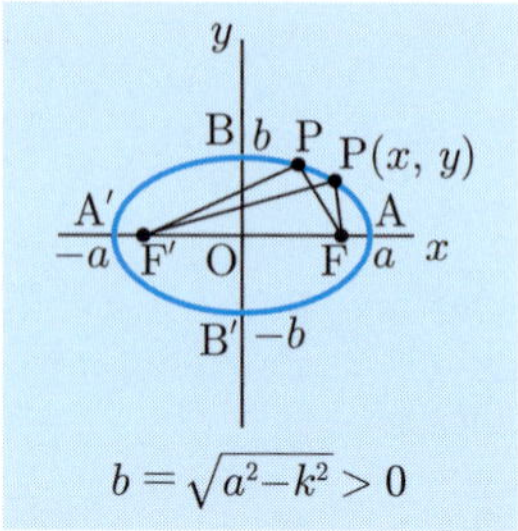

(iii)　双曲線 $\frac{x^2}{a^2} - \frac{y^2}{b^2} = 1$
2 定点 $\mathrm{F'}(-k, 0), \mathrm{F}(k, 0)$ への距離の差が $2a$ である点 $\mathrm{P}(x, y)$ の軌跡 $(0 < a < k)$

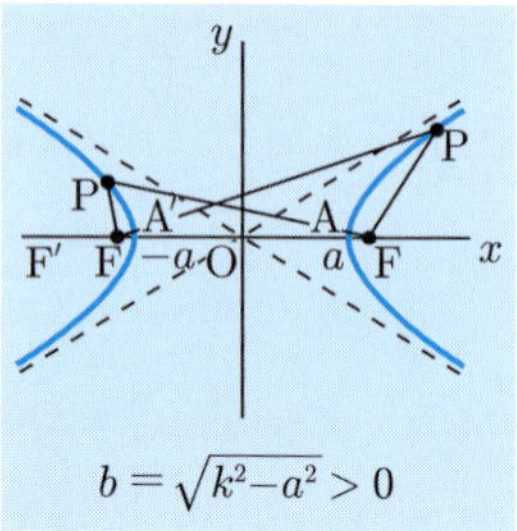

例題 180　　　　　　**放物線**

放物線の特性にしたがって，放物線の標準形 $y^2 = 4px$ を導け．

---

route　放物線の特性は $\mathrm{PF} = \mathrm{PQ}$．これを x, y, p を用いて書き表わす（⇨ 上左図）．

解答　$\mathrm{P}(x, y)$ と $\mathrm{F}(p, 0)$ では

$$|\mathrm{PF}|^2 = (x-p)^2 + y^2$$

$\mathrm{P}(x, y)$ から直線 $x = -p$ への距離 $|\mathrm{PQ}|$ では

$$|\mathrm{PQ}| = x + p$$

$|\mathrm{PF}| = |\mathrm{PQ}|$ から

$$(x-p)^2 + y^2 = (x+p)^2$$

$\therefore$　$y^2 = 4px$ これが点 $\mathrm{P}(x, y)$ の軌跡の式である．

問　題

180.1　だ円，双曲線それぞれの特性にしたがって，それぞれの標準形を導け．

180.2　2 次曲線 $2x^2 + 3y^2 = 6, 4x^2 - 9y^2 = 16$ について，焦点を求め，グラフを書け．

◆ **2 次曲線の一般形**　座標系 Γ に関して

$$f(x,y) = ax^2 + 2hxy + by^2 + 2gx + 2fy + c = 0$$

$(a, b, h$ の少なくとも 1 つは 0 でない$)$ の表わす曲線を **2 次曲線**という．座標系 Γ を座標変換して，$f(x,y)=0$ を新しい座標系 Γ' に関して，前頁にあげた標準形のどれになるかを調べる問題を**主軸変換問題**という．

例題 181　**2 次曲線の標準形 (1)**

2 次曲線 $x^2 + 2xy + y^2 + 4\sqrt{2}\,y - 8 = 0 \quad \cdots ①$
を座標変換によって標準形に直せ．さらに座標変換の式を述べよ．

解答　(ア)　$A = \begin{bmatrix} 1 & 1 \\ 1 & 1 \end{bmatrix}, \boldsymbol{b} = \begin{bmatrix} 0 \\ 2\sqrt{2} \end{bmatrix}, \boldsymbol{x} = \begin{bmatrix} x \\ y \end{bmatrix}$ とすると，①は

$$ {}^t\boldsymbol{x}A\boldsymbol{x} + 2\,{}^t\boldsymbol{b}\boldsymbol{x} - 8 = 0 \qquad \cdots ②$$

標準形への道 (1)
(ア)　行列表示
(イ)　固有値
(ウ)　直交行列 P
(エ)　回転
(オ)　平行移動
(カ)　座標変換の式

(イ)　A の固有値は $\varphi_A(t) = t(t-2) = 0$ から $\lambda = 0, 2$

(ウ)　A は実対称行列であるから $P^{-1}AP = \begin{bmatrix} 0 & 0 \\ 0 & 2 \end{bmatrix}$ となる直交行列 P（$P^{-1} = {}^tP, |P| = 1$）が存在する．その P を求める．$T_A(0) = \begin{bmatrix} 1 & 1 \\ 1 & 1 \end{bmatrix}$ から $\boldsymbol{a}_1 = \begin{bmatrix} \frac{1}{\sqrt{2}} \\ -\frac{1}{\sqrt{2}} \end{bmatrix}$

$T_A(2) = \begin{bmatrix} -1 & 1 \\ 1 & -1 \end{bmatrix}$ から $\boldsymbol{a}_2 = \begin{bmatrix} \frac{1}{\sqrt{2}} \\ \frac{1}{\sqrt{2}} \end{bmatrix}$　　よって $P = [\ \boldsymbol{a}_1\ \boldsymbol{a}_2\ ] = \dfrac{1}{\sqrt{2}}\begin{bmatrix} 1 & 1 \\ -1 & 1 \end{bmatrix}$

(エ)　②に回転 $\boldsymbol{x} = P\boldsymbol{x}''$ を行うと ${}^t\boldsymbol{x}''P^{-1}AP\boldsymbol{x}'' + 2{}^t\boldsymbol{b}P\boldsymbol{x}'' - 8 = 0$
これを成分で表わすと $2y''^2 - 4x'' + 4y'' - 8 = 0$

$\boldsymbol{x}'' = \begin{bmatrix} x'' \\ y'' \end{bmatrix}$

$$(y''+1)^2 - 2(x'' + 5/2) = 0 \qquad \cdots ③$$

(オ)　③に平行移動 $\boldsymbol{x}'' = \boldsymbol{x}' + \boldsymbol{x}_0$,　$\boldsymbol{x}_0 = \begin{bmatrix} -\frac{5}{2} \\ -1 \end{bmatrix}$ により $y'^2 = 2x'$（放物線）

(カ)　座標変換の式は $\boldsymbol{x} = P(\boldsymbol{x}' + \boldsymbol{x}_0) = P\boldsymbol{x}'_0 + \boldsymbol{x}'_0$,　$\boldsymbol{x}'_0 = \frac{1}{2\sqrt{2}}\begin{bmatrix} -7 \\ 3 \end{bmatrix}$

問　題

181.1　2 次曲線 $x^2 - 2xy + y^2 - 2x - y - 1 = 0$ を標準化せよ．

181.2　2 次曲線 $ax^2 + 2hxy + by^2 = 1$ がだ円であるための条件を述べ，その囲む面積を求めよ．

例題 182　　**2 次曲線の標準形 (2)**

2 次曲線 $5x^2+2xy+5y^2-10x-2y-7=0$　　$\cdots$①
を座標変換 $\Gamma \to \Gamma'$ によって標準化し，この変換の式を述べよ．

解答 (ア)　$A=\begin{bmatrix} 5 & 1 \\ 1 & 5 \end{bmatrix}, \boldsymbol{b}=\begin{bmatrix} -5 \\ -1 \end{bmatrix}, \boldsymbol{x}=\begin{bmatrix} x \\ y \end{bmatrix}$ とすると①は

$$ {}^t\boldsymbol{x}A\boldsymbol{x}+2{}^t\boldsymbol{b}\boldsymbol{x}-7=0 \qquad \cdots ② $$

(イ)　A の固有値 $\varphi_A(t)=(t-5)^2-1=0$ から，6, 4

(ウ)　直交行列 P を求める．$\lambda_1=6, \lambda_2=4$ の単位固有ベクトルはそれぞれ
$T_A(6)=\begin{bmatrix} -1 & 1 \\ 1 & -1 \end{bmatrix}$ から $\boldsymbol{a}_1=\frac{1}{\sqrt{2}}\begin{bmatrix} 1 \\ 1 \end{bmatrix}$，$T_A(4)=\begin{bmatrix} 1 & 1 \\ 1 & 1 \end{bmatrix}$ から $\boldsymbol{a}_2=\frac{1}{\sqrt{2}}\begin{bmatrix} -1 \\ 1 \end{bmatrix}$

(エ)　回転行列は $P=[\,\boldsymbol{a}_1\ \boldsymbol{a}_2\,]=\frac{1}{\sqrt{2}}\begin{bmatrix} 1 & -1 \\ 1 & 1 \end{bmatrix}$
(P は直交行列で $|P|=1$)，この P により A は対角化される．　$P^{-1}AP=\begin{bmatrix} \lambda_1 & 0 \\ 0 & \lambda_2 \end{bmatrix}=\begin{bmatrix} 6 & 0 \\ 0 & 4 \end{bmatrix}$　　$\cdots$③

> $|P|=-1$ になったときは
> $P=[\,\boldsymbol{a}_2\ \boldsymbol{a}_1\,]$

$P^{-1}\boldsymbol{x}=\boldsymbol{x}''=\begin{bmatrix} x'' \\ y'' \end{bmatrix}$ とおくと $\boldsymbol{x}=P\boldsymbol{x}''$ で②は

$$ {}^t\boldsymbol{x}''(P^{-1}AP)\boldsymbol{x}''+2{}^t\boldsymbol{b}P\boldsymbol{x}''-7=0 $$

> **標準形への道 (1)**
> (ア)　行列表示
> (イ)　固有値
> (ウ)　直交行列 P
> (エ)　回転
> (オ)　平行移動
> (カ)　座標変換の式

(オ)　平行移動．　③と ${}^t\boldsymbol{b}P=[\,-3\sqrt{2}\ \ 2\sqrt{2}\,]$ から

$$ 6x''^2+4y''^2-6\sqrt{2}\,x''+4\sqrt{2}\,y''-7=0 $$
$$ 6(x''-1/\sqrt{2})^2+4(y''+1/\sqrt{2})^2-12=0 $$

平行移動のベクトルは $\boldsymbol{x}_0=\begin{bmatrix} \frac{1}{\sqrt{2}} \\ -\frac{1}{\sqrt{2}} \end{bmatrix}$ よって $\boldsymbol{x}''=\begin{bmatrix} x'' \\ y'' \end{bmatrix}=\begin{bmatrix} x' \\ y' \end{bmatrix}+\begin{bmatrix} \frac{1}{\sqrt{2}} \\ -\frac{1}{\sqrt{2}} \end{bmatrix}=\boldsymbol{x}'+\boldsymbol{x}_0$
とすると

$$ \tfrac{1}{2}x'^2+\tfrac{1}{3}y'^2=1 \quad (\text{だ円}) $$

(カ)　変換の式は $\boldsymbol{x}=P(\boldsymbol{x}'+\boldsymbol{x}_0)=P\boldsymbol{x}'+\boldsymbol{x}'_0, P=\frac{1}{\sqrt{2}}\begin{bmatrix} 1 & -1 \\ 1 & 1 \end{bmatrix}, \boldsymbol{x}'_0=P\boldsymbol{x}_0=\begin{bmatrix} 1 \\ 0 \end{bmatrix}$

問　題

182.1　次の 2 次曲線を標準形に導き，変換の式を述べよ．

(i)　$3x^2+4xy+6y^2-6x-2y+2=0$

(ii)　$4x^2+12xy+4y^2-12x-8y+9=0$

◆ **退化した 2 次曲線** 曲線の式が $ax^2+2hxy+by^2+2gx+2fy+c=0$ の形であっても，座標変換した結果の式が，図形を表わさない（方程式をみたす点がない）場合や，2 本あるいは 1 本の直線である場合もある．このようなときこの曲線の式は**退化した 2 次曲線**を表わすという．

例題 *183* 退化した 2 次曲線

適当な座標系に変換して次の式の表わす図形を調べよ．

$$9x^2+12xy+4y^2-15x-10y+6=0 \qquad \cdots ①$$

解答 （ア） $A=\begin{bmatrix}9&6\\6&4\end{bmatrix}$, $\boldsymbol{b}=\begin{bmatrix}-15/2\\-5\end{bmatrix}$, $\boldsymbol{x}=\begin{bmatrix}x\\y\end{bmatrix}$

$$①は \quad {}^t\boldsymbol{x}A\boldsymbol{x}+2{}^t\boldsymbol{b}\boldsymbol{x}+6=0 \qquad \cdots ②$$

（イ） 固有値は $\varphi_A(t)=(9-t)(4-t)-36=t(t-13)=0$ から $\lambda_1=13, \lambda_2=0$

（ウ） $\lambda_1=13, \lambda_2=0$ の固有単位ベクトルは，$\begin{bmatrix}-4&6\\6&-9\end{bmatrix}\boldsymbol{x}_1=\boldsymbol{0}, \begin{bmatrix}9&6\\6&4\end{bmatrix}\boldsymbol{x}_2=\boldsymbol{0}$

から $\boldsymbol{x}_1=\begin{bmatrix}3\\2\end{bmatrix}, \boldsymbol{x}_2=\begin{bmatrix}2\\-3\end{bmatrix}$ を経て，$\boldsymbol{a}_1=\begin{bmatrix}3/\sqrt{13}\\2/\sqrt{13}\end{bmatrix}, \boldsymbol{a}_2=\begin{bmatrix}2/\sqrt{13}\\-3/\sqrt{13}\end{bmatrix}$

よって直交行列 $P=\dfrac{1}{\sqrt{13}}\begin{bmatrix}3&2\\2&-3\end{bmatrix}$ が得られ $P^{-1}AP=\begin{bmatrix}13&0\\0&0\end{bmatrix}$

（エ） $P^{-1}\boldsymbol{x}=\boldsymbol{x}'=\begin{bmatrix}x'\\y'\end{bmatrix}$ とおくと $\boldsymbol{x}=P\boldsymbol{x}'$ で②は

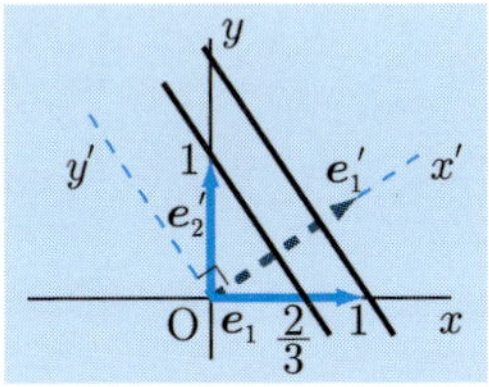

${}^t\boldsymbol{x}'P^{-1}AP\boldsymbol{x}'+2{}^t\boldsymbol{b}P\boldsymbol{x}'+6=0$

$$13x'^2-5\sqrt{13}\,x'+6=0$$

$$\therefore \quad x'=\tfrac{3}{\sqrt{13}}, \tfrac{2}{\sqrt{13}}$$

よってこの図形は y' 軸に平行な 2 本の直線である．

（カ） また変換の式は $x=Px', P=\dfrac{1}{\sqrt{13}}\begin{bmatrix}3&2\\2&-3\end{bmatrix}$

ひと言 「①が 2 直線を表わすのではないか」と予想したときには，①の左辺の因数分解をねらう．①は $(3x+2y)^2-5(3x+2y)+6=0 \quad \therefore \quad (3x+2y-2)(3x+2y-3)=0$
これから平行な 2 直線であることがわかる．

問 題

183.1 次の方程式の表わす図形を調べよ． $4x^2-6xy-4y^2+2x+6y-2=0$

◆ 拡大係数行列 B の利用

p.199 の一般形において，次の行列をとりあげる．

標準形への道 (2)
(ア)　A の固有値
(イ)　B の行列式 $|B|$
(ウ)　c または g'

$$A=\begin{bmatrix} a & h \\ h & b \end{bmatrix},\quad \boldsymbol{b}=\begin{bmatrix} g \\ f \end{bmatrix},\quad B=\begin{bmatrix} A & \boldsymbol{b} \\ {}^t\boldsymbol{b} & c \end{bmatrix}$$

座標の変換行列を省略して，標準形だけを知りたいときは，次の表にしたがえばよい．

A の固有値	B の行列式	曲線の式	曲線の種類
$\lambda_1=0, \lambda_2\neq 0$	$-\lambda_2 g'^2=\lvert B\rvert$ から g'を定める	$g'\neq 0, \lambda_2 y'^2+2g'x'=0$ $g'=0, \lambda_2 y'^2+2f'y'+c=0$	放物線・ 平行 2 直線・一直線・虚直線
$\lambda_1\lambda_2\neq 0$	$\lambda_1\lambda_2 c'=\lvert B\rvert$ から c'を定める	$\lambda_1 x'^2+\lambda_2 y'^2+c'=0$	だ円・双曲線 交わる 2 直線・1 点・虚だ円

例題 184♯　　**拡大係数行列 B の利用 (1)**

上の表の $\lambda_1=0, \lambda_2\neq 0, g'\neq 0$ の場合を調べよ．

解答　$X={}^t[\,x\ y\ 1\,]$ とすると，曲線の式は ${}^tXBX=0$　$\cdots$①

A の固有値が $0, \lambda_2$（$=\lambda$）．p.189 により $P^{-1}AP=\begin{bmatrix} 0 & 0 \\ 0 & \lambda \end{bmatrix}$（$P$ は直交）となる P が存在するので，$P^{-1}\boldsymbol{x}=\boldsymbol{x}'', \boldsymbol{X}''=\begin{bmatrix} \boldsymbol{x}'' \\ 1 \end{bmatrix}, S=\begin{bmatrix} P & 0 \\ 0 & 1 \end{bmatrix}$（$S$ も直交）とすると

$$SX''=\begin{bmatrix} P & 0 \\ 0 & 1 \end{bmatrix}\begin{bmatrix} \boldsymbol{x}'' \\ 1 \end{bmatrix}=\begin{bmatrix} \boldsymbol{x} \\ 1 \end{bmatrix}=X,\quad {}^tSBS=\begin{bmatrix} {}^tPAP & {}^tP\boldsymbol{b} \\ {}^t\boldsymbol{b}P & c \end{bmatrix}$$

となるので，${}^tSBS=C$ とおくと，曲線の式①は次のようになる．

$${}^tXBX={}^t(SX'')B(SX'')={}^tX''({}^tSBS)X''={}^tX''CX''=0 \qquad \cdots②$$

ここで ${}^tP\boldsymbol{b}=\begin{bmatrix} g' \\ f' \end{bmatrix}$ とすると，$C=\begin{bmatrix} 0 & 0 & g' \\ 0 & \lambda & f' \\ g' & f' & c \end{bmatrix}$（$|B|=|C|=-\lambda g'^2$）

そこで曲線の式②は　$\lambda y''^2+2g'x''+2f'y''+c=0$

$g'\neq 0$ ならば $\lambda\left(y''+\frac{f'}{\lambda}\right)^2+2g'\left(x''+\frac{-f'^2/\lambda+c}{2g'}\right)=0$．ここで $x_0=\frac{f'^2/\lambda-c}{2g'}, y_0=-\frac{f'}{\lambda}$，$\begin{bmatrix} x''-x_0 \\ y''-y_0 \end{bmatrix}=\begin{bmatrix} x' \\ y' \end{bmatrix}$ とすると曲線の式は $\lambda y'^2+2g'x'=0$（$\lambda g'\neq 0$）

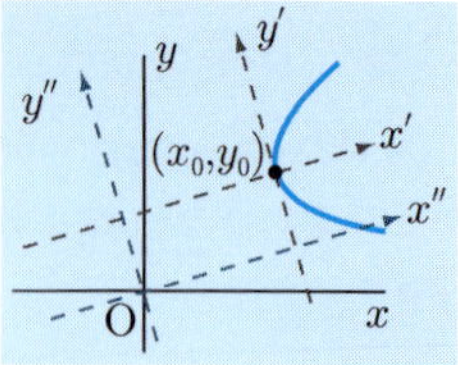

問　題

184.1　上の例題で $g'=0$ のときはどうなるか．

例題 185♯ **拡大係数行列 B の利用 (2)**

前頁の表で $\lambda_1\lambda_2 \fallingdotseq\!\!\!\!/\; 0$ の場合を調べよ．

解答 曲線の式は，前例題と同様に ${}^tXBX = 0 \quad \cdots①$ $(X = {}^t[\ x\ y\ 1\ ])$．A の固有値が λ_1, λ_2 $(\lambda_1\lambda_2 \neq 0)$ だから $P^{-1}AP = \begin{bmatrix} \lambda_1 & 0 \\ 0 & \lambda_2 \end{bmatrix}$ （P は直交）．この P を用いて，座標変換 $\boldsymbol{x} = P\boldsymbol{x}' + \boldsymbol{x}_0$ （$\boldsymbol{x}_0$ は後で定める）に対して $S = \begin{bmatrix} P & x_0 \\ {}^t\mathbf{0} & 1 \end{bmatrix}$ とすると，

$X = SX', X = \begin{bmatrix} \boldsymbol{x} \\ 1 \end{bmatrix}, X' = \begin{bmatrix} \boldsymbol{x}' \\ 1 \end{bmatrix}$ となり，曲線の式は ${}^tX'({}^tSBS)X' = 0$ となる．

ここで ${}^tSBS = C \quad \cdots②$ とすると，${}^tX'CX' = 0 \quad \cdots③$

> $\boldsymbol{x}_0$ はいまのところ未定

$$C = {}^t\begin{bmatrix} P & \boldsymbol{x}_0 \\ {}^t\mathbf{0} & 1 \end{bmatrix}\begin{bmatrix} A & \boldsymbol{b} \\ {}^t\boldsymbol{b} & c \end{bmatrix}\begin{bmatrix} P & \boldsymbol{x}_0 \\ {}^t\mathbf{0} & 1 \end{bmatrix} = \begin{bmatrix} {}^tPAP & {}^tP(A\boldsymbol{x}_0 + \boldsymbol{b}) \\ {}^t(A\boldsymbol{x}_0 + \boldsymbol{b})P & {}^t\boldsymbol{x}_0A\boldsymbol{x}_0 + {}^t\boldsymbol{b}\boldsymbol{x}_0 + {}^t\boldsymbol{x}_0\boldsymbol{b} + c \end{bmatrix}$$

$\begin{bmatrix} \boldsymbol{x}_0 \\ 1 \end{bmatrix} = X_0$ とおくと ${}^t\boldsymbol{x}_0A\boldsymbol{x}_0 + {}^t\boldsymbol{b}\boldsymbol{x}_0 + {}^t\boldsymbol{x}_0\boldsymbol{b} + c = {}^tX_0BX_0$ （$= c'$ とする） $|A| = \lambda_1\lambda_2 \neq 0$ であるから A^{-1} が存在し，$\boldsymbol{x}_0$ を $A\boldsymbol{x}_0 + \boldsymbol{b} = \mathbf{0}$ のようにとれる．すると曲線の式③において

$$C = \begin{bmatrix} {}^tPAP & \mathbf{0} \\ {}^t\mathbf{0} & c' \end{bmatrix} = \begin{bmatrix} \lambda_1 & & O \\ & \lambda_2 & \\ O & & c' \end{bmatrix} \quad \cdots④$$

> 拡大行列のメリット
> λ_1, λ_2 と
> $|A|, |B|, c'$
> だけ知ればよい

さらに行列式 $|S|$ を第 3 行について余因子展開すると $|S| = |P| = 1$．よって②から $|C| = |B|$，④から $|C| = \lambda_1\lambda_2c'$

$$\therefore \quad c' = \frac{1}{\lambda_1\lambda_2}|B| \quad \cdots⑤$$

一方，曲線の式③は $\lambda_1x'^2 + \lambda_2y'^2 + c' = 0$

$\lambda_1\lambda_2 > 0$ のとき

$$\frac{x'^2}{\alpha^2} + \frac{y'^2}{\beta^2} = 1 \text{（だ円）}, 0 \text{（1 点）}, -1 \text{（虚だ円）}$$

$\lambda_1\lambda_2 < 0$ のとき

$$\frac{x'^2}{\alpha^2} - \frac{y'^2}{\beta^2} = \pm1 \text{（双曲線）}, 0 \text{（交わる 2 直線）}$$

> **てっそく**
> **主軸問題の解法**
> **(i) 係数行列 A と P**
> **(ii) 拡大係数行列法 A と B**
> **(iii) 退化の場合もある**

問　題

185.1 例題 181, 182, 183 および問題 181.1, 182.1, 183.1 のすべての曲線について，前頁からの (ア)〜(ウ) を適用して，標準形をいえ．

6.4 主軸問題（2 次曲面）

◆ **回転**　平面の場合と同様である．空間に直交座標系 $\Gamma = \{\mathrm{O}; \boldsymbol{e}_1, \boldsymbol{e}_2, \boldsymbol{e}_3\}$ が与えられ，Γ に関する方程式が実数係数の 2 次式

$$F(\boldsymbol{x}) = ax^2 + by^2 + cz^2 + 2fyz + 2gzx + 2hxy + 2lx + 2my + 2nz + d = 0 \quad \cdots ① \quad \left(\begin{array}{l} a, b, c, f, g, h \\ \text{の少なくとも 1 つは 0 でない} \end{array} \right)$$

で表わされる図形を **2 次曲面**という（曲面の名称は⇨ p.209）．

$$A = \begin{bmatrix} a & h & g \\ h & b & f \\ g & f & c \end{bmatrix}, \quad \boldsymbol{b} = \begin{bmatrix} l \\ m \\ n \end{bmatrix}, \quad \boldsymbol{x} = \begin{bmatrix} x \\ y \\ z \end{bmatrix}$$

とすると $F(\boldsymbol{x}) = {}^t\boldsymbol{x}Ax + 2{}^t\boldsymbol{b}\boldsymbol{x} + d = 0 \quad \cdots ②$ となる．実対称行列 A を対角化する直交行列 P（とくに行列式 $|P| = 1$）による変換 $\boldsymbol{x} = P\boldsymbol{x}'$（回転）によって，$F(\boldsymbol{x}) = 0$ を次の形にすることができる．

$$F(\boldsymbol{x}) = {}^t(P\boldsymbol{x}')A(P\boldsymbol{x}') + 2{}^t\boldsymbol{b}P\boldsymbol{x}' + d = {}^t\boldsymbol{x}'({}^tPAP)\boldsymbol{x}' + 2({}^t\boldsymbol{b}P)\boldsymbol{x}' + d = 0$$

ここで ${}^tPAP = P^{-1}AP = \begin{bmatrix} \lambda_1 & & O \\ & \lambda_2 & \\ O & & \lambda_3 \end{bmatrix} = B$, ${}^tP\boldsymbol{b} = \begin{bmatrix} l' \\ m' \\ n' \end{bmatrix} = \boldsymbol{b}'$, $\boldsymbol{x}' = \begin{bmatrix} x' \\ y' \\ z' \end{bmatrix}$ とすると次が座標軸を回転したときの方程式である．

$$G(\boldsymbol{x}') = {}^t\boldsymbol{x}'B\boldsymbol{x}' + 2{}^t\boldsymbol{b}'x' + d = 0 \quad \cdots ②'$$

例題 186　　**座標軸の回転**

2 次曲面 $x^2 + y^2 - 4xy - 2yz - 2zx - 6 = 0$ の標準形と変換の式を求めよ．

navi　x, y, z の 1 次の項がないので，平行移動なしに，回転だけで標準形になる曲面の名称は⇨ p.209.

解答　$A = \begin{bmatrix} 1 & -2 & -1 \\ -2 & 1 & -1 \\ -1 & -1 & 0 \end{bmatrix}$ の固有値は $\lambda_1 = 3, \lambda_2 = -2, \lambda_3 = 1$

固有値に対する固有ベクトルはそれぞれ

$$\boldsymbol{a}_1 = \begin{bmatrix} -\frac{1}{\sqrt{2}} \\ \frac{1}{\sqrt{2}} \\ 0 \end{bmatrix}, \boldsymbol{a}_2 = \begin{bmatrix} \frac{1}{\sqrt{3}} \\ \frac{1}{\sqrt{3}} \\ \frac{1}{\sqrt{3}} \end{bmatrix}, \boldsymbol{a}_3 = \begin{bmatrix} \frac{1}{\sqrt{6}} \\ \frac{1}{\sqrt{6}} \\ -\frac{2}{\sqrt{6}} \end{bmatrix} \qquad \therefore \quad P = \frac{1}{\sqrt{6}} \begin{bmatrix} -\sqrt{3} & \sqrt{2} & 1 \\ \sqrt{3} & \sqrt{2} & 1 \\ 0 & \sqrt{2} & -2 \end{bmatrix}$$

よって変換の式は $\boldsymbol{x} = P\boldsymbol{x}'$，標準形は $3x'^2 - 2y'^2 + z'^2 = 6$（1 葉双曲面）

問　題

186.1　2 次曲面 $x^2 + y^2 + z^2 - xy - yz - zx = 1$ の標準形と曲面の名称を述べよ．

◆ 標準形へ（平行移動） 前頁で得た回転後の式を成分で表わすと

$$G(\boldsymbol{x}') = \lambda x'^2 + \mu y'^2 + \nu z'^2 + 2l'x' + 2m'y' + 2n'z' + d = 0$$

（ア） $\mathrm{rank}\,A = 3,\ \lambda\mu\nu \fallingdotseq 0$ のとき曲線の式は $G(\boldsymbol{x}'') = \lambda x''^2 + \mu y''^2 + \nu z''^2 + c' = 0$ となり，λ, μ, ν, c' の符号次第で曲面の形が異なる．

（イ） $\mathrm{rank}\,A = 2$ のとき $\lambda\mu \fallingdotseq 0, \nu = 0$ として，

> **2 次曲面の標準形への手順**
> （i） まず回転
> A の固有値，固有ベクトル
> 直交行列 P, B, C
> （ii） 平行移動

$$G(\boldsymbol{x}'') = \lambda x''^2 + \mu y''^2 + 2n'z'' = 0 \quad \text{または} \quad \lambda x''^2 + \mu y''^2 + c' = 0$$

（ウ） $\mathrm{rank}\,A = 1$ のとき $\lambda \fallingdotseq 0, \mu = \nu = 0$ として，次の形となる．

$$G(\boldsymbol{x}'') = \lambda x''^2 + 2\sqrt{m'^2 + n'^2}\,y'' = 0 \quad \text{または} \quad \lambda x''^2 + d = 0$$

例題 187 **座標軸の平行移動**

前頁の例題 186 の結果を引きついで，次の 2 次曲面の標準形と変換の式を求めよ．

$$x^2 + y^2 - 4xy - 2yz - 2zx + 4x - 4z + 3 = 0 \qquad \cdots①$$

route xy, yz, zx の項が回転にかかわり，この場合それが前頁と同じ．そこでまず，前頁の P による変換を行う．

解答 A, P は前頁と同じ．$\boldsymbol{b} = {}^t[\ 2 \quad 0 \quad -2\ ], \boldsymbol{x} = P\boldsymbol{x}', \boldsymbol{b}' = {}^tP\boldsymbol{b} = {}^t[\ -\sqrt{2} \quad 0 \quad \sqrt{6}\ ]$ により①は

$$[\ x'\ y'\ z'\ ]\begin{bmatrix} 3 & 0 & 0 \\ 0 & -2 & 0 \\ 0 & 0 & 1 \end{bmatrix}\begin{bmatrix} x' \\ y' \\ z' \end{bmatrix} + 2[\ -\sqrt{2} \quad 0 \quad \sqrt{6}\ ]\begin{bmatrix} x' \\ y' \\ z' \end{bmatrix} + 3 = 0$$

$$\therefore \quad 3x'^2 - 2y'^2 + z'^2 - 2\sqrt{2}\,x' + 2\sqrt{6}\,z' + 3 = 0$$

$$3(x' - \tfrac{\sqrt{2}}{3})^2 - 2y'^2 + (z' + \sqrt{6})^2 - \tfrac{11}{3} = 0$$

よって平行移動 $x' = x'' + \frac{\sqrt{2}}{3}, y' = y'', z' = z'' - \sqrt{6}$ により $\frac{9x'^2}{11} - \frac{6y'^2}{11} + \frac{3z'^2}{11} = 1$（1 葉双曲面），座標変換の式は $\boldsymbol{x} = P\boldsymbol{x}'' + \boldsymbol{x}_0,\quad \boldsymbol{x}_0 = P\begin{bmatrix} \frac{\sqrt{2}}{3} \\ 0 \\ -\sqrt{6} \end{bmatrix} = \begin{bmatrix} -\frac{4}{3} \\ -\frac{2}{3} \\ 2 \end{bmatrix}$

問 題

187.1 次の 2 次曲面の式を標準形に直し，曲面の名称を述べよ．$x^2+y^2-z^2-6x-8y+10z = 0$

187.2 上の（ア）（イ）（ウ）を説明せよ．

例題 188　　**2 次曲面 (1)**

次の 2 次曲面を座標変換によって標準形に導き，このときの変換の式を述べよ．

$$x^2+3y^2+3z^2-2yz+2x-2y+6z+2=0 \qquad \cdots ①$$

navi　平面上の 2 次曲線と変わりはない．

(ア)　まず固有値　(イ)　固有ベクトル　(ウ)　回転の行列　(エ)　平行移動

解答　(ア)　$A=\begin{bmatrix}1&0&0\\0&3&-1\\0&-1&3\end{bmatrix}, \boldsymbol{b}=\begin{bmatrix}1\\-1\\3\end{bmatrix}$ で ① は ${}^t\boldsymbol{x}A\boldsymbol{x}+2{}^t\boldsymbol{b}\boldsymbol{x}+2=0 \ \cdots ②$

$$\varphi_A(t)=-(t-1)(t-2)(t-4)=0$$

から固有値は $1, 2, 4$

標準形への道
(i)　固有値
(ii)　回転の行列
(iii)　平行移動

(イ)　単位固有ベクトル．$\lambda_1=1, \lambda_2=2, \lambda_3=4$ に対する単位固有ベクトルは

$$\boldsymbol{a}_1=\begin{bmatrix}1\\0\\0\end{bmatrix}, \boldsymbol{a}_2=\begin{bmatrix}0\\\frac{1}{\sqrt{2}}\\\frac{1}{\sqrt{2}}\end{bmatrix}, \boldsymbol{a}_3=\begin{bmatrix}0\\-\frac{1}{\sqrt{2}}\\\frac{1}{\sqrt{2}}\end{bmatrix}$$

これにより回転の行列は $P=\begin{bmatrix}1&0&0\\0&\frac{1}{\sqrt{2}}&-\frac{1}{\sqrt{2}}\\0&\frac{1}{\sqrt{2}}&\frac{1}{\sqrt{2}}\end{bmatrix}, P^{-1}AP=\begin{bmatrix}1&0&0\\0&2&0\\0&0&4\end{bmatrix}=B$

(ウ)　回転．$\boldsymbol{x}=P\boldsymbol{x}'$ とすると，曲線の式 ② は ${}^t\boldsymbol{x}'B\boldsymbol{x}'+2{}^t\boldsymbol{b}P\boldsymbol{x}'+2=0 \ \cdots ②'$

ここで ${}^t\boldsymbol{b}P=[\ 1\ \sqrt{2}\ 2\sqrt{2}\ ]$ となるから，$\boldsymbol{x}'={}^t[\ x'\quad y'\quad z'\ ]$ として ②′ を成分で表わすと $x'^2+2y'^2+4z'^2+2x'+2\sqrt{2}\,y'+4\sqrt{2}\,z'+2=0 \cdots ①'$

(エ)　平行移動．①′ は $(x'+1)^2+2(y'+1/\sqrt{2})^2+4(z'+1/\sqrt{2})^2-2=0$

よって $\boldsymbol{x}_0={}^t[\ 1\quad \frac{1}{\sqrt{2}}\quad \frac{1}{\sqrt{2}}\ ], \boldsymbol{x}'+\boldsymbol{x}_0=\boldsymbol{x}''={}^t[\ x''\quad y''\quad z''\ ]$ とすると，

求める標準形は $x''^2+2y''^2+4z''^2=2$　（だ円面）

座標変換の式．$\boldsymbol{x}=P\boldsymbol{x}', \boldsymbol{x}'=\boldsymbol{x}''-\boldsymbol{x}_0$ から

$$\boldsymbol{x}=P\boldsymbol{x}''-P\boldsymbol{x}_0=P\boldsymbol{x}''+\boldsymbol{x}_0', \quad \boldsymbol{x}_0'={}^t[\ -1\quad 0\quad -1\ ]$$

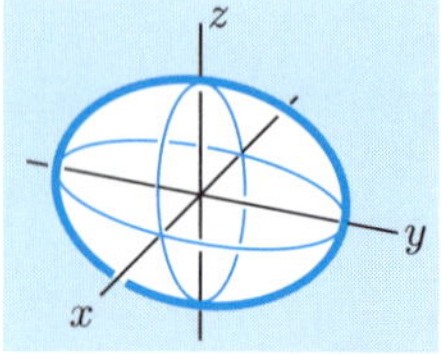

問　題

188.1　次の 2 次曲面を座標変換によって標準形に導き，曲面の名称を述べよ．

$$3x^2+3y^2+3z^2-2yz+4\sqrt{2}\,zx-12x-6\sqrt{2}\,y+6\sqrt{2}\,z-1=0$$

例題 189 **2 次曲面 (2)**

次の 2 次曲面を座標変換によって標準形に導け．またこのときの変換の式を求めよ．

$$x^2 - 3y^2 - 3z^2 + 2yz + 4y - 4z - 2 = 0 \quad \cdots ①$$

navi 手順は前例題と同じ．(ア) 固有値 (イ) 固有ベクトル (ウ) 回転の行列 (エ) 平行移動

解答 (ア) $A = \begin{bmatrix} 1 & 0 & 0 \\ 0 & -3 & 1 \\ 0 & 1 & -3 \end{bmatrix}, \boldsymbol{b} = \begin{bmatrix} 0 \\ 2 \\ -2 \end{bmatrix}$ とおくと ① は

$$^t\boldsymbol{x}A\boldsymbol{x} + 2\,^t\boldsymbol{b}\boldsymbol{x} - 2 = 0 \quad \cdots ②$$

$$\varphi_A(t) = \begin{vmatrix} 1-t & 0 & 0 \\ 0 & -3-t & 1 \\ 0 & 1 & -3-t \end{vmatrix} = -(t+2)(t+4)(t-1)$$

$= 0$ から，固有値は $-2, -4, 1$

> **直交行列 P をつくる**
> 固有値が異なるとき
> 固有値が重解のとき

(イ) 単位固有ベクトルは $\lambda_1 = -2$ のとき $\begin{bmatrix} 3 & 0 & 0 \\ 0 & -1 & 1 \\ 0 & 1 & -1 \end{bmatrix}\boldsymbol{a}_1 = 0$ から $\boldsymbol{a}_1 = \begin{bmatrix} 0 \\ \frac{1}{\sqrt{2}} \\ \frac{1}{\sqrt{2}} \end{bmatrix}$．

同様に $\lambda_2 = -4, \lambda_3 = 1$ から $\boldsymbol{a}_2 = {}^t\begin{bmatrix} 0 & -\frac{1}{\sqrt{2}} & \frac{1}{\sqrt{2}} \end{bmatrix}, \boldsymbol{a}_3 = {}^t\begin{bmatrix} 1 & 0 & 0 \end{bmatrix}$

回転行列は $P = [\,\boldsymbol{a}_1\ \boldsymbol{a}_2\ \boldsymbol{a}_3\,] = \begin{bmatrix} 0 & 0 & 1 \\ \frac{1}{\sqrt{2}} & -\frac{1}{\sqrt{2}} & 0 \\ \frac{1}{\sqrt{2}} & \frac{1}{\sqrt{2}} & 0 \end{bmatrix}, |P| = 1$

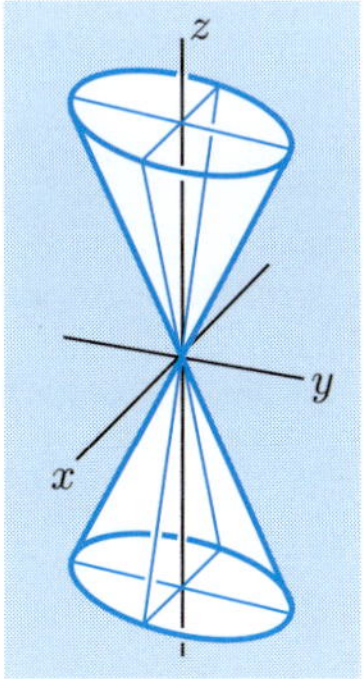

(ウ) 新しい座標系へ $\boldsymbol{x} = P\boldsymbol{x}'$ とおき ② は

$$^t\boldsymbol{x}'P^{-1}AP\boldsymbol{x}' + 2\,^t\boldsymbol{b}P\boldsymbol{x}' - 2 = 0$$

$$-2x'^2 - 4y'^2 + z'^2 - 4\sqrt{2}\,y' - 2 = 0$$

$$\therefore \quad 2x'^2 + 4(y' + \sqrt{2}/2)^2 - z'^2 = 0$$

(オ) 求める標準形は $2x''^2 + 4y''^2 - z''^2 = 0$ （錐面）

(カ) $\boldsymbol{x}' = \boldsymbol{x}'' - {}^t\begin{bmatrix} 0 & \frac{1}{\sqrt{2}} & 0 \end{bmatrix}$ から

$$\boldsymbol{x} = P\boldsymbol{x}' = P\left(\boldsymbol{x}'' - \begin{bmatrix} 0 \\ \frac{1}{\sqrt{2}} \\ 0 \end{bmatrix}\right) = P\boldsymbol{x}'' + \boldsymbol{x}_0, \boldsymbol{x}_0 = \begin{bmatrix} 0 \\ \frac{1}{2} \\ -\frac{1}{2} \end{bmatrix}$$

問 題

189.1 次の 2 次曲面を座標変換によって標準形に導け．またそのときの座標変換の式を求めよ． $x^2 + y^2 + z^2 + 2yz + 2zx + 2xy + 2x + 2y + 8z + 2 = 0$

例題 190 **2 次曲面 (3)**

次の 2 次曲面を座標変換によって標準形に直せ．またそのときの座標変換の式を述べよ． $x^2+y^2-2z^2+2\sqrt{2}\,yz-2\sqrt{2}\,zx+6xy-4x+4y+4\sqrt{2}\,z+1=0 \quad \cdots ①$

てっそく

標準形への道
(ア) 行列表示
↓
(イ) 固有値
↓
(ウ) 直交行列 P
↓
(エ) 回転
↓
(オ) 平行移動

解答 (ア) $A=\begin{bmatrix}1 & 3 & -\sqrt{2}\\ 3 & 1 & \sqrt{2}\\ -\sqrt{2} & \sqrt{2} & -2\end{bmatrix}, \boldsymbol{b}=\begin{bmatrix}-2\\ 2\\ 2\sqrt{2}\end{bmatrix}$

とおくと ① は ${}^t\boldsymbol{x}A\boldsymbol{x}+2{}^t\boldsymbol{b}\boldsymbol{x}+1=0 \quad \cdots ②$

(イ) $\varphi_A(t)=\begin{vmatrix}1-t & 3 & -\sqrt{2}\\ 3 & 1-t & \sqrt{2}\\ -\sqrt{2} & \sqrt{2} & -2-t\end{vmatrix}=-t^3+16t$ から

固有値は $4, -4, 0$

(ウ) 単位固有ベクトルは $\lambda_1=4$ のとき

$$\begin{bmatrix}-3 & 3 & -\sqrt{2}\\ 3 & -3 & \sqrt{2}\\ -\sqrt{2} & \sqrt{2} & -6\end{bmatrix}\boldsymbol{a}_1=\boldsymbol{0} \text{ から } \boldsymbol{a}_1=\begin{bmatrix}\frac{1}{\sqrt{2}}\\ \frac{1}{\sqrt{2}}\\ 0\end{bmatrix}.$$

同様に $\lambda_2=-4, \lambda_3=0$ から $\boldsymbol{a}_2=\begin{bmatrix}-\frac{1}{2}\\ \frac{1}{2}\\ -\frac{1}{\sqrt{2}}\end{bmatrix}, \boldsymbol{a}_3=\begin{bmatrix}-\frac{1}{2}\\ \frac{1}{2}\\ \frac{1}{\sqrt{2}}\end{bmatrix}$

(エ) 回転行列は $P=[\,\boldsymbol{a}_1\ \boldsymbol{a}_2\ \boldsymbol{a}_3\,]=\begin{bmatrix}\frac{1}{\sqrt{2}} & -\frac{1}{2} & -\frac{1}{2}\\ \frac{1}{\sqrt{2}} & \frac{1}{2} & \frac{1}{2}\\ 0 & -\frac{1}{\sqrt{2}} & \frac{1}{\sqrt{2}}\end{bmatrix}, |P|=1$

新しい座標系へ $\boldsymbol{x}=P\boldsymbol{x}''$ とおき ② は

$${}^t\boldsymbol{x}''P^{-1}AP\boldsymbol{x}''+2{}^t\boldsymbol{b}P\boldsymbol{x}''+1=0, \quad {}^t\boldsymbol{b}P=[\,0\ 0\ 4\,]$$

$$\therefore \quad 4x''^2-4y''^2+8z''+1=0$$

(オ) $x''=x', y''=y', z''=z'-\frac{1}{8}$ とすると

$$z'=-\frac{1}{2}x'^2+\frac{1}{2}y'^2 \quad \text{(双曲放物面)}$$

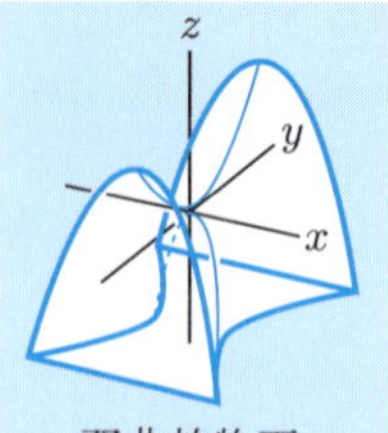

双曲放物面

問　題

190.1 次の 2 次曲面を標準形に直し，曲面の名称を述べよ．

$$x^2+y^2-4yz-4zx+2xy+6x+6y-4z+d=0$$

◆ **2 次曲面の拡大係数行列**　p.204 の記号に追加して，例題 185 と類似に係数行列 $A = \begin{bmatrix} a & h & g \\ h & b & f \\ g & f & c \end{bmatrix}$ と拡大係数行列 $B = \begin{bmatrix} A & \boldsymbol{b} \\ {}^t\boldsymbol{b} & d \end{bmatrix}$（4 次行列）をつくり，それらの階数（rank）を調べるだけで曲面を判別することができる．

A の階数	B の階数	種類	標準形
3	4	だ円面	$\frac{x^2}{\alpha^2}+\frac{y^2}{\beta^2}+\frac{z^2}{\gamma^2}=1$
		1 葉双曲面	$\frac{x^2}{\alpha^2}+\frac{y^2}{\beta^2}-\frac{z^2}{\gamma^2}=1$
		2 葉双曲面	$\frac{x^2}{\alpha^2}+\frac{y^2}{\beta^2}-\frac{z^2}{\gamma^2}=-1$
		虚だ円面	$\frac{x^2}{\alpha^2}+\frac{y^2}{\beta^2}+\frac{z^2}{\gamma^2}=-1$
	3	錐面	$\frac{x^2}{\alpha^2}+\frac{y^2}{\beta^2}-\frac{z^2}{\gamma^2}=0$
		1 点	$\frac{x^2}{\alpha^2}+\frac{y^2}{\beta^2}+\frac{z^2}{\gamma^2}=0$
2	4	だ円放物面	$z=\frac{x^2}{\alpha^2}+\frac{y^2}{\beta^2}$
		双曲放物面	$z=\frac{x^2}{\alpha^2}-\frac{y^2}{\beta^2}$
	3	だ円柱	$\frac{x^2}{\alpha^2}+\frac{y^2}{\beta^2}=1$
		双曲線柱	$\frac{x^2}{\alpha^2}-\frac{y^2}{\beta^2}=1$
		虚だ円柱	$\frac{x^2}{\alpha^2}+\frac{y^2}{\beta^2}=-1$
	2	交わる 2 平面	$\frac{x^2}{\alpha^2}-\frac{y^2}{\beta^2}=0$
		1 直線	$\frac{x^2}{\alpha^2}+\frac{y^2}{\beta^2}=0$
1	3	放物線柱	$z=\frac{x^2}{\alpha^2}$
	2	平行 2 平面	$\frac{x^2}{\alpha^2}=1$
		虚の平行 2 平面	$\frac{x^2}{\alpha^2}=-1$
	1	1 平面	$\frac{x^2}{\alpha^2}=0$

注意　本書では詳しく立ち入らない．とくに A の階数が 3，B の階数が 4 のときは，本書の問題 191.2 をみよ．

主な曲面のスケッチは次のようになる．

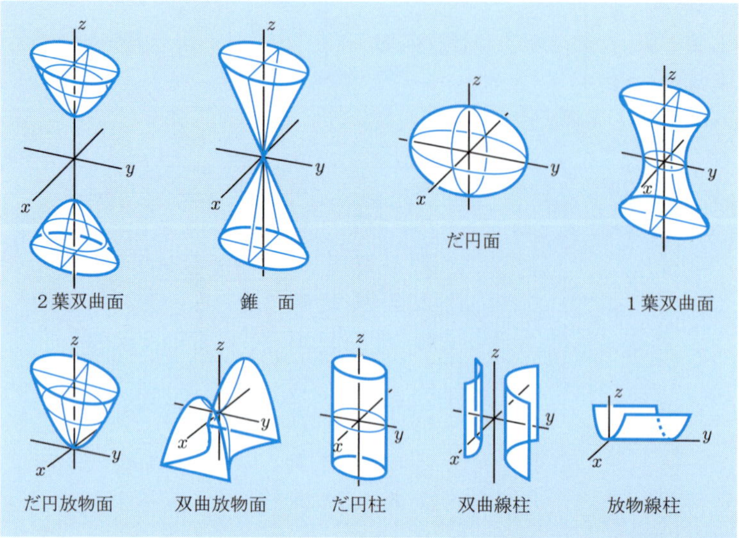

例題 191♯　　　　**拡大係数行列法**

係数行列 A の固有値と拡大係数行列 B の行列式 $|B|$ を利用して，次の 2 次曲面の標準形と曲面の名称を述べよ．

$$x^2 - 3y^2 - 3z^2 + 2yz + 4y - 4z - 1 = 0$$

navi 下の問題 191.1 参照．

てっそく

主軸問題の解法
- **(i)　係数行列 A と P**
- **(ii)　拡大係数行列法 A と B**
- **(iii)　退化の場合もある**

解答 $A = \begin{bmatrix} 1 & 0 & 0 \\ 0 & -3 & 1 \\ 0 & 1 & -3 \end{bmatrix}$ の固有値は $-4, -2, 1$

$$|B| = \begin{vmatrix} 1 & 0 & 0 & 0 \\ 0 & -3 & 1 & 2 \\ 0 & 1 & -3 & -2 \\ 0 & 2 & -2 & -1 \end{vmatrix} = 8,$$

$\lambda_1\lambda_2\lambda_3 c' = 8c' = 8$ から $c' = 1$

よって標準形は $-4x'^2 - 2y'^2 + z'^2 + 1 = 0$．$4x'^2 + 2y'^2 - z'^2 = 1$　(1 葉双曲面)

問　題

191.1　次の 2 次曲面の標準形を求め，名称をいえ．

$$x^2 + 2z^2 + 4\sqrt{3}\,yz + 2\sqrt{2}\,zx - 4\sqrt{6}\,xy + 4\sqrt{3}\,x + 6\sqrt{2}\,y - 2\sqrt{6}\,z - 3 = 0$$

191.2　前頁の表で $\mathrm{rank}\,A = 3, \mathrm{rank}\,B = 4$ のときを説明せよ．

6.5 2 次形式

◆ **2 次形式**　対称行列の対角化の応用として，2, 3 次の行列の対角化の 2 次曲線，2 次曲面への応用をとりあげた．ここでは，それを一歩だけ進めて，n 変数の **2 次形式**を考える．$A = [a_{ij}]$ を n 次実対称行列，$x = {}^t[\, x_1\ x_2\ \cdots\ x_n \,]$ とするとき

$$\begin{aligned} f = {}^t\boldsymbol{x}A\boldsymbol{x} &= \sum_{i,j=1}^{n} a_{ij}x_ix_j \\ &= a_{11}x_1^2 + a_{22}x_2^2 + \cdots + a_{nn}x_n^2 + 2(a_{12}x_1x_2 + a_{13}x_1x_3 + \cdots + a_{1n}x_1x_n \\ &\quad + a_{23}x_2x_3 + \cdots + a_{2\,n}x_2x_n + \cdots \quad + a_{n-1\,n}x_{n-1}x_n) \end{aligned}$$

を変数 $x_1, x_2, \cdots, x_n$ に関する a_{ij} を係数とする 2 次形式という．A を f の**行列**，A の階数を f の**階数**という．

例題 192　　**2 次形式**

2 次形式 $f = 7x_1^2 - 4x_1x_2 + 10x_2^2 + 2x_1x_3 - 4x_2x_3 + 7x_3^2$ について

(i)　f の行列 A，A を対角化する直交行列 P を求めよ．

(ii)　変数変換 $\begin{bmatrix} x_1 \\ x_2 \\ x_3 \end{bmatrix} = P \begin{bmatrix} y_1 \\ y_2 \\ y_3 \end{bmatrix}$ によって f を y_1, y_2, y_3 で表わせ．

解答　(i)　$f = 7x_1^2 + 10x_2^2 + 7x_3^2 + 2(-2x_1x_2 + x_1x_3 - 2x_2x_3)$ から

$$A = \begin{bmatrix} 7 & -2 & 1 \\ -2 & 10 & -2 \\ 1 & -2 & 7 \end{bmatrix}, \quad \varphi_A(t) = -(t^3 - 24t^2 + 180t - 432) = -(t-6)^2(t-12)$$

から固有値は 6（2 重解）,12（単解）．それらに対する固有ベクトル $\boldsymbol{p}_1 = \begin{bmatrix} 1 \\ 0 \\ -1 \end{bmatrix}, \boldsymbol{p}_2 = \begin{bmatrix} 1 \\ 1 \\ 1 \end{bmatrix}, \boldsymbol{p}_3 = \begin{bmatrix} 1 \\ -2 \\ 1 \end{bmatrix}$ を正規化して $\boldsymbol{a}_1 = \begin{bmatrix} \frac{1}{\sqrt{2}} \\ 0 \\ -\frac{1}{\sqrt{2}} \end{bmatrix}, \boldsymbol{a}_2 = \begin{bmatrix} \frac{1}{\sqrt{3}} \\ \frac{1}{\sqrt{3}} \\ \frac{1}{\sqrt{3}} \end{bmatrix}, \boldsymbol{a}_3 = \begin{bmatrix} \frac{1}{\sqrt{6}} \\ -\frac{2}{\sqrt{6}} \\ \frac{1}{\sqrt{6}} \end{bmatrix}$

よって $P = \begin{bmatrix} \frac{1}{\sqrt{2}} & \frac{1}{\sqrt{3}} & \frac{1}{\sqrt{6}} \\ 0 & \frac{1}{\sqrt{3}} & -\frac{2}{\sqrt{6}} \\ -\frac{1}{\sqrt{2}} & \frac{1}{\sqrt{3}} & \frac{1}{\sqrt{6}} \end{bmatrix}$

正規直交化 ⇨ p.184

(ii)　$f = {}^t\boldsymbol{x}A\boldsymbol{x} = {}^t\boldsymbol{y}\,{}^tPAP\boldsymbol{y} = {}^t\boldsymbol{y} \begin{bmatrix} 6 & & O \\ & 6 & \\ O & & 12 \end{bmatrix} y = 6y_1^2 + 6y_2^2 + 12y_3^2$

問　題

192.1　上の例題で $f = 4x_1^2 - 2x_1x_2 + 2x_1x_3 + 4x_2^2 - 2x_2x_3 + 4x_3^2$ のときはどうか．

◆ **2 次形式の標準形**　n 次の実対称行列 $A = [a_{ij}]$ による 2 次形式 $f = {}^t\boldsymbol{x}A\boldsymbol{x}$ に対して，対称行列 A を直交行列 P によって対角化して $P^{-1}AP = \begin{bmatrix} \lambda_1 & & O \\ & \ddots & \\ O & & \lambda_n \end{bmatrix}$ とすることができる．さらに $\lambda_1, \cdots, \lambda_n$ は行列 A の固有値であり

$$\lambda_1 > 0, \cdots, \lambda_p > 0, \lambda_{p+1} < 0, \cdots, \lambda_{p+q} < 0, \lambda_{p+q+1} = 0, \cdots, \lambda_n = 0$$

のように並びかえることができる．P をこのようにとるとき，変数変換 $\boldsymbol{x} = P\boldsymbol{y}$ によって，はじめの 2 次形式は

$$f = \mu_1 y_1^2 + \cdots + \mu_p y_p^2 - \mu_{p+1} y_{p+1}^2 - \cdots - \mu_{p+q} y_{p+q}^2 \quad (\mu_1 > 0, \cdots, \mu_{p+q} > 0)$$

となる．これを 2 次形式 f の**対角形**という．

例題 193　　**対角形への変換**

2 次形式 $f = x_1^2 + 5x_2^2 - x_3^2 + 4\sqrt{2}\,x_1x_3$ を直交行列 P によって対角形に直せ．

解答

$$A = \begin{bmatrix} 1 & 0 & 2\sqrt{2} \\ 0 & 5 & 0 \\ 2\sqrt{2} & 0 & -1 \end{bmatrix}$$

> 思い出しませんか
> $x^2 + y^2 + z^2 - xy - yz - zx$
> $= \frac{1}{2}(x-y)^2 + \frac{1}{2}(y-z)^2 + \frac{1}{2}(z-x)^2$

の固有方程式を求めると

$$\varphi_A(t) = -(t-5)(t-3)(t+3) = 0 \quad \therefore\ 5, 3, -3 \text{ が } A \text{ の固有値}$$

これらの固有値に対する単位固有ベクトルを求めると，それらはそれぞれ

$$\begin{bmatrix} 0 \\ 1 \\ 0 \end{bmatrix}, \quad \begin{bmatrix} \sqrt{6}/3 \\ 0 \\ \sqrt{3}/3 \end{bmatrix}, \quad \begin{bmatrix} -\sqrt{3}/3 \\ 0 \\ \sqrt{6}/3 \end{bmatrix}$$

$$\therefore \quad P = \begin{bmatrix} 0 & \sqrt{6}/3 & -\sqrt{3}/3 \\ 1 & 0 & 0 \\ 0 & \sqrt{3}/3 & \sqrt{6}/3 \end{bmatrix} \text{ は直交行列で } {}^tPAP = \begin{bmatrix} 5 & 0 & 0 \\ 0 & 3 & 0 \\ 0 & 0 & -3 \end{bmatrix}$$

すなわち，変数変換 $\boldsymbol{x} = P\boldsymbol{y}$ によって $f = 5y_1^2 + 3y_2^2 - 3y_3^2$

問　題

193.1 次の 2 次形式 f を直交行列 P によって対角形に直せ．

(i)　$3x_1^2 + 2x_2^2 + 4x_3^2 + 4x_1x_2 + 4x_1x_3$

(ii)　$7x_1^2 - 4x_1x_2 + 2x_1x_3 + 10x_2^2 - 4x_2x_3 + 7x_3^2$

例題 194♯ **2 次形式の最大・最小**

(i) 2 次形式 $f(\boldsymbol{x}) = {}^t\boldsymbol{x}A\boldsymbol{x}$ において，A の固有値を λ とすると，

$$f(\boldsymbol{a}) = \lambda, \quad |\boldsymbol{a}| = 1$$

をみたす列ベクトル a が存在することを示せ．

(ii) 条件 $x_1^2 + x_2^2 + \cdots + x_n^2 = 1$ のもとでの 2 次形式 $f(\boldsymbol{x}) = {}^t\boldsymbol{x}A\boldsymbol{x}$ の最大値と最小値は，A の固有値の最大値と最小値にそれぞれ等しいことを示せ．

navi 固有値と言えば，まず固有ベクトル．$a_1^2 + a_2^2 + \cdots + a_n^2$ と言えば $\boldsymbol{a} = [\, a_1\ a_2\ \cdots\ a_n \,]$ に対する $|\boldsymbol{a}|^2 = {}^t\boldsymbol{a}\boldsymbol{a}$．両者は何となく，つながりそう．

てっそく
固有値
(i) 固有ベクトル
(ii) 対角化
(iii) 標準形

解答 (i) 固有値 λ に対する固有ベクトルを $\boldsymbol{x}$ とすると $A\boldsymbol{x} = \lambda\boldsymbol{x}, |\boldsymbol{x}| \fallingdotseq 0$．そこで $a = \boldsymbol{x}/|\boldsymbol{x}|$ とすると $A\boldsymbol{a} = \lambda\boldsymbol{a}, |\boldsymbol{a}| = 1$ で

$$f(\boldsymbol{a}) = {}^t\boldsymbol{a}A\boldsymbol{a} = {}^t\boldsymbol{a}(\lambda\boldsymbol{a}) = \lambda({}^t\boldsymbol{a}\boldsymbol{a}) = \lambda|\boldsymbol{a}|^2 = \lambda$$

(ii) A の固有値を $\lambda_1, \lambda_2, \cdots, \lambda_n$ とし，この中で λ_1 が最小であるとする．すなわち

$$\lambda_2 \geqq \lambda_1, \quad \lambda_3 \geqq \lambda_1, \cdots, \quad \lambda_n \geqq \lambda_1 \qquad \cdots ①$$

← 有限個の中の最小の表現

とする．直交行列 P が存在して

$${}^tPAP = \begin{bmatrix} \lambda_1 & & & O \\ & \lambda_2 & & \\ & & \ddots & \\ O & & & \lambda_n \end{bmatrix}$$

$\boldsymbol{x} = P\boldsymbol{y}$ とすると，$f(\boldsymbol{x}) = {}^t\boldsymbol{x}A\boldsymbol{x} = {}^t\boldsymbol{y}\,{}^tPAP\boldsymbol{y} = \lambda_1 y_1^2 + \lambda_2 y_2^2 + \cdots + \lambda_n y_n^2$．$\boldsymbol{x}$ を $|\boldsymbol{x}|^2 = 1$ のような列ベクトルに限るとき ${}^t\boldsymbol{y}\boldsymbol{y} = {}^t({}^tP\boldsymbol{x})^tP\boldsymbol{x} = {}^t\boldsymbol{x}P\,{}^tP\boldsymbol{x} = {}^t\boldsymbol{x}\boldsymbol{x} = |\boldsymbol{x}|^2 = 1$ であるから，$y_1^2 + \cdots + y_n^2 = 1$．① から $f(\boldsymbol{x}) = \lambda_1 y_1^2 + \lambda_2 y_2^2 + \cdots + \lambda_n y_n^2 \geqq \lambda_1(y_1^2 + y_2^2 + \cdots + y_n^2) = \lambda_1$．$|\boldsymbol{x}| = 1$ のような列ベクトルに限ると $f(\boldsymbol{x}) \geqq \lambda_1 \quad \cdots ②$．$\lambda_1$ に対する $|\boldsymbol{a}_1|^2 = 1$ のような $\boldsymbol{a}_1$ をとると(i)から $f(\boldsymbol{a}_1) = \lambda_1$，② で等号がなりたつことになる．すなわち $f(\boldsymbol{x})$ の最小値は，A の固有値の中の最小値 λ_1 に一致する．

最大についても同様である．

問　題

194.1 (i) $A = \begin{bmatrix} 1 & 2 \\ 0 & 2 \end{bmatrix}$ とする．$x_1^2 + x_2^2 = 1$ のとき ${}^t\boldsymbol{x}({}^tAA)\boldsymbol{x}$ の最小値を求めよ．

(ii) $x^2 + y^2 + z^2 = 1$ のとき $x^2 + y^2 + z^2 + xy + yz + zx$ の最大値と最小値を求めよ．

◆ **正値形式・負値形式**　$f = f(\boldsymbol{x})$ を 2 次形式として，次のように定義する．

f が正値形式	（記号：$f > 0$）	$\Leftrightarrow$	$\mathbf{0}$ でない $\boldsymbol{x}$ に対して $f(\boldsymbol{x}) > 0$
f が半正値形式	（記号：$f \geqq 0$）	$\Leftrightarrow$	$\mathbf{0}$ でない $\boldsymbol{x}$ に対して $f(\boldsymbol{x}) \geqq 0$
f が負値形式	（記号：$f < 0$）	$\Leftrightarrow$	$\mathbf{0}$ でない $\boldsymbol{x}$ に対して $f(\boldsymbol{x}) < 0$
f が半負値形式	（記号：$f \leqq 0$）	$\Leftrightarrow$	$\mathbf{0}$ でない $\boldsymbol{x}$ に対して $f(\boldsymbol{x}) \leqq 0$
f が不定符号		$\Leftrightarrow$	上記のいずれでもない

f の行列 A は f が正値のとき正値と定義する．半正値等についても同様．

定理 3　A が実対称行列で，$\varphi_A(t) = (-1)^n\{t^n - d_1t^{n-1} + \cdots + (-1)^n d_n\}$ のとき

$$A \text{ が正値} \quad \Leftrightarrow \quad d_1 > 0, d_2 > 0, \cdots, d_n > 0$$ （➪ 証明は例題 195）

例題 195♯　　**正値 2 次形式**

(i)　$n = 3$ のときの定理 3 を証明せよ．

(ii)　$f = a(x^2 + y^2 + z^2) + 2xy - 2yz + 2zx$

が正値であるための a の値の範囲を求めよ．

解答 (i)　A は実対称行列であるから，固有値はすべて実数．それを α, β, γ とすると，${}^t\boldsymbol{x}A\boldsymbol{x} = \alpha y_1^2 + \beta y_2^2 + \gamma y_3^2$ となるので

$$A \text{ が正値} \quad \Leftrightarrow \quad \alpha > 0, \beta > 0, \gamma > 0$$

これもお久しぶり
解と係数チャン

また α, β, γ は $t^3 - d_1t^2 + d_2t - d_3 = 0$ の解であるから

$$d_1 = \alpha + \beta + \gamma, \quad d_2 = \alpha\beta + \beta\gamma + \gamma\alpha, \quad d_3 = \alpha\beta\gamma$$

よって「$\alpha > 0, \beta > 0, \gamma > 0 \ \Leftrightarrow\ d_1 > 0, d_2 > 0, d_3 > 0$」を示せばよい（➪ 問題 195.1）．

(ii)　$A = \begin{bmatrix} a & 1 & 1 \\ 1 & a & -1 \\ 1 & -1 & a \end{bmatrix}$ では $\varphi_A(t) = -\{t^3 - 3at^2 + 3(a^2 - 1)t - (a^3 - 3a - 2)\}$

よって (i) から A が正値 $\Leftrightarrow \quad a > 0, a^2 - 1 > 0, a^3 - 3a - 2 > 0$

$\Leftrightarrow \quad a > 0, (a-1)(a+1) > 0, (a+1)^2(a-2) > 0$

$\Leftrightarrow \quad a > 2$

問　題

195.1　$\varphi_A(t) = -(t^3 - d_1t^2 + d_2t - d_3)$ の解（固有値）α, β, γ が実数のとき

「$a > 0, \beta > 0, \gamma > 0 \ \Leftrightarrow\ d_1 > 0, d_2 > 0, d_3 > 0$」を証明せよ．

195.2　$f = x^2 + y^2 + z^2 + 2a(xy + yz + zx)$ が正値であるための a の値の範囲を求めよ．

発展問題　(24～31)

24　実対称行列 A に対して $A^k = O$ となる k があれば $A = O$ であることを示せ．

25　実対称行列 A, B が同一の直交行列によって同時に対角化されるための必要十分条件は $AB = BA$ である．A, B が 3 次でかつ A の固有値が 3 つとも異なる場合にこれを示せ．

26　空間において，ねじれの位置にある 2 直線の方程式が $y' = \alpha x', z' = \beta$ および $y' = -\alpha x', z' = -\beta$ の形に表わされる座標系が存在することを示せ．

27　空間において，直交座標系 Γ を z 軸のまわりに φ だけ回転した座標系を Γ_1，次に Γ_1 を Γ_1 の y 軸のまわりに θ だけ回転した座標系を Γ_2，最後に Γ_2 を Γ_2 の z 軸のまわりに ψ だけ回転した座標系を Γ' とするとき，座標変換 $\Gamma \to \Gamma'$ の式およびこれを逆に解いた式を求めよ（φ, θ, ψ を Γ, Γ' の間の**オイラーの角**という）．

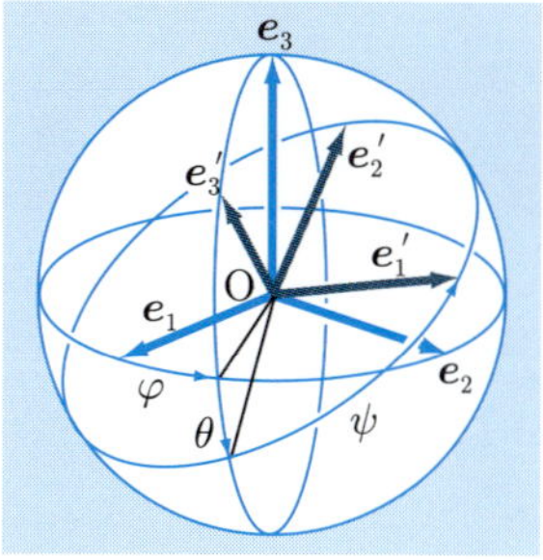

28　$e = \overrightarrow{\mathrm{OP}} = (l, m, n)$ を単位空間ベクトルとするとき，直線 OP のまわりの 90° の回転 T を表わす行列を求めよ．

29　x 軸のまわりの回転角 α の回転 T_α, y 軸のまわりの回転角 β の回転 T_β, z 軸のまわりの回転角 γ の回転 T_γ を合成した回転の回転角を θ とするとき，

$$2\cos\theta = \cos\beta\cos\gamma + \cos\gamma\cos\alpha + \cos\alpha\cos\beta + \sin\alpha\sin\beta\sin\gamma - 1$$

がなりたつことを示せ．

30　エルミート行列 $A = \begin{bmatrix} a & i & 1 \\ -i & a & i \\ 1 & -i & a \end{bmatrix}$ （a は実数）をユニタリ行列 U によって対角化せよ．またこの行列 U を求めよ．(ベクトルや行列の成分が複素数であるとき，成分が実数のときと同様のことがなりたつ．ただし**内積**は $\boldsymbol{a} \cdot \boldsymbol{b} = {}^t\boldsymbol{a}\overline{\boldsymbol{b}}$ (⇨ p.234，例題 214) で，対称行列に相当する行列はエルミート行列 $A : \overline{{}^tA} = A$．直交行列に相当する行列はユニタリ行列 $P : \overline{{}^tP} = P^{-1}$ である (⇨ 次頁).)

31　$A^* = {}^t\overline{A} = \overline{{}^tA}$ とするとき，複素行列で $AA^* = A^*A$ のような行列 A を**正規行列**という．

(i)　$A = \begin{bmatrix} 3-2i & -i \\ i & 3-2i \end{bmatrix}$ が正規行列であることを確かめよ．

(ii)　ユニタリ行列 U を求めて A を U によって対角化せよ．

(複素行列 A がユニタリ行列によって対角化されるためには，A が正規行列であることが必要十分であるという定理が証明される.)

エルミート行列とユニタリ行列（考えと定理の拡張例）

この章の主役は，実数上の対称行列 A と，直交行列 P であった．対称行列 $A : {}^tA = A$，直交行列 $P : {}^tP = P^{-1}$

主定理：対称行列 A は，適当な直交行列 P によって対角化される．

行列の成分を複素数にまで広めたとき，対称行列・直交行列に相当するのが，**エルミート行列**と**ユニタリ行列**である．エルミート行列 $A : \overline{{}^tA} = A$，ユニタリ行列 $P : \overline{{}^tP} = P^{-1}$

主定理：エルミート行列 A は適当なユニタリ行列 P によって対角化される．

7 線形空間 ── 現代代数学への誘い

先へ急ごう

7.1 線形空間
- E196　K 上の線形空間
- E197　線形空間の例
- E198, 199　部分空間の例 (1), (2)
- E200　部分空間の交わりと和集合
- E201　直和の考え
- E202　補空間
- E203　線形独立・線形従属

7.2 計量線形空間
- E210　内積の条件の発展
- E211　計量線形空間の例
- E212　ノルム
- E213　直交の考えの一般化

7.3 線形写像
- E218　線形写像の例
- E219　線形写像の基本性質
- E220　単射と全射
- E221　一般論と具体化
- E222　dim・rank・null
- E223　$\mathrm{Im}\, T$ と $\mathrm{Ker}\, T$

見物していくか

- E204　線形独立性の伝承
- E205　生成する部分空間
- E206　基底
- E207　次元の考え
- E208, 209　次元の応用 (1),(2)

- E214　$\mathbb{C}^3$ におけるグラム-シュミット
- E215　正規直交基底のよさ
- E216　直交補空間の基本定理
- E217　直交補空間

発展問題 32～37

てっそくだよ

代数の論証
(i) 定義の反芻（はんすう）
(ii) 基本定理
(iii) そして例(Example)

↓

抽象概念の学習
(i) 定義は…
(ii) 基本定理は
(iii) 例は…

↓

線形独立性の翻訳
(i) 同次連立で
(ii) rank A，とくに $|A|$
(iii) 正則性で

必要十分・同値の証明
(i) 行って（⇒），帰る（⇐）
(ii) 同値の思考（⇔）

↓

線形空間での部分空間の一致
(i) 相互の包含関係
(ii) 次元の一致

↓

線形空間における証明問題・決定問題
(i) 証明問題では定義と基本定理
(ii) 決定問題では連立方程式の条件へ

新しい章で覚えること
(i) 定義
(ii) 基本性質（定理）
(iii) 例

↓

数学で“考える”の基本
(i) 書いて考える
(ii) 良い手本を覚える
(iii) まねてみる

7.1 線形空間

◆ **ストーリー**　1つの平面上のベクトルの全体 $\mathbb{R}^2$ には，和とスカラー倍が定義されている．空間内のベクトルの全体 $\mathbb{R}^3$ にしてもそうであり，数学では，それらを総括する "抽象的に表現された考え" をとりあげる．計算の煩雑さはなく，楽しい論証である．

◆ **線形空間（ベクトル空間）**　$\mathbb{R}$ を実数の全体，$\mathbb{C}$ を複素数の全体とし，K は $\mathbb{R}$ または $\mathbb{C}$ を表わすものとする．空でない集合 V に対して次のことがなりたつとき，V を（$\boldsymbol{K}$ 上の）**線形空間**または**ベクトル空間**という．

[I]　V の任意の元 $\boldsymbol{a}, \boldsymbol{b}$ に対してその和とよばれる V の元 $\boldsymbol{a}+\boldsymbol{b}$ がただ1つ決まり，次の法則をみたす．

(i)　$\boldsymbol{a}+\boldsymbol{b}=\boldsymbol{b}+\boldsymbol{a}$　（**和の交換法則**）

(ii)　$\boldsymbol{a}+(\boldsymbol{b}+\boldsymbol{c})=(\boldsymbol{a}+\boldsymbol{b})+\boldsymbol{c}$　（**和の結合法則**）

(iii)　V の任意の元 $\boldsymbol{a}$ に対して，$\boldsymbol{a}+\boldsymbol{0}=\boldsymbol{a}$ となる元 $\boldsymbol{0}$ が存在し，$\boldsymbol{0}$ は**零ベクトル**（**零元**）とよばれる．

(iv)　V の任意の元 $\boldsymbol{a}$ に対して，$\boldsymbol{a}+\boldsymbol{x}=\boldsymbol{b}$ をみたす元 $\boldsymbol{x}$ がただ1つ存在し，$\boldsymbol{a}$ の**逆ベクトル**（**逆元**）とよばれ，$-\boldsymbol{a}$ と書かれる．$\boldsymbol{a}+(-\boldsymbol{b})$ を $\boldsymbol{a}-\boldsymbol{b}$ と表わし，**差**という．

[II]　V の任意の元 $\boldsymbol{a}$ と K の任意の元 λ に対して **$\boldsymbol{a}$ の $\boldsymbol{\lambda}$ 倍**（スカラー倍）とよばれる V の元 $\lambda\boldsymbol{a}$ がただ1つ決まり，次の法則をみたす．

(i)　$\lambda(\boldsymbol{a}+\boldsymbol{b})=\lambda\boldsymbol{a}+\lambda\boldsymbol{b}$

(ii)　$(\lambda+\mu)\boldsymbol{a}=\lambda\boldsymbol{a}+\mu\boldsymbol{a}$

(iii)　$(\lambda\mu)\boldsymbol{a}=\lambda(\mu\boldsymbol{a})$

(iv)　$1\boldsymbol{a}=\boldsymbol{a}$,　$(-1)\boldsymbol{a}=-\boldsymbol{a}$,　$0\boldsymbol{a}=\boldsymbol{0}$

V の元を**ベクトル**といい，これに対して K の元を**スカラー**という．$K=\mathbb{R}$ のとき V を**実線形空間**，$K=\mathbb{C}$ のとき**複素線形空間**という．

例題 196　　**$\boldsymbol{K}$ 上の線形空間**

次の集合のうち，K 上の線形空間であるものはどれか．

(i)　K の元を成分とする n 次正則行列の全体

(ii)　n 元の同次連立方程式 $A\boldsymbol{x}=\boldsymbol{0}$ の解 $\boldsymbol{x}$ の全体

(iii)　閉区間 $[a,b]$ で連続な関数 $f(x)$ の全体，和，スカラー倍については通常の定義 $(f+g)(x)=f(x)+g(x), (\lambda f)(x)=\lambda f(x)$ による．

navi　(i)　A, B が正則でも，$A+B$ は正則とは限らない．

解答　線形空間は(ii)，(iii)

問　題

196.1 K の元を係数とする n 次の多項式全体の集合は線形空間か．

◆ **線形空間の例**　前頁にあげた例をはじめとして多くの例がある．自然数 m, n に対して，実数の代りに複素数を成分とする (m, n) 行列の全体も代表的なものである．

例題 197　　**線形空間の例**

実数列全体の集合 $S = \{\{a_n\}\,;\, a_n \in \mathbb{R}, n = 1, 2, \cdots\}$ において，和と実数倍を次のように定義するとき S は実線形空間であることを示せ．

$$\{a_n\} + \{b_n\} = \{a_n + b_n\}, \quad \lambda\{a_n\} = \{\lambda a_n\} \quad (\lambda \in \mathbb{R})$$

navi　線形空間とは，前頁の[I]，[II]をみたす和とスカラー倍の定義された集合のこと．だから[I]，[II] のなりたつことを示す．

解答　$\{a_n\}, \{b_n\}, \{c_n\}, \cdots$ を数列，$\lambda, \mu, \cdots$ を実数とするとき，

線形空間をキラクに
(i)　和とスカラー倍が考えられる集合
(ii)　n 次の行ベクトル全体のようなもの

$$a_n + b_n = b_n + a_n$$
$$a_n + (b_n + c_n) = (a_n + b_n) + c_n$$

a_n, b_n に対して $x_n = b_n - a_n$ とおくと

$$a_n + x_n = b_n$$
$$\lambda(a_n + b_n) = \lambda a_n + \lambda b_n$$
$$(\lambda + \mu)a_n = \lambda a_n + \mu a_n$$
$$(\lambda\mu)a_n = \lambda(\mu a_n), \quad 1 \cdot a_n = a_n$$

が任意の n ついてなりたつ．したがって

[I]　(i)　$\{a_n\} + \{b_n\} = \{a_n + b_n\} = \{b_n + a_n\} = \{b_n\} + \{a_n\}$

(ii)　$\{a_n\} + (\{b_n\} + \{c_n\}) = \{a_n\} + \{b_n + c_n\} = \{a_n + (b_n + c_n)\}$
$= \{(a_n + b_n) + c_n\} = \{a_n + b_n\} + \{c_n\} = (\{a_n\} + \{b_n\}) + \{c_n\}$

(iii)　$x_n = 0$ $(n = 1, 2, \cdots)$ とするとき，$\{x_n\}$ が零元となる．

(iv)　$\{x_n\} = \{b_n - a_n\}$　とおくと　$\{a_n\} + \{x_n\} = \{a_n + (b_n - a_n)\} = \{b_n\}$

[II]　(i)　$\lambda(\{a_n\} + \{b_n\}) = \lambda\{a_n + b_n\} = \{\lambda(a_n + b_n)\}$
$= \{\lambda a_n + \lambda b_n\} = \{\lambda a_n\} + \{\lambda b_n\} = \lambda\{a_n\} + \lambda\{b_n\}$

(ii)　$(\lambda+\mu)\{a_n\} = \{(\lambda+\mu)a_n\} = \{\lambda a_n + \mu a_n\} = \{\lambda a_n\} + \{\mu a_n\} = \lambda\{a_n\} + \mu\{a_n\}$

(iii)　$(\lambda\mu)\{a_n\} = \{(\lambda\mu)a_n\} = \{\lambda(\mu a_n)\} = \lambda\{\mu a_n\} = \lambda(\mu\{a_n\})$

(iv)　$1\{a_n\} = \{1a_n\} = \{a_n\}, (-1)\{a_n\} = \{-a_n\}$,　$x_n = 0$ $(n = 1, 2, \cdots)$ とするとき $0\{a_n\} = \{0a_n\} = \{x_n\}$　零元

このように線形空間の公理がみたされるので S は実線形空間である．

問　題

197.1　次の各集合は，その集合において通常定義されている和と実数倍に関して実線形空間であるか．

(i)　O を平面の定点，g を定直線とし，X が g 上を動くときの，ベクトル $\overrightarrow{\mathrm{OX}}$ の全体

(ii)　a, b が実数で $a + b\sqrt{2}$ のような数の全体

◆ **部分空間**　線形空間 V の部分集合 U が V の線形演算に関して**閉じている**とき，すなわち

(1) $\boldsymbol{a}, \boldsymbol{b} \in U \quad \Rightarrow \quad \boldsymbol{a}+\boldsymbol{b} \in U$　　(2) $\boldsymbol{a} \in U, \lambda \in K \quad \Rightarrow \quad \lambda \boldsymbol{a} \in U$

であるとき，U を V の**部分空間**という．このとき U 自身がこの線形演算に関して線形空間である．V 自身および $\{\mathbf{0}\}$ はそれぞれ V の部分空間である．U が V の部分空間，W が U の部分空間ならば，W は V の部分空間である．

例題 198　　**部分空間の例（1）**

$\mathbb{R}^3$ の元 (x_1, x_2, x_3) で次の性質をもつものの全体 W は $\mathbb{R}^3$ の部分空間であるか．

(i) $x_1+x_2+x_3=0$　　(ii) $x_1 x_2 \geqq 0$

navi　論証は定義と定理．命題の否定には反例．

> **証明と反例**
> (i)「～ではない」の証（あかし）となる例を反例という
> (ii) 証明・反例ともに定義・定理に注目

解答　W が部分空間であることをいうためには

$$\boldsymbol{a}, \boldsymbol{b} \in W, \lambda \in \mathbb{R} \quad \Rightarrow \quad \boldsymbol{a}+\boldsymbol{b}, \lambda \boldsymbol{a} \in W \qquad \cdots ①$$

をいえばよい．$\boldsymbol{a}=(a_1, a_2, a_3), \boldsymbol{b}=(b_1, b_2, b_3)$ とすると

$$\boldsymbol{a}+\boldsymbol{b}=(a_1+b_1, a_2+b_2, a_3+b_3), \quad \lambda \boldsymbol{a}=(\lambda a_1, \lambda a_2, \lambda a_3)$$

(i) $\boldsymbol{a}, \boldsymbol{b} \in W$ とすると

$$a_1+a_2+a_3=0, \quad b_1+b_2+b_3=0$$

$$\therefore \quad (a_1+b_1)+(a_2+b_2)+(a_3+b_3)=0, \quad \lambda a_1+\lambda a_2+\lambda a_3=0$$

すなわち，$\boldsymbol{a}+\boldsymbol{b}, \lambda \boldsymbol{a}$ の成分も与えられた関係式をみたす．

$$\therefore\ W \text{ は部分空間である．}$$

(ii)　たとえば $\boldsymbol{a}=(2,2,1), \boldsymbol{b}=(-1,-4,1)$ とすると

$$a_1 a_2=4>0, \quad b_1 b_2=4>0$$

> 反例はいくつもある

であるから，$\boldsymbol{a}, \boldsymbol{b} \in W$ である．しかし $(a_1+b_1)(a_2+b_2)=-2<0$ であるから，$\boldsymbol{a}+\boldsymbol{b}$ の成分は与えられた関係式をみたさず，$\boldsymbol{a}+\boldsymbol{b} \notin W$．したがって，①のなりたたない場合が存在する．

$$\therefore\ W \text{ は部分空間ではない．}$$

問　題

198.1　A を実 (m, n) 行列とするとき，次の集合は $\mathbb{R}^n$ の部分空間であるか．

(i) $A\boldsymbol{x}=\mathbf{0}$ の解 $\boldsymbol{x}$ の全体　　(ii) $A\boldsymbol{x}=\boldsymbol{c}$（$\neq \mathbf{0}$）の解 $\boldsymbol{x}$ の全体

198.2　次のものは n 次正方行列の全体 $M_n(\mathbb{R})$ の部分空間であるか．

(i) 非正則行列の全体　　(ii) ある A, B に対し $AX=XB$ となる X の全体

(iii) 対角成分が 0 である行列の全体

(iv) べき零行列（$X^k=O$ となる k が存在するもの）の全体

例題 199 **部分空間の例（2）**

$\mathbb{R} = (-\infty, \infty)$ で定義されている実数値関数全体のつくる実線形空間 $\mathcal{C}$ において次の部分集合 W は部分空間であるか.

(i) 連続関数の全体　　(ii) 奇関数 $(f(-x) = -f(x))$ の全体

(iii) 偶関数 $(f(-x) = f(x))$ の全体　　(iv) $f(x) \geqq 0$ をみたす関数の全体

navi 線形空間とは何か，部分空間とは何か．言ってみよう．

てっそく

代数の論証

(i) 定義の反芻

(ii) 基本定理

(iii) 例 (Example)

解答 (i) f, g : 連続 $\Rightarrow$ $f + g, \lambda f$: 連続

$\therefore$ W は部分空間である.

(ii) f, g を奇関数とする.

$$\begin{aligned}(f+g)(-x) &= f(-x) + g(-x) \\ &= -f(x) + (-g(x)) = -(f+g)(x) \\ (\lambda f)(-x) &= \lambda(f(-x)) = \lambda(-f(x)) \\ &= -\lambda(f(x)) = -(\lambda f)(x)\end{aligned}$$

$\therefore$ $f + g, \lambda f$ は奇関数

$\therefore$ W は部分空間である.

(iii) f, g を偶関数とする.

$$(f+g)(-x) = f(-x) + g(-x) = f(x) + g(x) = (f+g)(x)$$
$$(\lambda f)(-x) = \lambda(f(-x)) = \lambda(f(x)) = (\lambda f)(x)$$

$\therefore$ $f + g, \lambda f$ は偶関数　　$\therefore$ W は部分空間である

(iv) $f \geqq 0, g \geqq 0$ とすると $f + g \geqq 0$ であるが，$\lambda < 0$ に対しては $\lambda f < 0$

$\therefore$ W は部分空間ではない.

問　題

199.1 $\mathcal{C}$ において n 回微分可能な関数の全体を $\mathcal{C}^n$ とすると，$\mathcal{C}^n$ は $\mathcal{C}$ の部分空間であるか.

199.2 線形微分方程式

$$\frac{d^n y}{dx^n} + a_1(x)\frac{d^{n-1}y}{dx^{n-1}} + \cdots + a_{n-1}(x)\frac{dy}{dx} + a_n(x)y = r(x)$$

の解全体の集合は，次の場合 $\mathcal{C}$ の部分空間となるか.

(i) 非同次（$r(x) \neq 0$）のとき　　(ii) 同次（$r(x) \equiv 0$）のとき

◆ **部分空間の交わりと和**　線形空間 V の部分空間 U_1, U_2 を考えたとき，集合としての交わり $U_1 \cap U_2$ は V の部分空間である．これに対して，和集合 $U_1 \cup U_2$ は V の部分空間になるとは限らないが，$\boldsymbol{a}_1 + \boldsymbol{a}_2$ $(\boldsymbol{a}_1 \in U_1, \boldsymbol{a}_2 \in U_2)$ の全体は部分空間となり，これを $U_1 + U_2$ で表わして，和という．(⇨ 問題 200.1(i))

例題 200　　**部分空間の交わりと和集合**

U_1, U_2 が線形空間 V の部分空間のとき，次を証明せよ．

(i)　集合としての交わり $U_1 \cap U_2$ もまた V の部分空間である．

(ii)　和集合 $U_1 \cup U_2$ は部分空間とは限らない．例を示せ．

(iii)　和集合 $U_1 \cup U_2$ が V の部分空間ならば $U_1 \subset U_2$ または $U_2 \subset U_1$ である．

navi　線形空間 V の部分集合と部分空間との区別をはっきりしよう．

解答　(i)　$\boldsymbol{a}, \boldsymbol{b} \in U_1 \cap U_2$ を任意にとり，λ を任意のスカラーとする．$\boldsymbol{a}, \boldsymbol{b} \in U_1$ で U_1 は V の部分空間であるから $\boldsymbol{a}+\boldsymbol{b} \in U_1, \lambda\boldsymbol{a} \in U_1$，同様に $\boldsymbol{a}+\boldsymbol{b} \in U_2, \lambda\boldsymbol{a} \in U_2$ であるから，$\boldsymbol{a}+\boldsymbol{b} \in U_1 \cap U_2, \lambda\boldsymbol{a} \in U_1 \cap U_2$．よって $U_1 \cap U_2$ も V の部分空間である．

(ii)　平面ベクトル全体のつくる線形空間 V_2 で，$\boldsymbol{a}_1 \in V_2, \boldsymbol{a}_1 \neq \boldsymbol{0}$ とする．スカラー λ を任意にとり，$\lambda\boldsymbol{a}_1$ 全体のつくる部分空間を U_1 とする．次に $\boldsymbol{a}_1$ のスカラー倍でない $\boldsymbol{a}_2$ をとり，$\boldsymbol{a}_2$ のスカラー倍 $\lambda\boldsymbol{a}_2$ の全体のつくる部分空間を U_2 とする．

> 部分空間とは
> 和とスカラー倍
> で閉じた部分集合

$$\boldsymbol{a}_1 \in U_1, \boldsymbol{a}_2 \in U_2 \quad から \quad \boldsymbol{a}_1 \in U_1 \cup U_2, \boldsymbol{a}_2 \in U_1 \cup U_2$$

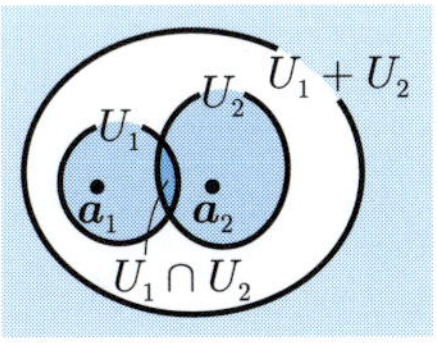

しかし $\boldsymbol{a}_1 + \boldsymbol{a}_2$ は U_1 にも U_2 にも属さないので $U_1 \cup U_2$ に属さない．よって $U_1 \cup U_2$ は V の部分空間ではない．

(iii)　$U_1 \not\subset U_2$ とする．そのときは $\boldsymbol{a}_1 \in U_1$ かつ $\boldsymbol{a}_1 \notin U_2$ であるような $\boldsymbol{a}_1$ が存在する．$\boldsymbol{a}_2$ を U_2 の任意の元とすると $\boldsymbol{a}_1, \boldsymbol{a}_2$ はともに $U_1 \cup U_2$ の元で，$U_1 \cup U_2$ が部分空間であるから，$\boldsymbol{a} = \boldsymbol{a}_1 + \boldsymbol{a}_2 \in U_1 \cup U_2$．したがって，$\boldsymbol{a} \in U_1$ または $\boldsymbol{a} \in U_2$ である．ここで $\boldsymbol{a} \in U_2$ とすると $\boldsymbol{a}_1 = \boldsymbol{a} - \boldsymbol{a}_2 \in U_2$ となって，$\boldsymbol{a}_1$ のとり方に反する．よって $\boldsymbol{a} \in U_1$ だから，$\boldsymbol{a}_2 = \boldsymbol{a} - \boldsymbol{a}_1 \in U_1$

以上から U_2 の任意の元が U_1 に属することが示された．ゆえに $U_2 \subset U_1$

問　題

200.1　(i)　線形空間 V の部分空間 U_1, U_2 に対して，和 $U_1 + U_2$ は V の部分空間であることを示せ．

(ii)　L, M, N を線形空間 V の部分空間とするとき $L \cap \{(L \cap M) + N\} = (L \cap M) + (L \cap N)$ を示せ．

> **集合の一致 $M = N$ の証明**
> $x \in M \quad \Leftrightarrow \quad x \in N$
> を示す

◆ **部分空間の直和**　前頁で考えた，線形空間 V の 2 つの部分空間 U_1, U_2 の和 U_1+U_2 の考えを一般化し，r 個の部分空間 $U_1, U_2, \cdots, U_r$ の和を定義する．それは $\boldsymbol{u}_i \in U_i$ $(i=1,\cdots,r)$ のとき，$\boldsymbol{u}_1+\boldsymbol{u}_2+\cdots+\boldsymbol{u}_r$ 全体の集合のことである．このとき $U_1+U_2+\cdots+U_r$ の元が一意的に

> 一意的に表わされるとは
> $\boldsymbol{u}_1+\cdots+\boldsymbol{u}_r$
> $=\boldsymbol{u}_1'+\cdots+\boldsymbol{u}_r'$
> $\Rightarrow \boldsymbol{u}_i=\boldsymbol{u}_i' (i=1,\cdots,r)$
> ということ

$$\boldsymbol{u}_1+\boldsymbol{u}_2+\cdots+\boldsymbol{u}_r \quad (\boldsymbol{u}_i \in U_i)$$

と表わされるとき，この和を**直和**（ちょくわ）といい，$U_1 \oplus U_2 \oplus \cdots \oplus U_r$ とする．線形空間 V が，その部分空間 $U_1, U_2, \cdots, U_r$ の直和

$$V=U_1 \oplus U_2 \oplus \cdots \oplus U_r$$

であるとき，この式を V の**直和分解**という．

例題 201　　直和の考え

$U_1+U_2+\cdots+U_r$ についての次の条件は同値であることを証明せよ．

(i)　直和である．

(ii)　$\boldsymbol{a}_1+\boldsymbol{a}_2+\cdots+\boldsymbol{a}_r=\boldsymbol{0}$　$(\boldsymbol{a}_i \in U_i)$ ならば $\boldsymbol{a}_i$ はすべて $\boldsymbol{0}$ である．

navi　くり返して述べたように，論証ではまず定義からスタート．

解答　〔(i) ⇒ (ii)〕　$W=U_1 \oplus U_2 \oplus \cdots \oplus U_r$ が直和であるとし，W の元 $\boldsymbol{0}$ が

$$\boldsymbol{0}=\boldsymbol{a}_1+\cdots+\boldsymbol{a}_r \quad (\boldsymbol{a}_i \in U_i)$$

であるとする．$\boldsymbol{0}$ は各 U_i の元であり，$\boldsymbol{0}=\boldsymbol{0}_1+\cdots+\boldsymbol{0}_r$ である．直和では，このような表わし方は一意的であるから $\boldsymbol{a}_1=\boldsymbol{0}, \cdots, \boldsymbol{a}_r=\boldsymbol{0}$ である．

〔(ii) ⇒ (i)〕　$W=U_1+U_2+\cdots+U_r$ とし

$$\boldsymbol{a}_1+\boldsymbol{a}_2+\cdots+\boldsymbol{a}_r=\boldsymbol{0} \quad (\boldsymbol{a}_i \in U_i) \Rightarrow \boldsymbol{a}_i=\boldsymbol{0} \quad (i=1,\cdots,r) \qquad \cdots①$$

がなりたつとする．Wの元をU_iの元の和で表わす表わし方の一意性を示せばよい．$\boldsymbol{w} \in W$が

$$\boldsymbol{w}=\boldsymbol{u}_1+\boldsymbol{u}_2+\cdots+\boldsymbol{u}_r=\boldsymbol{u}_1'+\boldsymbol{u}_2'+\cdots+\boldsymbol{u}_r' \quad (\boldsymbol{u}_i, \boldsymbol{u}_i' \in U_i)$$

であるとする．すると

$$(\boldsymbol{u}_1-\boldsymbol{u}_1')+(\boldsymbol{u}_2-\boldsymbol{u}_2')+\cdots+(\boldsymbol{u}_r-\boldsymbol{u}_r')=\boldsymbol{0} \quad (\boldsymbol{u}_i-\boldsymbol{u}_i' \in U_i)$$

であるから，①により $\boldsymbol{u}_i-\boldsymbol{u}_i'=\boldsymbol{0}$　$(i=1,\cdots,r)$．すなわち一意性が示される．

問　題

201.1　線形空間 V の部分空間 $U_1, U_2, \cdots, U_r$ の和 $U_1+U_2+\cdots+U_r$ は V の部分空間であることを証明せよ．

201.2　例題 201 の条件 (i), (ii) と次の条件とは同値であることを示せ．

(iii)　任意の i に対して $U_i \cap (U_1+\cdots+U_{i-1}+U_{i+1}+\cdots+U_r)=\{\boldsymbol{0}\}$

◆ **補空間** 線形空間 V が 2 つの部分空間 U_1, U_2 の直和 $U_1 \oplus U_2$ であるとき，すなわち $V = U_1 \oplus U_2$ のとき，U_1, U_2 を互いに他の**補空間**という．

例題 202 補空間

U_1, U_2 を線形空間 V の部分空間，U_2' を U_2 の補空間とする．$U_2 \subset U_1$ かつ $U_1 \cap U_2' = \{\mathbf{0}\}$ ならば $U_1 = U_2$ であることを示せ．

navi ここでもまず定義からスタートする．補空間とは，$U_1 = U_2$ とは，と考えはじめよう．

解答 仮定から $U_2 \subset U_1$ であるから，$U_1 = U_2$ をいうためには $U_1 \subset U_2$ であること，すなわち U_1 の任意の元が U_2 に含まれることを示せばよい．

そこで $\boldsymbol{a}$ を U_1 の任意の元とする．U_2' が U_2 の補空間であるから

$$V = U_2 \oplus U_2' \qquad \therefore \quad \boldsymbol{a} = \boldsymbol{u} + \boldsymbol{u}' \quad (\boldsymbol{u} \in U_2, \boldsymbol{u}' \in U_2')$$

のように表わされる．$U_2 \subset U_1$ であるから

$$\boldsymbol{u} \in U_2 \text{ より } \boldsymbol{u} \in U_1$$

$$\therefore \ \boldsymbol{u}' = \boldsymbol{a} - \boldsymbol{u} \in U_1$$

したがって，$\boldsymbol{u}' \in U_2'$ と合わせて

$$\boldsymbol{u}' \in U_1 \cap U_2'$$

$U_1 \cap U_2' = \{\mathbf{0}\}$ だから $\boldsymbol{u}' = \mathbf{0}$．したがって

$$\boldsymbol{a} = \boldsymbol{u} \in U_2$$

てっそく
抽象概念の学習
(i) 定義は…
(ii) 基本定理は…
(iii) 例は…

言ってみよう
(i) 直和とは
(ii) 補空間とは

問題

202.1 空間内の直線 g と平面 π が 1 点 P のみで交わるとき，空間ベクトル全体のつくる線形空間 V^3 において，g に含まれるベクトルの全体 V_g と π に含まれるベクトルの全体 V_π は，互いに補空間であることを示せ．また，$g: x_1 = x_2 = x_3, \pi: x_1 + x_2 + x_3 = 0$ のとき，$\boldsymbol{x} = (x_1, x_2, x_3)$ を V_g, V_π のベクトルの和として表わせ．

202.2 $\mathbb{R}^4$ において，$\boldsymbol{a}_1 = (1,2,2,1), \boldsymbol{a}_2 = (3,4,4,3)$ の線形結合の全体を U_1 すなわち $U_1 = \{\lambda_1 \boldsymbol{a}_1 + \lambda_2 \boldsymbol{a}_2; \lambda_1, \lambda_2 \in \mathbb{R}\}$ とし，$\boldsymbol{b}_1 = (1,1,1,0), \boldsymbol{b}_2 = (4,3,2,-1)$ の線形結合の全体を U_2 とする（⇨ p.228）と，$\mathbb{R}^4$ の中で，U_1, U_2 は互いに補空間であることを示せ．また $\boldsymbol{x} = (6,6,5,4)$ を U_1, U_2 のベクトルの和として表わせ．

◆ **線形独立・線形従属**　第3章の3.6節では，n 次の行（列）ベクトル全体（成分は実数か複素数のどちらかに定めておく）のつくるベクトル空間において線形独立・線形従属の考えを学んだ．この考えは，一般の線形空間でも重要な役割をもち，同じことがなりたつ．V を K 上の線形空間とする．V の元 $\boldsymbol{a}_1, \boldsymbol{a}_2, \cdots, \boldsymbol{a}_r$ が（K 上で）**線形独立**または**1次独立**とは

$$\lambda_1 \boldsymbol{a}_1 + \lambda_2 \boldsymbol{a}_2 + \cdots + \lambda_r \boldsymbol{a}_r = \boldsymbol{0} \quad \text{ならば} \quad \lambda_1 = \lambda_2 = \cdots = \lambda_r = 0$$

であることをいう．また（K 上で）線形独立でないとき，すなわち，少なくとも1つは0でないものを含む K の元 $\lambda_1, \lambda_2, \cdots, \lambda_r$ をえらんで

$$\lambda_1 \boldsymbol{a}_1 + \lambda_2 \boldsymbol{a}_2 + \cdots + \lambda_r \boldsymbol{a}_r = \boldsymbol{0}$$

と表わすことができるとき，$\boldsymbol{a}_1, \boldsymbol{a}_2, \cdots, \boldsymbol{a}_r$ を（K 上で）**線形従属**または**1次従属**であるという．

例題 203　　　　**線形独立・線形従属**

線形空間 V において，次の性質を証明せよ．

(i)　V の元 $\boldsymbol{a}$ が線形独立な V の元 $\boldsymbol{a}_1, \boldsymbol{a}_2, \cdots, \boldsymbol{a}_r$ の線形結合 $\boldsymbol{a} = \lambda_1 \boldsymbol{a}_1 + \lambda_2 \boldsymbol{a}_2 + \cdots + \lambda_r \boldsymbol{a}_r$ であるとき，この表わし方は一意的である．

(ii)　V の元 $\boldsymbol{a}$ が V の元 $\boldsymbol{a}_1, \boldsymbol{a}_2, \cdots, \boldsymbol{a}_r$ の線形結合ならば，$\boldsymbol{a}, \boldsymbol{a}_1, \boldsymbol{a}_2, \cdots, \boldsymbol{a}_r$ は線形従属である．

navi　定義に基づいた論証の練習材である．これらは第3章で n 次の行ベクトル空間，列ベクトル空間でなりたつことを学んでいるが，一般の線形空間でなりたつことを確かめたい．

証明　(i)　$\boldsymbol{a} = \lambda_1 \boldsymbol{a}_1 + \lambda_2 \boldsymbol{a}_2 + \cdots + \lambda_r \boldsymbol{a}_r$ が $\mu_1 \boldsymbol{a}_1 + \mu_2 \boldsymbol{a}_2 + \cdots + \mu_r \boldsymbol{a}_r$ と表わされたならば

$$(\lambda_1 - \mu_1)\boldsymbol{a}_1 + (\lambda_2 - \mu_2)\boldsymbol{a}_2 + \cdots + (\lambda_r - \mu_r)\boldsymbol{a}_r = \boldsymbol{0}$$

$\boldsymbol{a}_1, \boldsymbol{a}_2, \cdots, \boldsymbol{a}_r$ は線形独立であるから $\lambda_1 - \mu_1 = 0, \lambda_2 - \mu_2 = 0, \cdots, \lambda_r - \mu_r = 0$．よって $\mu_1 = \lambda_1, \mu_2 = \lambda_2, \cdots, \mu_r = \lambda_r$ となり，$\boldsymbol{a}$ の表わし方は①だけである．

(ii)　$\boldsymbol{a} = \lambda_1 \boldsymbol{a}_1 + \lambda_2 \boldsymbol{a}_2 + \cdots + \lambda_r \boldsymbol{a}_r$ とすると $\lambda_0 \boldsymbol{a} + (-\lambda_1)\boldsymbol{a}_1 + \cdots + (-\lambda_r)\boldsymbol{a}_r = \boldsymbol{0}$ が $\lambda_0 = 1\ (\neq 0), -\lambda_1, \cdots, -\lambda_r$ でなりたつので，$\boldsymbol{a}, \boldsymbol{a}_1, \cdots, \boldsymbol{a}_r$ は線形従属である．

問　題

203.1　次の性質は，一般の線形空間 V でなりたつことを示せ．

(iii)　V の元 $\boldsymbol{a}_1, \boldsymbol{a}_2, \cdots, \boldsymbol{a}_r$ が線形独立で $\boldsymbol{a}, \boldsymbol{a}_1, \boldsymbol{a}_2, \cdots, \boldsymbol{a}_r$ が線形従属ならば V の元 $\boldsymbol{a}$ は $\boldsymbol{a}_1, \boldsymbol{a}_2, \cdots, \boldsymbol{a}_r$ の線形結合である．

(iv)　線形従属な r 個の V の元を含む s 個（$s > r$）の V の元は線形従属である．

(v)　線形独立な s 個の V の元に含まれる r 個（$r < s$）の V の元は線形独立である．

学習のアドバイス
(i)〜(v)の理由をくり返してください

例題 204♯ 線形独立性の伝承

$\boldsymbol{a}_1, \boldsymbol{a}_2, \cdots, \boldsymbol{a}_n$ が線形独立，かつ

$$\boldsymbol{b}_i = a_{i1}\boldsymbol{a}_1 + a_{i2}\boldsymbol{a}_2 + \cdots + a_{in}\boldsymbol{a}_n \quad (i = 1, 2, \cdots, n)$$

であるとき，$\boldsymbol{b}_1, \boldsymbol{b}_2, \cdots, \boldsymbol{b}_n$ が線形独立であるための必要十分条件は行列 $A = [a_{ij}]$ が正則なことであることを示せ．

navi 線形独立の定義は？ それに関連した基本定理は？ 同次連立方程式の解の条件になりそうだ．

解答

$$x_1\boldsymbol{b}_1 + x_2\boldsymbol{b}_2 + \cdots + x_n\boldsymbol{b}_n = \boldsymbol{0} \qquad \cdots ①$$

とする．①の左辺は

$$\sum_{i=1}^{n} x_i\boldsymbol{b}_i = \sum_{i=1}^{n} x_i \left(\sum_{j=1}^{n} a_{ij}\boldsymbol{a}_j\right) = \sum_{j=1}^{n}\left(\sum_{i=1}^{n} a_{ij}x_i\right)\boldsymbol{a}_j$$

であるから，$\boldsymbol{a}_1, \boldsymbol{a}_2, \cdots, \boldsymbol{a}_n$ が線形独立であることを考慮すると，①は

$$\sum_{i=1}^{n} a_{ij}x_i = 0 \quad (j = 1, 2, \cdots, n) \qquad \cdots ②$$

に同値である．これを x_i に関する同次連立1次方程式とみるとき，係数行列は ${}^tA$ だから，

$\boldsymbol{b}_1, \boldsymbol{b}_2, \cdots, \boldsymbol{b}_n$ が線形独立

$\Leftrightarrow$ ②が自明解のみをもつ

$\Leftrightarrow$ $|{}^tA| = |A| \neq 0$ $\Leftrightarrow$ A が正則

てっそく
線形独立性の翻訳
(i) 同次連立で
(ii) rank A，行列式 $|A|$
(iii) 正則性で

問題

204.1 上の例題の結果を用いて次のことは正しいかを調べよ．

(i) $\boldsymbol{a}, \boldsymbol{b}, \boldsymbol{c}$ が線形独立ならば $\boldsymbol{a}+\boldsymbol{b}, \boldsymbol{a}-\boldsymbol{b}, \boldsymbol{a}-3\boldsymbol{b}+2\boldsymbol{c}$ も線形独立

(ii) $\boldsymbol{a}_1, \boldsymbol{a}_2, \cdots, \boldsymbol{a}_n$ が線形独立ならば，$\boldsymbol{a}_1+\boldsymbol{a}_2, \boldsymbol{a}_2+\boldsymbol{a}_3, \cdots, \boldsymbol{a}_n+\boldsymbol{a}_1$ も線形独立

204.2 n 次以下の実係数多項式全体のつくる線形空間 $P_n(\mathbb{R})$ において

$$f_i = a_{i0}x^n + a_{i1}x^{n-1} + \cdots + a_{in-1}x + a_{in} \quad (i = 1, 2, \cdots, m)$$

が線形従属であるための必要十分条件は $\mathrm{rank}\,[a_{ij}] < m$ であることを示せ．

204.3 $P = \begin{bmatrix} a & b \\ c & d \end{bmatrix}, Q = \begin{bmatrix} e & f \\ g & h \end{bmatrix}, R = \begin{bmatrix} j & k \\ l & m \end{bmatrix}$ が $M_2(\mathbb{R})$ において線形従属であるための必要十分条件は，$\mathrm{rank}\begin{bmatrix} a & b & c & d \\ e & f & g & h \\ j & k & l & m \end{bmatrix} < 3$ であることを示せ．

◆ **生成系**　線形空間 V の空でない部分集合 M に対して，M の有限個の元の線形結合のつくる集合 $W=\{\lambda_1\boldsymbol{a}_1+\cdots+\lambda_r\boldsymbol{a}_r;\boldsymbol{a}_i\in M,\lambda_i\in K\}$ は V の部分空間であり，この部分空間を，M によって**生成された部分空間**という．

とくに M が有限集合 $\{\boldsymbol{x}_1,\boldsymbol{x}_2,\cdots,\boldsymbol{x}_s\}$ のとき，W は $\boldsymbol{x}_1,\boldsymbol{x}_2,\cdots,\boldsymbol{x}_s$ の線形結合のつくる集合

$$\{\lambda_1\boldsymbol{x}_1+\cdots+\lambda_s\boldsymbol{x}_s;\lambda_i\in K\}$$

に一致する．W は**有限生成の部分空間**といわれ，$\boldsymbol{x}_1,\cdots,\boldsymbol{x}_s$ を W の**生成系**という．

> **集合記号 $\{m;P\}$**
> 条件 P をみたす m すべてがつくる集合

例題 205♯　　**生成する部分空間**

空間ベクトル $\boldsymbol{x}_1=(-1,0,2),\boldsymbol{x}_2=(3,1,-1),\boldsymbol{x}_3=(1,1,3),\boldsymbol{x}_4=(7,2,-4)$ の生成する部分空間を W とするとき，次の部分空間 U_1 は W に一致するか．
$U_1:\boldsymbol{y}_1=(5,2,0),\boldsymbol{y}_2=(1,1,3),\boldsymbol{y}_3=(-9,-2,8)$ の生成する部分空間．

navi　$\boldsymbol{y}_i\in W$ $(i=1,2,3)$ か否かがキッカケを与える．

> $\mathbb{R}^3$ の部分空間は原点 O を通る直線か平面
> ⇨ 注意

解答　$\boldsymbol{y}_1\in W$ とは $\boldsymbol{y}_1=x\boldsymbol{x}_1+y\boldsymbol{x}_2+z\boldsymbol{x}_3+u\boldsymbol{x}_4$　$\cdots$①
となるスカラー x,y,z,u が存在するかということ．

①は x,y,z,u の連立方程式であり，これが解をもつか，ということ

$$\mathrm{rank}\,{}^t[\ \boldsymbol{x}_1\ \boldsymbol{x}_2\ \boldsymbol{x}_3\ \boldsymbol{x}_4\ ]=\mathrm{rank}\,{}^t[\boldsymbol{x}_1\ \boldsymbol{x}_2\ \boldsymbol{x}_3\ \boldsymbol{x}_4\ \boldsymbol{y}_1\ ]\qquad\cdots②$$

がなりたつかということ．$\boldsymbol{y}_2,\boldsymbol{y}_3$ の場合も合わせて，行基本操作の表をつくる．

$\boldsymbol{x}_1$	$\boldsymbol{x}_2$	$\boldsymbol{x}_3$	$\boldsymbol{x}_4$	$\boldsymbol{y}_1$	$\boldsymbol{y}_2$	$\boldsymbol{y}_3$
−1	3	1	7	5	1	−9
0	1	1	2	2	1	−2
2	−1	3	−4	0	3	8
−1	3	1	7	5	1	−9
0	1	1	2	2	1	−2
0	5	5	10	10	5	−10
−1	3	1	7	5	1	−9
0	1	1	2	2	1	−2
0	0	0	0	0	0	0

この表から

(i)　②の両辺はともに2
$\therefore\ \boldsymbol{y}_1\in W$
$\boldsymbol{y}_2\in W$
$\boldsymbol{y}_3\in W$
よって $U_1\subset W$

(ii)　$\mathrm{rank}\,{}^t[\ \boldsymbol{y}_1\ \boldsymbol{y}_2\ \boldsymbol{y}_3\ ]$
$=\mathrm{rank}\,{}^t[\ \boldsymbol{y}_1\ \boldsymbol{y}_2\ \boldsymbol{y}_3\ \boldsymbol{x}_i\ ]$
$=2$　から
$\boldsymbol{x}_i\in U_1\,(i=1,2,3,4)$
よって $W\subset U_1$
$\therefore\ U_1=W$

注意　これらの7つのベクトルはすべて $\mathbb{R}^3$ の原点 O を通る平面 $2x-5y+z=0$（$\mathbb{R}^3$ の部分空間，例題 198(i)と同様）上にある．

問　題

205.1　上の例題で，次の部分空間 U_2 は W に一致するか．

$$\boldsymbol{z}_1=(2,1,1),\boldsymbol{z}_2=(6,-1,-7),\boldsymbol{z}_3=(1,0,-2)\ \text{の生成する}\ U_2$$

◆ **基底**　線形空間 V の元 $\boldsymbol{a}_1, \boldsymbol{a}_2, \cdots, \boldsymbol{a}_n$ が（K 上）線形独立でしかも V の生成系であるとき，これを V の（K 上の）**基底**（きてい）（**底**（てい）または**基**（き））という．

例 1　n 次元数ベクトル $\boldsymbol{e}_1 = (1, 0, \cdots, 0), \boldsymbol{e}_2 = (0, 1, \cdots, 0), \cdots, \boldsymbol{e}_n = (0, 0, \cdots, 1)$ は n 次元数ベクトル空間 $\mathbb{R}^n$（および $\mathbb{C}^n$）の基底である．これを $\mathbb{R}^n$（または $\mathbb{C}^n$）の**自然基底**または**標準基底**という．

例 2　m, n を自然数とする．K の元を成分とする (m, n) 行列全体のつくる線形空間では，(i, j) 成分だけが 1，他の成分が 0 のような $\boldsymbol{e}_{ij} = [e_{ij}]$（全部で mn 個ある）は 1 組の基底である．

例 3　実数を係数とする x の整式のうち，次数が n 以下のもの全体のつくる実線形空間では $1, x, x^2, \cdots, x^n$（全部で $n+1$ 個ある）は 1 組の基底である．

例題 206$^\sharp$　　　　**基底**

線形空間 V において，次の条件(i), (ii) は同値であることを示せ．

(i)　$\boldsymbol{a}_1, \boldsymbol{a}_2, \cdots, \boldsymbol{a}_n$ が V の基底である．

(ii)　$\boldsymbol{a}_1, \boldsymbol{a}_2, \cdots, \boldsymbol{a}_n$ は線形独立で，これにどのようにベクトル $\boldsymbol{a} \in V$ を付加しても $\boldsymbol{a}, \boldsymbol{a}_1, \boldsymbol{a}_2, \cdots, \boldsymbol{a}_n$ は線形従属である．

navi　これも用語の定義から性質を引き出す練習例である．

解答　〔(i) ⇒ (ii)〕　$\boldsymbol{a}_1, \boldsymbol{a}_2, \cdots, \boldsymbol{a}_n$ が V の基底であるとは (ア)　線形独立　(イ)　V の生成系——任意の $\boldsymbol{a}$ は $\boldsymbol{a} = \lambda_1 \boldsymbol{a}_1 + \cdots + \lambda_n \boldsymbol{a}_n$ と書ける．

すると (イ) により，どのような $\boldsymbol{a}$ に対しても

$$1 \cdot \boldsymbol{a} + (-\lambda_1)\boldsymbol{a}_1 + \cdots + (-\lambda_n)\boldsymbol{a}_n = \boldsymbol{0}$$

$\boldsymbol{a}$ の係数が 1（$\neq 0$）だから $\boldsymbol{a}, \boldsymbol{a}_1, \cdots, \boldsymbol{a}_n$ は線形従属．よって(ii)となる．

〔(ii) ⇒ (i)〕　(ア) であり (ウ) 任意の $\boldsymbol{a}$ に対して $\boldsymbol{a}, \boldsymbol{a}_1, \boldsymbol{a}_2, \cdots, \boldsymbol{a}_n$ は線形従属とする．すると $\lambda_0 \boldsymbol{a} + \lambda_1 \boldsymbol{a}_1 + \cdots + \lambda_n \boldsymbol{a}_n = \boldsymbol{0}$ で $\lambda_0, \lambda_1, \cdots, \lambda_n$ の少なくとも 1 つは 0 でないものがある．$\lambda_0 = 0$ とすると $\boldsymbol{a}_1, \cdots, \boldsymbol{a}_n$ が線形従属となり，(ア) に反する．よって $\lambda_0 \neq 0$ であり，$\boldsymbol{a} = \frac{-\lambda_1}{\lambda_0}\boldsymbol{a}_1 + \cdots + \frac{-\lambda_n}{\lambda_0}\boldsymbol{a}_n$ となり，(イ) が得られる．

> **てっそく**
> **必要十分・同値の証明**
> (i)　行って（⇒），帰る（⇐）
> (ii)　言いかえ思考（⇔ … ⇔ … ⇔）

> **てっそく**
> **代数学習の基本**
> (i)　書くこと
> (ii)　覚えること
> (iii)　まねること

問　題

206.1　例題 206 の条件(i)と次の各条件は同値であることを示せ．

(iii)　$\boldsymbol{a}_1, \boldsymbol{a}_2, \cdots, \boldsymbol{a}_n$ は V の生成系で，これからどのベクトル $\boldsymbol{a}_i$ を除いても残りのベクトルは V の生成系にならない．

(iv)　$\boldsymbol{a}_i$ の生成する V の部分空間を V_i とするとき $V = V_1 \oplus V_2 \oplus \cdots \oplus V_n$

◆ **次元**　p.89（第 3 章）の例題 81 と問題 81.2 は，n 次列ベクトルのつくる線形空間の性質であったが，そこにある証明もそのままで一般の線形空間でなりたつ．この例題 81 を基にして，次の例題 207 に示すように，線形空間 V が有限個数の元からなる基底をもつときには，基底に含まれる元の個数 r は一定であることが示される．

このとき r を V の**次元**といい，$\dim V$ で表わす．また V を**有限次元線形空間**という．

例題 207♯　　　次元の考え

次の(i), (ii) を証明せよ．

(i)　線形空間 V に r 個の元からなる基底があるとき，V の他の基底の元の個数も r である．

(ii)　$\boldsymbol{a}_1, \boldsymbol{a}_2, \cdots, \boldsymbol{a}_r$ が V の基底で，$\boldsymbol{b}_1, \cdots, \boldsymbol{b}_s$ が線形独立のときは，$s \leqq r$ であり，$\boldsymbol{a}_1, \boldsymbol{a}_2, \cdots, \boldsymbol{a}_r$ の中の適当な $r-s$ 個を $\boldsymbol{b}_1, \boldsymbol{b}_2, \cdots, \boldsymbol{b}_s$ と合わせて，V の基底をつくることができる．

証明　(i)　2 つの基底 $\boldsymbol{v}_1, \boldsymbol{v}_2, \cdots, \boldsymbol{v}_r$ と $\boldsymbol{w}_1, \boldsymbol{w}_2, \cdots, \boldsymbol{w}_s$ を考え，$s=r$ を証明する．基底ということから $\boldsymbol{v}_1, \boldsymbol{v}_2, \cdots, \boldsymbol{v}_r$ は線形独立で $\boldsymbol{w}_1, \boldsymbol{w}_2, \cdots, \boldsymbol{w}_s$ は $\boldsymbol{v}_1, \boldsymbol{v}_2, \cdots, \boldsymbol{v}_r$ の線形結合であるから，例題 83（p.91）によって（そこの $\boldsymbol{a}_i, \boldsymbol{b}_j$ にあたるのが，ここの $\boldsymbol{v}_i, \boldsymbol{w}_j$）

$\boldsymbol{w}_1, \boldsymbol{w}_2, \cdots, \boldsymbol{w}_s$ のうちの線形独立なものの最大個数はたかだか r（すなわち $\leqq r$）

ところが $\boldsymbol{w}_1, \boldsymbol{w}_2, \cdots, \boldsymbol{w}_s$ も基底だから線形独立．よって $s \leqq r$ である．同様に $r \leqq s$．よって $r=s$

(ii)　例題 83 より $s \leqq r$．$\boldsymbol{a}_1, \boldsymbol{b}_1, \cdots, \boldsymbol{b}_s$ が線形従属ならば $\boldsymbol{a}_1$ は $\boldsymbol{b}_1, \cdots, \boldsymbol{b}_s$ の線形結合である（⇨ 問題 203.1）．よって $\boldsymbol{a}_2, \cdots, \boldsymbol{a}_r, \boldsymbol{b}_1, \cdots, \boldsymbol{b}_s$ は V の生成系である．$\boldsymbol{a}_1, \boldsymbol{b}_1, \cdots, \boldsymbol{b}_s$ が線形独立ならば $\boldsymbol{a}_1$ を $\boldsymbol{b}_{s+1}$ と改める．$\boldsymbol{a}_2, \cdots, \boldsymbol{a}_r, \boldsymbol{b}_1, \cdots, \boldsymbol{b}_s, \boldsymbol{b}_{s+1}$ は V の生成系である．

次に $\boldsymbol{a}_2$ をとりあげて，同じように処理する．$\cdots$

最後に $\boldsymbol{a}_r$ を処理すると $\boldsymbol{b}_1, \cdots, \boldsymbol{b}_s, \boldsymbol{b}_{s+1}, \cdots, \boldsymbol{b}_t$ が残り，これらは生成系であると共に線形独立である．すなわち基底であるから，(i)により $t=r$ となり，右図のようになる．

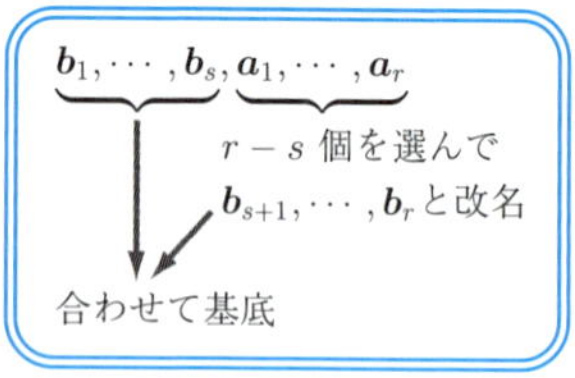

問　題

207.1　例題 207 の結果と次元の定義をもとに次を証明せよ．

(i)　U を V の部分空間とするとき $\dim U \leqq \dim V$．等号がなりたつのは $U=V$ のときである

(ii)　U, W を V の部分空間とするとき，

$$\dim(U+W) = \dim U + \dim W - \dim(U \cap W) \quad \text{（次元定理）}$$

(iii)　r 次元線形空間 V の中の線形独立な $\boldsymbol{b}_1, \cdots, \boldsymbol{b}_r$ は V の基底である．また r 個の元 $\boldsymbol{c}_1, \cdots, \boldsymbol{c}_r$ が生成系であればこれらは基底である．

例題 208♯ 　　**次元の応用 (1)**

$\mathbb{R}^3$ において $\boldsymbol{a}=(1,1,0), \boldsymbol{b}=(2,0,-1)$ で生成される部分空間を S，$\boldsymbol{c}=(-1,1,1)$, $\boldsymbol{d}=(0,1,2)$ で生成される部分空間を T とするとき，$S\cap T$ および $S+T$ はどのような部分空間か．

navi $\boldsymbol{x}\in S\cap T$ とは，と考えて．$S+T$ については，基本定理（次元定理⇨ p.230）がある．

解答 $\boldsymbol{a},\boldsymbol{b}$ および $\boldsymbol{c},\boldsymbol{d}$ はそれぞれ線形独立で，$\dim S=\dim T=2$．したがって，$\boldsymbol{x}=(x,y,z)$ とするとき

$$\boldsymbol{x}\in S \quad\Leftrightarrow\quad \boldsymbol{x},\boldsymbol{a},\boldsymbol{b}\text{が線形従属} \quad\Leftrightarrow\quad \begin{vmatrix} x & 1 & 2 \\ y & 1 & 0 \\ z & 0 & -1 \end{vmatrix}=0 \quad\cdots①$$

$$\boldsymbol{x}\in T \quad\Leftrightarrow\quad \boldsymbol{x},\boldsymbol{c},\boldsymbol{d}\text{が線形従属} \quad\Leftrightarrow\quad \begin{vmatrix} x & -1 & 0 \\ y & 1 & 1 \\ z & 1 & 2 \end{vmatrix}=0 \quad\cdots②$$

てっそく
線形独立・線形従属
$\mathrm{rank}\,[\boldsymbol{a}_1\cdots\boldsymbol{a}_s]$
$=s$ か
$<s$ か

$$\therefore \quad \begin{matrix} ①\text{より} & -x+y-2z=0 & \cdots③ \\ ②\text{より} & x+2y-z=0 & \cdots④ \end{matrix}$$

次元の応用
$U\subset V$ で
$\dim U=\dim V$
$\Rightarrow\quad U=V$

したがって，$\boldsymbol{x}\in S\cap T$ であるための必要十分条件は，x,y,z が方程式③, ④の解となることで，その解は

$$\begin{bmatrix} -1 & 1 & -2 \\ 1 & 2 & -1 \end{bmatrix} \rightarrow \begin{bmatrix} 1 & -1 & 2 \\ 0 & 1 & -1 \end{bmatrix} \quad\text{から}\quad (x,y,z)=\lambda(1,-1,-1)$$

ゆえに，$S\cap T$ はベクトル $(1,-1,-1)$ で生成される 1 次元部分空間である．次に，次元定理から $\dim(S+T)=\dim S+\dim T-\dim(S\cap T)=2+2-1=3$．ゆえに，$S+T$ は $\mathbb{R}^3$ に一致する．

問　題

208.1 $\mathbb{R}^4$ において次の U_1, U_2 に対し $U_1\cap U_2, U_1+U_2$ の次元と 1 組の基底を求めよ．

(i) $\boldsymbol{a}_1=(1,0,1,2), \boldsymbol{a}_2=(-1,1,-1,0)$ の生成する部分空間を U_1
$\boldsymbol{b}_1=(2,-3,0,1), \boldsymbol{b}_2=(3,-1,1,7)$ の生成する部分空間を U_2

(ii) $\boldsymbol{a}_1=(-1,2,3,1), \boldsymbol{a}_2=(0,1,3,-1)$ の生成する部分空間を U_1
$\boldsymbol{b}_1=(2,0,-1,1), \boldsymbol{b}_2=(1,2,2,-1)$ の生成する部分空間を U_2

(iii) $\begin{cases} x_1+2x_2-x_3+3x_4=0 \\ x_2+x_3+2x_4=0 \\ -x_1+3x_3+x_4=0 \end{cases}$ の解の全体を U_1

$x_1-x_2-x_3+3x_4=0$ の解の全体を U_2

例題 209♮　　次元の応用 (2)

3 次元線形空間 V の相異なる 2 次元部分空間 W_1, W_2 の和は全空間 V に一致することを示せ.

navi 集合 U, V の一致 $(U = V)$ を立証するには, $U \subset V$ $(\boldsymbol{u} \in U \Rightarrow \boldsymbol{u} \in V)$ と, $\dim U = \dim V$ の 2 つのことを考える.

route 次元の定理といえば, 問題 207.1 である.

解答 (次元・基底の定義に立脚したもの) W_1 は 2 次元だから, W_1 の基底は 2 個の元からなる. その 1 組を $\boldsymbol{a}_1, \boldsymbol{a}_2$ とする. 一方 $W_1 \neq W_2$ だから $\boldsymbol{b}_1 \in W_2, \boldsymbol{b}_1 \notin W_1$ のような $\boldsymbol{b}_1$ が存在する. このとき, $\boldsymbol{a}_1, \boldsymbol{a}_2, \boldsymbol{b}_1$ は線形独立である. 実際 $\lambda\boldsymbol{a}_1 + \mu\boldsymbol{a}_2 + \nu\boldsymbol{b}_1 = \boldsymbol{0}$ $\cdots$① とし, $\nu \neq 0$ とすると $\boldsymbol{b}_1 = -\frac{\lambda}{\nu}\boldsymbol{a}_1 - \frac{\mu}{\nu}\boldsymbol{a}_2 \in W_1$ となって $\boldsymbol{b}_1$ のとり方に反する. したがって $\nu = 0$ であるが, そのときは①から $\lambda\boldsymbol{a}_1 + \mu\boldsymbol{a}_2 = \boldsymbol{0}$, そして $\boldsymbol{a}_1, \boldsymbol{a}_2$ が線形独立という仮定から, $\lambda = \mu = 0$.

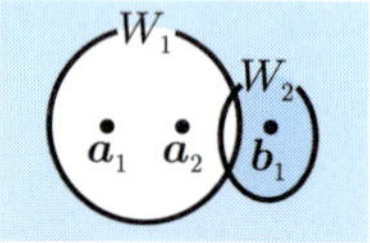

V は 3 次元だから, $\boldsymbol{a}_1, \boldsymbol{a}_2, \boldsymbol{b}_1$ は V の基底である. したがって, 任意の $\boldsymbol{x} \in V$ は $\boldsymbol{x} = \alpha\boldsymbol{a}_1 + \beta\boldsymbol{a}_2 + \gamma\boldsymbol{b}_1$ と表わされるが, $\alpha\boldsymbol{a}_1 + \beta\boldsymbol{a}_2 \in W_1, \gamma\boldsymbol{b}_1 \in W_2$ であるから, これは $\boldsymbol{x} \in W_1 + W_2$ を意味する.

すなわち $V \subset W_1 + W_2$. 一方 $V \supset W_1 + W_2$ だから $V = W_1 + W_2$

別解

$$\dim(W_1 + W_2) = \dim W_1 + \dim W_2 - \dim(W_1 \cap W_2)$$

$$\therefore \quad \dim(W_1 + W_2) = 4 - \dim(W_1 \cap W_2)$$

さて $\dim(W_1 + W_2) \leqq \dim V = 3$, また $\dim(W_1 + W_2) \geqq \dim W_1 = 2$

$$\therefore \quad 1 \leqq \dim(W_1 \cap W_2) \leqq 2$$

ここで $\dim(W_1 \cap W_2) = 2$ とすると, $\dim W_1 = \dim W_2 = \dim(W_1 \cap W_2)$. ゆえに $W_1 \supset W_1 \cap W_2, W_2 \supset W_1 \cap W_2$ と合わせて $W_1 = W_2 = W_1 \cap W_2$. これは仮定に反する. ゆえに $\dim(W_1 \cap W_2) = 1$ である. そのときは

$$\dim(W_1 + W_2) = 3 = \dim V \qquad \therefore \quad V = W_1 + W_2$$

問　題

209.1　線形空間 V において, $\boldsymbol{a}_1, \boldsymbol{a}_2, \boldsymbol{a}_3, \boldsymbol{a}_4$ のうち最大 3 個までが線形独立で, $\boldsymbol{b}_1, \boldsymbol{b}_2, \boldsymbol{b}_3, \boldsymbol{b}_4, \boldsymbol{b}_5$ はいずれも $\boldsymbol{a}_1, \boldsymbol{a}_2, \boldsymbol{a}_3, \boldsymbol{a}_4$ の線形結合であるとする. そのとき $\boldsymbol{b}_1, \boldsymbol{b}_2, \boldsymbol{b}_3, \boldsymbol{b}_4, \boldsymbol{b}_5$ のうち線形独立なものの最大個数は 3 以下であることを示せ.

てっそく
部分空間の一致
(i)　相互の包含関係
(ii)　次元の一致

7.2 計量線形空間

◆ **イントロ**　第 4 章の 2 次元，3 次元実線形空間である平面ベクトルと空間ベクトルの章では，線分でつくられた図形の中心の考え "長さと角" を代数化した "内積" について学習した．代数の諸概念の一般化・抽象化を考えるこの章では，第 4 章の内積を一般化することを考える．

◆ **実計量線形空間・複素計量線形空間**　K 上の線形空間 V において，任意のベクトル $\boldsymbol{a}, \boldsymbol{b} \in V$ に対して次の条件をみたす数 $\langle \boldsymbol{a}, \boldsymbol{b} \rangle \in K$ を対応させる法則が与えられているとき，$\langle \boldsymbol{a}, \boldsymbol{b} \rangle$ を $\boldsymbol{a}, \boldsymbol{b}$ の**内積**という（第 4 章では，内積を $\boldsymbol{a} \cdot \boldsymbol{b}$ で表わした）．

(i)　$\langle \boldsymbol{a}, \boldsymbol{b} \rangle = \overline{\langle \boldsymbol{b}, \boldsymbol{a} \rangle}$

(ii)　$\langle \boldsymbol{a}+\boldsymbol{b}, \boldsymbol{c} \rangle = \langle \boldsymbol{a}, \boldsymbol{c} \rangle + \langle \boldsymbol{b}, \boldsymbol{c} \rangle$　　（分配法則）

(iii)　$\langle \lambda\boldsymbol{a}, \boldsymbol{b} \rangle = \lambda\langle \boldsymbol{a}, \boldsymbol{b} \rangle$　　$(\lambda \in \boldsymbol{K})$

(iv)　$\boldsymbol{a} \neq \boldsymbol{0} \quad \Rightarrow \quad \langle \boldsymbol{a}, \boldsymbol{a} \rangle > 0$

ここで，$K = \mathbb{C}$ のとき，(i)の $\overline{}$ は共役複素数をとることを意味する．$K = \mathbb{R}$ のときは $\overline{\langle \boldsymbol{b}, \boldsymbol{a} \rangle} = \langle \boldsymbol{b}, \boldsymbol{a} \rangle$ であるから(i)は $\langle \boldsymbol{a}, \boldsymbol{b} \rangle = \langle \boldsymbol{b}, \boldsymbol{a} \rangle$（交換法則）となる．

内積の与えられている K 上の線形空間を K 上の**計量線形空間**といい，$K = \mathbb{R}$ のときは実計量線形空間，$K = \mathbb{C}$ のときは**複素計量線形空間**または**ユニタリ空間**という．

例題 210　　**内積の条件の発展**

計量線形空間において，次がなりたつことを上の(i)〜(iv)から導け．

(v)　$\langle \boldsymbol{a}, \boldsymbol{b}+\boldsymbol{c} \rangle = \langle \boldsymbol{a}, \boldsymbol{b} \rangle + \langle \boldsymbol{a}, \boldsymbol{c} \rangle$

(vi)　$\langle \boldsymbol{a}, \lambda\boldsymbol{b} \rangle = \overline{\lambda}\langle \boldsymbol{a}, \boldsymbol{b} \rangle$　$(\lambda \in K)$

(vii)　$\langle \boldsymbol{0}, \boldsymbol{a} \rangle = \langle \boldsymbol{a}, \boldsymbol{0} \rangle = 0$

navi　定義条件(i)〜(iv)に慣れるためのもの．

解答　(v)　(i),(ii) による．

$$\langle \boldsymbol{a}, \boldsymbol{b}+\boldsymbol{c} \rangle = \overline{\langle \boldsymbol{b}+\boldsymbol{c}, \boldsymbol{a} \rangle} = \overline{\langle \boldsymbol{b}, \boldsymbol{a} \rangle + \langle \boldsymbol{c}, \boldsymbol{a} \rangle}$$
$$= \overline{\langle \boldsymbol{b}, \boldsymbol{a} \rangle} + \overline{\langle \boldsymbol{c}, \boldsymbol{a} \rangle} = \langle \boldsymbol{a}, \boldsymbol{b} \rangle + \langle \boldsymbol{a}, \boldsymbol{c} \rangle$$

(vi)　(i), (iii) による．$\langle \boldsymbol{a}, \lambda\boldsymbol{b} \rangle = \overline{\langle \lambda\boldsymbol{b}, \boldsymbol{a} \rangle} = \overline{\lambda\langle \boldsymbol{b}, \boldsymbol{a} \rangle} = \overline{\lambda}\,\overline{\langle \boldsymbol{b}, \boldsymbol{a} \rangle} = \overline{\lambda}\langle \boldsymbol{a}, \boldsymbol{b} \rangle$

(vii)　(iii)と(vi) で $\lambda = 0$ の場合である．

問　題

210.1　次の性質を導け．

$$\langle \lambda\boldsymbol{a}+\mu\boldsymbol{b}, \nu\boldsymbol{c}+\rho\boldsymbol{d} \rangle = \lambda\overline{\nu}\langle \boldsymbol{a}, \boldsymbol{c} \rangle + \mu\overline{\nu}\langle \boldsymbol{b}, \boldsymbol{c} \rangle + \lambda\overline{\rho}\langle \boldsymbol{a}, \boldsymbol{d} \rangle + \mu\overline{\rho}\langle \boldsymbol{b}, \boldsymbol{d} \rangle$$

◆ K^n **における標準の内積**　K^n（$=\mathbb{R}^n$ または $\mathbb{C}^n$）において，内積の公理をみたすものはいろいろある．(➪問題 211.1)．とくに

$$\boldsymbol{x}=[\,x_1\ x_2\ \cdots\ x_n\,],\quad \boldsymbol{y}=[\,y_1\ y_2\ \cdots\ y_n\,]\quad \text{のとき}\quad \langle \boldsymbol{x},\boldsymbol{y}\rangle = x_1\overline{y_1}+\cdots+x_n\overline{y_n}$$

（$K=\mathbb{R}$ のときは $\overline{y_i}=y_i$）と定めるとき（➪問題 211.1(i)(iii)で $g_{ii}=1, g_{ij}=0$（$i\neq j$）のとき），この内積を K^n における標準の**内積**という．

例題 211　　計量線形空間の例

実数を成分とする n 次正方行列全体のつくる実線形空間 $M_n(\mathbb{R})$ において $A,B\in M_n(\mathbb{R})$ に対し

$$\langle A,B\rangle=\mathrm{tr}\,({}^tAB)$$

と定義すると，これは内積であることを示せ．

navi　これが内積の公理をすべてみたすことを示せばよい．

解答　$\langle A,B\rangle=\mathrm{tr}\,({}^tAB)=\mathrm{tr}\,({}^t({}^tAB))=\mathrm{tr}\,({}^tBA)=\langle B,A\rangle$

$\langle A_1+A_2,B\rangle=\mathrm{tr}\,({}^t(A_1+A_2)B)=\mathrm{tr}\,(({}^tA_1+{}^tA_2)B)$

$=\mathrm{tr}\,({}^tA_1B+{}^tA_2B)=\mathrm{tr}\,({}^tA_1B)+\mathrm{tr}\,({}^tA_2B)$

$=\langle A_1,B\rangle+\langle A_2,B\rangle$

$\langle \lambda A,B\rangle=\mathrm{tr}\,({}^t(\lambda A)B)=\mathrm{tr}\,(\lambda{}^tAB)=\lambda\,\mathrm{tr}\,({}^tAB)=\lambda\langle A,B\rangle$

$A\neq O$ ならば $\langle A,A\rangle=\mathrm{tr}\,({}^tAA)=\displaystyle\sum_{i,j=1}^{n}a_{ij}^2>0$

> **$\mathrm{tr}\,A$ の性質**
> (i)　定義は $a_{11}+\cdots+a_{nn}$
> (ii)　$\mathrm{tr}\,(A+B)=\mathrm{tr}\,A+\mathrm{tr}\,B$
> (iii)　$\mathrm{tr}\,(\lambda A)=\lambda\,\mathrm{tr}\,A$

注意　$\langle A,B\rangle$ は A,B の (i,j) 成分どうしをかけて総和したものに等しい．

問　題

211.1　次のように内積を定義することができることを示せ．

(i)　$\mathbb{R}^n$ において $\langle \boldsymbol{a},\boldsymbol{b}\rangle=\displaystyle\sum_{i,j=1}^{n}g_{ij}a_ib_j$．ただし，すべての i,j に対して $g_{ij}=g_{ji}$，

また $a_1=a_2=\cdots=a_n=0$ を除いて $\displaystyle\sum_{i,j=1}^{n}g_{ij}a_ia_j>0$ とする．

(ii)　$\mathbb{R}^3$ において $\langle \boldsymbol{a},\boldsymbol{b}\rangle=(a_1+a_2)(b_1+b_2)+a_2b_2+(a_2+2a_3)(b_2+2b_3)$

(iii)　$\mathbb{C}^n$ において $\langle \boldsymbol{a},\boldsymbol{b}\rangle=\displaystyle\sum_{i,j=1}^{n}g_{ij}a_i\overline{b_j}$．ただし，すべての i,j に対して $g_{ij}=\overline{g_{ji}}$

また $a_1=a_2=\cdots=a_n=0$ を除いて $\displaystyle\sum_{i,j=1}^{n}g_{ij}a_i\overline{a_j}>0$ とする．

(iv)　n 次以下の実係数多項式全体のつくる線形空間 $P_n(\mathbb{R})$ において

(a)　$\langle f,g\rangle=\displaystyle\int_{-1}^{1}f(x)g(x)dx$　　(b)　$\langle f,g\rangle=\displaystyle\int_a^b(x^2+1)f(x)g(x)dx$

(v)　閉区間 $[a,b]$ で連続な実関数全体のつくる実線形空間において，$w(x)$ を $[a,b]$ でつねに正である連続な関数とするとき $\langle f,g\rangle=\displaystyle\int_a^b w(x)f(x)g(x)dx$

◆ **ノルム** 計量線形空間 V のベクトル $\boldsymbol{a}$ に対して $\langle \boldsymbol{a}, \boldsymbol{a} \rangle$ は実数で $\langle \boldsymbol{a}, \boldsymbol{b} \rangle \geqq 0$．そこで $||\boldsymbol{a}|| = \sqrt{\langle \boldsymbol{a}, \boldsymbol{a} \rangle}$ と定義して，これを $\boldsymbol{a}$ の**ノルム**または**絶対値**という．第 4 章の平面ベクトル，空間ベクトルの“ベクトルの大きさ”の計量線形空間への拡張である．ノルムについての基本性質を例題・問題として示そう．

例題 212 ノルム

ノルムについての次の性質を証明せよ．

(i) $||\boldsymbol{a}|| \geqq 0$; $||\boldsymbol{a}|| = 0 \Leftrightarrow \boldsymbol{a} = \boldsymbol{0}$

(ii) 任意のスカラー λ に対して $||\lambda\boldsymbol{a}|| = |\lambda|\,||\boldsymbol{a}||$

(iii) $|\langle \boldsymbol{a}, \boldsymbol{b} \rangle| \leqq ||\boldsymbol{a}||\,||\boldsymbol{b}||$ （シュヴァルツの不等式）

navi 頼るは今のところ，内積の条件と例題の性質(v) (vi) (vii) だけである．

解答 $K = \mathbb{C}$ のときを証明すればよい． (i) 条件(iii) (iv)による． (ii) 条件(iv)と性質(vi)から $||\lambda\boldsymbol{a}||^2 = \langle \lambda\boldsymbol{a}, \lambda\boldsymbol{a} \rangle = \lambda\overline{\lambda}\langle \boldsymbol{a}, \boldsymbol{a} \rangle = |\lambda|^2\langle \boldsymbol{a}, \boldsymbol{a} \rangle = |\lambda|^2||\boldsymbol{a}||^2$．よって $||\lambda\boldsymbol{a}|| = |\lambda|\,||\boldsymbol{a}||$
(iii) $\boldsymbol{b} = \boldsymbol{0}$ のときは左辺も右辺も 0 であるから正しい．$\boldsymbol{b} \fallingdotseq \boldsymbol{0}$ とするとき，実数 t に対して

$$||\boldsymbol{a} - t\boldsymbol{b}||^2 = \langle \boldsymbol{a} - t\boldsymbol{b}, \boldsymbol{a} - t\boldsymbol{b} \rangle = \langle \boldsymbol{a}, \boldsymbol{a} \rangle + \langle -t\boldsymbol{b}, \boldsymbol{a} \rangle + \langle \boldsymbol{a}, -t\boldsymbol{b} \rangle + \langle -t\boldsymbol{b}, -t\boldsymbol{b} \rangle \quad \cdots①$$

さらに，条件(iii)と性質(vi)から $\langle -t\boldsymbol{b}, \boldsymbol{a} \rangle = -t\langle \boldsymbol{b}, \boldsymbol{a} \rangle, \langle \boldsymbol{a}, -t\boldsymbol{b} \rangle = -t\langle \boldsymbol{a}, \boldsymbol{b} \rangle = -t\overline{\langle \boldsymbol{a}, \boldsymbol{b} \rangle}$ となり $\langle \boldsymbol{a}, \boldsymbol{b} \rangle = a + bi$ $(a, b \in \mathbb{R})$ とすれば①は，

$$||\boldsymbol{a}||^2 - 2ta + t^2||\boldsymbol{b}||^2 \geqq 0 \quad (||\boldsymbol{b}|| \fallingdotseq 0) \quad \cdots②$$

となり，②が任意の実数 t に対してなりたつ．したがって，この判別式 $D \leqq 0$
$\therefore\ a^2 - ||\boldsymbol{a}||^2\,||\boldsymbol{b}||^2 \leqq 0 \quad \therefore\ |a| \leqq ||\boldsymbol{a}||\,||\boldsymbol{b}|| \cdots③$ ここで，$K = \mathbb{R}$ のときは $a = \langle \boldsymbol{a}, \boldsymbol{b} \rangle$ であるから，③が求める不等式である．$K = \mathbb{C}$ のときは，$\langle \boldsymbol{a}, \boldsymbol{b} \rangle \fallingdotseq 0$ のとき正規化して $\zeta = \langle \boldsymbol{a}, \boldsymbol{b} \rangle / |\langle \boldsymbol{a}, \boldsymbol{b} \rangle|$ とすると，$\zeta\overline{\zeta} = 1, \langle \boldsymbol{a}, \boldsymbol{b} \rangle = \zeta|\langle \boldsymbol{a}, \boldsymbol{b} \rangle| \quad \therefore\ |\langle \boldsymbol{a}, \boldsymbol{b} \rangle| = \overline{\zeta}\langle \boldsymbol{a}, \boldsymbol{b} \rangle = \langle \overline{\zeta}\boldsymbol{a}, \boldsymbol{b} \rangle$ $= a \in \mathbb{R}$．よって③から $|a| \leqq ||\overline{\zeta}\boldsymbol{a}||\,||\boldsymbol{b}|| = |\overline{\zeta}|\,||\boldsymbol{a}||\,||\boldsymbol{b}|| = ||\boldsymbol{a}||\,||\boldsymbol{b}|| \quad \therefore\ |\langle \boldsymbol{a}, \boldsymbol{b} \rangle| \leqq ||\boldsymbol{a}||\,||\boldsymbol{b}||$

● **単位ベクトル，ベクトルの正規化** $||\boldsymbol{e}|| = 1$ であるベクトル $\boldsymbol{e}$ を**単位ベクトル**という．上の(i), (ii)から $\boldsymbol{a} \fallingdotseq \boldsymbol{0}$ のとき $\boldsymbol{a}/||\boldsymbol{a}||$ は単位ベクトルである．$\boldsymbol{a}$ から $\boldsymbol{a}/||\boldsymbol{a}||$ をつくることをベクトル $\boldsymbol{a}$ を**正規化**するという．

問 題

212.1 計量線形空間 V におけるノルムについて，次を証明せよ．

(iv) $||\boldsymbol{a} + \boldsymbol{b}|| \leqq ||\boldsymbol{a}|| + ||\boldsymbol{b}||$ （三角不等式）

(v) $\bigl|\,||\boldsymbol{a}|| - ||\boldsymbol{b}||\,\bigr| \leqq ||\boldsymbol{a} - \boldsymbol{b}||$

(vi) $||\boldsymbol{a} + \boldsymbol{b}||^2 + ||\boldsymbol{a} - \boldsymbol{b}||^2 = 2(||\boldsymbol{a}||^2 + ||\boldsymbol{b}||^2)$ （中線定理）

◆ **なす角**　実計量線形空間の場合，$\mathbf{0}$ でないベクトル $\boldsymbol{a}, \boldsymbol{b}$ に対して

$-1 \leqq \frac{\langle \boldsymbol{a}, \boldsymbol{b} \rangle}{\|\boldsymbol{a}\|\|\boldsymbol{b}\|} \leqq 1$ （⇨ 例題 212(iii)）であるから　$\cos\theta = \frac{\langle \boldsymbol{a}, \boldsymbol{b} \rangle}{\|\boldsymbol{a}\|\|\boldsymbol{b}\|}$ 　$(0 \leqq \theta \leqq \pi)$

となる θ が定まる．この θ を $\boldsymbol{a}, \boldsymbol{b}$ の**なす角**という．$\boldsymbol{a}, \boldsymbol{b}$ の少なくとも一方が $\mathbf{0}$ のとき，$\boldsymbol{a}, \boldsymbol{b}$ のなす角は 0 または $\pi/2$ と規約する．$\boldsymbol{a}, \boldsymbol{b}$ のなす角が $\pi/2$ のとき，$\boldsymbol{a}, \boldsymbol{b}$ は**直交する**といって $\boldsymbol{a} \perp \boldsymbol{b}$ と記す．　$\boldsymbol{a} \perp \boldsymbol{b} \iff \langle \boldsymbol{a}, \boldsymbol{b} \rangle = 0$

複素計量線形空間においては「なす角」を定義しないが，直交の概念だけを形式的に $\langle \boldsymbol{a}, \boldsymbol{b} \rangle = 0$ のとき $\boldsymbol{a} \perp \boldsymbol{b}$ と定義する．

例題 213　　　**直交の考えの一般化**

$\mathbb{C}^3$ における標準の内積をもとに $\boldsymbol{a}_1 = (i, 2i, 1), \boldsymbol{a}_2 = (1, 1+i, 0), \boldsymbol{a}_3 = (i, 1-i, 2)$ として，次の問に答えよ．

(i)　$\langle \boldsymbol{a}_1, \boldsymbol{a}_2 \rangle, \langle \boldsymbol{a}_2, \boldsymbol{a}_3 \rangle$ を求めよ．

(ii)　$\|\boldsymbol{a}_1\|, \|\boldsymbol{a}_2\|, \|\boldsymbol{a}_3\|$ を求めよ．

(iii)　$\boldsymbol{a} = (1-i, -1, 1-i)$ は $\boldsymbol{a}_1, \boldsymbol{a}_2$ と直交することを示せ．

(iv)　$\boldsymbol{a}_1, \boldsymbol{a}_3$ と直交するベクトルを 1 つ求めよ．

navi　新しい考えの問題解決は “用語の定義” から．

解答　(i)　$\langle \boldsymbol{a}_1, \boldsymbol{a}_2 \rangle = i \cdot 1 + 2i(1-i) + 1 \cdot 0 = 2 + 3i$

$\langle \boldsymbol{a}_2, \boldsymbol{a}_3 \rangle = 1(-i) + (1+i)(1+i) + 0 \cdot 2 = i$

(ii)　$\|\boldsymbol{a}_1\|^2 = \langle \boldsymbol{a}_1, \boldsymbol{a}_1 \rangle = i(-i) + 2i(-2i) + 1^2 = 6$

$\|\boldsymbol{a}_2\|^2 = \langle \boldsymbol{a}_2, \boldsymbol{a}_2 \rangle = 1^2 + (1+i)(1-i) + 0^2 = 3$

$\|\boldsymbol{a}_3\|^2 = \langle \boldsymbol{a}_3, \boldsymbol{a}_3 \rangle = i(-i) + (1-i)(1+i) + 2^2 = 7$

$$\therefore \begin{cases} \|\boldsymbol{a}_1\| = \sqrt{6} \\ \|\boldsymbol{a}_2\| = \sqrt{3} \\ \|\boldsymbol{a}_3\| = \sqrt{7} \end{cases}$$

(iii)　$\langle \boldsymbol{a}, \boldsymbol{a}_1 \rangle = (1-i)(-i) + (-1)(-2i) + (1-i) \cdot 1 = 0$

$\langle \boldsymbol{a}, \boldsymbol{a}_2 \rangle = (1-i) \cdot 1 + (-1)(1-i) + (1-i) \cdot 0 = 0$

(iv)　求めるベクトルを $\boldsymbol{a} = (\alpha, \beta, \gamma)$ とすると

$\langle \boldsymbol{a}, \boldsymbol{a}_1 \rangle = \alpha(-i) + \beta(-2i) + \gamma \cdot 1 = 0$

$\langle \boldsymbol{a}, \boldsymbol{a}_3 \rangle = \alpha(-i) + \beta(1+i) + \gamma \cdot 2 = 0$

$(\alpha, \beta, \gamma) = \lambda(-1-5i, i, 3-i)$．$(-1-5i, i, 3-i)$ が求めるベクトルの一つ．

> 決定問題では
> 文字を与えて
> ↓
> 等式で表現
> ↓
> 1 次連立は基本操作

問　題

213.1　$\mathbb{R}^4$ において，標準の内積で考える．

(i)　$\boldsymbol{a}_1 = (a, 1, b, -2), \boldsymbol{a}_2 = (-1, a, 1, c), \boldsymbol{a}_3 = (0, 2b, -7, -5)$ のどの 2 つをとっても直交するように a, b, c を定めよ．

(ii)　これらを正規化した単位ベクトル $\boldsymbol{e}_i = \frac{\boldsymbol{a}_i}{\|\boldsymbol{a}_i\|}$ $(i = 1, 2, 3)$ を求めよ．

(iii)　$\boldsymbol{a} = \boldsymbol{a}_1 + \boldsymbol{a}_2, \boldsymbol{b} = -\boldsymbol{a}_1 + 2\boldsymbol{a}_3$ とするとき $\boldsymbol{a}, \boldsymbol{b}$ のなす角 θ の $\cos\theta$ を求めよ．

◆ **直交系** N を計量線形空間 V の部分集合で $\mathbf{0} \notin N$ とする．N の任意の相異なる 2 元 $\boldsymbol{a}, \boldsymbol{b}$ が常に直交するとき，N を**直交系**という．直交系 N のベクトルがすべて単位ベクトルであるとき N を**正規直交系**という．

◆ **グラム-シュミットの直交化法** 内積が定義される線形空間では，列ベクトル空間 $\mathbb{R}^n$ における（⇨ p.184）グラム-シュミットの直交化法も一般化される．

(1) N が計量線形空間の直交系であるとき，N から有限個のベクトル $\boldsymbol{a}_1, \boldsymbol{a}_2, \cdots, \boldsymbol{a}_r$ をどのようにとっても線形独立である．

(2) 計量線形空間 V の線形独立な m 個のベクトル $\boldsymbol{a}_1, \boldsymbol{a}_2, \cdots, \boldsymbol{a}_m$ が与えられたとき，これから正規直交系 $\boldsymbol{e}_1, \boldsymbol{e}_2, \cdots, \boldsymbol{e}_m$ を，$1 \leqq k \leqq m$ の各 k に対して $\boldsymbol{e}_1, \boldsymbol{e}_2, \cdots, \boldsymbol{e}_k$ が $\boldsymbol{a}_1, \boldsymbol{a}_2, \cdots, \boldsymbol{a}_k$ と同じ部分空間を生成するように次のようにしてつくることができる．

$$\boldsymbol{b}_1 = \boldsymbol{a}_1, \quad \boldsymbol{b}_k = \boldsymbol{a}_k - \sum_{i=1}^{k-1} \frac{\langle \boldsymbol{a}_k, \boldsymbol{b}_i \rangle}{\langle \boldsymbol{b}_i, \boldsymbol{b}_i \rangle} \boldsymbol{b}_i \quad (k = 2, \cdots, m) \quad \cdots ①$$

これら $\boldsymbol{b}_1, \boldsymbol{b}_2, \cdots, \boldsymbol{b}_m$ は直交系であり（⇨ 問題 214.1），これらを正規化したベクトルを $\boldsymbol{e}_1, \boldsymbol{e}_2, \cdots, \boldsymbol{e}_m$ とする．この方法を**グラム-シュミットの直交化法**という．

例題 214♯ $\mathbb{C}^3$ におけるグラム-シュミット

(i) 上記の (1) を証明せよ． (ii) $\mathbb{C}^3$ において $\boldsymbol{a}_1 = (0, 1, -1), \boldsymbol{a}_2 = (1+i, 1, 1), \boldsymbol{a}_3 = (1-i, 1, 1)$ は線形独立であることを証明し，$\boldsymbol{a}_1, \boldsymbol{a}_2, \boldsymbol{a}_3$ から標準の内積によるグラム-シュミットの直交化法を用いて，正規直交系をつくれ．

解答 (i) $\lambda_1 \boldsymbol{a}_1 + \cdots + \lambda_r \boldsymbol{a}_r = \mathbf{0}$ とし，$\boldsymbol{a}_i \, (i = 1, \cdots, r)$ との内積をつくるとき，これらは直交系であるから $\langle \boldsymbol{a}_j, \boldsymbol{a}_i \rangle = 0 \; (j \neq i), \langle \boldsymbol{a}_i, \boldsymbol{a}_i \rangle \neq 0$ であり $\lambda_i \langle \boldsymbol{a}_i, \boldsymbol{a}_i \rangle = \langle \mathbf{0}, \boldsymbol{a}_i \rangle = 0$ から $\lambda_i = 0$．よって $\boldsymbol{a}_1, \cdots, \boldsymbol{a}_r$ は線形独立である． (ii) $\lambda_1(0, 1, -1) + \lambda_2(1+i, 1, 1) + \lambda_3(1-i, 1, 1) = \mathbf{0}$ とすると，$\lambda_2 + \lambda_3 + (\lambda_2 - \lambda_3)i = 0, \lambda_1 + \lambda_2 + \lambda_3 = 0, -\lambda_1 + \lambda_2 + \lambda_3 = 0$ を解いて $\lambda_1 = \lambda_2 = \lambda_3 = 0$ となるから．$\boldsymbol{b}_1 = \boldsymbol{a}_1 = (0, 1, -1), \langle \boldsymbol{a}_2, \boldsymbol{b}_1 \rangle = 0$

$$\therefore \quad \boldsymbol{b}_2 = \boldsymbol{a}_2 - \tfrac{\langle \boldsymbol{a}_2, \boldsymbol{b}_1 \rangle}{\langle \boldsymbol{b}_1, \boldsymbol{b}_1 \rangle} \boldsymbol{b}_1 = (1+i, 1, 1), \quad \langle \boldsymbol{a}_3, \boldsymbol{b}_1 \rangle = 0, \quad \langle \boldsymbol{a}_3, \boldsymbol{b}_2 \rangle = 2 - 2i, \quad \langle \boldsymbol{b}_2, \boldsymbol{b}_2 \rangle = 4$$

$$\therefore \quad \boldsymbol{b}_3 = \boldsymbol{a}_3 - \tfrac{\langle \boldsymbol{a}_3, \boldsymbol{b}_1 \rangle}{\langle \boldsymbol{b}_1, \boldsymbol{b}_1 \rangle} \boldsymbol{b}_1 - \tfrac{\langle \boldsymbol{a}_3, \boldsymbol{b}_2 \rangle}{\langle \boldsymbol{b}_2, \boldsymbol{b}_2 \rangle} \boldsymbol{b}_2 = \left(-i, \tfrac{1+i}{2}, \tfrac{1+i}{2}\right)$$

$$||\boldsymbol{b}_1||^2 = 2, \quad ||\boldsymbol{b}_2||^2 = 4, \quad ||\boldsymbol{b}_3||^2 = (-i)i + \tfrac{1+i}{2}\tfrac{1-i}{2} + \tfrac{1+i}{2}\tfrac{1-i}{2} = 2$$

$$\boldsymbol{e}_1 = \tfrac{\boldsymbol{b}_1}{||\boldsymbol{b}_1||} = \left(0, \tfrac{1}{\sqrt{2}}, \tfrac{-1}{\sqrt{2}}\right), \quad \boldsymbol{e}_2 = \tfrac{\boldsymbol{b}_2}{||\boldsymbol{b}_2||} = \left(\tfrac{1+i}{2}, \tfrac{1}{2}, \tfrac{1}{2}\right), \quad \boldsymbol{e}_3 = \tfrac{\boldsymbol{b}_3}{||\boldsymbol{b}_3||} = \left(\tfrac{-i}{\sqrt{2}}, \tfrac{1+i}{2\sqrt{2}}, \tfrac{1+i}{2\sqrt{2}}\right)$$

問　題

214.1 上の ① のようにしてつくった $\boldsymbol{b}_1, \boldsymbol{b}_2, \cdots, \boldsymbol{b}_m$ が直交系であることを示せ．

214.2 2 次以下の実係数多項式全体のつくる線形空間 $P_2(\mathbb{R})$ において内積を $\langle f, g \rangle = \int_0^1 f(x)g(x)dx$ で定義するとき，$P_2(\mathbb{R})$ の基底 $\{1, x, x^2\}$ からグラム-シュミットの方法で正規直交系をつくれ．

◆ **正規直交基底**　V を n 次元計量線形空間とする．V の n 個のベクトルからなる直交系は V の基底となる．これを V の**直交基底**（**直交基**）という．またこれが正規直交系であるとき**正規直交基底**（**正規直交基**）という．前頁のグラム-シュミットの直交化法と合わせて次の性質がわかる（⇨ 前例題も参照するとよい）．

n 次元計量線形空間 V の正規直交系 $\boldsymbol{e}_1, \boldsymbol{e}_2, \cdots, \boldsymbol{e}_m \, (m < n)$ が与えられたとき，これに $n-m$ 個の単位ベクトル $\boldsymbol{e}_{m+1}, \cdots, \boldsymbol{e}_n$ を補って，

$$\boldsymbol{e}_1, \boldsymbol{e}_2, \cdots, \boldsymbol{e}_m, \boldsymbol{e}_{m+1}, \cdots, \boldsymbol{e}_n$$

が V の正規直交基底であるようにすることができる．

例題 215♯　　**正規直交基底のよさ**

$\boldsymbol{e}_1, \boldsymbol{e}_2, \cdots, \boldsymbol{e}_n$ が n 次元計量線形空間 V の正規直交基底であるとき，次の等式がなりたつことを証明せよ（V が実計量線形空間のときは共役記号は無しでなりたつ）．

(i)　$\boldsymbol{a} \in V$ は $\boldsymbol{a} = \langle \boldsymbol{a}, \boldsymbol{e}_1 \rangle \boldsymbol{e}_1 + \langle \boldsymbol{a}, \boldsymbol{e}_2 \rangle \boldsymbol{e}_2 + \cdots + \langle \boldsymbol{a}, \boldsymbol{e}_n \rangle \boldsymbol{e}_n$

(ii)　$\langle \boldsymbol{a}, \boldsymbol{b} \rangle = \langle \boldsymbol{a}, \boldsymbol{e}_1 \rangle \overline{\langle \boldsymbol{b}, \boldsymbol{e}_1 \rangle} + \langle \boldsymbol{a}, \boldsymbol{e}_2 \rangle \overline{\langle \boldsymbol{b}, \boldsymbol{e}_2 \rangle} + \cdots + \langle \boldsymbol{a}, \boldsymbol{e}_n \rangle \overline{\langle \boldsymbol{b}, \boldsymbol{e}_n \rangle}$

(iii)　$||\boldsymbol{a}||^2 = |\langle \boldsymbol{a}, \boldsymbol{e}_1 \rangle|^2 + |\langle \boldsymbol{a}, \boldsymbol{e}_2 \rangle|^2 + \cdots + |\langle \boldsymbol{a}, \boldsymbol{e}_n \rangle|^2$　　（パーセバルの等式）

navi　正規直交基底の定義，とくに一般の基底とどう違うのかをしっかり掴まえ，内積・ノルムの性質をふり返れば難しい証明ではない．

> **クロネッカーのデルタ記号**
> $\langle \boldsymbol{e}_i, \boldsymbol{e}_j \rangle$のように
> $i \neq j$ のとき 0
> $i = j$ のとき 1
> となる数を δ_{ij} と表わしこの記号をクロネッカーのデルタという．
> $\langle \boldsymbol{e}_i, \boldsymbol{e}_j \rangle = \delta_{ij}$

解答　(i)　$\boldsymbol{e}_1, \boldsymbol{e}_2, \cdots, \boldsymbol{e}_n$ は V の基底であるから

$$\boldsymbol{a} = \lambda_1 \boldsymbol{e}_1 + \lambda_2 \boldsymbol{e}_2 + \cdots + \lambda_n \boldsymbol{e}_n \qquad \cdots ①$$

と表わされ，正規直交であるから

$$\langle \boldsymbol{e}_i, \boldsymbol{e}_j \rangle = 0 \quad (i \neq j), \quad \langle \boldsymbol{e}_i, \boldsymbol{e}_i \rangle = 1 \qquad \cdots ②$$

より $\langle \boldsymbol{a}, \boldsymbol{e}_i \rangle = \lambda_i$．これを ① に代入．

(ii)　$\boldsymbol{a} = \lambda_1 \boldsymbol{e}_1 + \lambda_2 \boldsymbol{e}_2 + \cdots + \lambda_n \boldsymbol{e}_n, \quad \lambda_i = \langle \boldsymbol{a}, \boldsymbol{e}_i \rangle$

$\boldsymbol{b} = \mu_1 \boldsymbol{e}_1 + \mu_2 \boldsymbol{e}_2 + \cdots + \mu_n \boldsymbol{e}_n, \quad \mu_i = \langle \boldsymbol{b}, \boldsymbol{e}_i \rangle$

のとき，内積の定義と性質（⇨ 例題 210）に ② を合わせて

$$\langle \boldsymbol{a}, \boldsymbol{b} \rangle = \lambda_1 \overline{\mu_1} + \lambda_2 \overline{\mu_2} + \cdots + \lambda_n \overline{\mu_n} = \text{右辺}$$

(iii)　(ii)で $\boldsymbol{b} = \boldsymbol{a}$ のときである．

問　題

215.1 $\boldsymbol{e}_1, \boldsymbol{e}_2, \cdots, \boldsymbol{e}_m$ を n 次元計量線形空間 V に含まれる正規直交系とするとき，V の任意の元 $\boldsymbol{a}$ に対して次がなりたつことを示せ．

$$\sum_{i=1}^{m} |\langle \boldsymbol{a}, \boldsymbol{e}_i \rangle|^2 \leqq ||\boldsymbol{a}||^2 \quad \text{（ベッセルの不等式）}$$

◆ **直交補空間** V を n 次元計量線形空間とする．$\boldsymbol{x} \in V$ が V の部分空間 U の任意のベクトルと直交するとき，$\boldsymbol{x}$ **は** $\boldsymbol{U}$ **に直交する**といって $\boldsymbol{x} \perp U$ と記す．U_1, U_2 が V の部分空間で，U_1 の任意の元 $\boldsymbol{a}$ と U_2 の任意の元 $\boldsymbol{b}$ が常に直交するとき $\boldsymbol{U_1}$ **と** $\boldsymbol{U_2}$ **は直交する**といって $U_1 \perp U_2$ と記す．

(i) U に属するベクトルで U 自身に直交するものは零ベクトルに限られる．

(ii) V の部分空間 U の生成系を $\boldsymbol{a}_1, \boldsymbol{a}_2, \cdots, \boldsymbol{a}_m$ とするとき

$$\boldsymbol{x} \perp U \quad \Leftrightarrow \quad \boldsymbol{x} \perp \boldsymbol{a}_i \quad (i = 1, 2, \cdots, m)$$

(iii) V の部分空間 U に対し $U^{\perp}$ を U に直交する V のベクトルの全体とすると，$U^{\perp}$ は次の性質をもつ V の部分空間である．

（ア） $U \perp U^{\perp}$ （イ） $V = U \oplus U^{\perp}$ （直和 ⇨ p.224）

$U^{\perp}$ を部分空間 U の**直交補空間**という．

例題 216♯ **直交補空間の基本定理**

直交補空間の基本の定理である上の(i), (ii), (iii)を証明せよ．

解答 (i) $\boldsymbol{a} \in U$ が U 自身に直交するときは，とくに

$$\langle \boldsymbol{a}, \boldsymbol{a} \rangle = ||\boldsymbol{a}||^2 = 0. \text{ したがって } \boldsymbol{a} = \boldsymbol{0} \text{（⇨ 例題 212(i)）}$$

(ii) $\boldsymbol{a}_i \in U$ であるから $\boldsymbol{x} \perp U \Rightarrow \boldsymbol{x} \perp \boldsymbol{a}_i (i = 1, \cdots, m)$．逆に $\boldsymbol{x} \perp \boldsymbol{a}_i (i = 1, \cdots, m)$ とすると，$\boldsymbol{a}_1, \cdots, \boldsymbol{a}_m$ は U の生成系であるから任意の $\boldsymbol{b} \in U$ は，$\boldsymbol{b} = \lambda_1 \boldsymbol{a}_1 + \cdots + \lambda_m \boldsymbol{a}_m$ と表わされるので，$\langle \boldsymbol{x}, \boldsymbol{b} \rangle = 0$ となり $\boldsymbol{x} \perp U$

(iii) 〔$U^{\perp}$ が V の部分空間であること〕 $\boldsymbol{x}, \boldsymbol{y} \in U^{\perp}$ とすると，U の任意の元 $\boldsymbol{a}$ に対して $\boldsymbol{x} \perp \boldsymbol{a}, \boldsymbol{y} \perp \boldsymbol{a}$，すなわち $\langle \boldsymbol{x}, \boldsymbol{a} \rangle = 0, \langle \boldsymbol{y}, \boldsymbol{a} \rangle = 0$

$$\therefore \quad \langle \boldsymbol{x} + \boldsymbol{y}, \boldsymbol{a} \rangle = \langle \boldsymbol{x}, \boldsymbol{a} \rangle + \langle \boldsymbol{y}, \boldsymbol{a} \rangle = 0 \qquad \therefore \quad \boldsymbol{x} + \boldsymbol{y} \in U^{\perp}$$

$$\langle \lambda \boldsymbol{x}, \boldsymbol{a} \rangle = \lambda \langle \boldsymbol{x}, \boldsymbol{a} \rangle = 0 \qquad \therefore \quad \lambda \boldsymbol{x} \in U^{\perp} \quad (\lambda \text{はスカラー})$$

よって $U^{\perp}$ は V の部分空間である．〔（ア）の証明〕 $U \perp U^{\perp}$ は $U^{\perp}$ のつくり方から．〔（イ）の証明〕 U の正規直交基底 $\boldsymbol{u}_1, \cdots, \boldsymbol{u}_m (m = \dim U)$ に $\boldsymbol{u}_{m+1}, \cdots, \boldsymbol{u}_n$ を補充して，合わせた全体が V の正規直交基底となるようにする（⇨ p.230）．$\langle \boldsymbol{u}_i, \boldsymbol{u}_j \rangle = 0$ $(i = 1, \cdots, m; j = m+1, \cdots, n)$ であるから $\boldsymbol{u}_j \perp U$．したがって $\boldsymbol{u}_j \in U^{\perp}$．$\therefore V = U \cup U^{\perp}$ $\boldsymbol{x} \in U^{\perp}$ とすると $\boldsymbol{x} = \lambda_1 \boldsymbol{u}_1 + \cdots + \lambda_m \boldsymbol{u}_m + \lambda_{m+1} \boldsymbol{u}_{m+1} + \cdots + \lambda_n \boldsymbol{u}_n$ と表わして，$\langle \boldsymbol{x}, \boldsymbol{u}_i \rangle = 0$ $(i = 1, \cdots, m)$ から $\lambda_i = 0$ $(i = 1, \cdots, m)$ となり，$\boldsymbol{x} = \lambda_{m+1} \boldsymbol{u}_{m+1} + \cdots + \lambda_n \boldsymbol{u}_n$ したがって $U^{\perp}$ は $\boldsymbol{u}_{m+1}, \cdots, \boldsymbol{u}_m$ で生成され $V = U + U^{\perp}$．これと $U \cap U^{\perp} = \{\boldsymbol{0}\}$ から $V = U \oplus U^{\perp}$

問 題

216.1 U, W を V の部分空間とするとき，次を証明せよ．

$$U \subset W \Rightarrow W^{\perp} \subset U^{\perp}, \quad U \subset W^{\perp} \Rightarrow W \subset U^{\perp}$$

例題 217$^\sharp$ **直交補空間**

$\boldsymbol{x}_1 = (1, 0, -1, 2), \boldsymbol{x}_2 = (-1, 1, 1, 0)$ で生成される $\mathbb{R}^4$ の部分空間を U とするとき，標準の内積による U の直交補空間は

$$U^\perp = \{(\alpha - 2\beta, -2\beta, \alpha, \beta)\ ;\ \alpha, \beta \in \mathbb{R}\}$$

であることを示せ．また $U^\perp$ の正規直交基底を 1 組求めよ．

navi 直交補空間の決定問題である．まず "直交補空間" の定義からスタートし，目標を文字で与え，連立方程式の理論にもちこめないか．

解答 $\boldsymbol{x}_1, \boldsymbol{x}_2$ は線形独立で U の基底となる．直交補空間 $U^\perp$ とは

$$\therefore\quad U^\perp = \{\boldsymbol{x}\ ;\ \boldsymbol{x} \in \mathbb{R}^4, \langle \boldsymbol{x}, \boldsymbol{x}_1 \rangle = \langle \boldsymbol{x}, \boldsymbol{x}_2 \rangle = 0\}$$

のこと．したがって，$\boldsymbol{x} = (x_1, x_2, x_3, x_4)$ とするとき，$U^\perp$ は

$$\begin{cases} \langle \boldsymbol{x}, \boldsymbol{x}_1 \rangle = x_1 - x_3 + 2x_4 = 0 \\ \langle \boldsymbol{x}, \boldsymbol{x}_2 \rangle = -x_1 + x_2 + x_3 = 0 \end{cases}$$

の解空間に等しい．この方程式を解くと

$$\begin{cases} x_1 = \alpha - 2\beta, & x_3 = \alpha \\ x_2 = -2\beta, & x_4 = \beta \end{cases}$$

$$\therefore\quad U^\perp = \{(\alpha - 2\beta, -2\beta, \alpha, \beta) \mid \alpha, \beta \in \mathbb{R}\}$$

また $\dim U^\perp = 2$．よって，たとえば

$$\alpha = 1, \beta = 0 \quad \text{とおいた} \quad \boldsymbol{a}_1 = (1, 0, 1, 0)$$
$$\alpha = 0, \beta = 1 \quad \text{とおいた} \quad \boldsymbol{a}_2 = (-2, -2, 0, 1)$$

が $U^\perp$ の基底を与える．グラム-シュミットの直交化法により

$$\boldsymbol{b}_1 = \boldsymbol{a}_1 = (1, 0, 1, 0)$$
$$\boldsymbol{b}_2 = \boldsymbol{a}_2 - \frac{\langle \boldsymbol{a}_2, \boldsymbol{b}_1 \rangle}{\langle \boldsymbol{b}_1, \boldsymbol{b}_1 \rangle}\boldsymbol{b}_1 = (-2, -2, 0, 1) - \frac{-2}{2}(1, 0, 1, 0) = (-1, -2, 1, 1)$$

は直交基底で，これを正規化して，正規直交基底となる．

$$\boldsymbol{e}_1 = \left(\frac{1}{\sqrt{2}}, 0, \frac{1}{\sqrt{2}}, 0\right), \quad \boldsymbol{e}_2 = \left(\frac{-1}{\sqrt{7}}, \frac{-2}{\sqrt{7}}, \frac{1}{\sqrt{7}}, \frac{1}{\sqrt{7}}\right)$$

てっそく
線形空間における
証明問題と決定問題
(i)　証明問題では
定義と基本定理
(ii)　決定問題では，
連立方程式の条件へ

問　題

217.1　次の $\mathbb{R}^3$ の部分空間 U の標準の内積による直交補空間の基底を 1 組求めよ．

$$U = \{(x_1, x_2, x_3)\ ;\ 3x_1 + x_2 - x_3 = 0, x_1 - 5x_2 + x_3 = 0\}$$

7.3 線形写像

◆ **線形写像** V, W を（K 上の）線形空間とする．V から W への写像 T が次の条件をみたすとき，T を $\boldsymbol{V}$ **から** $\boldsymbol{W}$ **への線形写像**という．

(i) $T(\boldsymbol{a}+\boldsymbol{b}) = T(\boldsymbol{a}) + T(\boldsymbol{b}) \quad (\boldsymbol{a}, \boldsymbol{b} \in V)$

(ii) $T(\lambda \boldsymbol{a}) = \lambda T(\boldsymbol{a}) \quad (\boldsymbol{a} \in V, \lambda \in K)$

とくに $V = W$ のとき，T を $\boldsymbol{V}$ **の線形変換**という．

例題 218 線形写像の例

次の $\mathbb{R}^4$ から $\mathbb{R}^3$ への写像は線形写像か．

$$T : (x_1, x_2, x_3, x_4) \mapsto (x_2, x_3, 0)$$

navi まず定義の学習のための例である．(i), (ii)を確かめる．

解答 $\boldsymbol{x} = (x_1, x_2, x_3, x_4), \boldsymbol{y} = (y_1, y_2, y_3, y_4)$ とする．

(i) $T(\boldsymbol{x}+\boldsymbol{y}) = T(x_1+y_1, x_2+y_2, x_3+y_3, x_4+y_4)$
$= (x_2+y_2, x_3+y_3, 0)$
$= (x_2, x_3, 0) + (y_2, y_3, 0)$
$= T(x_1, x_2, x_3, x_4) + T(y_1, y_2, y_3, y_4)$
$= T(\boldsymbol{x}) + T(\boldsymbol{y})$

(ii) $T(\lambda \boldsymbol{x}) = T(\lambda x_1, \lambda x_2, \lambda x_3, \lambda x_4)$
$= (\lambda x_2, \lambda x_3, 0)$
$= \lambda(x_2, x_3, 0)$
$= \lambda T(x_1, x_2, x_3, x_4)$
$= \lambda T(\boldsymbol{x})$

よって T は線形写像である．

てっそく
新しい章で覚えること
(i) 定義
(ii) 基本性質（定理）
(iii) 例

問題

218.1 次の写像は線形写像か．

(i) $T : \mathbb{R}^2 \to \mathbb{R} \quad (x_1, x_2) \mapsto x_1 x_2$

(ii) $T : \mathbb{R}^2 \to \mathbb{R}^3 \quad (x_1, x_2) \mapsto (x_1 + x_2, x_2, x_1 - x_2)$

218.2 空間ベクトル $\boldsymbol{a}$ を直線 g に沿って平面 π に平行射影したベクトルを $\boldsymbol{a}_\pi$ とする．$\boldsymbol{a} \mapsto \boldsymbol{a}_\pi$ は空間ベクトル全体のつくる線形空間の線形変換であることを示せ．

218.3 n 次以下の実係数多項式全体のつくる線形空間を $P_n(\mathbb{R})$ とするとき，次の写像が線形写像であることを示せ．

(i) $D : f(x) \mapsto f'(x)$ (ii) $D^r : f(x) \mapsto f^{(r)}(x)$ (iii) $S : f(x) \mapsto \int_{-1}^{1} f(x)dx$

◆ **像と逆像** V, W を（K 上の）線形空間とし，T を V から W への線形写像とする．V の部分集合 M に対して，W の部分集合

$$T(M) = \{T(\boldsymbol{a}) \ ; \ \boldsymbol{a} \in M\}$$

を T による $\boldsymbol{M}$ **の像**という．$T(\{\boldsymbol{a}\})$ は $\{T(\boldsymbol{a})\}$ に他ならない．

W の部分集合 N に対して，V の部分集合

$$T^{-1}(N) = \{\boldsymbol{a} \ ; \ \boldsymbol{a} \in V, T(\boldsymbol{a}) \in N\}$$

を T による $\boldsymbol{N}$ **の逆像**という．$\boldsymbol{a}' \in W$ に対して $T^{-1}(\{\boldsymbol{a}'\})$ を $T^{-1}(\boldsymbol{a}')$ と記して，T による $\boldsymbol{a}'$ **の逆像**という．

例題 219 **線形写像の基本性質**

V から W への線形写像 T に対して，次がなりたつことを示せ．

(i) $T(\boldsymbol{0}) = \boldsymbol{0}$

(ii) V において $\boldsymbol{a}$ が $\boldsymbol{a}_1, \boldsymbol{a}_2, \cdots, \boldsymbol{a}_r$ の線形結合ならば，W において $T(\boldsymbol{a})$ は $T(\boldsymbol{a}_1), T(\boldsymbol{a}_2), \cdots, T(\boldsymbol{a}_r)$ の線形結合である．

(iii) V の元 $\boldsymbol{a}_1, \boldsymbol{a}_2, \cdots, \boldsymbol{a}_r$ が線形従属ならば，W の元 $T(\boldsymbol{a}_1), T(\boldsymbol{a}_2), \cdots, T(\boldsymbol{a}_r)$ も線形従属である．

navi 前頁の線形写像の定義に，線形結合・線形従属の定義を組み合わせるゲーム．

解答 (i) 線形写像の定義条件（前頁）$T(\lambda\boldsymbol{a}) = \lambda T(\boldsymbol{a})$ で $\lambda = 0$ とせよ．

(ii) $\boldsymbol{a} = \lambda_1\boldsymbol{a}_1 + \lambda_2\boldsymbol{a}_2 + \cdots + \lambda_r\boldsymbol{a}_r$ のとき，線形写像の 2 つの定義条件から

$$T(\boldsymbol{a}) = T(\lambda_1\boldsymbol{a}_1) + \cdots + T(\lambda_r\boldsymbol{a}_r) = \lambda_1 T(\boldsymbol{a}_1) + \cdots + \lambda_r T(\boldsymbol{a}_r)$$

(iii) $\boldsymbol{a}_1, \boldsymbol{a}_2 + \cdots, \boldsymbol{a}_r$ が線形従属とは

$\lambda_1\boldsymbol{a}_1 + \cdots + \lambda_r\boldsymbol{a}_r = \boldsymbol{0}$ で $\lambda_1, \cdots, \lambda_r$ の中に 0 でないものがあることをいう．このとき $\lambda_1 T(\boldsymbol{a}_1) + \cdots + \lambda_r T(\boldsymbol{a}_r) = T(\boldsymbol{0}) = \boldsymbol{0}$ だから $T(\boldsymbol{a}_1), \cdots, T(\boldsymbol{a}_r)$ も線形従属である．

てっそく

考える学習の基本
(i) 書くこと
(ii) 覚えること
(iii) まねること

問題

219.1 線形写像 $T : V \to W$ について，次を証明せよ．

(iv) V の部分空間 U の像 $T(U)$ は W の部分空間である．$\boldsymbol{a}_1, \boldsymbol{a}_2, \cdots, \boldsymbol{a}_r$ が U の生成系ならば，$T(\boldsymbol{a}_1), T(\boldsymbol{a}_2), \cdots, T(\boldsymbol{a}_r)$ は $T(U)$ の生成系である．

(v) W の部分空間 U' の逆像 $T^{-1}(U')$ は V の部分空間である．とくに $T^{-1}(\boldsymbol{0})$ は V の部分空間である．

(vi) V を n 次元線形空間，$\boldsymbol{a}_1, \boldsymbol{a}_2, \cdots, \boldsymbol{a}_n$ を V の基底とする．$\boldsymbol{b}_1, \boldsymbol{b}_2, \cdots, \boldsymbol{b}_n$ を線形空間 W の任意の n 個のベクトルとするとき，$T(\boldsymbol{a}_i) = \boldsymbol{b}_i \ (i = 1, 2, \cdots, n)$ を満足する V から W への線形写像 T が存在し，しかもただ 1 つに限る．

◆ 線形写像の像と核　(i)　一般に T が集合 V から W への写像で「$T(\boldsymbol{a}) = T(\boldsymbol{b}) \Rightarrow \boldsymbol{a} = \boldsymbol{b}$」がなりたつとき T を**単射**という．V と W がともに K 上の線形空間で，T が V から W への線形写像のとき，$\mathrm{Im}\,T = T(V)$ を T の**像**，$\mathrm{Ker}\,T = T^{-1}(\boldsymbol{0})$ を T の**核**という．

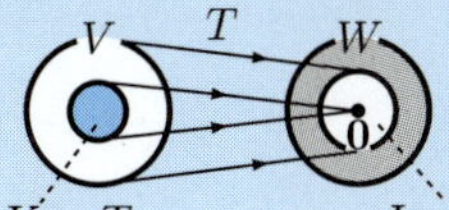

(ii)　$\mathrm{Im}\,T = W$ のとき，T は**全射**であるといい，T が単射で全射でもあるとき，T は**全単射**であるという．

T が全単射であるときは，$W \ni \boldsymbol{a}' \mapsto T^{-1}(\boldsymbol{a}') \in V$ は W から V への写像である．この写像を T^{-1} と書いて T の**逆写像**という．

定理 *1*　T を V から W への線形写像とするとき

(i)　T が単射であるためには $\mathrm{Ker}\,T = \{\boldsymbol{0}\}$ が必要十分である．とくに T が単射ならば，線形独立な V の元 $\boldsymbol{a}_1, \boldsymbol{a}_2, \cdots, \boldsymbol{a}_r$ の T による像 $T(\boldsymbol{a}_1), T(\boldsymbol{a}_2), \cdots, T(\boldsymbol{a}_r)$ はまた線形独立である．

(ii)　T が全単射ならば，T^{-1} は W から V への線形写像である．

例題 *220*　　**単射と全射**

定理 1 を証明せよ．

解答　(i)　〔T が単射 $\Rightarrow$ $\mathrm{Ker}\,T = \{\boldsymbol{0}\}$〕　$\boldsymbol{a} \in \mathrm{Ker}\,T$ ならば $T(\boldsymbol{a}) = \boldsymbol{0}$．$T$ が単射だから $\boldsymbol{a} = \boldsymbol{0}$　〔$\mathrm{Ker}\,T = \{\boldsymbol{0}\}$ $\Rightarrow$ T が単射〕　$T(\boldsymbol{a}) = T(\boldsymbol{b})$ ならば $T(\boldsymbol{a} - \boldsymbol{b}) = \boldsymbol{0}$ であり，$\boldsymbol{a} - \boldsymbol{b} \in \mathrm{Ker}\,T = \{\boldsymbol{0}\}$．よって $\boldsymbol{a} = \boldsymbol{b}$　〔T が単射で $\boldsymbol{a}_1, \cdots, \boldsymbol{a}_r$ が線形独立 $\Rightarrow$ $T(\boldsymbol{a}_1), \cdots, T(\boldsymbol{a}_r)$ が線形独立〕　$\lambda_1 T(\boldsymbol{a}_1) + \cdots + \lambda_r T(\boldsymbol{a}_r) = \boldsymbol{0}$ とすると $T(\lambda_1 \boldsymbol{a}_1 + \cdots + \lambda_r \boldsymbol{a}_r) = \boldsymbol{0}$ T が単射だから $\lambda_1 \boldsymbol{a}_1 + \cdots + \lambda_r \boldsymbol{a}_r = \boldsymbol{0}$．$\boldsymbol{a}_1, \cdots, \boldsymbol{a}_r$ が線形独立だから $\lambda_1 = 0, \cdots, \lambda_r = 0$

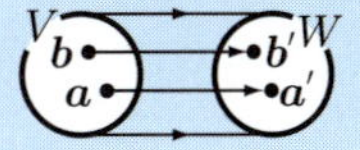

(ii)　T が全単射で $\boldsymbol{a}' \in W$ とすると T が全射であるから $T(\boldsymbol{a}) = \boldsymbol{a}'$ となる $\boldsymbol{a} \in V$ があり，T が単射であるから，このような $\boldsymbol{a}$ はただ 1 つ．すなわち $\boldsymbol{a}' \in W$ に対して $\boldsymbol{a} \in V$ はただ 1 つ．よって T^{-1} は写像であり，$T(\lambda \boldsymbol{a} + \mu \boldsymbol{b}) = \lambda T(\boldsymbol{a}) + \mu T(\boldsymbol{b})$ から $T^{-1}(\lambda \boldsymbol{a}' + \mu \boldsymbol{b}') = \lambda T^{-1}(\boldsymbol{a})' + \mu T^{-1}(\boldsymbol{b})'$ したがって T^{-1} は線形写像である．

問　題

220.1　V から W への全単射線形写像を **V から W への同形写像**という．同形写像が存在するとき，V は W に**同形**といい，$V \cong W$ でこれを表わす．
V, W が同形な有限次元線形空間で，T を V から W への同形写像とするとき，$\boldsymbol{a}_1, \boldsymbol{a}_2, \cdots, \boldsymbol{a}_n$ が V の基底ならば，$T(\boldsymbol{a}_1), T(\boldsymbol{a}_2), \cdots, T(\boldsymbol{a}_n)$ は W の基底となることを証明せよ．したがって $\dim V = \dim W$ である．

◆ **線形写像の行列** V を（K 上の）m 次元線形空間，W を（K 上の）n 次元線形空間とし，$\Gamma_V=\{\boldsymbol{e}_1,\boldsymbol{e}_2,\cdots,\boldsymbol{e}_m\}, \Gamma_W=\{\boldsymbol{f}_1,\boldsymbol{f}_2,\cdots,\boldsymbol{f}_n\}$ をそれぞれ V,W の基底とする．V から W への線形写像 T に対して

$$T(\boldsymbol{e}_j)=\sum_{i=1}^{n}a_{ij}\boldsymbol{f}_i \quad (j=1,2,\cdots,m)$$ （⇨下の例題へ）

であるとき，$\boldsymbol{x}\in V$ の Γ_V に関する成分 $\boldsymbol{x}=(x_1,x_2,\cdots,x_m), \boldsymbol{y}=T(\boldsymbol{x})\in W$ の Γ_W に関する成分 $\boldsymbol{y}=(y_1,y_2,\cdots,y_n)$ の間には，関係式

$$\begin{bmatrix} y_1 \\ y_2 \\ \vdots \\ y_n \end{bmatrix}=\begin{bmatrix} a_{11} & a_{12} & \cdots & a_{1m} \\ a_{21} & a_{22} & \cdots & a_{2m} \\ & \cdots\cdots & & \\ a_{n1} & a_{n2} & \cdots & a_{nm} \end{bmatrix}\begin{bmatrix} x_1 \\ x_2 \\ \vdots \\ x_m \end{bmatrix}$$

一見ムズカシイ
具体化せよ
m と $n\to 3$ と 2

がなりたつ．これが線形写像 $\boldsymbol{y}=T(\boldsymbol{x})$ を成分を用いて表わした式である．

行列 $A=[a_{ij}]$ を基底 Γ_V,Γ_W に関する**線形写像 T の行列**という．

例題 221 **一般論と具体化**

K 上 3 次元線形空間 V の基底を $\Gamma_V=\{\boldsymbol{e}_1,\boldsymbol{e}_2,\boldsymbol{e}_3\}$ とし，K 上 2 次元の線形空間 W の基底を $\Gamma_W=\{\boldsymbol{f}_1,\boldsymbol{f}_2\}$ とする．線形写像 $T:V\to W$ が

$$T(\boldsymbol{e}_1)=a_{11}\boldsymbol{f}_1+a_{21}\boldsymbol{f}_2, \quad T(\boldsymbol{e}_2)=a_{12}\boldsymbol{f}_1+a_{22}\boldsymbol{f}_2, \quad T(\boldsymbol{e}_3)=a_{13}\boldsymbol{f}_1+a_{23}\boldsymbol{f}_2$$

で定まるとき，

(i) T の行列 A の成分を書け．

(ii) V の元 $\boldsymbol{x}$ の Γ_V に関する成分を (x_1,x_2,x_3)，W の元 $T(\boldsymbol{x})$ の Γ_W に関する成分を (y_1,y_2) とするとき ${}^t[\ y_1\ \ y_2\ ]=A\,{}^t[\ x_1\ \ x_2\ \ x_3\ ]$ であることを示せ．

navi a_{ij} の配置に注意する．

解答 (i) $A=\begin{bmatrix} a_{11} & a_{12} & a_{13} \\ a_{21} & a_{22} & a_{23} \end{bmatrix}$ (ii) $\boldsymbol{x}=x_1\boldsymbol{e}_1+x_2\boldsymbol{e}_2+x_3\boldsymbol{e}_3$ とすると

$$\begin{aligned} T(\boldsymbol{x})&=x_1T(\boldsymbol{e}_1)+x_2T(\boldsymbol{e}_2)+x_3T(\boldsymbol{e}_3) \\ &=(a_{11}x_1+a_{12}x_2+a_{13}x_3)\boldsymbol{f}_1+(a_{21}x_1+a_{22}x_2+a_{23}x_3)\boldsymbol{f}_2=y_1\boldsymbol{f}_1+y_2\boldsymbol{f}_2 \end{aligned}$$

よって行列で表わして $\begin{bmatrix} y_1 \\ y_2 \end{bmatrix}=\begin{bmatrix} a_{11} & a_{12} & a_{13} \\ a_{21} & a_{22} & a_{23} \end{bmatrix}\begin{bmatrix} x_1 \\ x_2 \\ x_3 \end{bmatrix}$

問 題

221.1 $\mathbb{R}^3$ から $\mathbb{R}^2$ への線形写像 T によって

$$(1,0,-1)\mapsto(0,1), \quad (-1,1,1)\mapsto(2,0), \quad (0,-1,1)\mapsto(-3,1)$$

であるとき，$\mathbb{R}^3,\mathbb{R}^2$ の自然基底に関する T の行列を求めよ．

◆ **線形写像の階数と退化次数** V, W を K 上の有限次線形空間とする．このとき $\dim(\mathrm{Im}\, T)$ を T の**階数**といい，$\mathrm{rank}\, T$ で表わす．

$$\mathrm{rank}\, T = \dim(\mathrm{Im}\, T)$$

また $\dim(\mathrm{Ker}\, T)$ を T の**退化次数**といい，$\mathrm{null}\, T$ で表わす．

$$\mathrm{null}\, T = \dim(\mathrm{Ker}\, T)$$

このとき

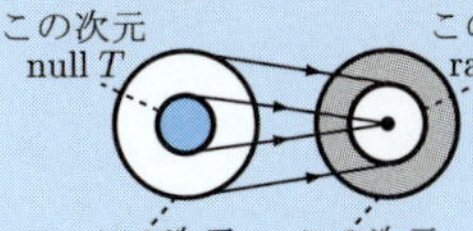

定理 2 (i) $\dim V = \mathrm{rank}\, T + \mathrm{null}\, T$

(ii) $\mathrm{rank}\, T \leqq \min(\dim V, \dim W)$ （ここで $\min(r, s)$ は r と s の小さい方の意）

例題 222 **dim・rank・null**

上記定理 2 を証明せよ．

navi イメージの図をみて，何を与えればこれらの数を掴まえ得るかを考える．

証明 (i) $\mathrm{null}\, T = \dim(\mathrm{Ker}\, T) = r$ とし，$\mathrm{Ker}\, T$ の基底を $\boldsymbol{a}_1, \cdots, \boldsymbol{a}_r$ とする．これらの線形独立な $\boldsymbol{a}_1, \cdots, \boldsymbol{a}_r$ に V の線形独立な元 $\boldsymbol{a}_{r+1}, \cdots, \boldsymbol{a}_m$ （⇨イメージ図）を補って全体 $\boldsymbol{a}_1, \cdots, \boldsymbol{a}_r, \boldsymbol{a}_{r+1}, \cdots, \boldsymbol{a}_m$ が V の基底となるようにする（⇨例題 207）．ここに $m = \dim V$

$T(\boldsymbol{a}_1) = \boldsymbol{0}, \cdots, T(\boldsymbol{a}_r) = \boldsymbol{0}$ である．$T(\boldsymbol{a}_{r+1}), \cdots, T(\boldsymbol{a}_m)$ は線形独立で，全体が $T(V)$ を生成するので $\mathrm{rank}\, T = \dim(\mathrm{Im}\, T) = m - r$

$$\dim V = m = (m - r) + r = \mathrm{rank}\, T + \mathrm{null}\, T$$

(ii) $\mathrm{rank}\, T = m - r \leqq m$, $\mathrm{rank}\, T = \dim(\mathrm{Im}\, T) \leqq \dim W$ だからである．

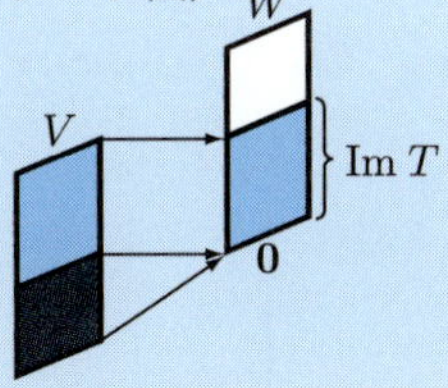

問　題

222.1 (i) T を V から W への線形写像とするとき，次を証明せよ．

$$T \text{ が単射} \quad \Leftrightarrow \quad \mathrm{rank}\, T = \dim V$$

(ii) $\dim V = \dim W$ であるとき，T が単射 $\Leftrightarrow$ T が全射,

T が単射 $\Rightarrow$ T が全単射 $\Rightarrow$ $V \cong W$
T が全射 $\Rightarrow$ T が全単射 $\Rightarrow$ $V \cong W$
（$\cong$ は p.243 の問題 220.1 の中）

222.2♯ (i) Γ_V, Γ'_V を V の基底，Γ_W, Γ'_W を W の基底とする．V から W への線形写像 T の基底 Γ_V, Γ_W に関する行列を A，基底 Γ'_V, Γ'_W に関する行列を A' とし，また V の基底変換 $\Gamma_V \to \Gamma'_V$ の行列を P, W の基底変換 $\Gamma_W \to \Gamma'_W$ の行列を Q とするとき，$A' = Q^{-1}AP$. これを示せ．

(ii) この(i)の場合の T の任意の行列表現を A とするとき，$\mathrm{rank}\, T = \mathrm{rank}\, A$ を示せ．

例題 223　　**Im T と Ker T**

$\mathbb{R}^4$ から $\mathbb{R}^3$ への線形写像 T が

$$\boldsymbol{y} = \begin{bmatrix} 1 & 0 & -1 & -2 \\ -1 & 1 & 2 & 3 \\ 2 & 1 & -1 & -3 \end{bmatrix} \boldsymbol{x}$$

で与えられるとき，$\mathrm{Im}\,T$ および $\mathrm{Ker}\,T$ の次元と 1 組の基底を求めよ．

navi　$\mathrm{Im}\,T, \mathrm{Ker}\,T$ と T の行列を結びつけるのは，前頁の問題 222.2 である．

解答　行基本操作で

$$A = \begin{bmatrix} 1 & 0 & -1 & -2 \\ -1 & 1 & 2 & 3 \\ 2 & 1 & -1 & -3 \end{bmatrix} \to \begin{bmatrix} 1 & 0 & -1 & -2 \\ 0 & 1 & 1 & 1 \\ 0 & 0 & 0 & 0 \end{bmatrix} \qquad \cdots ①$$

のように変形されるから $\mathrm{rank}\,A = 2$

$$\therefore \quad \dim(\mathrm{Im}\,T) = \mathrm{rank}\,A = 2, \quad \dim(\mathrm{Ker}\,T) = 4 - \dim(\mathrm{Im}\,T) = 2$$

A の第 1，第 2 列のベクトルは，それぞれ $\mathbb{R}^4$ の元 $(1,0,0,0), (0,1,0,0)$ の像であるから $\mathrm{Im}\,T$ の 2 元で，線形独立．よって $(1,-1,2), (0,1,1)$ は $\mathrm{Im}\,T$ の 1 組の基底である．

$\mathrm{Ker}\,T$ の元 (x_1, x_2, x_3, x_4) は $\boldsymbol{x} = \begin{bmatrix} x_1 \\ x_2 \\ x_3 \\ x_4 \end{bmatrix}$ で $A\boldsymbol{x} = \boldsymbol{0}$ をみたすもの．この同次方程式の行基本操作で ① のようになるから

解は $\boldsymbol{x} = \begin{bmatrix} x_1 \\ x_2 \\ x_3 \\ x_4 \end{bmatrix} = \lambda \begin{bmatrix} 1 \\ -1 \\ 1 \\ 0 \end{bmatrix} + \rho \begin{bmatrix} 2 \\ -1 \\ 0 \\ 1 \end{bmatrix}$ となり，$\begin{bmatrix} 1 \\ -1 \\ 1 \\ 0 \end{bmatrix}, \begin{bmatrix} 2 \\ -1 \\ 0 \\ 1 \end{bmatrix}$ は $\mathrm{Ker}\,T$ の基底である．

問　題

223.1　次の行列で表わされる線形写像は全射，単射，全単射のいずれといえるか．

(i) $\begin{bmatrix} -1 & 3 & 0 & 2 \\ 1 & 7 & 2 & 12 \\ 2 & -1 & 1 & 3 \end{bmatrix}$　　(ii) $\begin{bmatrix} 1 & 1 & 2 \\ 1 & -1 & 1 \\ 2 & 1 & 3 \\ 1 & -1 & 0 \end{bmatrix}$　　(iii) $\begin{bmatrix} 1 & 3 & 2 \\ 2 & 1 & 1 \\ 3 & 2 & 3 \end{bmatrix}$

発展問題　(*32*〜*37*)

32　(i)　線形空間 V において，$\boldsymbol{a}_1, \boldsymbol{a}_2, \boldsymbol{a}_3$ の生成する部分空間は $\boldsymbol{a}_2+\boldsymbol{a}_3, \boldsymbol{a}_3+\boldsymbol{a}_1, \boldsymbol{a}_1+\boldsymbol{a}_2$ の生成する部分空間に一致することを示せ．

(ii)　$\boldsymbol{x}_1=(1,2,2,-2), \boldsymbol{x}_2=(-1,3,0,-11), \boldsymbol{x}_3=(2,-1,-2,5)$ の生成する $\mathbb{R}^4$ の部分空間を U とする．次のベクトルのうちから U の生成元となるものをえらび出せ．

$\boldsymbol{y}_1=(3,1,0,3)$,　$\boldsymbol{y}_2=(2,-1,0,3)$,　$\boldsymbol{y}_3=(3,-4,-2,16)$,　$\boldsymbol{y}_4=(1,7,4,-15)$

33　W_1, W_2 を n 次元線形空間 V の部分空間で $W_1 \cap W_2=\{\mathbf{0}\}$ とする．そのとき，次のような部分空間 U および W_3 が存在することを示せ．

(i)　$V=W_1 \oplus U, U \supset W_2$　　(ii)　$V=W_1 \oplus W_2 \oplus W_3$

34　閉区間 $[a,b]$ で連続な複素数値関数に対して，内積を $\langle f,g\rangle=\int_a^b f(x)\overline{g(x)}dx$ で定めるとき，シュワルツの不等式を具体的に書き表わせ．

35　$r^2+ar+b=0$ が相異なる 2 実根 r_1, r_2 をもつとき，漸化式 $x_{n+2}+ax_{n+1}+bx_n=0$ をみたす実数列全体のつくる線形空間 S は，公比 r_1, r_2 のそれぞれ等比数列の全体 U_1, U_2 を部分空間にもち，かつこれらの直和であることを示せ．

36　閉区間 $[-\pi,\pi]$ で定義された実数値連続関数全体の線形空間において

$$\langle f,g\rangle=\int_{-\pi}^{\pi} f(x)g(x)dx$$

によって内積を定義するとき，

$$1,\ \cos x,\ \sin x,\ \cos 2x,\ \sin 2x,\ \cdots,\ \cos nx,\ \sin nx, \cdots$$

は直交系であることを示せ．またこれを正規化せよ．

37　実定数係数の 2 階同次微分方程式 $y''+py'+qy=0$ の解全体は，次の y_1, y_2 を基底とする線形空間である．2 次方程式 $x^2+px+q=0$ が

(I)　相異なる実数 α, β をもつときは $y_1=e^{\alpha x}, y_2=e^{\beta x}$

(II)　重複解 α をもつときは $y_1=e^{\alpha x}, y_2=xe^{\alpha x}$

(III)　虚数解 $a \pm bi$ $(b \neq 0)$ をもつときは $y_1=e^{ax}\cos bx, y_2=e^{ax}\sin bx$　(以上は例えば『微分方程式の基礎』(サイエンス社) pp.26-27)

この線形空間 V で，$y \to y'$ で定まる写像を D とすると，D は V 内の線形写像である．(I), (II), (III)の各場合に D の y_1, y_2 に関する行列 $M(D)$ を求めよ．

問題解答

第1章の問題解答 (1.1～23.2)

1.1 (i) $\begin{bmatrix} 3 & 5 & 7 \\ 4 & 6 & 8 \\ 5 & 7 & 9 \end{bmatrix}$ (ii) $\boldsymbol{a}_3 = [\ 4 \quad 6 \quad 0\ ]$, $\boldsymbol{b}_2 = \begin{bmatrix} 0 \\ 3 \\ 6 \end{bmatrix}$

2.1 $x = 3,\ y = -1,\ z = 1,\ u = -2;$ $\begin{bmatrix} 5 & 8 \\ 0 & 3 \end{bmatrix}$

3.1 (i) $\begin{bmatrix} 3 & -3 & 0 \\ -5 & -3 & -4 \end{bmatrix}$ (ii) $\begin{bmatrix} 8 \\ 6 \\ -14 \end{bmatrix}$

4.1 (1) $-A = O - A = \begin{bmatrix} 0 & 0 \\ 0 & 0 \end{bmatrix} - \begin{bmatrix} a_{11} & a_{12} \\ a_{21} & a_{22} \end{bmatrix} = \begin{bmatrix} -a_{11} & -a_{12} \\ -a_{21} & -a_{22} \end{bmatrix}$
$= (-1)\begin{bmatrix} a_{11} & a_{12} \\ a_{21} & a_{22} \end{bmatrix} = (-1)A$. (2) も同様.

5.1 (i) $\begin{bmatrix} 3 \\ 21 \\ 23 \end{bmatrix}$ (ii) $\begin{bmatrix} 5 & -2 & -1 & 4 \\ 2 & -7 & -2 & -1 \end{bmatrix}$ (iii) $[\ -1\ ]$

6.1 成分を書き ${}^t(A+B)$ などを書き表わしてみよ.

7.1 $A\,{}^t\boldsymbol{x} = \begin{bmatrix} 200 & 150 & 120 \\ 150 & 180 & 70 \end{bmatrix} \begin{bmatrix} x \\ y \\ z \end{bmatrix} = \begin{bmatrix} 200x + 150y + 120z \\ 150x + 180y + \ \ 70z \end{bmatrix}$ の成分は，各工場ごとの総利益を表わす.

8.1 $AB = BA = \begin{bmatrix} 0 & \lambda & 0 \\ 0 & 0 & 0 \\ 0 & 0 & 0 \end{bmatrix}$

9.1 $I = \begin{bmatrix} 0 & 1 \\ -1 & 0 \end{bmatrix}$, $X = \begin{bmatrix} a & b \\ c & d \end{bmatrix}$ が $IX = XI$ ならば $X = \begin{bmatrix} a & b \\ -b & a \end{bmatrix}$ であり $X = \begin{bmatrix} a & b \\ -b & a \end{bmatrix}$, $Y = \begin{bmatrix} c & d \\ -d & c \end{bmatrix}$ について $XY = YX$ がなりたつ.

9.2 （テーマは "任意の"）〔十分性〕 任意の λ で $(A - \lambda E)(B - \lambda E) = (B - \lambda E)(A - \lambda E)$ とすると $\lambda = 0$ のとき $AB = BA$ 〔必要性〕 $AB = BA$ とすると $(A - \lambda E)(B - \lambda E)$ $= AB - \lambda A - \lambda B + \lambda^2 E$ と $(B - \lambda E)(A - \lambda E) = BA - \lambda B - \lambda A + \lambda^2 E$ は等しい.

10.1 (i) A とその逆行列の関係 $A^{-1}A = AA^{-1} = E$ を A^{-1} を中心にみれば A^{-1} の逆行列が A である．すなわち $(A^{-1})^{-1} = A$ (ii) A, B が正則ならば $XA = AX = E, YB = BY = E$ となる X, Y があり，$(YX)AB = YEB = YB = E, (AB)(YX) = AEX = AX = E$ となるので AB は $YX = B^{-1}A^{-1}$ を逆行列にもつ.

11.1 定理 3 を用いる．$A = \begin{bmatrix} -1 & 2 \\ 3 & 1 \end{bmatrix}$ のとき $|A| = -7$ であり，$A^{-1} = \dfrac{1}{|A|}\begin{bmatrix} a_{22} & -a_{12} \\ -a_{21} & a_{11} \end{bmatrix}$ $= \dfrac{1}{-7}\begin{bmatrix} 1 & -2 \\ -3 & -1 \end{bmatrix}$, $B = A^{-1}\begin{bmatrix} -4 & 5 \\ 5 & 6 \end{bmatrix} = \begin{bmatrix} 2 & 1 \\ -1 & 3 \end{bmatrix}$

11.2 この定理の証明は 2 次に限る必要はないが，2 次でやってみよと言われると気が楽になる.
(1) A として E をとると $EE' = E$. E は単位行列だから $EE' = E'$. よって $E' = E$
(2) 行列 A に対して $AX = XA = E$ かつ $AY = YA = E$ であるとすると $(YA)X = Y(AX)$

と合わせて $EX = YE$. よって $X = Y$

12.1 (i) $AB = O, A \neq O$ で A が正則ならば $A^{-1}(AB) = O$ から $B = O$. よって A は零因子ではない. A がべき零, すなわち $A^n = O$ (n は自然数) で A が正則ならば $A^{-1}A^n = O$. これを続けて $A = O$. これは正則であることに反する. (ii) $A^n = O$ とすると $X = E+A+\cdots+A^{n-1}$ に対して $(E-A)X = E - A^n = E$, $X(E-A) = E$. よって $E - A$ は X を逆行列にもつ. $E + A = E - (-A)$ も同様. (iii) (ii)を用いる. $A = \begin{bmatrix} 0 & 1 & 0 & 0 \\ 0 & 0 & 1 & 0 \\ 0 & 0 & 0 & 1 \\ 0 & 0 & 0 & 0 \end{bmatrix}$ は $A^4 = O$ をみたすので $B = E - A$ は逆行列 $X = \begin{bmatrix} 1 & 1 & 1 & 1 \\ 0 & 1 & 1 & 1 \\ 0 & 0 & 1 & 1 \\ 0 & 0 & 0 & 1 \end{bmatrix}$ をもつ.

13.1 (i) $A^2 = (AB)(AB) = A(BA)B = (AB)B = AB = A$. 同様に $B^2 = B$ (ii) 帰納法で $(AB)^r = AB(AB)^{r-1} = AB(AB^{r-2}) = A(BA)B^{r-2} = AB^{r-1}$. 同様に $(BA)^r = BA^{r-1}$

14.1 (i) $A = \begin{bmatrix} a & b \\ c & d \end{bmatrix}$ とすると $A^2 = -E$ から $a^2 + bc = -1, c(a+d) = 0, b(a+d) = 0, cb + d^2 = -1$. ここで $a + d \neq 0$ とすると $c = b = 0, a^2 = -1$ となり, 実行列であることに反する. よって $d = -a$. そして a, b, c が実数で, $a^2 + bc = -1$ から $bc \neq 0$
$\therefore\ b = -\frac{a^2+1}{c}$ $\therefore\ A = \begin{bmatrix} a & -(a^2+1)/c \\ c & -a \end{bmatrix}$ $(c \neq 0)$
(ii) $a^2 + bc = a, c(a+d) = c, b(a+d) = b, cb + d^2 = d$ から次のどれかである.

$$O, E, \begin{bmatrix} 0 & b \\ 0 & 1 \end{bmatrix}, \begin{bmatrix} 1 & b \\ 0 & 0 \end{bmatrix}, \begin{bmatrix} a & a(1-a)/c \\ c & 1-a \end{bmatrix} \qquad (a, b \text{ は任意}, c \neq 0)$$

(iii) $\begin{bmatrix} 0 & b \\ 0 & 0 \end{bmatrix}, \begin{bmatrix} a & -a^2/c \\ c & -a \end{bmatrix}$ $(a, b$ は任意, $c \neq 0)$

15.1 結合･分配の 2 法則を使う. 左辺 $= (AA^{-1}+BA^{-1})(A-B) = (E+BA^{-1})(A-B) = A-B+B-BA^{-1}B = A-BA^{-1}B$, 右辺 $= (E-BA^{-1})(A+B) = A+B-B-BA^{-1}B = A-BA^{-1}B$

16.1 (i) $B^m = \begin{bmatrix} \alpha^m & n\alpha^{m-1} \\ 0 & \alpha^m \end{bmatrix}, C^m = \begin{bmatrix} \beta^m & n\beta^{m-1} & m(m-1)\beta^{m-2}/2 \\ 0 & \beta^m & m\beta^{m-1} \\ 0 & 0 & \beta^m \end{bmatrix}$
(ii) $P^{-1} = \begin{bmatrix} 1 & 1 \\ -3 & -2 \end{bmatrix}, P^{-1}AP = \begin{bmatrix} 2 & 1 \\ 0 & 2 \end{bmatrix}, (P^{-1}AP)^n = \begin{bmatrix} 2^n & n2^{n-1} \\ 0 & 2^n \end{bmatrix}$ から

$$A^n = \begin{bmatrix} (3n+1)2^n & n2^{n+1} \\ -9n2^{n-1} & (1-3n)2^n \end{bmatrix}$$

17.1 (i) $A^2 = a^2E$ から $A^{2n} = a^{2n}E, A^{2n+1} = \begin{bmatrix} O & & a^{2n+1} \\ & \cdot^{\cdot^{\cdot}} & \\ a^{2n+1} & & O \end{bmatrix}$

(ii) $B^k = \begin{bmatrix} 1 & & O \\ & \ddots & \\ O & & 1 \end{bmatrix}$ （上部に $(k+1)$） $(k = 1, 2, \cdots, n-1)$, $B^k = O \quad (k \geqq n)$

18.1 まず A^3, A^2 を求めよ. O (零行列)

19.1 $(A+B)^2 = (A+B)(A+B) = A^2 + AB + BA + B^2$ から.
$(A+B)^2 = A^2 + 2AB + B^2$ ならば $AB + BA = 2AB$ $\therefore\ BA = AB$

また $AB=BA$ ならば $(A+B)^2=A^2+2AB+B^2$ である．

19.2 (i) A, E が可換 $\therefore\ A(E\pm A)^r=A(E^r\pm {}_r\mathrm{C}_1E^{r-1}A+{}_r\mathrm{C}_2E^{r-2}A^2\pm\cdots)$．$A^2=O$ だから $A^k=O\ (k\geqq 2)$ $\therefore\ A(E\pm A)^r=A(E\pm rA)=A\pm rA^2=A$ (ii) $A^k=O$, $B^l=O\ (k\geqq l)$ とする．A, B は可換であるから，$(AB)^k=A^kB^k=O$．また例題 19 により

$$(A+B)^{k+l}=\sum_{r=0}^{k+l}{}_{k+l}\mathrm{C}_rA^{k+l-r}B^r$$

$r=0,\cdots,l$ ならば $k+l-r\geqq k$ だから $A^{k+l-r}=O$．$r=l+1,\cdots,k+l$ ならば $B^r=O$．よって $(A+B)^{k+l}=O$．したがって $AB, A+B$ はべき零である．

20.1 $${}^tA=\begin{bmatrix} {}^t\boldsymbol{a}_1 & {}^t\boldsymbol{a}_2 & \cdots & {}^t\boldsymbol{a}_n \end{bmatrix}=\begin{bmatrix} {}^t\boldsymbol{b}_1 \\ {}^t\boldsymbol{b}_2 \\ \vdots \\ {}^t\boldsymbol{b}_n \end{bmatrix}$$

21.1 (i) $\begin{bmatrix} A_1\boldsymbol{a}_1 & A_1\boldsymbol{a}_2 & \cdots & A_1\boldsymbol{a}_n \end{bmatrix}$ (ii) $\begin{bmatrix} A_1B_1 & A_1B_2+A_2B_3 \\ O & A_3B_3 \end{bmatrix}$

22.1 $\begin{bmatrix} a & {}^t\boldsymbol{0} \\ \boldsymbol{p} & Q \end{bmatrix}\begin{bmatrix} a' & {}^t\boldsymbol{0} \\ \boldsymbol{p}' & Q' \end{bmatrix}=\begin{bmatrix} aa' & {}^t\boldsymbol{0} \\ a'\boldsymbol{p}+Q\boldsymbol{p}' & QQ' \end{bmatrix}$ による．

22.2 一般化した命題は「n 次の正方行列 A が任意の n 次正方行列と可換であるための必要十分条件は $A=aE_n$ であること」．証明は帰納法．

$$A=\begin{bmatrix} a & \boldsymbol{b} \\ \boldsymbol{c} & A' \end{bmatrix}\quad\left(\begin{array}{l} a\text{ はスカラー，}\boldsymbol{b}\text{ は }n-1\text{ 次行ベクトル} \\ \boldsymbol{c}\text{ は }n-1\text{ 次列ベクトル，}A'\text{ は }n-1\text{ 次正方行列} \end{array}\right)$$

が任意の n 次行列 X に対して $AX=XA$ とするとき，とくに $X=\begin{bmatrix} 1 & {}^t\boldsymbol{0} \\ \boldsymbol{0} & O \end{bmatrix}$ にとって，$\boldsymbol{b}={}^t\boldsymbol{0}$, $\boldsymbol{c}=\boldsymbol{0}$ となり $A=\begin{bmatrix} a & {}^t\boldsymbol{0} \\ \boldsymbol{0} & A' \end{bmatrix}$．また任意の $n-1$ 次行列 X' に対して $X=\begin{bmatrix} 1 & {}^t\boldsymbol{0} \\ \boldsymbol{0} & X' \end{bmatrix}$ にとると $AX=XA$ から $A'X'=X'A'$ となり，帰納法の仮定から $A'=dE_{n-1}$．最後に $X=\begin{bmatrix} 1\,1\,0\cdots 0 \\ O \end{bmatrix}$ にとって $AX=XA$ から $a=d$ となるので $A=aE_n$

23.1 逆行列も下三角行列だから

$$\begin{bmatrix} 1 & 0 & 0 & 0 \\ 1 & 2 & 0 & 0 \\ 2 & 1 & 3 & 0 \\ 1 & 2 & 1 & 4 \end{bmatrix}\begin{bmatrix} x_{11} & 0 & 0 & 0 \\ x_{21} & x_{22} & 0 & 0 \\ x_{31} & x_{32} & x_{33} & 0 \\ x_{41} & x_{42} & x_{43} & x_{44} \end{bmatrix}=\begin{bmatrix} 1 & 0 & 0 & 0 \\ 0 & 1 & 0 & 0 \\ 0 & 0 & 1 & 0 \\ 0 & 0 & 0 & 1 \end{bmatrix}$$

x_{ij} の方程式を解き $A^{-1}=\begin{bmatrix} 1 & 0 & 0 & 0 \\ -1/2 & 1/2 & 0 & 0 \\ -1/2 & -1/6 & 1/3 & 0 \\ 1/8 & -5/24 & -1/12 & 1/4 \end{bmatrix}$

23.2 A_1, A_2 は逆行列 A_1^{-1}, A_2^{-1} をもつ．$X=\begin{bmatrix} A_1^{-1} & O \\ O & A_2^{-1} \end{bmatrix}$ とすると

$XA=\begin{bmatrix} A_1^{-1} & O \\ O & A_2^{-1} \end{bmatrix}\begin{bmatrix} A_1 & O \\ O & A_2 \end{bmatrix}$ のブロックごとの計算で $XA=E$．

同様に $AX=E$ で X は A の逆行列である．また一般化は「$A_1,\cdots,A_t$ が正則のとき

$$A=\begin{bmatrix} A_1 & & O \\ & \ddots & \\ O & & A_t \end{bmatrix}$$ も正則で $$A^{-1}=\begin{bmatrix} A_1^{-1} & & O \\ & \ddots & \\ O & & A_t^{-1} \end{bmatrix}$$ である.」

注意 第 2 章で「$AX=E \Leftrightarrow XA=E$」が示されるので，実は一方だけでよい.

◆ 第 1 章の発展問題解答 (1〜4)

1. 〔演算で閉じているということ〕 (i) $A=\begin{bmatrix} a & b \\ -b & a \end{bmatrix}, B=\begin{bmatrix} c & d \\ -d & c \end{bmatrix}$ のとき
$AB=\begin{bmatrix} ac-bd & ad+bc \\ -(ad+bc) & ac-bd \end{bmatrix}=\begin{bmatrix} x & y \\ -y & x \end{bmatrix}$ の形となるので，積で閉じている.
(ii) $P=\begin{bmatrix} p & q \\ -q & p \end{bmatrix}, Q=\begin{bmatrix} r & s \\ -s & r \end{bmatrix}$ とおくと $\begin{bmatrix} P & Q \\ -{}^tQ & {}^tP \end{bmatrix}$ の形.
$A=\begin{bmatrix} P & Q \\ -{}^tQ & {}^tP \end{bmatrix}, B=\begin{bmatrix} R & S \\ -{}^tS & {}^tR \end{bmatrix}$ とすると $AB=\begin{bmatrix} PR-Q\,{}^tS & PS+Q\,{}^tR \\ -{}^tQR-{}^tP\,{}^tS & -{}^tQS+{}^tP\,{}^tR \end{bmatrix}$.
P,Q,R,S の形をした行列は可換であるから（⇨ 問題 9.2），$PR-Q\,{}^tS=X, PS+Q\,{}^tR=Y$ とすると $-{}^tQR-{}^tP\,{}^tS=-{}^tY, -{}^tQS+{}^tP\,{}^tR={}^tX$ となり $AB=\begin{bmatrix} X & Y \\ -{}^tY & {}^tX \end{bmatrix}$ となるので積で閉じている.

〔複素数の集合〕 $A=\begin{bmatrix} a & b \\ -b & a \end{bmatrix}=a\begin{bmatrix} 1 & 0 \\ 0 & 1 \end{bmatrix}+b\begin{bmatrix} 0 & 1 \\ -1 & 0 \end{bmatrix}$. ここで $\begin{bmatrix} 1 & 0 \\ 0 & 1 \end{bmatrix}=E$（単位行列で数の 1 にあたる），$\begin{bmatrix} 0 & 1 \\ -1 & 0 \end{bmatrix}=I$ とすると $A=aE+bI$, $I^2=\begin{bmatrix} 0 & 1 \\ -1 & 0 \end{bmatrix}\begin{bmatrix} 0 & 1 \\ -1 & 0 \end{bmatrix}=\begin{bmatrix} -1 & 0 \\ 0 & -1 \end{bmatrix}=-E$ であり複素数

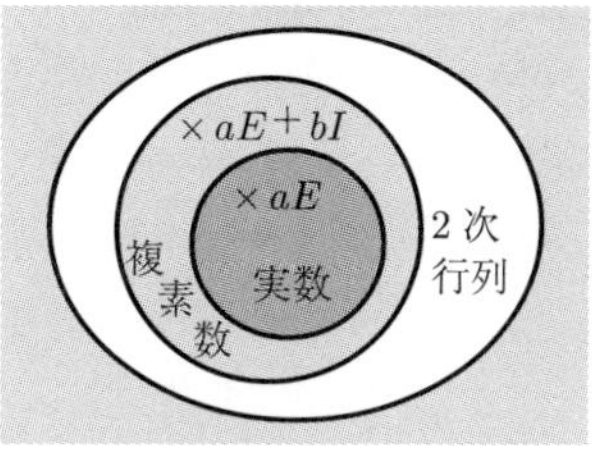

$\alpha=a\cdot 1+bi, i^2=-1$ と同じ計算規則にしたがう．A と α を同一にみれば実数を成分とする 2 次行列の集合の中に複素数全体がスッポリ飲みこまれている.

2. 〔自然数のかかわる論証〕 $\begin{bmatrix} a & b \\ 0 & 1 \end{bmatrix}^2=\begin{bmatrix} a^2 & (a+1)b \\ 0 & 1 \end{bmatrix}=\begin{bmatrix} a^2 & \frac{(a^2-1)b}{(a-1)} \\ 0 & 1 \end{bmatrix}$ $\therefore\ n=2$ のとき正しい．$n-1$ のとき正しいとすると

$$\begin{bmatrix} a & b \\ 0 & 1 \end{bmatrix}^n=\begin{bmatrix} a & b \\ 0 & 1 \end{bmatrix}\begin{bmatrix} a^{n-1} & (a^{n-2}+a^{n-3}+\cdots+1)b \\ 0 & 1 \end{bmatrix}$$
$$=\begin{bmatrix} a^n & (a^{n-1}+a^{n-2}+\cdots+1)b \\ 0 & 1 \end{bmatrix}=\begin{bmatrix} a^n & \frac{(a^n-1)b}{a-1} \\ 0 & 1 \end{bmatrix}$$

3. 〔逆行列にかかわる論証〕

$$XA=\begin{bmatrix} P^{-1}+P^{-1}QD^{-1}RP^{-1} & -P^{-1}QD^{-1} \\ -D^{-1}RP^{-1} & D^{-1} \end{bmatrix}\begin{bmatrix} P & Q \\ R & S \end{bmatrix}$$
$$=\begin{bmatrix} E+P^{-1}QD^{-1}R-P^{-1}QD^{-1}R & P^{-1}Q+P^{-1}QD^{-1}RP^{-1}Q-P^{-1}QD^{-1}S \\ -D^{-1}R+D^{-1}R & -D^{-1}RP^{-1}Q+D^{-1}S \end{bmatrix}$$

ここで①から $D^{-1}RP^{-1}Q-D^{-1}S=-E$ であるから

$$P^{-1}Q+P^{-1}Q(D^{-1}RP^{-1}Q-D^{-1}S)=P^{-1}Q-P^{-1}Q=O$$

となり $XA=\begin{bmatrix} E & O \\ O & E \end{bmatrix}$．同様に $AX=E$ を得る.

4. 〔条件に注目 —— べき零と可換〕 (i) $\exp A \exp B = \left(\sum_{p=0}^{r-1}\frac{1}{p!}A^p\right)\left(\sum_{q=0}^{s-1}\frac{1}{q!}B^q\right)$

$$= \sum_{t=0}^{m-1}\frac{1}{t!}\left(\sum_{p+q=t}\frac{t!}{p!\,q!}A^pB^q\right) \quad (m=r+s-1)$$

$p \leqq r-1, 0 \leqq q \leqq s-1$ であるが，$p \geqq r$ のとき $A^p=O$，$q \geqq s$ のとき $B^q=O$，上式に O を補うことにより（問題 19.2(ii)により $A+B$ もべき零かつ可換であるから）

$$\exp(A+B) = \sum_{t=0}^{m-1}\frac{1}{t!}(A+B)^t = \sum_{t=0}^{m-1}\frac{1}{t!}\left(\sum_{p=0}^{t}{}_t\mathrm{C}_pA^pB^{t-p}\right)$$

A がべき零ならば $-A$ もべき零かつ $A, -A$ は可換．したがって

$$(\exp A)(\exp(-A)) = \exp(A+(-A)) = \exp O = E \qquad \therefore\ \exp(-A) = (\exp A)^{-1}$$

(ii) $A^3 = O \qquad \therefore\ \exp A = E + A + \frac{1}{2}A^2 = \begin{bmatrix} 2 & 1 & 3 \\ 13/2 & 9/2 & 21/2 \\ -5/2 & -3/2 & -7/2 \end{bmatrix}$

第2章の問題解答 (24.1〜54.1)

24.1 $x=-3, y=5$ ***25.1*** (i) -12 (ii) 0 (iii) -4

26.1 (i) $x=-\frac{74}{61}, y=\frac{18}{61}, z=\frac{81}{61}$ (ii) $x=-\frac{1+i}{2}, y=\frac{1}{2}, z=\frac{1}{2}$

27.1 以下等号の下の番号は定理 2 の (1), (2), (3) を意味する．

〔定理 3(4) の証明〕 $\boldsymbol{b}_2 = \boldsymbol{b}_1$ のとき (1) から $|\ \boldsymbol{b}_1\ \boldsymbol{b}_1\ \boldsymbol{b}_3\ | = -|\ \boldsymbol{b}_1\ \boldsymbol{b}_1\ \boldsymbol{b}_3\ |$

$\therefore\ |\ \boldsymbol{b}_1\ \boldsymbol{b}_1\ \boldsymbol{b}_3\ | = 0$ さらに $|\ \boldsymbol{b}_1\ \lambda\boldsymbol{b}_1\ \boldsymbol{b}_3\ | \underset{(2)}{=} \lambda|\ \boldsymbol{b}_1\ \boldsymbol{b}_1\ \boldsymbol{b}_3\ | = 0$

〔定理 3(5) の証明〕 $|\ \boldsymbol{b}_1\ \boldsymbol{b}_2+\lambda\boldsymbol{b}_1\ \boldsymbol{b}_3\ | \underset{(3)\text{と}(2)}{=} |\ \boldsymbol{b}_1\ \boldsymbol{b}_2\ \boldsymbol{b}_3\ | + \lambda|\ \boldsymbol{b}_1\ \boldsymbol{b}_1\ \boldsymbol{b}_3\ | \underset{(4)}{=} |\ \boldsymbol{b}_1\ \boldsymbol{b}_2\ \boldsymbol{b}_3\ |$

〔定理 3(6) の証明〕 $|\ \boldsymbol{b}_1\ \lambda_1\boldsymbol{b}_2'+\lambda_2\boldsymbol{b}_2''\ \boldsymbol{b}_3\ | \underset{(3)\text{と}(2)}{=} \lambda_1|\ \boldsymbol{b}_1\ \boldsymbol{b}_2'\ \boldsymbol{b}_3\ | + \lambda_2|\ \boldsymbol{b}_1\ \boldsymbol{b}_2''\ \boldsymbol{b}_3\ |$

27.2 行について．定理 2 (1) $\begin{vmatrix} \boldsymbol{a}_2 \\ \boldsymbol{a}_1 \\ \boldsymbol{a}_3 \end{vmatrix} = -\begin{vmatrix} \boldsymbol{a}_1 \\ \boldsymbol{a}_2 \\ \boldsymbol{a}_3 \end{vmatrix}$ (2) $\begin{vmatrix} \lambda\boldsymbol{a}_1 \\ \boldsymbol{a}_2 \\ \boldsymbol{a}_3 \end{vmatrix} = \lambda\begin{vmatrix} \boldsymbol{a}_1 \\ \boldsymbol{a}_2 \\ \boldsymbol{a}_3 \end{vmatrix}$

(3) $\begin{vmatrix} \boldsymbol{a}_1 \\ \boldsymbol{a}_2'+\boldsymbol{a}_2'' \\ \boldsymbol{a}_3 \end{vmatrix} = \begin{vmatrix} \boldsymbol{a}_1 \\ \boldsymbol{a}_2' \\ \boldsymbol{a}_3 \end{vmatrix} + \begin{vmatrix} \boldsymbol{a}_1 \\ \boldsymbol{a}_2'' \\ \boldsymbol{a}_3 \end{vmatrix}$ 定理 3 (4) $\begin{vmatrix} \boldsymbol{a}_1 \\ \lambda\boldsymbol{a}_1 \\ \boldsymbol{a}_3 \end{vmatrix} = \mathbf{0}$

(5) $\begin{vmatrix} \boldsymbol{a}_1 \\ \boldsymbol{a}_2 \\ \boldsymbol{a}_3 \end{vmatrix} = \begin{vmatrix} \boldsymbol{a}_1 \\ \boldsymbol{a}_2+\lambda\boldsymbol{a}_1 \\ \boldsymbol{a}_3 \end{vmatrix}$ (6) $\begin{vmatrix} \boldsymbol{a}_1 \\ \lambda_1\boldsymbol{a}_2'+\lambda_2\boldsymbol{a}_2'' \\ \boldsymbol{a}_3 \end{vmatrix} = \lambda_1\begin{vmatrix} \boldsymbol{a}_1 \\ \boldsymbol{a}_2' \\ \boldsymbol{a}_3 \end{vmatrix} + \lambda_2\begin{vmatrix} \boldsymbol{a}_1 \\ \boldsymbol{a}_2'' \\ \boldsymbol{a}_3 \end{vmatrix}$

〔行についての定理 2 の証明〕 (1) $\begin{vmatrix} \boldsymbol{a}_2 \\ \boldsymbol{a}_1 \\ \boldsymbol{a}_3 \end{vmatrix} = \left|{}^t\begin{bmatrix} \boldsymbol{a}_2 \\ \boldsymbol{a}_1 \\ \boldsymbol{a}_3 \end{bmatrix}\right| = |[\ {}^t\boldsymbol{a}_2\ {}^t\boldsymbol{a}_1\ {}^t\boldsymbol{a}_3\ ]|$

$$= -|\ {}^t\boldsymbol{a}_1\ {}^t\boldsymbol{a}_2\ {}^t\boldsymbol{a}_3\ | = -\left|{}^t\begin{bmatrix} \boldsymbol{a}_1 \\ \boldsymbol{a}_2 \\ \boldsymbol{a}_3 \end{bmatrix}\right| = -\begin{vmatrix} \boldsymbol{a}_1 \\ \boldsymbol{a}_2 \\ \boldsymbol{a}_3 \end{vmatrix}$$

(2) $\begin{vmatrix} \lambda\boldsymbol{a}_1 \\ \boldsymbol{a}_2 \\ \boldsymbol{a}_3 \end{vmatrix} = \left| {}^t\begin{bmatrix} \lambda\boldsymbol{a}_1 \\ \boldsymbol{a}_2 \\ \boldsymbol{a}_3 \end{bmatrix} \right| = |[\ \lambda{}^t\boldsymbol{a}_1\ {}^t\boldsymbol{a}_2\ {}^t\boldsymbol{a}_3\ ]| \underset{(2)}{=} \lambda|[\ {}^t\boldsymbol{a}_1\ {}^t\boldsymbol{a}_2\ {}^t\boldsymbol{a}_3\ ]| = \lambda \begin{vmatrix} \boldsymbol{a}_1 \\ \boldsymbol{a}_2 \\ \boldsymbol{a}_3 \end{vmatrix}$

(3) (2) と同様．定理 3 の証明はいずれも定理 2 の証明と同様．

〔行についての定理 3 の証明〕 問題 27.1 と同様にして定理 2 から得られる．

28.1 $D_{13} = -2, D_{23} = 6, D_{33} = 4, |A| = -6$

28.2 ① の場合と同様に，(*) を 3 つの項に分けるだけ．

29.1 $A_{13} = -4, A_{23} = -8, A_{33} = -4, |A| = 1 \cdot (-4) + 2 \cdot (-8) + 3 \cdot (-4) = -32$

30.1 (i) $7\begin{vmatrix} 4 & 3 \\ 2 & 1 \end{vmatrix} - 4\begin{vmatrix} -2 & 3 \\ -3 & 1 \end{vmatrix} = -42$ (ii) $4\begin{vmatrix} 4 & 3 \\ -3 & 2 \end{vmatrix} - 5\begin{vmatrix} 2 & 1 \\ -3 & 2 \end{vmatrix} = 33$

31.1 (i) 第 1 行についての余因子展開から始める．

(ii) $|A| = \begin{vmatrix} 1 & 0 & 0 \\ 3 & -2 & 0 \\ -2 & 9 & -16 \end{vmatrix} = 32, |B| = \begin{vmatrix} -1 & 0 & 0 \\ 2 & -1 & 0 \\ 3 & 14 & 77 \end{vmatrix} = 77$

> 三角行列は人により，
> 時により異なる．
> 結果が合えばよい．

32.1 (i) $\begin{vmatrix} a+b & a & a \\ a & a+b & a \\ a & a & a+b \end{vmatrix} \underset{\text{第 1 列 + 第 2, 3 列}}{=} \begin{vmatrix} 3a+b & a & a \\ 3a+b & a+b & a \\ 3a+b & a & a+b \end{vmatrix}$

$\underset{\text{第 1 列から共通因数}}{=} (3a+b)\begin{vmatrix} 1 & a & a \\ 1 & a+b & a \\ 1 & a & a+b \end{vmatrix} \underset{\text{第 2, 3 列} -\boldsymbol{a}\cdot\text{第 1 列}}{=} (3a+b)\begin{vmatrix} 1 & 0 & 0 \\ 1 & b & 0 \\ 1 & 0 & b \end{vmatrix} = \text{右辺}$

(ii) 第 2, 3 列を第 1 列に加えると第 1 列はすべて $2(a+b+c)$ となるから，これをくくり出し，次に第 2 列から第 1 列の b 倍，第 3 列から第 1 列の c 倍を引くと

$$\text{左辺} = 2(a+b+c)\begin{vmatrix} 1 & 0 & 0 \\ 1 & a+b+c & 0 \\ 1 & 0 & a+b+c \end{vmatrix} = 2(a+b+c)^3$$

33.1 (i) $\begin{vmatrix} 1 & a & b \\ 1 & a^2 & b^2 \\ 1 & a^3 & b^3 \end{vmatrix} \underset{\text{第 2, 第 3 列 共通因数}}{=} ab\begin{vmatrix} 1 & 1 & 1 \\ 1 & a & b \\ 1 & a^2 & b^2 \end{vmatrix}$

$\underset{\text{第 2, 3 行} - \text{第 1 行}}{=} ab\begin{vmatrix} 1 & 1 & 1 \\ 0 & a-1 & b-1 \\ 0 & a^2-1 & b^2-1 \end{vmatrix} \underset{\text{第 1 列で展開}}{=} ab\begin{vmatrix} a-1 & b-1 \\ a^2-1 & b^2-1 \end{vmatrix}$

$\underset{\text{共通因数}}{=} ab(a-1)(b-1)\begin{vmatrix} 1 & 1 \\ a+1 & b+1 \end{vmatrix} \underset{\text{サラス}}{=} \text{右辺}$

(ii) $\begin{vmatrix} a & b & ax+b \\ b & c & bx+c \\ ax+b & bx+c & 0 \end{vmatrix} \underset{\text{第 2 行} + \boldsymbol{x}\cdot(\text{第 1 行})}{=} \begin{vmatrix} a & b & ax+b \\ ax+b & bx+c & ax^2+2bx+c \\ ax+b & bx+c & 0 \end{vmatrix}$

$\underset{\text{第 2 行} - \text{第 3 行}}{=} \begin{vmatrix} a & b & ax+b \\ 0 & 0 & ax^2+2bx+c \\ ax+b & bx+c & 0 \end{vmatrix}$

$\underset{\text{第 2 行で展開}}{=} -(ax^2+2bx+c)\begin{vmatrix} a & b \\ ax+b & bx+c \end{vmatrix} = \text{右辺}$

2

34.1 $abc \neq 0$ のときは

$$\begin{vmatrix} 1+a & 1 & 1 \\ 1 & 1+b & 1 \\ 1 & 1 & 1+c \end{vmatrix} \underset{\substack{a,b,c\,\text{を}\\ \text{くくり出す}}}{=} abc \begin{vmatrix} \frac{1}{a}+1 & \frac{1}{a} & \frac{1}{a} \\ \frac{1}{b} & \frac{1}{b}+1 & \frac{1}{b} \\ \frac{1}{c} & \frac{1}{c} & \frac{1}{c}+1 \end{vmatrix}$$

サラスで展開すれば
よいが面白くない.
線形代数は
鮮やかに!

$$\underset{\text{第 1 行に集めて，くくり出す}}{=} abc\left(\tfrac{1}{a}+\tfrac{1}{b}+\tfrac{1}{c}+1\right) \begin{vmatrix} 1 & 1 & 1 \\ \frac{1}{b} & \frac{1}{b}+1 & \frac{1}{b} \\ \frac{1}{c} & \frac{1}{c} & \frac{1}{c}+1 \end{vmatrix}$$

$$\underset{\substack{\text{第 1 列} - \text{第 2 列}\\ \text{第 2 列} - \text{第 3 列}}}{=} (bc+ca+ab+abc) \begin{vmatrix} 0 & 0 & 1 \\ -1 & 1 & \frac{1}{b} \\ 0 & -1 & \frac{1}{c}+1 \end{vmatrix} = bc+ca+ab+abc$$

$abc=0$ のときも同じ結果を得る.

【別解】 $\begin{vmatrix} 1+a & 1+0 & 1+0 \\ 1+0 & 1+b & 1+0 \\ 1+0 & 1+0 & 1+c \end{vmatrix}$ に定理 2(3) を繰り返して用いると $2\times2\times2=8$ 個の行列式の和になる. そのうち列ベクトルが一致しないものが残り

$$\begin{vmatrix} 1 & 0 & 0 \\ 1 & b & 0 \\ 1 & 0 & c \end{vmatrix} + \begin{vmatrix} a & 1 & 0 \\ 0 & 1 & 0 \\ 0 & 1 & c \end{vmatrix} + \begin{vmatrix} a & 0 & 1 \\ 0 & b & 1 \\ 0 & 0 & 1 \end{vmatrix} + \begin{vmatrix} a & 0 & 0 \\ 0 & b & 0 \\ 0 & 0 & c \end{vmatrix} = \text{右辺}$$

35.1 $|A|\,|B| = (a^2+b^2)(c^2+d^2)$, $|AB| = \left|\begin{bmatrix} a & b \\ -b & a \end{bmatrix}\begin{bmatrix} c & d \\ -d & c \end{bmatrix}\right| = \begin{vmatrix} ac-bd & ad+bc \\ -(ad+bc) & ac-bd \end{vmatrix}$

$=(ac-bd)^2+(ad+bc)^2$ から $(a^2+b^2)(c^2+d^2)=(ac-bd)^2+(ad+bc)^2$

36.1 $B\,{}^tB$ の形になる B をさがす. $B=\begin{bmatrix} b & c & 0 \\ a & 0 & c \\ 0 & a & b \end{bmatrix}$ にとると $A=B\,{}^tB$ であり

$$|A| = |B|\,|{}^tB| = \begin{vmatrix} b & c & 0 \\ a & 0 & c \\ 0 & a & b \end{vmatrix}\begin{vmatrix} b & a & 0 \\ c & 0 & a \\ 0 & c & b \end{vmatrix} = (2abc)(2abc) = 4a^2b^2c^2$$

37.1 (i) $|A| = \begin{vmatrix} a_{11} & a_{12} & a_{13} \\ a_{21} & a_{22} & a_{23} \\ a_{31} & a_{32} & a_{33} \end{vmatrix}$ に対して $\begin{vmatrix} a_{12} & a_{12} & a_{13} \\ a_{22} & a_{22} & a_{23} \\ a_{32} & a_{32} & a_{33} \end{vmatrix} = 0$ であるから, 第 1 列について余因子展開をして次の結果を得る.

$$0 = a_{12}A_{11} + a_{22}A_{21} + a_{32}A_{31} \cdots \text{定理 6 (1)}$$

定理 6 (2) も同様.

(ii) ${}^t[A_{ij}]A = \begin{bmatrix} A_{11} & A_{21} & A_{31} \\ A_{12} & A_{22} & A_{32} \\ A_{13} & A_{23} & A_{33} \end{bmatrix}\begin{bmatrix} a_{11} & a_{12} & a_{13} \\ a_{21} & a_{22} & a_{23} \\ a_{31} & a_{32} & a_{33} \end{bmatrix} = \begin{bmatrix} |A| & & O \\ & |A| & \\ O & & |A| \end{bmatrix} = |A|E$

から.

38.1 $|A| = -28$, $\quad A^{-1} = \dfrac{1}{-28}\begin{bmatrix} 3 & -1 & -4 \\ -57 & -37 & -8 \\ -53 & -29 & -4 \end{bmatrix}$, 解は $\begin{bmatrix} x \\ y \\ z \end{bmatrix} = \begin{bmatrix} -1 \\ 2 \\ 3 \end{bmatrix}$

38.2 与えられた行列を A とする. (i) A が正則 $\Leftrightarrow$ $|A| = abc \neq 0$.

$$A^{-1}=\frac{1}{abc}\begin{bmatrix} \begin{vmatrix} b & 1 \\ 0 & c \end{vmatrix} & -\begin{vmatrix} 1 & 1 \\ 0 & c \end{vmatrix} & \begin{vmatrix} 1 & 1 \\ b & 1 \end{vmatrix} \\ -\begin{vmatrix} 0 & 1 \\ 0 & c \end{vmatrix} & \begin{vmatrix} a & 1 \\ 0 & c \end{vmatrix} & -\begin{vmatrix} a & 1 \\ 0 & 1 \end{vmatrix} \\ \begin{vmatrix} 0 & b \\ 0 & 0 \end{vmatrix} & -\begin{vmatrix} a & 1 \\ 0 & 0 \end{vmatrix} & \begin{vmatrix} a & 1 \\ 0 & b \end{vmatrix} \end{bmatrix}=\frac{1}{abc}\begin{bmatrix} bc & -c & 1-b \\ 0 & ca & -a \\ 0 & 0 & ab \end{bmatrix}$$

(ii) A が正則 $\Leftrightarrow$ $|A|=1+l^2+m^2+n^2 \fallingdotseq\!\!\!\!\!/\; 0$. 実数のときは無条件に成立する.

$$A^{-1}=\frac{1}{1+l^2+m^2+n^2}\begin{bmatrix} 1+l^2 & lm+n & ln-m \\ lm-n & 1+m^2 & mn+l \\ ln+m & mn-l & 1+n^2 \end{bmatrix}$$

(iii) A が正則 $\Leftrightarrow$ $a \neq -1$, $A^{-1}=\dfrac{1}{a^3+1}\begin{bmatrix} 1 & -a & a^2 \\ a^2 & 1 & -a \\ -a & a^2 & 1 \end{bmatrix}$

39.1 (i) $YA=E$ から $|Y|\,|A|=1$. よって $|A|\neq 0$ となり A は正則　(ii) 「A が正則」$\Leftrightarrow$ $|A|\neq 0 \underset{|\boldsymbol{A}|=|{}^t\boldsymbol{A}|}{\Leftrightarrow} |{}^tA|\neq 0 \Leftrightarrow$「${}^tA$ が正則」　(iii) $AA^{-1}=E$ から $|AA^{-1}|=|A|\,|A^{-1}|=1$. よって $|A^{-1}|=|A|^{-1}$ また $|A^{-1}BA|=|A^{-1}|\,|B|\,|A|=|A|^{-1}\,|B|\,|A|=|B|$（一般に $A^{-1}BA\neq B$, しかし行列式は数だから可換）　(iv) A が正則 $\Rightarrow |A|\neq 0$, $A^{-1}=\frac{{}^t[A_{ij}]}{|A|} \Rightarrow A\,{}^t[A_{ij}]=|A|\,E \Rightarrow |A|\,|{}^t[A_{ij}]|=|A|^3 \Rightarrow |{}^t[A_{ij}]|=|A|^2$

40.1 $\tau\rho=\begin{pmatrix} 1 & 2 & 3 \\ 3 & 1 & 2 \end{pmatrix}$, $\rho\tau=\begin{pmatrix} 1 & 2 & 3 \\ 2 & 3 & 1 \end{pmatrix}$

41.1 $\sigma(4)=5,\ \tau(2)=1$. $\sigma^{-1}\tau^{-1}=\begin{pmatrix} 1 & 2 & 3 & 4 & 5 \\ 1 & 3 & 5 & 4 & 2 \end{pmatrix}$, $(\sigma\tau)^{-1}=\begin{pmatrix} 1 & 2 & 3 & 4 & 5 \\ 3 & 2 & 4 & 1 & 5 \end{pmatrix}$ から $(\sigma\tau)^{-1}\neq\sigma^{-1}\tau^{-1}$.　$\tau^2=\varepsilon$（単位置換）

42.1 (i) $\sigma\tau=\sigma\rho \Rightarrow \sigma^{-1}(\sigma\tau)=\sigma^{-1}(\sigma\rho)$. 結合法則により $(\sigma^{-1}\sigma)\tau=(\sigma^{-1}\sigma)\rho$. よって $\varepsilon\tau=\varepsilon\rho$ を経て $\tau=\rho$. 逆も同じように.

(ii) (i)により, $\sigma_1\tau,\cdots,\sigma_m\tau$ は S_n 内で異なるから, S_n 全体を占める. また $\sigma_i^{-1}=\sigma_j^{-1} \Leftrightarrow \sigma_i\sigma_i^{-1}\sigma_j=\sigma_i\sigma_j^{-1}\sigma_j \Leftrightarrow \sigma_j=\sigma_i$ だから, σ_i^{-1} も S_n の全体を占める.

43.1 (i) $\sigma=(\,1\ 2\ 3\ 4\ 6\ 5\ 7\,)$ から $\mathrm{sgn}(\sigma)=(-1)^6=1$. 長さ r の巡回置換 τ では $\mathrm{sgn}(\tau)=(-1)^{r-1}$　(ii) σ,τ が偶置換, 奇置換かで, 4 つの場合に分ける. また $(i\ j)^{-1}=(i\ j)$ を用いて $\mathrm{sgn}(\sigma^{-1})=\mathrm{sgn}(\sigma)$　(iii) S_n 内で $\sigma_1,\cdots,\sigma_r$ が偶置換, $\tau_1,\cdots,\tau_s$ が奇置換として $(r+s=n!)$. $\sigma_1(1\ 2),\cdots,\sigma_r(1\ 2)$ をつくると奇置換となり $r\leqq s$, 同様に $s\leqq r$ から $r=s$

44.1 〔定理 2′(1) の証明〕 $[\ \boldsymbol{b}_1\cdots\overset{(i)}{\boldsymbol{b}_i}\cdots\overset{(j)}{\boldsymbol{b}_j}\cdots\boldsymbol{b}_n\ ]=[a_{kl}]$, $[\ \boldsymbol{b}_1\cdots\overset{(i)}{\boldsymbol{b}_j}\cdots\overset{(j)}{\boldsymbol{b}_i}\cdots\boldsymbol{b}_n\ ]=[a'_{kl}]$ とすると $a'_{kl}=a_{kl}\,(l\neq i,j)$, $a'_{ki}=a_{kj}$, $a'_{kj}=a_{ki}$ であり, 定理 1′ から

$$\begin{aligned}|a'_{kl}| &= \sum_\sigma \mathrm{sgn}(\sigma)a'_{\sigma(1)1}\cdots a'_{\sigma(i)i}\cdots a'_{\sigma(j)j}\cdots a'_{\sigma(n)n}\\ &= \sum_\sigma \mathrm{sgn}(\sigma)a_{\sigma(1)1}\cdots a_{\sigma(i)j}\cdots a_{\sigma(j)i}\cdots a_{\sigma(n)n}\end{aligned}$$

そこで $\tau=\sigma(i\ j)=\begin{pmatrix} 1 & \cdots & i & \cdots & j & \cdots & n \\ \sigma(1) & \cdots & \sigma(j) & \cdots & \sigma(i) & \cdots & \sigma(n) \end{pmatrix}$ とすると $\mathrm{sgn}(\tau)=-\mathrm{sgn}(\sigma)$ で $\sigma(i)=\tau(j),\sigma(j)=\tau(i),\sigma(l)=\tau(l)$ $(l\neq i,j)$ であり, τ も S_n 全体を動くから

$$|a'_{kl}|=-\sum_\tau \mathrm{sgn}(\tau)a_{\tau(1)1}\cdots a_{\tau(j)j}\cdots a_{\tau(i)i}\cdots a_{\tau(n)n}=-|a_{kl}|$$

2

〔定理 2′(2) の証明〕 定義を用い，λ をくくり出す． 〔定理 2′(3) の証明〕 これも定義を用い，2 つの和に分ける． 〔定理 3′(4) の証明〕 定理 2′(1) から $|\ \boldsymbol{b}_1\ \cdots\ \boldsymbol{b}_i\ \cdots \boldsymbol{b}_i\ \cdots\ \boldsymbol{b}_n\ | = 0$. これに (2) を用いる． 〔定理 3′(5) の証明〕 (3) を用いて 2 つに分け，(4) を用いる． 〔定理 3′(6) の証明〕 (3) と (2) から．

45.1 余因子展開定理から $|A| = a_{1j}A_{1j} + \cdots + a_{ij}A_{ij} + \cdots + a_{nj}A_{nj}$ $\cdots$①
ここで A の代りに，A の第 j 列を第 k 列 ($k \neq j$) におきかえた行列を $\widetilde{A}$ とする．$\widetilde{A}$ は第 k 列も第 j 列も，列ベクトル $\boldsymbol{b}_k$ である．すると $\widetilde{A}$ は 2 列が一致するので $|\widetilde{A}| = 0$

◆ **クロネッカーのデルタ記号** 上の定理 6′(1)に，$|A|$ の余因子展開定理を併記すると

$$a_{1j}A_{1k} + a_{2j}A_{2k} + \cdots + a_{nj}A_{nk} = \begin{cases} |A| & (j = k) \\ 0 & (j \neq k) \end{cases}$$

そこで記号 δ_{jk} を，$\delta_{jk} = \begin{cases} 1 & (j = k) \\ 0 & (j \neq k) \end{cases}$ と定めると，上の式の右辺は $\delta_{jk}|A|$ と表わされる．

$$a_{1j}A_{1k} + a_{2j}A_{2k} + \cdots + a_{nj}A_{nk} = \delta_{jk}|A|$$

記号 δ_{jk} を**クロネッカーのデルタ記号**という．$1 \leqq i,\ k \leqq n$ のとき $\sum_{j=1}^{n} \delta_{ij}\delta_{jk} = \delta_{ik}$ である．

証明 行列 $[\delta_{jk}]$ は実は単位行列であり，$\sum_{j=1}^{n} \delta_{ij}\delta_{jk}$ は積 EE の (i,k) 成分であるから対角成分以外は 0 ($n = 3$ として具体的にとりあげてみよ)

46.1 (i) 与式 $= \begin{vmatrix} 4 & 4 & 0 & -8 \\ 4 & -1 & 2 & 3 \\ 1 & 7 & 0 & 0 \\ -3 & 7 & 0 & 4 \end{vmatrix} = -2 \begin{vmatrix} 4 & 4 & -8 \\ 1 & 7 & 0 \\ -3 & 7 & 4 \end{vmatrix} = -2 \begin{vmatrix} -2 & 18 & 0 \\ 1 & 7 & 0 \\ -3 & 7 & 4 \end{vmatrix}$

(1 行)−(2 行), (3 行)−(2 行) (4 行)−(2 行)　　(3 列) で展開　　(1 行)+(3 行)×2

$= (-2)\cdot 4 \begin{vmatrix} -2 & 18 \\ 1 & 7 \end{vmatrix} = -8(-14-18) = 256$ (ii) 52 (iii) 118

(iv) $A_{34} = -D_{34} = -\begin{vmatrix} -1 & 2 & 1 & 1 \\ 2 & 8 & -1 & 3 \\ 3 & -1 & 2 & 4 \\ 1 & 0 & 2 & -1 \end{vmatrix} = -213$

47.1 (i) (2 行)−(1 行), (3 行)−(1 行) を行ってみよ．第 2 行と第 3 行が比例する．
(ii) はじめから第 1 列と第 3 列が比例している．

47.2 D で (第 1 行) と (第 4 行)，続いて，(第 2 行) と (第 3 行) を入れかえた行列式が前者である．行についての定理 2′(1) により，− が 2 回つくので，前者 $= D$. D で (第 2 行) と (第 3 行) を入れかえ，次に (第 2 列) と (第 3 列) を入れかえたのが後者で，これも D.

48.1 第 1 行について余因子展開，その結果に現われる $n-1$ 次の行列式について，また第 1 行について余因子展開，$\cdots$ と続ける．符号 $+, -$ の入れかわり回数は $(n-1)+(n-2)+\cdots+1 = \frac{(n-1)n}{2}$

48.2 $i = 1, 2, \cdots, n$ に対して (i 列) − ($n+1$ 列) × a_i を行うと

$$D_n = \begin{vmatrix} x-a_1 & a_1-a_2 & a_2-a_3 & \cdots & a_{n-1}-a_n & 1 \\ 0 & x-a_2 & a_2-a_3 & \cdots & a_{n-1}-a_n & 1 \\ 0 & 0 & x-a_3 & \cdots & a_{n-1}-a_n & 1 \\ & & \cdots\cdots\cdots & & & \\ 0 & 0 & 0 & \cdots & x-a_n & 1 \\ 0 & 0 & 0 & \cdots & 0 & 1 \end{vmatrix}$$

$= (x-a_1)(x-a_2)(x-a_3)\cdots(x-a_n)$

てっそく
証明問題
(iii) 特色利用
(iv) 目標利用
自然数 n では
(ii) 帰納法もある

【別解】 第 1 列から第 $(n+1)$ 列 $\times a_1$ を引くと

$$D_n = \begin{vmatrix} x-a_1 & a_1 & \cdots & a_{n-1} & 1 \\ 0 & x & \cdots & a_{n-1} & 1 \\ \vdots & \vdots & \cdots & \vdots & \vdots \\ 0 & a_2 & \cdots & a_n & 1 \end{vmatrix} \underset{\text{第 1 列で展開}}{=} (x-a_1)D_{n-1} \to \text{帰納法}$$

49.1 $x_i = x_j$ とおくと，第 i 列と第 j 列が等しいから，行列式の値は $(x_i - x_j)$ を因数にもち，それらの積 $\Delta_n(x_1, x_2, \cdots, x_n)$ を因数にもつ．この Δ_n の次数は $n(n-1)/2$，行列式の次数も $n(n-1)/2$ だから係数の違いだけで，行列式の値 D は

むかしナツカシ
因数定理

$$D = k\Delta_n(x_1, x_2, \cdots, x_n)$$

そこで $x_2x_3^2\cdots x_n^{n-1}$ の係数を比較して $k = (-1)^{n(n-1)/2}$ （整式の次数について，たとえば整式 $x^3y^2 + x^2y - x$ の次数は 5）

50.1 (i) $\begin{vmatrix} A & Z \\ O & B \end{vmatrix} \underset{\text{転置に移り}}{=} \begin{vmatrix} {}^tA & O \\ {}^tZ & {}^tB \end{vmatrix} \underset{\text{例題}}{=} |{}^tA|\,|{}^tB| = |A|\,|B|$

(ii) $\begin{vmatrix} O & A \\ B & Z \end{vmatrix}$ において，第 $m+1$ 列を，左隣り第 m 列と入れかえ，続いてまたその左隣りと入れかえ，$\cdots$，第 1 列にもってくる．入れかえは m 回である．さらに第 $m+2$ 列を第 2 列にもってくる．こうして mn 回の列の入れかえをすると，入れかえのたびに -1 がつき $(-1)^{mn}\begin{vmatrix} A & O \\ Z & B \end{vmatrix}$ となり，例題によって $(-1)^{mn}|A|\,|B|$ となる．$\begin{vmatrix} Z & A \\ B & O \end{vmatrix}$ も同様．

51.1 (i) $A = \begin{bmatrix} 0 & a \\ a & 0 \end{bmatrix}, B = \begin{bmatrix} b & c \\ c & b \end{bmatrix}$ とおくと，与式 $= \begin{vmatrix} A & B \\ B & A \end{vmatrix} = |A+B|\,|A-B|$

$= \begin{vmatrix} b & a+c \\ a+c & b \end{vmatrix} \begin{vmatrix} -b & a-c \\ a-c & -b \end{vmatrix} = \{b^2 - (a+c)^2\}\{b^2 - (a-c)^2\}$

$= (a+b+c)(-a+b-c)(a+b-c)(-a+b+c)$

(ii) $A = \begin{bmatrix} a & -b \\ b & a \end{bmatrix}, B = \begin{bmatrix} c & -d \\ d & c \end{bmatrix}$ とおくと，与式 $= \begin{vmatrix} A & -A \\ B & B \end{vmatrix} = 2^2|A|\,|B|$

$= 4(a^2 + b^2)(c^2 + d^2)$

(iii) $A = \begin{bmatrix} a & -b \\ b & a \end{bmatrix}, B = \begin{bmatrix} c & d \\ d & -c \end{bmatrix}$ とおくと，

与式 $= \begin{vmatrix} A & -B \\ B & A \end{vmatrix} \underset{\text{(第 1 行ブロック)+(第 2 行ブロック)}\times i}{=} \begin{vmatrix} A+iB & -B+iA \\ B & A \end{vmatrix}$

$\underset{\text{(第 2 列ブロック)−(第 1 列ブロック)}\times i}{=} \begin{vmatrix} A+iB & O \\ B & A-iB \end{vmatrix} = |A+iB|\,|A-iB| = \begin{vmatrix} a+ic & -b+id \\ b+id & a-ic \end{vmatrix} \begin{vmatrix} a-ic & -b-id \\ b-id & a+ic \end{vmatrix}$

$= \begin{vmatrix} a+ic & -b+id \\ b+id & a-ic \end{vmatrix} \begin{vmatrix} \overline{a+ic} & \overline{-b+id} \\ \overline{b+id} & \overline{a-ic} \end{vmatrix} = |A+iB|\,|\overline{A+iB}| = |A+iB|\overline{|A+iB|}$

$= \big||A+iB|\big|^2$ (= 行列式 $|A+iB|$ の絶対値の 2 乗) $= |(a+ic)(a-ic) - (b+id)(-b+id)|^2$

$= (a^2 + b^2 + c^2 + d^2)^2$

52.1 $|AB| = |A|\,|B| = 0$ から $|A| = 0$ または $|B| = 0$．逆に $A = \begin{bmatrix} 1 & 0 \\ 0 & 1 \end{bmatrix}, B = \begin{bmatrix} 0 & 0 \\ 1 & 0 \end{bmatrix}$ のとき $|B| = 0$ であるが，$AB = B \neq O$．逆はなりたたない．

注意「$AB = O \Rightarrow A = O$ または $B = O$」もなりたたない．だから零因子の考えがある⇨ p.14

52.2 $|A|^2=|A|\,|{}^tA|=\begin{vmatrix} a & b & c & d \\ -b & a & -d & c \\ -c & d & a & -b \\ -d & -c & b & a \end{vmatrix}\begin{vmatrix} a & -b & -c & -d \\ b & a & d & -c \\ c & -d & a & b \\ d & c & -b & a \end{vmatrix} \underset{\text{行列の積}}{=}$ 右辺

53.1 $AB=E$ とすると $|AB|=|A|\,|B|=1$．よって $|A|\neq 0$ であり，定理 7′ により A は正則で $\frac{1}{|A|}{}^t[A_{ij}]$ が A^{-1} である．$B=A^{-1}(AB)=A^{-1}E=A^{-1}$

54.1 (i) $x=1, y=2, z=3, u=4$ (ii) $|A|=(a-b)(b-c)(c-a)$（ヴァンデルモンドの行列式（⇨ 問題 49.1)），$x=\frac{bc}{(a-b)(a-c)}, y=\frac{ca}{(b-c)(b-a)}, z=\frac{ab}{(c-a)(c-b)}$

◆ 第 2 章の発展問題解答 (5〜7)

5. (i) 〔線形性の活用〕 右辺の $a^2+b^2+c^2+d^2+1$ をどうとり出すか．$abcd\neq 0$ のとき第 1 行から a を，第 2 行から b を，…，第 4 行から d をとり出す．

$$\text{左辺}=abcd\begin{vmatrix} a+\frac{1}{a} & b & c & d \\ a & b+\frac{1}{b} & c & d \\ a & b & c+\frac{1}{c} & d \\ a & b & c & d+\frac{1}{d} \end{vmatrix}$$

分数はイヤだ

ここで第 1 列に a を，第 2 列に b を，…，第 4 列に d を戻す．

$$=\begin{vmatrix} a^2+1 & b^2 & c^2 & d^2 \\ a^2 & b^2+1 & c^2 & d^2 \\ a^2 & b^2 & c^2+1 & d^2 \\ a^2 & b^2 & c^2 & d^2+1 \end{vmatrix}$$

$$\underset{\text{第 1 列に集める，共通因数}}{=(a^2+b^2+c^2+d^2+1)}\begin{vmatrix} 1 & b^2 & c^2 & d^2 \\ 1 & b^2+1 & c^2 & d^2 \\ 1 & b^2 & c^2+1 & d^2 \\ 1 & b^2 & c^2 & d^2+1 \end{vmatrix}$$

$$\underset{\text{2,3,4 行 −1 行}}{=(a^2+b^2+c^2+d^2+1)}\begin{vmatrix} 1 & b^2 & c^2 & d^2 \\ 0 & 1 & 0 & 0 \\ 0 & 0 & 1 & 0 \\ 0 & 0 & 0 & 1 \end{vmatrix}=a^2+b^2+c^2+d^2+1$$

$abcd=0$ のときも，同様に証明される．a,b,c,d のうち 1 つだけが 0 のとき，$b=0, acd\neq 0$ のとき（他の場合も同様なので）を証明する．

$$\text{左辺}=\begin{vmatrix} a^2+1 & 0 & ac & ad \\ 0 & 1 & 0 & 0 \\ ca & 0 & c^2+1 & cd \\ da & 0 & dc & d^2+1 \end{vmatrix}=\begin{vmatrix} a^2+1 & ac & ad \\ ca & c^2+1 & cd \\ da & dc & d^2+1 \end{vmatrix}=acd\begin{vmatrix} a+\frac{1}{a} & c & d \\ a & c+\frac{1}{c} & d \\ a & c & d+\frac{1}{d} \end{vmatrix}$$

$$=\begin{vmatrix} a^2+1 & c^2 & d^2 \\ a^2 & c^2+1 & d^2 \\ a^2 & c^2 & d^2+1 \end{vmatrix}=(a^2+c^2+d^2+1)\begin{vmatrix} 1 & c^2 & d^2 \\ 1 & c^2+1 & d^2 \\ 1 & c^2 & d^2+1 \end{vmatrix}$$

$$\underset{\text{2,3 行 −1 行}}{=(a^2+c^2+d^2+1)}\begin{vmatrix} 1 & c^2 & d^2 \\ 0 & 1 & 0 \\ 0 & 0 & 1 \end{vmatrix}=a^2+c^2+d^2+1=a^2+b^2+c^2+d^2+1$$

a,b,c,d のうち 2 つだけが 0 のとき，$b=d=0, ac\neq 0$ とすると，

$$\text{左辺}=\begin{vmatrix} a^2+1 & 0 & ac & 0 \\ 0 & 1 & 0 & 0 \\ ca & 0 & c^2+1 & 0 \\ 0 & 0 & 0 & 1 \end{vmatrix}=\begin{vmatrix} a^2+1 & ac & 0 \\ ca & c^2+1 & 0 \\ 0 & 0 & 1 \end{vmatrix}=\begin{vmatrix} a^2+1 & ac \\ ca & c^2+1 \end{vmatrix}=ac\begin{vmatrix} a+\frac{1}{a} & c \\ a & c+\frac{1}{c} \end{vmatrix}$$

$$=\begin{vmatrix} a^2+1 & c^2 \\ a^2 & c^2+1 \end{vmatrix}=(a^2+c^2+1)\begin{vmatrix} 1 & c^2 \\ 1 & c^2+1 \end{vmatrix}=(a^2+c^2+1)\begin{vmatrix} 1 & c^2 \\ 0 & 1 \end{vmatrix}$$

$$=a^2+c^2+1=a^2+b^2+c^2+d^2+1$$

a, b, c, d のうち 3 つだけが 0 のとき，$a=b=c=d=0$ のとき，略.

(ii) 〔余因子展開の応用〕第 $n+1$ 列に関して展開すれば，$x_1, x_2, \cdots, x_n, x_i$ の係数は

$$(-1)^{i+n+1}\Delta_{i\ n+1} = (-1)^{i+n+1}\begin{vmatrix} a_{11} & a_{12} & \cdots & a_{1n} \\ & \cdots\cdots & & \\ a_{n1} & a_{n2} & \cdots & a_{nn} \\ y_1 & y_2 & \cdots & y_n \end{vmatrix}$$

（第 i 行 $a_{i1}\ a_{i2}\ \cdots\ a_{in}$ を含まない）

次に，この $\Delta_{i\ n+1}$ を最後の行に関して展開すれば，y_j の係数は $(-1)^{n+j}\begin{vmatrix} a_{11} & \cdots & a_{1n} \\ & \cdots\cdots & \\ a_{n1} & \cdots & a_{nn} \end{vmatrix}$

（第 j 列 $\begin{matrix} a_{1j} \\ \vdots \\ a_{nj} \end{matrix}$ を含まない）

この行列式は $[a_{ij}]$ の (i,j) 成分 a_{ij} の小行列式 D_{ij} に他ならないから，結局 x_iy_j の項の係数は $(-1)^{i+n+1}(-1)^{n+j}D_{ij} = (-1)^{i+j+1}D_{ij} = -A_{ij}$

(iii) 〔難問にも挑む〕 この行列式を D とする.

$$(1\text{ 列}) + (2\text{ 列}) \times \omega^p + (3\text{ 列}) \times \omega^{2p} + \cdots + (n\text{ 列}) \times \omega^{(n-1)p}$$

を行うと，

$$D = \begin{vmatrix} a_0 + a_1\omega^p + a_2\omega^{2p} + \cdots + a_{n-1}\omega^{(n-1)p} & \cdots \\ a_{n-1} + a_0\omega^p + a_1\omega^{2p} + \cdots + a_{n-2}\omega^{(n-1)p} & \cdots \\ \cdots\cdots & \\ a_1 + a_2\omega^p + a_3\omega^{2p} + \cdots + a_0\omega^{(n-1)p} & \cdots \end{vmatrix}$$

$$= \begin{vmatrix} a_0 + a_1\omega^p + a_2\omega^{2p} + \cdots + a_{n-1}\omega^{(n-1)p} & \cdots \\ \omega^p(a_0 + a_1\omega^p + a_2\omega^{2p} + \cdots + a_{n-1}\omega^{(n-1)p}) & \cdots \\ \cdots\cdots & \\ \omega^{(n-1)p}(a_0 + a_1\omega^p + a_2\omega^{2p} + \cdots + a_{n-1}\omega^{(n-1)p}) & \cdots \end{vmatrix}$$

$$= (a_0 + a_1\omega^p + a_2\omega^{2p} + \cdots + a_{n-1}\omega^{(n-1)p})\begin{vmatrix} 1 & \cdots \\ \omega^p & \cdots \\ \cdots\cdots & \\ \omega^{(n-1)p} & \cdots \end{vmatrix}$$

となって，D は $(a_0 + a_1\omega^p + a_2\omega^{2p} + \cdots + a_{n-1}\omega^{(n-1)p})$ で割りきれる．同様にして結局 D が

$$\prod_{p=0}^{n-1}(a_0 + a_1\omega^p + a_2\omega^{2p} + \cdots + a_{n-1}\omega^{(n-1)p})$$

で割りきれることがわかる．ここで a_0^n の項を比較すればよい.

6. 〔ブロックの扱い〕 (i) $\begin{vmatrix} A & -A \\ B & B \end{vmatrix} = \begin{vmatrix} A & O \\ B & 2B \end{vmatrix} = |A|\,|2B| = 2^n|A|\,|B|$

（第 2 列ブロック）+（第 1 列ブロック）

(ii) 問題 51.1(iii) の解答と同様に，A, B が n 次でも $\begin{vmatrix} A & -B \\ B & A \end{vmatrix} = |A+iB|\,|A-iB|$.

$A+iB = [\alpha_{ij}]$ とすると $A-iB = [\overline{\alpha_{ij}}]$ だから，

$|A-iB| = \sum \mathrm{sgn}\,\sigma\overline{\alpha_{1\sigma(1)}}\,\overline{\alpha_{2\sigma(2)}}\cdots\overline{\alpha_{n\sigma(n)}} = \overline{\sum \mathrm{sgn}\,\sigma\alpha_{1\sigma(1)}\alpha_{2\sigma(2)}\cdots\alpha_{n\sigma(n)}} = \overline{|A+iB|}$

$\therefore\ |A+iB|\,|A-iB| = |A+iB|\,\overline{|A+iB|} = \big||A+iB|\big|^2$ ((= $|A+iB|$ の絶対値の 2 乗))

7. (i) 〔微分積分への応用〕 $D(x)$ を展開して，積の導関数を用い，行列式の形にまとめ直してもよい.

$$D'(x) = \begin{vmatrix} 0 & 0 & 0 & 0 \\ f_1 & f_2 & f_3 & f_4 \\ f_1' & f_2' & f_3' & f_4' \\ f_1'' & f_2'' & f_3'' & f_4'' \end{vmatrix} + \begin{vmatrix} 1 & 1 & 1 & 1 \\ f_1' & f_2' & f_3' & f_4' \\ f_1' & f_2' & f_3' & f_4' \\ f_1'' & f_2'' & f_3'' & f_4'' \end{vmatrix}$$

（1 行がすべて 0 だから = 0）（2 行，3 行が一致するから = 0）

$$+\begin{vmatrix} 1 & 1 & 1 & 1 \\ f_1 & f_2 & f_3 & f_4 \\ f_1'' & f_2'' & f_3'' & f_4'' \\ f_1'' & f_2'' & f_3'' & f_4'' \end{vmatrix} + \begin{vmatrix} 1 & 1 & 1 & 1 \\ f_1 & f_2 & f_3 & f_4 \\ f_1' & f_2' & f_3' & f_4' \\ f_1''' & f_2''' & f_3''' & f_4''' \end{vmatrix} = \begin{vmatrix} 1 & 1 & 1 & 1 \\ f_1 & f_2 & f_3 & f_4 \\ f_1' & f_2' & f_3' & f_4' \\ f_1''' & f_2''' & f_3''' & f_4''' \end{vmatrix}$$

（3 行，4 行が一致するから $=0$）

3

(ii) 〔平均値の定理との結びつき〕 $F(a), F(b)$ はともに 2 行が一致する．$F(x)$ は $[a,b]$ で微分可能で $F(a)=F(b)=0$ であるから，ロルの定理により $F'(c)=0$ $(a<c<b)$ のような c が存在する．また $h(x)=1$ のとき $F(x)=\begin{vmatrix} f(x) & g(x) & 1 \\ f(a) & g(a) & 1 \\ f(b) & g(b) & 1 \end{vmatrix}$, $F'(x)=\begin{vmatrix} f'(x) & g'(x) & 0 \\ f(a) & g(a) & 1 \\ f(b) & g(b) & 1 \end{vmatrix}$ であるから $F'(c)=\begin{vmatrix} f'(c) & g'(c) & 0 \\ f(a) & g(a) & 1 \\ f(b) & g(b) & 1 \end{vmatrix}=0$ から $g'(c)\neq 0, g(a)\neq g(b)$ のとき $\frac{f(b)-f(a)}{g(b)-g(a)}=\frac{f'(c)}{g'(c)}$（コーシーの平均値の定理）となる．

第 3 章の問題解答 (55.1〜90.1)

55.1 (i) y を消去し，次に x を消去して $x-7z+4u=2, y+5z-3u=2$ となり，$z=\lambda, u=\mu$（任意）として $x=2+7\lambda-4\mu, y=2-5\lambda+3\mu, z=\lambda, u=\mu$

(ii) $x-\frac{7}{18}u+3v=0, y+\frac{1}{18}u=2, z-\frac{8}{3}u=0$ となり $u=\lambda, v=\mu$ として $x=\frac{7}{18}\lambda-3\mu, y=2-\frac{1}{18}\lambda, z=\frac{8}{3}\lambda, u=\lambda, v=\mu$

56.1 途中は省略し，結果と解のみを示す．

$$\left[\begin{array}{ccc:c} 1 & 2 & 1 & 2 \\ 3 & 1 & -2 & 1 \\ 4 & -3 & -1 & 3 \\ 2 & 4 & 2 & 4 \end{array}\right] \to \left[\begin{array}{ccc:c} 1 & 0 & 0 & 1 \\ 0 & 1 & 0 & 0 \\ 0 & 0 & 1 & 1 \\ 0 & 0 & 0 & 0 \end{array}\right]$$

$$\therefore \begin{cases} x=1 \\ y=0 \\ z=1 \end{cases}$$

> 基本操作にひと言・ふた言
> (i) どの行から始めてもよい．途中経過はいろいろある
> (ii) 大切なのは "同値性"

57.1 間違っている．例題 56 でみたように，行基本操作の表は，連立方程式を消去法で解くことで，x, y, z を略したものである．だから $(L) \to (L') \to \cdots$ の各ステップごとに同値性を保たねばならない．$\boldsymbol{a}_1, \boldsymbol{a}_2, \boldsymbol{a}_3$ が $\boldsymbol{b}_1, \boldsymbol{b}_2, \boldsymbol{b}_3$ で表わされねばならないが，それができない．

> $M=\{[4\ -1\ 1\ 0]+\lambda[-2\ 1\ 0\ 1]\}$
> $N=\{[1\ 0\ 0\ 0]+\lambda[-1\ -1\ 1\ 1]\}$ の一致
> **証明** M の元 $[4-2\lambda\ \ -1+\lambda\ 1\ \lambda]$ が $[1-\lambda'\ -\lambda'\ \lambda'\ \lambda']$

58.1
$$\left[\begin{array}{cccc:c} 2 & 3 & -2 & 1 & 3 \\ 3 & 4 & -6 & 2 & 2 \\ 1 & 2 & 2 & 0 & 4 \\ 0 & 2 & -5 & -2 & -7 \end{array}\right] \to \left[\begin{array}{cccc:c} 1 & 0 & 0 & 2 & 4 \\ 0 & 1 & 0 & -1 & -1 \\ 0 & 0 & 1 & 0 & 1 \\ 0 & 0 & 0 & 0 & 0 \end{array}\right]$$

$u=\lambda$（任意）として $x=4-2\lambda, y=-1+\lambda, z=1, u=\lambda$

注意 行ベクトルで表わせば，例題の答は $[5\ -3\ 0]+\lambda[-3\ 1\ 2]$ とも書けるし $[-1\ -1\ 4]+\lambda[-6\ 2\ 4]$ など無数の形がある．ここでも同様である．その理由は行基本操作は，人により，時により，異なるからである．λ にいろいろな数を代入して，全体が一致すればよい．

59.1 (i) $\left[\begin{array}{cccc:c} 1 & 3 & 1 & -8 & 3 \\ -2 & -5 & -1 & 13 & -4 \\ 3 & 8 & 2 & -21 & 0 \end{array}\right] \to \left[\begin{array}{cccc:c} 1 & 3 & 1 & -8 & 3 \\ 0 & 1 & 1 & -3 & 2 \\ 0 & 0 & 0 & 0 & -7 \end{array}\right]$

$0x+0y+0z+0u=-7$ となる x,y,z,u はない．解なし． (ii) $\left[\begin{array}{cccc:c} 1 & 1 & 2 & -1 & 2 \\ 2 & -3 & -1 & 1 & 1 \\ 4 & -11 & -7 & 5 & 2 \\ 1 & -9 & -8 & 5 & 4 \end{array}\right] \to$

$\left[\begin{array}{cccc:c} 1 & 1 & 2 & -1 & 2 \\ 0 & -5 & -5 & 3 & -3 \\ 0 & 0 & 0 & 0 & 3 \\ 0 & 0 & 0 & 0 & 8 \end{array}\right]$ 解なし

60.1 (iii) 正しくない．$m<n$ でもⅢ型は起こり得る．反例 $0x+0y=1$

(iv) 正しくない．$m>n$ というのは，制約が文字より多いということである．

$x_1+x_2=1,\quad x_1-x_2=1$ （この 2 式で $x_1=1, x_2=0$），$x_1+2x_2=3$ $(m=3, n=2)$

は解なしであるが

$$x_1+x_2=1,\quad x_1-x_2=1,\quad 2(x_1+x_2)+(x_1-x_2)=3 \quad (m=3, n=2)$$

のように，式が従属関係にあれば，解をもつ．以上のように m,n の大小では，何ともいえない．

61.1 $a=-1, b \fallingdotseq -1$

62.1 行基本操作は

$$[A \,\vdots\, \boldsymbol{d}] = \left[\begin{array}{ccc:c} 1 & 1 & 1 & 1 \\ a & b & c & d \\ a^2 & b^2 & c^2 & d^2 \end{array}\right] \to \left[\begin{array}{ccc:c} 1 & 1 & 1 & 1 \\ 0 & b-a & c-a & d-a \\ 0 & b^2-a^2 & c^2-a^2 & d^2-a^2 \end{array}\right]$$

$$\to \left[\begin{array}{ccc:c} 1 & 1 & 1 & 1 \\ 0 & b-a & c-a & d-a \\ 0 & 0 & (c-a)(c-b) & (d-a)(d-b) \end{array}\right]$$

(i) a,b,c が異なるとき，$\operatorname{rank} A = \operatorname{rank}[A \,\vdots\, \boldsymbol{d}]=3$ で解をもつ (ii) a,b,c の 2 つだけが等しく，$d=a$ または b または c．たとえば，$a=b \fallingdotseq c, d=a$ のとき $\operatorname{rank} A = \operatorname{rank}[A \,\vdots\, \boldsymbol{d}]=2$ となり，解をもつ．

(iii) a,b,c,d がすべて等しいとき，$\operatorname{rank} A = \operatorname{rank}[A \,\vdots\, \boldsymbol{d}]=1$ で解をもつ

(iv) それ以外のときは解なし．

63.1 $P_{\text{Ⅲ}}A = \begin{bmatrix} 1 & 0 & 0 & 0 \\ 0 & 1 & 0 & c \\ 0 & 0 & 1 & 0 \\ 0 & 0 & 0 & 1 \end{bmatrix} \begin{bmatrix} \boldsymbol{a}_1 \\ \boldsymbol{a}_2 \\ \boldsymbol{a}_3 \\ \boldsymbol{a}_4 \end{bmatrix} = \begin{bmatrix} \boldsymbol{a}_1 \\ \boldsymbol{a}_2 + c\boldsymbol{a}_4 \\ \boldsymbol{a}_3 \\ \boldsymbol{a}_4 \end{bmatrix}$

わかりにくければ
行ベクトル表示でなく
成分表示を使う

$P'_{\text{Ⅲ}}A = \begin{bmatrix} 1 & 0 & 0 & 0 \\ 0 & 1 & 0 & 0 \\ 0 & 0 & 1 & 0 \\ 0 & c & 0 & 1 \end{bmatrix} \begin{bmatrix} \boldsymbol{a}_1 \\ \boldsymbol{a}_2 \\ \boldsymbol{a}_3 \\ \boldsymbol{a}_4 \end{bmatrix} = \begin{bmatrix} \boldsymbol{a}_1 \\ \boldsymbol{a}_2 \\ \boldsymbol{a}_3 \\ c\boldsymbol{a}_2 + \boldsymbol{a}_4 \end{bmatrix}$ は第 i 行に第 j 行の c 倍を加える

64.1 $P = \begin{bmatrix} 0 & 1 & 0 \\ 1 & -2 & 0 \\ 0 & \frac{1}{7} & -\frac{1}{7} \end{bmatrix}$

65.1 (i) $P_3 = \begin{bmatrix} \frac{1}{3} & -\frac{1}{6} & 0 \\ 0 & 1 & 0 \\ 0 & 0 & 1 \end{bmatrix}, P_4 = \begin{bmatrix} 1 & 0 & 0 \\ 0 & -\frac{1}{2} & 0 \\ 0 & 0 & 1 \end{bmatrix}, P_5 = \begin{bmatrix} 1 & 0 & 0 \\ 0 & 1 & 0 \\ 0 & 4 & 1 \end{bmatrix}$ (ii) 略

66.1

	E				A				
$\boldsymbol{a}_1$	1	0	0	0	2	−4	2	−3	6
$\boldsymbol{a}_2$	0	1	0	0	−1	2	−5	−1	0
$\boldsymbol{a}_3$	0	0	1	0	2	−4	−14	−13	18
$\boldsymbol{a}_4$	0	0	0	1	−5	10	−17	0	−6
$\boldsymbol{b}_1=\boldsymbol{a}_2$	0	1	0	0	−1	2	−5	−1	0
$\boldsymbol{b}_2=\boldsymbol{a}_1+2\boldsymbol{a}_2$	1	2	0	0	0	0	−8	−5	6
$\boldsymbol{b}_3=\boldsymbol{a}_3+2\boldsymbol{a}_2$	0	2	1	0	0	0	−24	−15	18
$\boldsymbol{b}_4=\boldsymbol{a}_4-5\boldsymbol{a}_2$	0	−5	0	1	0	0	8	5	−6
$\boldsymbol{c}_1=\boldsymbol{b}_1$	0	1	0	0	−1	2	−5	−1	0
$\boldsymbol{c}_2=\boldsymbol{b}_2$	1	2	0	0	0	0	−8	−5	6
$\boldsymbol{c}_3=\boldsymbol{b}_3-3\boldsymbol{b}_2$	−3	−4	1	0	0	0	0	0	0
$\boldsymbol{c}_4=\boldsymbol{b}_4+\boldsymbol{b}_2$	1	−3	0	1	0	0	0	0	0

$\to P$ と B, $\mathrm{rank}\ A=2$

67.1 $P_{\mathrm{II}}\begin{bmatrix}1&0&0&0\\0&0&1&0\\0&1&0&0\\0&0&0&1\end{bmatrix}$, $P'_{\mathrm{III}}\begin{bmatrix}1&0&0&0\\3&1&0&0\\0&0&1&0\\0&0&0&1\end{bmatrix}$,

$$P_{\mathrm{II}}^{-1}\begin{bmatrix}1&0&0&0\\0&0&1&0\\0&1&0&0\\0&0&0&1\end{bmatrix}=P_{\mathrm{II}},\ P'^{-1}_{\mathrm{III}}\begin{bmatrix}1&0&0&0\\-3&1&0&0\\0&0&1&0\\0&0&0&1\end{bmatrix}$$

$$P_{\mathrm{II}}P_{\mathrm{II}}^{-1}=P_{\mathrm{II}}^2=\begin{bmatrix}1&0&0&0\\0&0&1&0\\0&1&0&0\\0&0&0&1\end{bmatrix}\begin{bmatrix}1&0&0&0\\0&0&1&0\\0&1&0&0\\0&0&0&1\end{bmatrix}=\begin{bmatrix}1&0&0&0\\0&1&0&0\\0&0&1&0\\0&0&0&1\end{bmatrix},$$

$$P'_{\mathrm{III}}P'^{-1}_{\mathrm{III}}=\begin{bmatrix}1&0&0&0\\3&1&0&0\\0&0&1&0\\0&0&0&1\end{bmatrix}\begin{bmatrix}1&0&0&0\\-3&1&0&0\\0&0&1&0\\0&0&0&1\end{bmatrix}=\begin{bmatrix}1&0&0&0\\0&1&0&0\\0&0&1&0\\0&0&0&1\end{bmatrix}$$

67.2 ${}^tP_{\mathrm{I}}=P_{\mathrm{I}}, {}^tP_{\mathrm{II}}=P_{\mathrm{II}}, {}^tP_{\mathrm{III}}=P'_{\mathrm{III}}, {}^tP'_{\mathrm{III}}=P_{\mathrm{III}}$ だから．

68.1 $(i<j)$ $A=[\,\boldsymbol{b}_1\ \cdots\ \boldsymbol{b}_i\ \cdots\ \boldsymbol{b}_j\ \cdots\ \boldsymbol{b}_n\,]$ のとき $AP'_{\mathrm{III}}=[\,\boldsymbol{b}_1\ \cdots\ \overset{(i)}{\boldsymbol{b}_i+c\boldsymbol{b}_j}\ \cdots\ \overset{(j)}{\boldsymbol{b}_j}\ \cdots\ \boldsymbol{b}_n]$

$(j<i)$ $A=[\,\boldsymbol{b}_1\ \cdots\ \boldsymbol{b}_j\ \cdots\ \boldsymbol{b}_i\ \cdots\ \boldsymbol{b}_n\,]$ のとき $AP_{\mathrm{III}}=[\,\boldsymbol{b}_1\ \cdots\ \overset{(j)}{\boldsymbol{b}_j}\ \cdots\ \overset{(i)}{\boldsymbol{b}_i+c\boldsymbol{b}_j}\ \cdots\ \boldsymbol{b}_n]$

69.1 $E_3\ \overset{(1)}{\longrightarrow}\ \begin{bmatrix}1/2&0&0\\0&1&0\\0&0&1\end{bmatrix}\ \overset{(3)}{\longrightarrow}\ \begin{bmatrix}1/2&0&0\\0&1&0\\3/2&0&1\end{bmatrix}=P$

$E_4\ \overset{(2)}{\longrightarrow}\ \begin{bmatrix}1&2&0&0\\0&1&0&0\\0&0&1&0\\0&0&0&1\end{bmatrix}\ \overset{(4)}{\longrightarrow}\ \begin{bmatrix}1&0&0&2\\0&0&0&1\\0&0&1&0\\0&1&0&0\end{bmatrix}=Q$

70.1 たとえば $P=\begin{bmatrix}0&0&1/2\\1&0&-3/2\\1&1&-1/2\end{bmatrix}$, $Q=\begin{bmatrix}1&0&1&2\\0&0&1&0\\0&1&-2&-7\\0&0&0&1\end{bmatrix}$, $N=\underset{(3,4)\text{ 行列}}{\left[\begin{array}{cc:cc}\multicolumn{2}{c:}{E_2}&\multicolumn{2}{c}{O_2}\\\hdashline 0&0&0&0\end{array}\right]}$

71.1 (i), (ii) A が正則 $\Rightarrow$ $PA=R_r$ ($r=\mathrm{rank}\,A$, R_r は階段行列．P は基本行列の積で，正則）から，R_r は正則から $\mathrm{rank}\,A=n\Rightarrow PAQ=E_n$ となる基本行列の積 P,Q （P,Q は正則）がある $\Rightarrow A=P^{-1}Q^{-1}$ （基本行列の積）$\Rightarrow A$ が正則

71.2 rank $A=r$ とすると $PAQ=\begin{bmatrix} E_r & O \\ O & O \end{bmatrix}$ と表わされ ${}^tA={}^tQ\begin{bmatrix} E_r & O \\ O & O \end{bmatrix}{}^tP$

${}^tQ^{-1}\,{}^tA\,{}^tP^{-1}=\begin{bmatrix} E_r & O \\ O & O \end{bmatrix} \Rightarrow \text{rank}\,{}^tA=r$

72.1 解が自明解のみ $\Leftrightarrow$ $A=\begin{bmatrix} 1 & 2 & 3 \\ 2 & -1 & 1 \\ a & 1 & 0 \end{bmatrix}$ が rank $A=3$ $\Leftrightarrow$ $|A| \neq 0$

$\Leftrightarrow \begin{vmatrix} 2 & 3 \\ -1 & 1 \end{vmatrix} a - \begin{vmatrix} 1 & 3 \\ 2 & 1 \end{vmatrix} \neq 0 \Leftrightarrow a \neq -1$

行の節約！
転置で表わす

73.1 $\boldsymbol{x}=\lambda\,{}^t[\,0\;2\;1\;0\,]$

74.1 (i) $\lambda\,{}^t[\,-2\;1\;-1\;1\,]$ (ii) $\lambda\,{}^t[\,0\;2\;1\;0\;0\,]+\mu\,{}^t[\,0\;0\;0\;-3\;1\,]$ (問題 58.1 の解答の末尾につけた注意はここでも同様)

75.1 $\lambda_{r+1}\boldsymbol{x}_{r+1}+\cdots+\lambda_n\boldsymbol{x}_n={}^t[\,0\;\cdots\;0\;\lambda_{r+1}\;\cdots\;\lambda_n\,]={}^t\mathbf{0} \Leftrightarrow \lambda_{r+1}=\cdots=\lambda_n=0$

76.1 $x=7+3\lambda-2\mu,\quad y=\lambda,\quad z=4,\quad u=\mu$ (λ,μ は任意)

77.1 (i) $A \to \begin{bmatrix} 2 & 3 & 3 & 0 \\ 0 & -1 & 2 & 7 \\ 0 & -1 & -15 & 18 \\ 0 & 6 & 5 & 5 \end{bmatrix} \to \begin{bmatrix} 2 & 3 & 3 & 0 \\ 0 & -1 & 2 & 7 \\ 0 & 0 & -17 & 11 \\ 0 & 0 & 0 & 1 \end{bmatrix}$ rank $A=4$ から正則.

(ii) rank $A=5$ が示され，正則

78.1 正則である．逆行列は $\dfrac{1}{2}\begin{bmatrix} -1 & 1 & 1 & 1 \\ 1 & 1 & 1 & -1 \\ 1 & 1 & 5 & 1 \\ 1 & -1 & 1 & 1 \end{bmatrix}$

79.1 (i) $(a+b+c+d)(a-b+c-d)\{(a-c)^2+(b-d)^2\}=0$ (ii) $\lambda=6,3,-1$

80.1 (i) $A=\begin{bmatrix} 2 & -1 & 1 \\ 1 & 2 & 3 \\ 3 & -2 & 1 \end{bmatrix} \to \begin{bmatrix} 1 & 2 & 3 \\ 0 & 1 & 1 \\ 0 & 0 & 0 \end{bmatrix}$ から rank $A=2$ から．(ii) $\boldsymbol{b}_1,\boldsymbol{b}_2,\cdots,\boldsymbol{b}_n$ $(m<n)$ を m 次列ベクトルとすると $\text{rank}[\,\boldsymbol{b}_1\;\boldsymbol{b}_2\;\cdots\;\boldsymbol{b}_n\,] \leqq m < n$ だから，$x_1\boldsymbol{b}_1+x_2\boldsymbol{b}_2+\cdots+x_n\boldsymbol{b}_n=\mathbf{0}$ は非自明な解をもち，$\boldsymbol{b}_1,\boldsymbol{b}_2,\cdots,\boldsymbol{b}_n$ は線形従属.

81.1 $A=[\,\boldsymbol{b}_1\;\boldsymbol{b}_2\;\boldsymbol{b}_3\,], B=[A\;\vdots\;\boldsymbol{b}_4]=\begin{bmatrix} 1 & 4 & 4 & 2 \\ 1 & 3 & 2 & 1 \\ 1 & 2 & 0 & 0 \\ 0 & -1 & -3 & -1 \end{bmatrix} \to \begin{bmatrix} 1 & 2 & 0 & 0 \\ 0 & 1 & 2 & 1 \\ 0 & 0 & 1 & 0 \\ 0 & 0 & 0 & 0 \end{bmatrix}$

rank $A=3$ から(i)が成り立つ．rank $B=3$ から(ii)が成り立つ.

(iii) $x_1\boldsymbol{b}_1+x_2\boldsymbol{b}_2+x_3\boldsymbol{b}_3+x_4\boldsymbol{b}_4=\mathbf{0}$ の解は $x_4=\lambda, x_3=0, x_2=-\lambda, x_1=2\lambda$ となるので，$\lambda=1$ として，$2\boldsymbol{b}_1-\boldsymbol{b}_2+\boldsymbol{b}_4=\mathbf{0}$. $\therefore\ \boldsymbol{b}_4=-2\boldsymbol{b}_1+\boldsymbol{b}_2$

81.2 $\boldsymbol{b}_{s+1}=x_1\boldsymbol{b}_1+x_2\boldsymbol{b}_2+\cdots+x_s\boldsymbol{b}_s$ のときは $x_1\boldsymbol{b}_1+x_2\boldsymbol{b}_2+\cdots+x_s\boldsymbol{b}_s+(-1)\boldsymbol{b}_{s+1}=\mathbf{0}$ よって $\boldsymbol{b}_1,\cdots,\boldsymbol{b}_{s+1}$ は線形従属.

82.1 問題 75.1 と同じこと

82.2 $\boldsymbol{a}_i'=[\,\boldsymbol{a}_i\;a_{i\,s+1}\;\cdots\;a_{in}\,]$ $(i=1,\cdots,t)$ に対して $\lambda_1\boldsymbol{a}_1'+\cdots+\lambda_t\boldsymbol{a}_t'=\mathbf{0}$ とする．すると第1〜第 s 成分だけに着目すると，$\lambda_1\boldsymbol{a}_1+\cdots+\lambda_t\boldsymbol{a}_t=\mathbf{0}$. ここで $\boldsymbol{a}_1,\cdots,\boldsymbol{a}_t$ は線形独立だから $\lambda_1=\lambda_2=\cdots=\lambda_t=0$. よって $\boldsymbol{a}_1',\cdots,\boldsymbol{a}_t'$ は線形独立である.

84.1 (m,n) 行列 A の列ベクトルを $\boldsymbol{b}_1,\boldsymbol{b}_2,\cdots,\boldsymbol{b}_n$ とする．$\text{rank}\,{}^tA=\text{rank}\,A$ (⇨ 問題 71.2) であ

るから ${}^tA$ の行ベクトル ${}^t\boldsymbol{b}_1, {}^t\boldsymbol{b}_2, \cdots, {}^t\boldsymbol{b}_n$ の中の線形独立なものの最大個数は r であり，それは $\boldsymbol{b}_1, \boldsymbol{b}_2, \cdots, \boldsymbol{b}_n$ の中の線形独立なものの最大個数でもある．

84.2 $\boldsymbol{b}_1, \boldsymbol{b}_2, \cdots, \boldsymbol{b}_m$ の中の線形独立なものの最大個数を s とする．定理 5 より $s \leqq n$. $\mathrm{rank}\,[p_{ij}] = p$ とする．$\boldsymbol{b}_j = \sum_{i=1}^{n} p_{ij}\boldsymbol{a}_i$ $(j = 1, 2, \cdots, m)$ を行列で表わすと

$$[\boldsymbol{b}_1\ \boldsymbol{b}_2\ \cdots\ \boldsymbol{b}_m] = [\boldsymbol{a}_1\ \boldsymbol{a}_2\ \cdots\ \boldsymbol{a}_n][p_{ij}]$$

$[p_{ij}]$ の右から，左から適当な基本行列をいくつかかけると

$$[\boldsymbol{b}_1\ \cdots\ \boldsymbol{b}_s\ 0\ \cdots\ 0] = [\boldsymbol{a}_1\ \boldsymbol{a}_2\ \cdots\ \boldsymbol{a}_n]P \qquad P \text{ は } (n, m) \text{ 行列} \qquad \cdots①$$

とできる．$P = [\boldsymbol{p}_1\ \boldsymbol{p}_2\ \cdots\ \boldsymbol{p}_m]$ とする．rank はかわらないから $\mathrm{rank}\,P = p$. $[\boldsymbol{a}_1\ \cdots\ \boldsymbol{a}_m] = A$ とすると①は

$$\boldsymbol{b}_j = A\boldsymbol{p}_j \quad (i = 1, 2, \cdots, s), \quad \boldsymbol{0} = A\boldsymbol{p}_j \quad (j = s+1, s+2, \cdots, m)$$

したがって，$x_1\boldsymbol{b}_1 + x_2\boldsymbol{b}_2 + \cdots + x_s\boldsymbol{b}_s = A(x_1\boldsymbol{p}_1 + \cdots + x_s\boldsymbol{p}_s)$

ゆえに，$\boldsymbol{a}_1, \boldsymbol{a}_2, \cdots, \boldsymbol{a}_n$ が線形独立より

$$x_1\boldsymbol{b}_1 + \cdots + x_s\boldsymbol{b}_s = \boldsymbol{0} \quad \Leftrightarrow \quad x_1\boldsymbol{p}_1 + x_2\boldsymbol{p}_2 + \cdots + x_s\boldsymbol{p}_s = \boldsymbol{0}$$

$$\boldsymbol{p}_{s+1} = \boldsymbol{p}_{s+2} = \cdots = \boldsymbol{p}_m = \boldsymbol{0}, \quad \boldsymbol{p}_1, \boldsymbol{p}_2, \cdots, \boldsymbol{p}_s \text{ は線形独立}$$

$\therefore \quad p = s$

85.1 (i) $\mathrm{rank}\,PA \leqq \mathrm{rank}\,A$ は定理 5（⇨ 例題 83）の書きかえ． (ii) $\mathrm{rank}\,AQ \leqq \mathrm{rank}\,A$ は転置行列を利用する．$\mathrm{rank}\,AQ = \mathrm{rank}\,{}^t(AQ)$（⇨ 問題 71.2）$= \mathrm{rank}\,{}^tQ\,{}^tA \leqq \mathrm{rank}\,{}^tA$（⇨ 本問 (i)）$= \mathrm{rank}\,A$ による (iii) P が正則のとき P^{-1} があるので，$\mathrm{rank}\,A = \mathrm{rank}\,P^{-1}(PA) \leqq \mathrm{rank}\,PA \leqq \mathrm{rank}\,A$ なので，すべて等号．$\mathrm{rank}\,PA = \mathrm{rank}\,A$. 同様に $\mathrm{rank}\,AQ = \mathrm{rank}\,A$

86.1 (r, n) 行列 $A = \begin{bmatrix} \boldsymbol{y}_1 \\ \vdots \\ \boldsymbol{y}_r \end{bmatrix}$ をとりあげると $\boldsymbol{y}_1, \cdots, \boldsymbol{y}_r$ が線形独立だから，$\mathrm{rank}\,A = r$. よって $PA = B = \begin{bmatrix} 0 & \cdots & a_{1j_1} & & & \\ \vdots & & & a_{2j_2} & & \\ & & & & \cdots & \\ 0 & \cdots & \cdots & & & a_{rj_r} \end{bmatrix}$ のように，階数 r の階段行列になる．このとき

$[\,1\ 0\ \cdots\ 0\,] \sim [\,0\ 0\ \cdots\ 1\,]$ から $\overset{(j_1)}{[\,0\ \cdots\ 1 \cdots 0\,]}$, $\overset{(j_2)}{[\,0\ \cdots\ 1\ \cdots\ 0\,]}$, $\cdots$, $\overset{(j_r)}{[\,0\ \cdots\ 1\ \cdots\ 0\,]}$ を除いて順に $\boldsymbol{y}_{r+1}, \cdots, \boldsymbol{y}_n$ とすると $\begin{bmatrix} P & O \\ O & E_{n-r} \end{bmatrix}\begin{bmatrix} \boldsymbol{y}_1 \\ \vdots \\ \boldsymbol{y}_n \end{bmatrix} = \begin{bmatrix} B \\ \boldsymbol{y}_{r+1} \\ \vdots \\ \boldsymbol{y}_n \end{bmatrix}$ は正則であり，

$\begin{bmatrix} \boldsymbol{y}_1 \\ \vdots \\ \boldsymbol{y}_n \end{bmatrix}$ も正則となる．

87.1 (i) 例題 87 から $\mathrm{rank}\,A + \mathrm{rank}\,B \geqq \mathrm{rank}\,(A+B)$. よって $A + B = E$ のときは $\mathrm{rank}\,A + \mathrm{rank}\,B \geqq n$ (ii) $A + B = E, \mathrm{rank}\,A + \mathrm{rank}\,B = n$ のときは，例題 87 から $\mathrm{rank}\,[\,A\ B\,] = n$. A, B の列ベクトル表示を $A = [\,\boldsymbol{a}_1\ \cdots\ \boldsymbol{a}_n\,], B = [\,\boldsymbol{b}_1\ \cdots\ \boldsymbol{b}_n\,], \mathrm{rank}\,A = s, \mathrm{rank}\,B = t$ とすると $s + t = n$ であり，$[\,A\ B\,] = [\,\boldsymbol{a}_1\ \cdots\ \boldsymbol{a}_n\ \boldsymbol{b}_1\ \cdots\ \boldsymbol{b}_n\,]$ と表わされるので

$\boldsymbol{a}_1, \cdots, \boldsymbol{a}_s$ は線形独立，他の $\boldsymbol{a}_i (i = s+1, \cdots, n)$ はこれらに線形従属 $\cdots①$

$\boldsymbol{b}_1,\cdots,\boldsymbol{b}_t$ は線形独立，他の $\boldsymbol{b}_j(j=t+1,\cdots,n)$ はこれらに線形従属 $\cdots$②
としてよい．そして $\boldsymbol{a}_1,\cdots,\boldsymbol{a}_n,\boldsymbol{b}_1,\cdots,\boldsymbol{b}_n$ の中の線形独立な最大個数のものは，$\boldsymbol{a}_1,\cdots,\boldsymbol{a}_s$, $\boldsymbol{b}_1,\cdots,\boldsymbol{b}_t$ の中に含まれており，$\mathrm{rank}[A\ B]=n=s+t$ より，$s+t$ 個の $\boldsymbol{a}_1,\cdots,\boldsymbol{a}_s,\boldsymbol{b}_1,\cdots,\boldsymbol{b}_t$ は線形独立 $\cdots$③ である．
$A+B=E$ より $AB=A(E-A)=A-A^2, BA=(E-A)A=A-A^2$ から $AB=BA$ となる．これを列ベクトル表示で $C=[\ \boldsymbol{c}_1\ \cdots\ \boldsymbol{c}_n\ ]$ とすると
$AB=C$ から $\boldsymbol{c}_j=b_{1j}\boldsymbol{a}_1+\cdots+b_{nj}\boldsymbol{a}_n$　　①から $\boldsymbol{c}_j=\lambda_1\boldsymbol{a}_1+\cdots+\lambda_s\boldsymbol{a}_s$ $\cdots$④
$BA=C$ から $\boldsymbol{c}_j=a_{1j}\boldsymbol{b}_1+\cdots+a_{nj}\boldsymbol{b}_n$　　②から $\boldsymbol{c}_j=\mu_1\boldsymbol{b}_1+\cdots+\mu_t\boldsymbol{b}_t$ $\cdots$⑤
③, ④, ⑤から $\lambda_1=0,\cdots,\mu_t=0$ で $\boldsymbol{c}_j=\boldsymbol{0}$ $(j=1,\cdots,n)$
よって $C=AB=BA=O, A=A^2, B=B^2$

88.1 (i)　$B=[\ \boldsymbol{b}_1\ \cdots\ \boldsymbol{b}_n\ ]$ とすると $\boldsymbol{b}_i\,(i=1,\cdots,n)$ は同次連立 1 次方程式 $A\boldsymbol{x}=\boldsymbol{0}$ の解である．その基本解を $\boldsymbol{x}_1,\cdots,\boldsymbol{x}_{n-r}\,(r=\mathrm{rank}\,A)$ とすると $\boldsymbol{b}_i$ は基本解の線形結合であるから，定理 5 より，$\boldsymbol{b}_1,\cdots,\boldsymbol{b}_n$ のうち線形独立なベクトルの最大個数は $n-r$ をこえない．ゆえに $\mathrm{rank}\,B\leqq n-\mathrm{rank}\,A$　　(ii)　$B=[\ \boldsymbol{x}_1\ \cdots\ \boldsymbol{x}_{n-r}\ \boldsymbol{0}\ \cdots\ \boldsymbol{0}\ ]$ とおけばよい．

89.1 $\begin{bmatrix} 2 & 3 & 2 \\ 3 & 5 & 1 \\ 3 & 4 & 5 \end{bmatrix}$ で行列式は 0

90.1 （例題の解答の記号を用いる．）$|A_r|\neq 0$ のような小行列 A_r があり，A_r を含む $r+1$ 次の小行列 B_{r+1} は $|B_{r+1}|=0$ とする．$B_{r+1}=\begin{bmatrix} A_r & \begin{matrix} a_{i_1j} \\ \vdots \end{matrix} \\ a_{ij_1}\ \cdots & a_{ij} \end{bmatrix}$ において $|B_{r+1}|=0$ であるから B_{r+1} の $r+1$ 列は B_{r+1} の他の列の線形結合である．その $r+1$ 列は A の他の列から同様にとれるので

$$C'=\overset{\swarrow\ \boldsymbol{A_r}\text{の列}\ \searrow}{\begin{bmatrix} a_{i_11} & \cdots & a_{i_1j_1} & \cdots & a_{i_1j_r} & \cdots & a_{i_1n} \\ \vdots & \vdots & \vdots & \vdots & \vdots & \vdots & \vdots \\ a_{i_r1} & \cdots & a_{i_rj_1} & \cdots & a_{i_rj_r} & \cdots & a_{i_rn} \\ a_{i1} & \cdots & a_{ij_1} & \cdots & a_{ij_r} & \cdots & a_{in} \end{bmatrix}}$$

の線形独立な列ベクトルは r 個である．すなわち $(r+1,n)$ 行列 C' の階数は r である．したがって C' の行ベクトル（これは A の行ベクトルでもある）はここで C' の第 1 行から第 r 行までのつくる行列 $C''=\begin{bmatrix} a_{i_11} & & a_{i_1n} \\ \vdots & A_r & \vdots \\ a_{i_r1} & & a_{i_rn} \end{bmatrix}$ では A_r の r 個の行が線形独立だから C'' の r 個の行は線形独立である．よって C' の $r+1$ 行はこれらの線形結合である．この行には A の他の任意の行をもってこられるから A の行ベクトルで線形独立なものは r 個である．これは $\mathrm{rank}\,A=r$ を意味する．

◆ 第3章の発展問題解答 (8～11)

8. (どの手がよいか)　(i)　$a+b+c=0$　$\therefore$ 3行に1, 2行を加えて

$$\left[\begin{array}{ccc:c} a & b & c & a \\ b & c & a & b \\ c & a & b & c \end{array}\right] \to \left[\begin{array}{ccc:c} a & b & c & a \\ b & c & a & b \\ 0 & 0 & 0 & 0 \end{array}\right]$$

$\therefore$ 方程式は次の方程式に同値となる．

$\left\{\begin{array}{l} ax+by+cz=a \\ bx+cy+az=b \end{array}\right.$，$D=\begin{vmatrix} a & b \\ b & c \end{vmatrix}=ac-b^2=-(a^2+ab+b^2)<0$ $\therefore$ $z=\lambda$ とおいてクラメールの公式によって解くと $x=\frac{1}{D}\begin{vmatrix} a-c\lambda & b \\ b-a\lambda & c \end{vmatrix}=1+\lambda, y=\frac{1}{D}\begin{vmatrix} a & a-c\lambda \\ b & b-a\lambda \end{vmatrix}=\lambda$

$\therefore$ $x=1+\lambda, y=\lambda, z=\lambda$　　(ii)　係数行列式は $D=-(a+b+c)(a+b\omega+c\omega^2)(a+b\omega^2+c\omega)$ (ω は1の虚数3乗根 ⇨ p.41) で，a,b,c は実数 $a+b+c\fallingdotseq 0$ かつ $a=b=c$ ではないから，$D\fallingdotseq 0$．クラメールの公式により，解はただ1つで $x=1, y=z=0$．

9. (階数といえば，まず "はき出し")

(i)　$A \xrightarrow[(i\,\text{行})-(1\,\text{行})\times\frac{a_i}{a_1}]{} \begin{bmatrix} a_1b_1 & a_1b_2 & \cdots & a_1b_n \\ 0 & 0 & \cdots & 0 \\ & \cdots\cdots & & \\ 0 & 0 & \cdots & 0 \end{bmatrix}$，$a_1b_1\fallingdotseq 0$　　$\therefore$　$\operatorname{rank} A=1$

(ii)　(a)　$a\fallingdotseq b, a+3b\fallingdotseq 0$ のとき．

$$A \xrightarrow[(1\,\text{行})+(i\,\text{行})\ \ i=2,3,4]{} \begin{bmatrix} a+3b & a+3b & a+3b & a+3b \\ b & a & b & b \\ b & b & a & b \\ b & b & b & a \end{bmatrix} \xrightarrow[(1\,\text{行})/(a+3b)]{} \begin{bmatrix} 1 & 1 & 1 & 1 \\ b & a & b & b \\ b & b & a & b \\ b & b & b & a \end{bmatrix}$$

$$\xrightarrow[\substack{(i\,\text{行})-(1\,\text{行})\times b \\ i=2,3,4}]{} \begin{bmatrix} 1 & 1 & 1 & 1 \\ 0 & a-b & 0 & 0 \\ 0 & 0 & a-b & 0 \\ 0 & 0 & 0 & a-b \end{bmatrix} \qquad \therefore \quad \operatorname{rank} A=4$$

(b)　$a=b=0$ のとき．$A=O$　$\therefore$ $\operatorname{rank} A=0$　　(c)　$a=b\fallingdotseq 0$ のとき．

$$A \xrightarrow[(i\,\text{行})/a]{} \begin{bmatrix} 1 & 1 & 1 & 1 \\ 1 & 1 & 1 & 1 \\ 1 & 1 & 1 & 1 \\ 1 & 1 & 1 & 1 \end{bmatrix} \xrightarrow[\substack{(i\,\text{行})-(1\,\text{行}) \\ i=2,3,4}]{} \begin{bmatrix} 1 & 1 & 1 & 1 \\ 0 & 0 & 0 & 0 \\ 0 & 0 & 0 & 0 \\ 0 & 0 & 0 & 0 \end{bmatrix} \qquad \therefore \quad \operatorname{rank} A=1$$

(d)　$a\fallingdotseq b, a+3b=0$ のとき．

$$A \xrightarrow[\substack{(4\,\text{行})+(i\,\text{行}) \\ i=1,2,3}]{} \begin{bmatrix} a & b & b & b \\ b & a & b & b \\ b & b & a & b \\ 0 & 0 & 0 & 0 \end{bmatrix} \xrightarrow[\substack{(4\,\text{列})+(i\,\text{列}) \\ i=1,2,3}]{} \begin{bmatrix} a & b & b & 0 \\ b & a & b & 0 \\ b & b & a & 0 \\ 0 & 0 & 0 & 0 \end{bmatrix}$$

$$\xrightarrow[\substack{(1\,\text{行})+(i\,\text{行})\ \ i=2,3 \\ (1\,\text{行})/(a+2b)}]{} \begin{bmatrix} 1 & 1 & 1 & 0 \\ b & a & b & 0 \\ b & b & a & 0 \\ 0 & 0 & 0 & 0 \end{bmatrix} \xrightarrow[(i\,\text{行})-(1\,\text{行})\times b\ \ i=2,3]{} \begin{bmatrix} 1 & 1 & 1 & 0 \\ 0 & a-b & 0 & 0 \\ 0 & 0 & a-b & 0 \\ 0 & 0 & 0 & 0 \end{bmatrix} \qquad \therefore \quad \operatorname{rank} A=3$$

(iii)　$A \xrightarrow[\substack{(i\,\text{行})-(1\,\text{行}) \\ i=2,3,4}]{} \begin{bmatrix} 1 & a & a^2 & bcd \\ 0 & b-a & b^2-a^2 & cd(a-b) \\ 0 & c-a & c^2-a^2 & bd(a-c) \\ 0 & d-a & d^2-a^2 & bc(a-d) \end{bmatrix}=A_1$

(a)　$a=b=c=d$ のとき．$\operatorname{rank} A=\operatorname{rank} A_1=1$

(b)　a,b,c,d のうち1つだけが異なるとき．$a\fallingdotseq b=c=d$ としてよい．このときは

$$A_1 = \begin{bmatrix} 1 & a & a^2 & b^3 \\ 0 & b-a & b^2-a^2 & b^2(a-b) \\ 0 & b-a & b^2-a^2 & b^2(a-b) \\ 0 & b-a & b^2-a^2 & b^2(a-b) \end{bmatrix} \text{ の階数は } 2 \qquad \therefore \quad \operatorname{rank} A = 2$$

(c) a, b, c, d のうち等しいものが 2 組あるとき．$a = b, c = d$ $(a \fallingdotseq c)$ としてよい．このときも A_1 を書いてみるとその階数が 2 であることがわかる．したがって $\operatorname{rank} A = 2$

3

(d) a, b, c, d のうち等しいものが 1 組だけあるとき，$c = d$ としてよい．

$$A_1 = \begin{bmatrix} 1 & a & a^2 & bc^2 \\ 0 & b-a & b^2-a^2 & c^2(a-b) \\ 0 & c-a & c^2-a^2 & bc(a-c) \\ 0 & c-a & c^2-a^2 & bc(a-c) \end{bmatrix} \qquad \begin{array}{l} (1)\cdots \left\{ \begin{array}{l} (4\text{ 行})-(3\text{ 行}) \\ (2\text{ 行})/(b-a) \\ (3\text{ 行})/(c-a) \end{array} \right. \\ (2)\cdots (3\text{ 行})-(2\text{ 行}) \end{array}$$

$$\xrightarrow{(1)} \begin{bmatrix} 1 & a & a^2 & bc^2 \\ 0 & 1 & b+a & -c^2 \\ 0 & 1 & c+a & -bc \\ 0 & 0 & 0 & 0 \end{bmatrix} \xrightarrow{(2)} \begin{bmatrix} 1 & a & a^2 & bc^2 \\ 0 & 1 & b+a & -c^2 \\ 0 & 0 & c-b & c(c-b) \\ 0 & 0 & 0 & 0 \end{bmatrix}, c-b \fallingdotseq 0$$

$\therefore \quad \operatorname{rank} A = \operatorname{rank} A_1 = 3$ (e) a, b, c, d がすべて異なるとき．

$$A_1 \xrightarrow{(1)} \begin{bmatrix} 1 & a & a^2 & bcd \\ 0 & 1 & b+a & -cd \\ 0 & 1 & c+a & -bd \\ 0 & 1 & d+a & -bc \end{bmatrix} \qquad (1)\cdots \left\{ \begin{array}{l} (2\text{ 行})/(b-a) \\ (3\text{ 行})/(c-a) \\ (4\text{ 行})/(d-a) \end{array} \right.$$

$$\xrightarrow{(2)} \begin{bmatrix} 1 & a & a^2 & bcd \\ 0 & 1 & b+a & -cd \\ 0 & 0 & c-b & d(c-b) \\ 0 & 0 & d-b & c(d-b) \end{bmatrix} \xrightarrow{(3)} \begin{bmatrix} 1 & a & a^2 & bcd \\ 0 & 1 & b+a & -cd \\ 0 & 0 & 1 & d \\ 0 & 0 & 1 & c \end{bmatrix}$$

$$\xrightarrow{(4)} \begin{bmatrix} 1 & a & a^2 & bcd \\ 0 & 1 & b+a & -cd \\ 0 & 0 & 1 & d \\ 0 & 0 & 0 & c-d \end{bmatrix} \qquad \begin{array}{l} (2)\cdots(i\text{ 行})-(2\text{ 行}) \quad i=3,4 \\ (3)\cdots(3\text{ 行})/(c-b), (4\text{ 行})/(d-b) \\ (4)\cdots(4\text{ 行})-(3\text{ 行}) \end{array}$$

$\therefore \quad \operatorname{rank} A = \operatorname{rank} A_1 = 4 \quad (\because \quad c-d \fallingdotseq 0)$

(iv) (a) $a = 1$ のとき．$A \underset{\substack{(i\text{ 行})-(1\text{ 行}) \\ i=2,\cdots,n}}{\longrightarrow} \begin{bmatrix} 1 & 1 & \cdots & 1 \\ 0 & 0 & \cdots & 0 \\ & \cdots\cdots & & \\ 0 & 0 & \cdots & 0 \end{bmatrix} \qquad \therefore \quad \operatorname{rank} A = 1$

(b) $a \fallingdotseq 1$ のとき．$A \underset{\substack{(n\text{ 列})+(i\text{ 列}) \\ i=1,\cdots,n-1}}{\longrightarrow} \begin{bmatrix} 1 & a & \cdots & (n-1)a+1 \\ a & 1 & \cdots & (n-1)a+1 \\ & & \cdots\cdots & \\ a & a & \cdots & (n-1)a+1 \end{bmatrix} = A_1$

(b1) $d = (n-1)a+1 \fallingdotseq 0$ のとき．

$$A_1 \underset{(n\text{ 列})/d}{\longrightarrow} \begin{bmatrix} 1 & a & \cdots & a & 1 \\ a & 1 & \cdots & a & 1 \\ & & \cdots\cdots & & \\ a & a & \cdots & 1 & 1 \\ a & a & \cdots & a & 1 \end{bmatrix} \underset{\substack{(i\text{ 列})-(n\text{ 列})\times a \\ i=1,\cdots,n-1}}{\longrightarrow} \begin{bmatrix} 1-a & 0 & \cdots & 0 & 1 \\ 0 & 1-a & \cdots & 0 & 1 \\ & & \cdots\cdots & & \\ 0 & 0 & \cdots & 1-a & 1 \\ 0 & 0 & \cdots & 0 & 1 \end{bmatrix}$$

$\therefore \quad \operatorname{rank} A = \operatorname{rank} A_1 = n$ (b2) $d = (n-1)a+1 = 0$ のとき．

$$A_1 \underset{\substack{(n\text{ 行})+(i\text{ 行}) \\ t=1,\cdots,n-1}}{\longrightarrow} \begin{bmatrix} 1 & a & \cdots & a & 0 \\ a & 1 & \cdots & a & 0 \\ & & \cdots\cdots & & \\ a & a & \cdots & 1 & 0 \\ 0 & 0 & \cdots & 0 & 0 \end{bmatrix} = \begin{bmatrix} B & \mathbf{0} \\ {}^t\mathbf{0} & 0 \end{bmatrix}, \text{ (b1) より } \operatorname{rank} B = n-1$$

$\therefore \quad \operatorname{rank} A = \operatorname{rank} A_1 = \operatorname{rank} B = n-1$

10. （ブロック表示でも，階数といえば，まず “はき出し”）

(i) $[A\ A] \to [A\ O] \quad \therefore \quad \mathrm{rank}\,[A\ A] = \mathrm{rank}\,[A\ O] = \mathrm{rank}\,A$

(ii) $\begin{bmatrix} A & -A \\ -A & A \end{bmatrix} \to \begin{bmatrix} A & -A \\ O & O \end{bmatrix} \to \begin{bmatrix} A & O \\ O & O \end{bmatrix} \quad \therefore \quad \mathrm{rank}\begin{bmatrix} A & -A \\ -A & A \end{bmatrix} = \mathrm{rank}\begin{bmatrix} A & O \\ O & O \end{bmatrix} = \mathrm{rank}\,A$ (iii) 異なる．たとえば $A = \begin{bmatrix} 1 & 0 \\ 0 & 0 \end{bmatrix}$ とすると $\mathrm{rank}\,A = 1$ であるが，$\mathrm{rank}\begin{bmatrix} A & O \\ O & A \end{bmatrix} = 2$ (iv) 異なる．たとえば $A = \begin{bmatrix} 1 & -1 \\ 1 & -1 \end{bmatrix}$ とすると $\mathrm{rank}\,A = 1$ であるが $[A\ {}^tA] = \begin{bmatrix} 1 & -1 & 1 & 1 \\ 1 & -1 & -1 & -1 \end{bmatrix} \to \begin{bmatrix} 1 & -1 & 1 & 1 \\ 0 & 0 & -2 & -2 \end{bmatrix}$ であるから $\mathrm{rank}\,[A\ {}^tA] = 2$

11. （いくつかの等式は同次連立）

(i) 4 点が円周 $x^2 + y^2 + 2gx + 2fy + c = 0$ 上にあるとすると

$$\begin{cases} x_1^2 + y_1^2 + 2gx_1 + 2fy_1 + c = 0 \\ x_2^2 + y_2^2 + 2gx_2 + 2fy_2 + c = 0 \\ x_3^2 + y_3^2 + 2gx_3 + 2fy_3 + c = 0 \\ x_4^2 + y_4^2 + 2gx_4 + 2fy_4 + c = 0 \end{cases}$$

これを $1, 2g, 2f, c$ が非自明解であると考えると，係数行列式が 0．すなわち

$$\begin{vmatrix} x_1^2 + y_1^2 & x_1 & y_1 & 1 \\ x_2^2 + y_2^2 & x_2 & y_2 & 1 \\ x_3^2 + y_3^2 & x_3 & y_3 & 1 \\ x_4^2 + y_4^2 & x_4 & y_4 & 1 \end{vmatrix} = 0$$

(ii) n 個の点の座標を $(x_1, y_1), (x_2, y_2), \cdots, (x_n, y_n)$ とするとき

$$\begin{cases} y_1 = a_0 + a_1x_1 + \cdots + a_{n-1}x_1^{n-1} \\ y_2 = a_0 + a_1x_2 + \cdots + a_{n-1}x_2^{n-1} \\ \cdots\cdots \\ y_n = a_0 + a_1x_n + \cdots + a_{n-1}x_n^{n-1} \end{cases}$$

これを $a_0, a_1, \cdots, a_{n-1}$ に関する連立 1 次方程式とみるとき，係数行列式はヴァンデルモンドの行列式 $D = \begin{vmatrix} 1 & x_1 & \cdots & x_1^{n-1} \\ 1 & x_2 & \cdots & x_2^{n-1} \\ & & \cdots\cdots & \\ 1 & x_n & \cdots & x_n^{n-1} \end{vmatrix} = \prod_{j>i}(x_j - x_i)$ で，仮定から $x_i \neq x_j\,(i \neq j)$ だから $D \neq 0$．したがって解はただ 1 つである．

第 4 章の問題解答 (92.1～135.2)

92.1 略 ***93.1*** 略

94.1 $\overrightarrow{\mathrm{OR}} \underset{\text{(i)}}{=} \overrightarrow{\mathrm{OP}} + \overrightarrow{\mathrm{PR}} \underset{\text{(ii)}}{=} \overrightarrow{\mathrm{OP}} + \lambda\,\overrightarrow{\mathrm{PQ}} \underset{\text{(i)}}{=} \overrightarrow{\mathrm{OP}} + \lambda\,(\overrightarrow{\mathrm{PO}} + \overrightarrow{\mathrm{OQ}}) = (1-\lambda)\,\overrightarrow{\mathrm{OP}} + \lambda\,\overrightarrow{\mathrm{OQ}}$. また $\mathrm{PR} : \mathrm{RQ} = m : n$ のときは $\lambda = \frac{m}{m+n}, 1 - \lambda = \frac{n}{m+n}$ である．

94.2 BC の中点を M とすると $\overrightarrow{\mathrm{OM}} = \frac{1}{2}(\boldsymbol{b} + \boldsymbol{c})$

$\overrightarrow{\mathrm{OG}} = \frac{1}{3}\,\overrightarrow{\mathrm{OA}} + \frac{2}{3}\,\overrightarrow{\mathrm{OM}} = \frac{1}{3}(\boldsymbol{a} + \boldsymbol{b} + \boldsymbol{c})$

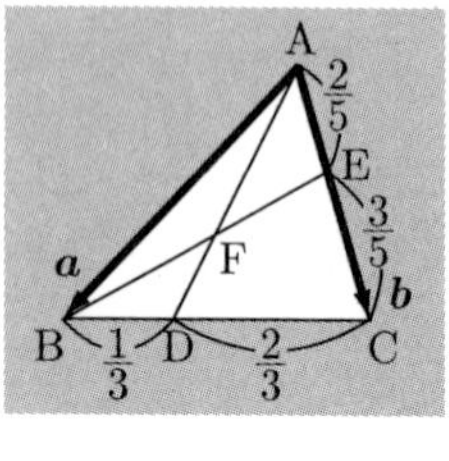

95.1 (i) $\mathrm{BD} : \mathrm{DC} = \frac{1}{3} : \frac{2}{3}$ より $\overrightarrow{\mathrm{AD}} = \frac{2}{3}\boldsymbol{a} + \frac{1}{3}\boldsymbol{b}$. $\mathrm{AE} : \mathrm{EC} = \frac{2}{5} : \frac{3}{5}$ より $\overrightarrow{\mathrm{BE}} = \frac{3}{5}\,\overrightarrow{\mathrm{BA}} + \frac{2}{5}\,\overrightarrow{\mathrm{BC}} = \frac{3}{5}(-\boldsymbol{a}) + \frac{2}{5}(-\boldsymbol{a} + \boldsymbol{b}) = -\boldsymbol{a} + \frac{2}{5}\boldsymbol{b}$
(ii) $\mathrm{AF} : \mathrm{FD} = k : (1-k), \mathrm{BF} : \mathrm{FE} = l : (1-l)$ とすると $\overrightarrow{\mathrm{AF}} = k\,\overrightarrow{\mathrm{AD}} = \frac{2k}{3}\boldsymbol{a} + \frac{k}{3}\boldsymbol{b}, \overrightarrow{\mathrm{AF}} = (1-l)\boldsymbol{a} + \frac{2l}{5}\boldsymbol{b} \quad \therefore \{\frac{2k}{3} - (1-l)\}\boldsymbol{a} = (\frac{2l}{5} - \frac{k}{3})\boldsymbol{b}$. B, A, C は同一直線上にないから $\frac{2k}{3} - (1-l) = 0$ かつ $\frac{2l}{5} - \frac{k}{3} = 0 \quad \therefore k = \frac{2}{3}, l = \frac{5}{9}$

$$\mathrm{AF}:\mathrm{FD}=2:1,\quad \mathrm{BF}:\mathrm{FE}=5:4$$

96.1 (i) $\boldsymbol{x}_1-\boldsymbol{x}_2=\boldsymbol{a}-\boldsymbol{b}, \boldsymbol{x}_1+(\boldsymbol{x}_1+\boldsymbol{x}_2)=\boldsymbol{a}$ より $3\boldsymbol{x}_1=2\boldsymbol{a}-\boldsymbol{b}$ $\therefore$ $\boldsymbol{x}_1=\frac{2}{3}\boldsymbol{a}-\frac{1}{3}\boldsymbol{b}, \boldsymbol{x}_2=-\frac{1}{3}\boldsymbol{a}+\frac{2}{3}\boldsymbol{b}$ (ii) $2\boldsymbol{x}+\boldsymbol{y}=\boldsymbol{a}, \boldsymbol{x}-\boldsymbol{y}=\boldsymbol{b}$ $\therefore$ $\boldsymbol{x}=\frac{1}{3}(\boldsymbol{a}+\boldsymbol{b}), \boldsymbol{y}=\frac{1}{3}(\boldsymbol{a}-2\boldsymbol{b})$. この結果を作図すると右図.

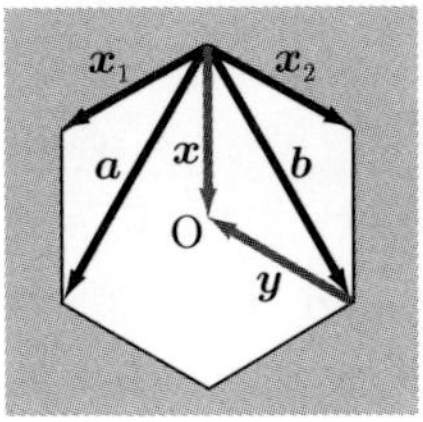

97.1 $\overrightarrow{\mathrm{XC}}=\boldsymbol{a}, \overrightarrow{\mathrm{YA}}=\boldsymbol{b}, \overrightarrow{\mathrm{ZB}}=\boldsymbol{c}$ とする（右図）
$\overrightarrow{\mathrm{BC}}+\overrightarrow{\mathrm{CA}}+\overrightarrow{\mathrm{AB}}=\boldsymbol{0}$ $\therefore$ $(\lambda+1)\boldsymbol{a}+(\mu+1)\boldsymbol{b}+(\nu+1)\boldsymbol{c}=\boldsymbol{0}$ $\therefore$ $\boldsymbol{c}=-\frac{\lambda+1}{\nu+1}\boldsymbol{a}-\frac{\mu+1}{\nu+1}\boldsymbol{b}$ $\cdots$① X, Y, Z は同一直線上. $\therefore$ $\overrightarrow{\mathrm{YX}}=k\,\overrightarrow{\mathrm{ZX}}$ だから $-\boldsymbol{a}-\mu\boldsymbol{b}=k(\lambda\boldsymbol{a}+\boldsymbol{c})$ $\therefore$ $\boldsymbol{c}=-\frac{k\lambda+1}{k}\boldsymbol{a}-\frac{\mu}{k}\boldsymbol{b}$ $\cdots$②
①, ②から $(\frac{\lambda+1}{\nu+1}-\frac{k\lambda+1}{k})\boldsymbol{a}=(\frac{\mu}{k}-\frac{\mu+1}{\nu+1})\boldsymbol{b}$ $\therefore$ $\frac{\lambda+1}{\nu+1}=\frac{k\lambda+1}{k}, \frac{\mu+1}{\nu+1}=\frac{\mu}{k}$
これから k を消去すると $\lambda\mu\nu=-1$

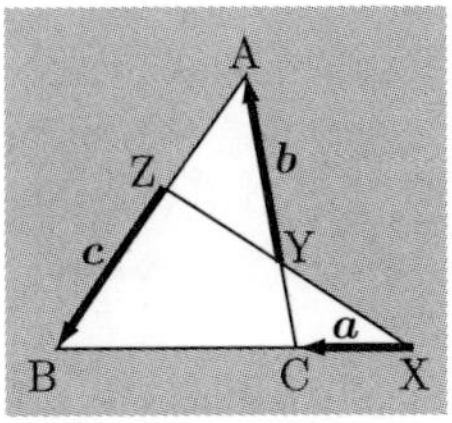

97.2 $\overrightarrow{\mathrm{A_1A_2}}=\boldsymbol{a}, \overrightarrow{\mathrm{B_1B_2}}=\boldsymbol{b}, \overrightarrow{\mathrm{A_1B_1}}=\boldsymbol{c}$ とし
$\mathrm{B_1B_3}:\mathrm{B_1B_2}=\mathrm{A_1A_3}:\mathrm{A_1A_2}=k:1$
$\mathrm{A_1C_1}:\mathrm{A_1B_1}=\mathrm{A_2C_2}:\mathrm{A_2B_2}=\mathrm{A_3C_3}:\mathrm{A_3B_3}=l:1$ とすると
$\overrightarrow{\mathrm{A_2B_2}}=\overrightarrow{\mathrm{A_2A_1}}+\overrightarrow{\mathrm{A_1B_1}}+\overrightarrow{\mathrm{B_1B_2}}=-\boldsymbol{a}+\boldsymbol{c}+\boldsymbol{b}$

$$\begin{aligned}\overrightarrow{\mathrm{C_1C_2}}&=\overrightarrow{\mathrm{C_1A_1}}+\overrightarrow{\mathrm{A_1A_2}}+\overrightarrow{\mathrm{A_2C_2}}\\&=-l\boldsymbol{c}+\boldsymbol{a}+l(-\boldsymbol{a}+\boldsymbol{b}+\boldsymbol{c})=(1-l)\boldsymbol{a}+l\boldsymbol{b}\end{aligned}$$

同様に $\overrightarrow{\mathrm{A_1A_3}}=k\boldsymbol{a}, \overrightarrow{\mathrm{B_1B_3}}=k\boldsymbol{b}$ から $\overrightarrow{\mathrm{C_1C_3}}=(1-l)k\boldsymbol{a}+lk\boldsymbol{b}$
よって $\overrightarrow{\mathrm{C_1C_3}}=k\,\overrightarrow{\mathrm{C_1C_2}}$ となり，3 点 $\mathrm{C_1, C_2, C_3}$ は同一直線上にある.

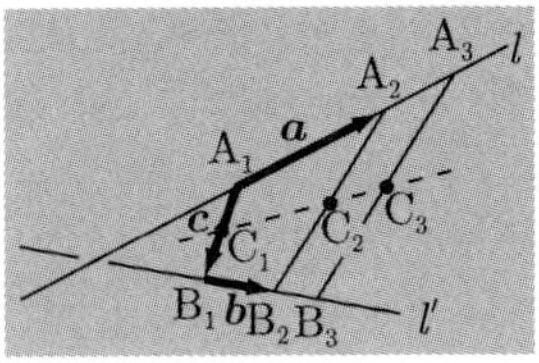

98.1 $\overrightarrow{\mathrm{OC}}=\frac{3}{5}\overrightarrow{\mathrm{OA}}+\frac{2}{5}\overrightarrow{\mathrm{OB}}=\frac{3}{5}(-3\boldsymbol{e}_1+2\boldsymbol{e}_2)+\frac{2}{5}(4\boldsymbol{e}_1-\boldsymbol{e}_2)=-\frac{1}{5}\boldsymbol{e}_1+\frac{4}{5}\boldsymbol{e}_2$

99.1 $\overrightarrow{\mathrm{OS}}=\frac{1}{-3}(-5\,\overrightarrow{\mathrm{OP}}+2\,\overrightarrow{\mathrm{OQ}})=\frac{5}{3}(-3,2)-\frac{2}{3}(-5,-1)=(-\frac{5}{3},4)$

100.1 $\boldsymbol{a}=a_1\boldsymbol{e}_1+a_2\boldsymbol{e}_2+a_3\boldsymbol{e}_3, \boldsymbol{b}=b_1\boldsymbol{e}_1+b_2\boldsymbol{e}_2+b_3\boldsymbol{e}_3$
(1) 〔$\Rightarrow$ の証明〕$\boldsymbol{a}=\boldsymbol{b}\Rightarrow(a_1-b_1)\boldsymbol{e}_1=(b_2-a_2)\boldsymbol{e}_2+(b_3-a_3)\boldsymbol{e}_3$
$a_1\fallingdotseq b_1$ ならば $\boldsymbol{e}_1$ が yz 平面のベクトルとなり矛盾. よって $a_1=b_1$
同様に $a_2=b_2, a_3=b_3$. 〔$\Leftarrow$ の証明〕明らか.
(2) 定理 1 から $\boldsymbol{a}\pm\boldsymbol{b}=(a_1\pm b_1)\boldsymbol{e}_1+(a_2\pm b_2)\boldsymbol{e}_2+(a_3\pm b_3)\boldsymbol{e}_3$
(3) これも定理 1 から $\lambda\boldsymbol{a}=\lambda a_1\boldsymbol{e}_1+\lambda a_2\boldsymbol{e}_2+\lambda a_3\boldsymbol{e}_3$

100.2 $\mathrm{S}(x,y,z)$ とすると $(-4,8,-4)=4(x-4,y-1,z+3)$ から $x=3,y=3,z=-4$ となり $\mathrm{S}(3,3,-4)$

101.1 (i) $\frac{1}{3}(a+3,b-3,c+2)=(1,0,2)$ から $a=0,b=3,c=4$
(ii) $(1,5,0)=\lambda(1,1,0)+\mu(1,0,1)+\nu(0,1,1)$ から $\lambda+\mu=1,\lambda+\nu=5,\mu+\nu=0$ となり $\lambda=3,\mu=-2,\nu=2$ $\boldsymbol{p}=3\boldsymbol{a}-2\boldsymbol{b}+2\boldsymbol{c}$
(iii) $(2,-1,a)=x_1(1,0,1)+x_2(0,2,2)$ から $x_1=2,x_2=-1/2$

$$a=x_1+2x_2=1 \qquad \therefore \quad a=1$$

102.1 OA $=\sqrt{17}$, OB $=\sqrt{6}$, $\overrightarrow{\mathrm{AB}}=-\overrightarrow{\mathrm{OA}}+\overrightarrow{\mathrm{OB}}=(-3,4,0)$ から AB $=5$
△AOB に余弦定理 $(c^2=a^2+b^2-2ab\cos\theta)$ を用いて $\cos\theta=\frac{a^2+b^2-c^2}{2ab}=-\frac{1}{\sqrt{102}}$

103.1 $\boldsymbol{a}=(a_1,a_2),\boldsymbol{b}=(b_1,b_2)$ のとき $\boldsymbol{a}\cdot\boldsymbol{b}=a_1b_1+a_2b_2$ （証明は例題より簡単）

104.1 (1) $|\boldsymbol{a}|^2=a_1^2+a_2^2+a_3^2$ (2) $\cos\theta=\frac{a_1b_1+a_2b_2+a_3b_3}{\sqrt{a_1^2+a_2^2+a_3^2}\sqrt{b_1^2+b_2^2+b_3^2}}$
(3) $\boldsymbol{a},\boldsymbol{b}$ が垂直 $\Leftrightarrow a_1b_1+a_2b_2+a_3b_3=0$

105.1 AP : PB = BQ : QC $=t:(1-t)$ $(0<t<1)$ であるから
$\overrightarrow{\mathrm{OP}}=(2+2t,3-4t,-4+6t)$, $\overrightarrow{\mathrm{OQ}}=(4-8t,-1+2t,2-3t)$
$\therefore$ $\overrightarrow{\mathrm{OG}}=\frac{1}{3}(\overrightarrow{\mathrm{OP}}+\overrightarrow{\mathrm{OQ}})=\frac{1}{3}(6-6t,2-2t,-2+3t)$ $\therefore$ $\mathrm{OG}^2=\frac{49}{9}t^2-\frac{92}{9}t+\frac{44}{9}$

106.1 (i) $|\boldsymbol{a}|=\sqrt{1^2+0^2+1^2}=\sqrt{2}$, $|\boldsymbol{b}|=\sqrt{2^2+2^2+1}=3$ より
$\cos\alpha=\frac{\boldsymbol{a}\cdot\boldsymbol{b}}{|\boldsymbol{a}||\boldsymbol{b}|}=\frac{2+1}{3\sqrt{2}}=\frac{1}{\sqrt{2}}$ $(0°\leqq\alpha\leqq 90°)$ $\therefore$ $\alpha=45°$
(ii) $|\boldsymbol{a}|=\sqrt{14}$, $|\boldsymbol{b}|=\sqrt{14}$, $|\boldsymbol{a}+\boldsymbol{b}|=\sqrt{42}$ $\boldsymbol{a}\cdot\boldsymbol{b}=7$, $\cos\theta=\frac{\boldsymbol{a}\cdot\boldsymbol{b}}{|\boldsymbol{a}||\boldsymbol{b}|}=\frac{1}{2}$ から
$\theta=60°$．求めるベクトルを $\boldsymbol{x}=(x_1,x_2,x_3)$ とすると $\boldsymbol{a}\cdot\boldsymbol{x}=0$, $\boldsymbol{b}\cdot\boldsymbol{x}=0$, $|\boldsymbol{x}|=1$ から

$$x_1-3x_2+2x_3=0,\quad -2x_1-x_2+3x_3=0,\quad x_1^2+x_2^2+x_3^2=1$$

から $x=\pm\frac{1}{\sqrt{3}}(1,1,1)$

106.2 $\boldsymbol{e}\cdot\boldsymbol{e}_i=|\boldsymbol{e}||\boldsymbol{e}_i|\cos\theta_i=\cos\theta_i$，一方で成分表示を考えて $\boldsymbol{e}\cdot\boldsymbol{e}_i=e_i$

107.1 $\overrightarrow{\mathrm{OA}}=\boldsymbol{a}$, $\overrightarrow{\mathrm{OB}}=\boldsymbol{b}$, $\overrightarrow{\mathrm{OC}}=\boldsymbol{c}$とすると$\overrightarrow{\mathrm{OA}},\overrightarrow{\mathrm{OB}},\overrightarrow{\mathrm{OC}}$ のなす角は直角で

$$\sin\beta=\frac{\mathrm{OC}}{\mathrm{BC}}=\frac{|\boldsymbol{c}|}{|\boldsymbol{b}-\boldsymbol{c}|},\ \sin\gamma=\frac{|\boldsymbol{c}|}{|\boldsymbol{a}+\boldsymbol{c}|}$$

一方内積の定義から $\cos\alpha=\frac{(\boldsymbol{c}-\boldsymbol{b})\cdot(\boldsymbol{c}+\boldsymbol{a})}{|\boldsymbol{c}-\boldsymbol{b}||\boldsymbol{c}+\boldsymbol{a}|}$
ここで $\boldsymbol{a}\cdot\boldsymbol{b}=\boldsymbol{b}\cdot\boldsymbol{c}=\boldsymbol{c}\cdot\boldsymbol{a}=0$ であるから，分子は $\boldsymbol{c}\cdot\boldsymbol{c}=|\boldsymbol{c}|^2$ となり $\cos\alpha=\sin\beta\sin\gamma$

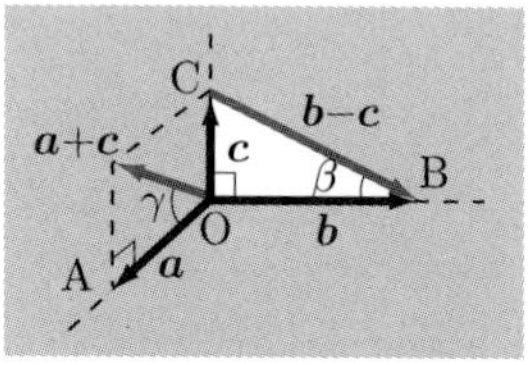

108.1 $\overrightarrow{\mathrm{OA}}=\boldsymbol{a}$, $\overrightarrow{\mathrm{OB}}=\boldsymbol{b}$, $\overrightarrow{\mathrm{OC}}=\boldsymbol{c}$, OA $=a$, OB $=b$, OC $=c$ とすると α は $\boldsymbol{c}+\boldsymbol{a}$ と $\boldsymbol{a}+\boldsymbol{b}$ のなす角，β は $\boldsymbol{a}+\boldsymbol{b}$ と $\boldsymbol{b}+\boldsymbol{c}$ のなす角，γ は $\boldsymbol{b}+\boldsymbol{c}$ と $\boldsymbol{c}+\boldsymbol{a}$ のなす角であるから

$$\cos\alpha=\frac{(\boldsymbol{c}+\boldsymbol{a})\cdot(\boldsymbol{a}+\boldsymbol{b})}{|\boldsymbol{c}+\boldsymbol{a}||\boldsymbol{a}+\boldsymbol{b}|}=\frac{|\boldsymbol{a}|^2}{|\boldsymbol{c}+\boldsymbol{a}||\boldsymbol{a}+\boldsymbol{b}|}=\frac{\mathrm{OA}^2}{\mathrm{AC}\cdot\mathrm{AB}}$$

$$\cos\beta=\frac{\mathrm{OB}^2}{\mathrm{BC}\cdot\mathrm{BA}},\ \cos\gamma=\frac{\mathrm{OC}^2}{\mathrm{CA}\cdot\mathrm{CB}}\text{から左辺}=\frac{\mathrm{OA}^2+\mathrm{OB}^2+\mathrm{OC}^2}{\mathrm{AB}\cdot\mathrm{BC}\cdot\mathrm{CA}}$$

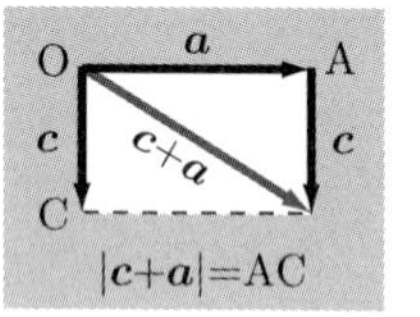

行ベクトル・列ベクトルと幾何ベクトル

同じくベクトルと名づけているが，本書のはじめから登場するのが，行ベクトル・列ベクトルである．行列というのは数を座席配置したもので，相互に演算を定義したものであり，とくに $(1,n)$ 行列を n 次の行ベクトルと名づけた．

この章のベクトルは平面上あるいは空間内の図形，とくに線分図形を代数的に処理するために考えられたもので，幾何ベクトルと言われることもある．

元来の生れは異なるが，平面（あるいは空間）に座標軸を設けると平面（空間）ベクトルの集合は 2 次の（3 次の）行ベクトルと 1 対 1 に対応し，ベクトルの和（スカラー倍）には対応する行ベクトルの和（スカラー倍）が対応するので，これら演算に関する限り（これを代数的にという）同一とみてよいのである．線形独立とか内積とかいう考えが両者で扱われるようになる（⇨ 第 7 章）

109.1 $\overrightarrow{\mathrm{DA}}=\boldsymbol{a}, \overrightarrow{\mathrm{DB}}=\boldsymbol{b}, \overrightarrow{\mathrm{DC}}=\boldsymbol{c}$ とし $|\boldsymbol{a}|=a, |\boldsymbol{b}|=b, |\boldsymbol{c}|=c$ とする．仮定から $|\boldsymbol{a}-\boldsymbol{b}|=c, |\boldsymbol{b}-\boldsymbol{c}|=a, |\boldsymbol{c}-\boldsymbol{a}|=b \quad \cdots①$
$\overrightarrow{\mathrm{EF}}=\frac{1}{2}(\overrightarrow{\mathrm{EC}}+\overrightarrow{\mathrm{ED}})=\frac{1}{4}(\overrightarrow{\mathrm{AC}}+\overrightarrow{\mathrm{BC}}+\overrightarrow{\mathrm{AD}}+\overrightarrow{\mathrm{BD}})=\frac{1}{2}(\boldsymbol{c}-\boldsymbol{a}-\boldsymbol{b})$
$\overrightarrow{\mathrm{AB}}=\boldsymbol{b}-\boldsymbol{a}$. よって $\overrightarrow{\mathrm{EF}}\cdot\overrightarrow{\mathrm{AB}}=\frac{1}{2}\boldsymbol{c}\cdot(\boldsymbol{b}-\boldsymbol{a})+\frac{1}{2}(\boldsymbol{a}\cdot\boldsymbol{a}-\boldsymbol{b}\cdot\boldsymbol{b}) \quad \cdots②$
ところが①の 3 式から $(\boldsymbol{b}-\boldsymbol{c})\cdot(\boldsymbol{b}-\boldsymbol{c})=\boldsymbol{a}^2$ から
$-2\boldsymbol{b}\cdot\boldsymbol{c}=a^2-b^2-c^2$. 同様に $-2\boldsymbol{c}\cdot\boldsymbol{a}=b^2-c^2-a^2$ となり
$\frac{1}{2}\boldsymbol{c}\cdot(\boldsymbol{b}-\boldsymbol{a})=\frac{1}{2}(b^2-a^2)$. よって② から $\overrightarrow{\mathrm{EF}}\cdot\overrightarrow{\mathrm{AB}}=0$. 同様に
$\overrightarrow{\mathrm{EF}}\cdot\overrightarrow{\mathrm{CD}}=0$

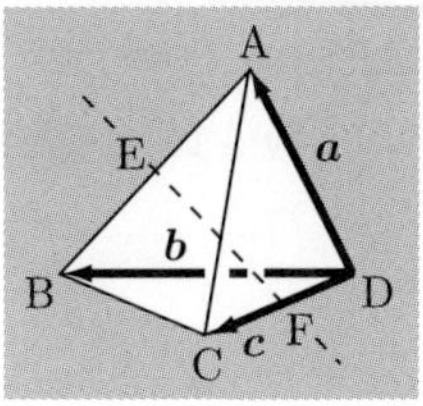

110.1 $\overrightarrow{\mathrm{DA}}=\boldsymbol{a}, \overrightarrow{\mathrm{DB}}=\boldsymbol{b}, \overrightarrow{\mathrm{DC}}=\boldsymbol{c}$ とすると
$\mathrm{AC}^2+\mathrm{BD}^2=\overrightarrow{\mathrm{AC}}\cdot\overrightarrow{\mathrm{AC}}+\overrightarrow{\mathrm{BD}}\cdot\overrightarrow{\mathrm{BD}}=(\boldsymbol{c}-\boldsymbol{a})\cdot(\boldsymbol{c}-\boldsymbol{a})+\boldsymbol{b}\cdot\boldsymbol{b}=\boldsymbol{a}\cdot\boldsymbol{a}+\boldsymbol{b}\cdot\boldsymbol{b}+\boldsymbol{c}\cdot\boldsymbol{c}-2\boldsymbol{c}\cdot\boldsymbol{a}$,
$\mathrm{AD}^2+\mathrm{BC}^2=\boldsymbol{a}\cdot\boldsymbol{a}+\boldsymbol{b}\cdot\boldsymbol{b}+\boldsymbol{c}\cdot\boldsymbol{c}-2\boldsymbol{b}\cdot\boldsymbol{c}$. よって $\mathrm{AB}\perp\mathrm{CD}\Leftrightarrow\overrightarrow{\mathrm{AB}}\cdot\overrightarrow{\mathrm{CD}}=0$
$\Leftrightarrow(\boldsymbol{a}-\boldsymbol{b})\cdot\boldsymbol{c}=0\Leftrightarrow\boldsymbol{a}\cdot\boldsymbol{c}=\boldsymbol{b}\cdot\boldsymbol{c}\Leftrightarrow\mathrm{AC}^2+\mathrm{BD}^2=\mathrm{AD}^2+\mathrm{BC}^2$

111.1 $\overrightarrow{\mathrm{AB}}=\boldsymbol{a}, \overrightarrow{\mathrm{AE}}=\boldsymbol{b}, \overrightarrow{\mathrm{AD}}=\boldsymbol{c}$, $\boldsymbol{a}$ と $\boldsymbol{b}$ のなす角を λ, $\boldsymbol{b}$ と $\boldsymbol{c}$ のなす角を μ, $\boldsymbol{c}$ と $\boldsymbol{a}$ のなす角を ν, $\mathrm{AB}=a, \mathrm{AE}=b, \mathrm{AD}=c$ とする．$\mathrm{AG}^2=|\boldsymbol{a}+\boldsymbol{b}+\boldsymbol{c}|^2=|\boldsymbol{a}|^2+|\boldsymbol{b}|^2+|\boldsymbol{c}|^2+2\boldsymbol{a}\cdot\boldsymbol{b}$
$+2\boldsymbol{b}\cdot\boldsymbol{c}+2\boldsymbol{c}\cdot\boldsymbol{a}=a^2+b^2+c^2+2ab\cos\lambda+2bc\cos\mu+2ca\cos\nu$,
$\mathrm{BH}^2=|\boldsymbol{a}-\boldsymbol{b}-\boldsymbol{c}|^2=a^2+b^2+c^2-2ab\cos\lambda+2bc\cos\mu-2ca\cos\nu$,
$\mathrm{CE}^2=|\boldsymbol{a}-\boldsymbol{b}+\boldsymbol{c}|^2=a^2+b^2+c^2-2ab\cos\lambda-2bc\cos\mu+2ca\cos\nu$,
$\mathrm{DF}^2=|\boldsymbol{a}+\boldsymbol{b}-\boldsymbol{c}|^2=a^2+b^2+c^2+2ab\cos\lambda-2bc\cos\mu-2ca\cos\nu$

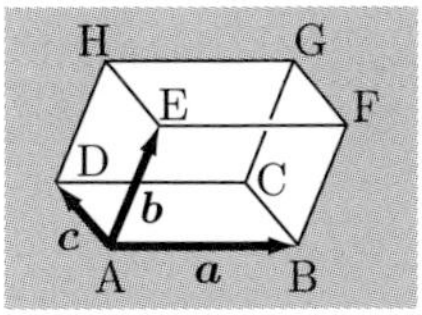

112.1 (i) $\boldsymbol{e}_1, \boldsymbol{e}_2, \boldsymbol{e}_3$ を線形独立とし，$\lambda_1\boldsymbol{a}_1+\lambda_2\boldsymbol{a}_2+\lambda_3\boldsymbol{a}_3=\boldsymbol{0}$ とする．
$\boldsymbol{a}_1=|\boldsymbol{a}_1|\boldsymbol{e}_1, \boldsymbol{a}_2=|\boldsymbol{a}_2|\boldsymbol{e}_2, \boldsymbol{a}_3=|\boldsymbol{a}_3|\boldsymbol{e}_3$ だから $\lambda_1|\boldsymbol{a}_1|\boldsymbol{e}_1+\lambda_2|\boldsymbol{a}_2|\boldsymbol{e}_2+\lambda_3|\boldsymbol{a}_3|\boldsymbol{e}_3=\boldsymbol{0}$ であり，$\boldsymbol{e}_1, \boldsymbol{e}_2, \boldsymbol{e}_3$ は線形独立だから $\lambda_1|\boldsymbol{a}_1|=0, \lambda_2|\boldsymbol{a}_2|=0, \lambda_3|\boldsymbol{a}_3|=0$.
$\boldsymbol{a}_1, \boldsymbol{a}_2, \boldsymbol{a}_3$ は $\boldsymbol{0}$ でないから $|\boldsymbol{a}_1|\neq 0, |\boldsymbol{a}_2|\neq 0, |\boldsymbol{a}_3|\neq 0$. よって $\lambda_1=\lambda_2=\lambda_3=0$
となり，$\boldsymbol{a}_1, \boldsymbol{a}_2, \boldsymbol{a}_3$ は線形独立である． (ii) 〔$\Rightarrow$ の証明〕 $\boldsymbol{a}_1, \boldsymbol{a}_2$ が線形独立とし，$\lambda_1(\boldsymbol{a}_1+\boldsymbol{a}_2)+\lambda_2(\boldsymbol{a}_1-\boldsymbol{a}_2)=\boldsymbol{0}$ とする．$(\lambda_1+\lambda_2)\boldsymbol{a}_1+(\lambda_1-\lambda_2)\boldsymbol{a}_2=\boldsymbol{0}$ で $\boldsymbol{a}_1, \boldsymbol{a}_2$ が線形独立だから $\lambda_1+\lambda_2=0, \lambda_1-\lambda_2=0$. よって $\lambda_1=0, \lambda_2=0$. よって $\boldsymbol{a}_1+\boldsymbol{a}_2, \boldsymbol{a}_1-\boldsymbol{a}_2$ は線形独立.
〔$\Leftarrow$ の証明〕 $\boldsymbol{a}_1+\boldsymbol{a}_2=\boldsymbol{b}_1, \boldsymbol{a}_1-\boldsymbol{a}_2=\boldsymbol{b}_2$ とおくと $\boldsymbol{a}_1=\frac{1}{2}(\boldsymbol{b}_1+\boldsymbol{b}_2), \boldsymbol{a}_2=\frac{1}{2}(\boldsymbol{b}_1-\boldsymbol{b}_2)$
よって「$\boldsymbol{b}_1, \boldsymbol{b}_2$ が線形独立 $\Rightarrow \frac{1}{2}(\boldsymbol{b}_1+\boldsymbol{b}_2), \frac{1}{2}(\boldsymbol{b}_1-\boldsymbol{b}_2)$ が線形独立」を示すことになり，前半と類似.

113.1 〔$\Rightarrow$ の証明〕$\boldsymbol{a}_1, \boldsymbol{a}_2$ が線形従属 $\Rightarrow x_1\boldsymbol{a}_1+x_2\boldsymbol{a}_2=\boldsymbol{0}$ で x_1, x_2 の少なくとも一方は 0 でない $\Rightarrow x_1\neq 0$ なら $\boldsymbol{a}_1=\lambda\boldsymbol{a}_2, x_2\neq 0$ なら $\boldsymbol{a}_2=\mu\boldsymbol{a}_1 \Rightarrow \boldsymbol{a}_1, \boldsymbol{a}_2$ は同一直線上
〔$\Leftarrow$ の証明〕例題の解答にならえ.

113.2 (i) $x_1\boldsymbol{b}_1+x_2\boldsymbol{b}_2=\boldsymbol{0} \quad \cdots① \Leftrightarrow x_1(p_{11}\boldsymbol{a}_1+p_{12}\boldsymbol{a}_2)+x_2(p_{21}\boldsymbol{a}_1+p_{22}\boldsymbol{a}_2)=\boldsymbol{0}\Leftrightarrow(x_1p_{11}+x_2p_{21})\boldsymbol{a}_1+(x_1p_{12}+x_2p_{22})\boldsymbol{a}_2=\boldsymbol{0}$ (ここで $\boldsymbol{a}_1, \boldsymbol{a}_2$ は線形独立) $\Leftrightarrow \begin{cases} p_{11}x_1+p_{21}x_2=0 \\ p_{12}x_1+p_{22}x_2=0 \end{cases} \quad \cdots②$
そこで $\boldsymbol{b}_1, \boldsymbol{b}_2$ が線形独立とは，① となる x_1, x_2 が $(x_1, x_2)=\boldsymbol{0}$ だけということで，②が自明解のみということ，すなわち $|P|\neq 0$
(ii) $\lambda\boldsymbol{a}+\mu\boldsymbol{b}+\nu\boldsymbol{c}=\boldsymbol{0}, \lambda\nu\neq 0$ だから，$\boldsymbol{a}=(-\frac{\mu}{\lambda})\boldsymbol{b}+(-\frac{\nu}{\lambda})\boldsymbol{c}$, また $\boldsymbol{b}=1\cdot\boldsymbol{b}+0\cdot\boldsymbol{c}$.

$\boldsymbol{b},\boldsymbol{c}$ は線形独立かつ $\begin{vmatrix} -\frac{\mu}{\lambda} & -\frac{\nu}{\lambda} \\ 1 & 0 \end{vmatrix} = \nu/\lambda \neq 0$ だから，(i)により $\boldsymbol{a},\boldsymbol{b}$ は線形独立．
一方，$\boldsymbol{a},\boldsymbol{b}$ はそれぞれ $\boldsymbol{b},\boldsymbol{c}$ の張る平面に入る．したがって $\boldsymbol{a},\boldsymbol{b}$ は $\boldsymbol{b},\boldsymbol{c}$ の張る平面を張る．

114.1 例題 114(i)から 4 つのベクトルが同一平面上にあるのは

$$\begin{vmatrix} a & 14 & -b \\ 1 & 2 & -1 \\ 3 & -4 & 1 \end{vmatrix} = 0 \quad \text{かつ} \quad \begin{vmatrix} -1 & 4a & b \\ 1 & 2 & -1 \\ 3 & -4 & 1 \end{vmatrix} = 0$$

すなわち $a-5b=-28, 8a+5b=1$ となり $a=-3, b=5$

114.2 (i) $\lambda\boldsymbol{a}_1+\mu\boldsymbol{a}_2=(\lambda+3\mu,-2\lambda+\mu,\lambda)=\boldsymbol{0}$ とは

$$\begin{cases} \lambda + 3\mu = 0 \\ -2\lambda + \mu = 0 \\ \lambda = 0 \end{cases} \quad \text{すなわち} \quad \begin{bmatrix} 1 & 3 \\ -2 & 1 \\ 1 & 0 \end{bmatrix}\begin{bmatrix} \lambda \\ \mu \end{bmatrix} = \boldsymbol{0} \quad \text{略して} \quad A\boldsymbol{x}=\boldsymbol{0}$$

$\mathrm{rank}\,A=2$ から，解 $\boldsymbol{x}$ は自明解 $\lambda=\mu=0$ のみ．$\boldsymbol{a}_1,\boldsymbol{a}_2$ は線形独立．
(ii) $\mathrm{rank}\,A = \mathrm{rank}\begin{bmatrix} 2 & 1 & -2 \\ -1 & 0 & 1 \\ 0 & 3 & 0 \end{bmatrix} < 3$ から $\boldsymbol{a}_1,\boldsymbol{a}_2,\boldsymbol{a}_3$ は線形従属

115.1 (i) 連立 1 次方程式 $\boldsymbol{a}_1x+\boldsymbol{a}_2y+\boldsymbol{a}_3z=\boldsymbol{a}$ は $\begin{cases} x \quad + 3z = -1 \\ 2y + 7z = 3 \\ x + 2y + z = -7 \end{cases}$．これを解いて
$x=-4, y=-2, z=1 \quad \therefore\ \boldsymbol{a}=-4\boldsymbol{a}_1-2\boldsymbol{a}_2+\boldsymbol{a}_3$
(ii) $\boldsymbol{a}_1x+\boldsymbol{a}_3z=\boldsymbol{a}$ が解をもつようにすればよい．$\mathrm{rank}[\ \boldsymbol{a}_1\ \ \boldsymbol{a}_3\ ]=2$．$\left(\because \begin{vmatrix} 1 & 3 \\ 0 & 7 \end{vmatrix} = 7 \neq 0\right)$
であるから，解をもつ条件は $\mathrm{rank}[\ \boldsymbol{a}_1\ \ \boldsymbol{a}_3\ \ \boldsymbol{a}\ ]=2$．このためには

$$|\ \boldsymbol{a}_1\ \ \boldsymbol{a}_2\ \ \boldsymbol{a}\ | = \begin{vmatrix} 1 & 3 & 2 \\ 0 & 7 & -1 \\ 1 & 1 & a \end{vmatrix} = 0 \text{ から } a = \frac{16}{7}$$

116.1 y 軸に平行とは方向ベクトルが $(0,1,0)$ ということ．$x=1, y=\lambda+2, z=-3$

117.1 (i) $x-1=\frac{y+2}{3}=\frac{z-3}{2}$ (ii) $\overrightarrow{\mathrm{AB}}=(2,2,-1), \overrightarrow{\mathrm{CD}}=(-1,-4,-1)$ のなす角を θ とすると $\overrightarrow{\mathrm{AB}}\cdot\overrightarrow{\mathrm{CD}}=\mathrm{AB}\cdot\mathrm{CD}\cos\theta$ から

$$\cos\theta = \frac{-9}{3\sqrt{18}} = -\frac{1}{\sqrt{2}} \qquad \therefore\ \theta = \frac{3\pi}{4} \qquad \text{鋭角にとりかえて}\ \frac{\pi}{4}$$

118.1 $(3,2,-1)=\lambda(4,-2,3)$ となる λ はないので平行ではない．共有点があるとすると
$(3\mu+1, 2\mu+2, -\mu+3)=(4\nu-1, -2\nu+3, 3\nu+2)$ から $\begin{cases} 3\mu - 4\nu + 2\rho = 0 \\ 2\mu + 2\nu - \rho = 0 \\ -\mu - 3\nu + \rho = 0 \end{cases}$ が非
自明解 $(\mu,\nu,1)$ をもつので $|A| = \begin{vmatrix} 3 & -4 & 2 \\ 2 & 2 & -1 \\ -1 & -3 & 1 \end{vmatrix} = 0$ でなければならないが，$|A|=-7$
となるので矛盾．平行ではなく，共有点をもたないので，ねじれの位置にある．
（ρ を使ったことが，もしわかりにくかったら，この連立方程式の μ を x に，ν を y に，ρ を z におきかえてみよ．）

119.1 (i) L_1 上の点 $\mathrm{A}(t,t,t)$ と L_2 上の点 $\mathrm{B}(a+4s, 2a+2s, 3a+s)$ を結ぶ直線が共通垂線であるとすれば，$\overrightarrow{\mathrm{AB}}$ は両直線の方向ベクトル $\boldsymbol{l}_1,\boldsymbol{l}_2$ に垂直である．t,s は次の連立方程式をみたす．

$$\overrightarrow{\mathrm{AB}} \cdot \boldsymbol{l}_1 = 1(a+4s-t) + 1(2a+2s-t) + 1(3a+s-t) = 0$$
$$\overrightarrow{\mathrm{AB}} \cdot \boldsymbol{l}_2 = 4(a+4s-t) + 2(2a+2s-t) + 1(3a+s-t) = 0$$

これから $t = \frac{7}{2}a, s = \frac{9}{14}a$,

$$\mathrm{A}(\tfrac{7}{2}a, \tfrac{7}{2}a, \tfrac{7}{2}a), \quad \overrightarrow{\mathrm{AB}} = (\tfrac{1}{14}a, -\tfrac{3}{14}a, \tfrac{2}{14}a) = \tfrac{1}{14}a(1, -3, 2)$$

直線 AB は $\frac{x-(7/2)a}{1} = \frac{y-(7/2)a}{-3} = \frac{z-(7/2)a}{2}$，距離は $\mathrm{AB} = \frac{|a|}{\sqrt{14}}$

(ii)　求める直線の方向ベクトルを (l, m, n) とすると，$al + bm + cn = 0, ul + vm + wn = 0$. L_1 と L_2 は同一でなく，平行でもないから (a, b, c) は (u, v, w) のスカラー倍ではない．したがって $\begin{vmatrix} b & c \\ v & w \end{vmatrix} = \begin{vmatrix} c & a \\ w & u \end{vmatrix} = \begin{vmatrix} a & b \\ u & v \end{vmatrix} = 0$ でない．$\begin{vmatrix} a & b \\ u & v \end{vmatrix} \fallingdotseq 0$ としてよい．クラメールの公式から $l = \dfrac{\begin{vmatrix} b & c \\ v & w \end{vmatrix}}{\begin{vmatrix} a & b \\ u & v \end{vmatrix}} \cdot n, m = \dfrac{\begin{vmatrix} c & a \\ w & n \end{vmatrix}}{\begin{vmatrix} a & b \\ u & v \end{vmatrix}} \cdot n, n = 0$ とすると $l = m = n = 0$ となり，(l, m, n) が直線の方向ベクトルとなり得ないから $n \fallingdotseq 0$. ゆえに $l = m = n$ が求まり，求める方程式は $\dfrac{x}{\begin{vmatrix} b & c \\ v & w \end{vmatrix}} = \dfrac{y}{\begin{vmatrix} c & a \\ w & u \end{vmatrix}} = \dfrac{z}{\begin{vmatrix} a & b \\ u & v \end{vmatrix}}$

120.1　g の方向ベクトルは，単位ベクトルで $\boldsymbol{l} = \frac{1}{3}(-1, 2, -2)$
$\boldsymbol{p} = (3, -3, 5), \boldsymbol{a}_0 = (2, -3, 3)$ とすると $\boldsymbol{p} - \boldsymbol{a}_0 = (1, 0, 2)$. これらを例題 120(ii)でつくった公式に代入して，$d^2 = \frac{20}{9}, d = \frac{2\sqrt{5}}{3}$

120.2　これも例題(ii)の公式に代入する．
$|\boldsymbol{p} - \boldsymbol{a}_0|^2 = (x_0-a)^2 + (y_0-b)^2 + (z_0-c)^2, (\boldsymbol{p} - \boldsymbol{a}_0) \cdot \boldsymbol{l} = l(x_0-a) + m(y_0-b) + n(z_0-c)$ から $d = \left[\{(x_0-a)^2 + (y_0-b)^2 + (z_0-c)^2\} - \{l(x_0-a) + m(y_0-b) + n(z_0-c)\}^2\right]^{1/2}$

121.1　π 上の点を $\mathrm{P}(x, y, z)$ とすると $\overrightarrow{\mathrm{AP}} = (x-a_1, y-a_2, z-a_3)$

$$\boldsymbol{n} \cdot \overrightarrow{\mathrm{AP}} = 0 \quad \text{から} \quad n_1(x-a_1) + n_2(y-a_2) + n_3(z-a_3) = 0$$

122.1　2 点 $\mathrm{B}(1, 1, 2), \mathrm{C}(2, 1, -1)$ を含み，他に直線上の 1 点 $\mathrm{A}(2, 3, 3)$ を通る平面 $(x-2, y-3, z-3) = \lambda(1, 2, 1) + \mu(0, 2, 4)$ から λ, μ を消去

$$\begin{vmatrix} x-2 & 1 & 0 \\ y-3 & 2 & 2 \\ z-3 & 1 & 4 \end{vmatrix} = 0 \quad \text{から} \quad 3x - 2y + z - 3 = 0$$

122.2　平面 $x - 5y - 7z - 3 = 0$ の法線ベクトルは $\boldsymbol{n} = (1, -5, -7)$. 2 ベクトル $\boldsymbol{l} = (2, a, 1), \boldsymbol{m} = (-1, b, 2)$ がこの平面を張るとは

$$\boldsymbol{l} \cdot \boldsymbol{n} = \boldsymbol{m} \cdot \boldsymbol{n} = 0 \quad \text{かつ} \quad \boldsymbol{l} \fallingdotseq \lambda \boldsymbol{m} \ (\boldsymbol{l}, \boldsymbol{m}\text{が同一直線上にない})$$
$$2 - 5a - 7 = 0, -1 - 5b - 14 = 0, (2, a, 1) \fallingdotseq \lambda(-1, b, 2)$$

前の 2 式から $a = -1, b = -3$. このとき $(2, -1, 1) = \lambda(-1, -3, 2)$ となる λ はないので，これでよい．$a = -1, b = -3$

123.1　(i)　$2(x-1) + (y+1) - 2(z-3) = 0 \qquad \therefore \quad 2x + y - 2z + 5 = 0$
(ii) g_1, g_2 の方向ベクトルはそれぞれ $\boldsymbol{a}_1 = (1, 2, 3), \boldsymbol{a}_2 = (1, -1, 1)$ で，この平面は点 (x_0, y_0, z_0) を通り $\boldsymbol{a}_1, \boldsymbol{a}_2$ で張られるから $(x, y, z) - (x_0, y_0, z_0) = \lambda_1 \boldsymbol{a}_1 + \lambda_2 \boldsymbol{a}_2$ と表わされ，λ_1, λ_2 を消去

して $\begin{vmatrix} x-x_0 & 1 & 1 \\ y-y_0 & 2 & -1 \\ z-z_0 & 3 & 1 \end{vmatrix} = 0 \quad \therefore \quad 5(x-x_0)+2(y-y_0)-3(z-z_0)=0$

(iii) g_1 は $\mathrm{P}(2,-1,-3)$ を通り $\boldsymbol{a}_1=(3,-1,2)$ で張られ，また g_2 は $\boldsymbol{a}_2=(-1,1,3)$ で張られる．この平面は P を通り $\boldsymbol{a}_1, \boldsymbol{a}_2$ で張られるから，(ii)と同様に

$$\begin{vmatrix} x-2 & 3 & -1 \\ y+1 & -1 & 1 \\ z+3 & 2 & 3 \end{vmatrix} = 0 \quad \therefore \quad -5x-11y+2z+5=0$$

4

123.2 $g /\!/ \pi$ とは，g の方向ベクトルが π の法線 l と直交することであるから

$$g /\!/ \pi \Leftrightarrow bm+cn=0, \quad \text{同様に} \quad g /\!/ \sigma \Leftrightarrow a'l+c'n=0$$

π と σ は平行でないときは，この 2 式から，問題 119.1(ii)の解答と同様に

$$l:m:n = \begin{vmatrix} b & c \\ 0 & c' \end{vmatrix} : \begin{vmatrix} c & 0 \\ c' & a' \end{vmatrix} : \begin{vmatrix} 0 & b \\ a' & 0 \end{vmatrix} = bc' : ca' : (-ba')$$

$\pi /\!/ \sigma$ のときは $(0,b,c)$ が $(a',0,c')$ のスカラー倍だから $a'=b=0$．よって $cc' \fallingdotseq 0$，よって $n=0 \quad \therefore \quad l:m:n=\lambda:\mu:0$ (λ,μ は $\lambda=\mu=0$ ではない任意のスカラー)

別解　$g /\!/ \pi$ とは，g の方向ベクトルが π の法線と直交することであるから

$$g /\!/ \pi \Leftrightarrow bm+cn=0, \quad \text{同様に} \quad g /\!/ \sigma \Leftrightarrow a'l+c'n=0$$

π と σ が平行でないとき，$(0,b,c)$ が $(a',0,c')$ のスカラー倍ではないから $a'=b=0$ ではない．$a' \fallingdotseq 0, b \fallingdotseq 0$ のときは $m=\frac{-c}{b}\cdot n, l=\frac{-c'}{a'}\cdot n$

$\therefore \quad l:m:n=\frac{c'}{a'}\cdot n : \frac{c}{b}\cdot n : -n \qquad (l,m,n) \fallingdotseq (0,0,0)$ から，$n \fallingdotseq 0$

$\therefore \quad l:m:n=bc':ca':-ba' \qquad a'=0$ のとき，$b \fallingdotseq 0, c' \fallingdotseq 0, c'n=0$．よって $n=0, m=0$ $\therefore\ l:m:n=\lambda:0:0$ (λ は 0 でない任意のスカラー) $=bc':ca':-ba'$．$b=0$ のとき，$a' \fallingdotseq 0, c \fallingdotseq 0$．よって $n=0, l=0$．よって $l:m:n=0:\lambda:0=bc':ca':-ba'$．$\pi /\!/ \sigma$ のときは，$(0,b,c)$ が $(a',0,c')$ のスカラー倍となるから $a'=b=0, c \fallingdotseq 0, c' \fallingdotseq 0$．よって π と σ は xy 平面に平行か xy 平面と一致するかである．$cn=0, c'n=0$ から $n=0 \quad \therefore\ l:m:n=\lambda:\mu:0$ (λ,μ は $\lambda=\mu=0$ ではない任意のスカラー) このときの g は $\frac{x-x_1}{\lambda}=\frac{y-y'}{\mu}=\frac{z-z'}{0}$ すなわち $\frac{x-x_1}{\lambda}=\frac{y-y_1}{\mu}$ かつ $z=z_1$ であり，平面 $z=z_1$ 上の直線 $\frac{x-x_1}{\lambda}=\frac{y-y_1}{\mu}$ である．

124.1 連立 1 次方程式として解く．(i) 点 $(-3/4, 5/2, 1/4)$

(ii) $x=-4+3\lambda, y=-2+4\lambda, z=\lambda$ が解でこれが交線の媒介変数表示．λ を消去して $(x+4)/3=(y+2)/4=z$ が交線の方程式．

124.2 $A=\begin{bmatrix} a_1 & b_1 & c_1 \\ a_2 & b_2 & c_2 \\ a_3 & b_3 & c_3 \end{bmatrix}, B=\begin{bmatrix} a_1 & b_1 & c_1 & d_1 \\ a_2 & b_2 & c_2 & d_2 \\ a_3 & b_3 & c_3 & d_3 \end{bmatrix}$ とするとき

(i) $\operatorname{rank} A=3\,(|A| \fallingdotseq 0)$ (ii) $\operatorname{rank} A=\operatorname{rank} B=2$ (iii) $\operatorname{rank} A<\operatorname{rank} B$

124.3 交線上の点は連立方程式の解 $x=\frac{2}{3}\lambda+1, y=\frac{5}{3}\lambda-1, z=\lambda$．方向ベクトルは $(\frac{2}{3},\frac{5}{3},1)=\frac{1}{3}(2,5,3)$，単位ベクトルでは $\pm\frac{1}{\sqrt{38}}(2,5,3)$

125.1 (i) $\sqrt{a^2+b^2+c^2}=3\sqrt{5}$ から，ヘッセの標準形は

$$\frac{2}{3\sqrt{5}}x-\frac{5}{3\sqrt{5}}y+\frac{4}{3\sqrt{5}}z=\frac{3}{3\sqrt{5}} \quad \text{から} \quad p=\frac{1}{\sqrt{5}}$$

(ii) 空間内の点 (x,y,z) に対して点 (X,Y,Z) を $X=x-p_1, Y=y-p_2, Z=z-p_3$ によって

定めると，点 $A(p_1, p_2, p_3)$ は原点 O に移り，平面 π は $a(X+p_1)+b(Y+p_2)+c(Z+p_3)+d=0$. すなわち平面 $\Pi : aX+bY+cZ+D=0$ $(D=ap_1+bp_2+cp_3+d)$ に移る．

$$\delta = \frac{|D|}{\sqrt{a^2+b^2+c^2}} = \frac{|ap_1+bp_2+cp_3+d|}{\sqrt{a^2+b^2+c^2}}$$

(iii) $B(a,b,c)$ とすると $\overrightarrow{AB}=(a+3, b-4, c-5)$ で，これは平面に垂直．すなわち $\overrightarrow{AB}$ とベクトル (3, 2, 1) はともに法線ベクトルで $(a+3, b-4, c-5)=\lambda(3,2,1)$. また 2 点 A, B の中点が平面上にあるから $3\cdot\frac{-3+a}{2}+2\cdot\frac{4+b}{2}+\frac{c+5}{2}+1=0$. 以上 4 式から $\lambda=-\frac{5}{7}$ 点 B は $(a,b,c)=(-\frac{36}{7}, \frac{18}{7}, \frac{30}{7})$

126.1 $A(12,11,-6)$ を通り，g に平行な直線と π との交点 B は $B(3\lambda+12, -5\lambda+11, 2\lambda-6)$ で $\lambda=\frac{51}{23}$. 同様に $O'(3\mu, -5\mu, 2\mu)$ で $\mu=28/23$ $\quad\therefore\quad \overrightarrow{O'B}=(15,6,-4)$

126.2 $\boldsymbol{x}=\lambda\boldsymbol{a}_1+\mu\boldsymbol{a}_2$ を求める正射影とすると，垂直条件 $\boldsymbol{a}_1\cdot(\boldsymbol{a}-\boldsymbol{x})=0, \boldsymbol{a}_2\cdot(\boldsymbol{a}-\boldsymbol{x})=0$ から $\begin{cases}\lambda\boldsymbol{a}_1\cdot\boldsymbol{a}_1+\mu\boldsymbol{a}_1\cdot\boldsymbol{a}_2=\boldsymbol{a}_1\cdot\boldsymbol{a}\\ \lambda\boldsymbol{a}_2\cdot\boldsymbol{a}_1+\mu\boldsymbol{a}_2\cdot\boldsymbol{a}_2=\boldsymbol{a}_2\cdot\boldsymbol{a}\end{cases}$ $\therefore$ $\begin{cases}11\lambda-6\mu=-17\\ -6\lambda+30\mu=29\end{cases}$ $\therefore\quad \lambda=-\frac{8}{7},\ \mu=\frac{31}{42}$
$\therefore\quad x=(\frac{2}{6}, \frac{29}{6}, -\frac{25}{6})$

127.1 (i) $S=\frac{1}{2}|\boldsymbol{b}||\boldsymbol{c}|\sin\theta$ から $(2S)^2=|\boldsymbol{b}|^2|\boldsymbol{c}|^2\sin^2\theta$. 内積の定義から $\cos\theta=\frac{\boldsymbol{b}\cdot\boldsymbol{c}}{|\boldsymbol{b}||\boldsymbol{c}|}$ だから $\sin^2\theta=1-\cos^2\theta=\frac{|\boldsymbol{b}|^2|\boldsymbol{c}|^2-(\boldsymbol{b}\cdot\boldsymbol{c})^2}{|\boldsymbol{b}|^2|\boldsymbol{c}|^2}$. 分子がグラム行列式である (ii) $|\boldsymbol{b}|^2=b_1^2+b_2^2, |\boldsymbol{c}|^2=c_1^2+c_2^2, \boldsymbol{b}\cdot\boldsymbol{c}=b_1c_1+b_2c_2$ から，(i)の分子は $(b_1c_2-b_2c_1)^2=\begin{vmatrix}b_1 & b_2\\ c_1 & c_2\end{vmatrix}^2$ となる．

127.2 AB, AD を x 軸, y 軸とする直交座標系に関して，$A(0,0)$, $B(a,0)$, $C(a,b)$, $D(0,b)$, $P(ma/(m+n),0)$, $Q(a, mb/(m+n))$, $\overrightarrow{PD}=(-ma/(m+n), b)$, $\overrightarrow{AQ}=(a, mb/(m+n))$
$\therefore$ PD, BR, AQ, SC の方程式は次のようになる．PD : $-\frac{(m+n)x}{ma}=\frac{y-b}{b}$, BR : $-\frac{(m+n)(x-a)}{ma}=\frac{y}{b}$, AQ : $\frac{x}{a}=\frac{(m+n)y}{mb}$, SC : $\frac{x-a}{a}=\frac{(m+n)(y-b)}{mb}$. したがって，$d=m^2+(m+n)^2$ とおくとき，PD と AQ の交点は $E(\frac{m(m+n)}{d}a, \frac{m^2}{d}b)$, BR と AQ の交点は $F(\frac{(m+n)^2}{d}a, \frac{m(m+n)}{d}b)$, PD と SC の交点は $G(\frac{m^2}{d}a, \frac{d-m(m+n)}{d}b)$ $\quad\therefore\quad \overrightarrow{EF}=(\frac{(m+n)n}{d}a, \frac{mn}{d}b), \overrightarrow{EG}=(\frac{-mn}{d}a, \frac{(m+n)n}{d}b)$. したがって，問題 127.1(ii)より $S=2\triangle EFG=\pm\left|{}^t[\overrightarrow{EF}\ \overrightarrow{EG}]\right|=n^2ab/d$

129.1 (i) $\boldsymbol{a}\times\boldsymbol{a}$ の大きさは 0
(ii) $\boldsymbol{a}+\boldsymbol{b}+\boldsymbol{c}=\boldsymbol{0}$ から $\boldsymbol{a}\times\boldsymbol{b}=(-\boldsymbol{b}-\boldsymbol{c})\times\boldsymbol{b}=-\boldsymbol{c}\times\boldsymbol{b}=\boldsymbol{b}\times\boldsymbol{c}, \boldsymbol{c}\times\boldsymbol{a}$ も同様．

130.1 (i) $\boldsymbol{a}\times\boldsymbol{b}=\begin{vmatrix}\boldsymbol{e}_1 & \boldsymbol{e}_2 & \boldsymbol{e}_3\\ 2 & 1 & 3\\ -1 & 2 & -1\end{vmatrix}=\left(\begin{vmatrix}1 & 3\\ 2 & -1\end{vmatrix}, -\begin{vmatrix}2 & 3\\ -1 & -1\end{vmatrix}, \begin{vmatrix}2 & 1\\ -1 & 2\end{vmatrix}\right)=(-7,-1,5)$, $|\boldsymbol{a}\times\boldsymbol{b}|=5\sqrt{3}$, $\boldsymbol{a}\times\boldsymbol{b}/|\boldsymbol{a}\times\boldsymbol{b}|=(-\frac{7}{5\sqrt{3}}, -\frac{1}{5\sqrt{3}}, \frac{1}{\sqrt{3}})$ (ii) $(\boldsymbol{a}\times\boldsymbol{b})\times\boldsymbol{c}=\begin{vmatrix}\boldsymbol{e}_1 & \boldsymbol{e}_2 & \boldsymbol{e}_3\\ -7 & -1 & 5\\ 0 & 2 & 1\end{vmatrix}=(-11,7,-14)$ (iii) $\boldsymbol{b}\times\boldsymbol{c}=(4,1,-2), \boldsymbol{a}\times(\boldsymbol{b}\times\boldsymbol{c})=(-5,16,-2)$

130.2 (i) $\boldsymbol{a}=(a_1,a_2,a_3), \boldsymbol{b}=(b_1,b_2,b_3), \boldsymbol{c}=(c_1,c_2,c_3)$ として左辺を成分で表わし，それを変形して右辺に等しい形に導く． (ii) も同様． (iii) $(\boldsymbol{a}\times\boldsymbol{b})\times\boldsymbol{c}=(\boldsymbol{a}\cdot\boldsymbol{c})\boldsymbol{b}-(\boldsymbol{b}\cdot\boldsymbol{c})\boldsymbol{a}, (\boldsymbol{b}\times\boldsymbol{c})\times\boldsymbol{a}=(\boldsymbol{b}\cdot\boldsymbol{a})\boldsymbol{c}-(\boldsymbol{c}\cdot\boldsymbol{a})\boldsymbol{b}, (\boldsymbol{c}\times\boldsymbol{a})\times\boldsymbol{b}=(\boldsymbol{c}\cdot\boldsymbol{b})\boldsymbol{a}-(\boldsymbol{a}\cdot\boldsymbol{b})\boldsymbol{c}$. これらの 3 式を辺々相加えると求める等式が得られる．

131.1 $P=\overrightarrow{OP}$ とすると，g の式から g は P を通り $\boldsymbol{a}$ で張られる直線であることが導かれる．$\boldsymbol{a}$ と $\overrightarrow{PQ}=\boldsymbol{q}-\boldsymbol{p}$ で張られる平行四辺形の面積 s は $s=|(\boldsymbol{q}-\boldsymbol{p})\times\boldsymbol{a}|$. 一方

$s = |\boldsymbol{a}|d \quad \therefore\ d = |(\boldsymbol{q}-\boldsymbol{p})\times\boldsymbol{a}|/|\boldsymbol{a}|$

131.2 $\boldsymbol{a},\boldsymbol{b},\boldsymbol{c}$ が同一平面上にあるとする．どれか 1 つが $\boldsymbol{0}$ ならば行列式は 0．$\boldsymbol{a}\neq\boldsymbol{0},\boldsymbol{b}\neq\boldsymbol{0}$ ならば $\boldsymbol{c}=\lambda\boldsymbol{a}+\mu\boldsymbol{b}$ と書けて，行列式は

$$\begin{vmatrix} \boldsymbol{a}\cdot\boldsymbol{a} & \boldsymbol{a}\cdot\boldsymbol{b} & \lambda\boldsymbol{a}\cdot\boldsymbol{a}+\mu\boldsymbol{a}\cdot\boldsymbol{b} \\ \boldsymbol{b}\cdot\boldsymbol{a} & \boldsymbol{b}\cdot\boldsymbol{b} & \lambda\boldsymbol{b}\cdot\boldsymbol{a}+\mu\boldsymbol{b}\cdot\boldsymbol{b} \\ \boldsymbol{c}\cdot\boldsymbol{a} & \boldsymbol{c}\cdot\boldsymbol{b} & \lambda\boldsymbol{c}\cdot\boldsymbol{a}+\mu\boldsymbol{c}\cdot\boldsymbol{b} \end{vmatrix} = \begin{vmatrix} \boldsymbol{a}\cdot\boldsymbol{a} & \boldsymbol{a}\cdot\boldsymbol{b} & 0 \\ \boldsymbol{b}\cdot\boldsymbol{a} & \boldsymbol{b}\cdot\boldsymbol{b} & 0 \\ \boldsymbol{c}\cdot\boldsymbol{a} & \boldsymbol{c}\cdot\boldsymbol{b} & 0 \end{vmatrix} = 0$$

逆に行列式が 0 ならば，同次連立方程式 $\begin{cases} \boldsymbol{a}\cdot(x\boldsymbol{a}+y\boldsymbol{b}+z\boldsymbol{c})=0 \cdots ① \\ \boldsymbol{b}\cdot(x\boldsymbol{a}+y\boldsymbol{b}+z\boldsymbol{c})=0 \cdots ② \\ \boldsymbol{c}\cdot(x\boldsymbol{a}+y\boldsymbol{b}+z\boldsymbol{c})=0 \cdots ③ \end{cases}$ は非自明な解 x,y,z をもち，$x\times①+y\times②+z\times③$ より，$(x\boldsymbol{a}+y\boldsymbol{b}+z\boldsymbol{c})\cdot(x\boldsymbol{a}+y\boldsymbol{b}+z\boldsymbol{c})=0$．したがって $|x\boldsymbol{a}+y\boldsymbol{b}+z\boldsymbol{c}|^2=0$．よって $x\boldsymbol{a}+y\boldsymbol{b}+z\boldsymbol{c}=\boldsymbol{0}$ となり，x,y,z のどれか 1 つは 0 でないから，$\boldsymbol{a},\boldsymbol{b},\boldsymbol{c}$ は同一平面上（例題 114(i)の結果を用いてもよい）．

132.1 2 直線をそれぞれ g_1,g_2 とする．g_1 は $\mathrm{P}_1(1,2,0)$ を通り $\boldsymbol{d}_1=(2,3,4)$ で張られる．g_2 は $\mathrm{P}_2(0,0,0)$ を通り $\boldsymbol{d}_2=(1,1,1)$ で張られる．$\boldsymbol{p}_1-\boldsymbol{p}_2=(1,2,0)$，定理 5 より $\boldsymbol{d}_1\times\boldsymbol{d}_2=(-1,2,-1) \quad \therefore\ (\boldsymbol{p}_1-\boldsymbol{p}_2,\boldsymbol{d}_1,\boldsymbol{d}_2)=(\boldsymbol{p}_1-\boldsymbol{p}_2)\cdot(\boldsymbol{d}_1\times\boldsymbol{d}_2)=3$
$\therefore\ d=|(\boldsymbol{p}_1-\boldsymbol{p}_2,\boldsymbol{d}_1,\boldsymbol{d}_2)|/|\boldsymbol{d}_1\times\boldsymbol{d}_2|=3/\sqrt{6}$

132.2 $\boldsymbol{a}_1/\!/\boldsymbol{a}_2$ でないから点 Q を通り $\boldsymbol{a}_1,\boldsymbol{a}_2$ で張られる 3 平面 π がある．P と $\boldsymbol{a}_1$ で張られる直線を g_1，Q と $\boldsymbol{a}_2$ で張られる直線を g_2 とする．g_2 は π に含まれ，$\boldsymbol{a}_1/\!/\pi$ だから，g_1,g_2 の共通垂線の足を $\mathrm{H}_1,\mathrm{H}_2$ とするとき，P と π の距離 $d=\mathrm{H}_1\mathrm{H}_2$．例題 132 の式にあてはめる．定理 5 より $\boldsymbol{a}_1\times\boldsymbol{a}_2=(-1,-5,3) \quad \therefore\ |\boldsymbol{a}_1\times\boldsymbol{a}_2|=\sqrt{35}$．$(\overrightarrow{\mathrm{PQ}},\boldsymbol{a}_1,\boldsymbol{a}_2)=\overrightarrow{\mathrm{PQ}}\cdot(\boldsymbol{a}_1\times\boldsymbol{a}_2)=-7$
$\therefore\quad d=\mathrm{H}_1\mathrm{H}_2=\frac{|(\overrightarrow{\mathrm{PQ}},\boldsymbol{a}_1,\boldsymbol{a}_2)|}{|\boldsymbol{a}_1\times\boldsymbol{a}_2|}=\frac{7}{\sqrt{35}}$

133.1 (i) $\boldsymbol{a}\times\boldsymbol{b}=\boldsymbol{x}$ とおく．左辺は $\boldsymbol{x}\cdot(\boldsymbol{c}\times\boldsymbol{d})=\boldsymbol{d}\cdot(\boldsymbol{x}\times\boldsymbol{c})=(\boldsymbol{x}\times\boldsymbol{c})\cdot\boldsymbol{d}=((\boldsymbol{a}\times\boldsymbol{b})\times\boldsymbol{c})\cdot\boldsymbol{d}=((\boldsymbol{a}\cdot\boldsymbol{c})\boldsymbol{b}-(\boldsymbol{b}\cdot\boldsymbol{c})\boldsymbol{a})\cdot\boldsymbol{d}=$ 右辺（問題 130.2(ii)より） (ii) $\boldsymbol{a}\times\boldsymbol{b}=\boldsymbol{x}$ とおく．
左辺 $=\boldsymbol{x}\times(\boldsymbol{c}\times\boldsymbol{d})=(\boldsymbol{x}\cdot\boldsymbol{d})\boldsymbol{c}-(\boldsymbol{x}\cdot\boldsymbol{c})\boldsymbol{d}=((\boldsymbol{a}\times\boldsymbol{b})\cdot\boldsymbol{d})\boldsymbol{c}-((\boldsymbol{a}\times\boldsymbol{b})\cdot\boldsymbol{c})\boldsymbol{d}=(\boldsymbol{a},\boldsymbol{b},\boldsymbol{d})\boldsymbol{c}-(\boldsymbol{a},\boldsymbol{b},\boldsymbol{c})\boldsymbol{d}$，$\boldsymbol{c}\times\boldsymbol{d}=\boldsymbol{y}$ とおく．左辺 $=(\boldsymbol{a}\times\boldsymbol{b})\times\boldsymbol{y}=(\boldsymbol{a}\cdot\boldsymbol{y})\boldsymbol{b}-(\boldsymbol{b}\cdot\boldsymbol{y})\boldsymbol{a}=(\boldsymbol{a}\cdot(\boldsymbol{c}\times\boldsymbol{d}))\boldsymbol{b}-(\boldsymbol{b}\cdot(\boldsymbol{c}\times\boldsymbol{d}))\boldsymbol{a}=(\boldsymbol{a},\boldsymbol{c},\boldsymbol{d})\boldsymbol{b}-(\boldsymbol{b},\boldsymbol{c},\boldsymbol{d})\boldsymbol{a}$

133.2 $\boldsymbol{a}=(a_1,a_2,a_3),\boldsymbol{b}\times\boldsymbol{c}=\left(\begin{vmatrix} b_2 & b_3 \\ c_2 & c_3 \end{vmatrix},\begin{vmatrix} b_3 & b_1 \\ c_3 & c_1 \end{vmatrix},\begin{vmatrix} b_1 & b_2 \\ c_1 & c_2 \end{vmatrix}\right)$ の内積をつくり

$$(\boldsymbol{a},\boldsymbol{b},\boldsymbol{c})=\boldsymbol{a}\cdot(\boldsymbol{b}\times\boldsymbol{c})=a_1\begin{vmatrix} b_2 & b_3 \\ c_2 & c_3 \end{vmatrix}-a_2\begin{vmatrix} b_1 & b_3 \\ c_1 & c_3 \end{vmatrix}+a_3\begin{vmatrix} b_1 & b_2 \\ c_1 & c_2 \end{vmatrix}=\begin{vmatrix} a_1 & a_2 & a_3 \\ b_1 & b_2 & b_3 \\ c_1 & c_2 & c_3 \end{vmatrix}$$

133.3 $v^2=(\boldsymbol{a},\boldsymbol{b},\boldsymbol{c})^2=(|\boldsymbol{a}||\boldsymbol{b}\times\boldsymbol{c}|\cos\theta)^2$ （θ は $\boldsymbol{a}$ と $\boldsymbol{b}\times\boldsymbol{c}$ のなす角）
$=(|\boldsymbol{a}||\boldsymbol{b}\times\boldsymbol{c}|)^2-(|\boldsymbol{a}||\boldsymbol{b}\times\boldsymbol{c}|\sin\theta)^2=|\boldsymbol{a}|^2|\boldsymbol{b}\times\boldsymbol{c}|^2-|\boldsymbol{a}\times(\boldsymbol{b}\times\boldsymbol{c})|^2=|\boldsymbol{a}|^2|\boldsymbol{b}\times\boldsymbol{c}|^2$
$-|(\boldsymbol{a}\cdot\boldsymbol{c})\boldsymbol{b}-(\boldsymbol{a}\cdot\boldsymbol{b})\boldsymbol{c}|^2=\boldsymbol{a}\cdot\boldsymbol{a}\{(\boldsymbol{b}\cdot\boldsymbol{b})(\boldsymbol{c}\cdot\boldsymbol{c})-(\boldsymbol{b}\cdot\boldsymbol{c})^2\}-\{(\boldsymbol{a}\cdot\boldsymbol{c})^2(\boldsymbol{b}\cdot\boldsymbol{b})-2(\boldsymbol{a}\cdot\boldsymbol{c})\cdot$
$(\boldsymbol{a}\cdot\boldsymbol{b})(\boldsymbol{b}\cdot\boldsymbol{c})+(\boldsymbol{a}\cdot\boldsymbol{b})^2(\boldsymbol{c}\cdot\boldsymbol{c})\}=\boldsymbol{a}\cdot\boldsymbol{a}\begin{vmatrix} \boldsymbol{b}\cdot\boldsymbol{b} & \boldsymbol{b}\cdot\boldsymbol{c} \\ \boldsymbol{c}\cdot\boldsymbol{b} & \boldsymbol{c}\cdot\boldsymbol{c} \end{vmatrix}-\boldsymbol{a}\cdot\boldsymbol{b}\begin{vmatrix} \boldsymbol{b}\cdot\boldsymbol{a} & \boldsymbol{b}\cdot\boldsymbol{c} \\ \boldsymbol{c}\cdot\boldsymbol{a} & \boldsymbol{c}\cdot\boldsymbol{c} \end{vmatrix}+(\boldsymbol{a}\cdot\boldsymbol{c})\begin{vmatrix} \boldsymbol{b}\cdot\boldsymbol{a} & \boldsymbol{b}\cdot\boldsymbol{b} \\ \boldsymbol{c}\cdot\boldsymbol{a} & \boldsymbol{c}\cdot\boldsymbol{b} \end{vmatrix}=$ 右辺
$V=\triangle\mathrm{OBC}\times|\boldsymbol{a}|\cos\theta/3=|\boldsymbol{b}\times\boldsymbol{c}|\div 2\times|\boldsymbol{a}|\cos\theta\div 3=v/6$

134.1 $\boldsymbol{a}_1=(a/2,a/2,0),\boldsymbol{a}_2=(a/2,0,a/2),\boldsymbol{a}_3=(0,a/2,a/2)$
$\therefore\ (\boldsymbol{a}_1,\boldsymbol{a}_2,\boldsymbol{a}_3)=|\,{}^t\boldsymbol{a}_1\ \ {}^t\boldsymbol{a}_2\ \ {}^t\boldsymbol{a}_3\,|=-a^3/4$．$\boldsymbol{a}_2\times\boldsymbol{a}_3=(-a^2/4,-a^2/4,a^2/4)$
$\boldsymbol{a}_3\times\boldsymbol{a}_1=(-a^2/4,a^2/4,-a^2/4)$，$\boldsymbol{a}_1\times\boldsymbol{a}_2=(a^2/4,-a^2/4,-a^2/4)$
$\therefore\ \boldsymbol{b}_1=\boldsymbol{a}_2\times\boldsymbol{a}_3/(\boldsymbol{a}_1,\boldsymbol{a}_2,\boldsymbol{a}_3)=(1/a,1/a,-1/a)$,

$\boldsymbol{b}_2 = \boldsymbol{a}_3 \times \boldsymbol{a}_1/(\boldsymbol{a}_1, \boldsymbol{a}_2, \boldsymbol{a}_3) = (1/a, -1/a, 1/a)$, $\boldsymbol{b}_3 = \boldsymbol{a}_1 \times \boldsymbol{a}_2/(\boldsymbol{a}_1, \boldsymbol{a}_2, \boldsymbol{a}_3) = (-1/a, 1/a, 1/a)$

134.2 立方体の相隣る 3 辺を $\boldsymbol{a}, \boldsymbol{b}, \boldsymbol{c}$ とする．直線 $\boldsymbol{x} = \lambda\boldsymbol{a}$ と $\boldsymbol{x} = \boldsymbol{c} + \mu(\boldsymbol{a} + \boldsymbol{b} - \boldsymbol{c})$ の距離 $d_1 = |(-\boldsymbol{c}, \boldsymbol{a}, \boldsymbol{a} + \boldsymbol{b} - \boldsymbol{c})|/|\boldsymbol{a} \times (\boldsymbol{a} + \boldsymbol{b} - \boldsymbol{c})|$ が求めるもの．分子 $= |(-\boldsymbol{c}, \boldsymbol{a}, \boldsymbol{b})| = |(\boldsymbol{a}, \boldsymbol{b}, \boldsymbol{c})|$ $= a^3$, $(\text{分母})^2 = |\boldsymbol{a} \times \boldsymbol{b} - \boldsymbol{a} \times \boldsymbol{c}|^2 = |\boldsymbol{a} \times \boldsymbol{b}|^2 + |\boldsymbol{a} \times \boldsymbol{c}|^2 = 2a^4$ ($\because$ $\boldsymbol{a}\times\boldsymbol{b} \perp \boldsymbol{a}\times\boldsymbol{c}$) $\therefore$ $d_1 = a/\sqrt{2}$. 直方体の相隣る 3 辺を $\boldsymbol{a}, \boldsymbol{b}, \boldsymbol{c}$, $|\boldsymbol{a}| = a, |\boldsymbol{b}| = b, |\boldsymbol{c}| = c$ とする．直線 $\boldsymbol{x} = \lambda(\boldsymbol{a}+\boldsymbol{b})$ と $\boldsymbol{x} = \boldsymbol{a}+\mu(-\boldsymbol{a}+\boldsymbol{b}+\boldsymbol{c})$ との距離 $d_2 = |(-\boldsymbol{a}, \boldsymbol{a}+\boldsymbol{b}, -\boldsymbol{a}+\boldsymbol{b}+\boldsymbol{c})|/|(\boldsymbol{a}+\boldsymbol{b})\times(-\boldsymbol{a}+\boldsymbol{b}+\boldsymbol{c})|$ が求めるもの．上と同様にこれを計算すると $d_2 = abc/\sqrt{4a^2b^2 + c^2(a^2 + b^2)}$. よって四面体の体積 $v/6$ は一定.

135.1 $\overrightarrow{\mathrm{OA}} = \boldsymbol{a}, \overrightarrow{\mathrm{OB}} = \boldsymbol{b}, \overrightarrow{\mathrm{OC}} = \boldsymbol{c}$ のグラム行列式を $|G|$ とすると

$$(6V)^2 = |G| = \begin{vmatrix} a^2 & ab\cos\gamma & ac\cos\beta \\ ab\cos\gamma & b^2 & bc\cos\alpha \\ ac\cos\beta & bc\cos\alpha & c^2 \end{vmatrix}$$

$$= (abc)\begin{vmatrix} a & b\cos\gamma & c\cos\beta \\ a\cos\gamma & b & c\cos\alpha \\ a\cos\beta & b\cos\alpha & c \end{vmatrix} = (abc)^2\begin{vmatrix} 1 & \cos\gamma & \cos\beta \\ \cos\gamma & 1 & \cos\alpha \\ \cos\beta & \cos\alpha & 1 \end{vmatrix}$$

135.2 $\overrightarrow{\mathrm{AB}}$ と同じ向きの g の単位方向ベクトルを $\boldsymbol{d}_1$，$\overrightarrow{\mathrm{CD}}$ と同じ向きの h の単位方向ベクトルを $\boldsymbol{d}_2, g : \boldsymbol{x} = \boldsymbol{p} + \lambda\boldsymbol{d}_1, h : \boldsymbol{x} = \boldsymbol{q} + \mu\boldsymbol{d}_2$ （$\boldsymbol{p}, \boldsymbol{q}$ は，g 上の点 P，h 上の点 Q に対するそれぞれの位置ベクトル）とする．A, B, C, D の位置ベクトルはそれぞれ $\boldsymbol{a} = \boldsymbol{p} + \lambda\boldsymbol{d}_1, \boldsymbol{b} = \boldsymbol{p} + (\lambda + a)\boldsymbol{d}_1, \boldsymbol{c} = \boldsymbol{q} + \mu\boldsymbol{d}_2, \boldsymbol{d} = \boldsymbol{q} + (\mu + b)\boldsymbol{d}_2$ $\therefore$ AB, AC, AD を相隣る 3 辺にもつ平行六面体の体積 $v = |(\boldsymbol{b} - \boldsymbol{a}, \boldsymbol{c} - \boldsymbol{a}, \boldsymbol{d} - \boldsymbol{a})| = |(a\boldsymbol{d}_1, \boldsymbol{q} - \boldsymbol{p}, b\boldsymbol{d}_2)|$. これは λ, μ を含まず一定である．よって四面体の体積 $v/6$ は一定.

◆ 第 4 章の発展問題解答 (13～17)

12. （古典幾何の定理にベクトル代数で挑む） O を始点とする $\mathrm{A, B, C}, \cdots$ の位置ベクトルを $\boldsymbol{a}, \boldsymbol{b}, \boldsymbol{c}, \cdots$ で $\mathrm{A', B', C'}$ の位置ベクトルを $\boldsymbol{a}', \boldsymbol{b}', \boldsymbol{c}'$ で表わす．$\mathrm{O, A, A'}$ および $\mathrm{O, B, B'}$ および $\mathrm{O, C, C'}$ がそれぞれ同一線上にあるから，$\lambda\boldsymbol{a} + \lambda'\boldsymbol{a}' = \mu\boldsymbol{b} + \mu'\boldsymbol{b}' = \nu\boldsymbol{c} + \nu'\boldsymbol{c}' = \boldsymbol{0}, \lambda + \lambda' = \mu + \mu' = \nu + \nu' = 1$ のように書ける（$\because$ 問題 113.1）．したがって

$$\lambda\boldsymbol{a} - \mu\boldsymbol{b} = -\lambda'\boldsymbol{a}' + \mu'\boldsymbol{b}' \qquad \cdots①$$

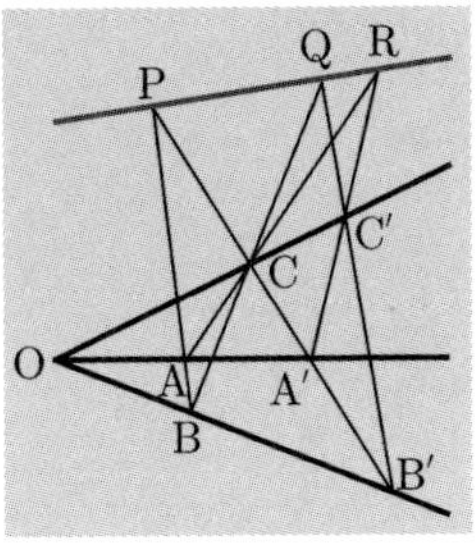

ここに $\lambda - \mu = \mu' - \lambda'$. $\lambda = \mu$ とすると $\lambda' = \mu'$ だから $\lambda(\boldsymbol{a} - \boldsymbol{b}) = -\lambda'(\boldsymbol{a}' - \boldsymbol{b}')$. これは仮定 $\mathrm{AB} \not\parallel \mathrm{A'B'}$ に反する．

$$\therefore \quad \lambda - \mu = \mu' - \lambda' \fallingdotseq 0$$

① の両辺に $\frac{1}{\lambda-\mu} = \frac{1}{\mu'-\lambda'}$ をかけると $\frac{\lambda}{\lambda-\mu}\boldsymbol{a} - \frac{\mu}{\lambda-\mu}\boldsymbol{b} = \frac{-\lambda'}{\mu'-\lambda'}\boldsymbol{a}' + \frac{\mu'}{\mu'-\lambda'}\boldsymbol{b}'$. 係数の和が 1 だから，左辺は直線 AB 上の点の位置ベクトル，右辺は直線 A′B′ 上の点の位置ベクトルであり，したがってこれは AB, A′B′ の交点 P の位置ベクトルである．

$$\therefore \quad \boldsymbol{p} = \tfrac{\lambda}{\lambda-\mu}\boldsymbol{a} - \tfrac{\mu}{\lambda-\mu}\boldsymbol{b}$$

同様にして

$$\boldsymbol{q} = \tfrac{\mu}{\mu-\nu}\boldsymbol{b} - \tfrac{\nu}{\mu-\nu}\boldsymbol{c}, \quad \boldsymbol{r} = \tfrac{\mu}{\nu-\lambda}\boldsymbol{c} - \tfrac{\lambda}{\nu-\lambda}\boldsymbol{a}$$

$\therefore \quad (\lambda - \mu)\boldsymbol{p} + (\mu - \nu)\boldsymbol{q} + (\nu + \lambda)\boldsymbol{r} = \boldsymbol{0} \quad \therefore \quad \boldsymbol{p} = \frac{\nu-\mu}{\lambda-\mu}\boldsymbol{q} + \frac{\lambda-\nu}{\lambda-\mu}\boldsymbol{r}$ でこの係数の和は 1 だか

ら，P, Q, R は同一線上にある．

13. （立体幾何にベクトル代数で挑む） (i) 四面体を OABC, $\overrightarrow{\mathrm{OA}}=\boldsymbol{a}, \overrightarrow{\mathrm{OB}}=\boldsymbol{b}, \overrightarrow{\mathrm{OC}}=\boldsymbol{c}$ とする．1 組の対辺 OA, BC の中点をそれぞれ P, S とし，また他の 1 組の対辺 OB, CA の中点をそれぞれ Q, T とする．

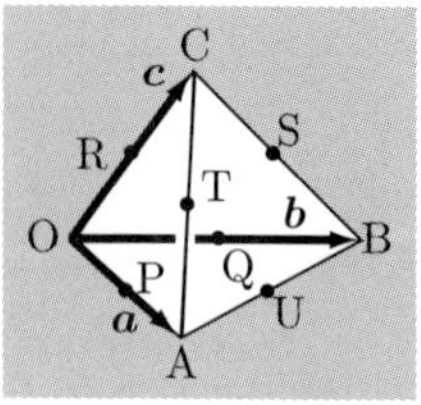

$\overrightarrow{\mathrm{OP}}=\boldsymbol{a}/2, \overrightarrow{\mathrm{PS}}=\overrightarrow{\mathrm{OS}}-\overrightarrow{\mathrm{OP}}=(\boldsymbol{b}+\boldsymbol{c})/2-\boldsymbol{a}/2$

∴ 直線 PS のベクトル方程式は $\boldsymbol{x}=\frac{\boldsymbol{a}}{2}+\lambda(\frac{\boldsymbol{b}+\boldsymbol{c}-\boldsymbol{a}}{2})$ ⋯①

同様にして，直線 QT のベクトル方程式は

$\boldsymbol{x}=\frac{\boldsymbol{b}}{2}+\mu(\frac{\boldsymbol{c}+\boldsymbol{a}-\boldsymbol{b}}{2})$ ⋯②

①, ②の右辺を等しいとおいて整頓すると

$(1-\lambda-\mu)\boldsymbol{a}-(1-\lambda-\mu)\boldsymbol{b}+(\lambda-\mu)\boldsymbol{c}=\boldsymbol{0}$ となるが，

$\boldsymbol{a}, \boldsymbol{b}, \boldsymbol{c}$ は線形独立だから $1-\lambda-\mu=0, \lambda-\mu=0$ ∴ $\lambda=\mu=1/2$ ∴ ① において $\lambda=1/2$ とおいて得られるベクトルを $\boldsymbol{h}=\overrightarrow{\mathrm{OH}}$ とするとき，

$\boldsymbol{h}=(\boldsymbol{a}+\boldsymbol{b}+\boldsymbol{c})/4$ で，2 中線 PS, QT は点 H で交わることがわかる．また $\boldsymbol{h}$ は $\boldsymbol{a}, \boldsymbol{b}, \boldsymbol{c}$ に関して対称であるから，結果は 2 中線の選び方に無関係である．したがって H が求める 3 中線の交点である．

(ii) 四面体を OABC, $\overrightarrow{\mathrm{OA}}=\boldsymbol{a}, \overrightarrow{\mathrm{OB}}=\boldsymbol{b}, \overrightarrow{\mathrm{OC}}=\boldsymbol{c}$ とする．$\boldsymbol{x}=\overrightarrow{\mathrm{OX}}$ とするとき $|\boldsymbol{x}|=|\boldsymbol{x}-\boldsymbol{a}| \Leftrightarrow \boldsymbol{a}\cdot\boldsymbol{x}=|\boldsymbol{a}|^2/2$. $\boldsymbol{a}$ の代りに $\boldsymbol{b}, \boldsymbol{c}$ をとっても同様． ∴ X が 4 頂点より等距離にあるための条件 $|\boldsymbol{x}|=|\boldsymbol{x}-\boldsymbol{a}|=|\boldsymbol{x}-\boldsymbol{b}|=|\boldsymbol{x}-\boldsymbol{c}|$ は，$\boldsymbol{a}\cdot\boldsymbol{x}=|\boldsymbol{a}|^2/2, \boldsymbol{b}\cdot\boldsymbol{x}=|\boldsymbol{b}|^2/2, \boldsymbol{c}\cdot\boldsymbol{x}=|\boldsymbol{c}|^2/2$. $\boldsymbol{a}, \boldsymbol{b}, \boldsymbol{c}$ が線形独立だから，これらの等式を成分で表わしてみると，このような $\boldsymbol{x}$ はただ 1 つ存在することがわかる．

14. （図形と計量はベクトルの得手技（えてわざ）） 相隣る 3 辺のベクトルを $\boldsymbol{a}, \boldsymbol{b}, \boldsymbol{c}$ とし，$|\boldsymbol{a}|=a$ とする．

(i) なす角 θ は $\boldsymbol{c}$ と $\boldsymbol{a}+\boldsymbol{b}$ のなす角だから $\cos\theta=\frac{\boldsymbol{c}\cdot(\boldsymbol{a}+\boldsymbol{b})}{|\boldsymbol{c}||\boldsymbol{a}+\boldsymbol{b}|}$. ここで $\boldsymbol{a}\cdot\boldsymbol{b}=\boldsymbol{b}\cdot\boldsymbol{c}=\boldsymbol{c}\cdot\boldsymbol{a}=\frac{a^2}{2}$ だから $\cos\theta=\frac{1}{\sqrt{3}}$

(ii) $\boldsymbol{n}=\boldsymbol{c}-(\boldsymbol{a}+\boldsymbol{b})/3, \boldsymbol{m}=\boldsymbol{b}-(\boldsymbol{c}+\boldsymbol{a})/3$ はそれぞれ $\boldsymbol{a}, \boldsymbol{b}$ を含む面，$\boldsymbol{c}, \boldsymbol{a}$ を含む面の法線ベクトルであり，$\boldsymbol{n}\cdot\boldsymbol{m}=-2a^2/9$, $|\boldsymbol{n}|^2=|\boldsymbol{m}|^2=2a^2/3$ ∴ なす角の余弦 $=-1/3$

15. （これも図形と計量で内積の出番） 直交座標系について考えれば，空間ベクトル全体を $\mathbb{R}^3$ とみなしてよい．

$\boldsymbol{a}=(a_1, a_2, a_3), \boldsymbol{b}=(b_1, b_2, b_3)$ とすると問題 127.1(i)より

$$
\begin{aligned}
S^2 &= \begin{vmatrix} \boldsymbol{a}\cdot\boldsymbol{a} & \boldsymbol{a}\cdot\boldsymbol{b} \\ \boldsymbol{b}\cdot\boldsymbol{a} & \boldsymbol{b}\cdot\boldsymbol{b} \end{vmatrix} = \begin{vmatrix} a_1^2+a_2^2+a_3^2 & a_1b_1+a_2b_2+a_3b_3 \\ b_1a_1+b_2a_2+b_3a_3 & b_1^2+b_2^2+b_3^2 \end{vmatrix} \\
&= \begin{vmatrix} a_1 & a_1 \\ b_1 & b_1 \end{vmatrix} a_1b_1 + \begin{vmatrix} a_1 & a_2 \\ b_1 & b_2 \end{vmatrix} a_1b_2 + \begin{vmatrix} a_1 & a_3 \\ b_1 & b_3 \end{vmatrix} a_1b_3 \\
&\quad + \begin{vmatrix} a_2 & a_1 \\ b_2 & b_1 \end{vmatrix} a_2b_1 + \begin{vmatrix} a_2 & a_2 \\ b_2 & b_2 \end{vmatrix} a_2b_2 + \begin{vmatrix} a_2 & a_3 \\ b_2 & b_3 \end{vmatrix} a_2b_3 \\
&\quad + \begin{vmatrix} a_3 & a_1 \\ b_3 & b_1 \end{vmatrix} a_3b_1 + \begin{vmatrix} a_3 & a_2 \\ b_3 & b_2 \end{vmatrix} a_3b_2 + \begin{vmatrix} a_3 & a_3 \\ b_3 & b_3 \end{vmatrix} a_3b_3 \\
&= \begin{vmatrix} a_1 & a_2 \\ b_1 & b_2 \end{vmatrix}^2 + \begin{vmatrix} a_2 & a_3 \\ b_2 & b_3 \end{vmatrix}^2 + \begin{vmatrix} a_3 & a_1 \\ b_3 & b_1 \end{vmatrix}^2 = S_1^2+S_2^2+S_3^2.
\end{aligned}
$$

16. （論証の手がかりは目標（右辺）にもある） 〔必要性〕 $\boldsymbol{a}\times\boldsymbol{x}=\boldsymbol{b}$ とし，両辺と $\boldsymbol{a}$ との内積をつくると，$\boldsymbol{a}\cdot(\boldsymbol{a}\times\boldsymbol{x})=\boldsymbol{a}\cdot\boldsymbol{b}$, 左辺はベクトル積の定義から 0.

〔十分性〕 $\boldsymbol{a}\cdot\boldsymbol{b}=0$ とする．$\boldsymbol{a}\times\boldsymbol{x}=\boldsymbol{b}$ をみたす $\boldsymbol{x}$ は $\boldsymbol{b}$ を法線ベクトルにもつ平面に入るから，$\boldsymbol{x}=\lambda(\boldsymbol{b}\times\boldsymbol{a})+\mu\boldsymbol{a}$ の形である．$\boldsymbol{a}\times\boldsymbol{x}=\boldsymbol{a}\times\{\lambda(\boldsymbol{b}\times\boldsymbol{a})+\mu\boldsymbol{a}\}=\lambda(\boldsymbol{a}\times(\boldsymbol{b}\times\boldsymbol{a}))+\mu(\boldsymbol{a}\times\boldsymbol{a})=\lambda\{(\boldsymbol{a}\cdot\boldsymbol{a})\boldsymbol{b}-(\boldsymbol{a}\cdot\boldsymbol{b})\boldsymbol{a}\}=\lambda(\boldsymbol{a}\cdot\boldsymbol{a})\boldsymbol{b}$ $\therefore$ $\lambda\boldsymbol{a}\cdot\boldsymbol{a}=1$ とすると $\boldsymbol{a}\times\boldsymbol{x}=\boldsymbol{b}$ をみたす．そしてこのとき $\boldsymbol{x}=(\boldsymbol{b}\times\boldsymbol{a})/(\boldsymbol{a}\cdot\boldsymbol{a})+\mu\boldsymbol{a}$（$\mu$ は任意）

17. （「A ⇒ B」の論証がやりにくいときには,「～B ⇒ ～A」（対偶）を当ってみる）

(i) 〔「～A ⇒ ～B」を示す〕 g_1, g_2 がねじれの位置にないならば，平行であるか交わるかである．平行ならば $\boldsymbol{a}_1, \boldsymbol{a}_2$ が線形従属だから $\boldsymbol{a}_1, \boldsymbol{a}_2, \boldsymbol{p}_2-\boldsymbol{p}_1$ も線形従属．交わるときは交点 P をもつとして，点 P に対する g_1, g_2 の媒介変数の値をそれぞれ λ, μ とすると，点 P の位置ベクトル $\boldsymbol{p}$ は $\boldsymbol{p}=\boldsymbol{p}_1+\lambda\boldsymbol{a}_1$，$\boldsymbol{p}=\boldsymbol{p}_2+\mu\boldsymbol{a}_2$ と表わされる．したがって，これらの式から

$$\lambda\boldsymbol{a}_1-\mu\boldsymbol{a}_2-(\boldsymbol{p}_2-\boldsymbol{p}_1)=\boldsymbol{0}$$

これは $\boldsymbol{a}_1, \boldsymbol{a}_2, \boldsymbol{p}_2-\boldsymbol{p}_1$ が線形従属であることを意味する．

(ii) 〔「～B ⇒ ～A」を示す〕 $\boldsymbol{a}_1, \boldsymbol{a}_2, \boldsymbol{p}_2-\boldsymbol{p}_1$ が線形従属とすると，0 でないものを含む α, β, γ が存在して

$$\alpha\boldsymbol{a}_1+\beta\boldsymbol{a}_2+\gamma(\boldsymbol{p}_2-\boldsymbol{p}_1)=\boldsymbol{0} \qquad \cdots①$$

と表わされる．ここで $\gamma=0$ とすると，$\alpha\boldsymbol{a}_1+\beta\boldsymbol{a}_2=\boldsymbol{0}$ となり，$\boldsymbol{a}_1, \boldsymbol{a}_2$ が線形従属ならば $g_1 // g_2$ $\boldsymbol{a}_1, \boldsymbol{a}_2$ が線形独立ならば $\alpha=\beta=0$ となって，α, β, γ のとり方に反するから $\gamma \fallingdotseq 0$.

$$\therefore \quad ①\text{より} \quad \boldsymbol{p}_1-\frac{\alpha}{\gamma}\boldsymbol{a}_1=\boldsymbol{p}_2+\frac{\beta}{\gamma}\boldsymbol{a}_2$$

これはこの点で g_1, g_2 が交わることを意味する．したがって平行になるか交わるかで，ねじれの位置にない．

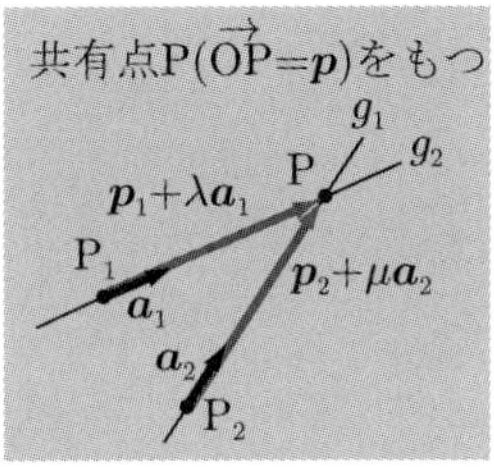

第 5 章の問題解答 (136.1～164.1)

136.1 (i) $A\sim B \Rightarrow B=P^{-1}AP \Rightarrow B^2=(P^{-1}AP)(P^{-1}AP)=P^{-1}A^2P$

これをくり返して（あるいは帰納法で）$B^m=P^{-1}A^mP \Rightarrow A^m\sim B^m$

$$A\sim B \Rightarrow B=P^{-1}AP \Rightarrow |B|=|P^{-1}AP|=|P^{-1}||A||P|=|P|^{-1}|A||P|=|A|$$

(ii) 「$A\sim B$ で A が正則」⇒「$B=P^{-1}AP$, A^{-1} が存在」⇒ $B(P^{-1}A^{-1}P)=(P^{-1}AP)(P^{-1}A^{-1}P)=E$ ⇒「B は $BX=E$ となる X をもつので，B は正則」⇒ $B^{-1}=(P^{-1}AP)^{-1}=P^{-1}A^{-1}P \Rightarrow A^{-1}\sim B^{-1}$

137.1 例題の解答を n 次の場合になぞってみよ．

138.1 (i) $\begin{vmatrix} 4-t & 1 \\ 7 & -2-t \end{vmatrix}=t^2-2t-15=0$ から $\lambda=5,-3$ (ii) $\begin{vmatrix} 2-t & -3 \\ 4 & 2-t \end{vmatrix}=t^2-4t+16=0$ から $\lambda=2\pm2\sqrt{3}\,i$ (iii) $\begin{vmatrix} 1-t & 0 & -1 \\ 1 & 2-t & 1 \\ 2 & 2 & 3-t \end{vmatrix}=-(t^3-6t^2+11t-6)=-(t-1)(t-2)(t-3)=0$ から $\lambda=1,2,3$ (iv) $\begin{vmatrix} 17-t & -2 & 4 \\ 28 & -1-t & 8 \\ -42 & 6 & -9-t \end{vmatrix}=$

$-(t^3-7t^2+15t-9)=-(t-3)^2(t-1)=0$ から $\lambda=3$（2 重解），1　(v)　$(t-2)^3=0$ から $\lambda=2$（3 重解）　(vi)　$\begin{vmatrix} a_{11}-t & 0 & 0 \\ 0 & a_{22}-t & 0 \\ 0 & 0 & a_{33}-t \end{vmatrix}=-(t-a_{11})(t-a_{22})(t-a_{33})=0$ から $\lambda=a_{11},a_{22},a_{33}$　(vii)　$-(t-a)^2(t-b)=0$ から $\lambda=a$（2 重解），b

139.1 (i)　$\varphi_A(t)=t^2-(a_{11}+a_{22})t+(a_{11}a_{22}-a_{12}a_{21})$　(ii)　$-t^3+6t^2-11t+6,\ -t^3+7t^2-15t+9$

140.1 $P_1=\begin{bmatrix} 0 & 0 & 1 \\ 0 & 1 & 0 \\ 1 & 0 & 0 \end{bmatrix}$ とすると $P_1^{-1}BP_1=\begin{bmatrix} a & 0 & 0 \\ 0 & c & 0 \\ 0 & 0 & b \end{bmatrix}=B_1$（$b$ と a の入れかえ）

$P_2=\begin{bmatrix} 1 & 0 & 0 \\ 0 & 0 & 1 \\ 0 & 1 & 0 \end{bmatrix}$ とすると $P_2^{-1}B_1P_2=\begin{bmatrix} a & 0 & 0 \\ 0 & b & 0 \\ 0 & 0 & c \end{bmatrix}=A$（$c$ と b の入れかえ）

$P=P_1P_2$ とすると $P^{-1}BP=P_2^{-1}(P_1^{-1}BP_1)P_2=A$　$\therefore\ P=\begin{bmatrix} 0 & 1 & 0 \\ 0 & 0 & 1 \\ 1 & 0 & 0 \end{bmatrix}$

141.1 (i)では $\lambda=5$ に対して $\boldsymbol{x}=\mu\begin{bmatrix} 1 \\ 1 \end{bmatrix}$ $(\mu\neq 0)$，$\lambda=-3$ に対して $\boldsymbol{x}=\mu\begin{bmatrix} 1 \\ -7 \end{bmatrix}$ $(\mu\neq 0)$，(iii)では $\lambda=1$ に対しては $\boldsymbol{x}=\mu\begin{bmatrix} 1 \\ -1 \\ 0 \end{bmatrix}$ $(\mu\neq 0)$，$\lambda=2$ に対しては $\boldsymbol{x}=\mu\begin{bmatrix} -2 \\ 1 \\ 2 \end{bmatrix}$ $(\mu\neq 0)$，$\lambda=3$ に対しては $\boldsymbol{x}=\mu\begin{bmatrix} -1 \\ 1 \\ 2 \end{bmatrix}$ $(\mu\neq 0)$　(iv) では $\lambda=3$（2 重解）に対しては $\mu\begin{bmatrix} 1 \\ 7 \\ 0 \end{bmatrix}+\nu\begin{bmatrix} 2 \\ 0 \\ -7 \end{bmatrix}$（$\mu,\nu$ のいずれかは $\neq 0$），$\lambda=1$ に対しては $\mu\begin{bmatrix} 1 \\ 2 \\ -3 \end{bmatrix}$ $(\mu\neq 0)$

(v) では $\lambda=2$（3 重解）$\mu\begin{bmatrix} -1 \\ -2 \\ 3 \end{bmatrix}$ $(\mu\neq 0)$

141.2 (i)　$A^2=E$ とし $A\boldsymbol{x}=\lambda\boldsymbol{x}\,(\boldsymbol{x}\neq\boldsymbol{0})$ とする．$A(A\boldsymbol{x})=A^2\boldsymbol{x}=E\boldsymbol{x}=\boldsymbol{x}$ であるとともに $A(A\boldsymbol{x})=A(\lambda\boldsymbol{x})=\lambda(A\boldsymbol{x})=\lambda^2\boldsymbol{x}$．この 2 式で $\boldsymbol{x}\neq\boldsymbol{0}$ だから $\lambda^2=1$　$\therefore\ \lambda=1,-1$

(ii)　$A^2=A, A\boldsymbol{x}=\lambda\boldsymbol{x}$ から $A(A\boldsymbol{x})=A\boldsymbol{x}=\lambda\boldsymbol{x}$ であるとともに $A(A\boldsymbol{x})=\lambda(A\boldsymbol{x})=\lambda^2\boldsymbol{x}$．よって $\lambda=\lambda^2$ から $\lambda=1,0$　(iii)　$A^n=O, A\boldsymbol{x}=\lambda\boldsymbol{x}\,(\boldsymbol{x}\neq\boldsymbol{0})$ とすると $A^{n-1}(A\boldsymbol{x})=O\boldsymbol{x}=\boldsymbol{0}$ とともに $A^{n-1}(A\boldsymbol{x})=\lambda A^{n-1}\boldsymbol{x}=\lambda^2A^{n-2}\boldsymbol{x}=\cdots=\lambda^n\boldsymbol{x}$．よって $\lambda^n=0, \lambda=0$

141.3 $A\boldsymbol{x}=\lambda\boldsymbol{x}\,(\boldsymbol{x}\neq\boldsymbol{0})$ において「A が正則 $\Rightarrow$ $\lambda\neq 0$」の証明は，もし $\lambda=0$ ならば $A\boldsymbol{x}=\boldsymbol{0}$ となり $A^{-1}(A\boldsymbol{x})=\boldsymbol{x}=\boldsymbol{0}$ となってしまう.「すべての λ が $\lambda\neq 0$ $\Rightarrow$ A は正則」の証明は，もし A が正則でないときは $|A|=0$．固有方程式の定数項は $|A|=0$．よって固有値の 1 つは 0 となってしまう．

142.1 （例題 142 の解答を手本にして，一般の場合の論証に挑戦せよ．ここでは“あらすじ”を述べる）　(ア)　A の固有値の 1 つを λ_1 とし，λ_1 に対する固有ベクトルを $\boldsymbol{x}_1$ とする

(イ)　$P_1=[\,\boldsymbol{x}_1\ \boldsymbol{x}_2\ \cdots\ \boldsymbol{x}_n\,]$ が正則であるように $\boldsymbol{x}_2,\cdots,\boldsymbol{x}_n$ をえらぶ．　(ウ)　$P_1^{-1}AP_1=\begin{bmatrix} \lambda_1 & * \\ O & A_2 \end{bmatrix}$ となり，A_2 の固有値は $\lambda_2,\cdots,\lambda_n$

てっそく
一般の場合
(i)　具体的な場合を手本に
(ii)　帰納法をねらう

(エ) $n-1$ 次のときの帰納法の仮定から $P_2^{-1}A_2P_2 = \begin{bmatrix} \lambda_2 & & * \\ & \ddots & \\ O & & \lambda_n \end{bmatrix}$ とできる．$\lambda_2, \cdots, \lambda_n$ は A_2 の固有値であり，λ_1 とあわせて A の固有値である． (オ) $P = P_1\begin{bmatrix} 1 & {}^t\mathbf{0} \\ \mathbf{0} & P_2 \end{bmatrix}$ とする．

143.1 たとえば $P = \begin{bmatrix} 0 & 0 & 1 & 0 \\ 0 & 1 & 0 & 0 \\ 0 & 0 & 0 & 1 \\ 1 & 0 & 0 & 0 \end{bmatrix}$ を用いて $P^{-1}AP = \begin{bmatrix} 5 & -2 & 0 & -3 \\ & 3 & 1 & 0 \\ & O & -1 & 1 \\ & & & 0 \end{bmatrix}$

144.1 (i) $\begin{bmatrix} a & b \\ c & d \end{bmatrix}^2 - (a+d)\begin{bmatrix} a & b \\ c & d \end{bmatrix} + (ad-bc)\begin{bmatrix} 1 & 0 \\ 0 & 1 \end{bmatrix} = \begin{bmatrix} 0 & 0 \\ 0 & 0 \end{bmatrix}$
(ii) $\varphi_A(t) = t^2 - 6t + 9$ から $A^2 - 6A + 9E = O$ $\therefore A^2 = 6A - 9E$

$$A^3 = A(6A - 9E) = 6(6A - 9E) - 9A = 27A - 54E$$

145.1 (i) $\varphi_A(t) = t^2 - 5t + 7, f(t) = t^4 - 4t^3 - t^2 + 2t - 5 = \varphi_A(t)(t^2 + t - 3) - 20t + 16$ から $f(A) = -20A + 16E = \begin{bmatrix} -24 & 20 \\ -20 & -44 \end{bmatrix}$ (ii) $\varphi_A(t) = -t^3 + 4t^2 - 5t - 2, f(t) = t^6 - 25t^2 + 112t = \varphi_A(t)(-t^3 - 4t^2 - 11t - 22) - 20t - 44$ から $f(A) = -20A - 44E = \begin{bmatrix} -44 & 0 & -40 \\ -40 & -64 & 0 \\ 20 & 20 & -104 \end{bmatrix}$．また A は逆行列をもち ($|A| = -2 \neq 0$)，$-A^3+4A^2-5A-2E = O$ から $-A^2 + 4A - 5E = 2A^{-1}$ を経て $A^{-1} = -\frac{1}{2}A^2 + 2A - \frac{5}{2}E$ (iii) 三角化定理から $A \sim \begin{bmatrix} 1 & * & * \\ 0 & -1 & * \\ 0 & 0 & 2 \end{bmatrix} = B$ であり $\varphi_A(t) = \varphi_B(t) = (1-t)(-1-t)(2-t) = -(t^3 - 2t^2 - t + 2)$ となるから $A^3 - 2A^2 - A + 2E = O, A^3 = 2A^2 + A - 2E, A^4 = 2A^3 + A^2 - 2A = 5A^2 - 4E$

146.1 固有方程式は $\varphi_A(t) = -t^3 + 3t^2 + 6t - 8 = 0$ で，$1, 4, -2$ が固有値．$f(t) = t^3 + 3t^2 + 2$ とおくと，$f(1) = 6, f(4) = 114, f(-2) = 6$ が $f(A) = A^3 + 3A^2 + 2E$ の固有値で，$|f(A)| = 6 \cdot 114 \cdot 6 = 4104$

147.1 $\varphi_A(t) = -t^3$ だから上の例題から $A^3 = O$

148.1 (i) $\varphi_A(t) = -t^3 + (a+b+c)t^2 + (a^2+b^2+c^2-ab-bc-ca)t - (a^3+b^3+c^3-3abc)$
(ii) $P = \begin{bmatrix} 0 & 1 & 0 \\ 0 & 0 & 1 \\ 1 & 0 & 0 \end{bmatrix}, P^{-1} = \begin{bmatrix} 0 & 0 & 1 \\ 1 & 0 & 0 \\ 0 & 1 & 0 \end{bmatrix}$ によって $P^{-1}AP = B, PAP^{-1} = C$ が示されるのに気づけば面白い．

148.2 $|{}^tA - tE| = |{}^t(A - tE)| = |A - tE|$ $\therefore \varphi_{{}^tA}(t) = \varphi_A(t)$

150.1 以下 → は「行基本操作をすると」の意である．問題 138.1 の(iv) では $\lambda_1 = 3$ が 2 重解 ($m_1 = 2$) であり $T(3) = A - 3E = \begin{bmatrix} 14 & -2 & 4 \\ 28 & -4 & 8 \\ -42 & 6 & -12 \end{bmatrix} \to \begin{bmatrix} 14 & -2 & 4 \\ 0 & 0 & 0 \\ 0 & 0 & 0 \end{bmatrix}$ から $n_1 = 3 - \operatorname{rank} T(3) = 2$ (v)では $\lambda_1 = 2$ が 3 重解 ($m_1 = 3$) であり $T(2) = \begin{bmatrix} -2 & -5 & -4 \\ -3 & -9 & -7 \\ 5 & 14 & 11 \end{bmatrix} \to \begin{bmatrix} 1 & 4 & 3 \\ 0 & 3 & 2 \\ 0 & 0 & 0 \end{bmatrix}$ から $n_1 = 3 - \operatorname{rank} T(2) = 1$ (vii) では $\lambda_1 = a$ が 2

重解（$m_1=2$）であり $T(a)=\begin{bmatrix}0&1&0\\0&0&0\\0&0&b-a\end{bmatrix}$（$b-a\fallingdotseq 0$）から $n_1=3-\mathrm{rank}\,T(a)=1$

151.1 個数 s についての帰納法を行う．$\nu_1\boldsymbol{x}_1+\nu_2\boldsymbol{x}_2+\cdots+\nu_s\boldsymbol{x}_s=\mathbf{0}$ …① とすると，左から A をかけて $A\boldsymbol{x}_i=\lambda_i\boldsymbol{x}_i$ を用いると　$\nu_1\lambda_1\boldsymbol{x}_1+\nu_2\lambda_2\boldsymbol{x}_2+\cdots+\nu_s\lambda_s\boldsymbol{x}_s=\mathbf{0}$ …②
①×λ_s−② から $\nu_1(\lambda_s-\lambda_1)\boldsymbol{x}_1+\nu_2(\lambda_s-\lambda_2)\boldsymbol{x}_2+\cdots+\nu_{s-1}(\lambda_s-\lambda_{s-1})\boldsymbol{x}_{s-1}=\mathbf{0}$. 帰納法の仮定から $\nu_1(\lambda_s-\lambda_1)=0,\cdots,\nu_{s-1}(\lambda_s-\lambda_{s-1})=0$. $\lambda_1,\lambda_2,\cdots,\lambda_s$ は相異なるから $\nu_1=0,\cdots,\nu_{s-1}=0$. そして①から $\nu_s\boldsymbol{x}_s=\mathbf{0}$. $\boldsymbol{x}_s$ は λ_s の固有ベクトルだから $\boldsymbol{x}_s\fallingdotseq\mathbf{0}$. よって $\nu_s=0$. ①で $\nu_1=\cdots=\nu_s=0$ だから $\boldsymbol{x}_1,\cdots,\boldsymbol{x}_s$ は線形独立である．

5

152.1 対角化できるのは(iv)だけ．

153.1 $m_i=1$ ならば $1\leqq n_i\leqq m_i$ から $n_i=1$ すなわち $n_i=m_i$ となるから．

153.2 (i)　$\varphi_A(t)=-t^3+5t^2+2t-24=-(t-4)(t-3)(t+2)$. 固有値は $4,3,-2$ で，すべて重解でない（$m_i=1$）から対角化可能．固有ベクトルは順に $\boldsymbol{x}_1=\begin{bmatrix}-1\\4\\1\end{bmatrix},\boldsymbol{x}_2=\begin{bmatrix}0\\1\\1\end{bmatrix},\boldsymbol{x}_3=\begin{bmatrix}1\\2\\-1\end{bmatrix},P=\begin{bmatrix}-1&0&1\\4&1&2\\1&1&-1\end{bmatrix},P^{-1}AP=\begin{bmatrix}4&&O\\&3&\\O&&-2\end{bmatrix}$　(ii)　$\varphi_A(t)=-(t^3-6t^2)=-t^2(t+6)$. 固有値は 0 が重解（$m_1=2$）で $T(0)=\begin{bmatrix}2&-1&-1\\6&-4&2\\-2&2&-4\end{bmatrix}\to\begin{bmatrix}2&-1&-1\\0&-1&5\\0&0&0\end{bmatrix}$ で $n_1=1, 1=n_1<m_1$ となるので，対角化されない．　(iii)　$\varphi_A(t)=-(t-1)^2(t-5)$ で固有値は $\lambda_1=1$ ($m_1=2$), $\lambda_2=5$. $T(1)=\begin{bmatrix}1&2&1\\1&2&1\\1&2&1\end{bmatrix}\to\begin{bmatrix}1&2&1\\0&0&0\\0&0&0\end{bmatrix}$ で固有ベクトルは，たとえば $\boldsymbol{x}_1=\begin{bmatrix}-1\\0\\1\end{bmatrix},\boldsymbol{x}_2=\begin{bmatrix}-2\\1\\0\end{bmatrix},T(5)=\begin{bmatrix}-3&2&1\\1&-2&1\\1&2&-3\end{bmatrix}\to\begin{bmatrix}1&-2&1\\0&-1&1\\0&0&0\end{bmatrix}$ で $\boldsymbol{x}_3=\begin{bmatrix}1\\1\\1\end{bmatrix}$. $P=\begin{bmatrix}-1&-2&1\\0&1&1\\1&0&1\end{bmatrix}$ で $P^{-1}AP=\begin{bmatrix}1&&O\\&1&\\O&&5\end{bmatrix}$

154.1〔(i) ⇒ (ii)〕 A の最小多項式を $f(t)=t^r+c_1t^{r-1}+\cdots+c_{r-1}t+c_r, c_r\fallingdotseq 0$ とする．$f(A)=A^r+c_1A^{r-1}+\cdots+c_{r-1}A+c_rE=O$

$$\therefore\quad A\left(-\tfrac{1}{c_r}A^{r-1}-\tfrac{c_1}{c_r}A^{r-2}-\cdots-\tfrac{c_{r-1}}{c_r}E\right)=E\qquad\therefore\quad A\text{ は正則}$$

〔(ii) ⇒ (i)〕 A が正則ならば 0 は A の固有値とならない（A 正則，$A\boldsymbol{x}=0\boldsymbol{x},\boldsymbol{x}\neq\mathbf{0}$ すると $A^{-1}A\boldsymbol{x}=\mathbf{0},\boldsymbol{x}=\mathbf{0}$ となり矛盾する）から A の固有多項式は 0 を解にもたない．よってその約数である最小多項式も 0 を解にもたない．　∴ (i) が成立．

154.2 $B=P^{-1}AP$ とする．t の多項式 $f(t)=t^r+a_1t^{r-1}+\cdots+a_r$ が $f(A)=O$ をみたすとき $P^{-1}f(A)P=P^{-1}(A^r+a_1A^{r-1}+\cdots+a_rE)P=(P^{-1}AP)^r+a_1(P^{-1}AP)^{r-1}+\cdots+a_rE=B^r+a_1B^{r-1}+\cdots+a_rE=f(B)=O$. 逆に $f(B)=O$ ならば $f(A)=O$. よって $f(t)$ のうちの最高次の係数が 1 で次数の最小のもの，すなわち最小多項式は同一である．

155.1 与えられた行列を A，固有多項式を $\varphi_A(t)$，最小多項式を $f(t)$ とする．

(i)　$\varphi_A(t)=-(t+1)(t-2)(t-3)$，例題 154 (ii), (iii)の性質から $f(t)=(t+1)(t-2)(t-3)$

(ii)　$\varphi_A(t)=-(t+1)^2(t-5)$，これも例題 154 (ii), (iii)から $f(t)=(t+1)(t-5)=f_1(t)$ または $f(t)=(t+1)^2(t-5)=f_2(t)$．そこで $f_1(A)=O$ か否かをみる．$f_1(A)=(A+E)(A-5E)=\begin{bmatrix}2&2&2\\2&2&2\\2&2&2\end{bmatrix}\begin{bmatrix}-4&2&2\\2&-4&2\\2&2&-4\end{bmatrix}=O$．よって $f(t)=(t+1)(t-5)$

(iii)　$\varphi_A(t)=-t^2(t-4)$ から，前問(ii)のように $f(t)=t(t-4)$ または $f(t)=t^2(t-4)$．そこで $A(A-4E)=O$ を確かめて，最小多項式は $f(t)=t(t-4)$

(iv)　$\varphi_A(t)=-t^2(t-4)$ から $f(t)=t(t-4)=f_1(t)$ または $f(t)=t^2(t-4)=f_2(t)$

$f_1(A)=\begin{bmatrix}7&4&-3\\1&0&-1\\7&4&-3\end{bmatrix}\begin{bmatrix}3&4&-3\\1&-4&-1\\7&4&-7\end{bmatrix}=\begin{bmatrix}4&*&*\\*&*&*\\*&*&*\end{bmatrix}\neq O$　よって $f(t)=f_2(t)=t^2(t-4)$

156.1 A の最小多項式を $f(t)$ とすると，$f(t)$ は $\varphi_A(t)$ の約数である（⇨ 例題 154）．よって $\varphi_A(t)$ が重解をもたないときは，$f(t)$ も重解をもたない．よって上の例題 156 から A は対角化可能である．

156.2 4 次の行列 A が，$\varphi_A(t)=(t-\lambda)^2(t-\mu)^2$ で対角化可能の場合である．

$P^{-1}AP=\begin{bmatrix}\lambda&&&O\\&\lambda&&\\&&\mu&\\O&&&\mu\end{bmatrix}$ で ① の左辺は次のようになる．

$g(t)=(t-\lambda)(t-\mu), P^{-1}g(A)P=(P^{-1}AP-\lambda E)(P^{-1}AP-\mu E)$

$=\begin{bmatrix}0&&&O\\&0&&\\&&*&\\O&&&*\end{bmatrix}\begin{bmatrix}*&&&O\\&*&&\\&&0&\\O&&&0\end{bmatrix}=O$

156.3 (i), (ii), (iii) は例題 156 の条件をみたすが(iv)の行列は最小多項式が重解をもつので対角化できない．

158.1 〔(ウ) の ③ の確かめ〕　$T_A(\lambda)[T_A(\lambda)\boldsymbol{p}\ \ \boldsymbol{p}]=[T_A(\lambda)^2\boldsymbol{p}\ \ T_A(\lambda)\boldsymbol{p}]=[\boldsymbol{0}\ \ T_A(\lambda)\boldsymbol{p}]$

$=[T_A(\lambda)\boldsymbol{p}\ \ \boldsymbol{p}]\begin{bmatrix}0&1\\0&0\end{bmatrix}\cdots$⑤　$\therefore\ A[T_A(\lambda)\boldsymbol{p}\ \ \boldsymbol{p}]=(T_A(\lambda)+\lambda E)[T_A(\lambda)\boldsymbol{p}\ \ \boldsymbol{p}]$

$=T_A(\lambda)[T_A(\lambda)\boldsymbol{p}\ \ \boldsymbol{p}]+[\lambda T_A(\lambda)\boldsymbol{p}\ \ \lambda\boldsymbol{p}]$（ここで ⑤ を用いて）

$=[T_A(\lambda)\boldsymbol{p}\ \ \boldsymbol{p}]\begin{bmatrix}0&1\\0&0\end{bmatrix}+[T_A(\lambda)\boldsymbol{p}\ \ \boldsymbol{p}]\begin{bmatrix}\lambda&0\\0&\lambda\end{bmatrix}=[T_A(\lambda)\boldsymbol{p}\ \ \boldsymbol{p}]\begin{bmatrix}\lambda&1\\0&\lambda\end{bmatrix}\cdots$③

〔(オ) の確かめ〕　$\alpha T_A(\lambda)\boldsymbol{p}+\beta\boldsymbol{p}+\gamma\boldsymbol{q}=\boldsymbol{0}$ とする．$T_A(\lambda)$ を左からかけると $T_A^2(\lambda)\boldsymbol{p}=\boldsymbol{0}$ なので $\beta T_A(\lambda)\boldsymbol{p}+\gamma T_A(\lambda)\boldsymbol{q}=\boldsymbol{0}$．$T_A(\lambda)\boldsymbol{p}$ は $T_A(\lambda)\boldsymbol{x}=\boldsymbol{0}\cdots$① の解であり，$T_A(\lambda)\boldsymbol{q}$ は，$T_A(\mu)(T_A(\lambda)\boldsymbol{q})=T_A(\lambda)(T_A(\mu)\boldsymbol{q})=\boldsymbol{0}$ から $T_A(\mu)\boldsymbol{x}=\boldsymbol{0}\cdots$⑥ の解．

例題 151 により，① の解と ⑥ の解は線形独立であるから $\beta=\gamma=0$．ゆえに $T_A(\lambda)\boldsymbol{p},\boldsymbol{p},\boldsymbol{q}$ は線形独立であり，$P=[T_A(\lambda)\boldsymbol{p}\ \ \boldsymbol{p}\ \ \boldsymbol{q}]$ は正則．そして $AP=[A[T_A(\lambda)\boldsymbol{p}\ \ \boldsymbol{p}]A\boldsymbol{q}]=[[T_A(\lambda)\boldsymbol{p}\ \ \boldsymbol{p}]\begin{bmatrix}\lambda&1\\0&\lambda\end{bmatrix}\mu\boldsymbol{q}]=[T_A(\lambda)\boldsymbol{p}\ \ \boldsymbol{p}\ \ \boldsymbol{q}]\begin{bmatrix}\lambda&1&0\\0&\lambda&0\\0&0&\mu\end{bmatrix}=P\begin{bmatrix}\lambda&1&0\\0&\lambda&0\\0&0&\mu\end{bmatrix}$

$\therefore\ P^{-1}AP=\begin{bmatrix}\lambda&1&0\\0&\lambda&0\\0&0&\mu\end{bmatrix}$

5

159.1 固有値は -3 (2 重解), 2. $T_A(-3)=\begin{bmatrix}-1&2&1\\5&-5&-5\\-11&12&11\end{bmatrix}, T_A(-3)^2=25\begin{bmatrix}0&0&0\\1&-1&-1\\-2&2&2\end{bmatrix}$,

基本解の個数は $T_A(-3)\boldsymbol{x}=\boldsymbol{0}$ では 1 個. $T_A(-3)^2\boldsymbol{x}=\boldsymbol{0}$ では 2 個. $\boldsymbol{p}=\begin{bmatrix}1\\1\\0\end{bmatrix}$ をとると

$T_A(-3)\boldsymbol{p}=\begin{bmatrix}1\\0\\1\end{bmatrix}, T_A(2)=\begin{bmatrix}-6&2&1\\5&-10&-5\\-11&12&6\end{bmatrix}, T_A(-2)\boldsymbol{x}=\boldsymbol{0}$ の解として $\boldsymbol{q}=\begin{bmatrix}0\\1\\-2\end{bmatrix}$,

$P=[\,T_A(-3)\boldsymbol{p}\ \ \boldsymbol{p}\ \ \boldsymbol{q}\,]=\begin{bmatrix}1&1&0\\0&1&1\\1&0&-2\end{bmatrix}$ とすると $P^{-1}AP=\begin{bmatrix}-3&1&0\\0&-3&0\\0&0&2\end{bmatrix}$

5

159.2 A を三角化した行列 B の対角成分は λ が m 個と λ と異なる固有値が $n-m$ 個なので $B-\lambda E$ の対角成分には 0 が m 個, 他は 0 でない数が並ぶ. よって $(B-\lambda E)^m$ は階数 $n-m$

$$B=\begin{bmatrix}*&&&&\\&\ddots&&*&\\&&\lambda&&\\&&&\ddots&&\\&O&&\lambda&\\&&&&*\\&&&&&\ddots\end{bmatrix},\quad B-\lambda E=\begin{bmatrix}*&&&&\\&\ddots&&*&\\&&0&&\\&&&\ddots&&\\&O&&0&\\&&&&*\\&&&&&\ddots\end{bmatrix}\cdots①,$$

$$(B-\lambda E)^s=\begin{bmatrix}*&&&&\\&\ddots&&&*\\&&0&\cdots&0\\&&&\ddots&\vdots\\&O&&&0\\&&&&&*\\&&&&&&\ddots\end{bmatrix}\qquad(s\geqq m)$$

$(A-\lambda E)^s\sim(B-\lambda E)^s\,(s=1,2,\cdots)$ から, $T_A(\lambda)^s=(A-\lambda E)^s\,(s\geqq m)$ の階数はすべて $n-m$ である. したがって, $T_A(\lambda)^k$ の階数が $n-m$ である最小の k は $k\leqq m$. この k を λ の標数という.

(付記) $s=1,2,\cdots,k-1$ に対して $(B-\lambda E)^s$ に $B-\lambda E$ をかけると, ① の行列の形から, 階数が 1 つ以上へるから

$$B-\lambda E,\quad (B-\lambda E)^2,\quad \cdots\cdots,\quad (B-\lambda E)^k$$

は階数が減少する. すなわち, $T_A(\lambda), T_A(\lambda)^2,\cdots,T_A(\lambda)^k$ の階数はすべて異なり, 減少する. ゆえに $T_A(\lambda)^s\boldsymbol{x}=\boldsymbol{0}\cdots$ ⓢ の基本解の個数を n_s とすれば $n_1<n_2<\cdots<n_k, k\leqq m, n_k=m$ ⓢ の解は ($s+1$) の解でもあるから, ① の解は ② の解に含まれ, ② の解は ③ の解に含まれ, $\cdots$. 基本解は ① から ⓚ までふえていく. ここから $T=T_A(\lambda)$ と略記する. 例題 158, 159, 160, 161, 162 で行ったやり方で, ジョルダン標準形に変換される正則行列 P をつくっていくことができる.

ⓚ の解で ($k-1$) の解でない基本解があるから, そういう各 $\boldsymbol{p}$ については $T\boldsymbol{p}$ は ($k-1$) の解, $T^2\boldsymbol{p}$ は ($k-2$) の解, $\cdots, T^{k-1}\boldsymbol{p}$ は ① の解である.

$$T^{k-1}\boldsymbol{p},\ T^{k-2}\boldsymbol{p},\ \cdots,\ T^2\boldsymbol{p},\ T\boldsymbol{p},\ \boldsymbol{p},\ T^{k-1}\boldsymbol{p}',\ \cdots,\ T\boldsymbol{p}',\ \boldsymbol{p}',\ \cdots\qquad\cdots(*)$$

これらは線形独立であり, ⓚ の基本解である. 次に, これらの基本解と線形独立な基本解の中

に (k−1) の解で (k−2) の解でない $\boldsymbol{q}$ があれば，$T^{k-2}\boldsymbol{q}, T^{k-3}\boldsymbol{q}, \cdots, T^2\boldsymbol{q}, T\boldsymbol{q}, \boldsymbol{q}$ をつくる．⋯ これを続けて行く．そしてこれらを除いても残っているとすれば①の基本解である．そのときはその残りも加える．これらはⓚの基本解すべてである（m 個）．これらを $(*)$ のような順に並べて n 行 m 列の行列 P_λ をつくると，$AP_\lambda = P_\lambda J_\lambda \cdots (**)$ のような m 次正方行列 J_λ は，対角線上にジョルダン細胞（⇨ p.177）が並ぶ．

最後に，A の異なる固有値を $\lambda_1, \lambda_2, \cdots, \lambda_s, \lambda_i$ の重複度を m_i，標数を k_i（$i = 1, 2, \cdots, s$）とし，各 λ_i について $(**)$ のような $P_{\lambda_i}, J_{\lambda_i}$ をつくる．$AP_{\lambda_i} = P_{\lambda_i} J_{\lambda_i}$．そして $P_{\lambda_1}, P_{\lambda_2}, \cdots, P_{\lambda_s}$ を構成している列ベクトル全体は，$m_1 + m_2 + \cdots + m_s = n$ 個あり，線形独立であることが，問題 158.1 の解答のようにして証明される．したがって $P = [P_{\lambda_1}\ P_{\lambda_2}\ \cdots\ P_{\lambda_s}]$ は正則な n 次正方行列となり $AP = PJ$ をつくると，J は対角線上に $J_{\lambda_1}, J_{\lambda_2}, \cdots, J_{\lambda_s}$ が並んだジョルダン標準形となり，$P^{-1}AP = J$

また，$(B - \lambda_1 E)^{k_1}(B - \lambda_2 E)^{k_2} \cdots (B - \lambda_s E)^{k_s} = O$ となるから，A の最小多項式は $f(t) = (t - \lambda_1)^{k_1}(t - \lambda_2)^{k_2} \cdots (t - \lambda s)^{k_s}$ であることも付け加えておく．

160.1 $T_A(\lambda)^3 \boldsymbol{p} = \boldsymbol{0}$ から $AP = (T_A(\lambda) + \lambda E)P = T_A(\lambda)P + \lambda P = [T_A(\lambda)^3\boldsymbol{p}\ \ T_A(\lambda)^2\boldsymbol{p}\ \ T_A(\lambda)\boldsymbol{p}] + \lambda P = [\boldsymbol{0}\ \ T_A(\lambda)^2\boldsymbol{p}\ \ T_A(\lambda)\boldsymbol{p}] + \lambda P = [T_A(\lambda)^2\boldsymbol{p}\ \ T_A(\lambda)\boldsymbol{p}\ \ \boldsymbol{p}]\begin{bmatrix} 0 & 1 & 0 \\ 0 & 0 & 1 \\ 0 & 0 & 0 \end{bmatrix} + P(\lambda E) =$

$$P\begin{bmatrix} 0 & 1 & 0 \\ 0 & 0 & 1 \\ 0 & 0 & 0 \end{bmatrix} + P\begin{bmatrix} \lambda & 0 & 0 \\ 0 & \lambda & 0 \\ 0 & 0 & \lambda \end{bmatrix} = P\begin{bmatrix} \lambda & 1 & 0 \\ 0 & \lambda & 1 \\ 0 & 0 & \lambda \end{bmatrix} \qquad \therefore\ P^{-1}AP = \begin{bmatrix} \lambda & 1 & 0 \\ 0 & \lambda & 1 \\ 0 & 0 & \lambda \end{bmatrix}$$

160.2 3 次正方行列 A, B が $A \sim B$ のとき，A と B の最小多項式は一致する（⇨ 問題 154.2）から，B がジョルダン標準形のときの B の最小多項式 $f(t)$ を求める．$B = \lambda E$ のとき，$f(t)$ は $\varphi_B(t) = -(t - \lambda)^3$ の約数で，$f(B) = O$ である次数最小のものである．$B - \lambda E = O$ であるから $f(t) = t - \lambda$

$B = \begin{bmatrix} \lambda & 1 & 0 \\ 0 & \lambda & 0 \\ 0 & 0 & \lambda \end{bmatrix}$ のとき，$B - \lambda E = \begin{bmatrix} 0 & 1 & 0 \\ 0 & 0 & 0 \\ 0 & 0 & 0 \end{bmatrix} \fallingdotseq O, (B - \lambda E)^2 = O$

$\therefore\quad f(t) = (t - \lambda)^2$

$B = \begin{bmatrix} \lambda & 1 & 0 \\ 0 & \lambda & 1 \\ 0 & 0 & \lambda \end{bmatrix}$ のとき，$B - \lambda E = \begin{bmatrix} 0 & 1 & 0 \\ 0 & 0 & 1 \\ 0 & 0 & 0 \end{bmatrix}, (B - \lambda E)^2 = \begin{bmatrix} 0 & 0 & 1 \\ 0 & 0 & 0 \\ 0 & 0 & 0 \end{bmatrix} \fallingdotseq O,$

$(B - \lambda E)^3 = O \qquad \therefore\quad f(t) = (t - \lambda)^3$

$B = \begin{bmatrix} \lambda & 0 & 0 \\ 0 & \lambda & 0 \\ 0 & 0 & \mu \end{bmatrix}$ のとき，$B - \lambda E = \begin{bmatrix} 0 & 0 & 0 \\ 0 & 0 & 0 \\ 0 & 0 & \mu - \lambda \end{bmatrix}, B - \mu E = \begin{bmatrix} \lambda - \mu & 0 & 0 \\ 0 & \lambda - \mu & 0 \\ 0 & 0 & 0 \end{bmatrix}$

から $(B - \lambda E)(B - \mu E) = O \qquad \therefore\quad f(t) = (t - \lambda)(t - \mu)$

$B = \begin{bmatrix} \lambda & 1 & 0 \\ 0 & \lambda & 0 \\ 0 & 0 & \mu \end{bmatrix}$ のとき，$B - \lambda E = \begin{bmatrix} 0 & 1 & 0 \\ 0 & 0 & 0 \\ 0 & 0 & \mu - \lambda \end{bmatrix}, (B - \lambda E)^2 = \begin{bmatrix} 0 & 0 & 0 \\ 0 & 0 & 0 \\ 0 & 0 & (\mu - \lambda)^2 \end{bmatrix},$

$B - \mu E = \begin{bmatrix} \lambda - \mu & 0 & 0 \\ 0 & \lambda - \mu & 0 \\ 0 & 0 & 0 \end{bmatrix}$ から $(B - \lambda E)^2(B - \mu E) = O \qquad \therefore\quad f(t) = (t - \lambda)^2(t - \mu)$

$B = \begin{bmatrix} \lambda & 0 & 0 \\ 0 & \mu & 0 \\ 0 & 0 & \nu \end{bmatrix}$ のとき，$(B - \lambda E)(B - \mu E)(B - \nu E)$

5

$$= \begin{bmatrix} 0 & 0 & 0 \\ 0 & \mu-\lambda & 0 \\ 0 & 0 & \nu-\lambda \end{bmatrix} \begin{bmatrix} \lambda-\mu & 0 & 0 \\ 0 & 0 & 0 \\ 0 & 0 & \nu-\mu \end{bmatrix} \begin{bmatrix} \lambda-\nu & 0 & 0 \\ 0 & \mu-\nu & 0 \\ 0 & 0 & 0 \end{bmatrix} = O$$

$\therefore \quad f(t) = (t-\lambda)(t-\mu)(t-\nu)$

161.1 (i) 固有値は -2（3 重解），$T_A(-2) = \begin{bmatrix} 1 & -1 & 0 \\ 1 & -1 & 0 \\ -1 & 2 & 0 \end{bmatrix}$ は階数 2，$T_A(-2)^2 = \begin{bmatrix} 0 & 0 & 0 \\ 0 & 0 & 0 \\ 1 & -1 & 0 \end{bmatrix}$ は階数 1，$T_A(-2)^3 = O, T_A(-2)^k = O$（$k = 3, 4, 5, \cdots$）はすべて階数 0．よって $T_A(-2)\boldsymbol{x} = \boldsymbol{0} \cdots$ ① の基本解の個数 1，$T_A(-2)^2\boldsymbol{x} = \boldsymbol{0} \cdots$ ② のそれは 2，$T_A(-2)^k\boldsymbol{x} = \boldsymbol{0}$ はすべて基本解は 3 個．したがって ② の解でない $\boldsymbol{p}$ がとれる．たとえば $\boldsymbol{p} = \begin{bmatrix} 1 \\ 0 \\ 0 \end{bmatrix}$，すると

$T_A(-2)\boldsymbol{p} = \begin{bmatrix} 1 \\ 1 \\ -1 \end{bmatrix}$ は ② の解，

$T_A(-2)\begin{bmatrix} 1 \\ 1 \\ -1 \end{bmatrix} = \begin{bmatrix} 0 \\ 0 \\ 1 \end{bmatrix} = T_A(-2)^2\boldsymbol{p}$ は ① の解である．ゆえに $P = [T_A(-2)^2\boldsymbol{p}\ T_A(-2)\boldsymbol{p}\ \boldsymbol{p}] = \begin{bmatrix} 0 & 1 & 1 \\ 0 & 1 & 0 \\ 1 & -1 & 0 \end{bmatrix}$ は正則で，$P = \begin{bmatrix} 0 & 1 & 1 \\ 0 & 1 & 0 \\ 1 & -1 & 0 \end{bmatrix}$

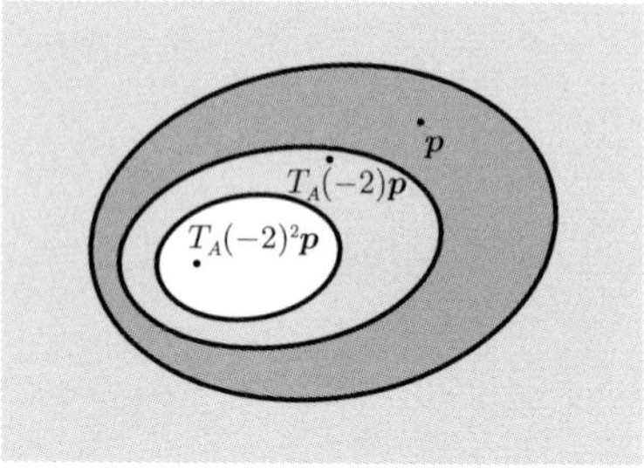

$$\therefore \quad P^{-1}AP = \begin{bmatrix} 0 & 1 & 1 \\ 0 & 1 & 0 \\ 1 & -1 & 0 \end{bmatrix} \begin{bmatrix} -1 & -1 & 0 \\ 1 & -3 & 0 \\ -1 & 2 & -2 \end{bmatrix} \begin{bmatrix} 0 & 1 & 1 \\ 0 & 1 & 0 \\ 1 & -1 & 0 \end{bmatrix} = \begin{bmatrix} -2 & 1 & 0 \\ 1 & -2 & 0 \\ 0 & 0 & -2 \end{bmatrix}$$

(ii) 固有値は 2（3 重解），$T_A(2) = \begin{bmatrix} -1 & 2 & 1 \\ 0 & 0 & 0 \\ -1 & 2 & 1 \end{bmatrix}, T_A(2)^2 = O$．基本解の個数は $T_A(2)\boldsymbol{x} = \boldsymbol{0}$ では 2 個，$T_A(3)^2\boldsymbol{x} = \boldsymbol{0}$ では 3 個．$\boldsymbol{p} = \begin{bmatrix} 1 \\ 0 \\ 0 \end{bmatrix}$ が使えて $T_A(2)\boldsymbol{p} = \begin{bmatrix} -1 \\ 0 \\ -1 \end{bmatrix}$，これらと独立な $T_A(2)\boldsymbol{x} = \boldsymbol{0}$ の解として $\boldsymbol{q} = \begin{bmatrix} 2 \\ 1 \\ 0 \end{bmatrix}$ が使える．

$P = [\ T_A(2)\boldsymbol{p}\ \ \boldsymbol{p}\ \ \boldsymbol{q}\ ] = \begin{bmatrix} -1 & 1 & 2 \\ 0 & 0 & 1 \\ -1 & 0 & 0 \end{bmatrix}$

をとると $P^{-1}AP = \begin{bmatrix} 2 & 1 & 0 \\ 0 & 2 & 0 \\ 0 & 0 & 2 \end{bmatrix}$

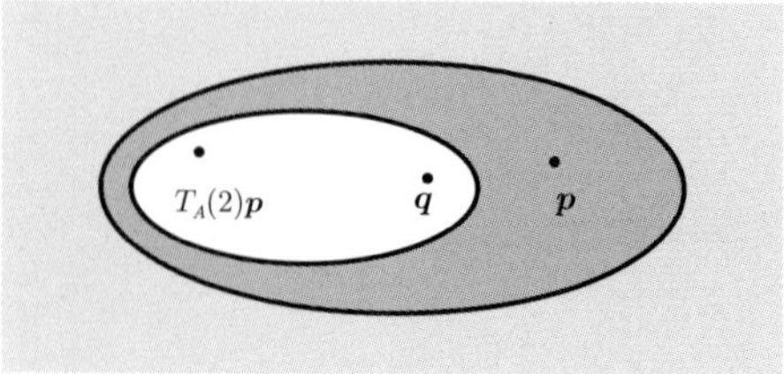

163.1 (i) $P^{-1}AP = \begin{bmatrix} 2 & 0 \\ 0 & 5 \end{bmatrix}, A^m = P\begin{bmatrix} 2^m & 0 \\ 0 & 5^m \end{bmatrix}P^{-1} = \frac{1}{3}\begin{bmatrix} 2^{m+1}+5^m & -2^{m+1}+2\cdot5^m \\ -2^m+5^m & 2^m+2\cdot5^m \end{bmatrix}$

(ii) $P^{-1}AP = \begin{bmatrix} -1 & 0 & 0 \\ 0 & 1 & 0 \\ 0 & 0 & 2 \end{bmatrix}$，

$$A^m = \frac{1}{6}\begin{bmatrix} -(-1)^m+9-2^{m+1} & 6-6\cdot 2^m & -(-1)^m+3-2\cdot 2^m \\ -2(-1)^m+2^{m+1} & 6\cdot 2^m & -2(-1)^m+2\cdot 2^m \\ 7(-1)^m-9+2^{m+1} & -6+6\cdot 2^m & 7\cdot(-1)^m-3+2\cdot 2^m \end{bmatrix}$$

164.1 (i) $P^{-1}AP = \begin{bmatrix} 2 & 1 \\ 0 & 2 \end{bmatrix}, A^n = P\begin{bmatrix} 2^n & n2^{n-1} \\ 0 & 2^n \end{bmatrix}P^{-1} = \begin{bmatrix} (3n+1)2^n & n2^{n+1} \\ -9n\cdot 2^{n-1} & (1-3n)\cdot 2^n \end{bmatrix}$

(ii) $P^{-1}AP = \begin{bmatrix} 2 & 1 & 0 \\ 0 & 2 & 0 \\ 0 & 0 & 3 \end{bmatrix} = \begin{bmatrix} 2 & 0 & 0 \\ 0 & 2 & 0 \\ 0 & 0 & 3 \end{bmatrix} + \begin{bmatrix} 0 & 1 & 0 \\ 0 & 0 & 0 \\ 0 & 0 & 0 \end{bmatrix} = B+C,$

$B^n = \begin{bmatrix} 2^n & 0 & 0 \\ 0 & 2^n & 0 \\ 0 & 0 & 3^n \end{bmatrix}, C^2 = O$ から $(P^{-1}PA)^n = B^n + nB^{n-1}C = \begin{bmatrix} 2^n & n2^{n-1} & 0 \\ 0 & 2^n & 0 \\ 0 & 0 & 3^n \end{bmatrix}$ から $A^n = \begin{bmatrix} -n2^{n-1}+3^n & (n+2)2^{n-1}-3^n & n2^{n-1} \\ -n2^{n-1} & (n+2)2^{n-1} & n2^{n-1} \\ -2^n+3^n & 2^n-3^n & 2^n \end{bmatrix}$ (i) も (ii) も $n=1,2,\cdots$ でなりたつ.

5

◆ 第 5 章の発展問題解答 (18〜23)

18. (論証はまず定義から) 正方行列 A の固有方程式 $\varphi_A(t)$ の定数項は $|A|$ で, A が正則行列ならば $|A| \neq 0$. よって $\varphi_A(t)=0$ の解である固有値 λ は $\lambda \neq 0$. このとき $\lambda(A^{-1}-\lambda^{-1}E)A = \lambda E - A$ であり, 行列式をとりあげると $\lambda^n|A^{-1}-\lambda^{-1}E||A| = (-1)^n|A-\lambda E| = 0$. ここで $\lambda \neq 0$, $|A| \neq 0$ から $|A^{-1}-\lambda^{-1}E| = 0$. よって λ^{-1} は A^{-1} の固有値である.

19. (論証では条件を言いかえて $P \Rightarrow Q$ の形に) $A = \begin{bmatrix} A_1 & O \\ O & A_2 \end{bmatrix}$ (A_1, A_2 は正方行列) のとき $A^r = \begin{bmatrix} A_1^r & O \\ O & A_2^r \end{bmatrix}$ ($r=0,1,\cdots$). よって多項式 $f(t)$ に対して $f(A) = \begin{bmatrix} f(A_1) & O \\ O & f(A_2) \end{bmatrix}$. A_1, A_2 の最小多項式 $\mu_1(t), \mu_2(t)$ の最小公倍数を $m(t)$ とすると $\mu_1(A_1)=O, \mu_2(A_2)=O$ から $m(A_1)=m(A_2)=O$. よって $m(A) = \begin{bmatrix} m(A_1) & O \\ O & m(A_2) \end{bmatrix} = O$. よって $m(t)$ は A の最小多項式 $\mu(t)$ で割り切れる. 逆に $\mu(A) = \begin{bmatrix} \mu(A_1) & O \\ O & \mu(A_2) \end{bmatrix} = O$ から $\mu(A_1)=O, \mu(A_2)=O$. よって $\mu(t)$ は $\mu_1(t), \mu_2(t)$ で割り切れ, それらの最小公倍数 $m(t)$ で割り切れる. $m(t)$ も $\mu(t)$ も最高次係数 1 にすると $m(t)=\mu(t)$

20. A の固有値を $\lambda_1, \lambda_2, \cdots, \lambda_n$ とすると, フロベニウスの定理から, $|f(A)| = f(\lambda_1)f(\lambda_2)\cdots f(\lambda_n)$. よって $f(A)$ が正則 $\Leftrightarrow$ 行列式 $|f(A)| \neq 0$ $\Leftrightarrow$ $f(\lambda_i) \neq 0$ ($i=1,2,\cdots,n$) $\Leftrightarrow$ $f(t), \varphi_A(t)$ が共通解をもたない $\Leftrightarrow$ $f(t), \varphi_A(t)$ が互いに素

21. $A = \begin{bmatrix} 2 & 6 \\ 1 & 1 \end{bmatrix}$ では $\varphi_A(t) = (t-4)(t+1)$. $\lambda_1 = 4, \lambda_2 = -1$ で重解をもたないから, 対角化可能. $P^{-1}AP = \begin{bmatrix} 4 & 0 \\ 0 & -1 \end{bmatrix}$ となる $P = [\ \boldsymbol{p}_1\ \boldsymbol{p}_2\ ]$ の条件は $[\ A\boldsymbol{p}_1\ A\boldsymbol{p}_2\ ] = [\ 4\boldsymbol{p}_1\ -\boldsymbol{p}_2\ ]$ から $T(4)\boldsymbol{p}_1 = \begin{bmatrix} -2 & 6 \\ 1 & -3 \end{bmatrix}\boldsymbol{p}_1 = \boldsymbol{0}$ に適するのは $\boldsymbol{p}_1 = \begin{bmatrix} 3 \\ 1 \end{bmatrix}, T(-1)\boldsymbol{p}_2 = \begin{bmatrix} 3 & 6 \\ 1 & 2 \end{bmatrix}\boldsymbol{p}_2 = \boldsymbol{0}$ から $\boldsymbol{p}_2 = \begin{bmatrix} 2 \\ -1 \end{bmatrix}, P = \begin{bmatrix} 3 & 2 \\ 1 & -1 \end{bmatrix}$. $A^n = P\begin{bmatrix} 4^n & 0 \\ 0 & (-1)^n \end{bmatrix}P^{-1} = \frac{1}{5}\begin{bmatrix} 3\cdot 4^n + 2\cdot(-1)^n & 6\cdot 4^n - 6\cdot(-1)^n \\ 4^n - (-1)^n & 2\cdot 4^n + 3(-1)^n \end{bmatrix}$

$\boldsymbol{x}_n = \begin{bmatrix} x_n \\ y_n \end{bmatrix}$ とすると $\boldsymbol{x}_{n+1} = A\boldsymbol{x}_n, \boldsymbol{x}_0 = \begin{bmatrix} 1 \\ 0 \end{bmatrix}$ から $\boldsymbol{x}_n = A^n\boldsymbol{x}_0$ となり

$$x_n = \frac{1}{5}\{3\cdot 4^n + 2\cdot(-1)^n\}, \quad y_n = \frac{1}{5}\{4^n - (-1)^n\}$$

22. A の固有多項式は $\varphi_A(t) = -(t-1)(t+1)(t-2) = -(t^3-2t^2-t+2)$ であり，ハミルトン-ケーリーの定理から $A^3-2A^2-A+2E=O$ $\therefore$ $A^3=2A^2+A-2E, A^4=2A^3+A^2-2A=5A^2-4E$. $A^2=B$ とおくと，$B^2=5B-4E$. $B^n=(a_n+1)B-a_nE$ とすると，$B^{n+1}=(a_n+1)(5B-4E)-a_nB=(4a_n+5)B-4(a_n+1)E$. よって $a_{n+1}=4a_n+4, a_1=0$ この漸化式から $a_{n+1}+\frac{4}{3}=4(a_n+\frac{4}{3})$ を経て $a_n+\frac{4}{3}=(a_1+\frac{4}{3})4^{n-1}$

$$\therefore \quad a_n=\tfrac{1}{3}\cdot 4^n-\tfrac{4}{3},\quad A^{2n}=\tfrac{1}{3}(4^n-1)A^2-\tfrac{1}{3}(4^n-4)E \quad (n=1,2,3,\cdots)$$

23. $A=\begin{bmatrix} p & 1-p \\ 1-q & q \end{bmatrix}$ を対角行列にする．$\varphi_A(t)=(t-1)\{t-(p+q-1)\}$ から固有値は $\lambda_1=1, \lambda_2=p+q-1$. よって $T_A(\lambda_1)=\begin{bmatrix} p-1 & 1-p \\ 1-q & q-1 \end{bmatrix} \to \begin{bmatrix} 1 & -1 \\ 0 & 0 \end{bmatrix}$ よって $\boldsymbol{x}_1=\begin{bmatrix} 1 \\ 1 \end{bmatrix}$ でよい．$T_A(\lambda_2)=\begin{bmatrix} 1-q & 1-p \\ 1-q & 1-p \end{bmatrix} \to \begin{bmatrix} 1-q & 1-p \\ 0 & 0 \end{bmatrix}$ したがって $\boldsymbol{x}_2=\begin{bmatrix} 1-p \\ -1+q \end{bmatrix}$ でよく $P=[\,\boldsymbol{x}_1\ \boldsymbol{x}_2\,]=\begin{bmatrix} 1 & 1-p \\ 1 & -1+q \end{bmatrix}$ とすると $P^{-1}AP=\begin{bmatrix} 1 & 0 \\ 0 & p+q-1 \end{bmatrix}$

$\therefore$ $P^{-1}A^nP=\begin{bmatrix} 1 & 0 \\ 0 & (p+q-1)^n \end{bmatrix}$. ここで $0<p,q<1$ から $-1<p+q-1<1$ であり，$\lim_{n\to\infty}(p+q-1)^n=0$

$$\therefore \quad \lim_{n\to\infty} A^n = P\begin{bmatrix} 1 & 0 \\ 0 & 0 \end{bmatrix}P^{-1}=\frac{1}{p+q-2}\begin{bmatrix} q-1 & p-1 \\ q-1 & p-1 \end{bmatrix}$$

第6章の問題解答 (165.1～195.2)

165.1 「P が直交行列」⇔「(ア)P が実，(イ)${}^tP$ が P の逆行列」⇔「${}^tP$ が実，${}^t({}^tP)=P$ が ${}^tP$ の逆行列」⇔「${}^tP$ が直交行列」

166.1 (i) $\boldsymbol{a}_1=\frac{1}{\sqrt{3}}\begin{bmatrix} 1 \\ 1 \\ 1 \end{bmatrix}, \boldsymbol{a}_2=\frac{1}{\sqrt{6}}\begin{bmatrix} 1 \\ -2 \\ 1 \end{bmatrix}, \boldsymbol{a}_3=\frac{1}{\sqrt{2}}\begin{bmatrix} -1 \\ 0 \\ 1 \end{bmatrix}$

(ii) $\boldsymbol{a}_1=\frac{1}{\sqrt{2}}[\,1\ 1\ 0\ 0\,], \boldsymbol{a}_2=\frac{1}{\sqrt{6}}[\,-1\ 1\ 2\ 0\,], \boldsymbol{a}_3=\frac{1}{2\sqrt{3}}[\,1\ -1\ 1\ 3\,]$

167.1 (i) ${}^tQ_1=Q_1^{-1}, {}^tQ_2=Q_2^{-1}, {}^tP={}^t\begin{bmatrix} 1 & O \\ O & Q_2 \end{bmatrix}{}^tQ_1=\begin{bmatrix} 1 & O \\ O & Q_2^{-1} \end{bmatrix}Q_1^{-1}=P^{-1}$ だから P は直交行列で，$P^{-1}AP=\begin{bmatrix} 1 & O \\ O & Q_2^{-1} \end{bmatrix}Q_1^{-1}AQ_1\begin{bmatrix} 1 & O \\ O & Q_2 \end{bmatrix}$

$$=\begin{bmatrix} 1 & O \\ O & Q_2^{-1} \end{bmatrix}\begin{bmatrix} \lambda_1 & * \\ O & A_2 \end{bmatrix}\begin{bmatrix} 1 & O \\ O & Q_2 \end{bmatrix}=\begin{bmatrix} \lambda_1 & * \\ O & Q_2^{-1}A_2Q_2 \end{bmatrix}=\begin{bmatrix} \lambda_1 & & * \\ & \lambda_2 & \\ O & & \lambda_3 \end{bmatrix}$$

(ii) $Q_2^{-1}AQ_2$ に対して，帰納法の仮定をとりあげる．

168.1 (i) $\boldsymbol{x}={}^t[\,x_1\ x_2\ \cdots\ x_n\,]\neq\boldsymbol{0}$ だから，成分の少なくとも 1 つは 0 でない．$x_i\neq 0$ とすると $\overline{x_i}x_i>0$. i 以外でも $\overline{x_j}x_j\geqq 0$. よって ${}^t\overline{\boldsymbol{x}}\boldsymbol{x}=\overline{x_1}x_1+\cdots+\overline{x_n}x_n>0$ (共役な複素数の積 $(x+yi)(x-yi)=x^2+y^2\geqq 0$)

168.2 $\varphi_A(t)=-t^3+3t^2+24t+28=-(t+2)^2(t-7)$ から $\lambda_1=-2$ (2 重解), $\lambda_2=7$.

$T_A(-2)=\begin{bmatrix} 4 & -4 & 2 \\ -4 & 4 & -2 \\ 2 & -2 & 1 \end{bmatrix} \to \begin{bmatrix} 2 & -2 & 1 \\ 0 & 0 & 0 \\ 0 & 0 & 0 \end{bmatrix}$ から -2 に対する固有ベクトルは

$\mu \begin{bmatrix} 1 \\ 1 \\ 0 \end{bmatrix} \risingdotseq \nu \begin{bmatrix} 0 \\ 1 \\ 2 \end{bmatrix}$

$T_A(7) = \begin{bmatrix} -5 & -4 & 2 \\ -4 & -5 & -2 \\ 2 & -2 & -8 \end{bmatrix} \to \begin{bmatrix} 1 & 1 & 0 \\ 0 & 1 & 2 \\ 0 & 0 & 0 \end{bmatrix}$ から 7 に対する固有ベクトルは $\rho \begin{bmatrix} 2 \\ -2 \\ 1 \end{bmatrix}$ $(\mu\nu\rho \risingdotseq 0)$. 同じ固有値 -2 に対する $\begin{bmatrix} 1 \\ 1 \\ 0 \end{bmatrix} \begin{bmatrix} 0 \\ 1 \\ 2 \end{bmatrix}$ は直交しないが, $\begin{bmatrix} 1 \\ 1 \\ 0 \end{bmatrix}$ と $\begin{bmatrix} 2 \\ -2 \\ 1 \end{bmatrix}$, $\begin{bmatrix} 0 \\ 1 \\ 2 \end{bmatrix}$ と $\begin{bmatrix} 2 \\ -2 \\ 1 \end{bmatrix}$ は直交.

注意 -2 に対する固有ベクトルを, たまたま $\begin{bmatrix} 1 \\ 1 \\ 0 \end{bmatrix}, \begin{bmatrix} 1 \\ 0 \\ -2 \end{bmatrix}$ にとれば $\begin{bmatrix} 2 \\ -2 \\ 1 \end{bmatrix}$ と 3 者直交する. (はじめの 2 つにグラム-シュミットを用いればよい ⇨ 例題 166 と類似)

169.1

$$A\boldsymbol{x}_i = \lambda \boldsymbol{x}_i, \quad \boldsymbol{a}_i = \frac{1}{|\boldsymbol{y}_i|}\boldsymbol{y}_i, \quad \boldsymbol{y}_i = \boldsymbol{x}_i - \sum_{j=1}^{i-1} ({}^t\boldsymbol{x}_i \boldsymbol{a}_j)\boldsymbol{a}_j$$

$A\boldsymbol{a}_i = \frac{1}{|\boldsymbol{y}_i|}\left\{ A\boldsymbol{x}_i - \sum_{j=1}^{i-1} ({}^t\boldsymbol{x}_i \boldsymbol{a}_j) A\boldsymbol{a}_j \right\}$ となる. $j = 1, 2, \cdots, i-1$ に対して $A\boldsymbol{a}_j = \lambda \boldsymbol{a}_j$ とすると $A\boldsymbol{a}_i = \dfrac{\lambda}{|\boldsymbol{y}_i|}\boldsymbol{y}_i = \lambda \boldsymbol{a}_i$ となり $\boldsymbol{a}_i$ も固有ベクトルである.

170.1 (i) $P = \begin{bmatrix} 3/\sqrt{10} & 1/\sqrt{10} \\ -1/\sqrt{10} & 3/\sqrt{10} \end{bmatrix}$ により $P^{-1}AP = \begin{bmatrix} 5 & 0 \\ 0 & -5 \end{bmatrix}$

(ii) $P = \begin{bmatrix} 1/3 & -2/3 & 2/3 \\ -2/3 & 1/3 & 2/3 \\ 2/3 & 2/3 & 1/3 \end{bmatrix}$ により $P^{-1}AP = \begin{bmatrix} 5 & 0 & 0 \\ 0 & 2 & 0 \\ 0 & 0 & -1 \end{bmatrix}$

171.1 (i) $\varphi_A(t) = -(t-1)(t+1)(t-2)$. 固有値 $1, -1, 2$ に対する固有ベクトルは $\boldsymbol{a}_1 = \begin{bmatrix} 1 \\ 1 \\ 0 \end{bmatrix}, \boldsymbol{a}_2 = \begin{bmatrix} -1 \\ 1 \\ 0 \end{bmatrix}, \boldsymbol{a}_3 = \begin{bmatrix} 0 \\ 0 \\ 1 \end{bmatrix}$. これらは固有値が異なるので直交性をもつ. 正規化して $P = [\, \boldsymbol{p}_1\ \boldsymbol{p}_2\ \boldsymbol{p}_3 \,] = \begin{bmatrix} \frac{1}{\sqrt{2}} & -\frac{1}{\sqrt{2}} & 0 \\ \frac{1}{\sqrt{2}} & \frac{1}{\sqrt{2}} & 0 \\ 0 & 0 & 1 \end{bmatrix}$ となり $P^{-1}AP = \begin{bmatrix} 1 & & O \\ & -1 & \\ O & & 2 \end{bmatrix}$

(ii) $\varphi_A(t) = -(t-2)^2(t+2)$. $\lambda = 2$ に対して正規直交化された基底は $\begin{bmatrix} \frac{1}{\sqrt{2}} \\ \frac{1}{\sqrt{2}} \\ 0 \end{bmatrix}$ と $\begin{bmatrix} \frac{1}{2} \\ -\frac{1}{2} \\ \frac{1}{\sqrt{2}} \end{bmatrix}$.

$\lambda = -2$ に対しては $\begin{bmatrix} -\frac{1}{2} \\ \frac{1}{2} \\ \frac{1}{\sqrt{2}} \end{bmatrix}$. よって $P = \begin{bmatrix} \frac{1}{\sqrt{2}} & \frac{1}{2} & -\frac{1}{2} \\ \frac{1}{\sqrt{2}} & -\frac{1}{2} & \frac{1}{2} \\ 0 & \frac{1}{\sqrt{2}} & \frac{1}{\sqrt{2}} \end{bmatrix}$ となり,

$P^{-1}AP = \begin{bmatrix} 2 & & O \\ & 2 & \\ O & & -2 \end{bmatrix}$

172.1 $\varphi_A(t) = -(t-1)^3(t+1)^2$. 固有値 1 に対する固有ベクトルは直交系 ${}^t[\,1\ 0\ 0\ 0\ 1\,], {}^t[\,0\ 1\ 0\ 1\ 0\,], {}^t[\,0\ 0\ 1\ 0\ 0\,]$. 固有値 -1 に対しては ${}^t[\,0\ -1\ 0\ 1\ 0\,], {}^t[\,-1\ 0\ 0\ 0\ 1\,]$

$$P=\begin{bmatrix} \frac{1}{\sqrt{2}} & 0 & 0 & 0 & -\frac{1}{\sqrt{2}} \\ 0 & \frac{1}{\sqrt{2}} & 0 & -\frac{1}{\sqrt{2}} & 0 \\ 0 & 0 & 1 & 0 & 0 \\ 0 & \frac{1}{\sqrt{2}} & 0 & \frac{1}{\sqrt{2}} & 0 \\ \frac{1}{\sqrt{2}} & 0 & 0 & 0 & \frac{1}{\sqrt{2}} \end{bmatrix},\quad P^{-1}AP=\begin{bmatrix} 1 & & & & \\ & 1 & & O & \\ & & 1 & & \\ & O & & -1 & \\ & & & & -1 \end{bmatrix}$$

173.1 ②で内積を考えて $1=|\boldsymbol{e}_1'|^2=\boldsymbol{e}_1'\cdot\boldsymbol{e}_1'=(p_{11}\boldsymbol{e}_1+p_{21}\boldsymbol{e}_2)\cdot(p_{11}\boldsymbol{e}_1+p_{21}\boldsymbol{e}_2)=p_{11}^2+p_{21}^2$
$\therefore\ \ p_{11}^2+p_{21}^2=1$，同様に $1=\boldsymbol{e}_2'\cdot\boldsymbol{e}_2'$ から $p_{12}^2+p_{22}^2=1$，$0=\boldsymbol{e}_1'\cdot\boldsymbol{e}_2'$ から $p_{11}p_{12}+p_{21}p_{22}=0$．よって P は直交行列である．

174.1 $\begin{bmatrix} x \\ y \end{bmatrix}=\begin{bmatrix} \frac{4}{5}x-\frac{3}{5}y-2 \\ \frac{3}{5}x+\frac{4}{5}y+3 \end{bmatrix}$ となる (x,y) である．点 $(-\frac{11}{2},-\frac{3}{2})$

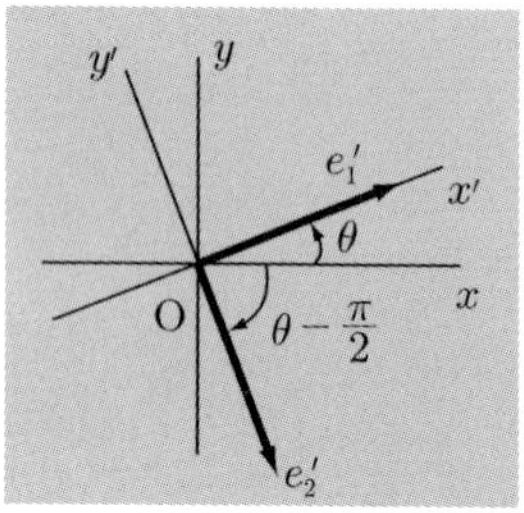

175.1 $\theta=-\dfrac{\pi}{4}$, $\begin{bmatrix} x \\ y \end{bmatrix}=\begin{bmatrix} \frac{1}{\sqrt{2}} & \frac{1}{\sqrt{2}} \\ -\frac{1}{\sqrt{2}} & \frac{1}{\sqrt{2}} \end{bmatrix}\begin{bmatrix} x' \\ y' \end{bmatrix}+\begin{bmatrix} 3 \\ -4 \end{bmatrix}$

175.2 例題の解答の中の $\eta=\theta-\frac{\pi}{2}$ または $\eta=\theta+\frac{3\pi}{2}$ のときで
$P=\begin{bmatrix} \cos\theta & \sin\theta \\ \sin\theta & -\cos\theta \end{bmatrix}$

176.1 右手系 $\Leftrightarrow$ $\boldsymbol{e}_1\times\boldsymbol{e}_2=\boldsymbol{e}_3$，左手系 $\Leftrightarrow$ $\boldsymbol{e}_1\times\boldsymbol{e}_2=-\boldsymbol{e}_3$ である．Γ,Γ' がともに右手系となるのは $\boldsymbol{e}_i'=p_{1i}\boldsymbol{e}_1+p_{2i}\boldsymbol{e}_2+p_{3i}\boldsymbol{e}_3$ とすると

$\boldsymbol{e}_1'\times\boldsymbol{e}_2'=\begin{vmatrix} \boldsymbol{e}_1 & \boldsymbol{e}_2 & \boldsymbol{e}_3 \\ p_{11} & p_{21} & p_{31} \\ p_{12} & p_{22} & p_{32} \end{vmatrix}$ であり（⇨ p.142），これが $\boldsymbol{e}_3'=p_{13}\boldsymbol{e}_1+p_{23}\boldsymbol{e}_2+p_{33}\boldsymbol{e}_3$ よって

$\begin{vmatrix} p_{21} & p_{31} \\ p_{22} & p_{32} \end{vmatrix}=p_{13},\ -\begin{vmatrix} p_{11} & p_{31} \\ p_{12} & p_{32} \end{vmatrix}=p_{23},\ \begin{vmatrix} p_{11} & p_{21} \\ p_{12} & p_{22} \end{vmatrix}=p_{33}$ となり

$|P|=\begin{vmatrix} p_{11} & p_{12} & p_{13} \\ p_{21} & p_{22} & p_{23} \\ p_{31} & p_{32} & p_{33} \end{vmatrix}=p_{13}^2+p_{23}^2+p_{33}^2=1$ の場合である．

177.1 $x-2y+3=0, x+y-3=0$ の交点は $\mathrm{O}'(1,2)$．$\lambda(2,1)$ が g_1 の方向ベクトル．$\therefore\ \boldsymbol{e}_1'=(1,1/2)$．また $\mu(-1,1)$ が g_2 の方向ベクトル．

$$\therefore\quad \boldsymbol{e}_2'=(1,-1)\qquad \therefore\quad \begin{bmatrix} x \\ y \end{bmatrix}=\begin{bmatrix} 1 & 1 \\ 1/2 & -1 \end{bmatrix}\begin{bmatrix} x' \\ y' \end{bmatrix}+\begin{bmatrix} 1 \\ 2 \end{bmatrix}$$

178.1 (i) $\overrightarrow{\mathrm{OA}}=x\boldsymbol{e}_1+y\boldsymbol{e}_2+z\boldsymbol{e}_3$, $\overrightarrow{\mathrm{O'A}}=x'\boldsymbol{e}_1'+y'\boldsymbol{e}_2'+z'\boldsymbol{e}_3'=x'(p_{11}\boldsymbol{e}_1+p_{21}\boldsymbol{e}_2+p_{31}\boldsymbol{e}_3)+y'(p_{12}\boldsymbol{e}_1+p_{22}\boldsymbol{e}_2+p_{32}\boldsymbol{e}_3)+z'(p_{13}\boldsymbol{e}_1+p_{23}\boldsymbol{e}_2+p_{33}\boldsymbol{e}_3)$．これに $\overrightarrow{\mathrm{OO'}}=x_0\boldsymbol{e}_1+y_0\boldsymbol{e}_2+z_0\boldsymbol{e}_3$ を合わせて x,y,z をとり出せばよい．P の直交性も同じである．

(ii) $\boldsymbol{x}=\begin{bmatrix} x \\ y \\ z \end{bmatrix}, \boldsymbol{x}'=\begin{bmatrix} x' \\ y' \\ z' \end{bmatrix}, A=\begin{bmatrix} 1 & 2 & 3 \\ 2 & 4 & 5 \\ 3 & 5 & 6 \end{bmatrix}, \boldsymbol{x}_0=\begin{bmatrix} 1 \\ -2 \\ 3 \end{bmatrix}$．$\pi$ は $\boldsymbol{f}=[\,1\ 3\ -2\,]$ とすると $\boldsymbol{f}\boldsymbol{x}+1=0$．$\boldsymbol{x}$ を消去すると $\boldsymbol{f}(A\boldsymbol{x}'+\boldsymbol{x}_0)+1=0$．行列を成分で書いて整理すると，$x'+4y'+6z'-10=0$ (iii) 座標変換の式を $\boldsymbol{x}=A\boldsymbol{x}'+\boldsymbol{x}_0$，直線の式を $\boldsymbol{f}\boldsymbol{x}+1=0$ とおくと，$\boldsymbol{f}A=[\,1\ 1\,]\begin{bmatrix} -4 & 3 \\ 2 & 5 \end{bmatrix}=[\,-2\ 8\,], \boldsymbol{f}\boldsymbol{x}_0+1=[\,1\ 1\,]\begin{bmatrix} 2 \\ -1 \end{bmatrix}+1=2$

$\therefore$ Γ' に関する方程式は $-2x'+8y'+2=0$ $\quad\therefore\ -x'+4y'+1=0$

178.2 $\boldsymbol{f}_1=\begin{bmatrix}-1 & 1\end{bmatrix}, \boldsymbol{f}_2=\begin{bmatrix}1 & 2\end{bmatrix}$ とおく．直線の式は $\boldsymbol{f}_1\boldsymbol{x}-2=0$ および $\boldsymbol{f}_2\boldsymbol{x}-1=0$. $\Gamma\to\Gamma'$ の式を $\begin{bmatrix}x\\ y\end{bmatrix}=\begin{bmatrix}a & b\\ c & d\end{bmatrix}\begin{bmatrix}x'\\ y'\end{bmatrix}+\begin{bmatrix}x_0\\ y_0\end{bmatrix}$ とすると $\begin{bmatrix}-1 & 1\end{bmatrix}\begin{bmatrix}a & b\\ c & d\end{bmatrix}=\begin{bmatrix}\alpha & -1\end{bmatrix}$ から $-a+c=\alpha, -b+d=-1$. また $\begin{bmatrix}1 & 2\end{bmatrix}\begin{bmatrix}a & b\\ c & d\end{bmatrix}=\begin{bmatrix}-\alpha & -1\end{bmatrix}$ から $a+2c=-\alpha, b+2d=-1$ $\quad\therefore\ a=-\alpha, c=0, b=\frac{1}{3}, d=-\frac{2}{3}$. (x_0,y_0) は 2 直線の交点. $\therefore\ x_0=-1, y_0=1$ $\quad\therefore\ \Gamma'=\{(-1,1);(-\alpha,0),(\frac{1}{3},-\frac{2}{3})\}$ が求める座標系の一つ.

179.1 (i) $\overrightarrow{\mathrm{OO'}}=\frac{\boldsymbol{e}_1}{2}+\boldsymbol{e}_2+\frac{\boldsymbol{e}_3}{2}, \boldsymbol{e}'_1=\boldsymbol{e}_1-\overrightarrow{\mathrm{OO'}}=\frac{\boldsymbol{e}_1}{2}-\boldsymbol{e}_2-\frac{\boldsymbol{e}_3}{2}$, $\boldsymbol{e}'_2=(\boldsymbol{e}_2+\boldsymbol{e}_3)-\overrightarrow{\mathrm{OO'}}=-\frac{\boldsymbol{e}_1}{2}+\frac{\boldsymbol{e}_3}{2}, \boldsymbol{e}'_3=(\boldsymbol{e}_1+\boldsymbol{e}_3)-\overrightarrow{\mathrm{OO'}}=\frac{\boldsymbol{e}_1}{2}-\boldsymbol{e}_2+\frac{\boldsymbol{e}_3}{2}$ $\quad\therefore \begin{bmatrix}x\\ y\\ z\end{bmatrix}=\begin{bmatrix}\frac{1}{2} & -\frac{1}{2} & \frac{1}{2}\\ -1 & 0 & -1\\ -\frac{1}{2} & \frac{1}{2} & \frac{1}{2}\end{bmatrix}\begin{bmatrix}x'\\ y'\\ z'\end{bmatrix}+\begin{bmatrix}\frac{1}{2}\\ 1\\ \frac{1}{2}\end{bmatrix}$

(ii) $\overrightarrow{\mathrm{OO'}}=\frac{2\boldsymbol{e}_1+2\boldsymbol{e}_2}{3}, \boldsymbol{e}'_1=2\boldsymbol{e}_2-\overrightarrow{\mathrm{OO'}}=\frac{-2\boldsymbol{e}_1}{3}+\frac{4\boldsymbol{e}_2}{3}, \boldsymbol{e}'_2=2\boldsymbol{e}_1-\overrightarrow{\mathrm{OO'}}=\frac{4\boldsymbol{e}_1}{3}-\frac{2\boldsymbol{e}_2}{3}$

$\therefore \begin{bmatrix}x\\ y\end{bmatrix}=\begin{bmatrix}-\frac{2}{3} & \frac{4}{3}\\ \frac{4}{3} & -\frac{2}{3}\end{bmatrix}\begin{bmatrix}x'\\ y'\end{bmatrix}+\begin{bmatrix}\frac{2}{3}\\ \frac{2}{3}\end{bmatrix}$

180.1 〔だ円〕 $\mathrm{F}(-k,0), \mathrm{F}(k,0)$ に対して $\sqrt{(x+k)^2+y^2}+\sqrt{(x-k)^2+y^2}=2a\ \cdots$① $\sqrt{(x+k)^2+y^2}=2a-\sqrt{(x-k)^2+y^2}\ \cdots$② を 2 乗して整理すると $kx-a^2=-a\sqrt{(x-k)^2+y^2}$. もう一度 2 乗して整理すると $(a^2-k^2)x^2+a^2y^2=a^2(a^2-k^2)\ \cdots$③ ここで $a>k>0$ であるから $a^2-k^2=b^2\,(b>0)$ とすると $\frac{x^2}{a^2}+\frac{y^2}{b^2}=1$ となる.

〔双曲線〕 ①の左辺が $\sqrt{(x+k)^2+y^2}-\sqrt{(x-k)^2+y^2}$. そこで②の右辺が $2a+\sqrt{(x-k)^2+y^2}$. そこで③は $(k^2-a^2)x^2-a^2y^2=a^2(k^2-a^2)$ となり $k>a>0$ なので $k^2-a^2=b^2\,(b>0)$ とすると $\frac{x^2}{a^2}-\frac{y^2}{b^2}=1$ となる.

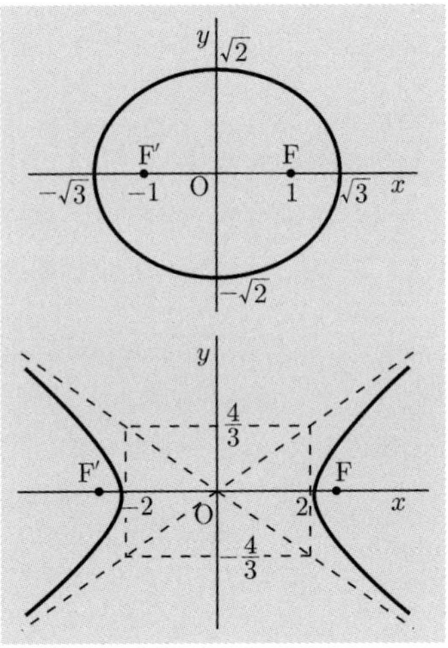

180.2 $2x^2+3y^2=6$ から $\frac{x^2}{3}+\frac{y^2}{2}=1$. 焦点は $(\pm k,0)=(\pm\sqrt{a^2-b^2},0)$ なので $(\pm 1,0)$. $4x^2-9y^2=16$ では $\frac{x^2}{4}-\frac{y^2}{16/9}=1$. 焦点は $(\pm k,0)=(\pm\sqrt{a^2+b^2},0)$ であるから $(\pm\frac{2\sqrt{13}}{3},0)$

注意 だ円で $b>a$ のとき，双曲線で $\frac{x^2}{a^2}-\frac{y^2}{b^2}=-1$ のとき焦点は y 軸上にある.

181.1 $A=\begin{bmatrix}1 & -1\\ -1 & 1\end{bmatrix}$ の固有値は 0, 2 で対する固有ベクトルを $\begin{bmatrix}\frac{1}{\sqrt{2}}\\ \frac{1}{\sqrt{2}}\end{bmatrix}, \begin{bmatrix}-\frac{1}{\sqrt{2}}\\ \frac{1}{\sqrt{2}}\end{bmatrix}$ にとれて $P=\begin{bmatrix}\frac{1}{\sqrt{2}} & -\frac{1}{\sqrt{2}}\\ \frac{1}{\sqrt{2}} & \frac{1}{\sqrt{2}}\end{bmatrix}, P^{-1}AP=\begin{bmatrix}0 & 0\\ 0 & 2\end{bmatrix}$. さらに $\boldsymbol{b}=\begin{bmatrix}-1\\ -\frac{1}{2}\end{bmatrix}, \boldsymbol{x}=\begin{bmatrix}x\\ y\end{bmatrix}$ とすると曲線

の式は ${}^t\boldsymbol{x}A\boldsymbol{x}+2{}^t\boldsymbol{b}\boldsymbol{x}-1=0$ であるから，$\boldsymbol{x}=P\boldsymbol{x}''$ とすると，曲線の式は ${}^t\boldsymbol{x}''P^{-1}AP\boldsymbol{x}''+2{}^t\boldsymbol{b}P\boldsymbol{x}''-1=0$．$\boldsymbol{x}''=\begin{bmatrix} x'' \\ y'' \end{bmatrix}$ とすると $2y''^2+\frac{1}{\sqrt{2}}y''-\frac{3}{\sqrt{2}}x''-1=0$ となり $(y''+\frac{1}{4\sqrt{2}})^2-\frac{3}{2\sqrt{2}}(x''+\frac{17}{24\sqrt{2}})=0$．よって $\begin{bmatrix} x'' \\ y'' \end{bmatrix}=\begin{bmatrix} x' \\ y' \end{bmatrix}+\begin{bmatrix} -\frac{17}{24\sqrt{2}} \\ -\frac{1}{4\sqrt{2}} \end{bmatrix}$ とすると $y'^2=\frac{3}{2\sqrt{2}}x'$（放物線）を得る．($|P|=-1$ にとると $y'^2=-\frac{3}{2\sqrt{2}}x'$)

181.2 $A=\begin{bmatrix} a & h \\ h & b \end{bmatrix}$ の固有値は $\varphi_A(t)=(t-a)(t-b)-h^2=0$ の解 λ,μ であり $\lambda+\mu=a+b, \lambda\mu=ab-h^2$．与えられた式は ${}^t\boldsymbol{x}A\boldsymbol{x}=1$ だから $P^{-1}AP=\begin{bmatrix} \lambda & 0 \\ 0 & \mu \end{bmatrix}$ によって $\lambda x'^2+\mu y'^2=1$ となる.「曲線がだ円である」 $\Leftrightarrow$ $\lambda>0,\mu>0$ $\Leftrightarrow$ $\lambda+\mu>0,\lambda\mu>0$ $\Leftrightarrow$ $a+b>0, ab-h^2>0$
囲む面積は $\pi\cdot\frac{1}{\sqrt{\lambda}}\frac{1}{\sqrt{\mu}}=\frac{\pi}{\sqrt{ab-h^2}}$（だ円の囲む面積は，標準形で πab ⇨『新版 演習 微分積分』（サイエンス社）p.93）

182.1 (i) $A=\begin{bmatrix} 3 & 2 \\ 2 & 6 \end{bmatrix}, \boldsymbol{b}=\begin{bmatrix} -3 \\ -1 \end{bmatrix}, \boldsymbol{x}=\begin{bmatrix} x \\ y \end{bmatrix}$ とおく．A の固有値は $2,7$ でそれらに対する単位固有ベクトルはそれぞれ $\boldsymbol{p}_1={}^t[\ \frac{2}{\sqrt{5}}\ \ -\frac{1}{\sqrt{5}}\ ], \boldsymbol{p}_2={}^t[\ \frac{1}{\sqrt{5}}\ \ \frac{2}{\sqrt{5}}\ ]$ だから座標変換（$-\tan^{-1}(\frac{1}{2})$ の回転）

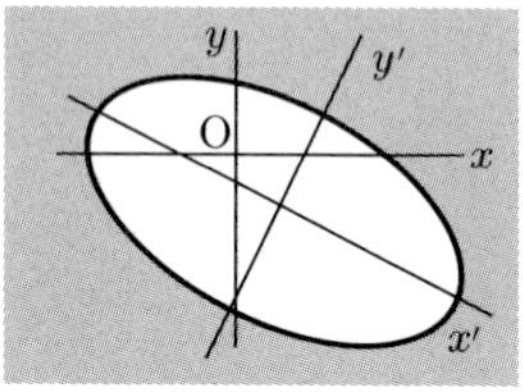

$$P=[\ \boldsymbol{p}_1\ \boldsymbol{p}_2\ ],\quad \boldsymbol{x}=P\boldsymbol{y},\quad \boldsymbol{y}={}^t[\ x''\ y''\ ]$$

を行うと $2x''^2-2\sqrt{5}\,x''+7y''^2-2\sqrt{5}\,y''+2=0$ を得る．

さらに座標の平行移動 $\begin{bmatrix} x'' \\ y'' \end{bmatrix}=\begin{bmatrix} x' \\ y' \end{bmatrix}+\begin{bmatrix} \frac{\sqrt{5}}{2} \\ \frac{\sqrt{5}}{7} \end{bmatrix}$ によって標準形 $2x'^2+7y'^2=17/14$ を得る．これはだ円である．座標変換の式は $\begin{bmatrix} x \\ y \end{bmatrix}=\begin{bmatrix} \frac{2}{\sqrt{5}} & \frac{1}{\sqrt{5}} \\ -\frac{1}{\sqrt{5}} & \frac{2}{\sqrt{5}} \end{bmatrix}\begin{bmatrix} x' \\ y' \end{bmatrix}+\begin{bmatrix} \frac{8}{7} \\ -\frac{3}{14} \end{bmatrix}$

(ii) $A=\begin{bmatrix} 4 & 6 \\ 6 & 4 \end{bmatrix}, \boldsymbol{b}=\begin{bmatrix} -6 \\ -4 \end{bmatrix}$．$A$ の固有値は $-2,10$ で単位固有ベクトルはそれぞれ $\boldsymbol{p}_1={}^t[\ \frac{1}{\sqrt{2}}\ \ -\frac{1}{\sqrt{2}}\ ], \boldsymbol{p}_2={}^t[\ \frac{1}{\sqrt{2}}\ \ \frac{1}{\sqrt{2}}\ ]$ だから座標変換（$-\frac{\pi}{4}$ の回転）

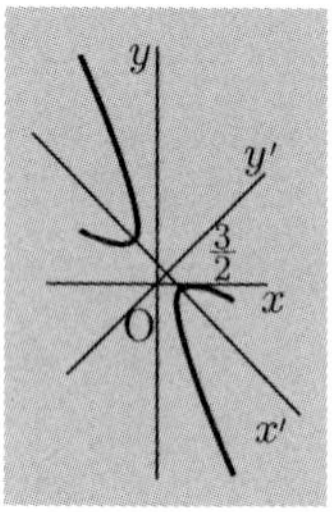

$$P=[\ \boldsymbol{p}_1\ \boldsymbol{p}_2\ ],\quad \boldsymbol{x}=P\boldsymbol{y},\quad \boldsymbol{y}={}^t[\ x''\ y''\ ]$$

を行うと $-2x''^2-2\sqrt{2}\,x''+10y''^2-10\sqrt{2}\,y''+9=0$ を得る．さらに座標の平行移動 $\begin{bmatrix} x'' \\ y'' \end{bmatrix}=\begin{bmatrix} x' \\ y' \end{bmatrix}+\begin{bmatrix} -\frac{1}{\sqrt{2}} \\ \frac{1}{\sqrt{2}} \end{bmatrix}$ によって標準形 $2x'^2-10y'^2=5$ を得る．これは双曲線である．座標変換の式は
$\begin{bmatrix} x \\ y \end{bmatrix}=\begin{bmatrix} \frac{1}{\sqrt{2}} & \frac{1}{\sqrt{2}} \\ -\frac{1}{\sqrt{2}} & \frac{1}{\sqrt{2}} \end{bmatrix}\begin{bmatrix} x' \\ y' \end{bmatrix}+\begin{bmatrix} 0 \\ 1 \end{bmatrix}$

183.1 $A=\begin{bmatrix} 4 & -3 \\ -3 & -4 \end{bmatrix}, \boldsymbol{b}=\begin{bmatrix} 1 \\ 3 \end{bmatrix}$．$A$ の固有値は $-5,5$ で単位固有ベクトルはそれぞれ $\boldsymbol{p}_1={}^t[\ \frac{1}{\sqrt{10}}\ \ \frac{3}{\sqrt{10}}\ ], \boldsymbol{p}_2={}^t[\ -\frac{3}{\sqrt{10}}\ \ \frac{1}{\sqrt{10}}\ ]$．よって，座標変換 ($\tan^{-1}3$ の回転)

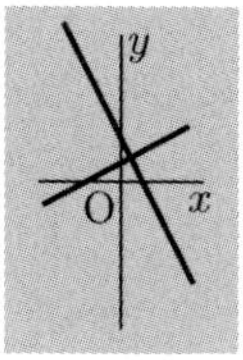

$$P=[\ \boldsymbol{p}_1\ \boldsymbol{p}_2\ ],\quad \boldsymbol{x}=P\boldsymbol{y},\quad \boldsymbol{y}={}^t[\ x''\ y''\ ]$$

を行うと

$$-5x''^2+5y''^2+2\sqrt{10}\,x''-2=0 \quad \cdots ①$$

$$\therefore \quad (x''-\sqrt{10}/5)^2+y''^2=0 \quad すなわち \quad x'^2-y'^2=0$$

となり，交わる 2 直線.

ひと言 ①は $(x''+y''-\sqrt{10}/5)(x''-y''-\sqrt{10}/5)=0$. もとの式は $(x-2y+1)(2x+y-1)=0$

184.1 $g'=0$ のときは，② は $\lambda y''^2+2f'y''+c=0 \quad \therefore (y''+f'/\lambda)^2+c/\lambda-f'^2/\lambda^2=0, c/\lambda-f'^2/\lambda^2=a$ とすると，$a>0$ ならば $y''+f'/\lambda=\pm i\sqrt{a}$（虚直線），$a=0$ ならば $y''+f'/\lambda=0$（一直線），$a<0$ ならば $-a=b$ とすると $b>0, (y''+f'/\lambda)^2-b=0 \quad \therefore (y''+f'/\lambda-\sqrt{b})(y''+f'/\lambda+\sqrt{b})=0$ となりこれは平行な 2 直線を表わす.

185.1 例題 181：固有値は $0,2$，${}^tP\boldsymbol{b}={}^t[\,g' \ f'\,]={}^t[\,-2 \ 2\,]$ から $g'=-2 \quad \therefore y'^2=2x'$（放物線）

問題 181.1：固有値は $0,2$，${}^tP\boldsymbol{b}={}^t[\,-3/2\sqrt{2} \ \ 1/2\sqrt{2}\,]$ から $g'=-3/2\sqrt{2} \quad \therefore y'^2=(3/2\sqrt{2})x'$（放物線）

例題 182：固有値は $6,4$，$|B|=-288, c'=-12$ で $6x'^2+4y'^2-12=0$（だ円）

問題 182.1(i)：固有値は $2,7$，$|B|=-17, c'=-17/14$ で $2x'^2+7y'^2=17/14$（だ円）

問題 182.1(ii)：固有値は $-2,10$，$|B|=-100, c'=5$ で $-2x'^2+10y'^2+5=0$. すなわち $2x'^2-10y'^2=5$（双曲線）

例題 183：固有値は $13,0$，$|B|=0, g'=0$ で $13y''^2+2f'y''+6=0$ となり，平行 2 直線か 1 直線か，虚直線であるが，① で $y=0$ とおくと $x=2/3,1$ となるので，x 軸と 2 点で交わり，平行 2 直線である.

問題 183.1：固有値は $-5,5$，$|B|=0, c'=0$ で $5x'^2-5y'^2=0$ すなわち $x'^2-y'^2=0$（2 直線）

186.1 係数行列 A の固有値が $\frac{3}{2},\frac{3}{2},0$ であり，x,y,z の 1 次の項がないので，標準形は $\frac{3}{2}x'^2+\frac{3}{2}y'=1$ となり，だ円柱（とくに円柱）.

187.1 $(x-3)^2+(y-4)^2-(z-5)^2=0$ であるから，平行移動だけでよい. $\begin{bmatrix} x \\ y \\ z \end{bmatrix}=\begin{bmatrix} x' \\ y' \\ z' \end{bmatrix}+\begin{bmatrix} 3 \\ 4 \\ 5 \end{bmatrix}$ により $x'^2+y'^2-z'^2=0$（錐面）.

187.2 （ア） $\lambda\mu\nu \fallingdotseq 0$ から，$G(\boldsymbol{x}')=\lambda x'^2+\mu y'^2+\nu z'^2+2l'x'+2m'y'+2n'z'+d$ $=\lambda(x'+\frac{l'}{\lambda})^2+\mu(y'+\frac{m'}{\mu})^2+\nu(z'+\frac{n'}{\nu})^2+d-\frac{l'^2}{\lambda}-\frac{m'^2}{\mu}-\frac{n'^2}{\nu}$. これは平行移動 $x'+\frac{l'}{\lambda}=x'', y'+\frac{m'}{\mu}=y'', z'+\frac{n'}{\nu}=z''$ により $G(\boldsymbol{x}'')=\lambda x''^2+\mu y''^2+\nu z''^2+c'=0$

（イ） $\lambda\mu \fallingdotseq 0, \nu=0$ から $G(\boldsymbol{x}')=\lambda(x'+\frac{l'}{\lambda})^2+\mu(y'+\frac{m'}{\mu})^2+2n'z'+d-\frac{l'^2}{\lambda}-\frac{m'^2}{\mu}$. これは平行移動 $x'+\frac{l'}{\lambda}=x'', y'+\frac{m'}{\mu}=y'', n' \fallingdotseq 0$ ならば $z'+\frac{d}{2n'}-\frac{l'^2}{2n'\lambda}-\frac{m'^2}{2n'\mu}=z''$ により $G(\boldsymbol{x}'')=\lambda x''^2+\mu y''^2+2n'z''=0, n'=0$ ならば $G(\boldsymbol{x}'')=\lambda x''^2+\mu y''^2+c'=0$

（ウ） $\lambda \fallingdotseq 0, \mu=\nu=0$ なので $G(\boldsymbol{x}')=\lambda x'^2+2l'x'+2m'y'+2n'z'+d=0$

平行移動 $x'+\frac{l'}{\lambda}=x'', y'=y'', z'=z''$ により $G(\boldsymbol{x}'')=\lambda x''^2+2m'y''+2n'z''+d=0 \cdots ①$

$m'n' \fallingdotseq 0$ のとき $\frac{n'}{m'}=\tan\theta$ とし，右手系で x'' 軸のまわりに θ 回転

$$\begin{bmatrix} x'' \\ y'' \\ z'' \end{bmatrix}=\begin{bmatrix} 1 & 0 & 0 \\ 0 & \cos\theta & -\sin\theta \\ 0 & \sin\theta & \cos\theta \end{bmatrix}\begin{bmatrix} x''' \\ y''' \\ z''' \end{bmatrix}$$

（⇨ 例題 175）により（これを ① に代入して整理すると）

$G(\boldsymbol{x}''')=\lambda x'''^2+2\sqrt{m'^2+n'^2}\,y'''+d-\frac{l'^2}{\lambda}=0$. またこれを平行移動 $x'''=x_1, y'''+(\lambda d-$

$l'^2)y''' + (\lambda d - l'^2)/(2\sqrt{m'^2+n'^2}) = y_2, z''' = z_1$ により $G(\boldsymbol{x}_1') = \lambda x_1^2 + 2\sqrt{m'^2+n'^2}\,y_1 = 0$
$m' \fallingdotseq 0, n' = 0$ のとき $G(\boldsymbol{x}'') = \lambda x''^2 + 2m'y'' + d = 0$，平行移動 $x'' = x''', y'' + d/(2m') = y''', z'' = z'''$ により $G(\boldsymbol{x}''') = \lambda x'''^2 + 2m'y''' = 0$．$m' = n' = 0$ のときは $G(\boldsymbol{x}'') = \lambda x''^2 + d = 0$

188.1 係数行列の固有値は $\lambda_1 = 3, \lambda_2 = 6, \lambda_3 = 0$ で固有ベクトルは $\lambda_1 = 3$ に対しては $\begin{bmatrix} 0 & 0 & 2\sqrt{2} \\ 0 & 0 & -1 \\ 2\sqrt{2} & -1 & 0 \end{bmatrix}\boldsymbol{a}_1 = \boldsymbol{0}$ から $\boldsymbol{a}_1 = \begin{bmatrix} \frac{1}{3} \\ \frac{2\sqrt{2}}{3} \\ 0 \end{bmatrix}$，$\lambda_2 = 6, \lambda_3 = 0$ に対しては $\boldsymbol{a}_2 = \begin{bmatrix} \frac{2}{3} \\ -\frac{1}{3\sqrt{2}} \\ \frac{1}{\sqrt{2}} \end{bmatrix}, \boldsymbol{a}_3 = \begin{bmatrix} -\frac{2}{3} \\ \frac{1}{3\sqrt{2}} \\ \frac{1}{\sqrt{2}} \end{bmatrix}$ にとれば正規直交系で，回転の行列は $P = \begin{bmatrix} \frac{1}{3} & \frac{2}{3} & \frac{2}{3} \\ \frac{2\sqrt{2}}{3} & -\frac{1}{3\sqrt{2}} & -\frac{1}{3\sqrt{2}} \\ 0 & \frac{1}{\sqrt{2}} & -\frac{1}{\sqrt{2}} \end{bmatrix}$．$P^{-1}AP = \begin{bmatrix} 3 & & O \\ & 6 & \\ O & & 0 \end{bmatrix}, {}^t\boldsymbol{b}P = \begin{bmatrix} -6 \\ 0 \\ -6 \end{bmatrix}$ となり回転 $\boldsymbol{x} = P\boldsymbol{x}'$ により曲線は $3x'^2 + 6y'^2 - 12x' - 12z' - 1 = 0$，すなわち $2(z' + \frac{13}{12}) = \frac{1}{2}(x'-2)^2 + y'^2$ となるので，平行移動を考えて $2z'' = \frac{x''^2}{2} + y''^2$（だ円放物面）

189.1 $A = \begin{bmatrix} 1 & 1 & 1 \\ 1 & 1 & 1 \\ 1 & 1 & 1 \end{bmatrix}, \boldsymbol{b} = \begin{bmatrix} 1 \\ 1 \\ 4 \end{bmatrix}$ で ${}^t\boldsymbol{x}A\boldsymbol{x} + 2{}^t\boldsymbol{b}\boldsymbol{x} + 2 = 0$．$A$ の固有値は $3, 0, 0$ であり，$\lambda_1 = 3$ に対しては $\boldsymbol{x}_1 = {}^t[\,1\ 1\ 1\,]$，$\lambda_2 = 0$ に対しては $\boldsymbol{x}_2 = {}^t[\,-1\ 1\ 0\,]$，$\boldsymbol{x}_3 = {}^t[\,1\ 0\ -1\,]$ からグラム-シュミットの直交化法によって，正規直交系 $\boldsymbol{a}_1 = {}^t[\,\frac{1}{\sqrt{3}}\ \frac{1}{\sqrt{3}}\ \frac{1}{\sqrt{3}}\,]$，$\boldsymbol{a}_2 = {}^t[\,-\frac{1}{\sqrt{2}}\ \frac{1}{\sqrt{2}}\ 0\,]$，$\boldsymbol{a}_3 = {}^t[\,-\frac{1}{\sqrt{6}}\ \ -\frac{1}{\sqrt{6}}\ \ \frac{2}{\sqrt{6}}\,]$ をつくり，$P = \begin{bmatrix} \frac{1}{\sqrt{3}} & -\frac{1}{\sqrt{2}} & -\frac{1}{\sqrt{6}} \\ \frac{1}{\sqrt{3}} & \frac{1}{\sqrt{2}} & -\frac{1}{\sqrt{6}} \\ \frac{1}{\sqrt{3}} & 0 & \frac{2}{\sqrt{6}} \end{bmatrix}, |P| = 1, {}^tPAP = \begin{bmatrix} 3 & & O \\ & 0 & \\ O & & 0 \end{bmatrix}$
座標交換（回転）$\boldsymbol{x} = P\boldsymbol{x}'$ を行うと ${}^tx'{}^tPAP\boldsymbol{x}' + 2{}^t\boldsymbol{b}P\boldsymbol{x}' + 2 = 0$．ここで ${}^t\boldsymbol{b}P = [\,2\sqrt{3}\ \ 0\ \sqrt{6}\,]$

$$\therefore\quad 3x' + 4\sqrt{3}\,x' + 2\sqrt{6}\,z' + 2 = 0 \qquad \therefore\quad 3(x' + \tfrac{2}{\sqrt{3}})^2 + 2\sqrt{6}(z' - \tfrac{1}{\sqrt{6}}) = 0$$

さらに平行移動 $\begin{bmatrix} x' \\ y' \\ z' \end{bmatrix} = \begin{bmatrix} x'' \\ y'' \\ z'' \end{bmatrix} + \begin{bmatrix} -\frac{2}{\sqrt{3}} \\ 0 \\ \frac{1}{\sqrt{6}} \end{bmatrix}$ により $3x''^2 + 2\sqrt{6}\,z'' = 0 \quad \therefore\ z'' = -\frac{\sqrt{6}}{4}x''^2$（放物線柱）．変換の式は $\boldsymbol{x} = P\boldsymbol{x}'' + \boldsymbol{x}_0, \boldsymbol{x}_0 = P{}^t[\,-\frac{2}{\sqrt{3}}\ 0\ \frac{1}{\sqrt{6}}\,] = {}^t[-\frac{5}{6}\ \ -\frac{5}{6}\ \ -\frac{1}{3}\,]$

190.1 $A = \begin{bmatrix} 1 & 1 & -2 \\ 1 & 1 & -2 \\ -2 & -2 & 0 \end{bmatrix}$ の固有値は $-2, 4, 0$．これらに対する単位固有ベクトルはそれぞれ

$$\boldsymbol{a}_1 = {}^t[\,\tfrac{1}{\sqrt{6}}\ \tfrac{1}{\sqrt{6}}\ \tfrac{2}{\sqrt{6}}\,],\quad \boldsymbol{a}_2 = {}^t[\,\tfrac{1}{\sqrt{3}}\ \tfrac{1}{\sqrt{3}}\ -\tfrac{1}{\sqrt{3}}\,],\quad \boldsymbol{a}_3 = {}^t[\,-\tfrac{1}{\sqrt{2}}\ \tfrac{3}{\sqrt{2}}\ 0\,]$$

だから $P = [\,\boldsymbol{a}_1\ \boldsymbol{a}_2\ \boldsymbol{a}_3\,]$ とおくと $|P| = 1$，座標変換（回転）$\boldsymbol{x} = P\boldsymbol{x}'$ を行うと

$$-2x'^2 + 4y'^2 + (2\sqrt{6}/3)x' + (16\sqrt{3}/3)y' + d = 0$$

を得る．さらに座標の平行移動 $\boldsymbol{x}' = \boldsymbol{x}'' + \begin{bmatrix} \frac{1}{\sqrt{6}} \\ \frac{-2}{\sqrt{3}} \\ 0 \end{bmatrix}$ により $-2x''^2 + 4y''^2 = 5 - d$ となる．し

たがって $d=5$ ならば交わる 2 平面，$d\neq 5$ ならば双曲線柱を表わす．

191.1 $A=\begin{bmatrix} 1 & -2\sqrt{6} & \sqrt{2} \\ -2\sqrt{6} & 0 & 2\sqrt{3} \\ \sqrt{2} & 2\sqrt{3} & 2 \end{bmatrix}$ の固有値は $6, 3, -6$，$|B|=-324$

$\lambda_1\lambda_2\lambda_3 c' = -108c' = -324$ から $c'=3$

よって標準形は $6x'^2+3y'^2-6z'^2+3=0$ $\therefore$ $2x'^2+y'^2-2z'^2=-1$ となり，2 葉双曲面である．

191.2 （例題 185 の筋書きとほとんど同じである）曲面の式は ${}^tXBX=0$．$P^{-1}AP=\begin{bmatrix} \lambda_1 & & O \\ & \lambda_2 & \\ O & & \lambda_3 \end{bmatrix}$ であり，$\boldsymbol{x}=P\boldsymbol{x}'+\boldsymbol{x}_0$ に対して $S=\begin{bmatrix} P & \boldsymbol{x}_0 \\ {}^t\boldsymbol{0} & 1 \end{bmatrix}$ とすると $X=SX'$ であり，変換後の曲面の式は ${}^tX'CX'=0$．ここで

$$C=\begin{bmatrix} {}^tPAP & {}^tP(A\boldsymbol{x}_0+\boldsymbol{b}) \\ {}^t(A\boldsymbol{x}_0+\boldsymbol{b})P & {}^t\boldsymbol{x}_0A\boldsymbol{x}_0+{}^t\boldsymbol{b}\boldsymbol{x}_0+{}^t\boldsymbol{x}_0\boldsymbol{b}+c \end{bmatrix}$$

そこで $\begin{bmatrix} x_0 \\ 1 \end{bmatrix}=X_0$ とおくと ${}^t\boldsymbol{x}_0A\boldsymbol{x}_0+{}^t\boldsymbol{b}\boldsymbol{x}_0+{}^t\boldsymbol{x}_0\boldsymbol{b}+c={}^tX_0BX_0$ となり，これを c' とする．ここで $\boldsymbol{x}_0$ を定める．$|A|=\lambda_1\lambda_2\lambda_3\neq 0$ であるから，A^{-1} が存在するので，$\boldsymbol{x}_0$ を $A\boldsymbol{x}_0+\boldsymbol{b}=\boldsymbol{0}$ のようにとるのである．以上から曲面は ${}^tX'CX'=0, C=\begin{bmatrix} \lambda_1 & & & \\ & \lambda_2 & O & \\ & O & \lambda_3 & \\ & & & c' \end{bmatrix}$ から $|C|=\lambda_1\lambda_2\lambda_3c'$．

一方 ${}^tSBS=C$ から $|C|=|S||B||S|, |S|=\begin{vmatrix} P & \boldsymbol{x}_0 \\ {}^t\boldsymbol{0} & 1 \end{vmatrix}=|P|=1$（第 4 行について余因子展開）から $|C|=|B|$ となり，c' は $\lambda_1\lambda_2\lambda_3c'=|B|$ から定まる．以上から曲線の式は $\lambda_1{x_1'}^2+\lambda_2{x_2'}^2+\lambda_3{x_3'}^2+c'=0$

192.1 係数行列 A の固有値は $6, 3$（2 重解）．$\boldsymbol{a}_1={}^t[\ \frac{1}{\sqrt{3}}\ -\frac{1}{\sqrt{3}}\ \frac{1}{\sqrt{3}}\ ]$，$\boldsymbol{a}_2={}^t[\ \frac{1}{\sqrt{2}}\ \frac{1}{\sqrt{2}}\ 0\ ]$，$\boldsymbol{a}_3={}^t[\ -\frac{1}{\sqrt{6}}\ \frac{1}{\sqrt{6}}\ \frac{2}{\sqrt{6}}\ ]$ で，$f=6y_1^2+3y_2^2+3y_3^2$

193.1 (i) 固有値は $6, 3, 0$．固有ベクトルを正規化して $\boldsymbol{a}_1={}^t[\ \frac{2}{3}\ \frac{1}{3}\ \frac{2}{3}\ ], \boldsymbol{a}_2={}^t[\ -\frac{1}{3}\ -\frac{2}{3}\ \frac{2}{3}\ ], \boldsymbol{a}_3={}^t[\ -\frac{2}{3}\ \frac{2}{3}\ \frac{1}{3}\ ]$ で $f=6y_1^2+3y_2^2$ (ii) 固有値は 6（2 重解），12．正規化した固有ベクトルは $\boldsymbol{a}_1={}^t[\ \frac{1}{\sqrt{2}}\ 0\ -\frac{1}{\sqrt{2}}\ ], \boldsymbol{a}_2={}^t[\ \frac{1}{\sqrt{3}}\ \frac{1}{\sqrt{3}}\ \frac{1}{\sqrt{3}}\ ], \boldsymbol{a}_3={}^t[\ \frac{1}{\sqrt{6}}\ -\frac{2}{\sqrt{6}}\ \frac{1}{\sqrt{6}}\ ]$ で $f=6y_1^2+6y_2^2+12y_3^2$

194.1 (i) ${}^t\boldsymbol{x}({}^tAA)\boldsymbol{x}$ は行列 ${}^tAA$ の 2 次形式で例題の(ii)の結果が使える．${}^tAA=\begin{bmatrix} 1 & 2 \\ 2 & 8 \end{bmatrix}$ の固有値は $\lambda=\frac{9\pm\sqrt{65}}{2}$．例題の結果から $\frac{9-\sqrt{65}}{2}$

(ii) この 2 次形式の行列の固有値は $\frac{1}{2}$（2 重解），2．例題の結果から最大値 2，最小値 $\frac{1}{2}$

195.1 $\varphi_A(t)=-(t-\alpha)(t-\beta)(t-\gamma)=-(t^3-d_1t^2+d_2t-d_3)$ とするとき「$\alpha>0, \beta>0, \gamma>0 \Leftrightarrow d_1>0, d_2>0, d_3>0$」を証明する．

〔$\Rightarrow$〕 $\alpha>0, \beta>0, \gamma>0 \Rightarrow d_1=\alpha+\beta+\gamma>0, d_2=\alpha\beta+\beta\gamma+\gamma\alpha>0, d_3=\alpha\beta\gamma>0$

〔$\Leftarrow$〕 $\alpha+\beta+\gamma>0\cdots$①，$\alpha\beta+\beta\gamma+\gamma\alpha>0\cdots$②，$\alpha\beta\gamma>0\cdots$③ とする．$\alpha<0$ ならば③から $\beta\gamma<0$．いま $\beta<0$ とすると $\gamma>0$．①から $\gamma>-(\alpha+\beta)>0\cdots$④ であり，②から $\alpha\beta>-(\alpha+\beta)\gamma$．④から $\alpha\beta>-(\alpha+\beta)\{-(\alpha+\beta)\}$ $\therefore$ $\alpha^2+\alpha\beta+\beta^2<0$

$\therefore$ $\alpha^2+\beta^2<-\alpha\beta<0$

6

α, β が実数のとき，これは不合理．よって $\alpha > 0$，同様に $\beta > 0, \gamma > 0$

***195*.2** $A = \begin{bmatrix} 1 & a & a \\ a & 1 & a \\ a & a & 1 \end{bmatrix}, \varphi_A(t) = -\{t^3 - 3t^2 - 3(a^2-1)t - (2a^3 - 3a^2 + 1)\}$

f が正値 $\Leftrightarrow$ $-3(a^2-1) > 0, 2a^3 - 3a^2 + 1 > 0$ （定理 3）

$\Leftrightarrow$ $(a+1)(a-1) < 0, (a-1)^2(2a+1) > 0$ $\Leftrightarrow$ $-1/2 < a < 1$

【別解】 $\varphi_A(t) = -(t-1+a)^2(t-1-2a)$ から固有値は $1-a$（2 重解），$1+2a$ そこで $f = (1-a)x'^2 + (1-a)y'^2 + (1+2a)z'^2$ となるから,「f が正値 $\Leftrightarrow$ $x' \neq 0$ のときつねに $f > 0$ $\Leftrightarrow$ $1-a > 0, 1+2a > 0$ $\Leftrightarrow$ $-1/2 < a < 1$」

◆ 第 6 章の発展問題解答 (24〜31)

6

24. 実対称行列 A に対して，直交行列 P が存在して $P^{-1}AP = D = \begin{bmatrix} d_1 & & O \\ & \ddots & \\ O & & d_n \end{bmatrix}$

$(PDP^{-1})^k = A^k = O$ から $PD^kP^{-1} = O$ を経て $D^k = O$

$\begin{bmatrix} d_1^k & & O \\ & \ddots & \\ O & & d_n^k \end{bmatrix} = O$ から $d_i^k = 0$ $\quad\therefore\quad d_i = 0\ (i = 1, \cdots, n)$ $\quad\therefore\quad A = O$

25. 〔「$AB = BA \Rightarrow$ 同時に対角化される」の証明〕 $P^{-1}AP = \begin{bmatrix} \lambda & & O \\ & \mu & \\ O & & \nu \end{bmatrix}$ （λ, μ, ν は異なる）とし $P^{-1}BP = [b_{ij}]$ とすると，$P^{-1}ABP = P^{-1}AP \cdot P^{-1}BP = \begin{bmatrix} \lambda b_{11} & \lambda b_{12} & \lambda b_{13} \\ \mu b_{21} & \mu b_{22} & \mu b_{23} \\ \nu b_{31} & \nu b_{32} & \nu b_{33} \end{bmatrix}$,

$P^{-1}BAP = P^{-1}BP \cdot P^{-1}AP = \begin{bmatrix} \lambda b_{11} & \mu b_{12} & \nu b_{13} \\ \lambda b_{21} & \mu b_{22} & \nu b_{23} \\ \lambda b_{31} & \mu b_{32} & \nu b_{33} \end{bmatrix}$. $AB = BA$ により $(\mu - \lambda)b_{21} = 0, (\nu - \lambda)b_{31} = 0, \cdots, (\mu - \nu)b_{23} = 0$. λ, μ, ν が異なるときは $b_{ij} = 0$ $(i \neq j)$. よって $P^{-1}BP$ は対角行列.

〔「同時に対角化される $\Rightarrow$ $AB = BA$」の証明〕 $P^{-1}AP = \begin{bmatrix} \lambda_1 & & O \\ & \lambda_2 & \\ O & & \lambda_3 \end{bmatrix}, P^{-1}BP = \begin{bmatrix} \mu_1 & & O \\ & \mu_2 & \\ O & & \mu_3 \end{bmatrix}$ とすると $P^{-1}ABP = \begin{bmatrix} \lambda_1\mu_1 & & O \\ & \lambda_2\mu_2 & \\ O & & \lambda_3\mu_3 \end{bmatrix} = P^{-1}BAP$. よって $AB = BA$

26. ねじれの位置にある 2 直線 g_1, g_2 には共通垂線が 1 本だけある（⇨ p.131）．その足を H_1, H_2 とし，線分 H_1H_2 の中点を O' とする（右図上）．点 O' を通り，H_1H_2 に垂直な平面 π は，直線 g_1, g_2 に平行で，g_1, g_2 と π との距離は等しい．平面 π において，直線 g_1 の正射影が

$$y' = \alpha x'$$

直線 g_2 の正射影が

$$y' = -\alpha x'$$

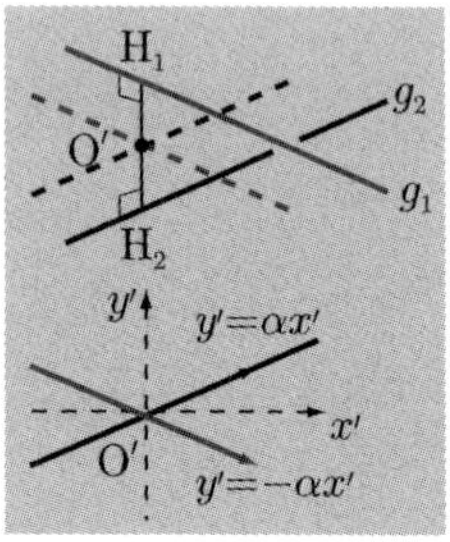

となるような座標系 $\{O';\boldsymbol{e}_1',\boldsymbol{e}_2'\}$ を選ぶ（右図下）．$O'H_1$ の向きの単位ベクトルを $\boldsymbol{e}_3'$ とすると $\{O';\boldsymbol{e}_1',\boldsymbol{e}_2',\boldsymbol{e}_3'\}$ が求めるもの．

> **“存在する” の証明**
> つくってみせる

27. 座標系は右手系とし，回転の正の向きは，その向きに右ねじをまわすときねじの進む向きが座標軸の正の向きであるようにとられているものとする．座標変換 $\Gamma \to \Gamma_1, \Gamma_1 \to \Gamma_2, \Gamma_2 \to \Gamma'$ の行列をそれぞれ $A_{z,\varphi}, A_{y,\theta}, A_{z,\psi}$ とすると，

$$A_{z,\varphi}=\begin{bmatrix}\cos\varphi & -\sin\varphi & 0\\ \sin\varphi & \cos\varphi & 0\\ 0 & 0 & 1\end{bmatrix}, A_{y,\theta}=\begin{bmatrix}\cos\theta & 0 & \sin\theta\\ 0 & 1 & 0\\ -\sin\theta & 0 & \cos\theta\end{bmatrix}, A_{z,\psi}=\begin{bmatrix}\cos\psi & -\sin\psi & 0\\ \sin\psi & \cos\psi & 0\\ 0 & 0 & 1\end{bmatrix}$$

このとき $\Gamma \to \Gamma'$ の行列は $A=A_{z,\varphi}A_{y,\theta}A_{z,\psi}$．したがって，この積を計算すると $\Gamma \to \Gamma'$ の式は

$$\begin{bmatrix}x\\ y\\ z\end{bmatrix}=\begin{bmatrix}\cos\psi\cos\theta\cos\varphi-\sin\psi\sin\varphi & -\sin\psi\cos\theta\cos\varphi-\cos\psi\sin\varphi & \sin\theta\cos\varphi\\ \cos\psi\cos\theta\sin\varphi+\sin\psi\cos\varphi & -\sin\psi\cos\theta\sin\varphi+\cos\psi\cos\varphi & \sin\theta\sin\varphi\\ -\cos\varphi\sin\theta & \sin\psi\sin\theta & \cos\theta\end{bmatrix}\begin{bmatrix}x'\\ y'\\ z'\end{bmatrix}$$

A は直交行列，したがって $A^{-1}={}^tA$ であるから，これを逆に解いた式は

$$\begin{bmatrix}x'\\ y'\\ z'\end{bmatrix}$$
$$=\begin{bmatrix}\cos\psi\cos\theta\cos\varphi-\sin\psi\sin\varphi & \cos\psi\cos\theta\sin\varphi+\sin\psi\cos\varphi & -\cos\psi\sin\theta\\ -\sin\psi\cos\theta\cos\varphi-\cos\psi\sin\varphi & -\sin\psi\cos\theta\sin\varphi+\cos\psi\cos\varphi & \sin\psi\sin\theta\\ \sin\theta\cos\varphi & \sin\theta\sin\varphi & \cos\theta\end{bmatrix}\begin{bmatrix}x\\ y\\ z\end{bmatrix}$$

28. $\boldsymbol{f}_1=\boldsymbol{e}, \boldsymbol{f}_2=[\,l'\ m'\ n'\,], \boldsymbol{f}_3=[\,l''\ m''\ n''\,], \boldsymbol{f}_1=\boldsymbol{f}_2\times\boldsymbol{f}_3$ を正規直交系とする．与えられた正規直交基底を $\Gamma=\{\boldsymbol{e}_1,\boldsymbol{e}_2,\boldsymbol{e}_3\}$ とするとき，基底の変換 $\Gamma\to\Gamma'=\{\boldsymbol{f}_1,\boldsymbol{f}_2,\boldsymbol{f}_3\}$ の行列は直交行列 $P=\begin{bmatrix}l & l' & l''\\ m & m' & m''\\ n & n' & n''\end{bmatrix}$ である．

回転 T は基底 Γ' に関して $B=\begin{bmatrix}1 & 0 & 0\\ 0 & 0 & -1\\ 0 & 1 & 0\end{bmatrix}$ で表わされるから，求める T の基底 Γ に関する行列を A とすると，$A=PBP^{-1}=PB\,{}^tP$

$$\therefore\quad A=\begin{bmatrix}l & l' & l''\\ m & m' & m''\\ n & n' & n''\end{bmatrix}\begin{bmatrix}1 & 0 & 0\\ 0 & 0 & -1\\ 0 & 1 & 0\end{bmatrix}\begin{bmatrix}l & m & n\\ l' & m' & n'\\ l'' & m'' & n''\end{bmatrix}$$
$$=\begin{bmatrix}l^2-l'l''+l''l' & lm-l'm''+l''m' & ln-l'n''+l''n'\\ ml-m'l''+m''l' & m^2-m'm''+m''m' & mn-m'n''+m''n'\\ nl-n'l''+n''l' & nm-n'm''+n''m' & n^2-n'n''+n''n'\end{bmatrix}$$

$\boldsymbol{f}_1=\boldsymbol{f}_2\times\boldsymbol{f}_3$ であるから $(l,m,n)=\left(\begin{vmatrix}m' & n'\\ m'' & n''\end{vmatrix},\begin{vmatrix}n' & l'\\ n'' & l''\end{vmatrix},\begin{vmatrix}l' & m'\\ l'' & m''\end{vmatrix}\right)$

これを用いて A を整頓すると $A=\begin{bmatrix}l^2 & lm-n & nl+m\\ lm+n & m^2 & mn-l\\ nl-m & mn+l & n^2\end{bmatrix}$

29. x 軸のまわりに α 回転して，点 (x,y,z) が点 (x',y',z') に移ったとすると

$\begin{bmatrix}x'\\ y'\\ z'\end{bmatrix}=\begin{bmatrix}1 & 0 & 0\\ 0 & \cos\alpha & -\sin\alpha\\ 0 & \sin\alpha & \cos\alpha\end{bmatrix}\begin{bmatrix}x\\ y\\ z\end{bmatrix}\cdots①$ 次に軸のまわりに β 回転して (x',y',z') が (x'',y'',z'') に移ったとすると $y'=y''$ で，$\begin{bmatrix}z''\\ x''\end{bmatrix}=\begin{bmatrix}\cos\beta & -\sin\beta\\ \sin\beta & \cos\beta\end{bmatrix}\begin{bmatrix}z'\\ x'\end{bmatrix}$ であるから

$$\begin{bmatrix} x'' \\ y'' \\ z'' \end{bmatrix} = \begin{bmatrix} \cos\beta & 0 & \sin\beta \\ 0 & 1 & 0 \\ -\sin\beta & 0 & \cos\beta \end{bmatrix} \begin{bmatrix} x' \\ y' \\ z' \end{bmatrix} \cdots ②$$

最後に z 軸のまわりに γ 回転すると $\begin{bmatrix} x''' \\ y''' \\ z''' \end{bmatrix} = \begin{bmatrix} \cos\gamma & -\sin\gamma & 0 \\ \sin\gamma & \cos\gamma & 0 \\ 0 & 0 & 1 \end{bmatrix} \begin{bmatrix} x'' \\ y'' \\ z'' \end{bmatrix} \cdots ③$

$T_\alpha, T_\beta, T_\gamma$ の行列を $A_\alpha, A_\beta, A_\gamma$ とすると，①，②，③を合成した変換 T の行列 A は ${}^t[\, x'''\ y'''\ z'''\,] = A\gamma{}^t[\, x''\ y''\ z''\,] = A_\gamma A_\beta{}^t[\, x'\ y'\ z'] = A_\gamma A_\beta A_\alpha{}^t[\, x\ y\ z\,] \cdots ④$ なので

$$A = A_\gamma A_\beta A_\alpha = \begin{bmatrix} \cos\gamma & -\sin\gamma & 0 \\ \sin\gamma & \cos\gamma & 0 \\ 0 & 0 & 1 \end{bmatrix} \begin{bmatrix} \cos\beta & 0 & \sin\beta \\ 0 & 1 & 0 \\ -\sin\beta & 0 & \cos\beta \end{bmatrix} \begin{bmatrix} 1 & 0 & 0 \\ 0 & \cos\alpha & -\sin\alpha \\ 0 & \sin\alpha & \cos\alpha \end{bmatrix}$$

$$= \begin{bmatrix} \cos\gamma\cos\beta & \cos\gamma\sin\beta\sin\alpha - \sin\gamma\cos\alpha & \cos\gamma\sin\beta\cos\alpha + \sin\gamma\sin\alpha \\ \sin\gamma\cos\beta & \sin\gamma\sin\beta\sin\alpha + \cos\gamma\cos\alpha & \sin\gamma\sin\beta\cos\alpha - \cos\gamma\sin\alpha \\ -\sin\beta & \cos\beta\sin\alpha & \cos\beta\cos\alpha \end{bmatrix}$$

6

T の回転軸になる単位ベクトル $\boldsymbol{a}_3$ がとれる：A は直交行列だから ${}^tA(A-E) = E - {}^tA$
$\therefore$ $|{}^tA||A-E| = |E - {}^tA| = |{}^t(E - {}^tA)| = |E - A| = -|A-E|, |{}^tA| = |A| = 1$ より $|A-E| = -|A-E|$
$\therefore$ $2|A-E| = 0$ $\therefore$ $|A-E| = 0$. ゆえに A は固有値 1 をもつ．固有値 1 に対する単位固有ベクトルを $\boldsymbol{a}_3$ とすれば $A\boldsymbol{a}_3 = \boldsymbol{a}_3$，$\boldsymbol{a}_3$ は回転 T で動かない．$\boldsymbol{a}_3$ は T の回転軸となる．
そこで，正規直交系 $\boldsymbol{a}_1, \boldsymbol{a}_2, \boldsymbol{a}_3$ により，直交座標系 $\Gamma' = \{\mathrm{O}; \boldsymbol{a}_1, \boldsymbol{a}_2, \boldsymbol{a}_3\}$ をつくる．x 軸，y 軸，z 軸の直交座標系を Γ とする．Γ' において，$\boldsymbol{a}_3$ を張る直線のまわりに θ 回転させる行列は $B = \begin{bmatrix} \cos\theta & -\sin\theta & 0 \\ \sin\theta & \cos\theta & 0 \\ 0 & 0 & 1 \end{bmatrix}$．$\Gamma \to \Gamma'$ の行列を P とすると P は直交行列で，Γ の点 (x, y, z) を Γ' に変換しその点を $\boldsymbol{a}_3$ のまわりに θ 回転して，その点を Γ' から Γ に逆変換した点を (x''', y''', z''') とすると ${}^t[x'''\ y'''\ z'''\,] = PBP^{-1}\,{}^t[\, x\ y\ z\,]$ であり，④より $A = A_\gamma A_\beta A_\alpha = PBP^{-1}$
同値な行列の固有多項式も対角成分の和（トレース）も一致し，固有多項式にの 2 次係数がトレースであることから（⇨ 例題 139），$\varphi_B(t) = -t^3 + (2\cos\theta + 1)t^2 - (1 + 2\cos\theta)t - 1, 2\cos\theta + 1 = \mathrm{tr}\, A$ $\therefore$ $2\cos\theta = \mathrm{tr}\, A - 1$ が求める等式の右辺

30. 行列 A の固有方程式を求めると

$$x^3 - 3ax^2 + 3(a+1)(a-1)x - (a-2)(a+1)^2 = 0$$

$$\therefore \quad \{x - (a-2)\}\{x - (a+1)\}^2 = 0$$

したがって，$a-2, a+1$（2 重解）が A の固有値である．
固有値 $a-2$ に対する固有ベクトルは

$$A - (a-2)E = \begin{bmatrix} 2 & i & 1 \\ -i & 2 & i \\ 1 & -i & 2 \end{bmatrix} \to \begin{bmatrix} 0 & 0 & 0 \\ 0 & 1 & i \\ 1 & 0 & 1 \end{bmatrix} \text{から } \boldsymbol{x}_1 = \begin{bmatrix} -1 \\ -i \\ 1 \end{bmatrix}$$

固有値 $a+1$ に対する固有ベクトルは

$$A - (a+1)E = \begin{bmatrix} -1 & i & 1 \\ -i & -1 & i \\ 1 & -i & -1 \end{bmatrix} \to \begin{bmatrix} 1 & -i & -1 \\ 0 & 0 & 0 \\ 0 & 0 & 0 \end{bmatrix} \text{から } \boldsymbol{x}_2 = \begin{bmatrix} i \\ 1 \\ 0 \end{bmatrix}, \boldsymbol{x}_3 = \begin{bmatrix} 1 \\ 0 \\ 1 \end{bmatrix}$$

$\boldsymbol{x}_1, \boldsymbol{x}_2, \boldsymbol{x}_3$ からグラム-シュミットの直交化法により正規直交系 $\boldsymbol{a}_1, \boldsymbol{a}_2, \boldsymbol{a}_3$ をつくる．

$\boldsymbol{a}_1 = {}^t[\ -1/\sqrt{3}\ \ -i/\sqrt{3}\ \ 1/\sqrt{3}\ ], \boldsymbol{a}_2 = {}^t[\ i/\sqrt{2}\ \ 1/\sqrt{2}\ \ 0\ ], \boldsymbol{x}_3 \cdot \boldsymbol{a}_1 = {}^t\boldsymbol{x}_3\overline{\boldsymbol{a}_1}$

$= [\ 1\ 0\ 1\ ]{}^t[\ -1/\sqrt{3}\ \ i/\sqrt{3}\ \ 1/\sqrt{3}\ ] = 0, \boldsymbol{x}_3 \cdot \boldsymbol{a}_2 = [\ 1\ \ 0\ \ 1]{}^t[\ -i/\sqrt{2}\ \ i/\sqrt{2}\ \ 0] = -(1/\sqrt{2})i$

$\therefore\ \boldsymbol{y}_3 = \boldsymbol{x}_3 - (\boldsymbol{x}_3 \cdot \boldsymbol{a}_1)\boldsymbol{a}_1 - (\boldsymbol{x}_3 \cdot \boldsymbol{a}_2)a_2 = {}^t[\ 1/2\ \ i/2\ \ 1\ ]$

$\therefore\ U = [\ \boldsymbol{a}_1\ \boldsymbol{a}_2\ \boldsymbol{a}_3\ ] = \begin{bmatrix} -\frac{1}{\sqrt{3}} & \frac{i}{\sqrt{3}} & \frac{1}{\sqrt{6}} \\ -\frac{i}{\sqrt{3}} & \frac{1}{\sqrt{2}} & \frac{1}{\sqrt{6}} \\ \frac{1}{\sqrt{3}} & 0 & \frac{2}{\sqrt{6}} \end{bmatrix}$ が求めるユニタリ行列で

$$U^*AU = \begin{bmatrix} a-2 & 0 & 0 \\ 0 & a+1 & 0 \\ 0 & 0 & a+1 \end{bmatrix}$$

31. (i) $A^* = \begin{bmatrix} 3+2i & -i \\ i & 3+2i \end{bmatrix}$ で，実際に積を計算すると

$$AA^* = A^*A = \begin{bmatrix} 14 & -6i \\ 6i & 14 \end{bmatrix} \qquad \therefore\ \ A \text{ は正規行列である.}$$

(ii) A の固有方程式は $t^2 - (6-4i)t + (4-12i) = 0$

$$\therefore\ \ \text{根の公式を用いて}\ \ t = (3-2i) \pm \sqrt{(3-2i)^2 - (4-12i)}$$
$$= 4-2i \text{ または } 2-2i$$

固有値 $4-2i$ に対する単位固有ベクトルは，$A-(4-2i)E = \begin{bmatrix} -1 & -i \\ i & -1 \end{bmatrix} \to \begin{bmatrix} 1 & i \\ 0 & 0 \end{bmatrix}$ から $\boldsymbol{a}_1 = {}^t[-i/\sqrt{2}\ \ 1/\sqrt{2}]$，$2-2i$ に対するのは，$A-(2-2i)E = \begin{bmatrix} 1 & -i \\ i & 1 \end{bmatrix} \to \begin{bmatrix} 1 & -i \\ 0 & 0 \end{bmatrix}$ から $\boldsymbol{a}_2 = {}^t[i/\sqrt{2}\ \ 1/\sqrt{2}]$．そして $\boldsymbol{a}_1 \cdot \boldsymbol{a}_2 = {}^t\boldsymbol{a}_1\overline{\boldsymbol{a}}_2 = 0$ となり $\boldsymbol{a}_1, \boldsymbol{a}_2$ は直交するので，$\boldsymbol{a}_1, \boldsymbol{a}_2$ は正規直交系である．ゆえに $U = [\ \boldsymbol{a}_1\ \ \boldsymbol{a}_2\ ] = \begin{bmatrix} -i/\sqrt{2} & 1/\sqrt{2} \\ i/\sqrt{2} & 1/\sqrt{2} \end{bmatrix}$ はユニタリ行列で，$U^*AU = \begin{bmatrix} 4-2i & 0 \\ 0 & 2-2i \end{bmatrix}$

第 7 章の問題解答 (196.1〜223.1)

196.1 $f(x), g(x)$ が n 次でも，$(f+g)(x) = f(x) + g(x)$ は $n-1$ 次以下となることもあるので，和で閉じていない．よって線形空間ではない（n 次以下の多項式全体は K 上の線形空間である）．

197.1 (i) g が点 O を通るときは実線形空間であるが，それ以外は和で閉じていない．

(ii) 実線形空間である．

198.1 (i) $S = \{\boldsymbol{x}\,;\, A\boldsymbol{x} = \boldsymbol{0}\}$ とする．$\boldsymbol{a}, \boldsymbol{b} \in S$ とすると $A\boldsymbol{a} = \boldsymbol{0}, A\boldsymbol{b} = \boldsymbol{0}$ $\therefore\ A(\boldsymbol{a}+\boldsymbol{b}) = A\boldsymbol{a} + A\boldsymbol{b} = \boldsymbol{0}, A(\lambda\boldsymbol{a}) = \lambda(A\boldsymbol{a}) = \boldsymbol{0}$ $\therefore\ \boldsymbol{a}+\boldsymbol{b}, \lambda\boldsymbol{a} \in S$ $\therefore\ S$ は部分空間．

(ii) $S = \{\boldsymbol{x}\,;\, A\boldsymbol{x} = \boldsymbol{c}\}$ とする．$\boldsymbol{a}, \boldsymbol{b} \in S$ ならば $A\boldsymbol{a} = \boldsymbol{c}, A\boldsymbol{b} = \boldsymbol{c}$．ところが $A(\boldsymbol{a}+\boldsymbol{b}) = A\boldsymbol{a} + A\boldsymbol{b} = \boldsymbol{c} + \boldsymbol{c} = 2\boldsymbol{c} \neq \boldsymbol{c}$ から $\boldsymbol{a}+\boldsymbol{b} \notin S$．ゆえに S は部分空間でない．

> 記号 $\{\boldsymbol{x}; A\}$
> 性質 A をもつ $\boldsymbol{x}$ の集合ということ

198.2 (i) たとえば $n=2$ として $A = \begin{bmatrix} 1 & 0 \\ 0 & 0 \end{bmatrix}, B = \begin{bmatrix} 0 & 0 \\ 0 & 1 \end{bmatrix}$ は非正則，かつ $A+B = E_2$ は正則． $\therefore$ 部分空間でない．　(ii) $AX = XB, AY = YB$ とすると，

$A(X+Y)=AX+AY=XB+YB=(X+Y)B,\quad A(\lambda X)=\lambda(AX)=\lambda(XB)=(\lambda X)B$

$\therefore$ 部分空間　(iii) A,B の対角成分が 0 ならば $A+B,\lambda A$ の対角成分も 0. $\therefore$ 部分空間

(iv) $n=2$ として $A=\begin{bmatrix}0&1\\0&0\end{bmatrix}, B=\begin{bmatrix}0&0\\1&0\end{bmatrix}$ とおくと $A^2=O, B^2=O$, かつ $A+B=\begin{bmatrix}0&1\\1&0\end{bmatrix}$ は正則だからべき零ではない. $\therefore$ 部分空間でない.

> ～は正しいか
> 正しいを示すには証明
> 正しくないを示すには矛盾の証明か 1 つの反例を

199.1 $f,g\in\mathcal{C}^n$ とすると, $(f+g)^{(n)}=f^{(n)}+g^{(n)}, (\lambda f)^{(n)}=\lambda f^{(n)}$. したがって $f+g,\lambda f\in\mathcal{C}^n$ $\therefore$ $\mathcal{C}^n$ は部分空間である.

199.2 (i) y_1,y_2 を解とする. $y_1^{(n)}+a_1(x)y_1^{(n-1)}+\cdots+a_n(x)y_1=r(x), y_2^{(n)}+a_1(x)y_2^{(n-1)}+\cdots+a_n(x)y_2=r(x)$. これらを辺々相加えると, $(y_1+y_2)^{(n)}+a_1(x)(y_1+y_2)^{(n-1)}+\cdots+a_n(x)(y_1+y_2)=2r(x)\neq r(x)$ だから y_1+y_2 は解にならない. $\therefore$ 部分空間でない. (ii) 上の計算から, y_1,y_2 が解のとき y_1+y_2 も解. また $(\lambda y_1)^{(n)}+a_1(x)(\lambda y_1)^{(n-1)}+\cdots+a_n(x)(\lambda y_1)=\lambda(y_1^{(n)}+a_1(x)y_1^{(n-1)}+\cdots+a_n(x)y_1)=0$ だから λy_1 も解である. $\therefore$ 部分空間である.

7

200.1 (i) U_1+U_2 の 2 元は $u=u_1+u_2, w=w_1+w_2$ $(u_1,w_1\in U_1; u_2,w_2\in U_2)$ と表わされる. U_1,U_2 は部分空間だから, $u_1+w_1\in U_1, u_2+w_2\in U_2$. よって $u+w=(u_1+w_1)+(u_2+w_2)\in U_1+U_2$ (和で閉じている), 同様に $\lambda u\in U_1+U_2$

(ii) $\boldsymbol{x}\in L\cap\{(L\cap M)+N\}\Leftrightarrow \boldsymbol{x}\in(L\cap M)+(L\cap N)$ を示せばよい. 〔$\Rightarrow$〕仮定から $\boldsymbol{x}\in L$ $\cdots$① $\boldsymbol{x}\in(L\cap M)+N$ $\cdots$②. ② から $\boldsymbol{x}=\boldsymbol{y}+\boldsymbol{z}, \boldsymbol{y}\in L\cap M, \boldsymbol{z}\in N$. $\boldsymbol{y}\in L$ となるから ① と合わせて $\boldsymbol{z}=\boldsymbol{x}-\boldsymbol{y}\in L$

$$\therefore\quad \boldsymbol{z}\in L\cap N\qquad\therefore\quad \boldsymbol{x}\in(L\cap M)+(L\cap N)$$

〔$\Leftarrow$〕 仮定から $\boldsymbol{x}=\boldsymbol{u}+\boldsymbol{v}, \boldsymbol{u}\in L\cap M\subset L, \boldsymbol{v}\in L\cap N\subset L,N$ $\therefore$ $\boldsymbol{u},\boldsymbol{v}\in L$. $\therefore$ $\boldsymbol{x}\in L$. また $\boldsymbol{v}\in N$ $\therefore$ $x\in(L\cap M)+N$ $\therefore$ $\boldsymbol{x}\in L\cap\{(L\cap M)+N\}$

201.1 $U_1+U_2+U_3=(U_1+U_2)\cup U_3$ であるから問題 200.1(i)をスタートして, 帰納法で.

201.2 (ii) $\Leftrightarrow$ (iii) を示す.〔$\Rightarrow$ の証明〕$\boldsymbol{u}_i\in U_i\cap(U_1+\cdots+U_{i-1}+U_{i+1}+\cdots+U_r)$ とすると $\boldsymbol{u}_i=\boldsymbol{v}_1+\cdots+\boldsymbol{v}_{i-1}+\boldsymbol{v}_{i+1}+\cdots+\boldsymbol{v}_r$ と表わされ, $\boldsymbol{v}_1+\cdots+(-\boldsymbol{u}_i)+\cdots+\boldsymbol{v}_r=\boldsymbol{0}$

(ii) がなりたつときは $\boldsymbol{v}_1=\cdots=\boldsymbol{v}_{i-1}=\boldsymbol{u}_i=\boldsymbol{v}_{i+1}=\cdots=\boldsymbol{v}_r=\boldsymbol{0}$

〔$\Leftarrow$ の証明 〕$\boldsymbol{\alpha}_1+\cdots+\boldsymbol{\alpha}_i+\cdots+\boldsymbol{\alpha}_r=\boldsymbol{0}$ $(\boldsymbol{\alpha}_i\in U_i)$ とすると $-\boldsymbol{\alpha}_i=\boldsymbol{\alpha}_1+\cdots+\boldsymbol{\alpha}_{i-1}+\boldsymbol{\alpha}_{i+1}+\cdots+\boldsymbol{\alpha}_r$. 左辺は $\in U_i$, 右辺は $\in(U_1+\cdots+U_{i-1}+U_{i+1}+\cdots+U_r)$ だから, (iii)により $-\boldsymbol{\alpha}_i=\boldsymbol{0}$ $\therefore$ $\boldsymbol{\alpha}_i=\boldsymbol{0}$ $(i=1,\cdots,r)$ すなわち(ii)である.

202.1 $\boldsymbol{a}\in V^3$ を g に平行に π に射影したベクトルを $\boldsymbol{a}_\pi$ $(\boldsymbol{a}_g=\boldsymbol{a}-\boldsymbol{a}_\pi)$ とすると, $\boldsymbol{a}=\boldsymbol{a}_g+\boldsymbol{a}_\pi$ $(\boldsymbol{a}_g\in V_g, \boldsymbol{a}_\pi\in V_\pi)$ $\therefore$ $V^3=V_g+V_\pi$, $V_g\cap V_\pi=\{\boldsymbol{0}\}$ だから $V^3=V_g\oplus V_\pi$. 後半は, π は $\boldsymbol{a}_1=(-1,1,0), \boldsymbol{a}_2=(-1,0,1)$ で張られ, g は $\boldsymbol{a}_3=(1,1,1)$ で張られる. $\boldsymbol{a}_1x+\boldsymbol{a}_2y+\boldsymbol{a}_3z=\boldsymbol{x}$ を解いて, $\boldsymbol{a}_\pi=\boldsymbol{a}_1x+\boldsymbol{a}_2y, \boldsymbol{a}_g=\boldsymbol{a}_3z$ とおけばよい. すなわち

$${}^t\begin{bmatrix}x_1\\x_2\\x_3\end{bmatrix}=\frac{1}{3}{}^t\begin{bmatrix}2x_1-x_2-x_3\\-x_1+2x_2-x_3\\-x_1-x_2+2x_3\end{bmatrix}+\frac{1}{3}{}^t\begin{bmatrix}x_1+x_2+x_3\\x_1+x_2+x_3\\x_1+x_2+x_3\end{bmatrix}\in V_\pi+V_g$$

202.2 後半の解答を求めることも考えて, 連立 1 次方程式 $\boldsymbol{a}_1x+\boldsymbol{a}_2y+\boldsymbol{b}_1z+\boldsymbol{b}_2u=(6,6,5,4)$ をはき出し法によって解く.

x	y	z	u	$\boldsymbol{x}$
1	3	1	4	6
2	4	1	3	6
2	4	1	2	5
1	3	0	−1	4

→

x	y	z	u	
1	0	0	0	−1
0	1	0	0	2
0	0	1	0	−3
0	0	0	1	1

∴　係数行列の階数は 4
∴　任意の $\boldsymbol{x} \in \mathbb{R}^4$ は $\boldsymbol{x} = (\boldsymbol{a}_1 x + \boldsymbol{a}_2 y) + (\boldsymbol{b}_1 z + \boldsymbol{b}_2 u) \in U_1 + U_2$ のように一意的に表わされる．
∴　$\mathbb{R}^4 = U_1 \oplus U_2$

また，この基本操作の結果から $(6,6,5,4) = -\boldsymbol{a}_1 + 2\boldsymbol{a}_2 - 3\boldsymbol{b}_1 + \boldsymbol{b}_2, -\boldsymbol{a}_1 + 2\boldsymbol{a}_2 = (5,6,6,5) \in U_1, -3\boldsymbol{b}_1 + \boldsymbol{b}_2 = (1,0,-1,-1) \in U_2$ で，$(6,6,5,4) = (5,6,6,5) + (1,0,-1,-1)$

203.1 (iii)　$\boldsymbol{a}, \boldsymbol{a}_1, \cdots, \boldsymbol{a}_r$ が線形従属ならば，少なくとも 1 つは 0 でない $\lambda, \lambda_1, \cdots, \lambda_r$ で $\lambda\boldsymbol{a} + \lambda_1\boldsymbol{a}_1 + \cdots + \lambda_r\boldsymbol{a}_r = \boldsymbol{0}$ と表わすことができる．このとき $\lambda = 0$ ならば $\boldsymbol{a}_1, \cdots, \boldsymbol{a}_r$ が線形独立であることに反する．よって $\lambda \neq 0$ であり $\boldsymbol{a} = -\frac{\lambda_1}{\lambda}\boldsymbol{a}_1 - \cdots - \frac{\lambda_r}{\lambda}\boldsymbol{a}_r$

(iv)　$\boldsymbol{a}_1, \cdots, \boldsymbol{a}_r, \cdots, \boldsymbol{a}_s$ のうちで $\boldsymbol{a}_1, \cdots, \boldsymbol{a}_r$ が線形従属とすると，少なくとも 1 つは 0 でない K の元 $\lambda_1, \cdots, \lambda_r$ を選んで，$\lambda_1\boldsymbol{a}_1 + \cdots + \lambda_r\boldsymbol{a}_r = \boldsymbol{0}$ にできる．すると $\lambda_{r+1} = \cdots = \lambda_s = 0$ について $\lambda_1\boldsymbol{a}_1 + \cdots + \lambda_r\boldsymbol{a}_r + \lambda_{r+1}\boldsymbol{a}_{r+1} + \cdots + \lambda_s\boldsymbol{a}_s = \boldsymbol{0}$ となり，$\lambda_1, \cdots, \lambda_s$ の少なくとも 1 つは 0 でない．$\boldsymbol{a}_1, \cdots, \boldsymbol{a}_s$ は線形従属である．

(v)　もしその r 個が線形従属ならば (iv) により s 個全体も線形従属となって仮定に反する．

> 殆ど明らかだが
> キチンと書いてみる練習
> 大切ですよ．

204.1 (i)　$|A| = \begin{vmatrix} 1 & 1 & 0 \\ 1 & -1 & 0 \\ 1 & -3 & 2 \end{vmatrix} = -4 \neq 0$　　∴　線形独立

(ii)　$|A| = \begin{vmatrix} 1 & 1 & 0 & \cdots & 0 & 0 \\ 0 & 1 & 1 & \cdots & 0 & 0 \\ & & \cdots\cdots & & & \\ 0 & 0 & 0 & \cdots & 1 & 1 \\ 1 & 0 & 0 & \cdots & 0 & 1 \end{vmatrix} = \begin{cases} 0 & (n \text{ が偶数}) \\ 2 & (n \text{ が奇数}) \end{cases}$　∴　n が奇数のとき線形独立，n が偶数のとき線形従属

204.2　$\lambda_1 f_1 + \lambda_2 f_2 + \cdots + \lambda_m f_m = \left(\sum_{i=1}^{m} \lambda_i a_{i0}\right) x^n + \left(\sum_{i=1}^{m} \lambda_i a_{i1}\right) x^{n-1} + \cdots + \left(\sum_{i=1}^{m} \lambda_i a_{in}\right)$ だから，$f_1, f_2, \cdots, f_m$ が線形従属であるための条件は，方程式 $\sum_{i=1}^{m} \lambda_i a_{i0} = 0, \sum_{i=1}^{m} \lambda_i a_{i1} = 0, \cdots, \sum_{i=1}^{m} \lambda_i a_{in} = 0$ が非自明解をもつことであり，これは $\operatorname{rank}[a_{ij}] < m$ と同値である．

204.3　$\lambda \begin{bmatrix} a & b \\ c & d \end{bmatrix} + \mu \begin{bmatrix} e & f \\ g & h \end{bmatrix} + \nu \begin{bmatrix} j & k \\ l & m \end{bmatrix} = \begin{bmatrix} 0 & 0 \\ 0 & 0 \end{bmatrix}$ を成分ごとの等式として書くと，与えられた行列 A の転置行列を係数行列にもつ同次連立 1 次方程式が得られる．求める条件はこの方程式が非自明解をもつための条件であるから，$\operatorname{rank} A = \operatorname{rank} {}^t\!A < 3$

$\boldsymbol{x}_1$	$\boldsymbol{x}_2$	$\boldsymbol{x}_3$	$\boldsymbol{x}_4$	$\boldsymbol{z}_1$	$\boldsymbol{z}_2$	$\boldsymbol{z}_3$
−1	3	1	7	2	6	1
0	1	1	2	1	−1	0
2	−1	3	−4	1	−7	−2
−1	3	1	7	2	6	1
0	1	1	2	1	−1	0
0	5	5	10	5	5	0
−1	3	1	7	2	6	1
0	1	1	2	1	−1	0
0	0	0	0	0	10	0

205.1　例題の解と同じように行基本操作の表をつくると $\boldsymbol{z}_2 \notin W$ がわかる．U_2 は W に一致しない．

206.1 (iii)　〔(i) ⇒ (iii)〕　$\boldsymbol{a}_2, \cdots, \boldsymbol{a}_n$ が V の生成系ならば $\boldsymbol{a}_1 = \lambda_2\boldsymbol{a}_2 + \cdots + \lambda_n\boldsymbol{a}_n$ と表わされ，$\boldsymbol{a}_1, \boldsymbol{a}_2, \cdots, \boldsymbol{a}_n$ は線形従属となって，基底であることに反する．

〔(iii) ⇒ (i)〕 $\boldsymbol{a}_1, \boldsymbol{a}_2, \cdots, \boldsymbol{a}_n$ が V の生成系である．すなわち，任意の元 $\boldsymbol{a}$ は $\boldsymbol{a} = \mu_1\boldsymbol{a}_1 + \mu_2\boldsymbol{a}_2 + \cdots + \mu_n\boldsymbol{a}_n$ …① と表わされ，しかも，どの 1 つを除いても，この性質をもたないとする．$\boldsymbol{a}_1, \cdots, \boldsymbol{a}_n$ が線形従属ならば，少なくとも 1 つは 0 でない $\lambda_1, \cdots, \lambda_n$ で $\lambda_1\boldsymbol{a}_1 + \cdots + \lambda_n\boldsymbol{a}_n = \boldsymbol{0}$ となるものが存在する．$\lambda_1 \neq 0$ とすると $\boldsymbol{a}_1 = \lambda_2'\boldsymbol{a}_2 + \cdots + \lambda_n'\boldsymbol{a}_n$ と表わされ，①に代入して，V の任意の元は $\boldsymbol{a}_2, \cdots, \boldsymbol{a}_n$ の線形結合で表わされてしまう．よって $\boldsymbol{a}_1, \boldsymbol{a}_2, \cdots, \boldsymbol{a}_n$ は線形独立であり，生成系であることと合わせて，V の基底である．

(iv) $V = V_1 \oplus V_2 \oplus \cdots \oplus V_n$ とは，V の元 $\boldsymbol{v}$ が $\boldsymbol{v} = \boldsymbol{v}_1 + \boldsymbol{v}_2 + \cdots + \boldsymbol{v}_n (\boldsymbol{v}_i \in V_i)$ と一意的に表わされること．この場合は，V_i が $\boldsymbol{a}_i$ で生成されるから $\boldsymbol{v}_i = \lambda_i\boldsymbol{a}_i$ なので $\boldsymbol{v} = \lambda_1\boldsymbol{a}_1 + \lambda_2\boldsymbol{a}_2 + \cdots + \lambda_n\boldsymbol{a}_n$ と一意的に表わされることと必要十分である．このことは，$\boldsymbol{a}_1, \boldsymbol{a}_2, \cdots, \boldsymbol{a}_n$ が（ア）線形独立，（イ）生成系であること．よって(iv) ⇔ (i)

> 定義をはっきり
> 基底 ⇔ { (i) 生成系 / (ii) 線形独立

207.1 (i) V の 1 組の基底を $\boldsymbol{a}_1, \boldsymbol{a}_2, \cdots, \boldsymbol{a}_r (r = \dim V)$ とし，U の 1 組の基底を $\boldsymbol{b}_1, \boldsymbol{b}_2, \cdots, \boldsymbol{b}_s$ $(s = \dim U)$ とすると，$\boldsymbol{b}_1, \cdots, \boldsymbol{b}_s$ は線形独立だから例題の(ii)から $s \leqq r$．$s = r$ のときは，$r - s = 0$ だから，$\boldsymbol{b}_1, \cdots, \boldsymbol{b}_s$ に追加しなくとも V の基底になるから $U = V$

(ii) $\dim(U \cap W) = r, \dim U = s, \dim W = t$ とする．$U \cap W$ の基底を $\boldsymbol{a}_1, \cdots, \boldsymbol{a}_r$ とし，これに $s - r$ 個の U の線形独立な $\boldsymbol{b}_1, \cdots, \boldsymbol{b}_{s-r}$ を追加して U の基底をつくることができる．W についても同様に $t - r$ 個の $\boldsymbol{c}_1, \cdots, \boldsymbol{c}_{t-r}$ 個を追加して W の基底をつくることができる．このとき $\boldsymbol{a}_1, \cdots, \boldsymbol{a}_r, \boldsymbol{b}_1, \cdots, \boldsymbol{b}_{s-r}, \boldsymbol{c}_1, \cdots, \boldsymbol{c}_{t-r}$ は線形独立で $U + W$ を生成する．すなわち $U + W$ の基底となる．とくに線形独立性は

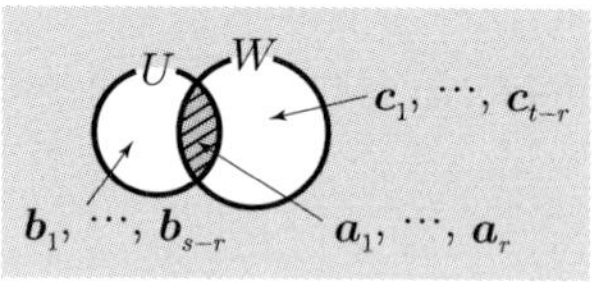

$$\lambda_1\boldsymbol{a}_1 + \cdots + \lambda_r\boldsymbol{a}_r + \mu_1\boldsymbol{b}_1 + \cdots + \mu_{s-r}\boldsymbol{b}_{s-r} + \nu_1\boldsymbol{c}_1 + \cdots + \nu_{t-r}\boldsymbol{c}_{t-r} = \boldsymbol{0} \quad \cdots ①$$

とすると，$U \ni \lambda_1\boldsymbol{a}_1 + \cdots + \lambda_r\boldsymbol{a}_r + \mu_1\boldsymbol{b}_1 + \cdots + \mu_{s-r}\boldsymbol{b}_{s-r} = -\nu_1\boldsymbol{c}_1 - \cdots - \nu_{t-r}\boldsymbol{c}_{t-r} \in W$ から，これは $U \cap W$ の元であるから，$\boldsymbol{a}_1, \cdots, \boldsymbol{a}_r$ だけの線形結合，よってまず $\mu_1 = 0, \cdots, \mu_{s-r} = 0$

改めて①から $\lambda_1 = \cdots = \lambda_r = \nu_1 = \cdots = \nu_{t-r} = 0$

よって $\dim(U+W) = r + (s-r) + (t-r) = s + t - r =$ 右辺

(iii) $\dim V = r$ とすると，V には r 個の元からなる基底 $\boldsymbol{a}_1, \cdots, \boldsymbol{a}_r$ があり，r 個の V の元 $\boldsymbol{b}_1, \cdots, \boldsymbol{b}_r$ が線形独立ならば，例題の(ii)で $r = s$ の場合である．よって $\boldsymbol{b}_1, \cdots, \boldsymbol{b}_r$ だけで V の基底となる．r 個の $\boldsymbol{c}_1, \cdots, \boldsymbol{c}_r$ が生成系ならば，この中の線形独立な最大のものが基底となり（例題の(i)），基底の個数は r だから $\boldsymbol{c}_1, \cdots, \boldsymbol{c}_r$ 全体が基底.

> $\boldsymbol{a}_1, \cdots, \boldsymbol{a}_r$が基底とは
> (i) 線形独立
> (ii) V の生成系
> $\dim V = r$ であって，r 個の
> $\boldsymbol{a}_1, \cdots, \boldsymbol{a}_r$が
> (i) だけで / (ii) だけで } → 基底

208.1 (i) $U_1 + U_2$ は $\boldsymbol{a}_1, \boldsymbol{a}_2, \boldsymbol{b}_1, \boldsymbol{b}_2$ で生成される．$[\,\boldsymbol{a}_1\ \boldsymbol{a}_2\ \boldsymbol{b}_1\ \boldsymbol{b}_2\,] \to \begin{bmatrix} 1 & 0 & 0 & 3 \\ 0 & 1 & 0 & 2 \\ 0 & 0 & 1 & 1 \\ 0 & 0 & 0 & 0 \end{bmatrix}$,

$\operatorname{rank}[\,\boldsymbol{a}_1\ \boldsymbol{a}_2\ \boldsymbol{b}_1\ \boldsymbol{b}_2\,] = 3$ $\quad\therefore\ \dim(U_1 + U_2) = 3$ で $\boldsymbol{a}_1, \boldsymbol{a}_2, \boldsymbol{b}_1$ が $U_1 + U_2$ の基底．$\boldsymbol{a}_1, \boldsymbol{a}_2$ お

よび $\boldsymbol{b}_1, \boldsymbol{b}_2$ はそれぞれ線形独立． $\therefore\ \dim U_1 = 2, \dim U_2 = 2$
$\dim(U_1 \cap U_2) = \dim U_1 + \dim U_2 - \dim(U_1 + U_2) = 2 + 2 - 3 = 1$．上の基本操作の結果から同次連立方程式 $\boldsymbol{a}_1 x_1 + \boldsymbol{a}_2 x_2 + \boldsymbol{b}_1 x_3 + \boldsymbol{b}_2 x_4 = \boldsymbol{0}$ の基本解 $(x_1, x_2, x_3, x_4) = (3, 2, 1, -1)$ により $3\boldsymbol{a}_1 + 2\boldsymbol{a}_2 + \boldsymbol{b}_1 = \boldsymbol{b}_2 \quad \therefore\ \boldsymbol{a} = 3\boldsymbol{a}_1 + 2\boldsymbol{a}_2 = -\boldsymbol{b}_1 + \boldsymbol{b}_2 = (1, 2, 1, 6) \in U_1 \cap U_2$．$\boldsymbol{a} \neq \boldsymbol{0}$ だから $\boldsymbol{a}$ が $U_1 \cap U_2$ の基底． (ii) $\mathrm{rank}\,[\,\boldsymbol{a}_1\ \boldsymbol{a}_2\ \boldsymbol{b}_1\ \boldsymbol{b}_2\,] = 4 \quad \therefore\ \dim(U_1 + U_2) = 4$．$\boldsymbol{a}_1, \boldsymbol{a}_2$ および $\boldsymbol{b}_1, \boldsymbol{b}_2$ はそれぞれ線形独立 $\therefore\ \dim U_1 = 2, \dim U_2 = 2$．$\dim(U_1 \cap U_2) = 2 + 2 - 4 = 0 \quad \therefore\ U_1 \cap U_2 = \{\boldsymbol{0}\} \quad \therefore\ V = U_1 \oplus U_2$ で $\boldsymbol{a}_1, \boldsymbol{a}_2, \boldsymbol{b}_1, \boldsymbol{b}_2$ が V の基底になる．
(iii) それぞれの方程式を解くことにより，$\dim U_1 = 2$ で $\boldsymbol{a}_1 = (3, -1, 1, 0), \boldsymbol{a}_2 = (1, -2, 0, 1)$ が U_1 の基底．$\dim U_2 = 3$ で $\boldsymbol{b}_1 = (1, 1, 0, 0), \boldsymbol{b}_2 = (1, 0, 1, 0), \boldsymbol{b}_3 = (-3, 0, 0, 1)$ は U_2 の基底．

$$[\,\boldsymbol{a}_1\ \boldsymbol{a}_2\ \boldsymbol{b}_1\ \boldsymbol{b}_2\ \boldsymbol{b}_3\,] \to \begin{bmatrix} 1 & 0 & 0 & 0 & -2 \\ 0 & 1 & 0 & 0 & 1 \\ 0 & 0 & 1 & 0 & 0 \\ 0 & 0 & 0 & 1 & 2 \end{bmatrix} \qquad \therefore\quad \mathrm{rank}\,[\,\boldsymbol{a}_1\ \boldsymbol{a}_2\ \boldsymbol{b}_1\ \boldsymbol{b}_2\ \boldsymbol{b}_3\,] = 4$$

$\therefore\quad \dim(U_1 + U_2) = 4$，$\boldsymbol{a}_1, \boldsymbol{a}_2, \boldsymbol{b}_1, \boldsymbol{b}_2$ が $U_1 + U_2$ の基底．$\dim(U_1 \cap U_2) = 2 + 3 - 4 = 1$．上の基本変形の結果から $-2\boldsymbol{a}_1 + \boldsymbol{a}_2 + 2\boldsymbol{b}_2 = \boldsymbol{b}_3$
$\therefore\quad \boldsymbol{a} = 2\boldsymbol{a}_1 - \boldsymbol{a}_2 = 2\boldsymbol{b}_2 - \boldsymbol{b}_3 = (5, 0, 2, -1) \in U_1 \cap U_2$ が $U_1 \cap U_2$ の基底．

7

209.1 U を $\boldsymbol{a}_1, \boldsymbol{a}_2, \boldsymbol{a}_3, \boldsymbol{a}_4$ の生成する部分空間とすると，仮定から $\dim U \leqq 3$．W を $\boldsymbol{b}_1, \boldsymbol{b}_2, \cdots, \boldsymbol{b}_5$ の生成する部分空間とすると，各 $\boldsymbol{b}_i$ が $\boldsymbol{a}_1, \boldsymbol{a}_2, \boldsymbol{a}_3, \boldsymbol{a}_4$ の線形結合だから $W \subset U$
$\therefore\quad \dim W \leqq \dim U \qquad \therefore\quad$ ($\boldsymbol{b}_1, \boldsymbol{b}_2, \cdots, \boldsymbol{b}_5$ のうち線形独立なものの個数) $\leqq 3$

210.1 $\langle \lambda\boldsymbol{a} + \mu\boldsymbol{b}, \nu\boldsymbol{c} + \rho\boldsymbol{d} \rangle = \langle \lambda\boldsymbol{a} + \mu\boldsymbol{b}, \nu\boldsymbol{c} \rangle + \langle \lambda\boldsymbol{a} + \mu\boldsymbol{b}, \rho\boldsymbol{d} \rangle = \cdots$ のように，(i) ～(vii)のくり返し利用である．

211.1 (i) $g_{ij} = g_{ji} \quad \therefore\ \langle \boldsymbol{a}, \boldsymbol{b} \rangle = \sum g_{ij} a_i b_j = \sum g_{ji} b_j a_i = \langle \boldsymbol{b}, \boldsymbol{a} \rangle$,
$\langle \boldsymbol{a} + \boldsymbol{a}', \boldsymbol{b} \rangle = \sum g_{ij}(a_i + a_i')b_j = \sum g_{ij} a_i b_j + \sum g_{ij} a_i' b_j = \langle \boldsymbol{a}, \boldsymbol{b} \rangle + \langle \boldsymbol{a}', \boldsymbol{b} \rangle$,
$\langle \lambda\boldsymbol{a}, \boldsymbol{b} \rangle = \sum g_{ij}(\lambda a_i) b_j = \lambda \sum g_{ij} a_i b_j = \lambda \langle \boldsymbol{a}, \boldsymbol{b} \rangle$
$\boldsymbol{a} \neq \boldsymbol{0}$ とすると仮定から $\langle \boldsymbol{a}, \boldsymbol{a} \rangle = \sum g_{ij} a_i a_j > 0$.
(ii) $\langle \boldsymbol{a} + \boldsymbol{a}', \boldsymbol{b} \rangle$

$$\begin{aligned} &= \{(a_1 + a_1') + (a_2 + a_2')\}(b_1 + b_2) + (a_2 + a_2')b_2 + \{(a_2 + a_2') + 2(a_3 + a_3')\}(b_2 + 2b_3) \\ &= \{(a_1 + a_2)(b_1 + b_2) + a_2 b_2 + (a_2 + 2a_3)(b_2 + 2b_3)\} \\ &\quad + \{(a_1' + a_2')(b_1 + b_2) + a_2' b_2 + (a_2' + 2a_3')(b_2 + 2b_3)\} \\ &= \langle \boldsymbol{a}, \boldsymbol{b} \rangle + \langle \boldsymbol{a}', \boldsymbol{b} \rangle \end{aligned}$$

$\langle \boldsymbol{a}, \boldsymbol{b} \rangle = \langle \boldsymbol{b}, \boldsymbol{a} \rangle, \langle \lambda\boldsymbol{a}, \boldsymbol{b} \rangle = \lambda \langle \boldsymbol{a}, \boldsymbol{b} \rangle$ も容易に示される．また $\langle \boldsymbol{a}, \boldsymbol{a} \rangle = (a_1 + a_2)^2 + a_2^2 + (a_2 + 2a_3)^2 = 0$ とすると，$a_1 + a_2 = 0, a_2 = 0, a_2 + 2a_3 = 0$ だから $a_1 = a_2 = a_3 = 0$
$\therefore\quad \boldsymbol{a} \neq \boldsymbol{0}$ ならば $\langle \boldsymbol{a}, \boldsymbol{a} \rangle > 0$
(iii) $g_{ij} = \overline{g_{ji}} \quad \therefore\ \overline{\langle \boldsymbol{b}, \boldsymbol{a} \rangle} = \overline{\sum_{i,j=1}^{n} g_{ij} b_i \overline{a_j}} = \sum_{i,j=1}^{n} \overline{g_{ij}}\,\overline{b_i} a_j = \sum_{i,j=1}^{n} g_{ji} a_j \overline{b_i} = \langle \boldsymbol{a}, \boldsymbol{b} \rangle$．他は(i)と同様．
(iv) (a) $\langle f, g \rangle = \int_{-1}^{1} f(x) g(x) dx = \int_{-1}^{1} g(x) f(x) dx = \langle g, f \rangle$
$\langle f_1 + f_2, g \rangle = \int_{-1}^{1} \{f_1(x) + f_2(x)\} g(x) dx$
$= \int_{-1}^{1} f_1(x) g(x) dx + \int_{-1}^{1} f_2(x) g(x) dx = \langle f_1, g \rangle + \langle f_2, g \rangle$
$\langle \lambda f, g \rangle = \int_{-1}^{1} \{\lambda f(x)\} g(x) dx = \lambda \int_{-1}^{1} f(x) g(x) dx = \lambda \langle f, g \rangle$

$f \fallingdotseq 0$ とすると，$[-1,1]$ で $f(x)^2 \geqq 0$，等号は高々有限個の点でなりたつ．

$\therefore\ \langle f, f\rangle = \int_{-1}^{1} f(x)^2 dx > 0$

(b) $x^2+1>0$ だから $f \fallingdotseq 0$ とすると $[a,b]$ で $(x^2+1)f(x)^2 \geqq 0$，等号は高々有限個の点でなりたつ． $\therefore\ \langle f, f\rangle = \int_a^b (x^2+1)f(x)^2 dx > 0$．他は (a) と同様．

(iv) $[a,b]$ で $f \fallingdotseq 0$ とすると，$w(x)>0$ から $[a,b]$ で $w(x)f(x)^2 \geqq 0$ で，かつ恒等的に 0 ではないから $\langle f,f\rangle > 0$．他は前問(iv) と同様．

212.1 $K=\mathbb{C}$ のときを証明すれば，$K=\mathbb{R}$ のときも証明される．(iv) $||\boldsymbol{a}+\boldsymbol{b}||^2 = \langle \boldsymbol{a}+\boldsymbol{b}, \boldsymbol{a}+\boldsymbol{b}\rangle = \langle \boldsymbol{a},\boldsymbol{a}\rangle + \langle \boldsymbol{a},\boldsymbol{b}\rangle + \langle \boldsymbol{b},\boldsymbol{a}\rangle + \langle \boldsymbol{b},\boldsymbol{b}\rangle = ||\boldsymbol{a}||^2 + \langle \boldsymbol{a},\boldsymbol{b}\rangle + \overline{\langle \boldsymbol{a},\boldsymbol{b}\rangle} + ||\boldsymbol{b}||^2$．$\langle \boldsymbol{a},\boldsymbol{b}\rangle = a+bi$ とすれば，例題 212 の解答の中の ③ より ① $= ||\boldsymbol{a}||^2 + 2a + ||\boldsymbol{b}||^2 \leqq ||\boldsymbol{a}||^2 + 2||\boldsymbol{a}||\,||\boldsymbol{b}|| + ||\boldsymbol{b}||^2 = (||\boldsymbol{a}||+||\boldsymbol{b}||)^2$ から． (v) $\boldsymbol{a}-\boldsymbol{b}=\boldsymbol{c}$ とすると $||\boldsymbol{a}|| = ||\boldsymbol{b}+\boldsymbol{c}|| \leqq ||\boldsymbol{b}|| + ||\boldsymbol{c}|| = ||\boldsymbol{b}|| + ||\boldsymbol{a}-\boldsymbol{b}||$ から．

(vi) $||\boldsymbol{a}+\boldsymbol{b}||^2 = ||\boldsymbol{a}||^2 + \langle \boldsymbol{a},\boldsymbol{b}\rangle + \langle \boldsymbol{b},\boldsymbol{a}\rangle + ||\boldsymbol{b}||^2, ||\boldsymbol{a}-\boldsymbol{b}||^2 = ||\boldsymbol{a}||^2 - \langle \boldsymbol{a},\boldsymbol{b}\rangle - \langle \boldsymbol{b},\boldsymbol{a}\rangle + ||\boldsymbol{b}||^2$ を加える．

7

213.1 (i) $\langle \boldsymbol{a}_1,\boldsymbol{a}_2\rangle = b-2c=0, \langle \boldsymbol{a}_1,\boldsymbol{a}_3\rangle = -5b+10=0, \langle \boldsymbol{a}_2,\boldsymbol{a}_3\rangle = 2ab-7-5c=0$．これから $a=3, b=2, c=1$ (ii) $||\boldsymbol{a}_1||^2 = 3^2+1^2+2^2+2^2 = 18, ||\boldsymbol{a}_2||^2 = 12, ||\boldsymbol{a}_3||^2 = 90$

$\therefore\ \boldsymbol{e}_1 = \left(\frac{3}{3\sqrt{2}}, \frac{1}{3\sqrt{2}}, \frac{2}{3\sqrt{2}}, \frac{-2}{3\sqrt{2}}\right), \boldsymbol{e}_2 = \left(\frac{-1}{2\sqrt{3}}, \frac{3}{2\sqrt{3}}, \frac{1}{2\sqrt{3}}, \frac{1}{2\sqrt{3}}\right), \boldsymbol{e}_3 = \left(0, \frac{4}{3\sqrt{10}}, \frac{-7}{3\sqrt{10}}, \frac{-5}{3\sqrt{10}}\right)$

(iii) $\langle \boldsymbol{a},\boldsymbol{b}\rangle = \langle \boldsymbol{a}_1+\boldsymbol{a}_2, -\boldsymbol{a}_1+2\boldsymbol{a}_3\rangle = -\langle \boldsymbol{a}_1,\boldsymbol{a}_1\rangle = -18$,

$||\boldsymbol{a}||^2 = \langle \boldsymbol{a}_1+\boldsymbol{a}_2, \boldsymbol{a}_1+\boldsymbol{a}_2\rangle = ||\boldsymbol{a}_1||^2 + ||\boldsymbol{a}_2||^2 = 30, ||\boldsymbol{b}||^2 = 378$ から $\cos\theta = \frac{-18}{\sqrt{30}\sqrt{378}} = -\frac{1}{\sqrt{35}}$

214.1 $K=\mathbb{C}$ の場合を証明すればよい．$\boldsymbol{b}_1, \boldsymbol{b}_2, \cdots, \boldsymbol{b}_{k-1}\,(k \geqq 2)$ が直交系のとき，$\boldsymbol{b}_s\,(s=1,2,\cdots,k-1)$ と $\boldsymbol{b}_k$ が直交することを示す．$i=1,2,\cdots,k-1$ で $i \neq s$ ならば $\langle \boldsymbol{b}_s, \boldsymbol{b}_i\rangle = 0$ だから

$$\begin{aligned}\langle \boldsymbol{b}_s,\boldsymbol{b}_k\rangle &= \langle \boldsymbol{b}_s, \boldsymbol{a}_k - \sum_{i=1}^{k-1}\frac{\langle \boldsymbol{a}_k,\boldsymbol{b}_i\rangle}{\langle \boldsymbol{b}_i,\boldsymbol{b}_i\rangle}\boldsymbol{b}_i\rangle = \langle \boldsymbol{b}_s,\boldsymbol{a}_k\rangle - \sum_{i=1}^{k-1}\frac{\overline{\langle \boldsymbol{a}_k,\boldsymbol{b}_i\rangle}}{\langle \boldsymbol{b}_i,\boldsymbol{b}_i\rangle}\langle \boldsymbol{b}_s,\boldsymbol{b}_i\rangle \\ &= \langle \boldsymbol{b}_s,\boldsymbol{a}_k\rangle - \frac{\overline{\langle \boldsymbol{a}_k,\boldsymbol{b}_s\rangle}}{\langle \boldsymbol{b}_s,\boldsymbol{b}_s\rangle}\langle \boldsymbol{b}_s,\boldsymbol{b}_s\rangle \\ &= \langle \boldsymbol{b}_s,\boldsymbol{a}_k\rangle - \overline{\langle \boldsymbol{a}_k,\boldsymbol{b}_s\rangle} = \langle \boldsymbol{b}_s,\boldsymbol{a}_k\rangle - \langle \boldsymbol{b}_s,\boldsymbol{a}_k\rangle = 0\end{aligned}$$

214.2 $f_0 = 1, f_1 = x - \frac{\langle x,1\rangle}{\langle 1,1\rangle}1 = x - \frac{1}{2}, f_2 = x^2 - \frac{\langle x^2,1\rangle}{\langle 1,1\rangle}1$

$$-\frac{\langle x^2, x-\frac{1}{2}\rangle}{\langle x-\frac{1}{2}, x-\frac{1}{2}\rangle}\left(x-\tfrac{1}{2}\right) = x^2 \frac{\int_0^1 x^2 dx}{\int_0^1 dx} - \frac{\int_0^1 x^2(x-\frac{1}{2})dx}{\int_0^1 (x-\frac{1}{2})^2 dx}(x-\tfrac{1}{2}) = x^2 - x + \tfrac{1}{6}.$$

$||f_0||^2 = 1, ||f_1||^2 = \frac{1}{12}, ||f_2||^2 = \int_0^1 \left(x^2 - x + \frac{1}{6}\right)^2 dx = \frac{1}{180}.$

$\frac{f_0}{||f_0||} = 1, \frac{f_1}{||f_1||} = \sqrt{3}(2x-1), \frac{f_2}{||f_2||} = \sqrt{5}(6x^2-6x+1)$

215.1 $\boldsymbol{e}_1, \boldsymbol{e}_2, \cdots, \boldsymbol{e}_m$ の生成する部分空間を U とする．任意の $\boldsymbol{a} \in V$ に対して U のベクトル $\boldsymbol{u} = \sum_{i=1}^{m}\lambda_i \boldsymbol{e}_i$ を $\boldsymbol{a}-\boldsymbol{u}$ が $\boldsymbol{e}_1, \boldsymbol{e}_2, \cdots, \boldsymbol{e}_m$ と直交するようにとる．すなわち

$$\langle \boldsymbol{a} - \sum_{i=1}^{m}\lambda_i \boldsymbol{e}_i, \boldsymbol{e}_j\rangle = 0 \quad (j=1,2,\cdots,m) \qquad \cdots ①$$

であるようにとる．$\boldsymbol{e}_1, \boldsymbol{e}_2, \cdots, \boldsymbol{e}_m$ が正規直交系であるから，① より

$$\langle \boldsymbol{a}, \boldsymbol{e}_j \rangle = \sum_{i=1}^{m} \lambda_i \langle \boldsymbol{e}_i, \boldsymbol{e}_j \rangle = \lambda_j \quad (j = 1, 2, \cdots, m)$$

したがって，①をみたす $\boldsymbol{u} \in U$ は $\boldsymbol{u} = \sum_{i=1}^{m} \langle \boldsymbol{a}, \boldsymbol{e}_i \rangle \boldsymbol{e}_i$ である．$\boldsymbol{v} = \boldsymbol{a} - \boldsymbol{u}$ とすると，$\boldsymbol{a} = \boldsymbol{u} + \boldsymbol{v}, \boldsymbol{u} \perp \boldsymbol{v}$

$$\therefore \quad ||\boldsymbol{a}||^2 = ||\boldsymbol{u} + \boldsymbol{v}||^2 = ||\boldsymbol{u}||^2 + ||\boldsymbol{v}||^2 \geqq ||\boldsymbol{u}||^2$$

一方 $||\boldsymbol{u}||^2 = \langle \boldsymbol{u}, \boldsymbol{u} \rangle = \sum_{i,j=1}^{m} \langle \boldsymbol{a}, \boldsymbol{e}_i \rangle \overline{\langle \boldsymbol{a}, \boldsymbol{e}_j \rangle} \langle \boldsymbol{e}_i, \boldsymbol{e}_j \rangle = \sum_{i=1}^{m} |\langle \boldsymbol{a}, \boldsymbol{e}_i \rangle|^2$．したがって，求める不等式が得られる．等号のなりたつのが，例題 215 の場合である．条件のどこが違うか．

216.1 $U \subset W$ とする．$\boldsymbol{a} \in W^{\perp}$ をとる．$\boldsymbol{x} \in U$ ならば $\boldsymbol{x} \in W$ $\therefore \langle \boldsymbol{a}, \boldsymbol{x} \rangle = 0$ $\therefore \boldsymbol{a} \in U^{\perp}$．したがって $W^{\perp} \subset U^{\perp}$．$U \subset W^{\perp}$ とする．$\boldsymbol{a} \in W$ をとる．$\boldsymbol{x} \in U$ ならば $\boldsymbol{x} \in W^{\perp}$ $\therefore \langle \boldsymbol{a}, \boldsymbol{x} \rangle = 0$ $\therefore \boldsymbol{a} \in U^{\perp}$ したがって $W \subset U^{\perp}$

217.1 $3x_1 + x_2 - x_3 = 0, x_1 - 5x_2 + x_3 = 0$ の解は $\lambda(-4, -4, -16)$ $\therefore$ $(1, 1, 4)$ が U の基底 $\therefore$ $U^{\perp} = \{(x_1, x_2, x_3) \,|\, x_1 + x_2 + 4x_3 = 0\}$ $\therefore$ $U^{\perp}$ の 1 組の基底として $(-1, 1, 0), (-4, 0, 1)$ が得られる．

218.1 (i) $\boldsymbol{x} = (x_1, x_2), \boldsymbol{y} = (y_1, y_2)$ とする．$T(\boldsymbol{x} + \boldsymbol{y}) = (x_1 + y_1)(x_2 + y_2), T(\boldsymbol{x}) + T(\boldsymbol{y}) = x_1x_2 + y_1y_2$ $\therefore$ $T(\boldsymbol{x} + \boldsymbol{y}) \risingdotseq T(\boldsymbol{x}) + T(\boldsymbol{y})$ $\therefore$ T は線形写像ではない． (ii) $T(\boldsymbol{x} + \boldsymbol{y}) = ((x_1 + y_1) + (x_2 + y_2), x_2 + y_2, (x_1 + y_1) - (x_2 + y_2)) = (x_1 + x_2, x_2, x_1 - x_2) + (y_1 + y_2, y_2, y_1 - y_2) = T(\boldsymbol{x}) + T(\boldsymbol{y}), T(\lambda \boldsymbol{x}) = (\lambda x_1 + \lambda x_2, \lambda x_2, \lambda x_1 - \lambda x_2) = \lambda(x_1 + x_2, x_2, x_1 - x_2) = \lambda T(\boldsymbol{x})$
$\therefore$ T は線形写像.

218.2 $\boldsymbol{a} = \overrightarrow{\mathrm{AB}}, \boldsymbol{b} = \overrightarrow{\mathrm{BC}}$，A, B, C の π への平行射影を A′, B′, C′ とすると，$\overrightarrow{\mathrm{A'C'}} = \overrightarrow{\mathrm{A'B'}} + \overrightarrow{\mathrm{B'C'}}$
$\therefore$ $(\boldsymbol{a} + \boldsymbol{b})_{\pi} = \boldsymbol{a}_{\pi} + \boldsymbol{b}_{\pi}$．$\lambda \boldsymbol{a} = \overrightarrow{\mathrm{AD}}$，D の π への平行射影を D′ とすると，AA′//BB′//DD′ だから AB : AD = A′B′ : A′D′
$\therefore$ $\overrightarrow{\mathrm{A'D'}} = \lambda \overrightarrow{\mathrm{A'B'}}$ $\therefore$ $(\lambda \boldsymbol{a})_{\pi} = \lambda \boldsymbol{a}_{\pi}$

218.3 (i) $D(f + g) = (f + g)' = f' + g' = Df + Dg, D(\lambda f) = (\lambda f)' = \lambda f' = \lambda Df$
(ii) (i) と同様. (iii) $S(f + g) = \int_{-1}^{1} \{f(x) + g(x)\} dx = \int_{-1}^{1} f(x) dx + \int_{-1}^{1} g(x) dx = S(f) + S(g), S(\lambda f) = \int_{-1}^{1} \lambda f(x) dx = \lambda \int_{-1}^{1} f(x) dx = \lambda S(f)$

219.1 (iv) $T(\boldsymbol{u}_1), T(\boldsymbol{u}_2) \in T(U)$ とすると $T(\boldsymbol{u}_1) + T(\boldsymbol{u}_2) = T(\boldsymbol{u}_1 + \boldsymbol{u}_2) \in T(U), \lambda T(\boldsymbol{u}_1) = T(\lambda \boldsymbol{u}_1) \in T(U)$．だから $T(U)$ は W の部分空間である．$T(U)$ の任意の元は $T(\boldsymbol{u}), \boldsymbol{u} \in U$ と書かれ，$\boldsymbol{u} = \lambda_1 \boldsymbol{a}_1 + \cdots + \lambda_r \boldsymbol{a}_r$ と書けるので $T(\boldsymbol{u}) = \lambda_1 T(\boldsymbol{a}_1) + \cdots + \lambda_r T(\boldsymbol{a}_r)$ となり，$T(U)$ は $T(\boldsymbol{a}_1), \cdots, T(\boldsymbol{a}_r)$ で生成される． (v) $\boldsymbol{u}_1 \in T^{-1}(U'), \boldsymbol{u}_2 \in T^{-1}(U')$ とすると $T(\boldsymbol{u}_1) \in U', T(\boldsymbol{u}_2) \in U'$．$U'$ は W の部分空間であるから $T(\boldsymbol{u}_1) + T(\boldsymbol{u}_2) = T(\boldsymbol{u}_1 + \boldsymbol{u}_2) \in U'$ となり $\boldsymbol{u}_1 + \boldsymbol{u}_2 \in T^{-1}(U')$．同様に $T(\lambda \boldsymbol{u}_1) = \lambda T(\boldsymbol{u}_1) \in U'$ から $\lambda \boldsymbol{u}_1 \in T^{-1}(U')$

(vi) V の任意の元 $\boldsymbol{a}$ は $\boldsymbol{a} = \lambda_1 \boldsymbol{a}_1 + \cdots + \lambda_n \boldsymbol{a}_n$ と一意的に表わされる．$\boldsymbol{a}$ に対して $\lambda_1, \cdots, \lambda_n$ が一意的に定まっているので $T(\boldsymbol{a}) = \lambda_1 \boldsymbol{b}_1 + \cdots + \lambda_n \boldsymbol{b}_n$ によって写像 T を定めることができる．T はとくに $T(\boldsymbol{a}_i) = \boldsymbol{b}_i \, (i = 1, \cdots, n)$ をみたし，$\boldsymbol{a}' = \lambda'_1 \boldsymbol{a}_1 + \cdots + \lambda'_n \boldsymbol{a}_n$ のとき，$T(\boldsymbol{a} + \boldsymbol{a}') = T(\boldsymbol{a}) + T(\boldsymbol{a}'), T(\lambda \boldsymbol{a}) = \lambda T(\boldsymbol{a})$ となるので線形写像である．また線形写像である以上，T の定め方はこれ以外にはない（線形写像 T' が，$T'(\boldsymbol{a}_i) = \boldsymbol{b}_i$ とすると，任意 V の元 $\boldsymbol{a}$ について $T'(\boldsymbol{a}) = T'(\lambda_1 \boldsymbol{a}_1 + \cdots + \lambda_n \boldsymbol{a}_n) = \lambda_1 T'(\boldsymbol{a}_1) + \cdots + \lambda_n T'(\boldsymbol{a}_n) = \lambda_1 T(\boldsymbol{a}_1) + \cdots + \lambda_n T(\boldsymbol{a}_n)$

7

$= T(\lambda_1\boldsymbol{a}_1+\cdots+\lambda_n\boldsymbol{a}_n)=T(\boldsymbol{a}) \quad \therefore\ T=T'$).

220.1 〔生成要素であること〕 W の任意の元 $\boldsymbol{b}$ をとる．T は全射であるから $T(\boldsymbol{a})=\boldsymbol{b}$ となる V の元 $\boldsymbol{a}$ がある．$\boldsymbol{a}_1,\cdots,\boldsymbol{a}_n$ は V を生成するので $\boldsymbol{a}=\lambda_1\boldsymbol{a}_1+\cdots+\lambda_n\boldsymbol{a}_n$ と表わされ，したがって $\boldsymbol{b}=T(\boldsymbol{a})=\lambda_1T(\boldsymbol{a}_1)+\cdots+\lambda_nT(\boldsymbol{a}_n)$

〔線形独立であること〕 $\lambda_1T(\boldsymbol{a}_1)+\cdots+\lambda_nT(\boldsymbol{a}_n)=\boldsymbol{0}$ とすると $T(\lambda_1\boldsymbol{a}_1+\cdots+\lambda_n\boldsymbol{a}_n)=\boldsymbol{0}$ T は単射であるから $\lambda_1\boldsymbol{a}_1+\cdots+\lambda_n\boldsymbol{a}_n=\boldsymbol{0}$. そして $\boldsymbol{a}_1,\cdots,\boldsymbol{a}_n$ は線形独立であるから $\lambda_1=\cdots=\lambda_n=0$. したがって，$T(\boldsymbol{a}_1),T(\boldsymbol{a}_2),\cdots,T(\boldsymbol{a}_n)$ は W の基底となるから $\dim V=\dim W$

221.1 求める行列を A とすると，$\begin{bmatrix}0\\1\end{bmatrix}=A\begin{bmatrix}1\\0\\-1\end{bmatrix}$, $\begin{bmatrix}2\\0\end{bmatrix}=A\begin{bmatrix}-1\\1\\1\end{bmatrix}$, $\begin{bmatrix}-3\\1\end{bmatrix}=A\begin{bmatrix}0\\-1\\1\end{bmatrix}$

$$\therefore\quad \begin{bmatrix}0&2&-3\\1&0&1\end{bmatrix}=A\begin{bmatrix}1&-1&0\\0&1&-1\\-1&1&1\end{bmatrix}$$

$$\therefore\quad A=\begin{bmatrix}0&2&-3\\1&0&1\end{bmatrix}\begin{bmatrix}1&-1&0\\0&1&-1\\-1&1&1\end{bmatrix}^{-1}=\begin{bmatrix}-1&2&-1\\3&1&2\end{bmatrix}$$

7

222.1 (i) T が単射 $\Leftrightarrow$ T は V から $\mathrm{Im}\,(T)$ への全単射 $\Rightarrow$ $\dim V=\dim\mathrm{Im}(T)$（⇨問題 220.1）逆に $\dim V=\dim\mathrm{Im}(T)$ ならば，定理 2(i) $\dim V=\dim\mathrm{Im}(T)+\mathrm{null}\,T$ より $\mathrm{null}\,T=0$ $\therefore\ \mathrm{Ker}\,T=\{\boldsymbol{0}\}$. 定理 1 により T は単射. ゆえに「T が単射 $\Leftrightarrow$ $\mathrm{rank}\,T=\dim V$」

(ii) $\dim V=\dim W$ とする．(i)により，T が単射 $\Leftrightarrow$ $\dim V=\dim W=\mathrm{rank}\,T=\dim\mathrm{Im}\,(T)$ $\Leftrightarrow$ $W=\mathrm{Im}(T)$（⇨問題 219.1(vi)） $\therefore$ T が単射 $\Leftrightarrow$ T が全射. またこの結果により T が単射ならば T が全射. したがって T は全単射，$V\cong W$ である．T が全射ならば T が単射. したがって T は全単射 $V\cong W$ である.

222.2 (i) $\Gamma_V=\{\boldsymbol{a}_1,\boldsymbol{a}_2,\cdots,\boldsymbol{a}_n\},\Gamma'_V=\{\boldsymbol{a}'_1,\boldsymbol{a}'_2,\cdots,\boldsymbol{a}'_n\}$ を V の 2 組の基底とし，

$$\boldsymbol{a}'_j=\sum_{i=1}^{n}p_{ij}\boldsymbol{a}_i \qquad \cdots①$$

とすると，変換の行列 $P=[p_{ij}]$ は正則行列である．同様に $\boldsymbol{b}_1,\boldsymbol{b}_2,\cdots,\boldsymbol{b}_m$ と $\boldsymbol{b}'_1,\boldsymbol{b}'_2,\cdots,\boldsymbol{b}'_m$ を W の 2 組の基底とし，$\boldsymbol{b}'_j=\sum_{i=1}^{m}q_{ij}\boldsymbol{b}_i$ $\cdots②$ とすると，行列 $Q=[q_{ij}]$ も正則である.

基底 $\boldsymbol{a}_1,\cdots,\boldsymbol{a}_n$ と $\boldsymbol{b}_1,\cdots,\boldsymbol{b}_m$ によって T に対応する行列を $A=[a_{ij}]$ とし，基底 $\boldsymbol{a}'_1,\cdots,\boldsymbol{a}'_n$ と $\boldsymbol{b}'_1,\cdots,\boldsymbol{b}'_m$ によって T に対応する行列を $A'=[a'_{ij}]$ とすると，

$$T(\boldsymbol{a}'_j)=T\left(\sum_{i=1}^{n}p_{ij}\boldsymbol{a}_i\right)=\sum_{i=1}^{n}p_{ij}\left(\sum_{k=1}^{m}a_{ki}\boldsymbol{b}_k\right)=\sum_{k=1}^{m}\left(\sum_{i=1}^{n}a_{ki}p_{ij}\right)\boldsymbol{b}_k$$

また $f(\boldsymbol{a}'_j)=\sum_{i=1}^{m}a'_{ij}\boldsymbol{b}'_i=\sum_{i=1}^{m}a'_{ij}\left(\sum_{k=1}^{m}q_{ki}\boldsymbol{b}_k\right)=\sum_{k=1}^{m}\left(\sum_{i=1}^{m}q_{ki}a'_{ij}\right)\boldsymbol{b}_k$

$\boldsymbol{b}_1,\cdots,\boldsymbol{b}_m$ は線形独立であるから，

$$\sum_{i=1}^{n}a_{ki}p_{ij}=\sum_{i=1}^{m}q_{ki}a'_{ij} \quad (k=1,\cdots,m;j=1,\cdots,n)$$

よって $AP=QA'$ となり $A'=Q^{-1}AP$

(ii) $\operatorname{rank} A = r$ とおくとき，定理 2(i) $n = \operatorname{rank} T + \dim \operatorname{Ker} T$ から $\operatorname{Ker} T$ の次元が $n-r$ であることを示せば $\operatorname{rank} T = \operatorname{rank} A$ となる．$\boldsymbol{a} \in V$ を，

$$\boldsymbol{a} = x_1\boldsymbol{a}_1 + x_2\boldsymbol{a}_2 + \cdots + x_n\boldsymbol{a}_n$$

と表わすとき，$\boldsymbol{a} \in \operatorname{Ker} T$ であるための条件は，

$$\sum_{j=1}^{n} x_j \left(\sum_{i=1}^{m} a_{ij}\boldsymbol{b}_i \right) = \boldsymbol{0}$$

であり，$\boldsymbol{b}_1, \cdots, \boldsymbol{b}_m$ は線形独立であるから連立方程式

$$\sum_{j=1}^{n} a_{ij}x_j = 0 \quad (i = 1, 2, \cdots, m)$$

がなりたつことである．$\boldsymbol{a} \in \operatorname{Ker} T$ に列ベクトル $\begin{bmatrix} x_1 \\ \vdots \\ x_n \end{bmatrix}$ を対応させると，$\operatorname{Ker} T$ はこの同次連立 1 次方程式の解全体のなす線形空間に同形であり，$\operatorname{Ker} T$ の次元は $n-r$ である．

223.1 与えられた行列を A，A で表わされる写像を T とする． (i) T は $\mathbb{R}^4$ から $\mathbb{R}^3$ への線形写像で，$\operatorname{rank} A = 2$ $\therefore \dim \operatorname{Ker} T = 4-2 = 2$ $\therefore$ 単射でない．また $\dim \operatorname{Im} T = \operatorname{rank} A = 2 < 3$ $\therefore$ 全射でない． (ii) T は $\mathbb{R}^3$ から $\mathbb{R}^4$ への線形写像で $\operatorname{rank} A = 3$ $\therefore \dim \operatorname{Ker} T = 3-3 = 0$ $\therefore$ 単射．また $\dim \operatorname{Im} T = \operatorname{rank} A = 3 < 4$ $\therefore$ 全射でない．
(iii) T は $\mathbb{R}^3$ から $\mathbb{R}^3$ への線形写像．$\operatorname{rank} A = 3$ で A は正則 $\therefore$ 全単射．

◆ 第 7 章の発展問題解答 (32〜37)

32. (i) U を $\boldsymbol{a}_1, \boldsymbol{a}_2, \boldsymbol{a}_3$ の生成する部分空間，W を $\boldsymbol{a}_2+\boldsymbol{a}_3, \boldsymbol{a}_3+\boldsymbol{a}_1, \boldsymbol{a}_1+\boldsymbol{a}_2$ の生成する部分空間とする．$\boldsymbol{x} \in U$ をとる．$\boldsymbol{x} = \lambda\boldsymbol{a}_1 + \mu\boldsymbol{a}_2 + \nu\boldsymbol{a}_3$．一方 $\boldsymbol{x} = x(\boldsymbol{a}_2+\boldsymbol{a}_3) + y(\boldsymbol{a}_3+\boldsymbol{a}_1) + z(\boldsymbol{a}_1+\boldsymbol{a}_2)$ とすると，$\boldsymbol{x} = (y+z)\boldsymbol{a}_1 + (z+x)\boldsymbol{a}_2 + (x+y)\boldsymbol{a}_3$ $\therefore y+z = \lambda, x+z = \mu, x+y = \nu$．これを解いて

$$\boldsymbol{x} = \tfrac{-\lambda+\mu+\nu}{2}(\boldsymbol{a}_2+\boldsymbol{a}_3) + \tfrac{\lambda-\mu+\nu}{2}(\boldsymbol{a}_3+\boldsymbol{a}_1) + \tfrac{\lambda+\mu-\nu}{2}(\boldsymbol{a}_1+\boldsymbol{a}_2)$$

$\therefore$ $\boldsymbol{x} \in W$．したがって $U \subset W$．逆に $\boldsymbol{x} \in W$ をとると，$\boldsymbol{x} = \lambda(\boldsymbol{a}_2+\boldsymbol{a}_3) + \mu(\boldsymbol{a}_3+\boldsymbol{a}_1) + \nu(\boldsymbol{a}_1+\boldsymbol{a}_2) = (\mu+\nu)\boldsymbol{a}_1 + (\nu+\lambda)\boldsymbol{a}_2 + (\lambda+\mu)\boldsymbol{a}_3$ $\therefore$ $\boldsymbol{x} \in U$．したがって $W \subset U$．以上から $U = W$

(ii) $$[\ \boldsymbol{x}_1\ \boldsymbol{x}_2\ \boldsymbol{x}_3 \ \vdots\ \boldsymbol{y}_1\ \boldsymbol{y}_2\ \boldsymbol{y}_3\ \boldsymbol{y}_4\ ] \to \left[\begin{array}{ccc:cccc} 1 & 0 & 0 & 1 & 0 & 0 & 2 \\ 0 & 1 & 0 & 0 & 0 & -1 & 1 \\ 0 & 0 & 1 & 1 & 0 & 1 & 0 \\ 0 & 0 & 0 & 0 & 1 & 0 & 0 \end{array}\right]$$

$\therefore$ $\boldsymbol{y}_1 = \boldsymbol{x}_1+\boldsymbol{x}_3, \boldsymbol{y}_3 = -\boldsymbol{x}_2+\boldsymbol{x}_3, \boldsymbol{y}_4 = 2\boldsymbol{x}_1+\boldsymbol{x}_2$ $\therefore$ $\boldsymbol{y}_1, \boldsymbol{y}_3, \boldsymbol{y}_4 \in U$．$\boldsymbol{y}_2$ は $\boldsymbol{x}_1, \boldsymbol{x}_2, \boldsymbol{x}_3$ の線形結合にならないから，$\boldsymbol{y}_2 \notin U$．$W$ を $\boldsymbol{y}_1, \boldsymbol{y}_3, \boldsymbol{y}_4$ の生成する部分空間とするとき，$W \subset U$．上の式は逆に解けて $\boldsymbol{x}_1 = -\boldsymbol{y}_1+\boldsymbol{y}_3+\boldsymbol{y}_4, \boldsymbol{x}_2 = 2\boldsymbol{y}_1-2\boldsymbol{y}_3-\boldsymbol{y}_4, \boldsymbol{x}_3 = 2\boldsymbol{y}_1-\boldsymbol{y}_3-\boldsymbol{y}_4$ $\therefore$ $U \subset W$．したがって $U = W$．すなわち $\boldsymbol{y}_1, \boldsymbol{y}_3, \boldsymbol{y}_4$ は U を生成する．

注意 次元の概念を用いるときには，次のように推論できる．上の基本変形の結果から，$\boldsymbol{x}_1, \boldsymbol{x}_2, \boldsymbol{x}_3$ および $\boldsymbol{y}_1, \boldsymbol{y}_3, \boldsymbol{y}_4$ はそれぞれ線形独立だから $\dim U = \dim W = 3$ $\therefore$ $W \subset U$ と合わせて $W = U$

33. $W = W_1 + W_2$ とすると $W_1 \cap W_2 = \{\boldsymbol{0}\}$ から $W = W_1 \oplus W_2$ $\therefore$ $\boldsymbol{a}_1, \cdots, \boldsymbol{a}_s$ を W_1 の基

底，$\boldsymbol{b}_1, \cdots, \boldsymbol{b}_t$ を W_2 の基底とすると，これら $s+t$ 個のベクトルは線形独立．これらを含んで V の基底 $\boldsymbol{a}_1, \cdots, \boldsymbol{a}_s, \boldsymbol{b}_1, \cdots, \boldsymbol{b}_t, \boldsymbol{c}_1, \cdots, \boldsymbol{c}_r\,(s+t+r=n)$ をつくることができる．このとき $\boldsymbol{b}_1, \cdots, \boldsymbol{b}_t, \boldsymbol{c}_1, \cdots, \boldsymbol{c}_r$ の生成する部分空間 $U, \boldsymbol{c}_1, \cdots, \boldsymbol{c}_r$ の生成する部分空間 W_3 が求めるもの．

34. $|\int_a^b f(x)\overline{g(x)}dx| \leqq \left(\int_a^b |f(x)|^2 dx\right)^{1/2} \left(\int_a^b |g(x)|^2 dx\right)^{1/2}$

35. $\{\xi_n\} \in U_1$ をとる．$\xi_{n+2}+a\xi_{n+1}+b\xi_n = r_1^2\xi_n+ar_1\xi_n+b\xi_n = (r_1^2+ar_1+b)\xi_n = 0$. $\therefore \{\xi_n\} \in S$ $\therefore$ $U_1 \subset S$. 同様にして $U_2 \subset S$. $\{x_n\} \in S$ をとる．$r_1 \neq r_2$ だから x_1, x_2 に対して $x_1 = \xi+\eta, x_2 = r_1\xi+r_2\eta$ となる ξ, η が一意的に存在する．このとき $x_n = r_1^{n-1}\xi+r_2^{n-1}\eta$ (n に関する帰納法によって示される)．すなわち $\{x_n\} = \{r_1^{n-1}\xi\}+\{r_2^{n-1}\eta\} \in U_1+U_2$ $\therefore S = U_1+U_2$. 公比が r_1 かつ r_2 である等比数列は $\{0, 0, \cdots, 0, \cdots\}$，すなわち S の零元のみだから $S = U_1 \oplus U_2$

36. $\langle 1, \cos nx\rangle = \int_{-\pi}^{\pi} \cos nx dx = 0, \langle 1, \sin nx\rangle = \int_{-\pi}^{\pi} \sin nx dx = 0$,

$\langle \cos nx, \sin mx\rangle = \int_{-\pi}^{\pi} \cos nx \sin mx dx = 0$，$n \neq m$ のとき

$\langle \cos nx, \cos mx\rangle = \int_{-\pi}^{\pi} \cos nx \cos mx dx = 0, \langle \sin nx, \sin mx\rangle = \int_{-\pi}^{\pi} \sin nx \sin mx dx = 0$.

$||1||^2 = \int_{-\pi}^{\pi} dx = 2\pi, ||\cos nx||^2 = \int_{-\pi}^{\pi} \cos^2 nx dx = \pi$，同様に $||\sin nx||^2 = \pi$

$\therefore$ 正規化は $\frac{1}{\sqrt{2\pi}}, \frac{1}{\sqrt{\pi}}\cos x, \frac{1}{\sqrt{\pi}}\sin x, \cdots, \frac{1}{\sqrt{\pi}}\cos nx, \frac{1}{\sqrt{\pi}}\sin nx, \cdots$

37. (I) $y_1' = \alpha y_1, y_2' = \beta y_2$ から $M(D) = \begin{bmatrix} \alpha & 0 \\ 0 & \beta \end{bmatrix}$

(II) $y_1' = \alpha y_1, y_2' = y_1 + \alpha y_2$ から $M(D) = \begin{bmatrix} \alpha & 1 \\ 0 & \alpha \end{bmatrix}$

(III) $y_1' = ay_1 - by_2, y_2' = ay_2 + by_1$ から $M(D) = \begin{bmatrix} a & b \\ -b & a \end{bmatrix}$

7

索　引

あ 行

相反系　146

1 次従属　88, 226
1 次独立　88, 226
位置づけの 3 表示　106
位置ベクトル　110

上三角化定理　157
上三角行列　24, 157

エルミート行列　216

オイラーの角　215
大きさ　114

か 行

階数　69, 211, 245
階数の一意性　76
外積　140
外積の演算法則　141
階段行列　65, 79
回転角　193
回転行列　191
外分点　111
可換　10
核　243
拡大係数行列　67, 68, 69, 202

基　229
奇置換　48
基底　191, 229
基本解　83
基本行列　71
基本ベクトル　110, 112
基本ベクトル表示　110
逆行列　12
逆元　219
逆写像　243
逆像　242
逆置換　46
逆ベクトル　219
球面三角形の余弦法則　123
行　3
行基本操作　65
共通垂線　131
行ベクトル　3, 22
行列　3, 211
行列式　29, 49
行列式の基本性質　49
行列の差　5
行列の積　7
行列の多項式　20
行列の和　5

空間の直交座標　194
偶置換　48
グラム-シュミットの直交化法
　184, 237
グラム行列式　139, 145
クラメールの公式　29, 31, 58

係数行列　67
計量線形空間　233
原点　191

交換法則　116
互換　47
固有多項式　154
固有値　153, 154
固有ベクトル　153
固有方程式　154

さ 行

差　219
最小多項式　169
差積　48
座標軸の回転　204
座標変換の行列　191
座標変換の式　191
サラスの展開図　30
三角化　185
三角不等式　235

次元　230
次元定理　230
自然基底　229
下三角行列　24
実線形空間　219
始点　103
自明解　80
シュヴァルツの不等式　235
終点　103
重複度　165
主軸変換問題　199
シュワルツの不等式　115
巡回置換　47
小行列　97
小行列式　33, 97
消去した式　87
ジョルダン細胞　177
ジョルダン標準形　172

垂直　114, 129
スカラー　105, 219
スカラー行列　12
スカラー 3 重積　144
スカラー積　115

スカラー倍　5

正規化　183, 235
正規行列　215
正規直交基　238
正規直交基底　238
正規直交系　183, 237
正射影　121, 138
斉次連立方程式　80
生成系　228
生成された部分空間　228
正則　58
正則行列　12
正則性　75, 93
正値形式　214
正値 2 次形式　214
成分　3, 110
成分表示　111
正方行列　4, 10
絶対値　114, 235
線形空間　219
線形結合　89
線形写像　241
線形写像の行列　244
線形従属　88, 124, 226
線形独立　88, 124, 226
線形変換　241
全射　243
全単射　243

像　242, 243
双曲線　198

た 行

対角化　187
対角行列　18, 152
対角形　212
対角成分　4
退化次数　245
退化した 2 次曲線　201
代表ベクトル　104
だ円　198
単位行列　4, 12
単位置換　46
単位ベクトル　114, 235
単射　243

置換　45, 46
中線定理　235
直線の方程式　128
直和　224
直和分解　224
直交　183, 236, 239
直交基　238
直交基底　238
直交行列　183
直交系　237
直交座標系　191
直交補空間　239

底　229
デザルグの定理　148
転置行列　4

同形　243
同形写像　243
同次連立方程式　80
同値　151
同値変形　66
同値律　151
同伴な同次連立方程式　84
特殊解　84
特性多項式　154
特性方程式　154
閉じている　221
トレース　154

な 行

内積　115, 215, 233, 234
なす角　114, 129, 183, 236

2 次曲線　198, 199
2 次曲面　204
2 次形式　211
2 直線の距離　131

ねじれの位置　129, 130

ノルム　114, 235

は 行

パーセバルの等式　238
はき出し法　64
ハミルトン-ケーリーの定理　159
半正値形式　214
半負値形式　214

非可換　10
標準基底　229

複素計量線形空間　233
複素線形空間　219
符号　48
負値形式　214
部分空間　221
ブロック分割　22, 56
フロベニウスの定理　161
分配法則　116, 233

平行　129
平行射影　138
平面の方程式　133
べき等　17
べき零　17
べき零行列　14
ベクトル　104, 219
ベクトル空間　219
ヘッセの標準形　137
ベッセルの不等式　238

方向ベクトル　128
方向余弦　118, 136
法線ベクトル　133
放物線　198
補空間　225

ま 行

右手系　140, 194

メネラウスの定理　109

や 行

ヤコビの恒等式　142

有限次元線形空間　230
有限生成の部分空間　228
有向線分　103
有向線分が同じ　103
有向線分が同値　103
ユニタリ行列　216
ユニタリ空間　233

余因子　34
余因子行列　42
余因子展開　34
余因数　34

ら 行

るい乗　18

零因子　14
零行列　5
零元　219
零ベクトル　105, 219
列　3
列基本操作　76
列ベクトル　3, 22

わ 行

和の結合法則　219
和の交換法則　219

欧 字

$A \sim B$　151
$\dim\ (\mathrm{Im}\,T)$　245
$\dim\ V$　230
(m,n) 型行列　3
(m,n) 行列　3
$m \times n$ 行列　3
m 行 n 列の行列　3
$\mathrm{null}\,T$　245
$\mathrm{rank}\,T$　245

著者略歴

寺田文行（てらだ ふみゆき）

1948年　東北帝国大学理学部数学科卒業
2016年　逝去
　　　　早稲田大学名誉教授
　　　　理学博士

主要著書

基本例解テキスト 線形代数（共著）
基本例解テキスト 微分積分（共著）
基本例解テキスト 微分方程式（共著）
新版 演習 微分積分（共著）
新版 演習 微分方程式（共著）　　他多数

新版 演習数学ライブラリ=1

新版 演習 線形代数

2012年 7月10日 ©　　初版発行
2024年 5月25日　　初版第8刷発行

著者　寺田文行　　発行者　森平敏孝
　　　　　　　　　印刷者　篠倉奈緒美
　　　　　　　　　製本者　小西恵介

発行所　**株式会社 サイエンス社**

〒151-0051　東京都渋谷区千駄ヶ谷1丁目3番25号
営業　☎（03）5474-8500（代）振替 00170-7-2387
編集　☎（03）5474-8600（代）
FAX　☎（03）5474-8900

印刷　（株）ディグ　　製本　ブックアート

《検印省略》

ISBN978-4-7819-1308-7

PRINTED IN JAPAN